苏州园林史

苏州园林设计院股份有限公司 著

中国建筑工业出版社

图书在版编目（CIP）数据

苏州园林史 / 苏州园林设计院股份有限公司著
．—北京：中国建筑工业出版社，2023.5（2024.7 重印）
ISBN 978-7-112-28662-1

Ⅰ.①苏… Ⅱ.①苏… Ⅲ.①园林建筑—建筑史—苏州 Ⅳ.①TU-098.42

中国国家版本馆CIP数据核字（2023）第070738号

本书按照编年史和谱系学结合的方法，系统梳理了从先秦至新中国共十个历史时期，二千余年来的时代背景、风景园林营造活动、著名人物、论著。尤其是，本文经过文献考证和遗存调研，甄选出200余处经典的风景园林案例，包括历史名胜、私家园林、衙署园林、寺观园林和书院园林等多个类型，就历史沿革、相地立基、环境因借、建筑布局、掇山理水、植物配置、装饰陈设、品题点景等方面的历史特色进行了详细的介绍。

本书可供风景园林、建筑学、城市规划、历史学等相关专业人士购买阅读。

责任编辑：唐　旭　吴　绫
文字编辑：陈　畅　李东禧
书籍设计：锋尚设计
责任校对：赵　菲

苏州园林史
苏州园林设计院股份有限公司　著
*
中国建筑工业出版社出版、发行（北京海淀三里河路9号）
各地新华书店、建筑书店经销
北京锋尚制版有限公司制版
北京中科印刷有限公司印刷
*
开本：880毫米×1230毫米　1/16　印张：30¾　字数：745千字
2023年8月第一版　2024年7月第二次印刷
定价：**228.00**元
ISBN 978-7-112-28662-1
（41083）

《苏州园林史》
编委会名单

特别顾问： 孟兆祯　王建国

顾　　问：

何　昉　李　雄　刘滨谊　朱祥明　陈　薇　曹林娣　王稼句
詹永伟　张慰人

主　　任：

施嘉泓　魏世震　曹光树

成　　员：

曹林娣　衣学领　周苏宁　徐学明　程斯嘉　屠伟军　徐　阳
谢爱华　朱红松　刘　佳　沈贤成　计明浩　薛宏伟　包维明
陈卫安　朱　颋　高兴华　嵇存海　周　达　吴友松　朱海俊
钱宇澄　柏灵芝　向华明　王丽君

主　　编：

贺风春　衣学领

执行主编：

李　畅　谢爱华

编写人员：

曹林娣　郭明友　卜复鸣　衣学领　周苏宁　李　畅　贺风春
谢爱华　徐　阳　左彬森　沈　亮　陆宏仁　陈凤全　薛宏伟
沈思娴　刘　佳　沈贤成　计明浩　朱红松　刘仰峰　潘　静
杨家康　俞　隽　潘亦佳　陈盈玉　韩晓瑾　韩　君　钱禹尧

插　　图：

潘　静　殷　锐　王礼晨　舒　婷　孙丽娜　苌曼曼　刘　露

摄　　影：

郑可俊　陈　铁
苏州市园林和绿化管理局提供部分历史图片及照片

序

中华文明历史源远流长，是世界文明史中唯一没有中断过的古老文明。中国风景园林是中华文明的载体，蕴含着深厚的中国传统文化底蕴，是中华文明独特的精神标识，也是解决当代中国人居环境矛盾问题的重要的智慧源泉和保障之一。

党的十八大以来，习近平总书记曾多次就弘扬中华优秀传统文化，深入开展中华文明历史研究等做出重要批示和指示。2018年由孟兆祯先生发起倡导《中国风景园林史》的编写工作，由我和孟建民、常青两位院士参与指导。自开题到现在，全国已有一千多位专家学者参加，九十多所大学、科研院所及企业联合研究并参与编撰。《中国风景园林史》分为北方篇、江南篇、岭南篇、西南篇和西北篇共5卷，是中国风景园林史上第一次系统、全域、学术上有组织的大规模编写工作。《中国风景园林史》聚焦风景园林历史与文化，集聚行业精英，通过集体编写，把中国风景园林研究引向深入。风景园林史各编写组以区域人文、地理为研究路径和特征，对于更完整地认识研究中国风景园林的意义和价值，指导风景园林学科和行业的良性、健康、可持续发展具有重要意义。

建筑与园林，城市与自然具有与生俱来的密切关系，是你中有我、我中有你的共存关系。中国现存的传统园林和建筑遗产均为中华文明重要的实物见证，其保护利用关乎中华民族的身份认同。研究中国风景园林史、中国建筑史和城市发展史就会发现，三者是相辅相成的。中国古代园林和建筑都是伴随着城市的发展而变化着，但是发展的历史时期和成长的状况前后略有不同：西周至春秋战国，是古代建筑的创立时期；秦汉，是古代建筑的成熟时期；对于古代园林来讲，这两个阶段合起来才是园林的生成期。魏晋南北朝，是建筑的融汇时期；园林则是转折期。隋唐时代，建筑和园林都进入了全盛时期。宋辽金元明，成为古代建筑的延续时期；晚清则是古代建筑发展相对迟缓的时期；而这两个历史阶段却是中国古代园林走向成熟的时期。20世纪以来，中国建筑和风景园林伴随着社会政治、经济、文化、科学技术等的发展而发生了巨大的变化。今天，中国园林工作者正在探索如何更好传承中华文化基因，创作出中国风范、中国风格、中国特色，中外园林精华兼容的中国建筑与风景园林。

我多年从事建筑和城市设计工作，曾经结合自己的研究，提出从“自然中的城市”到“城市中的自然”、城市建设要因地制宜、顺势而为的观点。中国古代城市设计中遵循的“因天材，就地利”的思想现在并没有过时。今天，中国已经进入生态文明建设新时期，“双碳目标”也已明确提出，“公园城市”“山水城市”与“田园城市”等模式，恰恰是基于东方自然特性的、多样性的中国有机城镇发展模式，这里面更需要风景园林专业发挥特长，通过“在地性”的适时运用与不断实践，为中国风景园林的创新性发展打下良好基础。

2014年习近平总书记在北京考察时指出，“历史文化是城市的灵魂，要像爱惜自己的生命一样保护好城市历史文化遗产”“处理好城市改造开发和历史文化遗产保护利用的关系，切实做到在保护中发展，在发展中保护”。苏州市委市政府积极响应并贯彻落实，将其作为“增强历史自觉、坚定文化自信”工作的重要组成部分，提出了关于持续打响“江南文化”品牌的要求。“江南园林甲天下，苏州园林甲江南”，为系统梳理苏州风景园林发展历史，全面传播、展示和推广苏州园林文化，不断扩大苏州园林文化影响力，在中国风景园林学会的统筹下，苏州风景园林投资发展集团有限公司和苏州市园林和绿化管理局组织了一批专家学者共同编写了《苏州园林史》，以期用实际行动保护与传承苏州园林文化。

苏州是我国第一批获批的历史文化名城，拥有世界文化遗产苏州古典园林和非物质文化遗产香山帮营造技艺。苏州园林作为中国园林的杰出代表，反映了中国政治、经济、文化的发展进程，是研究中国历史、文化及其对世界影响的“活态”文物，被誉为是“一种独特的艺术成就，一种创造性的天才杰作”。苏州园林绵延发展近三千年，作为典型的“文人写意山水园”，具有特殊的文化表征和场所内涵，苏州园林发展就是一部中国园林发展史的缩影。苏州园林讲究“外师造化、中得心源”，通过向自然学习，“模山范水”达到“虽有人作，宛自天开”的景象，创造了可居、可游、可赏的“城市山林”。这种宅园式造园艺术，按照中国传统文人山水画的审美标准，叠山理水，莳花植树，成为富有“诗情画意”的园林意境，不仅反映当时城市建设技术的高度发达和艺术创作的繁荣，也体现了中国园林“天人合一”的理想境界。

我认识贺风春女士已有多年，经常在学术会议上见面。她不辞辛劳主编了《苏州园林史》。《苏州园林史》收集整理了240多个典型案例、200多张珍贵图片，并撰写了60余万的文字。该书系统梳理了苏州风景园林发展的历史脉络、文化内涵、空间特色以及历代经典成就，对于推动苏州风景园林的研究具有开创性的重要意义。书稿整合了苏州风景园林史学研究的重要成果，在客观描述苏州古代风景园林营造进程的基础上，对当代苏州风景园林的历史发展进行了充分的梳理，资料详实、体系完整，为发掘江南风景园林史提供了样本。我相信本书在贺大师和苏州园林界各位专家学者的努力下，一定会在业内取得良好的反响。

源浚者流长，根深者叶茂。回顾历史，中国园林是根植于中华文明的重要文化基因之一。进入新时代，中国风景园林学科和行业发展与挑战机遇并存，从绿水青山转化为金山银山的新世界，到脱贫攻坚的乡村建设主战场；从公园城市建设的“三生”融合，再到国家公园的创新探索，都需要从博大精深的中国风景园林历史中汲取营养。园林规划设计工作者一定要把握好千载难逢的历史机遇，以持续深入的创新研究和园林创作践行生态文明建设的千秋伟业，并始终行进在历史正确发展方向上。

是为序！

中国工程院院士

于东南大学

2022年12月24日

目录

导论

滋育苏州园林的大吴胜壤

苏州园林依赖得天独厚的天时地利人文优势，在甲天下的江南园林中，“论质论量，今日无出苏州之右者”[1]！

究其原因，不外有四：

一得江山之助。苏州地处美丽富饶的长三角地区，山水富集。

中国五大淡水湖泊之一的太湖，苏州享其湖域面积的70%。湖区共51岛、72峰，湖光山色，“长与行云共一舟”（宋·姜夔:《忆王孙·番阳彭氏小楼作》）。苏州市域内有大小河流4500多条，星罗棋布的大小湖泊30多个，与京杭大运河、胥江、元和塘、至和塘、吴淞江等交织成“水乡泽国”；苏州城西北角的虎丘、阳山，北亘虞山，风景秀丽：城西南秀峰列峙，穹窿、灵岩、天平、上方、尧峰诸山，一一献奇。

然苏州城内，“平夷如掌”[2]。明代张国维在《吴中水利全书》中称“苏城泽国，惟水势至此渐平，故曰‘平江顺水’，惟东流趋纳沧海”。京杭大运河绕城而过，由运河跨太湖，溯长江可通内地各省。唐、宋时东南沿海一带的船可由吴淞江直达苏州城下，也可循娄江出浏河而与日本、琉球、南洋相通[3]。

苏州居于山环水抱的中央，土地平缓，具有一定坡度，无旱涝威胁，构成了优越的自然生态环境。

苏州地处北亚热带湿润季风气候区，雨量充沛，季风明显，四季分明，无霜期年平均长达233天，是亚热带作物生长的理想环境。不仅土产植物丰茂，北方的白皮松、南方的芭蕉，都能生长如常。可以入园的植物品种众多，据学者粗略统计，有花木类七十六种，花果类四十四种，草花类七十四种，藤蔓类七十二种，凡二百六十六种之多，可以一年无日不看花！

---

1 童寯．江南园林志［M］．北京：中国建筑工业出版社．1987：27.

2 （宋）范成大．吴郡志［M］（卷3）引《吴门忠告》［M］．南京：江苏古籍出版社．1986：24.

3 俞绳方．苏州古城保护及其历史文化价值［M］．西安：陕西人民教育出版社．2007：3.

秀甲天下的太湖石，尧峰、穹窿、上方、七子、灵岩、阳山之黄石、皆为就地取材的叠山雕刻美石……

二赖社会之安。相对安定的政治环境，是苏州园林风华千年的重要社会依托。

春秋时期的吴国曾经一度称雄中原，随着吴王行宫姑苏台被烧毁，吴地苏州就失去了王都地位。秦汉时期，吴地逐渐远离中原政治中心。

隋朝统一，以迄盛唐，吴地再次远离了王权，但亦因此获得了社会的相对安定。唐末五代，黄河中下游地区藩镇割据、军阀混战，吴地几百年不见兵燹；随着政治、经济、文化重心的南移，到南宋时期，最终确立了东南地区在全国的文化中心地位；迄元、明、清，江南社会依然稳定，经济得以持续发展。

三因财赋之区。吴地物产丰饶，自古以来就是闻名遐迩的鱼米之乡、丝绸之邦、手工艺之都……

先吴文化时期，就有灿烂的良渚文化。

西汉时期，吴地东有海盐之饶，章山之铜，三江、五湖之利，成为江东一大都会，地势饶食，无饥馑之患。

唐宋时苏州成为江南腹心之地、天下财赋之区，“天上天堂，地下苏杭”[1]；元朝有“金朴满”之称；明清的江南更成为全国的财政经济重心，富商大贾云集。

四藉人才之盛。苏州人杰地灵，俊才云蒸，“千百年来人材辈出，文章事业，震耀前后”**（乾隆《元和县志》卷二十）。**

隋炀帝废除“九品中正制”，经唐宋完善，遂确立了旨在公平地考选官吏的科举制，组成了“文治政府”。由于同时具有结合知识阶层与其价值及地位认同的积极作用，科举取士制度绵亘了约有一千三百年之久。构建了“士、农、工、商”“四民社会”，社会上形成“以文为尚”的风尚。

江南为全国重要的人文奥区，明清两代，全国四分之一以上的进士诞生在江南。而状元，成为苏州“土特产”：

自隋朝至清朝末，全国共产生文武状元700多名，其中苏州府（只包括相当于现苏州市范围）共出文状元45名，占文状元总数的7.55%，武状元5名，占武状元总数的4.35%。尤其在清代260年间，全国共出状元114名，苏州一府即出状元26名，占全国状元总数的22.81%。

计成在《园冶·兴造论》中说：

“世之兴造专主鸠匠，独不闻三分匠七分主人之谚乎！非主人也，能主之人也……第园筑之主，犹须什九，而用匠什一……”

1 （宋）范成大．吴郡志［M］．南京：江苏古籍出版社，1986：660.

中国古代没有专职的建筑师，园林构筑，规划设计的“能主之人”占十分之九。这“能主之人”指的是英国钱伯斯所说的“画家和哲学家”。

苏州园林“主人”的主体是隐退或致仕的文人士大夫，士人为中华五千年文化的载体，文人的独特审美能力和曾经从宦带来的财富积累，使他们具备了将文人的审美情趣、道德理想等融入园林山水、建筑、植物中去的能力，既将园林视为一种艺术作品，又不忘园林的实用目的，这样，创造出的园林成为集善、美于一体的居住文化的结晶、诗意栖居的文明实体，也是文人们将案头山水化成的地上文章，文人雅士们在园林中惬意地获得生理和心理的双重享受。

能诗善画又能造园的文人也大多为苏州人氏：明代“儒林匠氏”计成写出世界造园学最古的名著《园冶》；民国匠师姚承祖奉献出“中国南方建筑之宝典”《营造法原》；时号“蒯鲁班”的“匠官”蒯祥、香山帮、花园子，留下了许多巧夺天工的艺术瑰宝！

综上所述，得天独厚的自然、政治、经济、文化生态，成就了苏州园林这一人类瑰宝。联合国教科文组织赞曰：

“没有哪些园林比历史名城苏州的园林更能体现出中国古典园林设计的理想品质，咫尺之内再造乾坤。苏州园林被公认是实现这一设计思想的典范。这些建造于11～19世纪的园林，以其精雕细刻的设计，折射出中国文化中取法自然而又超越自然的深邃意境。”[1]

1911年前苏州园林发展历程

早在泰伯、仲雍奔吴之前的“先吴文化”时期，园林的艺术胚芽就在这片沃土的涵育下萌生。

基于原始自然宗教的原初审美意识中，已经在建筑、山水、植物等物质构成中出现了诸多园林的审美元素，如“天圆地方”的祭台、方圆结合的玉琮、“象天”的圆璧、象山的三角形“玉圭”，其中不少具有兽面纹饰，透露出鱼龙崇拜、禽鸟崇拜等信息，初现包括宗教、艺术、哲学等胚胎在内的上层建筑的端倪。

此后，苏州园林从春秋至两汉的发轫期，到六朝苏州私家园林已经与皇家园林、寺观园林呈三足鼎立之势，经隋唐五代的长足发展，至宋元苏州园林艺术体系已经完备，明中叶至清初达到辉煌的顶峰，直到鸦片战争以后，在“欧风美雨”的冲击下苏州古典园林遂渐趋式微。

1　衣学领. 苏州园林山水画选［M］. 上海：上海三联书店，2007：142.

一、先秦两汉时期苏州园林发轫期

春秋时的吴国，国力曾达到了空前强盛。在大盛游猎之风的同时，把自然景色优美的地方圈起来，放养禽兽，在其中夯土筑台、掘沼养鱼，以供国君游猎、取乐。于是，出现了崇台峻基的吴宫苑囿。见诸文献记载的吴国囿台别馆多达30多处：夏驾湖、消夏湾、姑苏台、馆娃宫……勾吴宫台惊艳亮相，即为诸侯翘楚，经历了从实用到娱乐的过程，呈现如下基本特点：

首先，注意居高眺远，远借湖光山色。

第二，重视利用水景，有人工开凿的水池，池中有青龙舟可泛舟而游，开后世“舟游式园林”之法门。阖闾在西山作海灵馆，“尤极水府之珍怪”。赏玩池中莲花、水葵……说明动植物已成欣赏的主角之一。

第三，馆娃宫里有训练有素、技艺精湛、姿容芬芳的女子歌舞乐队，观赏“荆艳楚舞，吴歈越吟”，宫中筑“响屧廊”，舞女们穿着木屐在廊上跳舞，聆听舞步踏在响屧廊上的节奏等，摒弃了商纣王仅仅追求肉欲刺激的粗俗玩乐方式，重视精神上的享受和文化上的陶冶，显示了社会文化的进步。

第四，建筑装饰华美，建筑技艺特别是木雕技艺精湛。据目前出土的资料看，南方潮湿的地区较早从巢居发展到干阑建筑。有多种类型的榫卯、榫头，有方有圆，还有双层榫，卯眼也有方有圆，榫卯技术已经得到应用。南方的巢居形成的干阑建筑促进了穿斗结构的诞生和发展。吴宫苑建筑以木构架为主，雕镂图案精美，“铜钩玉槛，宫之楹槛皆珠玉饰之”，姑苏台所用木材“受邻越之贡”，都“巧工施校，制以规绳。雕治圆转，刻削磨砻。分以丹青，错画文章。婴以白璧，缕以黄金。状类龙蛇，文彩生光”“神材异木，饰巧穷奇，黄金之楹，白璧之楣。龙蛇刻画，灿灿生辉”[1]，说明建筑装饰技艺已经十分高超。

可以说，吴王园林在一定程度上摆脱了生息的物欲需求，重视精神上的享受和文化上的陶冶，初现从实用向精神审美演化之迹。

总之，吴之宫苑，选择天然形胜，注意人工景点与自然之间的和谐。宫苑建筑装饰华美，木雕技艺精湛；欣赏花木成为重要主题之一，后世园林的基本要素已经基本具备，成为苏州园林的美丽铺垫。

吴地频繁地构园活动，在吴王离宫“南宫”之地孕育了一支日后长盛不衰的民间建筑团队——香山帮。

公元前248年，楚国春申君黄歇受封于吴，并以苏州（吴墟）为自己政治、经济中心的首邑。“实楚王”的黄歇，在吴地兴修水利的同时，大兴土木，将吴子城“因加巧饰”为桃夏宫，时宫室极盛，《史记·春申君列传》太史公曰：“吾适楚，观春申君故城，宫室盛

1 （汉）赵晔. 吴越春秋·勾践阴谋外传［M］. 南京：江苏古籍出版社，1986：119-120.

矣哉！”

秦汉吴子城为郡治，内建“太子舍”。汉初为刘濞封地，据《汉书·枚乘传》称：

“吴有诸侯之位，而实富于天子；有隐匿之名，而居过于中国……修治上林，杂以离宫，积聚玩好，圈守禽兽，不如长洲之苑。”

“长洲之苑”在“离宫”“玩好”及圈养的“禽兽”方面，都超过了汉景帝时代的上林苑。

首先，汉代王侯私园工程浩大，应该有了基本的规划。主体景致以人工池塘、馆阁楼台为主，路径环曲，引水注池等山池之景的创作，开创了我国人工堆山的技术。取代了纯粹的自然山泽水泉，也不同于中原规整板滞的灵台、灵沼。园林完成了由自然生态到人工模拟的转变，从原始的生活文化形态走向自然模仿的文化形态。

其次，汉代木结构建筑奠定了中国至今梁架结构的法式，屋顶式样诸如硬山、悬山、歇山、四角攒尖、卷棚等已经出现，屋顶上有各种装饰，用斗栱组成框架，以及柱形、柱础、门窗、拱券、栏杆、台基等变化很多，砖瓦也得到发展，有一定规格，形式多样，有筒板瓦、长砖、方砖、扇形砖、楔形砖、空心砖。

二、六朝时期苏州园林奠基期

魏晋南北朝时期，中原兵祸频仍，北方文士避难来奔，至东晋士族大规模南迁，儒雅文化逐渐渗入，吴地人民完成了从重剑轻死的尚武到崇文重教的尚文转型。这种文化基因的变化，催发了艺术风格的变化，人们开始从与自身的愿望、情感、理想相契合的自由境界中去寻找美的满足，逐步形成了以柔曼、缠绵、婉约为基调又隐含刚劲的艺术风格。

滥觞于汉代的私家园林在南朝的精神气候下，完成了以“有若自然”的士人园的美丽转身：

园林从皇家、公侯园林为文化主流到以私家园林为文化主流的转变。私家园林已经遍地开花，以回归自然、陶冶情操为主要功能，构园升华到艺术创作的境界，数量之多足以与皇家园林抗衡，而且，其优雅的文化格调逐渐影响了皇家园林，有引领园林文化潮流的作用。自此，士人园独领风骚数千年！

东汉时期，佛学西来，“吴赤乌中已立寺于吴矣。其后，梁武帝事佛，吴中名山胜境，多立精舍……民莫不喜蠲财以施僧，华屋邃庑，斋馔丰洁，四方莫能及也。寺院凡百三十九……”[1]。

1 （宋）朱长文. 吴郡图经续记［M］. 南京：江苏古籍出版社，1986：30.

中国本土宗教在先秦神仙信仰基础上，综合了不同地方的信仰和养生方术，在东汉末年形成道教，又吸收了佛教和儒家的某些成分，经过南北朝时期改革演变，成为具有丰富内容的宗教体系，于是道观园林也随之兴起。

木结构梁架、斗栱（单栱、重栱、人字栱）已趋完备，立柱除八角形和方形外，还出现圆形棱柱，栏杆多为勾片式。屋顶已出现举折和起翘，增益了它的轻盈感，屋面开始使用琉璃瓦，木结构已完全取代了两汉的夯土台榭建筑，砖结构大规模用到地面，石雕从粗放到精雕细琢，树木花草作为观赏对象。以筑山、理水构成地貌基础的人工园林造景，已经把秦汉以来注重写实的创作方法转化为写实与写意相结合。

三、隋唐五代时期苏州园林发展期

隋唐五代时期，苏州远离了政治中心，大运河带来了交通便利，特别是“姑苏自刘、白、韦为太守时，风物雄丽，为东南之冠”[1]。唐末中原群雄纷争、战火频仍之时，吴越国王钱镠乱世护乐土，吴地“戴白之老不识戈矛”，城市繁华，文化发达。苏州园林在六朝奠定的风景式园林艺术的基础上，获得长足的发展。

唐人将晋人在艺术实践中的“以形写形，以色貌色”的“形似”发展为“畅神”指导下的“神似”，从仿写自然美，到对自然美的提炼、典型化。盛唐吴门画家张璪的《绘境》则提出的“外师造化，中得心源”遂成为中国艺术包括构园艺术创作所遵循的圭臬。

科举选士大大改变了官僚系统的成分，大批文人参与了园林营构，园林追求诗画意境，特别是中唐以后，主动追求以诗入园、因画成景，升华了中国园林艺术。白居易为代表的“中隐”思想，为私家园林创作注入儒、道、释的精神，形成文人园林的思想主轴。

“一代风流诗太守”[2]，使位于苏州子城内的衙署园林蒙上浓浓的诗意，那里有齐云楼、初阳楼、东楼、西楼、木兰堂、东亭、双莲堂等，成为白居易“中隐”思想的重要载体。

毁于易代战乱的六朝寺观园林，经吴越国修复扩建出现了繁荣之势；私家园林呈现蓬勃发展之势，为宋元园林的全面繁荣和文化体系的成熟奠定了坚实的基础。

随着佛教的中国化，唐代儒道释进一步融合，宗教的世俗化，促进了寺观园林的兴盛。寺观园林具有公共园林的性质，同时，地方文人官员继承六朝“兰亭”“新亭”等公共园林建设，也在各地创建了公共游豫场所。

园林创作技巧和手法的运用，较之上代又有所提高而跨入了一个新的境界。太湖石的鉴赏有了质的飞跃；园林植物配置已经注意诗文意境。使私家园林所具有的清雅格调，得以提高、升华。

---

1 （宋）龚明之．中吴纪闻［M］．上海：上海古籍出版社：1986：143.

2 出自虎丘白公祠内景李堂楹联“香草遍吴宫，一代风流诗太守；芳尊分杜厦，地邻唐宋谪仙人”。

四、宋元时期苏州园林艺术体系完备期

宋元时期，苏州园林艺术体系逐渐完备。

苏州文人园林经过六朝至唐五代的园林审美积淀，到宋元时期，从数量到质量，已经独领风骚，形成巨大的文化冲击波，波及皇家和寺观园林及公共游豫活动场所，文人园林艺术体系业已完备。中国园林进入成熟期。

其标志之一是苏州形成“雅”“韵”的审美风尚。

范仲淹在苏州建立江苏省内第一座府学，与孔庙建在一起，苏州全民文化素养普遍有所提高，也提升了整体的审美水平。文化氛围浓厚，不仅士人园林遍布城乡，据明黄省曾《吴风录》载：“自朱勔创以花石媚进，至今吴中富豪竞以湖石筑峙奇峰阴洞，至诸贵占据名岛以凿，凿而嵌空妙绝，珍花异木，错映阑圃，虽闾阎下户，亦饰小小盆岛为玩，以此务为饕贪，积金以充众欲。”[1]城市酒楼等公共场所也普遍追求园林化，说明全民文化素养的提高。

全才型文人都热衷于园林雅玩，诗画渗融的写意式山水园林成为寄寓理性人格意识及其优雅自在的生命情韵的载体，宋周密《齐东野语·贾氏池园》载：“园囿一也，有藏歌贮舞流连光景者，有旷志怡神蜉蝣尘外者，有澄想遐观运量宇宙而游特其寄焉者。”园林完全成为世人精神文化享受的载体，雅藏、雅赏、雅玩成为时代的精神指向。

据今人丁应执统计宋代苏州园林共计118处，主要分布在古城内、石湖、尧峰山、洞庭东山和洞庭西山一带。

标志之二是园林创作“景境”的构成。

宋元时期，在艺术领域光大完善了唐人“意境”说和“韵味”说，江南特别是苏州园名题咏，普遍富有深意，园林景点品题突破了简单的环境状写和方位、功能的标定，代之以诗的意趣，即景题的“诗化”。元代一般文人因仕途渺茫，大量转向文艺，他们混迹于勾栏瓦舍，神驰于山野水乡，更加追求抒发内心的意趣和超逸意境，园林所构之景洋溢诗的意境，园林主题思想进一步深化，形成了中国园林特有的“景境”，标志着中国园林美学理论体系的完备。

标志之三是构园技艺的成熟。

宋元士人园建筑一般体量较大，密度低，个体多于群体，或踞山远眺，临池俯影，或向花木，倚奇石，掩映于林木烟云之中，在园中处于配景地位；

园林筑山往往主山连绵、客山拱伏，多呈丘壑冈阜、峰峦涧谷之势，有的混假山于真山之中，浑然一体。

作为大自然精灵的石头，自中唐以来就受到文人的膜拜，崇石、赏石之风，至两宋达到鼎盛。池岸叠石凹凸自然、石矶错落。

---

1 （明）杨循吉，等. 陈其弟，校点. 吴中小志丛刊［M］. 扬州：广陵书社，2004：176.

植物多群植成林，形成蓊郁森然气氛，林间留出隙地，虚实相衬，于幽奥中见旷朗；松竹梅等植物成为典型的人文植物。

园林选址因山就水、利用原始地貌，建筑更注意收纳、摄取园外之“借景”，力求园林本身与外部自然环境的契合，园林仿佛天授地设，不待人力而巧。

园林体量小巧而精雅，追求“芥子纳须弥”“壶中日月长”，自此，咫尺天地再造乾坤成为苏州园林的审美特色。形成周维权先生概括的“简远、疏朗、雅致、天然”的风格特点。

标志之四是园林建筑理论和专业化体系的确立。

宋徽宗崇宁二年（1103年），李诫在《木经》的基础上编修成《营造法式》，并由皇帝下诏颁行。《营造法式》对建筑进行了理论上的总结，以模数衡量建筑，使建筑有比例地形成了一个整体，组合灵活，拆换方便。是中国古代最完善的土木建筑工程著作之一。代表了梁思成先生所说的中国传统建筑“完美醇和”的艺术巅峰。但该书北宋初刊本和南宋重刊本都已失传，南宋后期在苏州（平江府）得以重刊，苏州香山帮继承了《营造法式》真传。为明清时期的园林风格奠定了基础。

五、明中叶到清前期苏州园林鼎盛期

明中叶到清前期的苏州园林，是文人园最辉煌、专业构园家技艺最高、构园理论最灿烂的时期，成就空前绝后，仅明代苏州园林就多达281处。

清咸丰前苏州园林继晚明园林余韵，继续发展。官僚富豪、文人士夫，或葺旧园，或筑新构，争妍竞巧，甚至料理园花胜过种植稻粱，山农衣食为花忙。苏州再次掀起兴建园林之风。据魏嘉瓒《苏州古典园林史》统计，乾隆年间苏州实际存在的园林大大超过扬州，苏州城区园林约190多处，新建的140余处，呈持续发展态势[1]。康乾六下江南，在苏州游赏的园林就有拙政园、虎丘、瑞光塔寺、狮子林、圣恩寺、沧浪亭、灵岩山寺、寒山别业、法螺寺、天平山高义园等。

苏州园林融文学、哲学、美学、建筑、雕刻、山水、花木、绘画、书法等艺术于一炉，成为张潮和计成所说的“地上文章”“虽由人作，宛自天开”的立体的画，凝固的诗。形成鲜明的特色：

壶天自春。私家园林“小小许胜多多许”，成为“咫尺之内再造乾坤”的典范；具有童寯先生所说的“疏密得宜”“曲折尽致”“眼前有景”的三境界。

因地制宜，师法自然，自出机杼，创造各种新意境，使游者如观黄公望富春山图卷，佳山妙水，层出不穷，为之悠然神往。有法无式，不自相袭，个性鲜明。童寯先生谓“盖园林排当，不拘泥于法式，而富有生机与弹性，非必衡以绳墨也”[2]！

1 魏家瓒．苏州古典园林史［M］．上海：上海三联书店，2005：308.

2 童寯．江南园林志［M］．北京：中国建筑工业出版社，1984：3.

精致雅朴。粉墙黛瓦，色彩淡雅，不尚金碧辉煌，“无雕镂之饰，质朴而已；鲜轮奂之美，清寂而已”[1]，家具陈设色彩素净，不重“媚俗眼”的珠光宝气的家具。同时文气氤氲，不同流俗：园林及景区立意，皆以诗文为根据，山水植物建筑的位置，假山的堆叠，都追求符合画理。即使树木栽植，亦重姿态，不讲品种，能“入画”就妙。

明末江南学者朱舜水赴日讲学，把中国文人造园之风带入日本。日本在中国禅宗及民间茶道的基础上，创造了环游式园林、枯山水、草庵等园林形式。

18世纪，苏州园林远播欧洲，大批来华的欧洲商人和传教士，为以苏州园林为代表的中国园林魅力所倾倒。

六、近代至清末苏州园林传统式微和异化

中国近代统治者在外国列强的坚船利炮下被迫签订了丧权辱国的一系列不平等条约，使西方等帝国的殖民建筑强行入驻中华大地，中国数千年的传统园林受到巨大冲击。

自清末季，外侮凌夷，民气沮丧，国人鄙视国粹，万事以洋式为尚，其影响遂立即反映于建筑。凡公私营造，莫不趋向洋式[2]。

客观上，随着上海开埠，以运河为交通骨干的内陆市场转化为以海洋为主动脉的超内陆市场，大运河日渐萧条，苏州逐渐失去了传统优势，经济发展停滞，经济重心随之转移，大多数的工人、商人移居上海。

从园林艺术本身来讲，“到了道光年间，已经没有了文化创意”[3]，且清廷自1905年废止科举制度，又无精妙制度顶替，社会崇文风尚日衰，精英阶层失去了学而优则仕的优势，丧失了构园的资本和热情，大多淡出了园林界，簪缨世家衰败，而军阀、资本家、富商等新贵踵起，园主成分雅俗不齐。

花园洋房、公园次第出现。“自水泥推广，而铺地垒山，石多假造。自玻璃普及，而菱花柳叶，不入装折”[4]。传统建筑所需的工种也逐渐退出了市场。

苏州虽属传统文化积淀深厚的消费型城市，但也难免受时风的影响，除少数纯花园洋房外，园林亦部分或大部分使用新型的建筑材料，如用水泥铺地垒山，用玻璃装折。受公园风行的影响，亦多在宅隙空庭植草地。

但是，以苏州园林为代表的中国园林植根于古老而博大的中华文化土壤之中，有着强大的生命力，具有优秀造园传统的苏州，传统园林影响强大，对时髦的样式建筑有所抵制，如光绪二十三年（1897年）3月27日《申报》报道：

---

1 （清）袁学澜. 适园杂组［M］（卷三）双塔影园记［M］. 苏州园林历代文钞. 上海：上海三联出版社，2008：84.

2 梁思成. 中国建筑史［M］. 北京：百花文艺出版社，2005：353.

3 郑培凯：晚明文化与昆曲盛世. 载2014年01月20日《光明日报》.

4 童寯. 江南园林志［M］. 北京：中国建筑工业出版社，1984：3.

“苏垣近年以来，每有牟利之徒，将门面房屋仿效洋式，丹青照耀，金碧辉煌，墙壁用花砖……现经上宪查得此等装饰有干例禁，遂饬三县各按地段派差押拆。”

同治年清廷镇压了太平军、捻军，号为“同治中兴”，但已经财力枯竭，日薄西山了，此时在苏州却出现园林复兴。

尽管“园主”成分有所变化，审美情趣各不相同，兴造活动大部分流于对名园的模仿和技术的追求，但传统文人园还是大量出现在这片土地上，有重修的如留园、颐园（环秀山庄），还新建了大量宅园，如怡园、耦园、拥翠山庄、听枫园、曲园、半园、畅园、鹤园、补园等大小园林一百多处，仅苏州同里一镇就有退思园等大小宅园30余处，清末时城内外有园林171处。

1911至1949年苏州园林多元化

民国时期，传统影响大降而西方影响日盛，古典园林时闻颓败，罕见新修。肇始于清末的现代公园植园出现后，至民国，在“三民主义”治国纲领和“自由、民主、博爱”等旗帜下，苏州城镇的公园也应运而生。有苏州公园（大公园）、亭林公园、吴江公园、虞山公园、太仓公园等。苏州公园建于民国14年（1925年），其前半为法国规则式布局，喷泉绿地；后半则荷沼曲桥、假山孤亭，有古典韵味。自公园风行，而宅隙空庭，但植草地。这些标志着中国传统园林的式微和嬗变。

顾颉刚先生在民国10年（1921年）曾忧心忡忡地说：

“今日造园者，主人倾心于西式之平广整齐，宾客亦无承昔人之学者，势固有不能不废者矣！”[1]

民国时期的苏州私家园林，有文学家、书画家等文化人的传统式私家园林，有富商、政治新贵的花园洋房或中西合璧式、仿古式园林。

传统式的私家园林，主人大多为传统文人，书画家、学者、作家、律师，也有园主本人虽系商人，但大多由画家设计等。

如民国刺绣名家沈寿之夫余觉建于1932年至1934年的觉庵，又名余庄、石湖别墅。著名鸳鸯蝴蝶派作家周瘦鹃的紫兰小筑。邻虎阜的李鸿章祠“靖园”。东山富商席启荪的启园，

1　顾颉刚．苏州史志笔记［M］．南京：江苏古籍出版社，1987：79.

建园之初，邀请著名画家蔡跣、范少云、朱竹云等参照王鏊的“招隐园·静观楼”的意境进行设计。

中西合璧的宅园，其中有古典式、城堡式，豪华、庄重、恢弘气派。

乡村别墅式则新颖、明快、自有韵律。宅园注重人和自然、房屋与四周环境的和谐及融合，具有风格迥异、建筑华丽、设备精良，环境幽静的特点。

如苏州东山镇春在楼，由富商金锡之、金植之兄弟为孝敬母亲而建。其整体格调和建筑布局是中国传统式样。后楼建造了西式水泥晒台和水泥阳台。窗子上广泛采用西洋的彩色玻璃：房间装弹子锁洋式门。楼梯扶手做成欧洲十字形栏杆。前楼二楼栏板采用了西式铸铁造，是洛可可的铁栅装饰与中国建筑“以文为图”的结合。而栏檐部位的花环式装饰带，又是巴洛克装饰手法与传统的民族图案的综合运用。

狮子林在1918年归上海颜料巨商贝润生所有，园景基本为儒禅兼融的园林风格。其间采用了水泥、铸铁、彩色玻璃等西洋建筑材料。使部分建筑装饰华丽雕琢，如旱船。真趣亭上的金碧辉煌装饰也为该时期所为，与明初倪云林画风大相径庭。

初建于清康熙年间的慕家花园，民国23年（1934年）又易主给上海巨商，园经重修，名遂园。大多运用传统的园林元素。北部建西式楼房，外观具有欧洲罗马式建筑风格，琉璃瓦屋顶有北方皇家贵族园林的色彩。又有拱形铁制花房一座。另外还有天香小筑、朴园等。

吴家花园则为“花园洋房”式建构。

于此可见，清末至民国的园林只不过维持着传统的外在形式，作为艺术创作的内在生命力已经是愈来愈微弱了。

传统园林的衰微以及新材料的引入，使得掌握着传统营造工艺的匠人面临尴尬的境地。民国元年（1912年）苏州鲁班协会会长姚承祖（1866—1938）将吴地“苏派建筑”营造技艺的用料、做法、工限、样式等一一归纳编写，作为苏州工专建筑系讲义，在此基础上，写出《营造法原》一书，标志着民间匠帮之间的传承模式跳出了“口传心授”的师徒相传的方式。中国营造学社社长朱启钤评论此书“足传南方民间建筑之真象……它虽限于苏州一隅，所载做法，则上承北宋、下逮明清”，著名建筑学家刘敦桢先生誉之为“南方中国建筑之唯一宝典”，具有科学和艺术的双重价值。

苏州工专的成立，开创了我国高等现代建筑教育的先河，成为我国高等建筑教育的发源地。

1937年随着日寇大举侵华，名园再次遭受毁灭性重创。如留园，遭侵华日军劫掠，唯有太湖石、古树、池沼湮没于瓦砾和垃圾堆中。此后又成为国民党骑兵驻地，楠木梁柱啃成了葫芦形，破壁颓垣，马屎堆积，一片狼藉。

1949年以后苏州园林继往开来

中华人民共和国成立伊始，百废待兴，苏州成立了专家组，对园林进行修复。1953年，留园成立了以谢孝思为主任的专家组，将民间颓圮老屋的材料，化腐朽为神奇，奇迹般地基本恢复了旧貌。

当然，由于损毁严重、历史资料缺失，修旧如旧只能是相对的，大多变成“改园”，但由于修复园林的专家组成员都是构园艺术家和书画家，所以，通过他们的经营布局，大体能恢复明清园林的基本风貌。

启园在1937年后被侵华日军占为军营，抗战胜利后又屡作他用，仅剩改作他用的镜湖楼、住宅和一段复廊、残丘废池。修复时无文字资料可资参考，资金也困难，所以尽量遵循节能原则，旧料利用，就地取材。

苏州在20世纪50年代，城内尚存包括半废的园林有172处之多。

改革开放后，叶落归根的海外华人、“先富起来的”艺术家、有“园林情结”的“老苏州”，以及民营企业家、有志文化传承的开发商等，再次掀起仿古园林的热潮，更多的是将苏州园林文化营构精神用于城市文化的发展建设，昭示了新时代园林文化的导向。

当代版的苏州园林，有宅园、山麓园、湖滨园。大至百亩、小至几十平方米。依然是粉墙黛瓦、飞檐戗角、亭台楼阁、假山景石、飞瀑池塘，甚至书条石、摩崖刻石，一如传统的苏州文人园，但运用了钢筋水泥等新型的建筑材料，住宅内部装修大多为现代风格。如翠园、醉石山庄、醉石居、静思园等。时至今日，苏州又成百园之城！

面对强势的西方文化，很多开发商还沉浸在欧风美雨之时，有识之士早就提出，要有文化自信、自强、自立的精神，既要学习吸收优秀的异质文化因子，又要有中华民族的铮铮铁骨，有责任和担当。江枫园开发商基于继承园林一脉，凝聚古典园林艺术和现代居住理念的精髓的文化觉悟，于2000年左右即在姑苏城外建成了江枫园中式园林别墅群。

2005年前，出现了十八座低密度园林住宅，以传承苏州园林的技艺精髓及历史文化为宗旨，总称上林苑，与虎丘自然风景区紧邻，相互因借，相映成辉。

2012年，绿城研发了“苏州桃花源”，将涌动于人们心中数千年的“天堂”桃花源，物化在中华宅园中，并以中华居住文化的经典、宅园一体的“苏州园林”为蓝本，获得巨大成功！一石激起千层浪，“桃花源”式的苏式地产项目在全国各地开花结果。

随着苏州“一体两翼”的城市规划的实施，让世界读了2500多年的苏州，用古典园林的精巧，布局出现代经济的版图；用双面绣的绝活，实现了东西方的对接。

苏州，始终以完善、保护古典园林为重要文化任务，并且通过外城河绿色彩带、四角山水绿楔、山、水、城、林、园、镇为一体，将园林的艺术符号运用到城市的各个角落，蓝绿交融，苏州园林成为园林苏州：

古城区，竹园、蕉丛、湖石、花圃等园林小品点缀在主要干道沿线，随处可见“弹石间花丛、隔河看漏窗”的街道，犹如长虹卧波的廊桥，古色古香的候车亭和街灯，苏州古城俨然一座“没有围墙的园林”。

外城河边是绿化带和黯碧如染的水道。

苏州城郊四角山水绿楔：西南角有石湖、三山相拥的白马涧；西北角有三角咀湿地公园、大白荡公园；东南角有独墅湖、尹山湖生态圈；东北角有阳澄湖；城东工业园区有金鸡湖景区……皆成为苏州城市的“绿肺”和“绿肾”！

随着中国的对外改革开放和中外文化交流的深入发展，苏州园林，以展览厅、园艺节参展作品、城市之间的友好赠建、纪念性修建、观光园林等多种形式走向世界，在异国他乡散发出醉人的芳香：明轩、思退庄、寄兴园、逸园、蕴秀园、中华园、兰苏园、流芳园等，成为“文化使者”和“永恒的贵宾”。

我们不仅仅是保护传承了苏州园林及其文脉，更是保护继承了中华民族的优秀传统和文脉，保护了中国人的心灵和梦想。

曹林娣

写于2020年1月14日

第1章

先秦至秦汉时期

1.1 概述

1.1.1 时代背景

苏州历史悠久，早在新石器时代晚期良渚文化时即有人类居住，现存的赵陵山遗址、草鞋山遗址、罗墩遗址等均发现六千年前远古人类的居住遗迹，涉及木构建筑、稻谷和玉器等。商末，泰伯整合东夷部落建立“勾吴”之国，是一个以农业、渔业、手工业和家畜饲养为主的小国，城池仅方圆三里，但却是江南地区最早出现的国家，泰伯和其弟仲雍在后世一直被视为勾吴文化奠基人。公元前11世纪中期，周灭商，封“勾吴”为诸侯国。周简王元年（公元前585年），寿梦继位称王，国势日盛。又历五代传至阖闾（公元前514—前495年），吴国进入鼎盛时期，迁都苏州建阖闾大城。时灭淮夷、徐夷、州来、巢、钟离、钟吾、邗等一众东夷之国，并西征楚国，南征越国，北征齐国。至夫差（？—公元前473年）时吴国成为春秋时的诸侯强国，政治、经济、文化、军事和人居环境等方面都发展到了顶峰。公元前473年越王勾践灭吴国，其地为越国所有。周显王三十五年（公元前334年），楚国灭越国。公元前262年，吴地为楚相春申君黄歇封地。春申君父子在治吴期间，重修吴城宫室，兴修水利，使吴地一时繁华。后来苏州百姓为纪念春申君，将其奉为城隍，不时祭祀。

公元前221年，秦始皇一统六国，分天下为三十六郡，将吴越两国之旧地设为会稽郡，原吴城及周边地区建为吴县，为会稽郡二十六县之首邑，苏州成了郡治的所在地。汉朝建立初期，江南及吴县仍沿袭秦制，属会稽郡。公元前195年，刘濞被封为吴王，会稽郡遂属吴国封地，其开山铸铜，煮海为盐，减免赋税，与民休息，吴地经济得以发展[1]。东汉永建四年（公元129年），会稽郡一分为二，原越国的部分仍为会稽郡，将吴国之地设吴郡，苏州城为吴郡治所。秦汉时期，吴地已不复都城的繁华，地广人稀，与当时的政治文化中心北方中原地区相比，经济和文化都比较落后。

1.1.2 营造活动

先秦至秦汉时期的风景园林营造活动，主要以离宫别苑为主，但与后世园林相去甚远。这一时期并无造园家和论著的明确记载。与风景园林有关的比较有影响的历史人物，主要有泰伯、寿梦、夫差、黄歇等雄才大略的吴地君王，以及伍子胥等精通营造的贤才能臣。

公元前585年后吴王寿梦时期在城西修建避暑园林“夏驾湖”，是见之文献记载苏州最早的园林。吴阖闾九年（公元前506年），吴王阖闾伐楚而归，于是：

1 《史记·吴王濞列传》载：“吴有豫章郡铜山，濞招致天下亡命者铸钱，煮海水为盐……国用富饶。”

“立射台于安里，华池在平昌，南城宫在长乐。阖闾出入游卧，秋冬治于城中，春夏治于城外，治姑苏之台。旦食䱇山，昼游苏台，射于鸥陂，驰于游台，兴乐石城，走犬长洲，斯且阖闾之霸时。”[1]

这一段记述，反映了“射台”“华池”“鸥陂”“石城”“长洲”等多处城内外的离宫苑囿的存在，且具有了“台”“池”“陂”“洲”等山水环境的特征，反映了吴地早期宫苑造园基底的自然特色。吴王阖闾时期，阖闾听取了伍子胥“立城郭、设守备、实仓廪、治兵库”的建议，决定建都，选址在姑苏山东面，以相土尝水、象天法地之策兴建阖闾大城。城设阊、胥、盘、蛇、娄、匠、平、齐水陆城门各八座，形成了吴地以水营城的准则，也奠定了后世苏州园林营造的自然和城市基底[2]。在此基础上，又规划建设了姑苏台、馆娃宫、长洲苑、梧桐园、锦帆泾等30余处等风景园林名胜。这一时期在吴地四周，还有百花洲、走狗塘、可盘湾、明月湾、练渎、虎山、射鹗山、厩里等诸多吴王临幸的遗存，见诸于后世文载[3]。

秦汉时期，苏州地区的造园活动大多与吴国宫苑遗存相关。西汉时期吴王刘濞受封于吴地时，枚乘在《谏吴王书》曾有“脩治上林，杂以离宫，积聚玩好，圈守禽兽，不如长洲之苑”的说法，可见其时长洲苑此时应有大规模的修复。而秦汉时会稽郡衙署亦有园林的记载，如《汉书》卷六十四《朱买臣传》，会稽郡太守朱买臣将改嫁后的妻子带入衙署“置园中，给食之”[4]。东汉初，《越绝书》还记载了衙署园中还有“东西十五丈，南北三十丈”的官池。此外，后世文献中两汉时苏州亦有私家园林的出现，如清代的《吴门表隐》和《苏州府志》记载了吴大夫笮融的“笮家园”。笮融为当时巨富，《三国志》卷四十九《吴书·刘繇传》载有笮融在徐州建造佛寺的经历[5]，因而“笮家园”的存在较有可能。

1.2　吴王宫苑

春秋时期的吴国，自吴王阖闾迁都苏州建造阖闾大城起，至夫差被灭时这段时期，是苏州风景园林发展史上极其重要的一个阶段，此间阖闾大城和吴王宫的建造，带动了如长洲

---

1 （汉）赵晔. 吴越春秋（卷4）[M]. 南京：江苏古籍出版社，1986：47-48.

2 历史上名阖闾城者有无锡、上海、湖北等多处，据新的考古发现，位于江苏省常州市雪堰镇城里村与无锡市胡埭镇湖山村间的考古遗址应为吴王阖闾为防御楚国和越国的进攻，于周敬王六年（公元前514年）令大臣伍子胥所筑的古代军事性城堡。而苏州的阖闾大城历史记载更为完整：1957年南京博物院对平门遗址的调查认为，城墙下压的是新石器时代文化层，下层为早年（春秋时期）堆积，中层为汉唐及宋代堆积。此外，吴王阖闾还筑了多处离城，其中规模较大为木渎古城。

3 王稼句. 纵横姑苏 [M]. 南京：东南大学出版社，2017：18-22.

4 （汉）班固. 汉书（卷64）朱买臣传 [M]. 北京：中华书局，1962：2793.

5 （晋）陈寿. 三国志（卷49）吴书·刘繇传 [M]. 北京：中华书局，1962：1185. 其中载笮融：“大起浮屠祠，以铜为人，黄金涂身，衣以锦彩，垂铜盘九重，下为重楼阁道，可容三千余人”。

苑、梧桐园、消夏湾、姑苏台、馆娃宫等囿台别馆的营建，其建造规模和建造技艺均达到了当时社会的顶峰。由于年代的久远，基本没有实物遗留，同时期的文字记载也大多轶佚，只能根据后世一些史志中的记载加以考证和推测，来还原当时的一些概况。

1.2.1 夏驾湖

夏驾湖“在吴县西城下”[1]，“寿梦盛夏乘驾纳凉之处。凿湖为池，置苑为囿”[2]。夏驾湖原是太湖流域一处风景优美的自然湖泊，后经人工的开凿和建设，成为吴王寿梦的避暑行宫[3]，建于公元前580年左右。据考证约有半个杭州西湖大小，即使是后来的长洲苑、姑苏台建成后，仍难掩其声名。

宋时“城下但存外濠，即漕河也。河内悉为民田，不复有湖。犹于河旁种菱甚美，谓之夏驾湖菱”[4]。

夏驾湖绿荷红菱、粼粼湖光，宋文人有诗赞之：“湖面波光鉴影开，绿荷红菱绕楼台。可怜风物还依旧，曾见吴王六马来”（宋·杨备《夏驾湖》）。“吴王城西夏驾湖，至今草木青扶疏。想见吴王来避暑，后宫濯濯千芙蕖。酣红矗翠总殊绝，谁似西施天下无？西施醉凭水窗睡，曼衍鱼龙张水戏。月上湖头王醉醒，归舟莲炬繁如星。”（宋·郑元祐《夏驾湖》）。

明正德年间（1506—1521年），王鏊在夏驾湖城内故址建怡老园[5]；至清同治年间（1862—1875年）“多湮为民居，其半在城内者为民田，惟两水汇处犹称旧名”[6]。

1.2.2 长洲苑

长洲苑是由吴王阖闾和夫差营造的一座大型苑囿，又称“茂苑”（晋·左思《吴都赋》）。长洲苑“吴故苑名，在郡界”[7]，“通天元年（公元696年）析吴县置。取长洲苑为名。苑在县西南七十里”[8]，《吴地记》称：“在姑苏南，太湖北岸。阖闾所游猎处也。”[9]至三国时仍为吴王猎苑，“吴主遣徐详至魏，魏太祖谓详曰：‘孤比老，愿济横江之津，与孙将军游姑苏之上，猎长洲之苑，吾志足矣”[10]。唐代长洲苑已破败，仅遗迹留存，引诗人叹惋：

---

1 （宋）范成大．吴郡志（卷18）［M］．南京：江苏古籍出版社，1986：259.

2 （唐）陆广微．吴地记［M］．南京：江苏古籍出版社，1999：41.

3 夏驾湖在先秦时位于苏州西郊灵岩山一带，并不在今苏州城范围之内，属地名随迁的典型，见王稼句．纵横姑苏［M］．南京：东南大学出版社，2017：5.

4 （宋）范成大．吴郡志（卷18）［M］．南京：江苏古籍出版社，1986：259.

5 魏嘉瓒．苏州古典园林史［M］．上海：上海三联书店，2005：43.

6 （明）王鏊．姑苏志（卷33）［M］．台北：台湾学生书局，1986：461.

7 （宋）朱长文．吴郡图经续记［M］．南京：江苏古籍出版社，1986：55.

8 （唐）李吉甫．元和郡县志（卷26）［M］．文渊阁《钦定四库全书》本：18.

9 （唐）陆广微．吴地记［M］．南京：江苏古籍出版社，1999：171.

10 （唐）陆广微．吴地记［M］．南京：江苏古籍出版社，1999：171.

“吴王初鼎峙，羽猎骋雄才。辇道阊门出，军容茂苑来。山从列嶂转，江自绕林回。剑骑缘汀入，旌门隔屿开。合离纷若电，驰逐溢成雷。胜地虞人守，归舟汉女陪。可怜夷漫处，犹在洞庭隈。山静吟猿父，城空应雉媒。戎行委乔木，马迹尽黄埃。揽涕问遗老，繁华安在哉。”（唐·孙逖《长洲苑吴苑校猎》）

长洲苑繁盛之时，规模宏大，其内池水清俊、百草丰茂，“临朝夕之睿池，带长洲之茂苑”（南朝·沈约《法王寺碑文》）。吴地王公纷纷猎游其间，“兴乐石城，走犬长洲”[1]。

长洲苑虽夷漫久矣，但作为苏州历史上的胜景，其歌咏之词流传甚多，多为文人之兴亡感叹。“长洲苑外草萧萧，却算游程岁月遥。唯有别时今不忘，暮烟秋雨过枫桥”（唐·杜牧《怀吴中冯秀才》），“春入长洲草又生，鹧鸪飞起少人行”（唐·白居易《长洲苑》），“曾赏钱塘嫌茂苑，今来未敢苦夸张”（唐·白居易《登阊门闲望》），“旧苑荒台杨柳新”（唐·李白《苏台览古》），“茂苑太繁雄”（宋·孙觌《普明禅院记》），“当年胜事空陈迹，至今遗恨留沧波”（明·唐寅《长洲苑》）。

1.2.3　梧桐园

梧桐园，在吴县东南阖闾吴宫。《吴越春秋·夫差内传》载，吴王夫差伐齐出胥门，过姑胥台，“忽昼假寐于姑胥之台而得梦”，见“前园横生梧桐”，鼓动夫差伐齐的太宰嚭占曰“前园横生梧桐者，乐府鼓声也”；劝阻夫差伐齐的王孙骆则曰“前园横生梧桐者，梧桐心空，不为用器，但尾盲僮，与死人俱葬也”[2]，故“梧桐园”因夫差梦见梧桐而得名。后世才有梧桐园“梧桐园在吴宫，本吴王夫差园也。一名琴川，语云‘梧宫秋，吴王愁’”[3]之说。梧桐园分前园和后园，同阖闾大城一同修建而成，具有我国早期园林的特色。梧桐园内高树参天，秋蜩高鸣，绿荫匝地，“适游后园，闻秋蜩之声，往而观之”[4]。秦时，梧桐园与吴宫一同湮没于火中，“秦始皇帝十一年，守宫者照燕失火，烧之”[5]。

春秋以来，关于梧桐园的悲咏哀叹之词不断。“桐花香，桐花冷。生宫园，覆宫井。雨滴夜，风惊秋。凤不来，吴王愁”（明·高启《梧桐园》）。“碧团宫园树，曾宿朝阳凤。花开袅香霏，叶密栖纤翁。雨杂珰珮声，风生金石弄。初秋一叶飞，深宫愁已动。前园忽横生。怪入夫差梦。知非梁栋材，盲童斯俑从”（宋·周南老《梧桐园》）。“……越骑东来铁甲鸣，梧桐老矣芳园歇。惟余凉月挂疏枝，曾照当筵金屈卮。杨柳伤心枯树赋，藤芜衔恨碧云墀。凄凉池馆荒榛麓，幺凤不来乌啄啄。珍重龙门百尺桐，置身莫任居高覆”[6]。

---

1 （汉）赵晔．吴越春秋（卷42）[M]．南京：江苏古籍出版社，1986：48.
2 （汉）赵晔．吴越春秋（卷5）[M]．南京：江苏古籍出版社，1986：59-60.
3 （宋）范成大．吴郡志（卷18）[M]．南京：江苏古籍出版社，1986：105.
4 （汉）赵晔．吴越春秋（卷5）[M]．南京：江苏古籍出版社，1986：67.
5 （汉）袁康．越绝书（卷2）[M]．北京：中华书局，2020：25.
6 魏嘉瓒．苏州古典园林史引吴趋访古录[M]．上海：上海三联书店，2005：44.

1.2.4 消夏湾

一作“销夏湾”因“在太湖洞庭西山之趾山，十余里绕之，旧传吴王避暑处。周廻湖水一湾，水色澄彻，寒光逼人，真可销夏也”[1]，故得此名。

消夏湾“四面峰峦交萃，独以一面受太湖，中虚如抱瓮，其南列门阙焉”（明·蔡羽《消夏湾记》），呈青山抱湖的格局。“中多菱芡蒹葭，烟云鱼鸟，别具幽致”（清·徐崧《百城烟水》）。“游人放棹其间，纳凉延爽。三面峰环，一门水汇。花香云影，浩月澄波，真是绝尘胜境”（清·袁学澜《消夏湾并序》）。

作为吴王避暑的离宫，消夏湾享有盛名，历代文人纷纷赋诗咏其胜景。“蓼汀枫渚故离宫，一曲清涟九里风。纵有暑光无着处，青山环水水浮空”（宋·范成大《消夏湾》）。“洞庭真人居，翠岫多清风。吴王使霸气，避暑此离宫。崖断缘入水，乘流玩无穷。朝暮一轩楹，开折千光容。追凉竞歌舞，日仄山云中”（明·史弱翁《消夏湾》），“千山翫迴转，双闞开嶙峋”（明·王宠《入消夏湾》）。

1.2.5 姑苏台

“胥门外有九曲路，阖庐造以游姑胥之台，以望太湖，中窥百姓，去县三十里”[2]。姑苏台是吴国著名的宫苑，“阖闾十一年（公元前504年），起台于姑苏山”[3]。姑苏台因山为台，联台为宫，规模巨大，华丽壮观，“阖闾造，经营九年始成。其台高三百丈，望见三百里外，作九曲路以登之”[4]，“越绝书曰：阖闾起姑苏台，三年聚材，五年乃成”[5]，吴王夫差“复高而饰之”[6]。姑苏台除了依山近水的美丽景色供其享受外，实际上是进退两宜的军事要塞，在姑苏台上随时可以监视越国方面的一切举动，太湖中停泊着我国古代规模最大的战舰——艅艎号，吴王“秋冬治城中，春夏治姑胥之台”[7]。所以，夫差十四年（公元前428年），越王伐吴，首先“烧姑胥台，徙其大舟”[8]。至秦汉之时，姑苏台仍可登临观览，秦始皇“因奏吴，上姑苏台”[9]，司马迁“上姑苏，望五湖”[10]；唐代文人多哀其荒芜，可见此时台已荒凉冷落，仅遗迹尚存；迨至宋朝，台已渺然难寻，至今亦难定其所在，“而今人殆莫知其处。尝欲披草莱

---

1 （宋）范成大. 吴郡志（卷18）[M]. 南京：江苏古籍出版社，1986：250.
2 （汉）袁康. 越绝书（卷2）[M]. 北京：中华书局，2020：33.
3 （宋）范成大. 吴郡志（卷8）[M]. 南京：江苏古籍出版社，1986：100.
4 （唐）陆广微. 吴地记[M]. 南京：江苏古籍出版社，1999：38.
5 （汉）袁康. 越绝书（卷2）[M]. 北京：中华书局，2020：33.
6 （宋）范成大. 吴郡志（卷8）[M]. 南京：江苏古籍出版社，1986：100.
7 （汉）袁康. 越绝书（卷2）[M]. 北京：中华书局，2020：23.
8 （汉）赵晔. 吴越春秋（卷5）[M]. 南京：江苏古籍出版社，1986：68.
9 （汉）袁康. 越绝书（卷8）[M]. 北京：中华书局，2020：179.
10 （汉）司马迁. 史记（卷29）[M]. 北京：中华书局，2007：753.

以访之，未能也”[1]，“与客登苏台，山顶正平，有坳堂藓石可列坐。相传为吴故宫闲台别馆”（宋·范成大《水调歌头》）。

台虽已不存，但从后世的描述中仍可窥之旧貌一二，其用材饰装“神材异木，饰巧穷奇，黄金之楹，白壁之楣，龙蛇刻圆，灿灿生辉”（宋·崔鹨《姑苏台赋》）。得后世之称颂“虽楚‘章华’未足比也”[2]。

后世关于姑苏台的诗词多为兴亡感慨之句，“忆昔吴王争霸日，歌谣满耳上苏台。三千宫女看花处，人静台空花自开”（宋·陈羽《姑苏台览古》），“南宫酒未销，又宴姑苏台。美人和泪去，半夜阊门开。相对正歌舞，笑中闻鼓鼙。星散九重门，血流十二街。一去成万古，台尽人不回。时闻野田中，拾得黄金钗！”（唐·曹邺《姑苏台》）。“故国荒台在，前临震泽波。绮罗随世尽，麋鹿古时多。筑用金鎚力，摧因石鼠窠。昔年雕辇路，唯有采樵歌”（唐·刘禹锡《姑苏台诗》）。其中最著名的当数李白的《苏台览古》：“旧苑荒台杨柳新，菱歌高唱不胜春。只今唯有西江月，曾照吴王宫里人”。

童寯在《江南园林志》曰：

“楚灵王之章华台，吴王夫差之姑苏台，假文王灵台之名，开后世苑囿之渐。非用以观象，而用以宴乐。”[3]

1.2.6 馆娃宫

馆娃宫始建于夫差十一年（公元前485年），位于灵岩山巅，唐时《吴地记》称：“东二里有馆娃宫，吴人呼西施作娃，夫差置，今灵岩山是也。”[4] 宋时《吴郡志》称：“今灵岩寺即其地也”[5]，相传夫差为取悦西施而建的一座规模宏大的宫苑，《述异记》认为其或为姑苏台内的一组建筑，“上别立春宵宫，为作长夜之饮。造千石酒锺。夫差作天池，池中造青龙舟，舟中盛陈妓乐，日与西施为水嬉。吴王于宫中作海灵馆、馆娃阁，铜沟玉槛，宫之楹槛，皆珠玉饰之”[6]。宫建成后夫差常“幸乎馆娃之宫，张女乐而娱群臣。罗金石与丝竹，若钧天之下陈。登东歌，操南音。胤阳阿，咏靺任。荆艳楚舞，吴愉越吟。翕习容裔，靡靡愔愔”（晋·左思《吴都赋》）。其损毁的时间在史书上暂无明确记载，从白居易《题灵岩寺》“娃宫屧廊寻已倾”可知，唐时馆娃宫已倾倒湮没，但至今仍有遗迹残存。

馆娃宫伫立灵岩山巅，“山顶有三池，曰月池、曰砚池、曰玩华池，虽旱不竭，其中有水葵甚美，盖吴时所凿也。山上旧传有琴台，又有响屧廊，或曰鸣屧廊，以鞭梓藉其地，西

---

1 （宋）朱长文．吴郡图经续记（卷中）[M]．南京：江苏古籍出版社，1986：42.

2 （宋）朱长文．吴郡图经续记（卷中）[M]．南京：江苏古籍出版社，1986：42.

3 童寯．江南园林志[M]．北京：中国建筑工业出版社，1984：21.

4 （唐）陆广微．吴地记[M]．南京：江苏古籍出版社，1999：68.

5 （宋）范成大．吴郡志（卷8）[M]．南京：江苏古籍出版社，1986：104.

6 《述异记》为较早记述馆娃宫的文献，但有文学修辞的成分。见（梁）任昉．述异记（卷上）．文渊阁《钦定四库全书》本：8.

子行则有声，故以名云”[1]，其内池沼清丽，花木交映，夫差与西施常于池边玩乐，有诗云：“曾开鉴影照宫娃，玉手牵丝带露华。今日空山人自汲，一瓶寒供佛前花”（明·高启《吴王井》）。山顶置“琴台”，传是西施操琴之处，“琴台下有大偃松，身卧于地，两头崛起，交荫如盖，不见根之所自出。吴人以为奇赏。比年雷震，一枝已瘁”[2]。后世梁简文帝以诗咏之：“芜阶践昔径，复想鸣琴游。音容万春罢，高名千载留。弱枝生古树，旧石染新流。由来递相叹，逝川终不收”（南朝·萧纲《登琴台》）。琴台旁响屧廊曲折蜿蜒，“相传吴王令西施辈步屧，廊虚而响，故名。今寺中以圆照塔前小斜廊为之。白乐天亦名鸣屧廊”[3]，“响屧廊中金玉步，采蘋山上绮罗身”（唐·皮日休《馆娃宫怀古》）。

馆娃宫的具体风貌史书无载，但后世的诗词歌赋中却描述众多，或赞其美景“馆娃南面即香山，画舸争浮日往还。翠盖风翻红袖影，芙蓉一路照波间”（宋·杨备《采香径》）；或感慨兴亡“苎萝山女入宫新，四壁黄金一笑春。步辇醉归香径月，隔江还有卧薪人”（宋·林景熙《馆娃宫赋》）。“峰顶曾闻置别宫，艳歌娇舞欲无穷。美人一去碧云冷，行客独来山殿空。香泾落花春度曲，古廊依树夜鸣风。登临漫为勾吴感，旧馆荒台处处同”（清·尤怡《馆娃宫》）。“珠翠簇来，居玉堂而泬洞；笙簧拥出，登绮席以逶迤……遗堵尘空，几践群游之鹿；沧洲月在，宁销怒触之涛”（唐·黄滔《馆娃宫赋》）。

---

1 （宋）朱长文. 吴郡图经续记［M］. 南京：江苏古籍出版社，1986：43.
2 （宋）范成大. 吴郡志（卷15）［M］. 南京：江苏古籍出版社，1986：209.
3 （宋）范成大. 吴郡志（卷8）［M］. 南京：江苏古籍出版社，1986：106.

1.3 小结

春秋至秦汉时期，苏州地区的风景园林营造活动主要集中于春秋末期的吴国和汉时吴王刘濞时期。这一时期的风景园林营造数量较多、规模宏大，王家苑囿到避暑行宫皆备，私家园林亦有滥觞。由于实物遗址和史志记载的缺乏，无法进一步解析这些风景园林营造，但春秋至秦汉的吴王宫苑都择址在自然风景优美的山林泽畔，宫苑为自然山水增添了历史和人文美，而自然山水为宫苑提供了天地之大美，并对后世苏州风景园林产生了深远影响。

第2章

六朝时期

2.1 概述

2.1.1 时代背景

六朝时期（公元220—581年）承汉启唐，是中国经济、文化中心南移的重要过渡阶段。三百六十余年间，孙吴、东晋、刘宋、齐、梁、陈六个朝代先后建都于建康（今南京），史称六朝。这一时期，吴郡从秦汉的边远郡城转变为割据政权的都城。兴平二年（公元195年），孙策部将朱治攻占吴郡，孙策初创时建都于此，以吴郡四姓为辅佐，经略四方，奠定了三分天下的基础。晋武帝太康元年（公元280年）孙吴政权灭亡，分天下为十六州，吴郡属扬州。南朝宋、齐、梁、陈时期，虽吴县仍为吴郡郡治，但吴郡辖区逐渐缩小。

南朝时期，中国北方战乱频繁，南方亦政权更迭不断，但社会相对安定，因而吴郡经济、文化迅速发展。在经济方面，孙吴政权时期，先后多次在吴郡开拓太湖流域水网、围垦湖田和兴修水利，促进了吴郡农业发展。同时开凿了破冈渎，沟通了建业至吴郡、会稽间的水路，与其他水路和海运交通形成了以吴郡为中心的大湖流域交通体系。西晋末年北方五胡乱华，持续的战乱导致北方士族大规模南迁，带来了北方先进的农耕技术，促进了吴郡生产力的发展。在文化方面，六朝时期，朱、张、顾、陆吴郡四姓的世家大族的崛起和外来文化的影响带来了经学、玄学、地志、文学和艺术等方面的突出成就。经学方面有陆绩的《周易》《太玄》注释、皇侃的《论语义疏》、顾启期的《娄地记》、陆凯的《吴先贤传》、顾微的《吴县记》、顾野王的《舆地志》等；文学方面有陆机的《辨亡论》和《吊魏武帝文》、左思的《吴都赋》及南朝吴均的《吴城赋》等；艺术方面有陆机的《平复帖》、陆探微和张僧繇的绘画、戴逵父子的雕塑等；宗教方面，南北朝时动荡的时局和朝不保夕环境使佛教、道教在江南地区迅速发展，吴郡地区同样寺观林立，名僧高道辈出，据考六朝时吴郡有寺院76座，名僧89人，道馆6处[1]。在意识形态领域，除在以佛道宗教满足精神需求之外，栖身于山林之中的“栖迟隐逸”亦是这一时期士人流行的生活方式。寄情于自然山水中的远离尘世，使当时士人产生了通过山水诗、山水画以描述和赞美自然风景的意趣，“有若自然”逐渐成为园林营造审美追求。

2.1.2 营造活动

六朝时期经济、文化和宗教在吴郡地区的繁荣，为风景园林营造活动提供了极有利的基础，从而促进了苏州地区山居别墅园和寺观园林的兴起。六朝时，吴郡的世家大族拥有部曲和佃客等大量依附人口，以及大量的庄园。这些世家均是“势利倾于邦君，储积富乎公

1 孙旺中，刘丽. 苏州通史：秦汉至隋唐卷［M］. 苏州：苏州大学出版社，2019：268-275.

室……僮仆成军，闭门为市，牛羊掩原隰，田池布千里”，形成了“金玉满堂，妓妾溢房，商贩千艘，腐谷万庾”的富足生活，因而造就了“园囿拟上林，馆第僭太极”[1]的别墅园。如东晋时的司徒王珣和司空王珉兄弟在虎丘兴建大型别业，依山而筑，几乎将虎丘包裹，当时名士戴逵曾在此“游处积旬”[2]。又如刘宋时张裕曾在吴郡西郊华山别墅,《宋书》载“经始本县之华山以为居止，优游野泽，如此者七年”[3]，颇具规模。在别墅园外，吴郡城市中的私园在南朝时期也有长足的发展，如梁朝卫尉卿陆僧瓒、刺史顾彦先等在城内的府宅，规模宏大，竹木山水皆具，环境优雅[4]。

同时，南朝时期佛、道的兴盛使得当时寺观建造盛极一时。除了由朝廷出资兴建和寺观外，“舍宅为寺”的做法极为流行，最早当属在孙吴时期，孙权为报母恩，于赤乌年间（公元238—251年），将母亲吴太夫人的旧舍宅辟建为寺，始称通玄寺。而吴郡四姓等世家大族也极为崇信佛教，有舍宅为寺记录的寺院极多。如顾彦先舍宅为永定寺、陆玩舍宅为灵岩山寺、陆僧瓒舍宅为重元寺，陆杲舍宅为龙光寺、陆襄舍宅为流水寺、陆杲舍宅为龙光寺、朱明舍宅为朱明寺、张融舍宅为宴圣寺、张岱舍宅为禅房寺，此外，还有王珣、王珉兄弟舍宅建造了虎丘东、西二寺及景德寺，何准也舍宅建造了般若寺等[5]。南朝时期的佛教寺院并无定制，而士族官僚的主人在舍宅之后仍在此修行，因而园宅中山水和花木环境也随之成为寺院中的一部分，始成早期寺观园林的肇始。

2.1.3 人文纪事

南朝时期，江南地区私家园林和皇家宫苑的建造兴盛，因而吴郡亦有张永、孙玚和茹皓等造园名家出现。张永出身于吴郡四姓中的张氏，其父张裕曾在吴郡西郊华山建有别业。元嘉二十三年（公元446年），宋文帝刘义隆命张永兼作造园大匠，“造华林园、玄武湖，并使永监统。凡所制置，皆受则于永。永既有才能，每尽心力”[6]，因而使华林园和玄武湖成为名留于史的著名皇家园林。孙玚为陈代吴郡人，亦是当时的造园名家，其住宅极为别致，史载“其自居处，颇失于奢豪，庭院穿筑，极林泉之致，歌钟舞女，当世罕畴，宾客填门，轩盖不绝”，他还曾“合十余船为大舫，于中立亭池，植荷芰，每良辰美景，宾僚并集，泛长江而置酒，亦一时之胜赏焉”[7]。茹皓是北魏时期造园名家，为“旧吴人也”。少时因“有姿貌，谨惠”，北魏宣武帝元恪时“领华林诸作。皓性工巧，多所兴立。为山于天渊池西，采掘北

1 （晋）葛洪. 抱朴子外篇（卷34）吴失［M］. 北京：中华书局，1954：160.

2 （唐）房玄龄，等. 晋书（卷94）戴逵传［M］. 北京：中华书局，1954：2458.

3 （南朝）沈约. 宋书（卷53）张茂度传附张永传［M］. 北京：中华书局，1974：1510.

4 据《吴郡志》《吴郡图经续记》等历史文献记载，六朝时期苏州最早记载的园林为辟疆园，但据王稼句在《石崇与石湖》中考证：“石崇园墅乃苏州早期私家园林之一，早于城内辟疆园至少五十年。”赵江华博士在《〈石湖志〉和〈石湖志略〉的史料价值探析》一文中持有同样的观点，并认为只是有精神洁癖的苏州人不愿提及石崇，遂鲜为人知。见王稼句. 读园小集［M］. 苏州：古吴轩出版社，2020：8和赵江华所作《〈石湖志〉和〈石湖志略〉的史料价值探析》（未刊稿）。

5 孙旺中，刘丽. 苏州通史：秦汉至隋唐卷［M］. 苏州：苏州大学出版社，2019：270.

6 （南朝）沈约. 宋书（卷53）张茂度传附张永传［M］. 北京：中华书局，1974：1511.

7 （唐）姚思廉. 陈书（卷25）孙玚传［M］. 北京：中华书局，1972：321.

邛及南山佳石，徙竹汝颍，罗莳其间，经构楼馆，列于上下，树草栽木，颇有野致。世宗心悦之，以时临幸”[1]，可见茹皓的才能。

2.2 私家园林

2.2.1 顾辟疆园

辟疆园园主即顾辟疆，园址今已不可考，史书记载中说法颇多，有两种说法，一说“大觉禅林，在西美巷，晋顾氏辟疆园地也。明况太守寓此，掘得晋石刻，因辟辟疆馆，勒碑记其迹”（清·张紫琳《红兰逸乘》）；二是“辟疆园，实在潘儒巷，郡署东偏”[2]。相关记载最早出现在《世说新语》：“王子敬自会稽经吴，闻顾辟疆有名园。先不识主人，径往其家。”[3]园始建于东晋，“唐时犹在”[4]，后易主唐代任晦，元代为潘元绍别业，明初易主潘时用，后又属徐氏、毛氏，最后废为民居[5]。其在后世享有“吴中第一私园”的美誉，被称为“池馆林泉之胜，号吴中第一”[6]。

顾辟疆园初建时以竹为胜，房玄龄《晋书》卷八十载“吴中一士大夫家，有好竹，欲观之，便造竹下，讽啸良久，主人洒扫请坐，徽之不顾，将出，主人乃闭门。徽之便以此赏之，尽欢而去”。唐代诸多文人赋诗赞其碧竹清池，嶙峋怪石，如“柳深陶令宅，竹暗辟疆园”（唐·李白《留别龚处士》）。又如“辟疆旧林间，怪石纷相向。绝涧方险寻，乱岩亦危造”（唐·陆羽《句》）。再如“吴之辟疆园，在昔胜概敌。前闻富修竹，后说纷怪石。风烟惨无主，载祀将六百。草色与行人，谁能问遗迹。不知清景在，尽付任君宅。却是五湖光，偷来傍檐隙。出门向城路，车马声辅铄。入门望亭限，水木气岑寂。犨墙绕曲岸，势似行无极。十步一危梁，乍疑当绝壁。池容淡而古，树意苍然僻。鱼惊尾半红，鸟下衣全碧。斜来岛屿隐，恍若潇湘隔”（唐·陆龟蒙《奉和袭美二游诗》）。或是“入门约百步，古木声霎霎。广槛小山欹，斜廊怪石夹。白莲倚阑楯，翠鸟缘帘押。地势似五泻，岩形若三峡”（唐·皮日休《二游诗·任诗》）。

2.2.2 戴颙宅园

戴颙是刘宋时期的名士，早年随父客居浙江剡县，后卜居苏州，“士人共为筑室，聚

1 （北朝）魏收. 魏书（卷93）恩幸·茹皓传[M]. 北京：中华书局，1974：2000-2001.
2 （清）顾震涛. 吴门表隐（卷2）[M]. 南京：江苏古籍出版社，1999：21.
3 （宋）刘义庆. 世说新语[M]. 北京：中华书局，2009：202.
4 （宋）朱长文. 吴郡图经续记（卷下）[M]. 南京：江苏古籍出版社，1986：62.
5 魏嘉瓒. 苏州古典园林史[M]. 上海：上海三联书店，2005：89.
6 （宋）范成大. 吴郡志（卷14）[M]. 南京：江苏古籍出版社，1986：168.

石引水，植林开涧，少时繁密，有若自然。三吴将守及郡内衣冠，要其同游野泽，堪行便去，不为矫介，众论以此多之”[1]，即成戴颙宅园。后戴颙移居镇江，舍半宅为寺。唐乾元年间（公元758—760年）扩建更名为乾元寺。唐时另一半宅园易主陆滂，后亦舍宅为“北禅寺”，至宋时两寺合为“大慈寺”。宋建炎四年（1130年），金兵焚掠平江城，寺宇俱烬[2]。

唐代文人对戴颙宅园赋诗众多，“扬州驿里梦苏州，梦到花桥水阁头。觉后不知冯侍御，此中昨夜共谁游”（唐·白居易《梦苏州水阁，寄冯侍御》），“爬搔林下风，偃仰涧中石”（唐·皮日休《北禅院避暑联句》），“连延花蔓映风廊，岸帻披襟到竹房”（唐·陆龟蒙《同袭美游北禅院》），可见其园景之美，林泉一斑。戴颙宅园具有明显的私家宅园特点，初现写意自然山水园端倪，也是苏园叠石的最早记载，使其在苏州园林史上具有重要的地位[3]。

2.3 寺观园林

2.3.1 真庆道院

“真庆道院”始建于西晋咸宁二年（公元276年），位于今苏州城中北部，唐宋时改称“开元宫”“玉清道观”“天庆观”等。宋建炎年间（1127—1130年）因战火被毁；宋绍兴年间（1131—1162年）重构增建。元朝元贞元年（1295年）更名“玄妙观”；明清时又相继改称“正一丛林”与“圆妙观”。[4]

“真庆道院”是少数建于闹市中的大型道观建筑群，宋时观内楼宇林立，蔚为壮观，“兵火前，栋宇最为壮丽”[5]。宋绍兴十六年（1146年），郡守王映重建两廊，“召画史工山林、人物、楼橹、花木各专一技者，分任其事，极其工致”[6]。现观内存有大量古碑，如老君像石刻，为唐吴道子绘像，唐玄宗题赞，颜真卿书等[7]。元代“翚飞丹拱檐牙，高耸于层霄；兽啮铜环铺首，辉煌于朝日”（元·赵孟頫《玄妙观重修三门记》），可见当时观内建筑之华丽雄伟。自宫观建成，文人诗赋不断，如“榴皮书壁走龙蛇，池上芭蕉又见花”（元·吴全节《玄妙观》），“啼鸟数声风习习，碧桐阴下立多时”（明·陈继《过玄妙观》）等。

---

1 （宋）朱长文. 吴郡图经续记（卷下）[M]. 南京：江苏古籍出版社，1986：62.
2 魏嘉瓒. 苏州古典园林史[M]. 上海：上海三联书店，2005：95.
3 魏嘉瓒. 苏州古典园林史[M]. 上海：上海三联书店，2005：93-94.
4 魏嘉瓒. 苏州历代园林录[M]. 北京：燕山出版社，1992：23.
5 （宋）范成大. 吴郡志（卷31）[M]. 南京：江苏古籍出版社，1986：460.
6 （宋）范成大. 吴郡志（卷31）[M]. 南京：江苏古籍出版社，1986：460.
7 魏嘉瓒. 苏州历代园林录[M]. 北京：燕山出版社，1992：23.

2.3.2 虎丘山寺

虎丘山寺，又称云岩寺，始建于咸和二年（公元327年），“在长洲西北九里虎丘山”[1]“其山本晋司徒王珣与弟司空王珉之别墅，咸和二年，舍山宅为东西二寺，立祠于山”[2]。最初名虎丘山寺，位于虎丘山下。隋仁寿中（公元601—604年），建虎丘塔。唐时为避李虎（唐高祖李渊祖父）之讳，改名为“武丘报恩寺”。“盖自会昌废毁，后人乃移寺山上”[3]。五代时期周显德六年（公元959年）重构虎丘塔，建隆二年（公元961年）建成。元至道年间（公元995—997年）重修时更名“云岩禅寺”，塔名也改为“云岩寺塔”。后几经焚毁，多次重建[4]。

寺与虎丘山呈寺包山的格局，“山在寺中，门垣环绕，包罗胜概”（元·高德基《平江记事》）。从历代文人的诗中亦可窥其格局，如“入门见藏山”（唐·皎然《奉陪陆使君长源、裴端公枢春游东西武丘寺》），“山在寺中心”（唐·白居易《题东虎丘寺六韵》），“尽把好峰藏院里，不教幽景落人间”（宋·王禹偁《游虎丘山寺》），或是“出城先见塔，入寺始登山”（宋·方仲荀《虎丘》）云云。宋代云岩寺被列为“五山十刹”之一，寺貌雄伟，“寺之胜，闻天下，四方游客过吴者，未有不访焉”[5]。

“寺中有御书阁、官厅、白云堂、五圣台，登览胜绝。又有陈谏议省华、王翰林禹偁、叶少列参、蒋密直堂真堂。寺前有生公讲堂，乃高僧竺道生谈法之所。旧传生公立片石以作听徒，折松枝而为谈柄。其虎跑泉、陆羽井，见存。比岁，琢石为观音像，刻经石壁。”[6]

寺内建筑多为后世增建，诸如“千佛阁”“转轮大藏殿”“土地堂”“水陆堂”“罗汉堂”“伽蓝堂”“大士庵”“天后宫”“花神庙”等堂宇以及“悟石轩”“千人石”“憨憨泉”“枕头石”“石观音殿”“断粱殿”“小吴轩”等巧构。云岩寺塔屹立山顶，为仿木结构的楼阁式砖塔，因最初塔基建在南高北低的石坡土层上，故导致后来塔基局部沉降，塔身倾斜[7]。

宋王随曾赋文《虎丘云岩寺记》赞其美景：

“粉垣回缭，外莫睹其崇峦；松门郁深，中迥藏于嘉致……若乃层轩翼飞，上出云霓，华殿山屹，旁碍星日；景物清辉，寮宇岑寂。千年之鹤多集，四照之花竞坼。垂组飘缨之彦，靡不登临；达心了义之人，终焉宴息。允所谓浙右之壮观，天下之灵迹者矣。”

1 （宋）朱长文. 吴郡图经续记（卷中）[M]. 南京：江苏古籍出版社，1986：35.
2 （唐）陆广微. 吴地记[M]. 南京：江苏古籍出版社，1999：65.
3 魏嘉瓒. 苏州历代园林录[M]. 北京：燕山出版社，1992：25-26.
4 魏嘉瓒. 苏州历代园林录[M]. 北京：燕山出版社，1992：25-26.
5 （宋）范成大. 吴郡志（卷32）[M]. 南京：江苏古籍出版社，1986：484.
6 （宋）朱长文. 吴郡图经续记（卷中）[M]. 南京：江苏古籍出版社，1986：35.
7 魏嘉瓒. 苏州历代园林录[M]. 北京：燕山出版社，1992：26-30.

2.3.3 秀峰寺

秀峰寺，“在灵岩山”[1]，是东南著名丛林“十方造佛之大道场”（清·释纪荫《灵岩纪胜序》）。东晋元熙二年（公元420年），司徒陆玩筑别业于此，后舍宅为寺，初名“秀峰寺”。梁天监二年（公元503年），寺院重构，加建佛塔，一说“梁天监中，始置寺”[2]；唐时改称“灵岩寺”，塔亦更名。宋时称“韩世忠功德寺”，后改“显亲崇报禅院”。以后时毁时建，几多变迁[3]。“越唐宋元明清以迄于今，时或辉煌金碧，又或蔓草荒烟，迭著迭微，随倒随起”（清·释殊致《叙诸圣师传说》）。

唐以前，“此寺占故宫之境，景物清绝，旧乃律居，不能兴葺，徒长纷讼”[4]，有诗曰：“始入松路永，独忻山寺幽。不知临绝槛，乃见西江流。地疏泉谷狭，春深草木稠”（唐·韦应物《游灵岩寺》）。唐时宰相陆象先因寺中传说“梁天监中置，既经一纪，忽有异人于殿隅画一僧相。俄而梵僧见之，曰：‘此智积菩萨也’。化形随感，灵应甚多。”（宋·朱长文《吴郡图经续记》）寺建有智积菩萨殿、涵空阁、象先亭等建筑，后皆废毁。寺塔因塔上每个窗洞都供有石佛一尊，故又称“多宝佛塔”，在后世多次遭毁并重修。塔南是法华钟楼，后世成为木渎八景之一的“灵岩晚钟”。

灵岩寺“丛林之盛，为东南之冠”（宋·孙觌《智积菩萨殿说》），历代赋诗者甚多。如“上耸地以千仞，塔拔山而九层。巍巍下瞰于娑婆，杳杳平观于寥泬。才疑涌出，或类飞来。如日之升，无远弗届。可以高擎天盖，可以久镇地舆”（五代·孙承祐《新建砖塔记》），又如“衮衮波涛漠漠天，曲阑高栋此山颠。置身直在浮云上，纵目长过去鸟前。数杵秋声荒苑树，一帆暝色太湖船。老僧不识兴亡恨，只向游人说往年”（明·高启《登涵空阁》），再如“吴王宫作空山寺，历历钟声万壑中。入夜每和鸣涧雨，凌空常带渡溪风。销沉不去峨嵋恨，唤起当前昏帐空，只有斜阳听得惯，千回任汝逐西东”（清·叶燮《听灵岩钟声》）。

2.4 小结

六朝时期，在魏晋以自然审美为主导的审美思潮下，苏州的风景园林营造呈现出新的历史格局：官僚和贵族营造的私家园林在造园要素上呈现出山水、花木和建筑的完备性，造园也以“有若自然”的天然和优雅为要旨，深刻地影响着后世的私家园林的创作。寺观园林也由萌发至兴盛，尤其是世家豪族舍宅为寺的时代风尚，使寺院和道观从初始时期就呈现出园林化和风景化的倾向。

---

1 （宋）朱长文. 吴郡图经续记（卷中）[M]. 南京：江苏古籍出版社，1986：37.

2 （宋）朱长文. 吴郡图经续记（卷中）[M]. 南京：江苏古籍出版社，1986：37.

3 魏嘉瓒. 苏州历代园林录 [M]. 北京：燕山出版社，1992：39.

4 （宋）朱长文. 吴郡图经续记（卷中）[M]. 南京：江苏古籍出版社，1986：37.

第3章

隋唐

3.1 概述

3.1.1 时代背景

公元581年，隋王朝建立。公元589年，隋将宇文述攻占吴州，以城西姑苏山之故易名为苏州。至隋炀帝杨广，开凿了大运河，沟通南北，推动了江南经济、文化的大发展。隋唐时期的苏州，经济极为繁荣，“强家大族，畴接壤联，动涉千顷，年登万箱”（宋·刘允文《苏州新开常熟塘碑铭》）。唐中期最为繁盛，有“八门、六十坊、三百桥、十万户，为东南之冠”（宋·孙规《普明禅院记》），成为江南商业中心的雄州：“甲郡标天下，环封极海滨。版图十万户，兵籍五千人”（唐·白居易《郡斋偷闲走笔》），白居易在《苏州刺史谢上表》中说：“当今国用，多出江南；江南诸州，苏最为大，兵数不少，税额至多。”[1]唐代安史之乱时期，北方战乱不休，大量的人口逐渐南迁，形成了“多士奔吴，为人海”[2]的景象，吴地的经济更趋繁盛。隋唐推行均土田制，地主庄园是这一时期的典型经济模式，因而产生了大量的“庄”“别墅”和“山居”为名的私家园林。在长安一带有郭子仪的“城南庄”、裴度的“午桥庄”、王维的“辋川别业”、李德裕的“平泉庄”和司空徒的“王官谷庄”等[3]。

隋唐时期，苏州地区的文学艺术方面盛极一时。在诗词方面，韦应物、白居易、刘禹锡等文人先后做苏州刺史，因而有“苏州刺史例能诗”（唐·刘禹锡《白舍人曹长寄新诗，有游宴之盛，因以戏酬》）之说。而诗人王昌龄、李白、杜甫、张继、杜牧、罗隐、陆龟蒙、皮日休等都先后在苏州游历或寓居，留下了《枫桥夜泊》等著名诗篇。在书法方面，陆柬之、陆彦远、张旭、张从中等书法大家在苏州留下不少传世名作。雕塑方面，被后世称之为“塑圣”的杨惠之在苏州亦有作品传世，据传角直保圣寺的塑壁即是他所作（一说为宋塑）。

在时代风尚方面，盛唐时期，佛学与儒家呈现出合流的趋势。“直指人心，见性成佛”的南禅盛行于士林，其时的文人不必遁世于山林去悟道，而居于朝市中筑池植木，优游山林。这一时期，苏州呈现出游览山林和寺观的风尚。位于郡郊的虎丘山，因其“山嵌錾，石林玲珑，楼雉叠起，绿云窈窕，人者忘归”[4]，因而成为游览胜地。白居易、李绅，刘禹锡、李商隐、罗隐等均多次在虎丘题诗，形成了“归来重过姑苏郡，莫忘题诗在虎丘”（唐·李频《送罗著作两浙按狱》）的文人游憩传统。而此时太湖、洞庭山等风景优美之地同样游人众多，有“苏州洞庭，杭州兴德寺，房太尉馆云：‘不游兴德，洞庭，未见山水”[5]之说。而

---

1 李锦绣. 唐代财经史稿（第5册）[M]. 北京：社会科学文献出版社，2007：49-53.

2 （唐）顾况《送宜歙李衙推八郎使东都序》，见《全唐文》卷五百二十九。

3 据唐朝张舜民《画墁录》记载，在长安“公卿近郭，皆有园池，以至樊杜数十里间，泉石占胜，布满川陆。”

4 （宋）李昉. 太平广记（卷338）通幽记·武丘寺[M]. 北京：中华书局，1961：2682.

5 （宋）李肪. 太平广记（卷471）集异记·邓元佐[M]. 北京：中华书局，1961：3877.

当时吴郡的灵岩寺、楞伽寺、开元寺、重玄寺等寺院同样是文人喜爱的游憩之地，如南阳人张祜寓居苏州时“性爱山水，多游名寺”[1]。

3.1.2　营造活动

隋唐时期，苏州园林营造较为兴盛，除南朝延续的“任晦园池”和“戴颙宅”之外，可考证的隋唐私家园林有二十处。隋朝有私家园林“孙驸马园”，唐代有孙园、韦应物在东郊唯亭所筑的山庄、陆龟蒙在临顿里的田园山庄和甪直的别业、褚家林亭、凌处士庄、颜家林园、韦承总幽居等众多园林[2]。这些园林的园主大多佚名，园景也少有记载，但在作为当时文人的诗酒唱酬之所的园林在题咏中可窥风景二三。如褚家林亭“广亭遥对馆娃宫，竹岛罗溪逶迤通。茂苑楼台低槛外，太湖鱼鸟彻池中。萧疏桂影移茶具，狼藉苹花上钓筒。争得共君来此住，便披鹤氅对西风”（唐・皮日休《褚家林亭》）园林的豪奢之气。又如“一簇林亭返照间，门当官道不曾关。花深远岸黄莺闹，雨急春塘白鹭闲”（唐・韦庄《题姑苏凌处士庄》）的凌处士庄，应是一处邻近太湖的山水之园，景物秀美而风景宜人。此外，除私家园林外，当时的高档酒肆亦喜欢营造园林，以招引宾客。如城内大酒巷中“唐时有富人修第其间，植花浚池，建水槛、风亭，酝美酒以延宾旅，其酒价颇高”[3]。

由于佛、道两教在隋唐的兴盛，苏州地区的寺观数量亦持续增长，其中《吴地记》记载并详述的寺院有七十余处，散布于城内或郊野之中，多具园林之胜。如开元寺“寺多太湖石，峰峦奇状”[4]，重玄寺有高阁可观“始见吴都大，十里郁苍苍。山川表明丽，湖海吞大荒”的吴郡城景（唐・韦应物《登重玄寺阁》），重玄寺药圃“从革纷糅，各可指名”而草木芬芳[5]，盘门外太和宫“垒起垣墉，开凿池沼，就水治槛，因高创亭，奇花移茂苑之春，怪石减洞庭之翠，纤埃不生，众卉锦茂”[6]，以及因唐代诗人张继《枫桥夜泊》诗而蜚声中外的“寒山寺”等。

3.1.3　人文纪事

隋唐时期苏州地区园林营造兴盛，但园主和造园之人名大多亡佚，而唐朝白居易是少有造园修养甚高而又留名之人。白居易幼年曾避战乱于越中，其时曾游苏、杭二地，受江南山水熏陶。他居必营园，在江州构庐山草堂，在洛阳有移植苏州莲花的白莲庄，都是典型的文

1 （元）辛文房. 唐才子传（卷6）[M]. 南京：江苏古籍出版社，1995：191-192.
2 魏嘉瓒. 苏州历代园林录[M]. 北京：燕山出版社，1992：49-52.
3 朱长文. 吴郡图经续记（卷下）往迹[M]. 南京：江苏古籍出版社，1999：60.
4 朱长文. 吴郡图经续记（卷中）寺院[M]. 南京：江苏古籍出版社，1999：32.
5 （宋）范成大. 吴郡志（卷9）古迹[M]. 南京：江苏古籍出版社，1986：115.
6 （宋）范成大. 吴郡志（卷9）古迹[M]. 南京：江苏古籍出版社，1986：115.

人园。白居易皈依南禅，因而提出了“不如作中隐，隐在留司官”[1]的“中隐”之说，成为后世文人“仕隐”的精神肇始。宝历元年（公元825年）至次年，白居易任苏州刺史仅一载，但政绩突出，尤以风景营造为甚。其中最为称道的是白居易主持开凿了阊门运河至虎丘山的山塘河，并在两旁筑堤，堤旁栽种桃李，水中植莲荷。白居易好游山水，称“吴苑四时风景好”“湖山处处好淹留”，因而灵岩山、太湖和乌鹊河等都留有诗咏，其中更是多次游憩虎丘，还曾夜宿剑池，“一年十二度，非少亦非多”（唐·白居易《夜游西武丘寺八韵》），开创了后世虎丘记游的雅事。

白居易在苏州的衙署园林风景优美，有“水色窗窗见，花香院院闻”（唐·白居易《官宅》）“水榭风来远，松廊雨过初”（唐·白居易《仲夏斋居，偶题八韵，寄微之及崔湖州》）等景色。他喜欢植物，有诗咏桂、梅、橘、柳，还曾往洛阳居所寄白莲。

此外，白居易还是太湖石赏石文化的开创者，他尤喜太湖石，收藏有“涌云石”等太湖石，并在《太湖石记》和《太湖石》《双石》诸多咏太湖石的记叙中提出了太湖石之形和神韵并赏的品石原则，其中如“盘拗秀出”“苔文护洞门”“缜润”“洞穴开皑”“厥状怪且丑”[2]等美学评价成为后世瘦、皱、漏、透、丑赏石标准的端倪。

3.2　私家园林

苏州作为唐代江南的商业中心，号为雄州。白居易称苏州“朱户千门室，丹楹百处楼”，足见唐时苏州城市繁盛。这一时期苏州涌现出众多私园，如孙园、陆龟蒙宅园、褚家林亭、韦承总幽居等，虽数量众多，但记载甚少。

3.2.1　孙园

孙园为唐时著名宅园，唐元稹称“孙园虎寺随宜看，不必遥遥羡镜湖”[3]，可见唐时孙园可以和虎丘、镜湖并提，与辟疆园媲美，其胜概可知。至明代初年，孙园已经荒废，高启《吊孙园》：“江左风流远，园中池馆平。宾客已寂寞，狐兔自纵横。秋草犹知绿，春花非昔荣。市朝亦屡改，高台能不倾。”明中后期，“今不知所在”[4]了。

1　朱金城．白居易集笺校·中隐［M］．上海：上海古籍出版社，1988：1493.

2　朱金城．白居易集笺校·太湖石记［M］．上海：上海古籍出版社，1988：3936-3937.

3　朱金城．白居易集笺校·太湖石记［M］．上海：上海古籍出版社，1988：3936-3937.

4（明）王鏊．姑苏志（卷32）［M］．台北：台湾学生书局，1986：441.

3.2.2 陆龟蒙宅园

陆龟蒙宅，“在松江上甫里。鲁望，唐相元方七世孙也，始居郡中临顿里，晚益远引深遁，居震泽旁，自号甫里先生”[1]。至宋代，胡稷言改为五柳堂，“五柳堂，胡稷言所居，在临顿里，陆龟蒙之旧址也。峄父稷言作五柳堂，至峄又取老杜‘宅舍如荒村’之句，名其居曰如村”[2]。元朝改为“大弘寺”，明正德年间，御史王献臣以寺基建拙政园[3]。

陆龟蒙宅园是城市园，但具有郊野园的景色，“有地数亩，有屋三十楹，有田奇十万步，有牛减四十蹄，有耕夫百余指。而田污下，暑雨一昼夜，则与江通色……其所居遗基尚存”[4]。园内疏篱作樯、绿槿相护、翠竹绕屋，一派田园风光，可从“皮陆”诗中窥之一二，如“一方萧洒地，之子独深居。绕屋亲栽竹，堆床手写书。高风翔砌鸟，暴雨失池鱼。暗识归山计，村边买鹿车。篱疏从绿槿，檐乱任黄茅。压酒移溪石，煎茶拾野巢。静窗悬雨笠，闲壁挂烟匏”（唐·皮日休《临顿为吴中偏胜之地陆鲁望居之不出》），又如“日好林间坐，烟萝近欲交。”（唐·陆龟蒙《袭美见题郊居十首，因次韵酬之以伸荣谢》），或是“四邻多是老农家，百树鸡桑半顷麻。尽趁清明修网架，每和烟雨掉缫车。啼莺偶坐身藏叶，饷妇归来鬓有花。不是对君吟复醉，更将何事送年华？”（唐·陆龟蒙《奉和夏初袭美见访题小斋次韵》）。

3.3 寺观园林

3.3.1 寒山寺

寒山寺，“距州西南六七里，枕漕河，俯官道……”（宋·孙觌《枫桥寺记》），“《府志》载寺起梁天监间，所谓‘妙利普明塔院’是也。语本《吴郡图经》，而《图经》不言其经始”（清·陆钟琦《重修寒山寺记》）。唐时“希迁禅师于此创建伽蓝，遂额曰‘寒山寺’”（明·姚广孝《寒山寺重兴记》）。宋时寒山寺曾改称枫桥寺、普明禅院，在《平江城图》中有载，但后世多次遭毁并重构增建。

---

1 （宋）朱长文. 吴郡图经续记（卷中）[M]. 南京：江苏古籍出版社，1986：62.

2 （宋）范成大. 吴郡志（卷14）[M]. 南京：江苏古籍出版社. 1986：197.

3 魏嘉瓒. 苏州历代园林录[M]. 北京：燕山出版社. 1992：50.

4 （明）王鏊. 姑苏志（卷32）[M]. 台北：台湾学生书局，1986：441.

寺属城郊寺庙，因其位置靠近运河，故其入口设在靠运河一侧，形成了其独特的坐东朝西的平面格局。宋以前的寒山寺就以钟声闻名，如“古寺寒山上，远钟扬好风。声余月树动，响尽霜天空，永夜一禅子，泠然心境中”（唐·皎然《闻钟》），又如唐张继的《枫桥夜泊》：“月落乌啼霜满天，江枫渔火对愁眠。姑苏城外寒山寺，夜半钟声到客船”。宋绍兴四年（1134年），寒山寺由主持法迁修缮一新，“寺有水陆院，严丽靓深，龙象所栖，升济幽明，屡出灵响，尤为殊胜”（宋·孙觌《枫桥寺记》）。此后，历代文人的歌咏之声不绝，如“吴门多精蓝，此寺名尤古。距城七里余，冠盖目旁午。斜径通采香，远岫对栖虎。岩扉横野桥，塔影落前浦。霜楼鸣晓钟，夕舸轧双舻。方丈中有人，学佛洞禅语。迹忙心已闲，道乐行弥苦。不为喧所迁，意以静为主。何必深山林，峰峦绕轩户”（宋·张师中《寒山寺》）。又如“孤塔临官道，三门背运河”（元·汤仲友《游寒山寺》）。

3.3.2 开元寺

开元寺，始建于三国吴赤乌二年（公元239年），原称通玄寺，“吴大帝孙权吴夫人舍宅置”[1]。隋开皇九年（公元589年）废寺，唐贞观二年（公元628年）重兴，开元二十六年（公元738年）诏令改名为开元寺。开元寺在唐时即为士人喜游的胜景，其寺殿“梁柱栾楹之间，皆缀珠玑，饰金玉，莲房藻井，悉皆宝玩，光明相辉，若辰象罗列也”[2]。景色则更佳，李绅《开元寺》序及诗中也讲到开元寺“寺多太湖石，有峰峦奇状者”“十层花雨真毫相，数仞峰峦闷月扉”“坐隅咫尺窥岩壑，窗外高低辨翠微”。韦应物《游开元精舍》则有“果园新雨后，香台照日初”“绿阴生昼静，孤花表春馀”的诗句，皮日休《开元寺客省早景即事》载：“园锁开声骇鹿群，满林鲜箨水犀文。森森竞泫林梢雨，樱樱争穿石上云”。陆龟蒙《奉和袭美开元寺客省早景即事次韵》载：“水榭初抽寥演思，竹窗犹挂梦魂中”。可见唐时开元寺建筑富丽堂皇、园林假山多姿、花木葱郁、果树繁多、鹿鸣林中的优美景色。

1 （唐）陆广微．吴地记［M］．南京：江苏古籍出版社，1999：91.

2 （宋）朱长文．吴郡图经续记（卷中）［M］．南京：江苏古籍出版社，1986：32.

3.4 小结

隋唐时期苏州地区的私园虽然只有二十处，但论其数量已远远超过两汉魏晋南北朝。这些园林在城市和郊野各有分布，山水意趣和田园风光的趋向明显。尤其是白居易“中隐”思想在文人中的流行，使这一时期的造园呈现出淡雅出世的隐逸之风。这些文人化的造园思想和意蕴，是宋代文人园林兴盛的基础。同时，宗教的世俗化使许多宗教场所成为山水名胜的点缀，而文人的题名点景又进一步促成了宗教场所的园林化，如“夜半钟声到客船”的寒山寺就因此闻名千年。此外，在造园要素方面，经白居易的歌咏，太湖石形与意的欣赏标准初现，遂成为宋代宫廷和民间造园中好石之风的肇始。

第4章

五代

4.1 概述

4.1.1 时代背景

在中国历史上，五代（公元907—960年）历时仅有五十三年，其间苏州隶属于吴越国，为中吴府，苏州五代时期就是钱氏抚吴的时代。钱镠割据苏州开始于唐昭宗乾宁三年（公元896年），九年后又接受后梁敕封，兼领镇海、镇东两军节度使，约二十年后，钱镠受封称吴越王，这期间苏州实际上为介于州郡与王国之间的半自治状态。北宋开宝八年（公元975年），改中吴军为平江军，孙承佑为节度使，苏州属江南道。太平兴国三年（公元978年），钱镠之孙吴越王钱俶向赵宋纳土称臣，苏州隶属两浙路，钱氏抚吴的历史结束。因此，钱氏政权实际统治吴越前后约八十年。

在这八十年里，中原长期战乱不宁，经历了五个朝代的政权轮替，东南吴越小国却保持了持续的和平与稳定，政治、经济、文化的发展进入了一个持续繁荣的黄金阶段。苏轼《表忠观碑》："吴越地方千里，带甲十万，铸山煮海，象犀珠玉之富，甲于天下。"[1]这背后原因大致有三个。

其一，"上有天堂，下有苏杭"，东南一带历来是鱼米之乡，是物产丰饶的富庶之地。

其二，这期间中原的中央政权因持续更迭和战乱，几十年里无暇顾及江南，客观上减少了对地方经济生产的干扰，使其得以安静持续、自在自富的发展。因此，孙觌在《枫桥寺记》说："吴人老死不见兵革，覆露生养，至四十三万家……可谓盛矣。"[2]

其三，吴越国从钱镠开始，就缺少逐鹿中原、开疆掠地的意愿，祖孙三代都奉行了和平发展的策略，最终成就了朱长文《吴郡图经续记》中所载的盛况："井邑之富，过于唐世，郛郭填溢，楼阁相望，飞杠如虹，栉比棋布，近郊隘巷，悉甃以甓。冠盖之多，人物之盛，为东南冠，实太平盛事也。"[3]

所有这些政治、经济和文化方面的背景，都为促进这一时代江南园林快速发展繁荣，奠定了重要基础。

4.1.2 营造活动

钱氏三代郡王及其亲贵皆"好治林圃"，因此，钱氏抚吴的不足一百年时间，成为苏州园林发展史上的又一黄金阶段，到了钱元璙和钱文奉代行督抚苏州时，苏州风景园林的发展甚至一举超越了中原，达到了全国领先的局面。所以，明代归有光在《沧浪亭记》中说：

---

1 （宋）苏洵，苏轼，等. 三苏文［M］. 叶玉麟，选注. 武汉：崇文书局，2014：80.

2 （宋）范成大. 吴郡志［M］. 上海：商务印书馆，1941：216.

3 （宋）朱长文. 吴郡图经续记［M］. 南京：江苏古籍出版社，1999：6-7.

“钱镠因乱攘窃，保有吴越，国富兵强，垂及四世，诸子姻戚乘时奢僭，宫馆苑囿，极一时之盛。”[1]

吴越钱氏尊崇佛教，节制东南八十余年里，兴建寺观的热情堪称空前绝后，杭州西湖的雷峰塔就是钱俶留下来的胜景之一。《吴郡图经续记》说：

“钱氏帅吴，崇尚（佛教）尤至。于是修旧图新，百堵皆作，竭其力以趋之，唯恐不及。郡之内外，胜刹相望。故其流风余俗，久而不衰。民莫不喜蠲财以施僧，华屋邃庑，斋馔丰洁，四方莫能及也。寺院凡百三十九，其名已列《图经》今有增焉。考其事迹，可书而《图经》未载者，录于此。至于湖山郊野之间所不知者，盖阙如也。”[2]

从相关文献中可知，五代时苏州城内外不仅寺观建筑大兴，而且许多郊区的寺观兴造也加快了对山水环境的开放，推进了郊外湖山之间的风景名胜区的发展。

4.1.3　人文纪事

从现存史料来看，五代期间苏州园林相关的名人事件，主要集中在钱氏及其姻亲贵戚的身上，这是一个既有地位和财力、富有文化艺术修养，也有良好道德品质的特殊人群。

《吴郡志·牧守》说：

“吴越钱元璙，字德辉，镠第四子。仪状瑰杰，梁淳化三年，以功迁苏州刺史，累授中吴建武军节度、苏常润三州团使、加检校太师、守太傅、同平章事、侍中、中书舍人、彭城郡王。治苏三十年。俭约镇靖，郡政循理。弟元瓘袭位，璙觐之宴宫中，元瓘起寿曰：“先王之位，兄宜当之，俾小子至是，皆兄推戴之力。”元璙俯伏曰：“王功德高茂，先王择贤而立，敢忘忠顺？”因相顾感泣，兄弟讫无间言。”

《吴郡志·牧守》又说：

“钱文奉，元璙之子，善骑射，能上马运槊，涉猎经史，精音律、图纬、医药、鞠奕之艺，皆冠绝一时。初以父荫为苏州都指挥使，迁节度副使。元璙卒，代知苏州中吴军节度使，有鉴裁礼下贤能士负才艺者，多依之。作南园，东庄为吴中之胜。东庄，一名东墅，多聚法书、名画、宝玩、雅器，号称好事。”

《沧浪亭志》转引《九国志》说：

1 （明）归有光. 震川先生集［M］. 上海：上海古籍出版社，2007：387.

2 （宋）朱长文. 吴郡图经续记［M］. 南京：江苏古籍出版社，1999：18.

“元璙治苏州，颇以园池草木为意，创南园、东圃，及诸别第。奇卉异木名品千万，今其遗迹多在居人之家，其崇冈清池，茂林珍木或犹存焉。”

此外，钱文恽所造金谷园，孙承祐所堆山构筑的池馆，也都流传到了后世，是这一时代园林历史上的重要大事件。

4.2 私家园林

4.2.1 南园

钱氏家族及其贵戚在苏城内营造了多个园林，南园是其中最大的一个。正德本《姑苏志》转引《祥符图经》说，南园“在子城西南，有安宁厅、思玄堂，清风、绿波、迎仙等三阁。清涟、涌泉、清暑、碧云、流杯、沿波、惹云、白云等八亭，又有榭亭二，就树为榱柱，及迎春、百花等三亭。西池在园厅西，有龟首、旋螺二亭”[1]。园林起造于钱元璙之手，经过三十余年的不断经营，最终成为面积巨大、景物丰富的一代名园。今人结合相关文献，可以推测出钱元璙南园面积的大致范围（图4-2-1）。

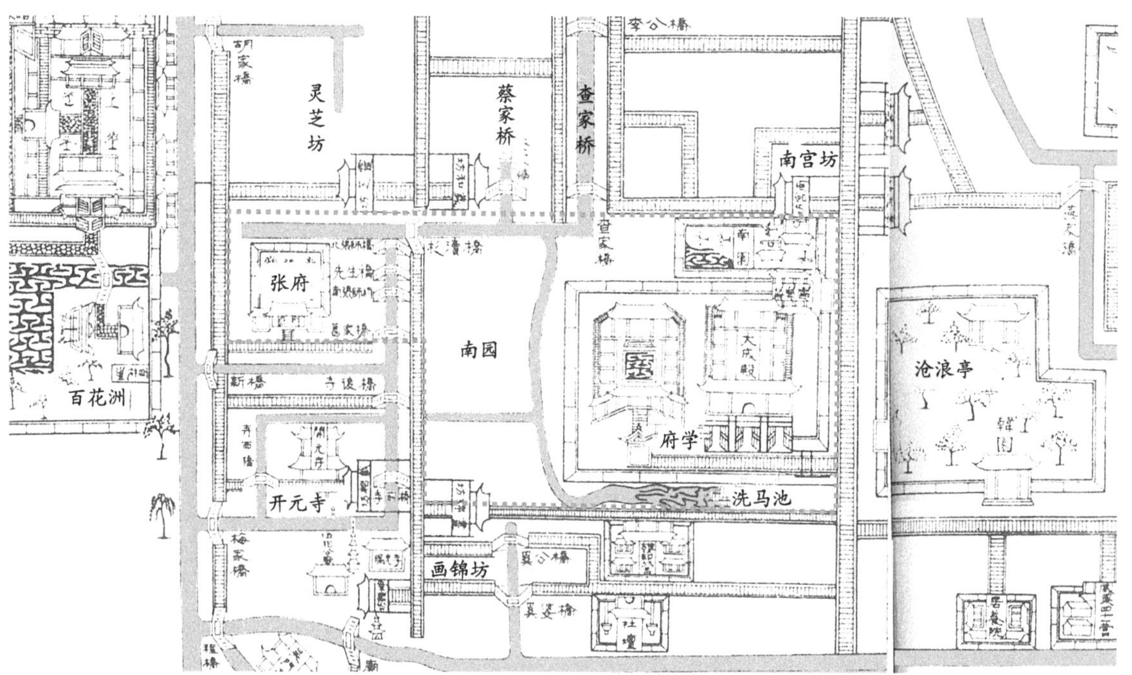

图4-2-1 钱元璙南园位置图[2]

1 王稼句. 纵横姑苏［M］. 南京：东南大学出版社，2017：101.

2 刘旻雯，王欣. 五代钱镠杭州风景园林营建研究［J］. 新建筑，2019（3）：144-147.

关于南园初造时的风景，时人罗隐曾来游，留下一首《南园》诗：

“搏击路终迷，南园且灌畦。敢言逃俗态，自是乐幽栖。
叶长春松阔，科圆早薤齐。雨沾虚槛冷，云压远山低。
竹好还成径，桃夭亦有蹊。小窗奔野马，闲瓮养醯鸡。
水石心逾切，云霄分已睽。病怜王猛畚，愚笑隗嚣泥。
泽国潮平岸，江村柳覆堤。到头乘兴是，谁手好提携。”[1]

从诗中可以看到，当时南园内有蜿蜒曲折的园路，有大面积的田畴和菜畦；有古松长林，有桃林竹径；临水轩廊高敞，林木荫翳蔽日；里面甚至还有一些休闲类禽畜的养殖空间，桃红柳绿，水平堤长，恰如一幅远离世俗的江村幽居图。后来，随着园林中的奇花异木不断长大，历任郡守对园中建筑也做了次第增减，到了约200年后的北宋中期，南园已经成为一座规模宏大的城市公园了。朱长文《吴郡图经续记》载：

“南园之兴，自广陵王元璙帅中吴。好治林圃，于是酾流以为沼，积土以为山，岛屿峰峦，出于巧思。求致异木，名品甚多，比及积岁，皆为合抱。亭宇台榭，值景而造，所谓三阁、八亭、二台、龟首、旋螺之类，名载《图经》，盖旧物也。钱氏去国，此园不毁。王黄州诗云：他年我若功成后，乞取南园作醉乡。乃玩而爱之之至也。或传，祥符中作景灵宫，构求珍石郡中，尝取于此，以供京师。其间楼榭岁久摧圮，吕济叔尝作熙熙堂。厥后守将亦加修饰，今所存之。亭有流杯、四照、百花、乐丰、惹云、风月之目。每春，纵士女游览以为乐焉。”[2]

这里的记录侧重于园林内的假山池沼和亭台楼阁，与罗隐的诗歌所记彼此互补，两则文献不仅完成了对钱氏南园园景比较充分的完整记录，还从侧面记述了园林内的建筑、山林在早期两百年间的发展变化。

4.2.2 东墅

在《九国志》中，东墅又叫作东庄，即城东的别墅，造始于钱元璙之子钱文奉。《吴郡志》说：

“（东庄）广陵王元璙帅吴时，其子文奉为衙内指挥使时所创营之。三十年间，极园池之赏，奇卉异木，及其身见，皆成合抱。又累土为山，亦成岩谷。晚年经度不已，每燕集其

1 （唐）罗隐．罗隐诗集笺注［M］．李之亮，注释．长沙：岳麓书社，2001：349.
2 （宋）朱长文．吴郡图经续记［M］．南京：江苏古籍出版社，1999：15-16.

间，任客所适。文奉跨白骡，披鹤氅，缓步花径，或泛舟池中。容与往来，闻客笑语，就之而饮。盖好事如此。”[1]

东墅与南园的园林造景风格相近，园内也有积土而成的高大假山和岩谷，有开阔溔洄的水池，也充斥着奇花异木。钱文奉在世时，园林内常常高朋满座，主客安闲，从容相待，这是一个文人们常常燕集雅会的乐园。这里的文献对于东墅准确位置缺少定位，后人结合方志中的相关文献可以推断，钱文奉的东墅应该在葑门之内，明代时这里有状元吴宽的东庄，具体位置应当在今苏州大学天赐庄校园内（图4-2-2）。

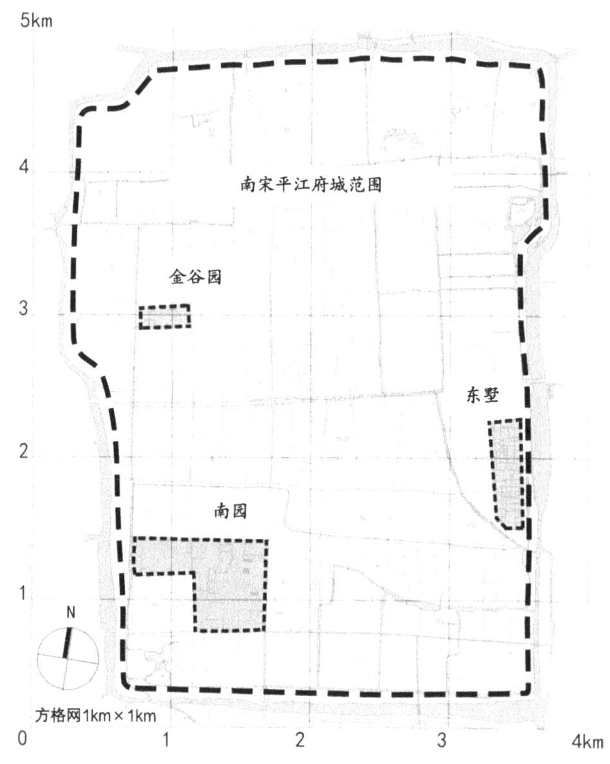

图4-2-2　五代钱氏园林位置推测图[2]

4.2.3　金谷园

钱元璙之子钱文恽在雍熙寺西兴造了金谷园。关于金谷园当时的造景，现存史料中缺少记录，今人只能根据南园、东墅以及后世的文献，进行间接推测，这也应该也是一座比较宏大而美丽的庄园。

到了北宋时期，这一带有朱长文的宅园——乐圃。朱长文在《乐圃余稿》中说：“先光禄园，在凤皇乡集祥里。高冈清池，乔松寿桧，粗有胜致。而长文栖隐于此，号曰乐圃。”[3]这里参天的古树、高大的土山和宽广的清池，应该都是五代时金谷园中的遗物。

关于金谷园和乐圃的准确位置，迄今依然存在争议，这个问题在后面关于乐圃的叙述中再做交代，此处不再赘述。

1　邵忠．苏州园墅胜迹录［M］．上海：上海交通大学出版社，1992：21.

2　刘旻雯，王欣．五代钱镠杭州风景园林营建研究［J］．新建筑，2019（3）：144-147.

3　王稼句．苏州园林历代文钞［M］．上海：上海三联书店，2008：21.

4.3 小结

钱氏祖孙虽先后受封为郡王，实则为割据一方的小皇帝，加之长期经济繁荣、政治和平的客观背景，以及越人造园本与吴民审美存在些许差异，钱王家族的这些园林，在规模和气势上，对苏州文人造园风格的改造还是颇有开拓和创新意义的，此间苏州园林在唐代园林自然朴素的风貌基础上，呈现出华丽而宏大的新风尚。在中国风景园林史上，这些园林最重要的影响集中在两个方面。其一是部分园林遗迹后世持续存在，部分遗迹迄今尚存。如金谷园旧址处今天还有环秀山庄、慕家花园等园林群，而孙承祐园池处沧浪亭的山水形胜格局，古今之间也没有发生根本性变化。其二，从同时代的横向上来比较，此间中原由于连年战乱，京洛王朝更迭如走马灯，苏州园林却不仅得以沿着晚唐时的轨迹持续进步，而且已经从安静变得热闹，渐渐从与中原齐驱，转而跃居全国领先，开启了江南园林史上持续繁荣的新时代。

第5章

宋代

5.1 概述

5.1.1 时代背景

宋朝（公元960—1279年）合计约320年。宋朝在政治、经济、艺术、学术等多个方面，都达到了中国文化历史上的巅峰。在政治文化方面，赵宋王室充分汲取了前唐因藩镇割据、尾大不掉而导致亡国的教训，认为“王者虽以武功克定，终须用文德致治”[1]，于太平兴国二年（公元977年）全面推行“兴文教，抑武事”的治国方略，逐步建立了与文官共同治理天下的行政管理体系，揭开了中国政治文化史上的佑文时代。因此，相较于其他时代，两宋文人不仅享有较为优厚的俸禄，享有更加自由的言论机会，还得到了更加充分的政治权力和身份尊重。

在经济生产方面，宋人采取了更加开放自由的思想和策略，打破了历代对商人和商业的种种歧视。北宋李觏是当时著名儒家学者、思想家、教育家，官至太学直讲，他撰写了《富国策》十论，开篇就明确提出“治国之实，必本于财用”“是故贤圣之君，经济之士，必先富其国焉”[2]的观点。通过改革城市空间管理模式，把此前的“里坊制”变为“街巷制”，宋代城市商品经济快速蓬勃发展起来。在《东京梦华录》《梦粱录》《武林旧事》等文献中，都比较完整地记录了当时都市大街小巷沿街开门、店铺林立的商业生产繁荣面貌。而且，宋代都市商业活动还增加了夜市，甚至夜市比昼市更加热闹。《东京梦华录》卷三说：“夜市直至三更尽，才五更又复开张。如耍闹去处，通晓不绝。”《梦粱录》卷十三说：“杭城大街，买卖昼夜不绝，夜交三四鼓，游人始稀；五鼓钟鸣，卖早市者又开店矣。”繁荣的商业生产成就一大批富商，他们“牛车辚辚载宝货，磊落照市人争传。倡楼呼卢掷百万，旗亭买酒价十千”，相较之下传统书生则要寒酸逊色许多：“儒生辛苦望一饱，趑趄光范祈哀怜；齿摇发脱竟莫顾，诗书满腹身萧然。”[3]

繁荣的城市经济为两宋社会创造了极大的物质财富，大大提升了商业和商人的社会地位，也促进了手工业技术与艺术的快速发展，这都为城市园林营造奠定了充分的物质基础。

以开明的政治生态和繁荣的城市经济为基础，宋代在文化与艺术方面的成就也达到了历史上前所未有的高度。陈寅恪先生在《宋史职官志考证序》中说：“华夏民族之文化，历数千年之演变，造极于赵宋之室。”[4]柳诒徵先生也说：“有宋一代，武功不竞而学术特昌，上承汉唐，下启明清，绍述创造，靡所不备。”[5]这些成就尤其集中表现在文学、书法、绘画、音乐等方面，且都与园林艺术息息相关，其中，郭熙的画论《林泉高致》还成为绘画和园林艺术通用的重要理论基础。

---

1 杨渭生，等. 两宋文化史研究［M］. 杭州：杭州大学出版社，1998：147.

2 盛应文. 李觏礼学思想研究［M］. 南京：河海大学出版社：127.

3 王新龙. 陆游文集［M］. 北京：中国戏剧出版社，2009：92.

4 陈寅恪，邓广铭. 金明馆丛稿二编［M］. 上海：上海古籍出版社1980：245.

5 柳诒徵. 中国文化史［M］. 北京：中国大百科全书出版社，1988：503.

此外，宋代文人又进一步发展了隋唐以来的禅宗哲学，他们不仅精研禅宗义理，皈依其于淡泊宁静中明心见性、闲得心源的理论主张，还把这种思想深度贯彻到日常起居环境之中。周敦颐之于鹤林寺寿涯禅师、苏东坡之于佛印和尚、欧阳修自诩六一居士、朱熹建竹林精舍学堂等，都是人们所熟知的文人与禅学深度交织的佳话案例。这对宋代儒学发展为理学尤其是后来的心学，打下了坚实基础，也是宋代文人园林形成“简远、疏朗、雅致、天然”特色风貌的重要原因。

六朝以降，国家经济中心逐步从黄河流域向长江流域南迁，到了两宋尤其是南宋，文化中心也随经济中心的转换完成了南移，开启了江南文化历史上钟灵毓秀、精英云集的新篇章，以太湖为中心的杭嘉湖地区则成为“江南”“东南”等历史地理名词的最核心区域。因此，有人说：“宋都开封，仰东南财富，而吴中又为东南之根底也。”[1]“天上天堂，地下苏杭”和“苏湖熟，天下足”的说法也起源于宋代[2]。

政风佑文、城市繁荣、艺术雅化、经济富庶、人文荟萃，宋代苏州园林艺术就是在这样一个大的时空背景之下发展演进的。人们通常以1127年“靖康之耻”为界，把宋朝历史分为北宋与南宋两个时期，苏州园林艺术在此间经历了一个跌宕起伏、快速发展的过程。

首先，江南经济的持续繁荣，成就了江南造园盛事，在现存的方志文献中，记录了宋代苏州园林共计一百余所，其中私家园林五十余处[3]。人们常常引用这些文字来描述宋代苏州园林的数量，宋代文人园林大多朴雅精致，没有后世园林那样高大的假山、密集的造景，因此，这是一个比较笼统、必有遗漏的统计数，既难以精确，也可能被重复统计。即便如此，这个数字已大大超越了前朝，比较清晰地反映了宋代苏州园林发展的繁荣盛况。

其次，以靖康之耻和建炎兵祸为节点，南北宋时期的苏州园林历史几乎可以被视作两个时代。钱氏纳土助力北宋和平统一，从五代到北宋，苏州园林艺术发展一脉相承，其间没有因朝代轮替而出现明显的界限。然而，“建炎兵祸”却使吴地郡民“扫荡流离，城中几于十室九空”[4]，苏州园林也几乎被破坏殆尽。宋室南渡后，苏州园林在废墟上重新复兴起来，今存最早的苏州城市地图《平江图》就绘制于南宋绍定年间。此外，南宋时期，由于北方汴、洛一带战事频仍，中国文化艺术中心随之南移，中国园林艺术也从此前的南北并峙格局，进入了江南独秀阶段，杭州、苏州、吴兴（湖州）等地园林艺术迅速繁荣起来。

5.1.2　营造活动

在南宋范成大编纂的《吴郡志》中，记录了较多两宋的园林营造活动，仅在其中《园亭》一节，就有“鲈乡亭”“如归亭”“七桧堂”“小隐堂”“秀野亭”“隐圃”“中隐堂”“红梅阁”“三瑞堂”“五柳堂”“如村”“范家园”“逸野堂”“醉眠亭”“漫庄”“复轩”“蜗

1 （清）冯桂芬．苏州府志（卷145）[M]．南京：江苏古籍出版社，1991：3440.

2 （宋）范成大．陆振从校点．吴郡志（卷50）[M]．南京：江苏古籍出版社，1986：660.

3 魏嘉瓒．苏州古典园林史[M]．上海：上海三联书店，2005：125.

4 （宋）范成大．陆振从校点．吴郡志（卷50）[M]．南京：江苏古籍出版社，1986：6.

庐”“臞庵”“乐庵”的相关园景记录。

鲈乡亭在吴江，宋神宗熙宁三年（1070年）林肇任吴江屯田郎中时，有感于西晋张翰鲈鱼莼菜的故事，以及陈文惠的诗句“秋风斜日鲈鱼乡”，乃作园亭于江畔。如归亭也在吴江，湖州词人张先在吴江做官时，在旧亭基础上新修而成。七桧堂在天庆观之东，是咸平四年（1001年）进士、湖州人叶参致仕后隐居的宅园。叶参之子叶清臣，字道卿，在城北造有小隐堂秀野亭，蒋堂有《过叶道卿侍读小园诗》云：“秀野亭连小隐堂，红渠绿荍媚沧浪。卞山居士无归意，却借吴侬作醉乡。”这个园林在当时也是苏州文人常常聚会雅集的好地方。

隐圃在灵芝坊，园主是枢密直学士蒋堂。蒋堂，进士，自号遂翁，江苏宜兴人，宋真宗时先后知州多地，以礼部侍郎致仕。其宅园隐圃中有水月庵、烟萝亭、风篁亭、香严峰、古井、贪山等景，蒋堂曾为园景赋诗十二咏。

中隐堂在大酒巷，园主是都官员外郎分司南京的龚宗元。龚宗元，字会之，号武丘居士，昆山人，天圣五年（1027年）进士。大酒巷，在《吴郡图经续记》中原名黄土曲，后世讹传为大井巷。园名中隐堂，取自白居易《中隐》诗。龚宗元致仕后，与屯田员外郎程适、太子中允陈之奇同隐居于吴，三人皆以学问和德望名重当世，常常同游同乐，时人称其为“三老”。

红梅阁在小市桥，园主是以殿中丞致仕的吴感，此地名后因此更名为吴殿直巷。吴感，天圣二年（1024年）进士，致仕后退隐苏，筑园而居，以其爱姬红梅之名为园名。此外，吴感还有《折红梅》词一首，为时人所盛传。吴感谢世后，园为林少卿所得，后毁于建炎兵祸。

三瑞堂，在阊门外的枫桥，园主是当时以孝亲和学术著称于世的姚淳。苏东坡与姚淳友善，每过苏州必访其园，并为其赋三瑞堂诗。姚淳曾以十八罐香赠酬苏东坡，苏东坡则以书信委托虎丘山寺的长老，辞却所赠之物，并表达了谢意。

五柳堂在临顿里，园主是元丰五年（1082年）进士、常熟人胡稷言。此园址在唐代时，为陆龟蒙“不出郛郭，旷若郊墅”的宅园，至其子胡峄时，取杜甫诗“宅舍如荒村”之句，更名为如村。明代中叶，这里成为王献臣拙政园中的一部分。

范家园，即范仲淹之旧宅，在雍熙寺之后，园主是范仲淹之曾孙范周。范周，字无外，少负才情，性情疏狂，安贫乐道，以诗文词章著称于世。此宅园与范仲淹所建义庄毗邻，一并为时人所称道。

蜗庐，在城北，园主是南宋绍兴年间以中书舍人致仕的程俱。程俱，字致道，号北山，浙江衢州人。因与当权政见不合，遂退隐苏州，修葺小园，名蜗庐，自赋《迁居蜗庐诗》。蜗庐后园种有竹、菊、凤仙、鸡冠、红苋、芭蕉、水青树等七种植物，程俱皆自题诗咏。

万卷堂，在带城桥南，园主是南宋名臣史正志。此园后转售给常州人丁卿，南宋绍定末年，再为提举赵汝櫄所占，被更改为百万仓籴米场。清初，园得以复建，此即后世之网师园。

两宋间，苏州园林量多景雅，其中朱长文的乐圃、苏舜钦的沧浪亭、史正志的万卷堂、范成大的石湖范村、龚氏之桃花坞等，都流传至今，有的已经成为世界级的重要文化遗产。

5.1.3　人文纪事

宋代苏州园林历史上，《平江图》绘制、苏州府学营造、苏舜钦寄啸沧浪亭、范成大营建石湖别墅，是其中几件重要的大事。

《宋平江城防考序》说：

“《平江图碑》始不祥其何时所刻，程氏祖庆《吴郡金石目》亦仅据瞿木夫说，以刻碑人吕梃、张允成、允迪三人姓名，叠见宋理宗、宁宗两朝碑刻，遂断为南宋故物，而未详其年月。余因读赵汝谈《吴郡志·序》及《吴郡志·官宇门》所载，绍定二年郡守李寿朋重建坊市故实，始悟《平江图碑》亦必刻于是年。证以碑中公署寺观，凡建于绍定二年春夏以前者，图中悉有秋冬，以后新建者即无，益信刻行《吴郡志》兴复古名迹，镌成《平江图》悉在是年。”

由此可知，《平江图碑》是宋理宗绍定二年（1229年），苏州郡守李寿朋重建在建炎兵祸中被摧毁的苏州城时，绘制并勒石而成。此碑高2.76米，宽1.415米，图边高2.03米，宽1.39米，原碑现存于苏州市博物馆。

《平江图》是国内现存最为完好、尺幅最大的城市地图。此图不仅清晰地描绘出苏州古城的城墙、城门、城壕等关键城防要塞，而且完整地绘制了古城内的道路、街巷、河网、路桥，以及学校、楼阁、牌坊、祠寺、园林、衙署等重要城市建筑的位置和大致空间。其中，桥梁350多座，河道20余条，寺塔13尊，园林12座，因此，《平江图》也成为后世用以考证古城人文古迹、地理环境最直观、最常用的坐标体系和定位依据，在苏州园林历史上也起到重大的作用。

《吴郡志》（卷4）载：

“府学，在南园之隅。景祐元年（1034年），范仲淹守乡郡。二年，奏请立学。得南园之巽隅，以定其址。元祐四年（1089年），纯礼持节过家，又请于朝，复得南园隙地，以广其垣，卒父志也。绍兴十一年（1141年），梁汝嘉建大成殿；十五年（1145年），王映绘两庑像，创讲堂，辟斋舍，规模宏敞，视昔有加。乾道九年（1173年），丘崈造直庐；淳熙二年（1175年），韩彦古创采芹、仰高二亭，十六年（1189年），赵彦槺建御书阁、五贤堂，在讲堂左。五贤谓陆贽、范仲淹、范纯仁、胡（从玉从爰）、朱长文也。”

苏州府学不仅是中国历史上第一座官办郡学，在教育史上意义重大，而且，其位于历史名园南园之内，后来的发展过程中，府学内也不断有新造的园林风景，自始至终，都是场所精神深厚、风景环境优美的书院园林。因此，苏州府学在中国园林史上也具有开辟书院园林的标志性意义。

北宋苏舜钦流寓苏州期间，在五代钱氏贵戚孙承祐的私家园林基址上，营造了沧浪亭，以抒情咏怀。苏舜钦营造伊始，就把园林环境与人生沉浮和人格理想紧密结合在一起，使园林理景设计成为历史事件和人格情感相结合的综合载体，这在宋代苏州园林历史上，也具有标志性的意义。后世虽然这里的亭榭建筑几经兴废，园林环境也不断发生变化，但是人们依旧铭记苏舜钦的沧浪亭故事，感慨其人其事中的波折与教训，到了清代，园林还逐渐发展成为砥砺官员品格、陶冶士林风气的城市公共园林，都源于此。

此外，宋代苏州在城西北一带，历史上的五亩园逐渐演变成为人们观赏桃花的胜境，也推动了苏州的城市公共园林环境的发展。范成大营造石湖别墅，则成为苏州园林史上村落园林营造的一笔浓墨重彩。

5.2 私家园林

5.2.1 桃花坞园圃

桃花坞别墅传为汉张长史桑园，宋代相继为梅灏园亭和章粢桃花坞别墅。清谢家福《五亩园小志》说：

“当宋熙宁、绍圣间，梅氏、章氏继居之，及于明之吕氏，国朝之叶氏，益复增拓。其境台榭林亭桑麻花竹之美，号称极盛，则长史之流泽远矣……桃花坞居郡城西北隅，当宋熙宁绍圣间，园林水石之胜甲吴中。建炎初，兀术蹂躏，范文穆公在南宋时为《吴郡志》，已不知五亩园所在矣。”

这里说的梅氏，亦即梅宣义，其子梅灏为熙宁六年（1073年）进士，任杭州通判时与苏轼是好友。苏轼有《寄题梅宣义园亭》诗：

仙人子真后，还隐吴市门。不惜十年力，治此五亩园。初期橘为奴，渐见桐有孙。清池压丘虎，异石来湖鼋。敲门无贵贱，遂性各琴尊。我本放浪人，家寄西南坤。敝庐虽尚在，小圃谁当樊。羡君欲归去，奈此未报恩。爱子幸僚友，久要疑弟昆。明年过君西，饮我空瓶盆。[1]

通过此诗，人们可知梅氏前后经营园林十余年，从早期低矮的橘树，到后来碧桐苍翠，清池碧波，湖石苍古，园林逐渐成为景境优美的归隐佳境。

园志中的章氏亦即章粢，字质夫，福建蒲城县人，北宋治平二年（1065年）进士，绍圣年间曾出知应天，与苏东坡友善。章粢暮年退隐苏州，卜居古城西北，筑园于张长史桑园一带，

1　孙中旺. 苏州桃花坞诗咏［M］. 济南：山东画报出版社，2011：17.

遍植桃李，开启了古城西北区域的桃花坞园林历史。园林遭遇建炎兵祸，几近湮灭。南宋时范成大来游，留下了一首词《千秋岁・重到桃花坞》：

“北城南埭，玉水方流汇。青樾里，红尘外。万桃春不老，双竹寒相对。回首处，满城明月曾同载。分散西园盖，消减东阳带。人事改，花源在。神仙虽可学，功行无过醉。新酒好，就船况有鱼堪买。”[1]

范成大此行所见，虽桃花依旧，双竹寒翠，却早已物是人非另一番光景了。

此外，宋代五亩园一带还有朱勔的园圃。《吴郡志》卷三十说：

“牡丹，唐以来止有单叶者，本朝洛阳始出多叶、千叶，遂为花中第一项。时朱勔家圃在阊门内，植牡丹数千万本，以缯彩为幕，弥覆其上，每花身饰金为牌，记其名。勔败，官籍其家。不数日，墟其圃，牡丹皆拔而为薪，花名牌一枚估直三钱。”

又据《吴门园墅文献・谈丛》载：

“同乐园，为宋代朱勔所筑，俗称朱家园，在盘门内孙老桥。元至正中，为庐山陈汝秩、汝言昆仲购得，取杜诗名园依绿水句，更为绿水园。有来鸿轩、清冷阁、萝径等名。明高季迪启为之序。明末崇祯间，其址为吴县张世伟孝廉所得，改辟泌园。”[2]

5.2.2　乐圃

乐圃是北宋著名学者朱长文的宅园。朱长文（1039—1098），字伯原，号乐圃、潜溪隐夫，苏州吴县人。北宋嘉祐四年（1059年）进士，授秘书省校书郎，先以丁忧去职，后以病足不肯赴京入仕。元祐中起为州学教授，召为太学博士，迁秘书省正字、秘阁校理等职。著有《吴郡图经续集》《琴台记》《乐圃集》《乐圃余稿》等。

朱长文《乐圃记》：

“始钱氏时，广陵王元璙者实守姑苏。好治林圃，其诸（子）徇其所好，各因隙地而营之，为台、为沼。今城中遗址颇有存者，吾圃亦其一也。钱氏去国，圃为民居，更数姓矣。庆历中，余家祖母吴夫人，始构得之。”[3]

由此可知，朱氏“乐圃”的前身就是五代时钱文恽的金谷园。

---

1 （宋）范成大．范石湖集［M］．上海：上海古籍出版社，2006：463.

2 范君博．吴门园墅［M］．上海：上海文汇出版社，2019.

3 陈从周，蒋启霆．园综［M］．上海：同济大学出版社，2004：207.

关于金谷园和乐圃的准确位置，迄今仍有两种说法，有人认为其位于今天的环秀山庄处，也有人认为其位于今天的慕家花园和苏州儿童医院一带，现今此处有园林荫庐。两处位置虽然相去不远，却间隔了一条景德路，分属于两个街区。

与朱长文同一时代的著名苏州文人叶梦得在《避暑录话》说："伯原，吾乡里，其居在吾黄牛坊第之前，有园宅幽胜，号乐圃。"[1]时人龚明之在《中吴纪闻》中说："元祐初，充本州教授，入朝除秘书省正聿、枢密院编修官。后以疾解任，退居于家。所居在雍熙寺之西，号乐圃坊。地有高冈清池，乔松寿桧，先生以志不得达，栖隐于中。潜心古道，笃意著述，人莫敢称其姓氏，但曰乐圃先生。"[2]关于苏州雍熙寺的位置，历史文献中有比较明确且持续性的记录。《吴郡图经续记》说："雍熙寺，在吴县北。故传郡人陆氏舍宅以置，号曰流水。旧有三殿、三楼，高僧清闲所建也，雍熙中改今额。"[3]明中王鏊主持修纂的正德本《姑苏志》说："雍熙寺在城武状元坊内，本周瑜故宅，梁为陆襄太守宅，天建二年舍以为寺。僧清闲开山，名法水寺，唐僧壁法重建，宋始改今额。元毁，洪武初，以其地为城隍庙，僧广宣乃即城隍庙左重建"；又说："乐圃，在清嘉坊北，朱长文所居。"[4]另外，南宋绍定年间的《平江图》中，也比较清晰地标注了雍熙寺的位置。用这些史料对照今天的苏城地图，可以发现武状元坊、周瑜旧宅、雍熙寺、城隍庙等相关古迹的位置基本上没有变化，而钱文恽的金谷园、朱长文的乐圃，就在寺西一坊地之外，大约就是今天环秀山庄一带了。

朱长文乐圃的园林造景基本上就是在钱文恽金谷园地形之上的略加改造，只是在园林中强化了儒学文人的耕读生活气息。朱长文《乐圃记》不仅是一篇托物言志的抒情散文，也是一篇记述园林空间理景的说明文。

园林面积约三十亩，围墙绕周，中间有三开间的正堂，以此为中心，前面（南面）是三开间读书讲学的邃经堂，邃经堂东面是米廪，这是全家全年的粮仓，还有养鹤之室，教授儿童读书的蒙斋。邃经的西北隅是高大的假山，登上假山可以借景城外远山，所以叫见山冈。山冈上有弹琴之处琴台，再向西北有以备诗文著述的静室咏斋。见山冈西侧的山脚下为水溪，有西磵桥可以跨过水溪，西面即为西圃，西圃草堂、华严庵、西丘等都在西圃之内。水流向南到见山冈的西南角，汇集成为一个巨大的水池，水池东北一支溪流从山南绕过，蜿蜒向东直到园林的东南角，园林进门通道上的招隐桥就凌驾于溪流之上。西南水池中央有墨池亭，有幽兴桥可至亭中，园主常常于此处临摹历代名家书帖，岸边有清洗笔墨之处笔溪亭，旁边还有垂钓之处钓渚，其中钓渚正好在邃经堂正西方向上。在这些建筑和山水理景之外，园林还种植了大量的松、桧、梧、杨、桐、柳等树木，四季不绝的花草果蔬，"药绿所收，雅记所名，得之不为不多"。朱长文的记述，比较全面清晰地记录了园林的空间布局的理景风貌。

古代文人有借助园居来淡泊明志、托物咏怀的传统，朱长文的园林之所以取名乐圃，除

---

1 （宋）叶梦得．田松青，徐时仪，校点．石林燕语（卷下）［M］．上海：上海古籍出版社，2012：163.

2 （宋）龚明之．孙菊园，校点．中吴纪闻［M］．上海：上海古籍出版社，1986：43.

3 （宋）朱长文．吴郡图经续记［M］．北京：中华书局，1985：44.

4 （明）王鏊．姑苏志［M］．台北：台湾学生书局，1986：448.

了园林生活有恬淡自适之乐，还在于主人在园林中享受到了“兼善天下”之外的“独善其身”的快乐，这与司马光的洛阳独乐园有异曲同工之妙。

元代，乐圃为著名文人张适所有。张适（1330—1394），字子宜，号甘白，苏州府长洲县人。张适有诗序说：“余旧业在城西隅，乐圃朱先生之故基也。树石颇秀丽，池水迂迴，俨有林泉幽趣。余乱后多郊居，至辛亥春复返旧业。”[1]张适为此写了两首诗歌，后又有一组十首五言律诗《乐圃林馆》。明《姑苏志》说：“乐圃，在清嘉坊北，朱长文所居……元末张适，号甘白，筑室于上，题曰乐圃林馆。与高季迪、倪元镇、陈麟、谢恭、姚广孝赓和为十咏。”[2]除了吟诗唱和，倪云林还于“甲寅（1374年）六月十日”，为此园绘制了平生最大一幅园林图画《乐圃林居图》[3]。

到了明代，这里先后为著名画家杜琼和晚明内阁大学士申时行的宅园，相关历史在下文明代一节有所补述。

5.2.3 沧浪亭

沧浪亭是北宋苏舜钦旅居苏州时的私家园林，五代时曾是中吴军节度使孙承祐的私家池馆，位于钱璙南园的东偏南处，有些史料中写作“孙承佑”。如《万姓统谱》卷21：“孙承佑，钱塘人。初仕吴越王俶，累官镇东、镇海两节度使。及俶纳土，徙宁海节度使。”[4]孙承祐为钱氏之“近戚”，关于这里的“贵戚”关系，有文献说其为第三代吴越王钱俶的内兄，也有说是钱俶的岳父，今按《宋史》卷480，孙承祐当为钱俶之内弟：“孙承祐，杭州钱塘人，俶纳其姊为妃，因擢处要职。”[5]《十国春秋》卷83：“忠懿王（钱俶）妃孙氏，名太真，钱塘人，泰宁节度使承祐之姊也。”[6]

1997年，沧浪亭被首批遴选为苏州园林中的世界文化遗产，这也是现存苏州园林中园名最为古老的私家园林。苏舜钦（1008—1049），字子美，出生于汴京，北宋著名诗人和书法家。苏舜钦祖父苏简易，父亲苏耆，岳父杜衍，都曾身居京官要职。苏舜钦经范仲淹的推荐，出任集贤院校理，兼知进奏院，参与范仲淹主持的庆历新政改革。此外，苏舜钦还与当时文坛名宿穆修一起倡兴古文，开启了欧阳修、苏轼等人古文运动之先河。因此，苏舜钦可谓当时政坛和文坛上的闪耀明星。庆历新政遭到以御史中丞王拱辰为首的保守派反对，苏舜钦因此遭受了排挤。在庆历四年（1044年）的进奏院祀神活动中，苏舜钦依照惯例，用变卖衙门中废纸所得之钱置办酒席宴请同僚，被御史台抓住了把柄，以监守自盗罪名加以弹劾，导致同席十余人皆遭贬黜。苏舜钦以首犯被革职为民，于是，满怀悲愤和失落之情，漂泊南下，来到苏州。

---

1 刘延乾. 江苏明代作家研究［M］. 南京：东南大学出版社，2010：97.

2 （明）王鏊. 姑苏志［M］. 台北：台湾学生书局，1986：449.

3 卢辅圣. 中国书画全书（第5册）［M］. 上海：上海书画出版社，1993：1180.

4 凌迪知. 万姓统谱［M］. 上海：上海古籍出版社，1994.

5 陈振，等. 宋史（卷36）［M］. 上海：上海人民出版社，2003：125.

6 （宋）范坰，林禹. 吴越书［M］. 梁天瑞，纂辑. 钱济鄂校注. 上海：上海辞书出版社，2001：154.

苏舜钦寓居苏州皋桥回车院，其为北宋卸任后和继任官员的临时住所，也是过往官员的驿站。苏舜钦因为感觉环境不够通透爽垲，便购买了位于古城东南角的一座废园，此即一百多年前孙承佑池馆的旧址，筑亭其间，引用《楚辞·渔夫》中的“沧浪歌”中“沧浪之水清兮可以濯吾缨，沧浪之水浊兮可以濯吾足”歌词之意，命亭为“沧浪亭”，整日与其间吟诗咏啸，抒怀解闷。这一过程被比较完整地记录在其《沧浪亭记》中：

“一日过郡学，东顾草树郁然，并水得微径于杂花脩竹之间。东趋数百步，有弃地，纵广函五六十寻，三向皆水也。杠之南，其地益阔。旁无民居，左右皆林木相亏蔽。访诸旧老，云：‘钱氏有国，近戚孙承佑之池馆也。’坳隆胜势，遗意尚存。予爱而徘徊，遂以钱四万得之。构亭北碕，号‘沧浪’焉。前竹后水，水之阳又竹无穷极。澄川翠干，光影会合于户轩之间，尤与风月为相宜。”[1]

通过研读苏舜钦的园记可知，尽管沧浪亭园林地势“坳隆胜势”的特征与当代很相近，但是整体园景古今变化还是很大的（图5-2-1）。首先，从地形上看，当时的园林“三向皆

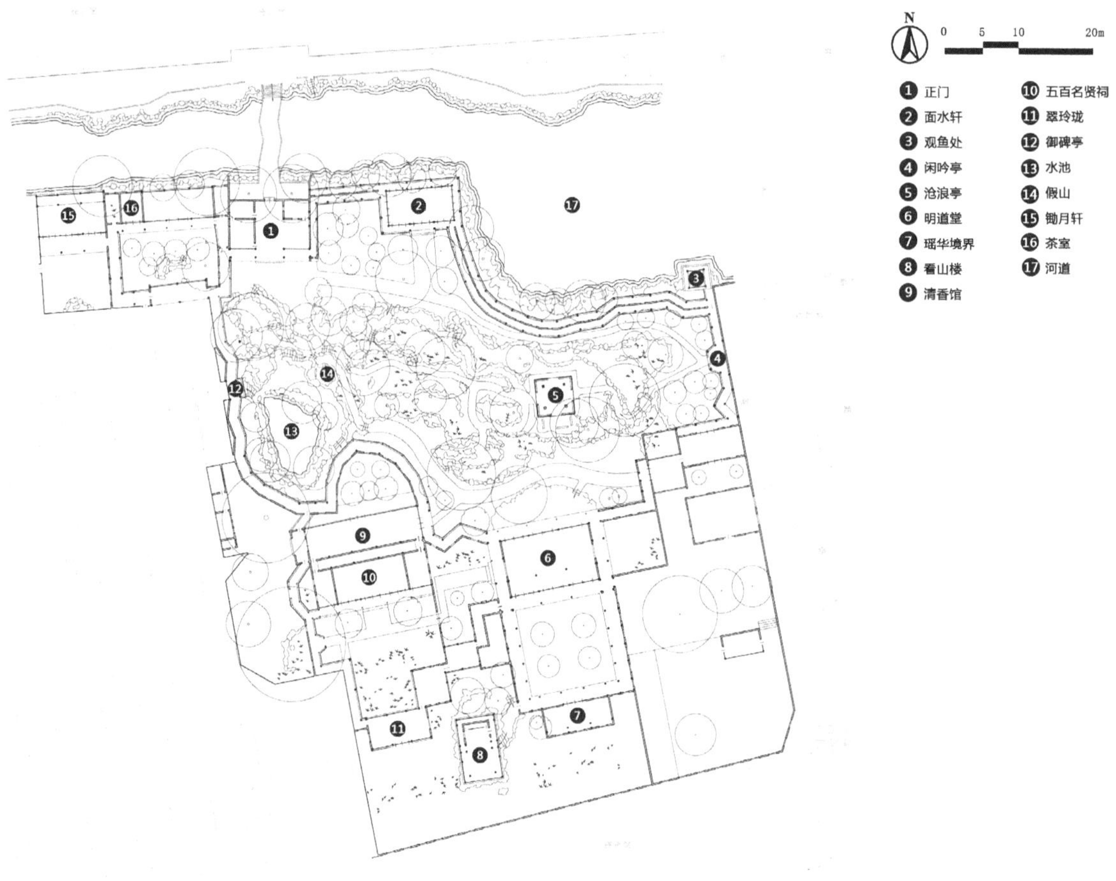

图5-2-1 今沧浪亭平面图

1 王稼句. 苏州园林历代文钞［M］. 上海：上海三联书店，2008：4.

水”，即北面、东面、南面都被水包围着；其次，苏舜钦的沧浪亭是因仍前朝废园而建，是一个近乎自然荒芜的朴野之境；再者，苏舜钦在园中生活的几年里，理景也极为简约。尽管如此，苏舜钦的到来，以及他取定立意深远的“沧浪亭”主题园名，都为后世沧浪亭千年一脉的发展奠定了最重要的思想基础。

在苏舜钦之后，沧浪亭先后为龚氏、章氏所有，南宋时为蕲王韩世忠所占有。自唐朝以来，沧浪亭一带就有南禅寺、集云寺，南宋以后，这里先后建有妙隐庵、结草庵、南禅集云寺、大云庵等寺庙，沧浪亭则成为佛寺的附属园林，转而成为城市的公共空间。

这一局面一直持续到明末清初，其间，尽管沧浪亭几经废圮和重修，但是园和亭的名字都被记录在文献之中，流传了下来，“草树郁然，崇阜广水，不类乎城中”（宋·苏舜钦《沧浪亭记》）的园林环境特征却没有发生多少变化，只是属性由私家园林变成了寺庙禅林的附属园而已。由于地处幽僻的城隅，三面环水，仅架以小木桥通向市井，沧浪亭因此成为人迹罕至的清闲之境。到了明代中期，这样的城市山林的幽静娴雅之境，引起了众多文人的特别关注。

吴宽在《南禅集云寺重建大雄殿记》中说：

“宋苏子美谪湖州长史，流寓吴中，作沧浪池以乐，今寺后积水犹汪汪然。”[1]

弘治十年（1497年）八月，沈周在此地寓居数日，其《草庵纪游诗并引》说：

“庵近南城，竹树丛邃，极类村落间。隔岸望之，地浸一水中，其水……如带汇前为池，其势萦互深曲，如行螺壳中。池广十亩，名放生，中有两石塔，一藏大部经目，一藏宝昙和尚舍利。东西二小洲，椭而方，浮汩塔下，犹笔研相倚东。洲南次通一桥，惟独木板耳。过洲复接一木桥，人行侧足栗股，彻桥若与世绝，自此达主僧茂公房。房据东，偏中有佛殿，后亘土冈，延四十丈，高逾三丈，上有古栝，乔然十寻……尘海嵌佛地，回塘独木梁。不容人跬步，宛在水中央。僧闲几蒲坐，鸟鸣空竹房。巍然双石塔，和月浸沧浪。”[2]

沈周的序文与诗歌，清晰地描绘出明代中期沧浪亭一带的园池面貌，由此可知，沧浪亭流水萦回、崇阜高冈的基本形势，古今基本相同，也有些地方古今差异较大，值得特别关注（图5-2-2、图5-2-3）。一是现在沧浪亭外水域中有两座塔，分别存放佛藏经文和高僧舍利；二是塔旁有土基如小洲，以小洲为中点，绝水的独木板桥分为两段；三是沧浪亭一带园林中有寺僧的禅房，且有偏殿；四是当时沧浪亭已经倾圮无迹了。另外，禅院曾经的放生池并非今天沧浪亭园中的那一泓悬潭，而是周遭潆洄深曲的十亩水域。

约五十年后，大云庵遭回禄之灾，嘉靖二十五年（1546年）方得重建，文徵明为新修的寺庵写了记文《重修大云庵碑》：

1 （明）吴宽. 家藏集（卷37）（四库全书集部第1225册）[M]. 上海：上海古籍出版社，1991：315.
2 （明）王鏊. 姑苏志[M]. 台北：台湾学生书局，1986：379.

图5-2-2 沧浪亭

图5-2-3 沧浪亭园外

“庵在长洲县之南，虽逼县治而地特空旷，四无民居，田塍缦衍，野桥流水，林木蔽亏，虽属城闉，迥若郊墅。庵介其中，水环之如带……望若岛屿，独木为梁，以通出入，撤梁则庵在水中，入庵则身游尘外。僧庐靓深，古木森秀，暎树临流，恍然人区别境。余屡游其间，至辄忘反，非直境壤幽寂，而僧徒循循，多读书喜文，所雅游皆文人硕士，若沈处士石田，若杨礼部君谦，蔡翰林九逵，皆尝栖息于此。”[1]

文徵明的碑记不仅更加全面地描述了沧浪亭一带的园林环境，还再次点明了园林外水上独木板桥的另外一个妙处——每有嘉客来访，寺僧便拆卸木桥，与访客一起就世事都不问、摇首出红尘了！

如此幽静的禅林净土，文人雅士自然是乐于逗留，当时吴中名流如沈周、文徵明、祝允明、杨循吉、汤珍、蔡羽、王宠、王守等人都是这里的常客，且每来则流连忘返，这从几人的诗咏中可以看出来：

文徵明《沧浪池上》诗：“积雨经时荒渚断，跳鱼一聚晚波凉。渺然诗思江湖近，便欲相携上野航。”[2]

文徵明《重过大云庵次明九逵履约兄弟同游》诗：“沧浪池水碧于苔，依旧松关映水开。

1 （明）文徵明. 周道振，校辑. 文徵明集［M］. 上海：上海古籍出版社，1987：794.

2 （明）文徵明. 文徵明集［M］. 周道振，校辑. 上海：上海古籍出版社，1987：254.

城郭近藏行乐地，烟霞常护读书台。”[1]

文徵明《结草庵僧相邀阻雨不行》诗：“城南有约访招提，风雨沧浪只尺迷。惆怅一春能几醉，蹉跎四事苦难齐。”[2]

汤珍《题寄大云庵沧浪上人》诗：“几随诗客来投社，每忆经僧坐品香。隔市梵音知不远，翠烟深处有禅房。”[3]

祝允明《沧浪池》诗：“古寺依文殿，高城瞰野田。每经思版筑，忘世更怀贤。”[4]

杨循吉《沈石田寓结草僧院次韵》诗：“门前即人世，活板作飞梁。古殿崇三宝，寒泉绕四央。”[5]

蔡羽《赠澄上人》诗：“五载栖云宅，如浮海上舟。断梁僧渡熟，疏竹鸟啼稠。”[6]

王宠《寓大云庵赠茂公》诗：“趺坐长眉老，棱棱插五峰。池开通宝筏，巢古挂云松。”[7]

另外，从文徵明写于嘉靖二十五年（1546年）的碑记里，以及这些名流的诗咏中，都可以看出，当时大云庵没有恢复修建亭子。然而，徐缙（徐子容）诗歌《赠镜庵上人》说：

“沧浪池头秋水深，沧浪亭上秋月明。上人栖隐已七十，披衣拥锡倾相迎。
竹扉松径自成趣，犹记当年濯缨处。从兹借榻学无生，笑指天花落庭树。”[8]

可见，徐缙此次来访，大云庵应该已经恢复修建了沧浪亭。归有光曾应大云庵住持文瑛之请，撰写了《沧浪亭记》，由于序文没有注明时间，后人长期不知文瑛复建沧浪亭和请序约在何时。康熙三十四年（1695年），宋荦抚吴时重修沧浪亭，曾得“文衡山隶书‘沧浪亭’三字揭诸楣，复旧观也”[9]，可见文徵明曾为沧浪亭题额。文徵明于嘉靖三十八年（1559年）辞世，因此，大云庵复建沧浪亭，请文徵明题额，徐缙作诗吟咏，归有光写《沧浪亭记》，应该都是在文徵明写碑记（1546年）至其辞世（1559年）这十三年之间。

此外，关于此间的沧浪亭，仇英有《沧浪渔笛图》，文伯仁有《沧浪清夏图》，清初王翚有《沧浪亭图》（图5-2-4）等，都为园林留下了珍贵的图像资料。

清代江苏巡抚衙门选址苏州，就位于沧浪亭西北不远处的书院弄，沧浪亭因此逐渐成为地方官员休闲聚会和接待会客的重要园林场所。为了纪念苏舜钦，江苏巡抚王新命主持在园内修建了苏公祠，宋荦巡抚江苏时，在园林假山之巅重建了沧浪亭，雍正年间，因园中浓郁的城市山林风景，巡抚尹继善又为园林题写了“近山林”门额。乾隆年间，按察使胡季堂在沧浪亭西侧修建了中州三贤祠，道光年间，巡抚陶澍搜罗历代名贤画像500余帧，镌刻于园

1 （明）文徵明. 文徵明集［M］. 周道振，校辑. 上海：上海古籍出版社，1987：282.
2 （明）文徵明. 文徵明集［M］. 周道振，校辑. 上海：上海古籍出版社，1987：239.
3 （明）曹学佺. 石仓历代诗选（卷496）（四库全书集部第1394册）［M］. 上海：上海古籍出版社，1991：115.
4 （明）祝允明. 怀星堂集（卷6）（四库全书集部第1260册）［M］. 上海：上海古籍出版社，1991：448.
5 （明）钱谷. 吴都文粹续集［M］（四库全书本）［M］. 上海：上海古籍出版社，1991：45.
6 （明）钱谷. 吴都文粹续集［M］（四库全书本）［M］. 上海：上海古籍出版社，1991：49.
7 （明）钱谷. 吴都文粹续集［M］（四库全书本）［M］. 上海：上海古籍出版社，1991：49.
8 （明）钱谷. 吴都文粹续集［M］（四库全书本）［M］. 上海：上海古籍出版社，1991：48.
9 王稼句. 苏州园林历代文钞［M］. 上海：上海三联书店，2008：4.

图5-2-4　王翚《沧浪亭图》

内，这才有了沧浪亭的五百名贤祠。咸丰十年（1860年），沧浪亭毁于兵火，直到同治十二年（1873年），布政使应宝时和巡抚张树声重修园林，复建了沧浪亭和五百名贤祠，以及园中的其他诸多建筑。纵观清朝约三百年，沧浪亭受到了上至皇帝和巡抚、下至士林乡贤的共同重视，康乾二帝数度驻跸园中，园林不仅景境得到不断地保护、增修、充实和提炼，而且逐步被打造成为缅怀先贤、砥砺士林风气、倡导勤政廉政的公共空间，成为积淀了吴地文化高风亮节精神的地标。

20世纪初，沧浪亭先后数次被借用作校园。1954年，沧浪亭划归苏州园林管理处接管，其间历经数次修复。2000年，沧浪亭被增列入《世界文化遗产名录》，2006年被列为全国重点文物保护单位。

5.2.4　石湖范村

在中国园林历史上，宋元之际，文人在城郊附近经营湖山、开圃筑园蔚然成风，苏州的石湖和东西山、杭州西湖畔以及湖州的古城近郊，也都有大量的园林，这些园林大多借景自然山水，具有鲜明的风景园林和乡村田园的双重特征，总体风貌与城内宅园差异较大。

石湖位于苏州古城西南的上方山北侧，是东太湖边上的一个湖湾，面积约合4平方公里。《吴县志》记载说“（石湖）南北长九里，东西广四里，周二十里。”湖西侧是绵延起伏的横山丘陵，湖东则是水乡泽国的平川田畴，组合而成一个山水秀丽的天然大美之境，因此，明人莫震在《石湖志》卷二中，转引《东皋录》说：“石湖山水为吴中伟观……士大夫之过吴者，必一至焉。又云：吴郡山水近治可游者，惟石湖为最。”[1]石湖之名被记录于史志之上，因南宋名臣范成大石湖别墅而名显于世。“石湖涵灵潴秀，混辟已然。其显于宋者，文穆之地主也。”[2]

范成大（1126—1193），字致能，号石湖居士，苏州人，绍兴二十四年（1154年）进士。范成大仕宦颇有政声。乾道六年（1170年）范成大奉命使金，其间面对强敌，冒死抗争、不辱使命，全节而归，后官至参知政事、资政殿大学士。大约在乾道三年（1167年），范成大致仕，回到故乡苏州归隐城西南石湖边上营构园林“范村”。范成大在《梅谱并序》中说：“余于石湖玉雪坡，既有梅数百本，比年又于舍南买王氏僦舍七十楹。尽拆除之，治

1 （明）杨循吉，等. 吴中小志丛刊［M］. 陈其弟，校点. 扬州：广陵书社，2004：328.

2 （明）卢襄.《石湖志略・本志第一》，河北大学图书馆藏明嘉靖刻本.

为范村。”[1]可知石湖园林名“范村”，“范村”之名，典出唐杜光庭《神仙感遇传》：

“唐乾符中，吴民胡六子与其徒泛海，迷失道，漂流数日，至一山下，即登岸谋食，居人皆以礼相接，甚有情义。问此何许？则曰范村也，当见山长。引行至山顶，可十里所。花木夹道，风景清穆，宫室宏丽，侍者森列。一叟坐堂上，命客升阶，与语曰：‘吾越相也，得道长生，居此。岁久，山下皆吾子孙，相承已数十世。念汝远来，当以回飙相送。’”

“范村”即以此为范本：

“圃中作重奎之堂敬奉至尊寿皇圣帝、皇帝所赐神翰，勒之琬琰，藏焉。四傍各以数椽为便坐，梅曰陵寒，海棠曰花仙，酴醾洞中曰方壶，众芳杂植曰云露，其后庵庐曰山长。盖瓦不足，参以蓬茅，虽不能如昔村之华，于云来家事，不啻侈矣。”[2]

园林依山面湖，园中不仅因形就势建造许多亭台楼榭，如北山堂、农圃堂、千岩观、天镜阁、盟鸥亭、绮川亭、说虎轩、梦渔轩，等等，还种植了大量的兼具生产和观赏功能的园林花木，如梅花百余株、菊花36种，形成了玉雪坡、锦绣坡等园景。“范村”俨如吴民偶遇的海中仙境。

范成大为“范村”园景分别写诗吟咏，留下了许多诗文文献。宋孝宗皇帝为园林题赐“石湖”二字，太子赵惇（光宗）题赐“寿栎堂”，范成大专门建“重奎堂”把两幅御笔墨宝刻写内，园林也因此更加名重当时，文坛名流多来游观，为园林写诗作文，成为胜事。时人周必大来游是说：“吾形四方，见园池多矣。如芗林、盘园尚乏此趣，非甲而何？”[3]芗林和盘园皆为当时名园，后来范成大游园后也自叹说，如果自己有芗林和盘园主人的财力，假以时日，园林景境一定会超过此二园。

在中国文学史上，范成大以诗歌与同代的陆游、杨万里、尤袤并称为“南宋四大家”，其著名的《四时田园杂兴六十首》，就是在石湖别墅鬼印期间所写一组田园诗，诗歌不仅继承了中唐以来白居易、张籍所发起的新乐府现实主义精神，而且，贴近农事，格调冲淡，语言清新，比较全面地反映了当时苏州乡村农家春、夏、秋、冬四季的田园景色、农事劳作和生活场景。

明朝中晚期“范村”已经衰败，王鏊《范文穆公祠堂记》载：

“天镜阁、玉雪坡之类，皆已沦于荒烟野草之中，过者伤之，而孝宗宸翰碑石岿焉独存。”[4]

但这一带园林营造依然持续不断，嘉靖进士卢襄在《石湖志略》中说：“石湖，山水之

---

1 （宋）范成大.《梅谱·序》,《范成大笔记六种》，第 253 页.

2 曾枣庄、刘琳. 全宋文卷四九八四［M］. 成都：巴蜀书社，1994：第 224 册，第 399 页。

3 顾宏义. 宋人日记丛编［M］. 上海：上海书店出版社，2013：2102.

4 于北山. 范成大年谱［M］. 上海：上海古籍出版社，1987：440.

会也。城郭宫榭多百战之遗，台池苑囿极游观之盛。”依旧是古城西南近郊最佳的山水名胜区，也是市民最喜欢的出城游赏地之一，直到今天的石湖风景区。

5.3 衙署和书院园林

5.3.1 郡圃

苏州城建制初，就有一座城中之城，即吴王宫城子城，按《周礼》宫城垣周长为十二里左右，四周有围墙、城外有护城河，区域边界大致在今天的北起干将路、南到十梓街、西到锦帆路、东自何地尚有争议，但核心区域在今天的苏州大公园内。

春秋子城也是秦汉到唐宋郡治所在地，元末明初张士诚都曾以苏州作为政权中心，子城就是王城之内城。苏州郡圃就是郡治内的附属园林，有着两千多年历史的官署园林。

有文献说，早在吴王夫差时，这里就有了梧桐园；西汉会稽太守朱买臣曾在郡治后园中安置其前妻；唐宋时的郡圃发展成为一个四面合围、体系严密、功能完备、前宅后园的郡治空间体系。今人借助从南宋绍定二年（1229年）的《平江图》，以及地方志的文字等文献中，可以比较清晰地还原出这一体系的基本面貌。

子城城垣在南面、北面和西面各开一门，南面正门城楼上有“平江府”匾额，北门处有齐云楼，西门处有望市楼。卢熊《苏州府志》说：“齐云楼在郡治后子城上，相传即古月华楼也。”《吴地记》：“唐曹恭王所造，白公诗亦云。改号齐云楼，盖取西北有高楼，上与浮云齐之义。”[1]西楼因城门外就是苏州城内的集市，故称望市楼，后更名为观风楼，范仲淹有《观风楼》诗云：“高压郡城西，观风不浪名。山川千里色，语笑万家声。碧寺烟中静，虹桥柳际明。登临岂刘白，满目见诗情。”

府城内有大小各种处理政务的官廨几十处，在官廨北面有一个巨大水池，水池之北就是郡圃。水池中央有山岛，岛上有一座池光亭，在水池周围以及郡圃之内，种植芍药和其他多种花木，还有东亭、西亭、积玉亭、苍霭亭、烟岫亭、晴漪亭、东斋、听雨轩、爱莲轩、生云轩、冰壶轩、木兰堂、风光堂、月霁堂、思贤堂、秀春堂、凝香堂等构筑。自唐代的刘禹锡、白居易、韦应物，到宋代的范仲淹、王禹偁、范成大等，出任苏州的文官多为颇有文采和政声的文人，他们为苏州府城和郡圃留下了大量的诗文文献资料。如韦应物：“海上风雨至，逍遥池阁凉。”白居易：“西园景多暇，可以少踌躇。池鸟澹容与，桥柳高扶疏。烟蔓袅青薜，水花披白蕖。何人造兹亭，华敞绰有余。四檐轩鸟翅，复屋罗蜘蛛。直廊抵曲房，窈窕深且虚。修竹夹左右，清风来徐徐。此宜宴嘉宾，鼓瑟吹笙竽。”

朱元璋在攻占应天后，发兵攻打吴王张士诚，苏州子城在城破之际被战火焚烧殆尽，时人谢应芳《淮夷篇》诗说：“一炬齐云楼，妻子随烟灭。”苏州郡圃也随之结束了其官署园林

1 曹林娣．江南园林史论［M］．上海：上海古籍出版社，2015：163.

的千年历史。明初，知府魏观因在这里修建府衙，被诬告有谋逆之心而问斩，此地随后便沦为无人问津之废弃地，一度被用作刑场，苏州人称其为“皇废基”“王废基”“王府基”等。明清几百年间，这一带从昔日的苏州的中心子城，沦落为荒芜的城中空心区域，晚清吴翌凤在《东斋脞语》中说：

“今自乘鱼桥以南，至金姆桥而东，高冈迤逦，是其遗址。东有鼓楼坊，即内城之钟鼓楼也。城四面旧有水道，所谓锦帆泾者，今皆淤塞，惟东尚存故迹，称为濠股，俗复讹为河骨。今吴人罕知有子城者矣。”[1]

5.3.2　府学

苏州南园本是五代钱元璙的著名园林，到了北宋末年，南园面积逐渐减小，园内造景也屡遭受朱勔的“花石纲”之祸，园景日渐凋敝。奸相蔡京罢官时，宋徽宗把南园赐予其作养老地，园林最终在建炎兵祸中彻底毁废。

其间，北宋景佑二年（1035年），郡守范仲淹割取“南园之巽隅”，在其中东南地块上创办了苏州府学（图5-3-1），建造了左文庙右学堂的空间格局，这也是中国历史上的第一所州府官学。朱长文《乐圃余稿》说：“南园者……未久归于国朝，百年承平之间，万物畅茂，遂得其桓生。厥后割南园之巽隅以为学舍，遗墟馀木迨今犹有存者，而建学之后继有培植。”[3]后世这里围绕文庙和郡学逐步建起了书院式园林，成为南园流传后世仅存的空间环境，而且成为苏州书院园林的重要代表，北宋朱长文在《苏学十题》中就曾归纳出“府学十景”。

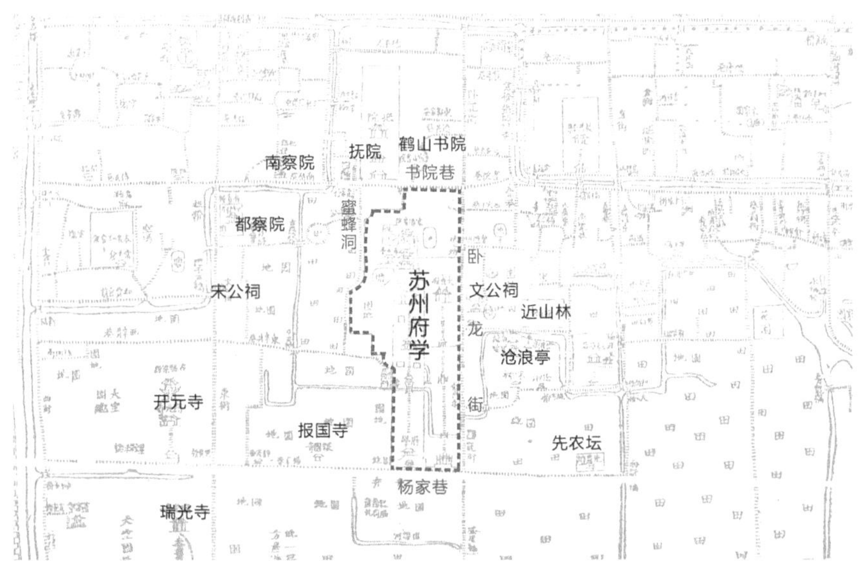

图5-3-1　苏州府学区位示意图[2]

1　王稼句. 纵横姑苏［M］. 南京：东南大学出版社，2017：98.
2　贾梦雪. 苏州府学园林环境研究［D］. 苏州：苏州大学，2020.
3　王稼句. 苏州园林历代文钞［M］. 上海：上海三联书店，2008：2.

图5-3-2　苏州中学内元代尊经阁遗址，原址仅存尊经阁石础，现为“石础园”

建炎兵祸对苏州园林发展造成了灾难性的重创，府学也在此间一度废圮，南宋时重建苏州府学，占地面积和规模都有所增广，增加了“学前区”、扩建了“堂后区”、改建了“殿后区”，由此延伸了府学南北向的占地规模，在此前“左庙右学”两轴格局基础上完善了文庙规制，在学前区建棂星门，将原来的“二贤祠”扩为“五贤堂”，建筑“复壮如新，易侈旧观”；在园林环境方面，增建了道山亭、仰高亭和采芹亭，加了理水设计和相应的休憩区域。宋元之际苏州府学再度毁废于战火之中，直到元成宗即位后，诏天下郡国“敦学修庙”，于大德二年（1298年）再次重修苏州府学（图5-3-2），燕公楠在《平江路儒学大成殿记》中较为详细地记载了这次重修的过程。

在《洪武府学图记》中，贡颖之说：“洪武二年初冬，诏天下郡县开设学校。”[1]有明一代苏州府学不仅建筑得到了数次保护、修复和增建，而且书院园林的环境品质也得到了全面持续的提升。首先是在文庙前面开挖了洗马池和来秀池，在来秀池上修建了来秀桥，王彝在《苏州府孔子庙学新建南门记》中说，两池“其水，自太湖入南城之池注之来秀，自南流则滙之洗马而止，其北流则归学之泮池而止”[2]。泮池上有七星桥。园得水而活，洪武《苏州府志》就说：

> “一郡之胜，学实檀之，交流汇于前，崇山峙真侧，缭以坚墉，引以通衢，飞甍峻桷，俯瞰阛阓，亭池射圃，左右映带，林木蔽蔚，清风穆如。”[3]

在后世易代战乱中屡遭损毁的“府学十景”，在明代中期被凝练为“府学八景”，胡槩有《苏州府儒学八咏诗引》，具体八景为“曰南园、曰道山、曰泮池、曰杏坛、曰古桧、曰来秀桥、曰采芹亭、曰春雨亭。”（图5-3-3）明代著名文人如王汝玉、张徽、赵宗文、钱绅、陈孟浩、马寿、韩阳、张宜、吴宽等，都曾为“郡学八景”写过诗文。

明清易代之际，苏州府学再度遭受战乱劫难，督学道张能鳞《重修苏郡儒学记》说：“兵燹而后，几沦为樵牧之场，虽规制形胜未之有改，而殿庑伦堂之倾者、废者，鞠为茂草矣。”[4]直到顺治十五年（1658年）重修后，府学才再次恢复“壮丽峻整”的局面。康熙

1　杨镜如. 苏州府学志（中）[M]. 苏州：苏州大学出版社，2013：1000.

2　（明）钱谷. 吴都文粹续集[M]（四库全书本）. 上海：上海古籍出版社，1991:394-395.

3　杨镜如. 苏州府学志（中）[M]. 苏州：苏州大学出版社，2013：1000.

4　杨镜如. 苏州府学志（中）[M]. 苏州：苏州大学出版社，2013：1251.

二十五年（1686年），巡抚汤斌再次牵头主持修葺府学，其在《修学记》中说：

“饬材鸠工，黾勉襄事，宋栋栌桷楹础之残缺者，易之；丹雘髹漆之漫漶者，新之；祠斋庖库之久废者，兴之。缔构坚贞，典制具备。泮水疏通，远接太湖；松桧椅桐之属，种植千本。”[1]

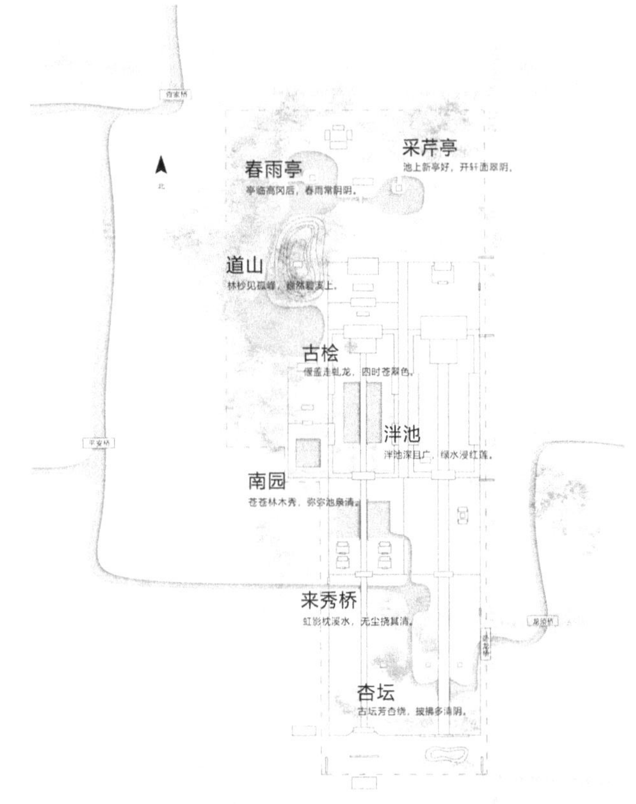

图5-3-3　明代府学八景示意图[2]

府学的建筑空间和园林环境尤其是园林植物和水系，都在这次修复后得到了全面的提升。彭定求作《重修苏州府学释菜祝文》说：

“坠茨丹臒之施，殿堂具整；鸟革翚飞之致，亭阁皆兴。庶几义路礼门，率章缝而作肃；犹是雩风沂浴，游童冠以偕臧。涓兹芹藻之陈，用达馨香之荐。伏愿弘慈启翼，至教裁成。经术昌明，并归成德达材之会；人文炳蔚，尽在金声玉振之中。”

康熙五十二年（1713年），巡抚都御史张伯行在苏州府学中增建紫阳书院，从建筑空间和管理体系上看，这是苏州府里的校中校，却共同享用府学之内的园林环境，府学的园林环境也因此进入了紫阳书院阶段，成为名正言顺的书院园林。

雍正年间名臣鄂尔泰曾为紫阳书院的园林环境撰写过两则堂联，分别是：

一泓壁水，依稀想天光云影之吟；百尺宫槐，仿佛寻绿树青云之句。

窗前草绿，尽带生机；枝上鸟啼，宛呈天趣。[3]

乾隆十一年（1746年），“郡学八景”因年久失修日渐褪色，知府傅椿再次“有意振起”府学，蒋恭棐《苏州府学重修道山亭浚池建桥记》说：

1 （清）冯桂芬，等．苏州府志（学校一）［M］．南京：江苏书局，1883：2368.
2 贾梦雪．苏州府学园林环境研究［D］．苏州：苏州大学，2020.
3 出自清鄂尔泰撰.《南邦黎献集（三）》第1723页至1735页。

“疏玉带河，益植桂木，新泮桥。又明年，重建洗马桥，增筑道山，复其亭，浚诸池使畅流。各循其故道通之，以桥于春雨，东北者二：一东向曰‘起’凤，一南向即‘众芳桥’遗址。于浴莲东南者，一曰‘柳桥’，其年冬，又拓紫阳书院之门，凿池其前，引之入泮，以出龙门。今年春讫工。然后在泮之泉流四达，风气完密。”[1]

这次疏浚后的府学水系呈“八池一脉”的格局：“八池”为洗马池、钟秀池、泮池、浴莲池、碧霞池、春雨池、白石池及腾蛟池，“一脉”即联络八池并对接古城河道的水脉格局。修缮中还在府学增建或修复了多处祠堂，如“韦公祠”“况公祠”“陈公祠”“土地祠”“汤公祠”“于公祠”“张公祠”“安定祠”“文正祠”“名宦祠”“乡贤祠”等。

在府学园林中，树木也是极其重要的园林要素。这些树木在府学的环境中不仅具有重要的生态与审美价值，还在环境文化上起到“妥神灵”和“蔚人文”以及象征“劲节仰吾师”的特殊作用[2]。因此，嘉庆十年（1805年），江苏巡抚汪志伊专门为如何养护府学园林树木立了碑，文中既详细统计了树木的数量，也为树木管理养护规定了原则。在《江苏巡抚部院汪培养树木碑》文说：

“为培养树木事，照得学宫内外栽植树木，原以妥神灵而蔚人文，昭其敬也。前饬教授孙起峘、训导王礼查明，除杂树不计外，旧有柏树四百九十八株，枯柏五十九株，因将枯者变价购载新柏树四百九十四株，合亟颁示勒石为此示，仰后来学官及书斗知悉：凡树干愈大，枝愈多，叶愈繁，气自舒展畅茂，否则气闭而树枯矣。且树太高，易召风折，嗣后柏树自根一丈以上，枝条毋得私自剪伐，致伤生气；其新柏一丈以下，枝条将来必须逐渐修剔，亦应详明院司委员监修；再将来，树有枯者，总不准书斗伐用，以防暗将苏木订为，树灾害之渐也。各宜凛遵，以垂永久。”[3]

咸丰十年（1860年），太平天国军队进入苏州，这次战争对苏州古城的重创不亚于建炎兵祸，府学也“毁于兵”，“文庙被焚，府学及紫阳书院成为一片瓦砾废墟”[4]。光绪二十六年（1900年），府学教授蒋世琛在《重修道山亭记》中，记述了其残存的颓败景象是：“署后道山亭四面砖墙偷折殆尽，而从前之树木亦攀折无存，势将就颓。”[5]光绪二十八年（1902年），紫阳书院改为“校士馆，废科举后即开办为师范学堂”[6]；光绪三十一年（1905年），颁布废科举令，苏州府学寿终正寝，后于此兴建苏州中学。

1 （清）冯桂芬，等. 苏州府志（学校一）[M]. 南京：江苏书局，1883：2373.
2 杨镜如. 紫阳书院志 [M]. 苏州：苏州大学出版社，2013：225.
3 杨镜如. 苏州府学志（下）[M]. 苏州：苏州大学出版社，2013：2194.
4 杨镜如. 苏州府学志（下）[M]. 苏州：苏州大学出版社，2013：9.
5 杨镜如. 苏州府学志（下）[M]. 苏州：苏州大学出版社，2013：2257.
6 曹允源，等. 吴县志 [M]. 南京：文新公司，1933：1563.

5.4 小结

周维权先生概括宋代文人园林有“简远、疏朗、雅致、天然”[1]几个共同特点，苏州园林同样具有这些时代特征。从苏州园林发展史看，宋代苏州园林还具有以下鲜明的地方与时代特征：

第一，私家园林已经完全成为主流。宋代苏州私家园林不仅在总量上远远超过历代总和，也超过同时期的寺庙园林和官署园林，而且私家园林的艺术审美水平也最高，园林主人如范仲淹、苏舜钦、梅尧臣、朱长文、叶梦得、范成大、李弥大等，不仅是当世的著名文人、文坛名宿，而且人生阅历丰富、人格品质高尚、文化素养深厚，这些都大大地提升了私家园林艺术的审美境界。

第二，园林面积较小，造园主题却很明确，造境色调也更加简淡，写意成为造园的主要手法。两宋苏州文人造园强调怡神养性、涵养品格、超俗自适，精神追求的层次大大加深。因此，许多高水平的园林兴造，皆有鲜明而深刻的主题，园林题名与景名皆主题鲜明、景境和谐。因此，宋代苏州文人造园，既是对五代造园好奇尚奢风气的涤荡，也标志私家园林“卷石”“勺水”写意手法日渐成熟，园林艺术色调和风致也更加细腻、朴素、淡雅。这为后世苏州园林走向全盛、成为世界园林艺术典范，奠定了坚实的基础。

第三，城市园林化发展步伐加快。两宋是中国封建城市经济发展的繁荣时代，随着城市经济的快速发展，宋代苏州不仅私家园林数量剧增，官署园林总量也超过历代总和，如府学、长洲县署、吴县署、平江府署、节度使治所、茶盐司、提刑司、府判厅等，皆有附属的园圃台池。其中，子城内的郡治附属园林，经汉历唐，规模逐渐扩大，至北宋时已经达到城园合一的极盛状态。同时，密集分布在古城内外的佛寺和道观也多有园池，加上文人、富户以及一般人家也会在后院略施园林化的点缀，苏州城市全面园林化已经初步形成。随着城市的逐步园林化，范成大的石湖别墅、李弥大的西山道隐园等，代表了私家园林逐渐向城外发展的新动向。

第四，园林的生产功能依旧强大。两宋苏州园林主人大多已经致仕退养，或因失意而决计辞宦，他们对园林经济生产都有一些实际的依赖，因此也多能继承陆龟蒙在宅园里的雅趣与田事。如朱长文的乐圃不仅寄托了他的“乐天知命故不忧”，而且中有粮仓“米廪”，其他农产也非常丰富——“药录所收，雅记所名，得之不为不多。桑柘可蚕，麻纻可缉，时果分蹊，嘉蔬满畦，摽梅沈李，剥瓜断壶，以娱宾友，以酌亲属，此其所有也。”乐圃先生既乐于其中“曳杖逍遥，陟高临深”，也乐于“种木灌园，寒暑耕耘”[2]。总之，园林雅事与田园农事，都是其“万钟不易”的乐事。其他如梅宣义的五亩园、章粢的桃花坞别墅、范成大的石湖别墅等，也都具有很强大的园田生产功能。

1 周维权. 中国古典园林史［M］. 北京：清华大学出版社，2003：318-322.

2 王稼句. 苏州园林历代文钞［M］. 上海：上海三联书店，2008：18.

第6章

元代

6.1 概述

6.1.1 时代背景

1271年，忽必烈颁布诏书正式建国，取《易经》中“大哉乾元”之意，国号大元，随后建都于大都（今北京）；1279年，崖山海战结束，南宋灭亡，蒙古贵族开启了中国历史上的第一个少数民族统治全国的朝代；1368年，朱元璋在应天（今南京）建国称帝，建立明朝，终结了元朝的历史。虽然元代蒙古贵族统治全国不足百年，但是，由于奉行种姓制度，把人分成十个等级，加之实行废除科举、轻视农业、重视工商等多项与前朝传统迥异的治国政策，致使其在中国文化思想史上还是产生了重大变革性的影响。

首先，不平等的种姓制度和民族文化认同之间的隔阂，造成了改元后很长一段时间里，传统文人，尤其是江南文人对于新朝无法认同。宋室南渡后，传统儒学中心也随之南移，废除科举制度致使以传统儒家为代表的文人群体，选择远离政治核心圈。新的政治、经济、文化环境推动传统文人逐渐从被动到主动，选择在仕途经济之外开辟新的艺术人生模式和道路。

其次，元初轻视农业、重视工商的国策，快速促进了城市商品经济的繁荣发展，催生出一大批手工业新业态和商业城市，为国家社会的经济生产生活领域带来了巨大的新变革，积累了巨大财富。

再次，京杭大运河的开濬和两条丝绸之路的畅通，不仅大大拓展了商品生产的市场和交易环境，而且促进了各地尤其是东西方文化艺术的深度交流。

所有这些，对于人杰地灵、才士云集的江南一带造成的冲击尤为巨大，尽管如此，江南园林艺术却并没有因此停滞发展的脚步。

最后，元代江南商品经济高度发达，园林营造持续发展。在中国商业史上，元朝不仅商业得到空前的发展，商人也受到了高度的尊重。元代文人常常抬出范蠡和子贡这样的往世圣贤，来为文人弃儒从商、经营货殖做脚注，不仅逐渐改变了传统“士农工商”的等级排序，而且形成了士商亲融的时代新风尚。元季文人袁华在其《送朱道原归京师》一文中说：

“君不见范蠡谋成吴社屋，归来扁舟五湖曲；之齐之陶变姓名，治产积居与时逐。又不见子贡学成退仕卫，废置鬻财齐鲁地；高车结驷聘诸侯，所至分庭咸抗礼。马医洒削业虽微，亦将封君垂后世。胸蟠万卷不疗饥，孰谓工商为末技？泉南有客陶朱孙……”[1]

到了元代中后期，东南一带富商云集，不仅有盐商和海洋贸易商人，还有更多的制瓷、制陶、制丝、纺织、造船、铁艺等各行各业的手工业商人，还有从事出版印刷、制墨、造

1 （明）袁华. 耕学斋诗集（卷5）（四库全书集部第1232册）[M]. 上海：上海古籍出版社，1991：314.

纸、绘画等文化艺术行业的文化商人。

高度发达的商业文明，对于江南园林艺术至少造成了两个重要的影响。一方面是传统手工业利用重商轻农的利好政策快速发展，城市经济空前繁荣，为造园艺术持续发展打下了坚实的物质基础。马可・波罗在他的行记中写道：

“苏州城（soochow，原译文为“新基城”）漂亮得惊人，方圆有三十二公里……这里商业和工艺十分繁荣兴盛。苏州的名字，就是指‘地上的城市’，正如京师的名字，是指“天上的城市”一样。”[1]

另一方面是诗、文、书、画等艺术作品的商品化，为东南文人开辟了耕读之外的艺术人生之路，而这些文人恰是那个时期江南园林的主人。李日华在《紫桃轩杂缀》中说：“士君子不乐仕，而法网宽，田赋三十税一，故野处者得以货雄，而乐其志如此。”[2]元代后期，书画、古董等雅玩的商品化，是“野处者得以货雄”的根本基础，也是文人治宅造园、求田问舍的重要经济支柱。以与苏州文人交往密切的倪云林为例：“（倪瓒）雅趣吟兴，每发挥于缣素间，苍劲妍润，尤得清致，奉币贽求之者无虚日”[3]“（倪云林）日坐清閟阁，不涉世故间。作溪山小景，人得之如拱璧，家故饶赀”[4]。因此，尽管元代江南文人鲜有位列公卿的背景，他们却营造了不少的园林，尤其是元代后期，吴地儒生、雅士、山人、隐者、道士、释僧，皆多有园池、草堂、亭馆或林圃，文化名人园林雅集之盛，堪称空前绝后。

第五，文人释放了的才情被深度用于造园活动，使他们能够深度参与造园过程，园林艺术活动也因此更加丰富。随着汉民族的被奴化，尤其是原南宋版图中的汉人被视作最低等级的“南人”“蛮子”，随着士农工商传统等级被彻底颠覆，科举之路也被堵死，传统文人一度沦落为“九儒十丐”的社会末流。没有了特殊的地位与尊严，也就没有了特殊的责任，尽忠尽孝的正统人生价值观、家国责任感，在元代江南文人身上更多表现为对于前朝情感的怀念与坚持，转而成为推动他们选择山林田园隐居的驱动力。刘中玉先生把元朝江南文人画家分类为隐心不隐迹、折翼仕途而隐、高标自蹈而隐等三种隐居心态[5]。无论哪种心态，在园林隐居这件事情上，他们却有共同的意趣和行动。因此，到了元代中后期，江南一带山林园与江湖园营造非常兴盛。晚明计成在《园冶・相地》一节，认为筑园选址以山林地和江湖地为上。早在南宋时期，苏州私家园林走向城外湖山与村野的趋势，就已经初现端倪，元代这一趋势进一步发展，分布在辖区县邑湖边、山野的园林数量，远远多于城内园林。从扬州、南京、镇江、常州、无锡、苏州，到徽州、杭州、绍兴、松江等地的山隅水泮，几乎到处都有值得他们吟诵抒怀、可以流连栖迟的园池小品。元末学者陶宗仪说：“浙江园苑之胜，惟松江下

1 （意）马可・波罗．东方见闻录［M］．丁伯泰，编译．台北：台湾长春树书坊，1978：218.
2 （清）陈田．明诗纪事［M］．上海：上海古籍出版社，1993：393.
3 周南老．见：元处士云林先生墓志铭［C］//齐建秋．中国书画投资指南［M］．北京：东方出版社，2012：9.
4 吕少卿．元四家绘画［M］．天津：天津人民美术出版社，2005：91.
5 刘中玉．元代江南文人画家逸隐心态考察［J］．内蒙古大学艺术学院学报（汉），2007：1.

砂瞿氏为最古……次则平江福山之曹，横泽之顾，又其次则嘉兴魏塘之陈。”[1]这里分别指的是松江盐商瞿霆发的瞿氏园、常熟富室曹善诚的梧桐园，以及嘉善县的陈爱山园。

虽然元仁宗皇庆二年（1313年）恢复了科举，但是，南方士子们对报效国家、建功立业的追求已经渐趋冷漠。反之，这为江南文化精英积极参与园林兴造，储备了充分的热情与才情，他们造园、居园、游园、赏园，为园林写诗、作记、题款、绘画，有的甚至还染指了累石、植树等工程环节。

位于潘儒巷的世界文化遗产园林狮子林，就始建于此间，“元至正间，僧天如维则延朱德润、赵善长、倪元镇、徐幼文共商叠成，而元镇为之图”[2]。倪瓒、朱德润、徐贲等，都为狮子林绘制了园图。倪云林、朱德润也分别为徐达左的耕渔轩绘了《耕渔轩图》，倪云林还为高道进图绘了《水竹居》，张渥为顾德辉绘制了《玉山雅集图》等。文人在园林中最多的活动还是饮酒联句、歌诗作赋，其间汇编的耕渔轩雅集诗歌的《金兰集》和玉山佳处的《玉山名胜集》是此类活动最集中、最典范的代表。

6.1.2 营造活动

元代历史相对较短，关于其间苏州乃至江南一带的造园活动，此前常常被人们忽视，实际上，元代这短短几十年里，苏州乃至江南一带的园林活动恰恰有空前热闹的局面。对于吴地文人来说，元代的短暂统治是个不幸的历程，前期四十余年的废除科举与种姓制度，造成了他们社会地位的骤降，人生曾极度迷茫与失望，后期四十余年始终生活在“山雨欲来风满楼”的恐惧之中。然而，元代文人拥有古代文人最难得的自由，尤其是元末吴地文人，一旦彻底卸下了家国责任，于仕途经济之外开辟了艺术人生之路以后，他们获得了身心合一的完全自由，正如乔吉《自述》所言：“不占龙头选，不入名贤传。时时酒圣，处处诗禅。烟霞状元，江湖醉仙。笑谈便是编修院。留连，批风抹月四十年。”[3]因此，他们又是很幸运的。在中国园林发展历史上，元代苏州乃至江南一带的文化园林活动，呈现出如下一些鲜明的现象和特征。

第一，沉隐是元代苏州文人生活的最重要追求，园林是自安且乐的最佳载体，因此，此间园林营造活动呈现出高度密集的发展态势。

吴郡文人新的人生支点，与繁荣的城市商品经济息息相关，他们或从艺、或从商、或耕隐。在这些道路上，他们不但得以安身立命，充分享受了自由人生，还赢得了充分的尊重，再次找回传统文人傲视王侯、超然物外的自尊，实现了于传统仕途之外的人生重塑。到了元末，苏州文人不仅完成了从被动选择到主动适应的过渡，而且非常珍惜这种无牵无碍、逍遥自得的人生方式，“不问龙虎苦战斗，不管乌兔忙奔倾”[4]，各自以文人、艺人、释僧、道人、

---

1 （元）陶宗仪．文灏，校点．南村辍耕录（卷26）[M]．北京：文化艺术出版社，1998：367.

2 （清）钱泳．履园丛话[M]．北京：中华书局，1979：20.

3 隋树森．全元散曲[M]．北京：中华书局，1981：575.

4 （明）高启．高青丘集[M]．上海：上海古籍出版社，1985：433.

山人、渔者、耕夫等不同装扮，躲避于纷扰世务之外，可以说，艺术与逃隐是与元末吴地文人关系最为密切的两个词汇。

董其昌说："胜国之末，高人多隐于画。"[1]其实，说得再完整一些，元末吴地文人多游隐于艺，《金兰集》《玉山名胜集》中的那群文人莫不如此。他们不仅文学素养深厚，在音律、书画、金石等方面，也代表了那个时代的最高水平，而元末四家、北郭十友等，则是其中的翘楚。除隐于艺术之外，他们更多的便是隐于佛老。他们虽然不必持斋受戒，也不在意受箓炼丹，但是，绝大多数都在思想观念上倾向于释道，许多人还有释道名号，俨然寄身方外的居士。玉山雅集的东道主顾德辉自号金粟道人，他在《玉山璞稿》中"尝自题其像曰：儒衣僧帽道人鞋，天下青山骨可埋。遥想少年豪侠处，五陵鞍马洛阳街。"[2]钱塘人张伯雨，二十岁时受箓入道，后居茅山崇寿观。清閟阁主人倪云林自言"据于儒，依于老，逃于禅"，有幻霞生、净民居士、净明庵主等名号，又在《德常张先生像赞》中说："其据于儒、依于老、逃于禅者欤？"在《立庵像赞》中说："是殆所谓逃于禅、游于老而据于儒者乎？"[3]

吴仲圭兼有释道两个名号：梅花和尚、梅花道人。吴兴人王蒙号黄鹤山人。姚广孝法号道衍。黄公望入全真门，号一峰、苦行净墅、大痴翁等。高启号青丘子。杨维桢投身道教，号铁笛道人、铁道人。于立号虚白子。张简自号云丘道人。耕渔轩主人徐达左自号耕渔子……这一切从主客观两个方面，加深了文人园林与佛寺和道观之间的内在联系。

元代苏州文人的沉隐于文艺诗画、山野园林，既非沽名钓誉，也非一时意气，而是对传统人生价值观念的超越与反思，是有着全新自我价值与人生快乐追求的主动选择。他们以道相招，以道自高，无论在艺术造诣上，还是文化修养上，都是那个时代第一流。他们有能力自外于政治独立生存，而且生活方式得其所哉、其乐陶陶。因此，无论是对于蒙古贵族，还是对于张士诚、朱元璋，他们都怀有拒不合作的排斥心情。或者说，他们拒绝的不是某一政权，而是拒绝选择仕宦人生。

无论是为了隐游于艺术，还是逃隐于禅道，或者躲避军政灾祸，文人最后都选择了为自己营造一个园林环境，来努力自安且乐。陈基在《风林亭记》中说无锡"百里之内，第宅园池甲乙相望"，其实，这是一个缩影，苏州周边各地的造园活动都异常繁荣。

第二，典丽多彩、风格多样、大俗大雅，是元代苏州造园审美鲜明的时代特色。

元末吴地文人越是消极避世，对现实的危机认识就越清醒——他们几乎把所有的淡定、释然，都写进了书画、诗文和园景中，却把焦虑、忧惧留在了内心深处。因此，在元末吴地文人园林意趣中，典雅与世俗并举，素淡与奢华并存，园林主人们表面洒脱而内心惶惶，甚至于在其造园和居园生活中充满了弃中用极的味道，致使园林审美呈现出各种不同的多彩面貌。

主流且影响巨大的依旧是那些传统清流文人的园林，其呈现出来的基本风貌是精致而清雅。此间，文人对造园过程的深度参与，拓展了他们对于园林的寄托与追求，园林中的文人

1　卢辅圣．中国书画全书（第8册）[M]．上海：上海书画出版社，1993：530.

2　（清）顾嗣立．元诗选[M]．北京：中华书局，1987：2321.

3　李珊．元代绘画美学思想研究[M]．武汉：武汉大学出版社，2014：48.

活动内容也因此而丰富起来，这大大加快了园林艺术与绘画、诗歌及书法艺术的高度融合，推进了园林艺术的雅化进程，写意造园手法也因此获得了长足发展。

传统文人园林审美普遍有取幽好静的特点，即便是在喧闹的城内，绿水园“近虽破废，然宽闲幽静，犹可以钓游”[1]。张适的《乐圃林馆》诗说：“园池虽市邑，幽僻绝尘缘。”[2]维则的《狮子林即景》诗说：“人道我居城市里，我疑身在万山中。”[3]

为了充分营造园林景境的雅韵，元末文人特别重视对竹、梅、松、菊等文人雅友的选配，其中尤以种竹为最，几乎到了无竹不成园、不可一日无此君的地步。至正二十二年（1362年）秋，倪云林为道友王仲和绘《水竹居》，自题诗曰“吴下人多水竹居”，并作了跋注：

“凡吴城宅中有水竹居，闻甚清邃。兵后，其地以处军卒，因迁居松陵南湖之上，亦种竹疏渠，婆娑其间，比之城中尤清旷也……水竹居，吴人多用之，类皆凿池种竹，以为深静爽朗。予至吴中士大夫家，每见如此，故篇中悉及之。”[4]

在其他名园中也多用修竹营造雅意：徐达左的耕渔轩是“竹间幽径野泉侵”[5]；顾德辉玉山草堂是“瘦影在窗梅得月，凉阴满席竹笼烟”[6]；高启家园“别来几何时，旧竹已成林”[7]；宁昌言的万玉清秋轩“废尽东吴旧庭院，扶疏修竹为谁清”[8]；张适乐圃林馆是“开径曾妨竹”“还同水竹居”“翠低承雨竹”“荆扉向竹开”“竹藏鸠子哺”[9]；狮子林中万竿修竹不仅是青青法身，而且是园林造境最主要手段，禅林几乎成为竹海。一些自然简朴的乡村小园，也呈现出素雅的艺术风貌，如陆德原松江之滨朴素无华的笠泽渔隐，就是一派乡村田园风光：“隐君于此揽清华，小筑茅堂傍水涯。蒲柳高低迷晓岸，凫鹭来往弄晴沙。”[10]

繁荣的城市商品经济造就了巨大的社会财富，这也为元代江南诸多园林都笼罩上了一层奢华和典丽的世俗色彩，这主要表现在园林筑造与园林生活两个方面。

莫震在《水竹居图跋》中说：

“嗟夫！吾苏当胜国时，习俗以奢靡相高。豪门右族，甲第相望，若沈、葛之徒，驰名天下。其崇台峣榭，珍木异石，所以侈春妍而藏鼓舞者，比比皆是。”[11]

---

1 （明）高启．高青丘集［M］．上海：上海古籍出版社，1985：905.
2 （明）钱谷．吴都文粹续集（卷17）（四库全书集部第1385册）［M］．上海：上海古籍出版社，1991：413.
3 吴企明．苏州诗咏［M］．苏州：苏州大学出版社，1999：104.
4 王稼句．苏州园林历代文钞［M］．上海：上海三联书店，2008：217.
5 曹林娣．江南园林史论［M］．上海：上海古籍出版社，2015：218.
6 （元）顾德辉．玉山名胜集［M］．北京：中华书局，1987：13.
7 （明）高启．高青丘集［M］．上海：上海古籍出版社，1985：292.
8 （明）钱谷．吴都文粹续集（卷17）（四库全书本第1385册）［M］．上海：上海古籍出版社，1991：656.
9 （明）钱谷．吴都文粹续集（卷49）（四库全书本第1385册）［M］．上海：上海古籍出版社，1991：542.
10 （元）陈基．邱居里，李黎，校点．陈基集［M］．长春：吉林文史出版社，2009：425.
11 王稼句．苏州园林历代文钞［M］．上海：上海三联出版社，2008：216.

在园林筑造方面，玉山佳处有典丽至极而近于奢华的痕迹。不仅充斥着“古书、名画、彝鼎、秘玩”，以及“高可数寻”的奇石，而且，在主要景点中，“小游仙楼”“湖光山色楼”等，皆为当时不多见的园林楼阁。

当时文人造园最为奢华的，可能要算是常熟曹善诚的梧桐园了，其邀请倪云林赏荷以及邀请杨铁崖看海棠的故事，足见其园林的世俗与奢华，已经到了挥金如土、暴殄天物的地步了。此外，都穆在《都公谭纂》及徐应秋在《玉芝堂谈荟》中，都记载了杨维桢访马驮沙（靖江）富豪李时可的故事，也与此颇有几分相似。此外，都穆在《都公谭纂》中，也有相似的记载：

“时可有园，樱桃树八株，下各置一案，案面皆玛瑙玉器称是，每客一美姬侍，共摘樱桃荐酒，名樱桃宴，廉夫大悦。时可家复有荷花宴，每花时，设几十二面，皆嵌以水晶，置金鲫鱼其下，上列器皆官窑。间出歌伎，为霓裳羽衣之舞，一时豪丽，罕有其比。”[1]

关于元末苏州人在造园方面争豪斗气，孔迩述在《云蕉馆纪谈》中，记述了沈万山的园林故事，尽管出自于丛残小语，言语难以字字求真，却符合元末那个时代富豪园林的基本特色。沈氏不属于文人，素有元末江南首富之名，其园林的豪奢也堪称第一，是商人富豪宅园的代表：

“沈万山（沈万三）既富，衣服器具拟于王者。后园筑垣，周回七百二十步，垣上起三层，外层高六尺，中层高三尺，内层再高三尺，阔并六尺。垣上植四时艳冶之花，春则丽春、玉簪，夏则山矾、石菊，秋则芙蓉、水仙，冬则香兰、金盏，每及时花开，远望之如锦，号曰秀垣。垣十步一亭，亭以美石香木为之，花开则饰以彩帛，悬以珍珠。山尝携杯挟妓游观于上，周旋递饮，乐以终日，时人谓之磨饮垣。外以竹为屏障，下有田数十顷，凿渠引水，种秫以供酒需。垣内起看墙高出里垣之上，以粉图之，绘珍禽奇兽之状，杂隐于花间。墙之里四面累石为山，内为池山，莳花卉，池养金鱼，池内起四通八达之楼，面山看鱼，四面削成桥，飞青染绿，俨若仙区胜境。矮形飞檐接翼，制极精巧。楼之内又一楼居中，号曰宝海，诸珍异皆在焉。山间居则出此处以自娱。楼之下为温室，中置一床，制度不与凡等。前为秉烛轩，取“何不秉烛游”之义也。轩之外皆宝石，栏杆中设销金九朵云帐，四角悬琉璃灯，后置百谐桌，义取百年偕老也。前可容歌姬舞女十数。轩后两落有桥，东曰日升，西曰金明，所以通洞房者。桥之中为青箱，乃置衣之处，夹两桥而长与前后齐者，为翼寝妾婢之所居也。后正寝曰春宵涧，取‘春宵一刻值千金’之义。以貂鼠为褥，蜀锦为衾，毳绡为帐，用极一时之奢侈……其后花园有探香亭于梅花深处，或祷宿于梅树之下，略有一丝文气。”[2]

1　车吉心．中华野史（明史）［M］．济南：泰山出版社，2000：1945．
2　车吉心．中华野史（明史）［M］．济南：泰山出版社，2000：2．

沈氏所造宅园充满珠光宝气，几乎与盛世的皇家园林难分伯仲，因为主人没有良好的文德才情，所以园子也没有多少文人雅意，只剩下了奢靡与低俗。此外，张士诚兄弟据吴期间也营造了奢华的园池，他们也不属于文人，其园林也就是土皇帝苟且作乐、呈豪炫富的大宅院而已。《红兰逸乘》中有转引《农田余话》中一节文字：

“张氏割据时，诸公经国为务，自谓化家为国，以底小康，大起宅第，饰园池，蓄声伎，购图画，惟酒色耽乐是从，民间奇石名木，必见豪夺。如国弟张士信，后房百余人，习天魔舞队，珠玉金翠，极其丽饰。园中采莲舟楫，以沉檀为之。诸公宴集，辄费米千石。皆起于微寒，一时得志，纵欲至此。”[1]

在园林生活方面，元末吴地文人的世俗趣味还集中表现在园中的燕乐上。文人聚会之所以被称为雅集，一来是因为清流咸集、难得一会；二来是集会中多文德雅事，如题诗记文、作书绘画、听雨听松、种菊种竹、观鱼赏月、谈玄论道、抚琴啸歌、对弈投壶、品茗品藻、流觞燕饮等。永和九年（公元393年）的兰亭雅集，乃是此类雅事的典范。然而，元末吴地文人燕乐时，雅事很多，而低俗之事也不少，尤以耽于酒色和狭弄声伎为最——“阿瑛筑玉山草堂，园池声伎之盛甲于天下，四方名士常住其家。有二伎，曰小琼花、南枝秀者，每遇宴会辄会，侑觞乞诗，风流文雅著称东南。”[2]

对比《竹林七贤图》中添薪、执壶的童子，雅俗之别一目了然。倘使仅以侍妓研墨敷纸、劝酒索诗，也可以算作亦俗亦雅吧，然而，杨维桢以“鞋杯”取乐，怎么看都是庸俗不堪的龌龊爱好：“铁崖访瞿士衡，饮次脱妓鞋，置杯行酒，名曰鞋杯……杨廉夫耽好声色，一日与元镇会饮友人家，廉夫脱妓鞋，置酒杯其中，使坐客传饮，名曰鞋杯。元镇素有洁疾，见之大怒，翻案而起，连呼龌龊而去。”[3]杨铁崖素以好色闻名，晚年的杨铁崖仍然喜欢狎弄声伎，家中妻妾成群。吴景旭《历代诗话》卷70说：

“廉夫晚寓松江，优游光景，殆二十年。姬妾十数人，曰桃叶、曰柳枝、曰璚华、曰翠羽……年既八十，精力不衰，璚华尚有弄璋、弄瓦之喜。”[4]

在当时的文人圈子里，就有人对其迷恋声色的行径嗤之以鼻，王彝甚至作文指斥其为文妖。这次偏偏撞上素以高雅和洁癖著称的倪迂，不欢而散自是必然。杨氏乃当时东南文坛盟主，他这庸俗不堪的嗜好，也使所谓文人雅会大失水准。

第三，深层的焦虑是元代苏州文人的园林活动中的普遍心态。

如果说，元代早期的各种政策使吴地文人充满了不满和失望，使他们决意远离政治，后

1 王稼句．苏州文献丛钞［M］．苏州：古吴轩出版社，2005：295.

2 （清）姚之骃．元明事类钞（卷17）（四库全书本第844册）［M］．上海：上海古籍出版社，1991：280.

3 （清）姚之骃．元明事类钞（卷30）（四库全书本第844册）［M］．上海：上海古籍出版社，1991：494.

4 （清）吴景旭．陈卫平，徐杰，点校［M］．北京：京华出版社，1998.

期绵延不断的改朝换代战争带给他们的则是沉重的恐惧、烦扰和绝望。所以，元末吴地文人的沉隐园林生活中，普遍具有及时行乐、秉烛夜游的世纪末心态。大痴道人黄公望八十二岁时写所诗歌《次韵梧竹主人所和竹所诗奉简》，可以概括他们的人生追求和末世心态："人生无奈老来何，日薄崦嵫已不多。大抵华年当乐事，好怀开处莫空过。"[1]

无论是载耕载渔，还是游隐于艺术，或者是逃禅于释道，美好的园林环境都可以助力人们来实现这种人生状态，这也是元末苏州乃至江南一带盛行造园的根本原因。人们用园林的篱墙来隔绝尘嚣，用鸟语花香、竹木丰茂来驱散积压在心中的恐惧，用密集的园林集会唱和，来相互安慰、及时行乐，尽情享受末世之际、时不我待的放纵与狂欢。这一点顾德辉在一首口占诗序中，说得非常清楚：

"缅思烽火隔江，近在百里，今夕之会，诚不易得，况期后无会乎？吴宫花草，娄江风月，今皆走麋鹿于瓦砾场矣。独吾草堂，宛在溪上。予虽祝发，尚能与诸公觞咏其下，共忘此身于干戈之世，岂非梦游于已公之茅屋乎？"[2]

因此，琴棋书画也罢，酒色财气也罢，他们无所不可，也不想计较。顾德辉甚至在宅园玉山佳处中自营坟墓、得过且过，袁华诗序说："郑明德先生卖寿器以赞埒，玉山道人复赠一棺，赋诗以谢，邀予次韵"，中有"便呼老仆荷锸随，醉死何妨即埋我"的诗句[3]。他们一面故作放达，嚷嚷着"死了即埋"，一面又因心神不宁，在恐惧中汲汲遑遑追求着享受人生，为元末苏州文人园林平添了浓厚的世俗味道。

6.1.3　人文纪事

元代苏州园林领域影响重大的名人事件，概括起来有如下几个方面。

第一，苏州士林信众用集资众筹的方式，为天如禅师维则营造狮子林，堪称是此间苏州园林营造活动中最重要的大事件。狮子林建造于元至正二年（1342年），迄今已约680年，不仅是当时苏州文人最重要的园林活动空间，而且成为江南城市中最为著名的寺观园林，这一局面从营造伊始，一直持续到清代中晚期。其间的营造和具体园林景境变化历史，将在后面的案例中详述。

第二，以顾德辉、杨维桢、曹善诚等为代表的苏州园林主人之园林雅藏和园林中的个性化言行，是中国园林历史上一段富有时代特色的奇景。

早在唐宋时期，受到早期禅宗思想的影响，文人在园林中的生活大多崇尚简约朴素，强调一种超越物外的精神自由。例如，白居易营造庐山草堂："木斲而已，不加丹；墙圬而已，不加白。碱阶用石，幂窗用纸，竹帘纻帏，率称是焉。堂中设木榻四，素屏二，漆琴一张，

1 （清）顾嗣立. 元诗选［M］. 北京：中华书局，1987：746.

2 顾德辉. 玉山名胜集［M］. 北京：中华书局，1987：144.

3 （明）袁华. 耕学斋诗集（卷5）（四库全书集部第1232册）［M］. 上海：上海古籍出版社，1991：301.

儒、道、佛书各两三卷。”欧阳修之宅：“藏书一万卷，集录三代以来金石遗文一千卷，有琴一张，有棋一局，而常置酒一壶……以吾一翁，老于此五物之间，是岂不为‘六一’乎？”司马光在独乐园中，仅仅是“圃南为六栏，芍药、牡丹、杂花各居其二。每种止植二本，识其名状而已，不求多也”。元代苏州园林主人不仅收藏和雅玩远远超过两宋，其园林中个性化嗜好和怪异言行，也呈现出鲜明且出格的特征。

其间，顾德辉的玉山佳处和徐达左耕渔轩的园林雅会，从集会频次和留下来的相关文献两个方面，都把江南文人园林中雅集活动推上了历史的顶峰。

6.2 私家园林

6.2.1 耕渔轩

计成在《园冶·相地》中认为，筑园选址以山林地和江湖地为上，早在南宋时期，苏州私家园林走向城外湖山与村野的趋势，就已经初现端倪，到了元代这一趋势进一步发展。元末学者陶宗仪说：“浙江园苑之胜，惟松江下砂瞿氏为最古……次则平江福山之曹，横泽之顾，又其次则嘉兴魏塘之陈。”[1]这里所说的几个元代东南名园，选址都是在远离都市的郊野之地。

耕渔轩位于苏州太湖边光福镇的邓尉山下，园主徐达佐（1333—1395），字良夫，又作良辅，号耕渔子，又号松云道人，苏州吴县光福镇人。徐达佐长期坚持隐居不仕，洪武初受乡党力荐，出任建宁府学训导，履职六年后卒于学宫。在元末明初的诸多名园中，耕渔轩能够入列三甲，有这样几个原因。

其一，这是一座依山傍水、景色优美的自然山水园。耕渔轩位于今光福下崦湖畔，背倚青山，三面临湖，区位与风景皆为绝胜。倪云林与徐达佐友善，晚年曾长期流连隐迹于太湖边的山水田园之间，常来耕渔轩游玩借居。倪云林在所绘《耕渔轩图》上写了题画诗：“邓山之下，其水舒舒。林庐田园，君子攸居。”又有诗说：“溪水东西合，山家高下居。琴书忘产业，踪迹隐耕渔。”[2]此外，在传世的朱德润所绘《耕渔轩图》中，也清晰地描绘了园林依山、面水、临溪的自然形胜。

其二，耕渔轩不仅园林风景优美清雅，而且园林主人的才学与品格也闻名当世。徐达佐既耕且渔、逃隐避世、远离世俗的人生方式，是当时江南文人最为追慕的状态。此外，园主徐达佐不仅在学术上“得精义理，不务文辞”，而且在处世接物上慷慨仁善、躬行孝悌，还把自家的田产分给族人，是人人称道、乐善好施的乡贤。因此，董文骥在《金兰集序》中，

1 刘中玉．元代江南文人画家逸隐心态考察［J］．内蒙古大学艺术学院学报（汉），2007：1．

2 （明）袁华．耕学斋诗集（卷5）（四库全书集部第1232册）［M］．上海：上海古籍出版社，1991：314．

盛赞徐达佐以“立德”胜于杨维桢的立言和姚广孝的立功[1]。园林风景本是客观之物，却可以因为园林主人的人格品第、才情修养不同，被赋予不同的精神内涵。

其三，耕渔轩是当时江南文人以文会友、社交雅集最重要的园林空间之一。元明之际，以苏杭为中心的江南一带不仅是国家的经济中心，而且是文化中心，这里云集了当世大批最著名的诗人、画家、书法家，他们经常相互邀集，举行文期酒会，切磋书画，属文联句。顾德辉的玉山佳处和徐达佐的耕渔轩，就是这些雅集的空间平台。清人陈田在《明诗纪事》中说：

> “元季吴中好客者，称昆山顾仲瑛、无锡倪云林、吴县徐良夫，鼎峙二百里间，海内贤士大夫闻风景附，一时高人胜流、佚民遗老、迁客寓公、缁衣黄冠与于斯文者，靡不望三家以为归。”[2]

徐达佐把这些诗文收集在一起，汇编成为《金兰集》，今人从诗集中依然可以想见当时山水园林的美景与文人集会的风雅盛况。

中国历史上的名园常有人在园兴、人逝园废的规律，元明之交，江南大量园林主人随世代交替而逝去，许多名园也随之消亡。自然山水园得真实风景而有天然大美，把山林之乐和园林清居完整地融合在一起，而且，通常也不会因为时代的变迁而褪色或毁灭。学界关于徐达佐的卒年有两种说法：一是认为其卒于洪武六年（1373年），如鲁晨海先生编注的《中国历代园林图文精选》就采用了此说[3]；另一种说法是卒于洪武二十八年（1395年），如麦群忠先生主编的《中国图书馆界名人辞典》[4]，以及吴海林先生主编的《中国历史人物生卒年表》[5]，都采用了此说。两种说法之间相差很大。今按相关文献，第一种说法可能来自于对正德《姑苏志》记载信息的断章取义：“徐达佐，字良夫，吴县人……洪武初，郡人施仁守建宁，荐为其学训导，师道克立。居六年，卒于学宫。”[6]如果把这里的“洪武初”推定为“洪武初年（1368年）”，就与第一种说法正好吻合。第二种说法，最直接的证据是俞贞木的那篇《建宁儒学训导徐良夫墓志铭》，其中明确记录了徐达佐“卒于洪武二十八年”[7]。此外，隆庆年间张昶编纂的《吴中人物志》中说：“洪武二十二年（1389年）聘为建宁学训导，以朱子阙里，欣然往就。达佐质厚气温，未尝谈人过，犯之亦不留怨。好山水，尝游武夷，将历览以广见闻。”[8]洪武二十二年（1389年）受聘，再加上《姑苏志》说的“居六年”，正好是1395年，与第二种说法吻合。今又按《赵氏铁网珊瑚》卷11收录徐达佐一篇《游武夷九曲记》，记文结尾属时间款“辛未冬十月既望又十日，徐达佐书于樵阳官舍。”[9]洪武二十四年（1391

1　徐达左．金兰集［M］．北京：中华书局，2013：12.
2　王媛．元人总集叙录［M］．天津：天津古籍出版社，2018：280.
3　鲁晨海．中国历代园林图文精选（第五辑）［M］．上海：同济大学出版社，2006：281.
4　麦群忠，朱育培，等．中国图书馆界名人辞典［M］．沈阳：沈阳出版社，1991：192.
5　吴海林，李延沛，等．中国历史人物生卒年表［M］．哈尔滨：黑龙江人民出版社，1981：253.
6　（明）王鏊．姑苏志［M］．台北：台湾学生书局，1986：803.
7　（清）叶昌炽．王欣夫，补．正徐鹏，辑．藏书纪事诗［M］．上海：上海古籍出版社，1989：107.
8　（明）张昶．吴中人物志（续修四库全书史部第541册）［M］．上海：上海古籍出版社，2002：251.
9　（明）赵琦美．赵氏铁网珊瑚（四库全书子部第815册）［M］．上海：上海古籍出版社，1991：643.

年）岁在辛未。另外，《式古堂书画汇考》卷54不仅收录了这篇游记，还一并收录了《徐良夫武夷九曲棹歌图并记》长卷[1]。可见，“卒于洪武二十八年（1395年）”的说法更加可靠一些。

洪武初年，历经战乱的耕渔轩已无前朝旧貌，加上新朝各种抑制园林事业发展的新政，园主也不能再筹办文人雅会了，一代名园也进入了销声匿迹的状态，因此，今人很难找到关于明初耕渔轩的直接资料。尽管如此，耕渔轩是以自然山水为造景基础的湖山园，园林环境不会在战火中烟消云散，这与狮子林以湖石叠山筑园很相似，加之徐达佐家族没有受到朱元璋惩罚性移民政策的影响，因此，“邓山之下，其水舒舒”的“林庐田圃”，虽然不再是“君子攸居”“载耕载渔”，但是，其园林实体依旧存在，只是名称和空间格局都在不断发生较大的变化。

耕渔轩传至第二代主人时，园林核心区域和标志性建筑为遂幽轩。祝允明在《徐处士碣》中说：“吴光福多才贤，士新故接耀，而徐族最。徐之最如良夫，乐余克昭而来，亦接耀，而近时特以处士孟祥为鲁灵光。”[2]徐达佐之子徐乐余，正史和方志中都没有传记，仅在文人诗咏中有些零星的相关信息。时人谢缙《兰庭集》中《赠致仕徐乐馀》《访徐汝南》有两首诗歌：

白头太守文章伯，晚节桑榆景倍饶。莫道户庭常不出，时还送客到溪桥。

不睹南州已十年，浒溪风景只依然。遂初轩下重逢日，共坐南熏雪满颠。[3]

谢缙，字孔昭，自号兰庭生、叠山翁、葵邱翁、深翠道人等，明初著名画家，永乐年间曾受邀参与沈孟渊主持的西庄雅集。从第一首诗称徐乐余为“白头太守”可知，徐乐余此间年事已高；元末倪云林为耕渔轩作画所题之诗即《题良夫遂幽轩》[4]，元季文人吟咏耕渔轩也多以遂幽轩为主要题材，例如，在沈季友编纂的《槜李诗系》中，以《题徐良夫遂幽轩》为题的诗就有五首，分别是卷5中山长常真的一首，卷6中张翼、徐一夔、高尚志各一首，以及卷31中白庵禅师万金的一首。从谢缙的第二首诗可知，徐汝南家园继承了徐良夫耕渔轩最核心景境遂幽轩，应是此间耕渔轩的第二代主人。谢缙这次十年后重访耕渔轩旧景，还为一代名园的风景余绪绘了图，徐氏后裔徐有贞在诗歌中记录了这件事情：

“葵丘居士吴中杰，画笔诗才两清绝。平生白眼傲时人，人有求之多不屑。
浒溪渔隐孺子孙，气谊相孚独深结。高标逸韵与之齐，玉树冰壶双皎洁。
闲来对酌遂幽轩，一笑俱忘满颠雪。山光水色照清尊，飞翠浮蓝手堪撷。

1 （清）卞永誉. 式古堂书画汇考（四库全书子部第815册）[M]. 上海：上海古籍出版社，1991：376.
2 （明）祝允明. 祝允明集（上）[M]. 薛维源，点校. 上海：上海古籍出版社，2016.
3 （明）谢晋. 兰庭集（卷下）（四库全书集部第1244册）[M]. 上海：上海古籍出版社，1991：467.
4 张小庄，陈期凡. 明代笔记日记绘画史料汇编[M]. 上海：上海书画出版社，2019：380.

葵丘醉后兴更奇，击箸悲歌声激烈。挥毫洒墨作新图，欲与王维较工拙。

只今已是十年余，人物凋零风景别。二贤踪迹共寂寥，惟有画图当座揭……”[1]

到明代正统、成化年间，徐达佐之曾孙徐季清在耕渔轩营造了先春堂。徐有贞《先春堂记》说：

“当时江东儒者以良辅为称首。季清，其曾孙也，天资秀朗，警敏过人，年几五十而志益勤，思绍乃祖之风范，闲构一宇以为游息之所，命之曰先春之堂。余尝过之，季清请余登焉。坐而四望，左凤鸣之冈，右铜井之岭，邓尉之峰峙其上，具区之流汇其下，扶疏之林，葱蒨之圃，棋布鳞次，映带于前后。时方冬春之交，松筠橘柚之植，青青郁郁，列玗琪而挺琅玕。梅花万树，芬敷烂漫，爽鼻而娱目，使人心旷神怡，若轶埃埃而凌云霄，出阴冱而熙青阳，视他所殆别有一天地也。”[2]

徐有贞的序文再次清晰描述了耕渔轩的地理位置与形势地貌，也使人仿佛又看到了徐达佐那个“其水舒舒”的耕渔轩。徐有贞在另一篇序中说：“家于邓尉之阳，而墓于其山之阴，以昭穆而数之者余十世焉。”[3]可见，元明以降，光福徐氏福祚绵长，而徐氏山水园林也在与世沉浮中历久弥新，更值得一提的是，从耕渔轩起，徐氏名园流风已经若隐若现地铸就了一种家族风范，这种书香世家遗风广泛而深刻地熏陶了光福徐氏的家族文化，使园林景境与家族文化之间达到了高度和谐、相辅相成的状态。

到了清初，此地为叶楠材所得，并新修旧园，建造了“见南山斋”，时人黄中坚写了《见南山斋诗序》[4]；清代中叶，园为海宁人查士倓购得，于此地建造邓尉山庄，当世著名学者张问陶为其撰写了《邓尉山庄记》[5]；晚清时，此地再为大学者冯桂芬所购得，并为其所新建山园命名为耕渔轩，还在其所撰写的园记中说：“耕渔轩，在元明间与倪氏清閟阁、顾氏玉山佳处鼎峙三甲。”[6]为经历了元明清三代的名园，画了一个圆满的句号。

6.2.2 玉山草堂

玉山草堂又叫玉山佳处，位于昆山巴城，主人是元季富豪文人顾瑛。顾瑛（1310年—1369年），字仲瑛，又名顾德辉、顾阿瑛，号金粟道人。

顾德辉在人到中年之后，不再亲自操持家业，而是倾心于筑造园林，依托园林邀集文朋道友聚会雅集。杨维桢《小桃园记》载：

---

1 （明）徐有贞. 武功集（卷5）[M]. 上海：上海古籍出版社，1991：201.

2 （明）徐有贞. 武功集（卷3）[M]. 上海：上海古籍出版社，1991：201.

3 （明）徐有贞. 武功集（卷4）[M]. 上海：上海古籍出版社，1991：201.

4 陈从周，蒋启霆. 园综[M]. 赵厚均，注. 上海：同济大学出版社，2004：220.

5 王稼句. 苏州园林历代文钞[M]. 上海：上海三联书店，2008：177.

6 鲁晨海. 中国历代园林图文精选（第5辑）[M]. 上海：同济大学出版社，2006：280.

“隐居顾仲英氏，其世家在谷水之上，既与其仲为东西第，又稍为园池。西第之西，仍治屋庐其中。名其前之轩曰问潮，中之室曰芝云，东曰可诗斋，西曰读书舍，又后之馆曰文会亭、曰书画舫，合而称之，则曰小桃园也。”[1]

可知，顾氏园林是在其祖业之西处开辟扩建的园墅，初名小桃园，后更名玉山草堂。园林得名可能源于昆山有别名昆冈、玉山的原因，另外，顾德辉之父顾伯寿也曾别号玉山处士。

玉山佳处也是建于城市之外的郊野园林，但是其地形为田野平畴，与耕渔轩的地形差别很大，因此，园林中的景致需要大量的人工筑造。从文献中可知，园内造景有钓月轩、芝云堂、可诗斋、读书舍、种玉亭、小蓬莱、碧梧翠竹堂、湖光山色楼、浣花馆、柳塘春、渔庄、金粟影、书画舫、听雪斋、绛雪亭、春草池、绿波亭、雪巢、君子亭、澹香亭、秋华亭、春晖楼、白云海、来龟轩、拜石坛、寒翠所等合计二十四处。园内建筑中有大量的“古书、名画、彝鼎、秘玩”，园林造景中还布置了一些“高可数寻”的奇石[2]。

在元明之交的江南诸名园中，玉山佳处以筹办文人的园林雅集之盛冠绝当时。在园主顾德辉被朱元璋征发“往耕临濠”之前的约十二年里，玉山佳处先后举办了文人雅集约五十次，频次远远超过耕渔轩等其他名园，顾德辉甚至为雅集中一些常客设立了专用的客房“行窝”。每一次雅集期间，胜友名流分韵唱和、写诗作画，留下了大量的诗文作品。顾德辉把这些诗文连同自己的部分作品收集在一起，汇编为《玉山名胜集》。这样高频次的文人雅集具有鲜明的时代特征，这些集会每聚集必有宴乐，每宴乐必有分韵作诗，颇有为集会而集会、为作诗而作诗的味道。

玉山佳处的园林造景以有若自然为基本特征，缺少耕渔轩这样的天然地形，因此，在战乱冲击之下很容易招致毁灭性的破坏。至正十六年（1356年），张士诚攻陷平江，降元军阀方国珍受命往击张士诚，双方在昆山一带鏖战，其间，顾德辉逃难至嘉兴，方国珍军劫掠了玉山佳处。谢应芳诗《留别顾玉山将往杭州卜居》记录了顾氏这一艰难苦恨的狼藉时刻：“垂白遭多难，仓黄走四方。吴人今入贡，越冠复侵强。百战山河破，三边草木荒……萧飒双蓬鬓，漂摇一苇杭。”[3]在《玉山名胜集》卷、郑元佑撰《白云海记》以及谢应芳《龟巢稿》中，都有关于顾仲瑛避难嘉兴的相关记录。明初，随着顾德辉被征发凤阳，玉山佳处逐渐人去园空，很快就在江南园林的历史长河之中消逝了。

6.2.3 洗梧园

常熟曹氏洗梧园又名梧桐园，也是被陶宗仪列入当时三甲的园林之一，园主是当时常熟福山的富豪文人曹善诚。元末吴地富家园林造景大多都有相互竞夸的末世浮华心态，即便是

1 孙小力. 杨维祯年谱［M］. 上海：复旦大学出版社，1997：142.

2 王稼句. 苏州园林历代文钞［M］. 上海：上海三联书店，2008：225-232.

3 （明）谢应芳. 龟巢稿（卷3）（四部丛刊本）［M］. 上海：上海书店出版社，1936：135.

文人园林，也往往不能免俗，曹氏梧桐园在这方面的特征也是比较鲜明的。

其一，在园林选址和地形上，洗梧园与清閟阁、玉山佳处都属于营造在郊野平原的乡村园林，在园林景境营造方面，也与其他两个园林相似，园内都有大量的亭台楼阁的建筑，以及人工的水池和石山。

其二，“洗梧”谐音为“洗吾”，本义有洁身自好、洗涤胸襟的意思。园林以青碧梧桐为核心造景植物，并以此为园名，在清高风雅的景致背后，也有相互追慕和竞夸的心态。

光绪本《常昭合志稿·宅第》说：

“曹善诚宅在福山陆庄桥，宅旁有洗梧园，种梧数百本。客至，则呼童洗之，故名，亦名梧桐园。”

今案王锜《寓圃杂记·云林遗事》：

“倪云林洁病，自古所无。晚年避地于光福徐氏。一日，同游西崦，偶饮七宝泉，爱其美。徐命人日汲两担，前桶以饮，后桶以濯。其家去泉五里，奉之者半年不倦。云林归，徐往谒，慕其清秘阁，恳之得入。偶出一唾，云林命仆绕阁觅其唾处，不得，因自觅，得于桐树之根，遽命扛水洗其树不已。徐大惭而出。”[1]

可见，曹善诚在园中种梧洗桐，乃是因为仰慕和比照“元四家”之一倪云林的风雅胜事。

其三，曹善诚之财富堪比西晋石崇，其园林中的一些特殊的生活化景致，豪奢程度已经超过比石崇的金谷园了。

康熙本《重修常熟县志·杂记》载：

“陆庄曹氏盛时，园池之胜甲江左，服物饮馔务极奢侈。尝招云林倪瓒看楼前荷花，倪至登楼，惟见空庭耳。倪饭别馆，复登楼，则俯瞰方池可半亩，菡萏鲜妍，鸳鸯鸂鶒，萍藻沦漪。倪大惊，盖预蓄盆荷数百，顷移空庭，庭深四五尺，小渠通别池，花满决水灌之，而复入珍禽野草也。又尝招杨铁崖看海棠，杨至，不见花，乃请徙席意花前矣。至则鼎彝与觞罍错布，寂然无花。杨始怪，问曹。日夜半，移灯看海棠，请须之。俄而月午，曹复徙席层轩，出红妆一队，约二十四姝，悉茜裙衫，上下一色类海棠，各执银丝灯，容光相照，环侍绮席。曰：此非解语花耶？杨极欢，竟夕而罢。”

在中国园林史上，战乱往往是园林最大的威胁之一。元明易代之际，东南一带有方国珍、张士诚、朱元璋等军阀以及元朝的官军，军阀战乱和劫掠导致大量的园林毁于兵祸。此

1 张小庄，陈期凡. 明代笔记日记绘画史料汇编［M］. 上海：上海书画出版社，2019：29.

间玉山佳处曾先后分别遭到方国珍、张士诚军队的劫掠。洪武元年（1368年），顾德辉被朱元璋编入第一批“往耕临濠”的移民对象，第二年就客死在了凤阳，一代名园玉山佳处也随即彻底荒废。曹氏洗梧园也在此间遭到张士诚的洗劫，很快消逝，了然无痕。碧玉森森的梧桐，曼妙的解语花，都只剩下了茶余饭后的佳话，园林能够传世的，更多的还是图文文献及其内在的文化精神。

6.3 寺观园林

6.3.1 狮子林

元代独具时代特色的客观环境，把江南文人从正统的仕途经济和社会责任之下完全解放出来，为他们积极参与园林兴造储备了充分的热情与才情。他们不仅造园、居园、游园、赏园、写诗、作记、题款、绘画，有时候还亲自走上一线，参与园林设计和施工，推动了江南园林艺术与技术水平的快速提升。寺观园林通常具有一定的公共空间属性，苏州狮子林就是此间文人共同参与筑造的、具有公共属性的禅宗庭园。

狮子林位于苏州古城东北的潘儒巷，与拙政园隔水毗邻。欧阳玄《狮子林菩提正宗寺记》说：“按其地，本前代贵家别业，至正二年壬午（1342年），师之门人相率出赀买地，结屋以居其师，而择胜于斯焉。”[1]这是当时吴门信众集资为临济宗高僧天如禅师维则建构的道场，是一个禅宗寺庙园林。在元代的二十几年里，禅林先后经历了维则、卓峰和如海三位主持。从“元四家”中的倪云林，到苏州文坛名流“北郭十友”，当时东南一带的文人精英与这三位高僧交往密切，多有互动，为早期的狮子林留下了大量的诗文图绘。在文字文献方面，今存有《师子林纪胜集》，其中，王彝的《狮子林记》清晰完整地记录了园林的空间理景；在图绘方面，传世的有倪云林和徐贲分别绘制的《狮子林图》（图6-3-1、图6-3-2）。通过这些早期文献，可以大致推断出，狮子林初造时的基本面貌、造景要素和景境特征。

狮子林从初造伊始，园林就以湖石假山为重要造景元素，并形成了城市山林的基本面貌和特色，这一特色被持续保持到现在。这些假山峰石很多都被赋予了象形的色彩，如“狮子峰”“含晖峰”“吐月峰”等，诸多峰石“或跂或蹲，状如狻猊者不一”。此外，竹林、古梅和柏树也是狮子林早期造景重要的标志性元素。王彝在《狮子林记》中说：“邱之北窪然，以下为谷焉，皆植竹，多至数十万本”；“问梅（阁）与指柏（轩）相直，梅与柏各一，皆相结为蛟龙，其寿几二百年”。迄今，狮子林依然保留了竹、柏和梅等核心造景要素[2]。

此外，狮子林假山以山路曲折盘旋、洞穴回环复杂著称于世，这是园林叠山从伊始到如今约七百年未变的特征，其间人们来游也都对这一造景特征印象深刻，审美评价却褒贬不

1 王稼句．苏州园林历代文钞［M］．上海：上海三联书店，2008：29.

2 郭明友．狮子林纪胜集・续集校注［M］．苏州：苏州大学出版社，2020：64.

图6-3-1　倪云林《狮子林图》[1]

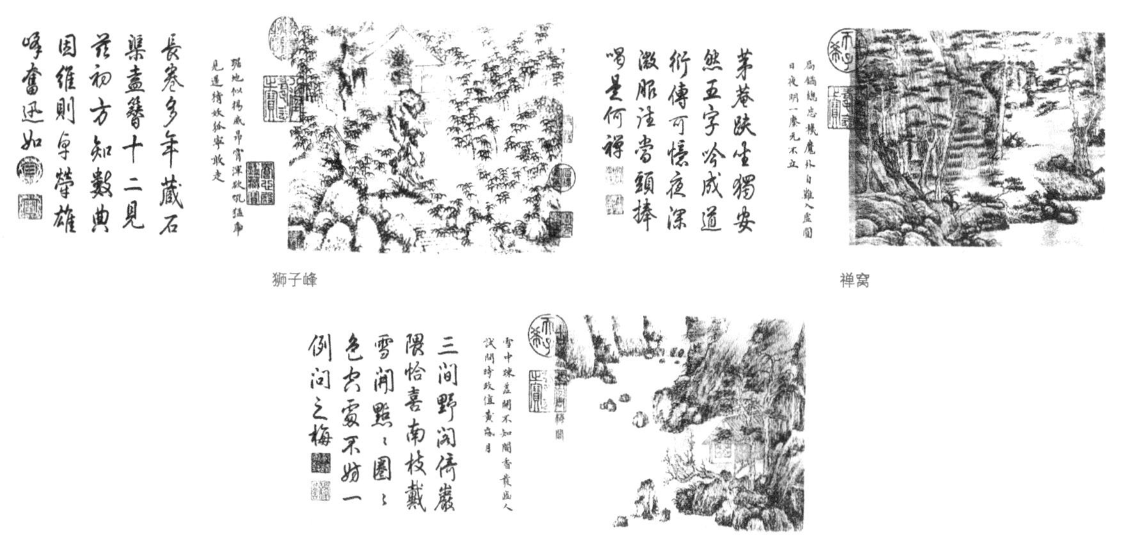

图6-3-2　民国影印版徐贲《狮子林图册》[2]

一，绝大多数都惊叹其妙，却也有人不以为然。实际上，狮子林环境旨在构筑一个充满禅意的园林空间，借此来辅助传道、开悟信众。天如禅师维则的诗句“我疑身在万山中”和“穿林络绎似巡堂”，以及“禅窝”中“间列八镜，光相互摄，期以普利见闻者也”等，早期文献在很多地方都清清楚楚地说明了这一设计目标。后世，随着园寺分离、寺院不存，人们渐渐遗忘了这一初始设计目标，对于狮子林叠山理景的解读品鉴也就缺少了相对客观的原则和依据。

通过分析当时名流的诗咏图绘，今人可以比较准确地还原早期狮子林初造时禅院和园林风貌，弄清园林造景经历600多年后的古今变化。

至洪武初年，狮子林不仅历经战乱依然存在，而且园中山水竹木风景韵致更为可观。王彝、高启等人的题咏、记文比较清晰地记录了此间狮子林的林壑风貌。洪武五年（1372年）秋七月，王彝曾与陈彦濂、张曼端同游狮子林，禅林住持如海上人是其故旧，所以他就在“问梅阁”住宿了一段时间，“得咏歌其丘与谷者累日”，并合计写了题咏十四首，应邀作了《狮子林记》[3]。王彝的记文以“狮子峰”为中心，以游山路线为线索，细腻而精确地对园中

1　董寿琪. 苏州园林山水画选［M］. 上海：上海三联书店，2008：16.

2　此图册由苏州园林局狮子林管理办公室提供。

3 （明）王彝. 王常宗集（续补遗）(四库全书子部第1229册)［M］. 上海：上海古籍出版社，1991：437.

“狮子峰”“含晖峰”“吐月峰”“小飞虹”“禅窝”“立雪堂”“竹谷”（或作栖凤亭）“卧云室”“指柏轩”“问梅阁”“玉鉴池”“冰壶井”等十二景进行了完整描绘，再现了当年天如禅师《狮子林即景》诗中“人道我居城市里，我疑身在万山中”的园林景境[1]。其实，王彝的记文写得很含蓄、很低调，他此番于狮子林小住、游咏，参与的正是“狮子林十二咏”活动，这是目前文献中可见的明代开国第一次，也是洪武年间吴地园林非常罕见的一次文人雅集。今按《吴都文粹续集》中选录的《狮子林十二咏》可知，当时参与雅集的名流还有高启、王行、张适、申屠衡、张简、陶琛、僧道衍（姚广孝）、谢辉等，而徐贲即咏且画，作了《狮子林图》。

相比之下，高启撰写的《狮子林十二咏序》，既有历史钩沉，也有横向比较，抒情显得更加率真，立意更加高远：

“夫吴之佛庐最盛，丛林招提，据城郭之要坊，占山水之灵壤者，数十百区，灵台杰阁，甍栋相摩，而钟梵之音相闻也，其宏壮严丽，岂师子林可拟哉？然兵燹之余，皆萎废于榛芜，扃闭于风雨，过者为之踌躇而凄怆。而师子林泉益清，竹益茂，屋宇益完，人之来游而纪咏者益众，夫岂偶然哉？盖创以天如则公愿力之深，继以卓峰立公承守之谨，迨今因公以高昌宦族，弃膏粱而就空寂，又能保持而修举之，故经变而不坠也。由是观之，则凡天下之事，虽废兴有时，亦岂不系于人哉？”[2]

王行在《题东坡书金刚经石刻》中也说：“林在吴城东北陬，萧闲森爽不与井邑类。大夫士之烦于尘坌者，时之焉，师接之未尝倦也。”[3]

从高启和王行的序文中可知，明初狮子林不仅山池依旧、林壑翳然，甚至茂林修竹的韵致也有增无减，并且已经成为当时人们最乐于往游之处。

潘奕隽在《重修画禅寺大殿记》中说：“洪武初归并承天能仁寺。”[4]此后，禅院逐渐破落衰败，再后一百多年间，狮子林从吴门文人的诗文集中逐渐消失，这应该是主要原因。例如，文徵明的《甫田集》收录了他遍访苏城内外几十处禅林的数百首诗歌，却只字未及狮子林，其间，释道恂首次对狮子的早期相关文献进行了收集编纂。逮及明中，钱谷在《跋狮子林图册》中说，“嘉靖甲午（1534年）、乙未（1535年）间”，有好友曾读书其中，后即“为势家所废”，由此可知，在禅林被归并废弃后，园林环境依旧持续保存下来了[5]。明万历二十年（1592年），僧人明性奉敕重修，时任长洲知县的江盈科写了《敕赐重建狮子林圣恩寺记略》，此时禅院已“故迹了不可觅”。江氏因此叹息说：

“由斯以观，则宋人别业之变而为狮林也，狮林之变而为荒烟野草也，又变而为佣保杂

1 郭明友．师子林纪胜集（含续集）校注［M］．苏州：苏州大学出版社，2020：47.

2 （明）高启．高青丘集［M］．上海：上海古籍出版社，1985：666.

3 （元）王行．半轩集（卷4）（四库全书集部第1321册）［M］．上海：上海古籍出版社，1991：465.

4 郭明友．狮子林纪胜集·续集校注［M］．江苏：苏州大学出版社，2020：147.

5 王稼句．苏州园林历代文钞［M］．上海：上海三联书店，2008：34.

作处之地也，今又复变而为狮林也，亦成毁兴废之常。自佛法视之为极细，何足置悲喜于其间哉。”[1]

明朝两百年间，狮子林的寺与园都发生了巨大的变化，所幸这些变化在《师子林纪胜集·续集》中得到了比较清晰的记录，后世可以据此梳理还原整个变化过程。

清顺治五年（1648年），会稽居士日新历经五载重建了藏经阁，前明进士苏州人李模为此撰写了《敕赐圣恩古师林寺重建殿阁碑记》。康熙四十二年（1730年），圣祖玄烨驾临狮子林，为其寺院方丈赐题了“狮林寺”匾额，为园林环境题写了对联“苔涧春泉满，罗轩夜月留”，推动了寺与园都进入了新的发展阶段。随后不久，园林和寺院的权属完成了分离，园林归张文萃、张士俊父子所有，当时名流如朱彝尊、赵执信、张大纯、韩骐、梁迪等都先后来游，并写了许多游园诗文。乾隆年间，寺院先后得到了杲彻、宏通、昱峰、道林等大德的持续修护，时贤缪彤、彭启丰、蒋元益、潘奕隽等先后为寺园建筑的修缮维护撰写了记文。高宗弘历每每在南巡途中驾临狮林寺，为狮子林寺院题写了“镜智圆照”“画禅寺”等匾额，一度还误把这里的园林环境当作了倪云林的清閟阁，携名图访名园，并在那帧托名倪云林的《狮子林图》上题写了“云林清閟”和跋诗等鉴识。其间，园林空间已归休宁人黄兴祖所有，黄兴祖曾任衡州知府，其子黄腾达是乾隆二十六（1761年）年进士，黄轩是乾隆三十六年（1771年）状元。高宗尤其喜爱狮子林的假山，不仅为其题写了“真趣”之匾额，写诗称赞说“城中佳处是师林”“假山岁久似真山”，命随行的状元画家钱惟城以意补画《狮子林图》，还分别在圆明园和承德避暑山庄两园，分别模拟营建了狮子林的同名园中园。至此，苏州狮子林的寺与园都达到了发展史上的最盛阶段。晚清嘉庆四年（1796年），重修狮林寺大殿；同治三年（1864年），寺庙在历经太平天国战火后再次修复，这也是目前所见文献中狮林寺的最后一次修复，随后寺院建筑便逐渐消逝不存，只剩下后面的花园造景，“狮子林”一词专指园林环境，不再包含寺庙空间。

民国初，狮子林被售于上海籍商人李平书，李因受到“二次革命”的牵连，园随即被当时官方查没封存，1916年才发还。1917年，园被在沪经商的苏州人、著名颜料大王贝润生购得。贝润生聘请了著名画家刘临川主持对狮子林进行了一次大规模的修复，正是这次修复奠定了今日狮子林的基本格局（图6-3-3）。这次修复工程可以归纳为下面几个部分。

一是在东部增建了贝氏家族的祠堂和住宅建筑，这一建筑组团从今燕誉堂一直延伸到今民俗博物馆后面的潘儒巷；二是在园林前面隙地扩建了具有中西合璧风格的义学和义庄建筑；三是在园林水池西侧增建了池西大假山，使花园水域形成三面山环的格局，同时，还增加了九狮峰、牛吃蟹的趣味性的叠石小品，以及池西假山上的瀑布水景；四是在花园区域增建了石舫、湖心亭（图6-3-4）、问梅阁、见山楼、荷花厅、双香仙馆、听涛阁等建筑，在一些建筑上还装配了当时比较流行的彩色玻璃；五是在花园四周的回廊上建造镌刻了御诗碑、文天祥诗碑、听雨楼法帖等。

1　江盈科. 江盈科集1［M］. 长沙：岳麓书社，2008：264.

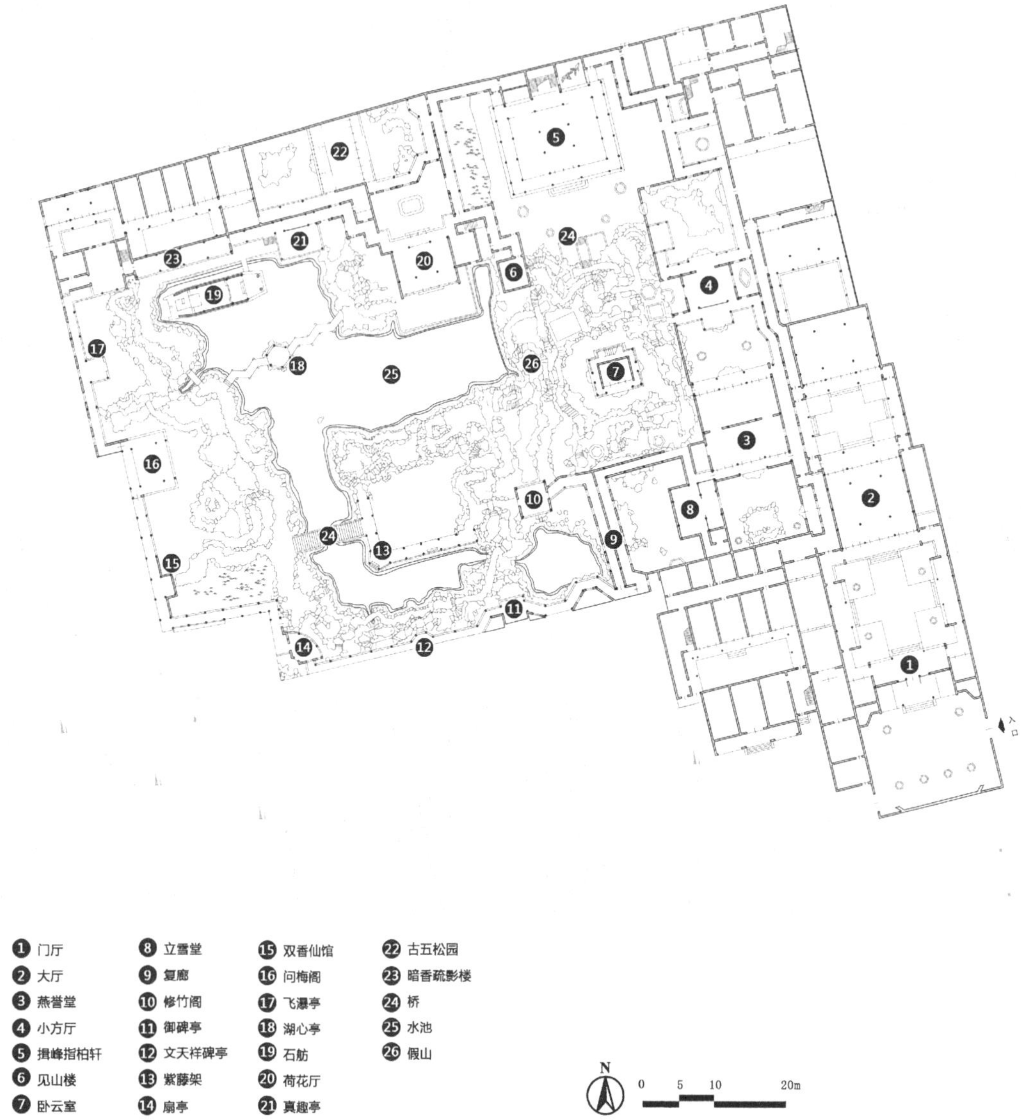

图6-3-3　今狮子林平面图

图6-3-4　狮子林湖心亭

经历抗日战争和解放战争后，1953年，贝氏把狮子林捐献给了中华人民共和国政府，1954年，园林对外开放。经过多年持续维护和开放，2000年，狮子林被正式列入世界文化遗产名录。

6.3.2　幻住庵

幻住庵位于阊门西五里，“雁荡村，有中峰草庵故名”[1]。元大德四年（1300年），士绅陆德润施松岗地数亩，建草堂三间，中峰禅师本明结庐于此，赵孟頫题名为“栖云”。庵处郊野山林，景色幽静，溪流横前，因而“深巷鸟啼山木暗，清溪日暖白烟生”（明·文徵明《游幻住庵》）。庵内有听松轩，可听连绵起伏的松潮天籁，元代方澜《幻住庵听松轩》一诗描绘了其“风生高树林……满院但潮音”和“人静野禽下，雨凉山叶深”的禅意。庵外还莲池边还有草亭，“亭前池水生莲花……亭亭净植涅不淄”（元·陈秀民《题幻住庵中峰和尚莲池野亭小像》）。

6.4　小结

元代虽然历史短暂，却因其巨大的疆域版图、特殊的政治文化政策和重商的生产方式，在中国历史上依旧产生了重要影响，其中，对江南城市经济的发展和文人艺术人生的启迪，推动作用尤为明显，这也为江南园林艺术的持续繁荣奠定了基础。因此，元代苏州及其周边的园林艺术发展，不仅数量密集，而且在规模尺度、审美风格、园林活动等多方面，都呈现出多姿多彩的时代特色，其中，尤以狮子林的营造成为苏州园林历史上的佳话美谈。

1 （明）王鏊. 姑苏志（卷19）[M]. 台北：台湾学生书局，1986：258.

第7章

明代

7.1 概述

7.1.1 时代背景

在苏州园林发展史上，明代又是苏州园林最重要、最辉煌的时代，苏州园林几乎成为中国传统园林最高水平的代表。

在历史地理学上，“明代苏州”有两个层次：一是围绕郡治所在的古城内外的城厢区域，这是狭义上的苏州，也是“苏州”概念最基本的核心区域；二是明清以来行政区划层面上的苏州，包括周边的常熟、昆山、吴江、太仓等属县，是广义上的“苏州”概念。在中国园林艺术研究视阈里，明代苏州园林，不仅是一个历史和地理概念，还代表了一种在艺术审美上具有高度一致性的风格类型，广义“苏州”概念在外延上可以继续扩大，延伸到苏州之外的一些地方，尤其是到了明代中后期，苏州已成为国内仅次于北京的一流城市，在文化艺术领域等方面，苏州甚至已经超越了北京。因此，明代苏州文化艺术审美观念的影响力和辐射范围，要远比今天大得多。晚明文人王士性在《广志绎》中说：“苏人以为雅者，则四方随而雅之；俗者，则随而俗之。”[1]嘉靖以降，松江、嘉兴、湖州、常州、无锡等周边地区文化艺术审美趣味变化，与苏州之间如影随形，松江（上海）就曾引“小苏州”的称号以为荣耀。就园林艺术而言，在这个外延扩大后的“苏州”区域里，几乎是同一艺术家群体，以同样的审美理论，用同样艺术素材，在创造风格一致的园林艺术作品。

北宋李格非在《洛阳名园记》中说，世运兴盛园林兴盛，约略等于盛世造园。明代两百多年历史虽然仅是历史长河中一个小片段，但根据政治、经济、文化等历史背景，明代苏州园林史却经历了跌宕起伏的发展演变进程，大致可以分为四个阶段。

第一阶段：沉寂期。1368年，朱元璋在应天（南京）称帝，建立明朝，1398年朱元璋驾崩，宣告洪武一朝结束。其间，从政治生态、经济生产，到文化艺术风气，都进入了一个前所未有的特殊时期，加之朱元璋还为苏州一带制定了系列极具针对性的特殊政策，致使苏州园林发展经历了一段空前绝后的艰难历程，在极端恶劣的客观环境之下，明初苏州园林迅速在风雨飘摇的挣扎中归于沉寂。

第二阶段：复兴期。在中国历史上，帝王的治国方略和个人习尚的变化，往往会影响一个时代风气的变革。洪武三十一年（1398年）五月，朱元璋驾崩，太子朱标英年早逝，皇孙朱允炆即位，年号建文，一个新的时代开始了，明代苏州园林发展，也渐渐进入了一个复兴阶段。

第三阶段：繁荣期。弘治、正德、嘉靖三朝，合计约80年，可以视作明代苏州园林发展的荣阶段。这期间，尽管一度短暂出现“弘治中兴”这样的盛世局面，却还是未能改变朱明王朝国运陵夷的颓势。从苏州园林历史发展的视角来看，这是一个社会风气江河日下而园林

---

1 （明）王士性. 广志绎［M］. 吕景琳，点校. 北京：中华书局，1981.

文化艺术却空前繁荣的时代。

第四阶段：鼎盛期。无论是在历史学、政治学、社会学，还是在文学和艺术学的知识体系里，“晚明”都是一个界定相对清晰、内涵相对一致的概念。明史专家吴晗先生说：“从社会风俗方面来说，明朝人认为嘉靖以前和嘉靖以后是两个显著不同的时代，有不少著书的人指出了正德、嘉靖以后社会风俗的变化。”[1]苏州园林历史上的“晚明”，指的是嘉靖朝以后的明代，是明穆宗（朱载垕）隆庆初年（1567年）至明代灭亡的这一历史阶段，其间经历了隆庆、万历、泰昌、天启、崇祯、南明弘光等六朝约80年。这是一个国势陵夷、商业繁荣、世风萎靡、思想自由的热闹时代，其间以苏州为代表的江南园林艺术的发展，深受这种时代风气的浸染。同时，经历了千百年跌宕起伏的发展，苏州的私家园林艺术在园林总量上已经稳居全国第一的位置，在造园技术和艺术审美理论总结方面，也都达到了艺术史上的鼎盛阶段。

7.1.2 造园活动

明代两百多年的时间里，苏州园林空前繁荣，造园艺术与技术水平都达到了历史上的巅峰阶段，审美风格引领了全国各地，奠定了中国园林艺术的基本风貌特色。更重要的是，在此基础上，晚明时期苏州园林艺术大师们还著书立说，建构了中国传统园林艺术的理论体系。可谓上承千年积淀，下启未来几百年，直至当代。概括言之，明代苏州园林发展的繁荣盛况，具体表现在以下两个方面。

第一，园林数量多。有人统计，明代苏州园林合计约300余处，实际上，这里统计到的还只是在各类文献中被明确记录的、相对著名的园林，除此之外，还有大量名不见经传的小园林，密集分布在城市内外和山野乡村。晚明不仅吴中富豪诸贵竞以湖石筑峙奇峰阴洞，甚至占据名岛以凿，“虽闾阎下户，亦饰小小盆岛为玩”[2]。

从小尺度的庭园盆岛，到大尺度的山水园林，苏州在明代已经成为一个名副其实的园林之城。晚明文人钟惺在《梅花墅记》中说：

> “出江行三吴，不复知有江，入舟舍舟，其家大抵皆园也。乌乎园？园于水，水之上下左右，高者为台，深者为室，虚者为亭，曲者为廊，横者为渡，竖者为石，动植者为花鸟，往来者为游人，无非园者。然则人何必各有其园也，身处园中，不知其为园，园之中，各有园，而后知其为园，此人情也。予游三吴，无日不行园中，园中之园，未暇遍问也。”

由此可知，苏州园林发展到晚明时期，就连城市远郊的山野乡村当的环境，也已经实现了风景园林化。因此，明代苏州园林的营造建设，是一个难以用具体数字来计量的状态。

1 吴晗. 明史简述［M］. 北京：中华书局，1980：89.

2 （明）黄省曾. 吴风录［M］//（明）杨循吉，等. 吴中小志丛刊［M］. 陈其弟，校点. 扬州：广陵书社，2004：176.

第二，明代苏州造园活动有一个完整清晰的发展变化脉络，逐渐呈现出家族化、程式化、专业化、职业化的发展趋势。逮及明代中叶，经过一百多年的发展积累，苏州一带逐渐出现了一些既富且贵的家族集团，这些权贵家族营造了大量的园林，家族化园林现象也随之出现，著名的有王鏊家族园林、晚明的申时行家族园林、徐泰时家族园林、王世贞家族园林等。大量园林工程不仅创造出一个个精美的园林，也慢慢形成了苏州造园的设计模式与施工守则，到了晚明，这些设计与施工的法式，与各种营建材料和工艺一起，合力推进了苏州园林朝着程式化的方向发展，最终使明清苏州园林成为一种具有相对一致风格的艺术类型。与此同时，以计成、张南阳、张南垣等为代表的职业造园家，走上了历史舞台，园林设计与工程逐渐成为一项专门的职业。

鉴于此，下面以艺术审美风格变迁的大趋势为核心观察点，结合苏州城市经济、文化与社会风气的发展变化，兼顾历史学上的时代划分阶段，按照沉寂、复兴、繁荣、鼎盛四个阶段顺序，来叙述明代苏州的园林营造活动。

沉积期时间跨度大约始于元末，终于洪武一朝（1398年）。此间，苏州园林营造经历了一系列极其艰难的发展环境和过程，从元末异常繁荣快速转而为洪武年间的沉寂局面。

第一，战争与逼仕。园林是实体艺术，战争历来都是其创造与传承的最大威胁之一，元明易代的战乱，苏州园林几乎全面被毁。

元明易代之际，继无锡倪云林清閟阁凋敝之后，毁于战争的名园是常熟曹善诚的梧桐园，张士诚军入吴途中，流窜经过常熟，劫掠了这个水清如许、碧梧青青的名园。[1]根据《玉山名胜集》（卷五）的记载，玉山佳处曾分别遭到方国珍和张士诚军队的两度劫掠。洪武元年，顾德辉父子“往耕临濠”，这座“堂瞰金粟，沼枕湖山”的名园，终于彻底荒废。洪武初，徐贲途径园林废址时，所见已是不堪回忆的凄凉境况：

“鸿雁天寒俦侣稀，秋风远客独思归。碧山尽处湘云续，白水明边鹭自飞。漠漠芦花迷望眼，萧萧荷叶惨征衣。此行赖共知心语，一棹夷犹竟落晖。”[2]

1367年2月，朱元璋自南京起兵，发动征讨张士诚的平吴之战。虽然在出征之际朱元璋就在御戟门告诫伐吴将士：“城下之日毋杀掠、毋毁庐舍、毋发邱垄。”[3]但是，明军依旧干尽了烧杀抢掠之类的坏事。大军临近，常州武进人氏谢应芳一路向东向南逃难：“是岁八月之初，天兵自西州来者，火四郊而食其人，吾之龟巢与先旧宅俱烬矣。予乃船妻子间行而东过横山，窜无锡。”[4]战事在吴地核心区域持续了约八个月，“时围困既久，熊天瑞教城中作飞炮以击敌，多所中伤，城中木石俱尽，至拆祠庙民居为炮具。”[5]汤和率领军队破城之际，一度

1 （清）姚之骃．元明事类钞（卷36）[M]．上海：上海古籍出版社，1991.
2 （元）徐贲．北郭集（卷5）（四库全书集部第1230册）[M]．上海：上海古籍出版社，1991：602.
3 （清）张廷玉，等．明史（卷1）[M]北京：中华书局，1974：14.
4 （明）谢应芳．龟巢稿（上）（卷3）（四部丛刊本）[M]．上海：上海书店出版社，1936：375.
5 （清）徐乾学．资治通鉴后编（卷184）（四库全书史部第345册）[M]．上海：上海古籍出版社，1991：606.

下令屠城。战争结束后，苏州城内外几十处名园皆成破巢之卵。十月底战事消歇，谢应芳重过吴城，写下了《十月过吴门》诗：

“无数云梯尽未收，髑髅如雪拥苏州……鹿走荒台千载后，乌啼野树五更头。”

在《和灵岩虎邱感事》诗中又说：

“娃宫无复有楼台，佛刹而今亦草莱。衲子尽随飞锡去，将军曾此驻兵来。青山衔日犹前度，沧海扬尘复几回。霜落吴天香径冷，断猿啼月不胜哀。

兵余重到古禅关，无限伤心四望间。林下点头皆礟石，门前战骨似丘山。剑池屡变珠光赤，盘石犹沾血点斑。白髮破衣耆旧在，独怜宁老不生还。”

天堂苏州已若不闻鸡犬、不见人烟的坟场了[1]。

陶宗仪也在所著《辍耕录》中感叹道：“（诸名园）遭兵燹，今无一存者。福山、横泽、下砂皆无有以矣，可胜叹哉！”[2]洪武初年，苏州古城内外名园变废园的场景几乎遍地都是，令人满目凄然。徐贲为关氏废园题诗：“园景正萧然，那当雨后天。花台曾置酒，莲港却通船。水涸桥仍构，畦荒路渐连。如何游赏日，不在未兵年。”[3]

高启与杨基凭吊关氏废园旧迹：“人间乐事变，池上高台倾。歌堂杏梁坏，射圃菜畦成。”[4]“苑废主频更，才登意即倾。燕归邻屋住，蛙聚野塘鸣。瓦砾鸳鸯字，沟渠环佩声。惟余数株柳，衰飒尚多情。”[5]

大名鼎鼎的钱氏南园，传至元末已约400年，此间也彻底荒废了，高启在《江上晚过邻坞看花因忆南园旧游》诗中写道：“去年看花在城郭，今年看花在村落。花开依旧自芳菲，客思居然成寂寞”“乱后城南花已空，废园门锁鸟声中。翻怜此地春风在，映水穿篱发几丛”“年时游伴俱何处，只有闲蜂随绕树。欲慰春愁无酒家，残香细雨空归去。”[6]

战争除了摧毁了园林实体外，也消灭了元末江南那个热衷造园、居园、游园、绘园、写园的文人群体，此前在吴门园林中流连游荡的名士们也大都在此前后作古了。今按《玉山名胜集》《金兰集》，以及元末乐圃林馆、绿水园、狮子林等名人题咏，元末约百余个曾集中在园林中酬唱题咏的文人，绝大部分都于洪武初年前后谢世，仅有徐达佐、陈惟允、张羽、王蒙、宋克、徐贲、谢应芳、袁华、秦约、虞堪等数人寿永至洪武中晚期。

1 （明）谢应芳. 龟巢稿（上）（卷4）（四部丛刊本）[M]. 上海：上海书店出版社，1936：302.
2 （元）陶宗仪. 南村辍耕录（卷26）[M]. 文灏，校点. 北京：文化艺术出版社，1998：367.
3 （元）徐贲. 北郭集（卷4）（四库全书集部第1230册）[M]. 上海：上海古籍出版社，1991：584.
4 （明）高启. 高青丘集[M]上海：上海古籍出版社，1985：225.
5 （元）杨基. 眉庵集（卷6）[M]. 杨世明，杨雋，点校. 成都：巴蜀书社，2005：145.
6 （明）高启. 高青丘集[M]上海：上海古籍出版社，1985：334.

战争之后，便是逼仕。所谓逼仕，就是以杀身和抄家来胁迫文人从山林、江湖、郊野走向御前，放弃耕隐而入朝做官。对于园宅合一的江南私家园林艺术来说，逼仕既影响了造园主体人群的持续和稳定，也重创了文人造园而隐的念想，全面抑制了文人园中酬唱雅集、诗酒联欢等文化活动。

朱元璋任用文人、以文治国的态度原本是很鲜明的。早在吴元年（1367年），朱元璋就“遣起居注吴林、魏观等，以币帛求遗贤于四方”[1]；洪武元年，朱元璋更是满心恳切地下诏求贤：“向干戈扰攘，疆宇未一，养民致贤之道未讲也。独赖一时辅佐之功，匡定大业。然而，怀才抱德之士，尚多隐于岩穴。岂朕政令靡常而人无守与？抑刑辟烦重而士怀其居与？抑朕寡昧事不师古而致然与？不然贤士大夫幼学壮行，欲尧舜君民，岂固甘汩没而已哉。”[2]洪武三年（1370年），朱元璋再下诏书，并委派专人负责征选栖隐于山林的文士，一时间，“中外大小臣工皆得推荐，下至仓、库、司、局诸杂流，亦令举文学才干之士。其被荐而至者，又令转荐。以故山林岩穴、草茅穷居，无不获自达于上，由布衣而登大僚者不可胜数”[3]。高启对此颇有感慨：“皇上始践大宝，首下诏征贤，又责郡国以岁计贡士，欲与共图治平，甚盛举也。故待贾山泽者，群然造庭，如水赴海，而隐者之庐殆空矣。”[4]洪武三年（1370年）下《开科诏》后，“中外文臣一皆由科举而进，非科举者不与”。[5]然而，朱元璋很快就对科举选士的结果失望了，洪武六年（1373年），下诏废科举，再次改用推举，直到洪武十七年（1384年）才恢复科举。

有元一代，读书人尽管一度对废除科举很失望，但是，随着耕隐、艺术、行商等仕途之外人生道路的开辟，元末江南文人对于人生价值已经有了全新的认识，对于政治大都怀有若即若离的怀疑与逃避心态。这是出身贫苦且对江南文人缺少了解的朱元璋所始料不及的，加之由于朱元璋雄才多疑，对文武臣工滥开杀戒，当时大多贤良文士对于受举和应召，都是谨慎而消极的。赵翼指出：“明初文人多有不欲仕者……盖是时明祖惩元季纵驰，一切用重典，故人多不乐仕进”“是时国法严峻，故吴士有挟持者，皆贞遁不出，肮脏以死。”[6]

对于文人蹈隐不仕的状况，朱元璋很快就失去了耐心，旋即龙威震怒，选择了以刑杀来逼仕。先是洪武初年制定刑法，“寰中士夫不为君用，其罪至抄札”[7]。明代杖刑经常会打死人，对比于“刑不上大夫”的古训，对文人拒仕处以抄家、鞭笞的责罚，这是前所未有的严厉刑罚。洪武十八年（1385年），由于“贵溪儒士夏伯启叔侄断指不仕，苏州人才姚润、王谟被征不至”，朱元璋“皆诛而籍其家”[8]，责罚之重已到了诛杀性命和全家流放的地步。以此为例，朱元璋开创性地制定了“寰中士夫不为君用之科”[9]，专门用来对付受诏不仕的文人。

1 （清）张廷玉，等. 明史（卷71）［M］. 北京：中华书局，1974：1712.
2 （清）陈建. 皇明通纪（上册）［M］. 北京：中华书局，2008：134.
3 （清）龙文彬. 明会要（卷49）［M］. 北京：中华书局，1956.
4 （明）高启. 高青丘集［M］. 上海：上海古籍出版社，1985：882.
5 （清）孙承泽. 春明梦余录（中）［M］. 王剑英，点校. 北京：北京出版社，2018：528-530.
6 （清）赵翼. 廿二史劄记（卷32）［M］. 北京：中华书局，1984：741.
7 （清）张廷玉，等. 明史（卷93）［M］. 北京：中华书局，1974：2279.
8 南炳文，汤纲. 明史（上册）［M］. 上海：上海人民出版社，2003：85.
9 （清）张廷玉，等. 明史（卷94）［M］. 北京：中华书局，1974：2305.

《明史·刑法志……大诰》:

"诸司敢不急公而务私者，必穷搜其原而罪之。凡三诰所列，凌迟、枭示、种诛者，无虑千百。弃市一下数万。寰宇中士大夫不为君用科，自是而创。"[1]

一百多年后，宦奸刘瑾残害贤良文臣王云凤时，还曾有人援引过这条法令。

第二，抑商与禁园。朱元璋草根出身，幼时饥寒交迫的经历，使他在内心深处仇富仇贵，重农抑商也几乎成为其立国治国的自然选择，相较于抑商国策，朱元璋的禁园法令则对苏州私家园林兴造产生了深刻而直接的负面影响。

《明史·食货志》开篇即明言："取财于地而取法于天，富国之本在于农桑。"[2]而且，洪武初年很长的一段时间里，大明既不印制纸钞，也不许民间以银交易，贸易往来只许以物易物。朱元璋本人对于"香米""人参""玉面狸"等珍奇供赋，也斥为"不达政体"。对照元代江南文人造园史就可以看出，这种经国之道堵死了文人走"野处者得以货雄"的文化置业之路，在经济上消除了江南文人效仿前朝造园清居的基础。

不仅如此，对于王公臣僚营造宅第，尤其是造园，朱元璋也立法加以限制。洪武二十六年（1393年）出台《营缮令》，成为中国历史上仅有一次明文规定不许营造园林的奇葩制度：

"官员营造房屋不许歇山、转角、重檐、重栱及绘藻井，惟楼居重檐不禁……房舍、门窗、户牖，不得用丹漆；功臣宅舍之后留空地十丈，左右皆五丈，不许挪移军民居止；更不许于宅前后左右多占地，构亭馆、开池塘以资游眺。"[3]

《营缮令》对私家园林兴造产生了直接而巨大的影响，洪武朝中后期，苏州文人新建宅园都要动一番脑筋，既要在表面上遵守这一法令，又要巧妙地绕开其制约。

第三，移民与重赋。洪武初年，朱元璋对吴地居民大规模流徙，以及苛以重赋横征暴敛，明显具有秋后算账的报复心态。明初全国移民规模之大，几乎是空前绝后的，其中尤以强迫移徙吴民的数量为最大。

《明史·食货志》:"（1368年）徙苏、松、嘉、湖、杭民之无田者四千余户，往耕临濠"；后又"复徙江南民十四万于凤阳"，不久又"命户部籍浙江等九布政司、应天十八府州富民万四千三百余户，以次召见，徙其家以实京师，谓之富户。"尽管朱元璋冠冕堂皇的理由是"本仿汉徙富民实关中之制"，其根本目的还在于"惩元末豪强侮贫弱""立法多右贫抑富"[4]。因此，昆山富豪、玉山佳处主人顾德辉，也被编列在第一批"往耕临濠"的"无田者四千余户"之内，第二年就客死淮上了，东南首富沈万三更是被举家流徙云南——已经做了皇帝的

1 严光辉. 皇帝治下的中国［M］. 昆明：云南人民出版社，2011：189.

2 （清）张廷玉，等. 明史（卷77）［M］. 北京：中华书局，1974：1877.

3 （清）张廷玉，等. 明史（卷68）［M］. 北京：中华书局，1974：1672.

4 （清）张廷玉，等. 明史（卷77）［M］. 北京：中华书局，1974：1880.

朱元璋，依然念念不改其仇富、杀富的流民心态。

对于被迫背井离乡的这一部分吴民来说，移民造成的是一生一世的惨痛伤害，明初的畸重赋税，则造成了所有吴民约两百七十余年的困苦。《菽园杂记》对此有系统而扼要的梳理：

“苏州自汉历唐，其赋皆轻，宋元丰间，为斛者止三十四万九千有奇（34.9万）。元虽互有增损，亦不相远。至于我朝，止增崇明一县耳，其赋加至二百六十二万五千三百五十石（262.535万）。地非加辟于前，谷非倍收于昔，特以国初籍入伪吴张士诚，义兵头目之田，及拨赐功臣，与夫豪强兼并没入者，悉依租课税，故官田每亩有九斗、八斗、七斗之额，吴民世受其患……况沿江傍湖围分，时多积水，数年不耕不获，而小民破家鬻子岁尝官税者，类皆重额之田，此吴民积久之患也。”[1]

朱元璋为此类针对性政策编制了冠冕堂皇的理由，实际上，“惟苏、松、嘉、湖，（朱元璋）怒其为张士诚守”，才是最深层次的根本原因[2]；而“司农卿杨宪又以浙西地膏腴，增其赋，亩加二倍”，更显露出为虎作伥、助纣为虐的酷吏嘴脸[3]。另外，此间那个阴鸷残忍的知府陈宁（陈烙铁），也曾一度使明初吴民之苦雪上加霜。直到宣德五年（1430年），经江南巡抚周忱与苏州知府况钟的恳切求告和委曲算计，这种畸重田赋始略有减少，“东南民力少纾矣”[4]。

移民以铲除豪门望族，重赋以驱使百姓疲于耕作，这两项政策重创了吴地民生，也对苏州园林的发展造成了严重的影响，此后近百年内，苏州再也没有出现元末鼎峙三甲那样大规模的私家园林了。可见，在元明易代战争的直接打击下，在明初朱元璋逼仕、抑商、禁园、移民、重赋等政策的百般摧残下，明初苏州园林艺术发展进入了严酷的冬季，园林营造活动在风雨飘摇的环境中走向了沉寂。

朱元璋对待文人的逼仕政策如虎狼驱羊，文人连元代时的那点自尊和自由也失去了，加之艰难困厄的发展环境，致使明初三十余年里的苏州园林营造相较于前朝和后世，在艺术形式和园林审美追求多方面都呈现出鲜明的时代特色。

吴地文人对于出身卑微、多疑善变的朱元璋十分鄙视，对于明初重赋、移民、逼仕等制度充满腹诽，然而，朱元璋的残忍与专横，让他们很快就看清了时局的严酷与凶险，再也不敢像前朝那样自我高调地隐遁、明目张胆地造园了。洪武五年（1372年）的“狮子林十二咏”成为他们忘情游园和雅集文会的绝唱。即便是在诗文中，他们也不敢率意地抒情言志，许多时候还不得不违心地粉饰太平。如高启在《始归园田》诗歌中说：“父老喜我归，携榼来共斟。闻知天子圣，欢然散颜襟”[5]；谢应芳亲历了太祖平吴之战，其间几乎家破人亡流离

1 （明）陆容. 菽园杂记（卷5）[M]. 北京：中华书局，1985：59.

2 陆咸. 吴史杂识 [M]. 苏州：古吴轩出版社，2008：55.

3 王国平. 苏州史纲 [M]. 苏州：古吴轩出版社，2009：189.

4 （清）张廷玉，等. 明史（卷78）[M]. 北京：中华书局，1974：1869.

5 （明）高启. 高青丘集 [M]. 上海：上海古籍出版社，1985：292.

失所，此时却作了《五噫歌》以应制："大明胡为而翳兮？噫！大凶胡为而裂兮？噫……"[1]晚年做《穷快活》诗追忆辞官回乡，说："大明赫赫照中天，东风送我还乡船。"[2]尽管文人小心翼翼、如履薄冰，却依旧多遭屠戮，鲜有善终，因此，得以逃避在野的文人大都坚决地选择了抱道而隐的人生。

各种粗暴的高压政策，文人噤若寒蝉的生存状态，促使文人逃隐江湖山林，这都被清晰地反映在明初苏州造园的选址和规模上。早在南宋时，苏州文人造园就已经出现了向湖山与郊野间发展的倾向，明初苏州文人卜居继续了宋元以来的这一转向。由于忌惮于各种法令制度的处罚，加上受到经济实力的限制，文人宅居选址多择地乡村，或依傍山林，或临近江湖，造园活动仅限于在毗连居处的宅傍地，营构一些园林小品。因为无法像前代那样进行大规模的造园活动，文人们只能采取化整为零的方式，在乡村、湖畔的宅园近旁，依山傍水地零星营构一轩、一亭、一榭、一斋等建筑小品，来实现园居的梦想，寄托不俗的雅怀。这是当时苏州园林在艺术形式和建筑体量上最鲜明的特征。

这些园林小品尽管建筑萧疏，规模狭小，但都可以尽收园外的青山绿水、风烟林壑于眼底，可以充分获得深度融糅于自然的自由和快乐，呈现出体量小巧而境界阔大、朴素自然而韵致清幽的自然园风貌。同时，园林造景在标题立意方面也低调含蓄，多从现实生产生活、自然实物以及儒学名教中为造园找寻依据，努力回避违法越制的嫌疑。园林和园景命名通常也含蓄内敛，几乎没有一处含有"园"字的题名，或是通过以菊、梅、松、竹等主题植物来象征，或是以种瓜、渔猎等生产活动来间接传达，或是充分利用借景来丰富园居景境层次。此外，在园林环境的功能上，此间人们也鲜有高调凸显其中的愉情与养性作用，而是强调其中的务本属性。稼穑、渔猎是经济生产，是千年不易的正道，耕读、修身符合国家培养忠孝士夫的儒教大义。这样来取名立意，成为当时江南园林人远灾避祸的常用方法。

尽管如此，文人园居的自由精神与独立人格仍然得到了充分的彰显，园林小品在文化意蕴和艺术精神上，依旧达到了古典文人园林写意艺术的最高水平。

如吴江孙氏的"小隐湖楼"，时人虞堪有《题吴江孙氏小隐湖楼》诗："太湖三万六千顷，小楼寻常盈丈间。高情自寄烟水阔，长啸不惊鸥鹭闲。白日看云当槛过，清宵放月照琴还。谁家燕子空缭绕，惟待秋风坠绿鬟。"[3]

又如，洪武年间的苏州郡学训导寄翁先生朱应宸有方丈之居，题名为"蜕窝"，王行《蜕窝记》说："家辟一室，方不逾寻丈，扁曰'蜕窝'……乃自足于寻丈之窝焉，岂非寡欲之一端与？推是一端，余固可见，则超乎高明之域，必自此窝始矣。"[4]虽然建筑仅有方丈，小若蜕窝，却也能在寻丈斗室之间寄托超出红尘俗世的高情雅怀。

此类园林小品在当时文人诗文集中多有记述，尤以谢应芳《龟巢稿》最为集中。例如，位于姚城的蔡氏渔舍，王行在《吴松渔舍记》中说：

---

1 （明）谢应芳. 龟巢稿（上）（卷3）（四部丛刊本）[M]. 上海：上海书店出版社，1936：124.

2 （明）谢应芳. 龟巢稿（下）（卷13）（四部丛刊本）[M]. 上海：上海书店出版社，1936：232.

3 （元）虞堪. 希澹园诗集（卷3）（四库全书集部第1233册）[M]. 上海：上海古籍出版社，1991：613.

4 （元）王行. 半轩集（卷4）（四库全书集部第1321册）[M]. 上海：上海古籍出版社，1991：340.

“地藉松陵，滉瀁数千顷，平波滂流，烟涛风漪，朝霞澄而夕景霁，云月荡而鱼鸟嬉，景象日百变。加有秔稌桑苎之饶，萑苇、蒲荷、菰芡、菱莲之利，而又远揽玉峰，近挹白羊、穹窿、横山、洞庭诸秀爽，盖佳境也。吴蔡彦祥之渔舍在焉，舍间林园翳水竹，衡门茅宇，通敞清邃，琴尊在前，图史左右，是幽人隐者之居也，而题曰渔人，多昧其旨，予未识。”[1]

在《瓜田记》中，96岁的谢应芳，为昆山邵济民的瓜田作记：

“迨元末年，业隳于兵，慕古之同姓，种瓜东陵。于是即所居淞浒，粪于瓜田，台笠而锄，抱瓮而灌。绵绵唪唪之瓞，如周雅所称。以之养亲，可以充一味之甘；以之留客，可以侑一茶之款。其蒂为苦口良药，可与参苓姜桂并用以活人济民。嘉之，因以瓜田自号。朝于斯，夕于斯，寓幽兴于斯。”[2]

另外，如“听雪轩”“栖云楼”等，都是选取自然物直接为园居命名，而“习静轩”“持敬斋”等，则明显本于儒学经义。总之，含蓄内敛、低调简朴，成为这个时代园林的普遍风貌。

建文元年（1399年）至成化末年（1487年），此间明代历史经历了建文、永乐、洪熙、宣德、正统、景泰、天顺、成化，合计七宗八朝，苏州园林发展则完成了从洪武年间的沉寂到再度复兴的漫长历程。

建文一朝虽然仅有短短三年，且大部分时间都在忙于应付朱棣的“靖难”之战，但是，这没有影响其开启明代帝王政治的新气象。朱允炆宽仁尚德，一经即位便彻底改革朱元璋的严政苛刑。《明史·恭闵帝本纪》记载，朱允炆一方面“遍考礼经，参之历朝刑法，改定洪武《律》畸重者七十三条……释黥军及囚徒还乡里”，另一方面又下诏消减江、浙一带田赋，取消了对苏、松文人任户部要职的限制：“国家有正之供，江、浙赋独重，而苏、松官田悉准私税，用惩一时，岂可为定则。今悉与减免，亩毋逾一斗。”[3]所有革新“皆惠民之大者”“天下莫不颂德焉”[4]。朱棣入主南京后，立即谕令“建文中更改成法一复旧制”[5]，并改建文纪年为洪武年号，《明史·成祖本纪三》斥其为“倒行逆施，惭德亦曷可掩哉”[6]。可见，后人对于建文和永乐两朝皇帝鲜明的反差态度。尽管政局一度跌宕反复，建文帝宽仁德化的施政思想后来还是被仁宗、宣宗等全面继承下来了，并一度创造了“仁宣之治”的盛世局面。仁宗朱高炽在位虽然仅八个月，却对洪武、永乐两朝过于严酷残忍的政治偏差进行了比较广泛的纠正。他不但释放了被朱棣囚禁的一批耿介重臣，赐予杨士奇、杨荣、蹇义、金幼孜等

1 （元）王行．半轩集（卷3）（四库全书集部第1321册）［M］．上海：上海古籍出版社，1991：317-318.

2 （明）谢应芳．龟巢稿（下）（卷15）（四部丛刊本）［M］．上海：上海书店出版社，1936：433.

3 （清）张廷玉，等．明史（卷4）［M］．北京：中华书局，1974：63.

4 （清）张廷玉，等．明史（卷4）［M］．北京：中华书局，1974：66.

5 （清）张廷玉，等．明史（卷5）［M］．北京：中华书局，1974：75.

6 （清）张廷玉，等．明史（卷7）［M］．北京：中华书局，1974：105.

"绳愆纠谬"印章各一枚，授予他们在拨乱反正时临事独断的特权，还恢复了建文帝号，褒奖了建文一朝诸多殉难死节的文臣[1]。宣德年间，经过南直隶巡抚周忱和苏州知府况钟等多方努力，不但减免了吴地约三分之一的田赋，蠲免了农民积压多年欠缴的陈年旧账，使大量逃赋的流民得以回乡安居乐业，而且，他们还惩恶扬善、打黑除奸、兴利除害，为吴地重新树立了良好的风俗习尚。

此间，新建北京城和帝王的文化艺术审美渐趋雅化，成为助推苏州园林快速复兴的两个重要原因。

虽然朱棣宣谕"建文中更改成法一复旧制"，但是，朱元璋《营缮令》的逐渐松弛，却正是在永乐年间。"永乐四年（1406年）秋七月，诏以明年五月建北京宫殿，分遣大臣采木于四川、湖广、江西、浙江、山西"。朱棣还效仿洪武初营建中都凤阳的做法："徙直隶、苏州等十郡、浙江等九省富民实北京。"[2]《明史·食货志》说："明初工役之繁，自营建两京宗庙、宫殿、阙门、王邸，采木、陶甓工匠造作以万万计。所在筑城、浚陂，百役具举。迄于洪、宣，郊坛、仓庾犹未迄工。正统、天顺之际，三殿、两宫、南内、离宫次第兴建。"[3]明成祖营建北京的工程起于永乐五年（1407年），止于永乐十八年（1420年）岁末，其间仅准备材料就用时九年之久。此项工程对江南园林艺术的发展影响巨大，一方面表明洪武《营缮令》已经松弛，在后来的明代百工匠户中，园户也成为一个专业门户，客观上默认了营造私家园林的合法性；另一方面是苏州香山帮的营造技术得到了充分展示，造园工艺得到一次系统的检验和提升，吴地匠人的社会地位也被大大提高。

与此同时，朱明帝王的文化艺术习尚也逐渐从朴素转向了雅化。在此约九十年间，建文帝朱允炆、仁宗朱高炽、宣宗朱瞻基都以文教德化著称。朱棣虽然"雄武之略，同符高祖；六师屡出，漠北尘清"[4]，却也有敕编《永乐大典》这样的文化盛事，并对善画竹枝的吴地才子夏昶一度眷顾优渥、包容有加。宣宗朱瞻基更是一位颇具文化修养的风雅帝王，这大大加快了时代风尚的转变。朱瞻基既喜欢射猎、斗蛐蛐，也喜欢写诗作画，而且艺术素养很高。传世的《武侯高卧图》《三阳开泰图》《瓜鼠图》《双犬图》《射猎图》《行乐图》等，不仅是帝王绘画中的精品，在技艺上也不输于当时著名的文人画家。另外，朱瞻基还是一位多产的诗人，现存《大明宣宗皇帝御制集》44卷，合计收集了他的诗歌约1000余首，其中一些诗歌还流露出这位太平天子浓厚的山林园田意趣。如卷40的《道中杂兴》："溪上柴门半掩，楼头酒幔斜悬。映日花枝霭霭，和烟草暖芊芊。隔岸青山数点，绕村古木千株。野老独归茅舍，山童共挽柴车。"[5]宣德皇帝十年（1435年）驾崩，年仅38岁，此时的大明王朝已经是："吏称其职，政得其平，纲纪修明，仓庾充美，闾阎乐业。岁不能灾。盖明兴至是历年六十，民气渐舒，蒸然有治平之象矣。"[6]

---

1 （清）张廷玉，等. 明史（卷8）[M]. 北京：中华书局，1974：109.
2 （清）张廷玉，等. 明史（卷6）[M]. 北京：中华书局，1974：80.
3 （清）张廷玉，等. 明史（卷78）[M]. 北京：中华书局，1974：1906.
4 （清）张廷玉，等. 明史（卷7）[M]. 北京：中华书局，1974：105.
5 （明）朱瞻基. 大明宣宗皇帝御制集（卷44）[M]. 济南：齐鲁书社，1997.
6 （清）张廷玉，等. 明史（卷82）[M]. 北京：中华书局. 1974：125.

时代风气的变化，直接助推了江南尤其是苏州一带的市商经济和文化艺术的复兴繁荣。

尽管朱元璋以重农抑商为治国之本，并以严酷的法律来确保其国策的有效推行，但是，东南一带的商业活动在洪武年间并没有完全中断[1]。到了永乐年间，郑和六下西洋，其主观上是为了代表大明皇朝出访宣威，客观上却加大了政府对瓷器、漆器、银器、玉器、纺织等各种工艺品的需求，也带动了海洋贸易的繁荣，加上东北、西北各内地的边境贸易需求，这一期间的对外贸易总体上是非常繁荣的。永乐五年（1407年）开始的为营建北京的各种采办，以及历朝宫廷其他采办，也在客观上刺激了国内的商品流通，并推动了城市商业的复苏和市商文化的繁荣，其中的“采木之役，自成祖缮治北京宫殿始。”[2]这一当时采办中最为艰难的差事，开启了对湘、鄂、蜀、滇、黔、桂等地大木料的采伐，加之郑和下西洋归途中从东南亚带回的一些硬木料，构成了后来江南园林工程和苏式家具陈设的主要木材来源。

苏州依旧是江南市商经济与文化艺术最繁荣的中心城市，各种日用器物制造工艺日渐精细，金、石、书、画等文人雅玩逐渐成为时尚，专职的文人画家、艺术家也随即出现，并逐渐再次形成新的群体性艺术圈。这期间，沈周、杜琼是一生耕隐于田园和绘画的艺术名家代表，沈周更是成为明代吴门画派的旗帜。此外，徐有贞、刘廷美、陆昶、夏昶、夏昺等人虽有仕宦经历，却都精通绘事。刘廷美“写山水、林谷、泉深、石乱、木秀、云生，绵密幽媚，风流蔼然”[3]；夏昶画竹盛名远播海外，有“夏昶一枝竹，江南一锭金”[4]之称。王锜（1433—1499）在《寓圃杂记》中有“吴中近年之盛”条，记录了此间繁荣的市商文化：

“（成化间）凡上供锦绮、文具、花果、珍馐奇异之物，岁有所增。若刻丝、累漆之属，自浙宋以来，其艺久废，今皆精妙，人性益巧而物产益多。至于人才辈出，尤为冠绝。作者专尚古文，书必篆隶，骎骎两汉之域，下逮唐宋未之或先。此固气运使然，实由朝廷休养生息之恩也。人生见此，亦可幸哉！”[5]

随着江山的稳固，帝王文化素养的提高，朱明王朝对文人隐居不仕也不再耿耿于怀了，江南文人隐居逍遥的主流心态也已不再是明初“抱道而隐”的对抗性拒仕了。经历约半个世纪的敛迹与沉寂，吴地文人造园再也不必刻意躲避到山林里、江湖边，无须再躲躲闪闪地找借口了，洪武年间那种分散在田园、郊野的乡村园林小品渐渐淡出了主流，取而代之的是城市山林的全面复兴。时人刘大夏为苏州名园、吴宽的东庄题诗说：“吴下园林赛洛阳，百年今独见东庄。回溪不隔柴门迥，流水应通世泽长。十里香风来桂坞，满帘凉月浸菱塘。天公自与庄翁厚，又把栽培付令郎。”有着悠久历史的苏州园林艺术，也如春草和夏花，在阳光之下很快再度灿烂起来。对于这一变化，王锜在《寓圃杂记》中感叹道：

1 王裕明．明代前期的徽州商人［J］．安徽史学．2007（4）：98-103.

2 （清）张廷玉，等．明史（卷82）［M］．北京：中华书局，1974：1995.

3 （明）朱谋垔．画史会要（卷4）（四库全书子部第816册）［M］．上海：上海古籍出版社，1991：529.

4 （明）王鏊纂．姑苏志（卷52）［M］．台北：台湾学生书局，1986：763.

5 （明）王锜．寓圃杂记［M］．北京：中华书局，1984：42.

“吴中素号繁华，自张氏之据，天兵所临，虽不被屠戮，人民迁徙实三都、戍远方者相继。至营籍以隶教坊，邑里萧然，生计鲜薄，过者增憾。正统、天顺间，余尝入城，咸谓稍复其旧，然犹未盛也。迨成化间，余恒三、四年一入，则见其迥若异境。以至于今，愈益繁盛，闾檐辐辏，万瓦甃鳞，城隅濠股，亭馆布列，略无隙地。舆马从盖，壶觞罍盒，交驰于通衢。水巷中，光彩耀目，游山之舫，载妓之舟，鱼贯于绿波朱阁之间，丝竹讴歌舞与市声相杂。”[1]

因此，苏州园林逐渐走出了洪武年间欲语还休、躲躲闪闪的阴影，次第出现了一批公开的新造园林，快速完成了复兴，出现了一个同声相应的园林主人群体，其中，杜琼、吴宽、沈周、魏昌、刘珏、韩雍等人是这一群体中的核心。其间，苏州园林不仅总量增长快，而且风气雅正，成就巨大，其中规模较大、知名度较高的，有古城内杜琼的如意堂、韩雍的葑溪草堂、刘廷美的小洞庭、沈周的有竹居、吴宽的东庄，以及西山徐氏的耕学斋、太仓陆昶的锦溪小墅、昆山龚诩的玉峰郊居（东庄）等。这些名人名园，呈现出鲜明而一致的时代风格，对当世和以后的苏州园林艺术发展都有深远的影响。

其一，文人园林从山乡边鄙重回城市。经历了约百年的发展与调和，明代江南文人的隐逸风气、观念与方式都发生了巨大变化。正如《明史》所言：

“明太祖兴，礼儒士，聘文学，搜求岩穴侧席幽人，有后置不为君用之罚。然韬迹自远者，亦不乏人。迨中叶承平，声教沦浃，巍科显爵，顿天网以罗英俊。民之秀者，无不观国光而宾王廷矣。其抱瓌材、蕴积学，槁形泉石、绝意当世者，靡得而称焉。”[2]

在徐有贞的《公余清趣说》中，推官方克正把白居易的中隐理论活学活用，并用答客难的形式进行了清晰的阐述。这说明，对于隐居与出仕这一对困扰了中国文人上千年的矛盾，明代文人已经在积极探索调和与统一的办法，而不再是坚持以道自高、逃隐不仕了，文人筑园隐居不再刻意远离城市，不必“槁形泉石、绝意当世”，代表人物有杜琼、刘珏、沈周、钱孟浒等。其中，刘廷美虽然一度受况钟举荐而出仕，但是，五十余岁便早早回乡归隐，他们在隐居的志趣上完全合拍，刘珏还别取雅号“完庵”以自彰，表明其虽有误坠尘网的经历，归去来兮之时却能志趣品德丝毫不损、完璧归赵。时代变化了，即便是决意不仕的文人，隐居观念也发生了明显变化，“市隐”再次成为他们的主流模式。

“市隐”，就是隐于城市与尘世，是身在红尘之中而情寄山林江湖，是不举旗帜的不隐之隐。市隐不是明代中前期才有的新鲜事情，早在汉代就有东方朔避世金马门，唐代白居易说“大隐住朝市”，都是“市隐”的典范。元末，曾有沈姓老翁市隐于苏州街头，倪瓒在《赠墨生沈学翁并序》中称赏道：“沈学翁隐居吴市，烧墨以自给，所谓不汲汲于富贵，不戚戚于

1 （明）王锜．寓圃杂记［M］．北京：中华书局，1984：42.
2 （清）张廷玉，等．明史（卷298）［M］．北京：中华书局，1974：7623.

贫贱者也。”并以诗相赠：“爱尔治生吴市隐。”[1]与前朝所不同的是，此间以沈周、杜琼等人为代表的艺术大师们，把隐于市而耕于艺的“市隐”，践行并推广成为文人可以普遍适用的人生模式。沈周《市隐》诗说：

“莫言嘉遁独终南，即此城中住亦甘。浩荡□门心自静，滑稽玩世估仍堪。壶公混世无人识，周令移文好自惭。酷爱林泉图上见，生嫌官府酒边谈。经车过马常无数，扫地焚香日载三。……时来卜肆听论易，偶见邻家问养蚕。为报山公休荐达，只今双鬓已毵毵。”[2]

即便是身居城中，只要内心安定、清净，照样可以如东方朔、壶公一样逍遥自得，图上林泉也可澄怀观道，而且，隐居也不必刻意以采薇来对抗周粟，艺术、工商、耕渔、医卜等，皆可作为隐居人生的具体方式。邱濬《市隐》诗说得更直白：“静闹由来在一心，市廛原不异山林。稽疑聊卖君平卜，货殖能营子贡金。九陌尘埃从滚滚，一帘风月自沉沉。闲中却笑终南隐，云树重重有客寻。”[3]

显然，文人对隐居人生的理解已经更加深刻，表面上是对红尘俗世的融入，实际上是对单一远俗高隐形式的超越，其根源在于，文人在观念上已实现了从抱道固隐到守道于心的转变。这一转变对文人卜居造园、社交结友都产生了直接的影响。

刘廷美小洞庭、杜琼如意堂、钱孟浒晚圃、吴宽东庄等名园，皆在古城之内。沈周有竹居择地于郭外相城，深居简出。无论在乡村，还是在城市，他们都能因“心远地自偏”，得到“而无车马喧”的内心快乐。沈周晚年“恒厌入城市，于郭外置行窝……匿迹惟恐不深”[4]。当然，他们对传统的深隐于山林的园居依然是欣赏称道的，所以，他们与太湖边的那些山林隐士不仅关系密切、时有唱和，而且还相互招邀，结伴互访。正如程本立在《临清道隐诗后序》中所言：

“人之于道，犹鱼之在水也。鱼潜在渊，或在于渚，深则渊而潜焉，浅则渚而游焉，而鱼之乐一也。道之着，粲然于吾前而莫之避也，焉往而不乐哉？故士或处乎山林，或处乎朝市，其乐亦一而已。”[5]

隐居观念的变化从总体上扭转了宋元以来文人筑园转向郊野山林的趋势，也使文人择友结社的准则发生了很大变化，交友重在情意相投，只要是同道相知，无论是翰林、帝师，将军、郡守，还是农夫、工匠，释僧、士子，这些耕隐于艺术的大师、园林主人，都可以报以随缘达观的心态，以同道相互招邀，以诗文书画来唱和酬答，其中，沈周的《魏园雅集图》是最好的写照。

---

1 （元）倪云林. 清閟阁全集（卷11）（四库全书集部第1220册）[M]. 上海：上海古籍出版社，1991：238.

2 （明）沈周. 石田诗选（卷7）（四库明人文集丛刊）[M]. 上海：上海古籍出版社，1991：661.

3 （明）邱濬. 重编琼台稿（卷5）（四库全书集部第1248册）[M]. 上海：上海古籍出版社，1991：99.

4 （清）张廷玉，等. 明史（卷298）[M]. 北京：中华书局，1974：7630.

5 （明）程本立. 巽隐集（卷3）（四库全书集部第1236册）[M]. 上海：上海古籍出版社，1991：188.

其二，君子攸居，园以人雅，园林景境以人品决高下，再次成为苏州园林审美评价的基本原则。

古典园林是中国传统文化的综合载体，不仅荟萃了各种传统艺术形式，还综合了借物比德、以园言志的道德精神。因此，在苏州园林史上，朱勔父子有园，张士诚兄弟和外戚都有园，沈万三也有园，虽然主人或富甲天下，或雄踞一方，园林也华丽宏阔，却很少有文人为之题咏，反多遭世人鄙夷，最根本原因就是园林主人品第不高、文德不济。所以，品赏园林意境优劣，主人的品格也是关键，此间，苏州园林几乎全是君子攸居，主人都是有高尚品德的当世才俊。

君子厚德以载物，名列吴门四家之首的沈周堪称典范。王鏊在《石田先生墓志铭》中说："先生高致绝人，而和易近物，贩夫牧竖持纸来索，不见难色。或为赝作求题以售，亦乐然应之。"[1]文徵明在《沈先生行状》中说："先生为人修谨谦下。虽内蕴精明，而不少外暴，与人处曾无乖忤，而中实介辨，不可犯然。喜奖掖后进，寸才片善，苟有以当其意，必为延誉于人不藏也。尤不忍人疾苦，缓急有求，无不应者，里党戚属，咸仰成焉。"[2]由于沈周人品淳厚，待人谦和，不善拒绝，以至于"每黎明门未辟，舟已塞乎其港矣"[3]！

杜琼为人"介特有守，而不为过矫之行"，为文"和平醇实"，更兼质朴纯孝，"年七十有九卒，三吴交从会葬者千余人。因私谥曰：渊孝先生"[4]。

龚诩"刚肠嫉恶，而言必以忠信孝友，重惜名检，于子弟尤谆诲亲切。为文抑扬反复，曲折详尽，读之愈繁而愈密，尤长于诗，诗多关风教，道民情好恶，而恻怛忠厚，有少陵忧恤之心焉"[5]。为了当年尽忠建文帝时的"城门一恸"，龚诩萍踪漂泊了近三十年，以逃避永乐的追索，有大侠朱家、郭解的道义和风范。因其志行高古，时人私谥其号"安节先生"。

刘珏"有志于学不愿为吏"，五十岁时"挂冠归田，高旷靡及"；"性孝友恭谨，未尝失色于人，操履清白，人不得以私干之。"[6]

韩雍不仅有文才武略、大节磊落，而且"洞达闿爽，重信义……临战率躬亲矢石"，虽因宦官中伤而致仕，"公论皆不平，两广人念雍功，尤惜其去，为立祠祀焉"[7]。

吴宽"为人静重醇实，自少至老，人不见其过举，不为慷慨激烈之行，而能以正自持。遇有不可，卒未尝碌碌苟随。言词雅淳，文翰清妙，无愧古人。成化弘治之间，以文章德行负天下之望者，三十年"[8]。

光福徐氏诸园主人虽然多为乡里隐者，但个个都是仁厚君子。耕学斋主人徐用庄仅一介布衣、匠人，历任郡守都称赏他，韩雍《谢徐用庄序》说："有所建营，悉用综理，无不称

1 （明）王鏊．震泽集（卷29）（四库明人文集丛刊）[M]．上海：上海古籍出版社，1991：440.
2 （明）文徵明．文徵明集[M]．周道振，校辑．上海：上海古籍出版社，1987：593.
3 （清）张廷玉，等．明史（卷298）[M]．北京：中华书局，1974：7630.
4 （明）王鏊．姑苏志（卷55）[M]．台北：台湾学生书局，1986：815.
5 （明）龚诩．野古集（卷下）（四库全书集部第1236册）[M]．上海：上海古籍出版社，1991：331.
6 （明）王鏊．姑苏志（卷52）[M]．台北：台湾学生书局，1986：771.
7 （清）张廷玉，等．明史（卷178）[M]．北京：中华书局，1974：4735-4737.
8 （明）王鏊．姑苏志（卷52）[M]．台北：台湾学生书局，1986：775.

善。”[1]吴宽、韩雍也对他深表敬意，而西山村民几乎把他当作平准标尺、精神领袖。徐孟祥有徐氏“鲁灵光”的美誉，祝允明《徐处士碣》说他“孝友终身，推而敦族，外而信友，敻县时情，卓树古义”[2]。

吴江史明古有水竹园，吴宽《隐士史明古墓表》说他：“足迹不出百里之外，然江浙间人知其名，至于郡县大夫亦皆礼下之，而予取以为友盖四十年于此矣。其志正而直，其言确而厉，其所为无弗依于礼者。”[3]

在苏州城外筑园艺梅的张廷慎，乃是“孤洁之士，刚劲而有节，淡薄而不华”[4]的仁人君子。

可见，这一期间里，文人对于私家园林的筑造、游赏、品评、解读，皆不局限于园林山水草木之内，而是与主人的人格品质、文德才艺、行为风尚等内在精神境界紧密地结合在一起，仅有园林物质实体，还不足以成为佳园。这一时段的苏州园林，主人皆德才兼备，其人格追求、道德品质与园林景境层高度一致、完美融合，这几乎是中国园林艺术史上罕见的风景。时人郑文康在《怡梅记》中，对于山水意趣与人品之间对应关系有一段讨论，对后人解读这一现象颇有启发意义：

“流天下皆水也，而惟智者能怡之。峙天下皆山也，而惟仁者能怡之。植江南皆梅也，而惟清者能怡之。何耶？以其似之焉耳。盖智者达于事理，而周流无滞，有似于水，故其怡在水。仁者安于义理，而厚重不迁，有似于山，故其怡在山。清者之人，一尘不染，有似于梅，故其怡在梅。所谓维其有之，是以似之也。”[5]

当时文人在园林中筑山凿池，种竹艺梅，不仅是为了游观、诗咏或图绘，还把山水、梅竹等视作与自己道德相似的雅友，因此，吴地园林皆是君子攸居，是品格与风尚的载体，园林景境以人品决高下，渐渐成为吴地文人品赏园林的基本准则。

其三，雅正的园林主题与丰富的环境功能，为当时苏州园林营造了纯正的艺术氛围和方向。

洪武年间，迫于多种原因，决计自处不仕的吴地文人，一方面努力深隐到远离都市的江湖、山野，茅屋小园大多篱墙缭绕、简朴萧疏，一面为筑造宅园寻找各种各样的合法借口，所取园名，基本上都是以一斋、一榭、一亭、一轩来代指全部，且不出农耕、尽孝、劝学等名教范围之内。因此，欲语还休、躲躲闪闪，成为此间文人造园的一个鲜明特征。建文以后，这一局面被渐渐改变，到了宣德至成化间，苏州文人造园已完全放开了手脚，造园目的逐渐多样化，园林主题丰富，题名高调，景境题名个性鲜明，园林内的文人聚会酬唱等活动也频繁起来。

---

1 （明）韩雍．襄毅文集（卷20）（四库明人文集丛刊）［M］．上海：上海古籍出版社，1991：739.

2 （明）祝允明．怀星堂集（卷16）（四库全书第1260册）［M］．上海：上海古籍出版社，1991：595-596.

3 （明）吴宽．家藏集（卷74）（四库全书集部第1225册）［M］．上海：上海古籍出版社，1991：728.

4 （明）郑文康．平桥稿（卷7）（四库全书集部第1246册）［M］．上海：上海古籍出版社，1991：578.

5 （明）郑文康．平桥稿（卷7）（四库全书集部第1246册）［M］．上海：上海古籍出版社，1991：578.

在古代中国，事君尽忠、事亲尽孝，耕稼务本、读书举仕，是做人处世天经地义的准则与美德。以此为主题造园，既可实现文人造园自处的目的，也能满足其现实的人生需求，又符合官方倡导的主旋律。因此，建文至成化间，随着苏州园林筑造逐渐复兴，尽管造园追求已经逐渐多样化，但养亲与耕读依然是两个主流的造园主题。在当时苏州许多以孝亲为主题的园林中，杜琼如意堂是其中的典范。此外，汤克卫筑奉萱堂与杜琼筑如意堂颇为相似，徐有贞《奉萱堂记》："其父曦仲早世，母李（氏）鞠之成人，克卫既克有立，且幸母之寿康，乃作堂以备养颜之。"[1]王德良的瞻竹堂从表面上看是敬仰绿竹，实际上也是"珍爱先君之竹……以为先人所好也，岁时壅灌，爱护甚至，意不自已，乃作瞻竹堂以寓孝思"[2]。常熟陈符的驻景园又名南野斋居，此园筑于陈符辞官回乡后，杨士奇《故南野翁陈君墓表》说："诸子恭勤孝养，营园池，杂植花卉奇树，作二亭其中，以奉之翁。"[3]

田园耕稼不仅是此间文人城市山林的重要主题，而且是现实生活的组成部分，无论园址在城外还是在城内，无论主人是山人画师还是出将入相，保障供给都是此间私家园林的重要功能。因此，此间园林普遍具有鲜朴素的生产园特性。

城外的园林原本就与乡村、山林紧密融合，生产几乎是此类园子天然的功能和特色。蔡升的西村别业，生产与游观综合水平冠绝洞庭西山，聂大年《西村别业记》说："洞庭之山，高出湖上，延袤数百里……至于田园之乐，生殖之殷，山水登临之胜，则蔡氏西村别业专焉。"[4]张洪访西山徐用庄的耕学斋，不仅欣赏了清幽、淳朴的山园美景，其在《耕学斋记》中说："池与书楼，修竹环绕，千竿自春徂冬，往往助其胜，而最后地广成圃。杂树花果之属，皆数拱余。竹益茂郁，然深山中矣。"而且，还品尝到了绝对绿色、新鲜的农家美食："主人肃客，瀹新茗，已而为酒。果取之树，笋取之竹，蔬取之圃，而巨口细鳞取之堰。"[5]沈周是明代吴门画派的开山大师，其有竹居也是一派耕稼田园趣味，他在《乐野》诗中说："近习农功远市哗，一庄沙水别为家。墙凹因避邻居竹，圃熟多分路客瓜。"[6]在《湾东草堂为弟朴赋》中，沈周对躬耕垄亩、"力田养亲"的田园生活，充满了无限喜悦与深刻理解："爱子别业湾之东，去家仅在一里中。蔽门遮屋树未大，矮檐但见麻芃芃……力田养亲乐已多，兄弟妻子如子何。我与题诗解嘲骂，门外雨来虹满河。"[7]

城内园林虽然面积相较于乡村田园小了很多，但生产特性也很鲜明。"韩氏祖宗以来，世家力田于陈湖之东"，或缘于此，韩雍葑溪草堂的产业园特性尤其浓郁。隆庆版《长洲县志》说其"溪流环带，竹木交荫，宛然阡墅"。草堂面积三十亩，种竹万竿，花木果树数千株，材可造屋、实可疗饥，其余隙地皆为菜畦。"物性不同，随时发生，取之可以供时祀，给家用。而当雪残雨收、月白风清之时，与良朋佳客游其间，又可以恣清玩解尘虑"。韩雍

1 （明）徐有贞. 武功集（卷）（四库全书集部第1245册）[M]. 上海：上海古籍出版社，1991：168.
2 （明）吴宽. 家藏集（卷37）（四库全书集部第1225册）[M]. 上海：上海古籍出版社，1991：318.
3 （明）杨士奇. 东里续集（卷31）（四库全书集部第1239册）[M]. 上海：上海古籍出版社，1991：71.
4 王稼句. 苏州园林历代文钞[M]. 上海：上海三联出版社，2008：174.
5 陈从周，蒋启霆. 园综[M]. 上海：同济大学出版社，2004：272.
6 （明）沈周. 石田诗选（卷7）（四库明人文集丛刊）[M]. 上海：上海古籍出版社，1991：662.
7 （明）沈周. 石田诗选（卷3）（四库明人文集丛刊）[M]. 上海：上海古籍出版社，1991：588.

还特别强调，“若异卉珍木，古人好奇而贪得者，不植焉”[1]。与葑溪草堂相邻的吴宽东庄，俨然是城内的大型农庄，其中不仅多异卉珍木，也有菜地、瓜田、果林、桑园，还有大片的稻田、麦地！而且，园林主人吴宽贵为帝师，却时常亲临垄头田边，去听耕田种菜的农夫、园丁讲解农事经。强大的生产功能，必然会产出多余农产品，相互赠送、周济邻人，也是常有的，沈周《东庄》诗说：“东庄水木有清辉，地静人闲与世违。瓜圃熟时供路渴，稻畦收后问邻饥。”[2]

刘廷美的小洞庭是面积狭小、精巧雅致的城内写意山水园，然而，其园林造景却也照样具备很强的生产功能。环绕园内假山遍植橘柚，是谓“橘子林”，所产橘子不仅能够满足自给，而且还能馈赠亲友；“藕花洲”在假山脚下，“山下有洲皆植莲”，所产莲藕也常常被用来款待客人：“种藕绕芳洲，藕生绿荷长。南风催花发，十里闻清香。饮客折碧筩，解酲啖雪霜。眷言君子心，千古同芬芳。”[3]

怡养性情、自娱自乐，雅集会友、以园载道，曾是古代文人造园最根本的目的，元代末年一度成为江南文人造园最主流的追求，洪武年间，文人造园对此皆讳莫如深，而今又成为文人园高调彰显的主题了。徐季清继曾祖徐达佐遗风，筑先春堂，在山园之中自娱自乐，徐有贞《先春堂记》：“田园足以自养，琴书足以自娱，有安闲之适，无忧虞之事，于是乎逍遥徜徉乎山水之间，以穷天下之乐事，其幸多矣。”[4]

为了突出园林这种怡养性情、娱乐自适的主题，文人还着意对园林以及其中景境进行题名，高调彰显其中的蕴意。园名如“可竹斋”“虹桥别业”“晚圃”“松轩”“环翠轩”“驻景园”“湖山旧隐”“有竹居”“小洞庭”“锦溪小墅”等；园中景境如龚诩东庄的“悠然处”“秋水亭”，石磵书隐中新筑的“盟鸥轩”，朱挥使南园的“一镜亭”“钓鱼矶”“栽菊径”“盟鸥石”“芙蓉台”，小洞庭的“隔凡洞”“蕉雪坡”“卧竹轩”“岁寒窝”，吴宽东庄中的“振衣冈”“醉眠桥”“知乐亭”“看云亭”“临渚亭”等。

洪武以后，较早在园林中高调举行雅集的，大约要算是于相城西庄筑园的沈孟渊了。杜琼《西庄雅集图记》说，沈孟渊“凡佳景良辰，则招邀于其地，觞酒赋诗，嘲风咏月，以适其适”[5]，时人把他比作昆山顾德辉。永乐初年，沈孟渊感慨诸文友出仕在即、后会难期，于是驰书邀友，举办了著名的西庄雅集，后由沈公济回忆作图，杜琼为之序。沈贞吉、沈恒吉兄弟不但继承了父辈高隐不出的隐志，增筑有竹居以砥砺性情、吟咏自适，同时也继承了好客好友的家风。再后来就是石田先生沈周，王鏊在其为沈周所撰墓志铭中说：“固喜客至，则相与燕笑咏歌，出古图书器物，摸抚品题，酬对终日不厌。”[6]徐有贞、刘廷美、文宗儒、吴宽等，皆有雅会于有竹居的诗咏。另外，刘廷美“致政归时，不修世事，惟筑山凿池于第中，日与徐武功、韩襄毅、祝侗轩、沈石田诸老游，号曰小洞庭，实寄兴于三万六千顷

1 （明）韩雍．襄毅文集（卷19）（四库明人文集丛刊）[M]．上海：上海古籍出版社，1991：725.
2 （明）钱谷．吴都文粹续集（卷17）（四库全书集部第1385册）[M]．上海：上海古籍出版社，1991：441.
3 （明）韩雍．襄毅文集（卷10）（四库明人文集丛刊）[M]．上海：上海古籍出版社，1991：618.
4 （明）徐有贞．武功集（卷3）（四库全书集部第1245册）[M]．上海：上海古籍出版社，1991：95.
5 （明）钱谷．吴都文粹续集（卷2）（四库全书集部第1385册）[M]．上海：上海古籍出版社，1991：47.
6 （明）王鏊．震泽集（卷7）（四库明人文集丛刊）[M]．上海：上海古籍出版社，1991：221.

七十二峰间也。每集多联句之作，而先生为之图”[1]。沈周还为魏昌园中的雅会作了《魏园雅集图》。徐有贞诗《题唐氏南园雅集图》说：“吴中盛文会，济济多英彦。”[2]

从杜琼《西庄雅集图记》、徐有贞《题唐氏南园雅集图》、沈周《魏园雅集图》，以及时人诗文中，都可以看出，文人游园雅集在这时期的艺术家群体中已悄然复兴，并渐成常态化的活动。

筑园以备致仕后退养，也是当时吴人造园的一种目的。邱濬在《葑溪草堂记》中说：

“古之君子，存心也豫，其志卓然。有以定乎其中，其理跃如，有以见乎其前。是以其进其退，皆豫有以为之地而不苟。右都御史韩公吴人，而生长于燕，既仕，而始复于吴。治第于葑溪之上，盖豫以为退休归宿之地也。”[3]

吴宽在京城为官，时时牵挂吴中故园，弟弟吴宣每每增修园林，也多以备吴宽辞宦后退养为念。吴宽诗《闻原辉弟东庄种树结屋二首》：“折桂桥边旧隐居，近闻种树绕茆庐。如今预喜休官日，树底清风好看书。”[4]后来侄儿吴奕在“振衣冈”之上增修了“看云亭”，又在“桑州”的对面增修“临渚亭”，也是为吴宽来归修养而作：“尔父西庵扁拙修，当年种树带平畴。近闻肯构为吾计，有待归休与客游。”[5]

其四，园林艺术自然疏朗、朴雅入画的雅正风貌。朴与雅的高度融合，是朴雅、淡雅、清雅，从总体上来看，自然疏朗、朴雅入画、清逸高韵，是此间苏州文人园林的基本风貌。这一风貌的成因有客观与主观两方面原因：从客观上看，此间静观城市经济逐渐发展繁荣，但是，社会的物质财富还处于积累阶段，苏州文人园林艺术也还处于复兴过程之中；从主观上看，此间园林主人群体多为才艺品行冠绝当世的君子。文人造园淡泊少费，绝不矫情造作，主人的雅趣所尚、情志所寄，又与园林造境紧密结合，因此，此间园林艺术发展呈现出既雅且正的健康方向。

最能彰显文人园林朴素风貌的，首先是大大小小的真山水、真园田。对比元季和晚明，苏州园林与自然田园、林圃、山水深度融合的艺术风貌非常鲜明，园林大多以篱墙小院、田庐农舍的形式，掩映于自然大环境之中，园林无论大小，基本上都或有真山水，或有真园田，或者二者兼有，园林是兼具主人寄托审美情感和强大生产功能的综合性空间载体。即便是写意小园，陆昶的锦溪小墅也有森森竹林，有“澄溪溶溶自东南来”，刘珏的小洞庭也有郁郁橘林。吴宽诗《闻原辉弟东庄种树结屋二首》说：“结庐不必如城市，只学田家白板扉。”[6]其东庄水木清辉，一片山林田园的旖旎风光，拙修庵、全真馆等建筑，仅仅是掩映在高树之下的茅屋小院而已。徐孟祥雪屋乃徐达佐耕渔轩的余绪，却毫无元季园林的典丽与奢华。杜琼《雪屋记》说：“结庐数椽，覆以白茅，不自华饰，惟粉垩其中，宛然雪屋

1 卢辅圣. 中国书画全书（第8册）[M]. 上海：上海书画出版社，1993：920.

2 （明）徐有贞. 武功集（卷5）（四库全书集部第1245册）[M]. 上海：上海古籍出版社，1991：204.

3 （明）邱濬. 重编琼台稿（卷18）（四库全书集部第1248册）[M]. 上海：上海古籍出版社，1991：539.

4 （明）吴宽. 家藏集（卷2）（四库全书集部第1225册）[M]. 上海：上海古籍出版社，1991：12.

5 （明）吴宽. 家藏集（卷28）（四库全书集部第1225册）[M]. 上海：上海古籍出版社，1991：217.

6 （明）吴宽. 家藏集（卷2）（四库全书集部第1225册）[M]. 上海：上海古籍出版社，1991：12.

也。”[1]——这是当时文人园林中最常见的建筑形式。其次，此间文人园林朴素风貌，还体现在简化对园内花木、水石的处理上。精心设计理水形态和堆叠大体量的奇石假山，还没有成为此间苏州造园的时尚。

苏州城的平原地形，决定了城内园池的山林气息只能依赖人工的凿池和堆叠来写意造景。中国古典园林积土成山、叠石成峰、凿池作湖具有悠久的历史，自北宋朱勔采办花石纲以来，累石凿池成为苏州园林兴造的重要内容，且尤以湖石为主，元末则渐渐成为文人筑园中的必备元素。倪云林清閟阁的窗外置巉岩怪石，皆为太湖石、灵璧石中的奇品，有些奇石甚至高于楼堞。顾德辉的玉山佳处中也多湖石，狮子林中湖石假山更是冠绝古今。入明以后，洪武年间虽然一度禁止造园，文人只能悄悄地“累石出幽径，分泉入乔林”[2]，然而，园林叠山技艺的传承并没有中断，人们对于园林叠山的关注依然保有热情。

永乐年间，吴门大画家谢孔昭，作画还曾属款“谢叠山”，吴宽作《谢孔昭临黄大痴画》诗说：“风流前辈杳难攀，谑语空传谢叠山。”[3]朱存理在《题俞氏家集》一文中，提到当时的吴门山人周浩隶，为俞振宗石磵书隐堆叠了“秋蟾台”，“台上平旷，可坐四三人，荫以茂木”[4]。

园林筑山，通常是面积大则以堆土成岭、点石成峰为主，面积小则或叠石或置石。从总体上来看，此间苏州园林面积都比较小，因此，诸如葑溪草堂、郡学、方克正的公余清趣馆等，虽然都有假山景境，刘廷美的小洞庭、夏昶的锦溪小墅，更以假山为核心来造境，但是，这些园林假山普遍体量小而理景简朴，只有吴宽东庄的假山体量较大，较有气势。从沈周《东庄图册》来看，尽管振衣冈大假山和鹤洞用石较多，山阳一面却是一片麦田，呈现出一派朴素自然的田园风貌。

自然的山水和园田是不必过多刻意修饰的，此间文人园林大都没有那种娇贵绚丽的花木，园中的花木、水石理景，皆略作点缀而已。园林对水体的处理也多顺其自然，没有明显的分景设计。吴宽东庄面积较大，四面有河，于是就河流之便分别设有南港、北港；同时，自西南角引河水入园，依地形分割而成“艇子浜”“西溪”“曲池”“知乐亭”等水景。韩雍的葑溪草堂、陆昶的锦溪小墅面积都比较小，都是直接引溪水入园成景的，葑溪草堂园中水域就是几亩方塘和一角的池水。小洞庭园中水景也仅是凿一荷花池而已。

再者，园林造景与游赏多借景园外的田圃和山水，既是此间文人园林造景的重要的技巧与方法，也是园林景境风貌朴素的一种客观真相。这种借景自然山水的造园，园林空间虽小，但艺术境界却十分阔大，造景虽简朴却与主人的高情雅韵完全和谐。另外，文人园居中家具陈设也比较朴素，那些材质名贵、工艺考究的硬木家具，在园中也没有成为时尚。从当时文人的诗歌、序文、园林画、山水画中，都可以比较清晰地看出文人园林自然朴雅、造景疏朗、韵致清逸的艺术风貌，除却沈周的《魏园雅集图》《东庄图册》以外，传世的此间苏州文人园林画作，还有谢晋的《溪隐图》（图7-1-1），沈贞的《竹炉山房图》（图7-1-2），杜琼的《友松图》（图7-1-3），沈周的《盆菊图》《青园图》（图7-1-4、图7-1-5）等。

1　邵忠，李瑾．苏州历代名园记·苏州园林重修记［M］．北京：中国林业出版社，2004：72.

2　（元）郑潜．樗庵类稿（卷1）（四库全书互补第1232册）［M］．上海：上海古籍出版社，1991：100.

3　（明）吴宽．家藏集（卷8）（四库全书集部第1225册）［M］．上海：上海古籍出版社，1991：57.

4　（明）朱存理．楼居杂著（四库全书集部第1251册）［M］．上海：上海古籍出版社，1991：603.

图7-1-1 谢晋《溪隐图》[1]

图7-1-2 沈贞《竹炉山房图》[2]

图7-1-3 杜琼《友松图》[3]

1 纪江红. 中国传世山水画［M］. 呼和浩特：内蒙古人民出版社，2002：184.

2 纪江红. 中国传世山水画［M］. 呼和浩特：内蒙古人民出版社，2002：189.

3 纪江红. 中国传世山水画［M］. 呼和浩特：内蒙古人民出版社，2002：184.

图7-1-4 沈周《盆菊图》[1]

图7-1-5 沈周《青园图》[2]

朴素和雅意之间并不是相互排斥的。耕学斋“扁舟绿水才三尺，小圃黄花满四围”[3]；谢晋在《题徐山人居》诗中，描绘徐拙翁宅园：“家住万安山，茅堂循翠湾。邨连青嶂远，门掩白云间”[4]，山园充满诗情画意的雅趣。沈周有竹居几乎是与周边田园融合在一起的清雅田舍，其组诗《奉和陶庵世父留题有竹别业韵六首》说：

“人爱吾庐吾亦爱，秋原风物带晴川。兰甘幽约宜阶下，竹助清虚要水边。只好荫茅同背郭，何须蓄石慕平泉。苦吟自觉多新病，华发时笼煮药烟。鹤毛鹿迹长交路，荇叶苹花亦满川。炙背每临檐日底，曲肱时卧树阴边。一区绿草半区豆，屋上青山屋下泉。如此风光贫亦乐，不嫌幽僻少人烟。”[5]

文人园林毕竟不只是农家小院，其朴素中寄托了文人的雅趣与情志，这才成为文人园居。因此，尽管以自然朴素、因形就势为主，但是，与洪武年间仅以一轩、一阁、一斋、一堂为核心的宅园相比，此间文人园林已经开始重视分区造景的空间设计，而且，一些写意性的、小体量的山水理景艺术小品也渐渐复兴起来，盆景小品也渐渐成为陈设中的常见清供，在某种意义上，盆景可以被看作是微型园林。元季勾曲外史张雨有著名的盆景“蕉池积雪”：“旧有汉铜洗一，作碧玉色，受水一斗。后有赠白石，上树小芭蕉，吾因置洗中，名曰蕉池

1 纪江红．中国传世山水画［M］．呼和浩特：内蒙古人民出版社，2002：195.
2 纪江红．中国传世山水画［M］．呼和浩特：内蒙古人民出版社，2002：196.
3 （明）吴宽．家藏集（卷7）（四库全书集部第1225册）［M］．上海：上海古籍出版社，1991：49.
4 （明）谢晋．兰庭集（卷下）（四库全书集部第1244册）［M］．上海：上海古籍出版社，1991：467.
5 （明）沈周．石田诗选（卷7）（四库明人文集丛刊）［M］．上海：上海古籍出版社，1991：657.

积雪，彷佛王摩诘画意。”[1]当时文人多有题咏唱和。宣德至成化间，苏州的盆岛小景已经非常流行。杜琼正统五年（1440年）游西山时，在徐拙翁家也看到了一盆景，其《游西山记》文说：“窗下有石舟，舟可贮水，浸昆山石其中。石山有桧，长二尺许，本如拇指大，翁云已三十年矣。”[2]后来盆景渐渐成为全国文人时尚，《菽园杂记》说，“京师人家，能蓄书画及诸玩器、盆景、花木之类，辄谓之爱清。”[3]《友松图》中，园内桌案上就绘有盆景。沈周好友吴宽曾受人赠送的一松树盆景，吴宽既好奇又珍爱，并为此写了诗歌《有以庐山千年松遗予者，种盆石上苍翠可爱》，予以比德自勉：

“眼底依然五老峰，离奇数寸亦长松。盆中贮水成儿戏，几上看山称老慵。全节始知君子德，小材宁却大夫封。茯苓岁久还如斗，拳石空嗟自不容。”[4]

苏州盆景园艺生产后来逐渐汇集到山塘街和虎丘一带，“苏州好，小树种山塘。半寸青松虬干古，一拳文石藓苔苍。盆里画潇湘。”[5]在王鏊主持修纂的《姑苏志》中说：

“虎邱人善于盆中植奇花、异卉、盘松、古梅，置之几案间，清雅可爱，谓之盆景。春日卖百花，更晨代变，五色鲜秾，照映市中。其和本卖者，举其器；折枝者，女子于帘下投钱折之。”[6]

迄今为止，虎丘万景山庄依旧是苏州盆景艺术的中心和旗帜。

总之，城市经济的繁荣，市商文化的复兴，文人造园隐居的合法化，为苏州园林艺术再度复兴搭建了完整的平台，苏州园林不仅快速走出明初沉积阶段的阴影，进入全面复兴发展的状态，而且进入了苏州园林艺术发展史上审美趣味最为高尚、艺术风格最为健康纯粹的黄金时期。

郭英德先生认为，明代社会以正德年间为界，划分为前后两个时期，前一个时期是宋元传统文化思想继承时期，后者则是具有鲜明的世俗性、市民性的文人个性张扬、率性自为的时期，因此后一个时期文学艺术得以蓬勃兴盛、百花齐放[7]。从弘治元年（1488年）起，到嘉靖末年（1566年）止，经历了弘治、正德、嘉靖三朝，苏州园林兴造进入了全面繁荣的局面。明王朝国家政治形势明显呈现日渐混乱暗弱的陵夷走势，与此形影相随的是士林习气和社会风尚也日益颓靡。然而，这一局面却在客观上进一步刺激了江南消费型城市经济的快速发展，苏州迅速从鱼米之乡、文化艺术名城，发展成为引领时代风尚的高端消费品的生产

1 （元）张雨．句曲外史集（补遗卷中）（四库全书集部第1216册）[M]．上海：上海古籍出版社，1991：406.
2 （明）钱谷．吴都文粹续集（卷50）（四库全书集部第1386册）[M]．上海：上海古籍出版社，1991：524.
3 （明）陆容．菽园杂记（卷5）[M]．北京：中华书局，1985：62.
4 （明）吴宽．家藏集（卷18）（四库全书集部第1225册）[M]．上海：上海古籍出版社，1991：130.
5 王稼句校点．苏州文献丛钞初编[M]．苏州：古吴轩出版社，2005：677.
6 （明）王鏊．姑苏志（卷13）[M]．台北：台湾学生书局，1986：197.
7 郭英德，过常宝．明人奇情[M]．北京：北京师范大学出版社，2009：1.

与贸易中心，这又加快了吴地风俗人情向浅俗、淡薄、势利、奢侈方向的进一步发展。这期间，苏州基本形成了满城皆园林的繁荣局面，同时，园林艺术审美趣味之间的个性化差异和世俗化倾向也初现端倪。

成化二十三年（1487年）九月，明孝宗朱佑樘即位，第二年建元，年号弘治。《明史·孝宗本纪》说："孝宗独能恭俭有制，勤政爱民，兢兢于保泰持盈之道，用使朝序清宁，民物康阜。"[1]这是明朝继"仁宣之治"后的又一治世，也是朱明王朝的鼎盛时代。

弘治中兴是从锐意改革前朝留下的烂摊子开始的。朱佑樘改革始于登基后第的一个月，以整顿吏治为起点。首先是"斥诸佞幸、侍郎李孜省、太监梁芳、外戚万喜及其党"，解决了早已被朝野怒目、毫无作为的"纸糊阁老"和"泥塑尚书"。接下来是"汰传奉宫，罢右通政任杰、侍郎蒯钢等千余人……革法王、佛子、国师、真人封号"，全面清除肘腋边上的邪恶势力；然后是选贤任能，重组内阁，徐溥、刘健、谢迁、邱濬、李东阳等先后入阁。这些系列有力措施迅速打造了君臣和谐、中正仁厚的朝政局面。随后，朱佑樘把他的惩治腐败、革故鼎新、祛邪扶正的改革逐步推行于天下：减地方银课及冗余官吏，诛妖僧继晓以正风俗，禁止宗室、勋戚奏请田土以及受人投献，停罢内官烧造瓷器，连续数年停年度的宫廷织造采办，在各地免税免粮等。同时，弘治帝还以身作则克勤克俭，多次"减供御品物，罢明年上元灯火"[2]，多次拒收四方进献的奇货宝物。因此，弘治十八年（1505年）的历史上，王朝虽然与北方民族战事不断，国中地震、水患等灾变频频，地方藩王蠢蠢欲动，但国势依然能够激流勇进、临难而上，扭转了成化后期积贫积弱的颓势，重振了盛世太平的大局。对于园林艺术发展而言，弘治中兴所带来的不仅仅是政通人和、风清物阜，还有健康的审美观念和纯正的艺术风尚。

然而，富不过三代，似乎是朱明王朝的一个定律，弘治十八年励精图治的业绩，很快就被后来者糟蹋回到了起点。弘治十八年（1505年）六月，朱佑樘驾崩，武宗朱厚照即位，以第二年为正德元年。虽然先后有谢迁、刘大夏、王鏊、李东阳等老臣苦苦支撑，但朱厚照既不能"承孝宗之遗泽"，也没有"中主之操"[3]，十六年统治作恶多端：放逐大臣、辱杀忠良、恣肆暴戾、偏用邪阉、游戏朝政、纵容藩王、贪财好奇、荒淫后宫，因此，"正德"一朝成为学界公认的朱明王朝国运盛衰的转折点，王朝从此驶上了王道式微、福祚日衰的轨道。

正德十六年（1521年）朱厚照驾崩，世宗嘉靖帝即位。朱厚熜"御极之初，力除一切弊政，天下翕然称治"，后因力图为亲生父母争名分，以致君臣失和、朝政混乱。阉党和邪教势力乘虚而入、卷土重来，生性好大喜功、贪婪荒淫的朱厚熜转而长期不理朝政。在其长达四十五年的统治里，国内纲纪混乱、叛乱频发，北方边境战事不绝，倭寇数度袭掠东南，内外交困之下，"府藏告匮，百余年富庶治平之业，因以渐替"。

在古代中国，社会风气的起伏变化与王朝政治和帝王品格紧密相连，上行下效是社会道德风尚形成的最基本逻辑。日渐失范的法律道德与躁竞功利的士林风尚，直接影响的时代的人

1 （清）张廷玉，等. 明史（卷15）[M]. 北京：中华书局，1974：197.

2 （清）张廷玉，等. 明史（卷15）[M]. 北京：中华书局，1974：196.

3 （清）张廷玉，等. 明史（卷16）[M]. 北京：中华书局，1974：212.

文精神与文化艺术品格，这又与江南园林艺术发展息息相关。就苏州而言，这期间出现了城市经济空前繁荣与风俗人情日渐鲜薄的矛盾局面。

弘治以降，尽管王道衰微、国运陵夷、世风日下，但是，以苏州为首的江南城市经济却日益繁荣起来，这似乎是个反常现象，其实却有其内在的逻辑必然性。虽然苏州一带本是鱼米之乡，但是，明代中期以后苏州的城市经济早已不再是以初级农业生产为支柱，苏州已经成为高端消费商品的生产、交易中心，后世有人说“苏州以市肆胜”，也是这个原因。作为消费型市商经济的中心城市，社会风气的浮躁浅薄、崇富竞奢，虽然不是什么好事情，却能够创造更大的市场和更多的机会。这听起来有些乖违人情，令人难以接受，是一种以损害整体经济健康为基础的掠食型经济，具有损人利己的味道，然而，商业利益往往是拒绝道德评价的，每当社会物质财富积累到了特定的阶段，出现消费型经济中心，商品经济的这一内在规律就会凸显出来，社会风尚也会由朴素转为奢靡，这也是世界各地经济发展史上都有过的现象。当时松江籍的经济学家陆楫所撰的《蒹葭堂杂著摘抄》中，就有《苏杭俗奢与市易》一文，为这种消费型城市经济作了比较系统的解释：

“今天下之财赋在吴越，吴俗之奢，莫盛于苏杭之民。有不耕寸土而口食膏粱，不操一杼而身衣文绣者，不知其几何也，盖俗奢而逐末者众也。只以苏杭之湖山言之，其居人按时而游，游必画舫肩舆，珍馐良酿，歌舞而行，可谓奢也。而不知舆夫、舟子、歌童、舞妓，仰湖山而待爨者不知其几。故曰：彼有所损，则此有所益……若今宁、绍、金、衢之俗最号为俭，俭则宜其民之富也，而彼诸郡之民，至不能自给半游食于四方。凡以其俗俭，而民不能以相济也。要之：先富而后奢，先贫而后俭……奢俭之风，起于俗之贫富，虽圣王复起，欲禁吴越之奢难矣。或曰：‘不然。苏杭之境，为天下南北之要冲，四方辐辏，百货毕集，使其民赖以市易为生，非其俗之奢故也。’噫！是有见于市易之利，而不知所以市易者，正起于奢。使其相率而为俭，则逐末者归农矣。宁复以市易相高耶？且自吾海邑言之，吾邑僻处海滨，四方之舟车不经其地，谚号为‘小苏州’。游贾之仰给于邑中者，无虑数十万人，特以俗尚甚奢，其民颇易为生尔。然则吴越之易为生者，其大要在苏奢，市易之利，特因而济之耳，固不专恃乎此也。长民者因俗以为治，则上不劳而下不忧，欲徒禁奢可乎？呜呼！此可与智者道也。”[1]

明代中期以后，苏州不仅成为全国经济最发达的城市，而且成为引领全国时尚的首郡，然而，此间苏州引领时代潮流的已经不再仅是高水平的文学、书画等文人雅尚，还有各种各样的、精巧的世俗玩物，吴地一带风俗人情也在这一转变中日渐淡薄。张瀚在《松窗梦语》中说：“今天下财货聚于京师，而半产于东南，故百工技艺之人多出于东南，江右为伙，浙、直次之，闽粤又次之。”[2]何良俊说：“年来风俗之薄，大率起于苏州，波及松江。”[3]

1　车吉心．中华野史（明史）[M]．济南：泰山出版社，2000：1909.

2　（明）张瀚．盛冬铃，校点．松窗梦语 [M]．北京：中华书局，1985：76.

3　（明）何良俊．四友斋丛说 [M]．北京：中华书局，1959：323.

明代中期吴地世风真相，可以从时人黄省曾的《吴风录》中，得到比较全面的总结：

“……至今吴人有通番求富者，并海崇明三沙奸民，多以行贩抄掠为业。

……沿至于今，竞以求富为务，书生惟藉进士为殖生阶梯，鲜与国家效忠。

……至今吴俗权豪家，好聚三代铜器、唐宋玉窑器、书画，至有发掘古墓而求者，若陆完神品画累至千卷，王延喆三代铜器万件，数倍于《宣和博古图》所载。自正德中，吴中古墓如城内梁朝公主坟、盘门外孙王陵、张士诚母坟，俱为势豪所发，获其殉葬金玉古器万万计，开吴民发掘之端。其后西山九龙坞诸坟，凡葬后二三日间，即发掘之，取其敛衣与棺，倾其尸于土。盖少久则墓有宿草，不可为矣。所发之棺，则归寄势要家人店肆以卖。乃稍稍缉获其状，胡太守缵宗发其事，罪者若干人。至今葬家不谨守者，间或遭之。

……至今吴中缙绅士夫多以货殖为急，若京师官店六郭，开行债典，兴贩盐酤，其术倍克于齐民。

……由是自城至于四郊及西山一带，率为权豪所夺，为书院、园圃、坟墓，而吴之丛林无完者矣。至于黄县令辈（希效），则又尽撤古刹以赠权门贪夫，否则厚估其值，令释道纳之，大扰郡中，至今未已。

……至今吴中士夫，画船游泛，携妓登山。”[1]

可见，曾经风物清嘉的苏州，在约百年城市商品经济利益的蛊惑下，买官敛财、入海为寇、见利忘义、发冢盗墓、炒作文物、官商勾结、侵田夺宅、携妓冶游等，都已成为屡见不鲜的常行，风俗人情已经退化到了一败涂地的边缘。

在政治、经济、文化、世风等多重因素的合力影响之下，吴民游乐风气日渐热烈，直接推动了苏州园林营造的空前繁荣。

宋人张镃在《仕学规范》中说：“吴俗喜游嬉请谒。”苏州民俗中原本就有竞豪奢、好冶游的传统。随着苏州消费型城市经济快速繁荣，社会风气日渐奢靡，弘治以降，吴人（尤其是市民阶层）的乐游风气迅速复苏并兴盛起来。《石湖志》中说：

“石湖当山水会处，游人至者，无日无之，惟清明、上巳、重阳三节最盛，人无贵贱贤否，倾城而出，各村亦然，弥满于山谷浦溆之间不下万人，舟者、舆者、骑者、步者、贸易者、博塞者、剧戏者、吹弹歌舞者、酡而饮者、谑而笑者、醉而狂酗而争者，祭于神祷于佛哭于墓者、放棹而鸣锣击鼓者、张盖而前呵后拥者、吊古而寻基觅址者、挟妓而招摇市过者，累累然肩摩踵接，至阻塞不可行，喧盛不减都邑，太平气象虽西湖恐亦无此。”

旅游业有一条服务产业链，石湖一带的原住民虽然本分朴拙，此间也充分参与到这个产业中来了，抬轿划船、提供住宿、准备饮食，旅游服务产业一派繁荣，时人莫旦在其增补

1 （明）杨循吉，等. 吴中小志丛刊［M］. 陈其弟，校点. 扬州：广陵书社，2004：176-178.

《石湖志》中说：

“自行春桥至薇村、陈湾诸处人家，俱有两人竹轿，陆行者多倩而乘之，轻便安稳，随高下远近，无适不宜。水行有舟，大则楼舡而两橹四跳；小则短棹而风帆浪楫，行住坐卧任意所如。尝观他处，舆于山者，未必有水；舫于水者，未必有山，不能两备。惟石湖有山有水，可舫可舆，诚佳处也。”[1]

除石湖外，苏州城四面山水风光可游之处还有许多，苏州市民渐渐根据季节和风景变化，形成一个约定俗成的出城游览规律。虎丘一年四季都适合登高游眺，因此，“四时游客无寥寂之日，寺如喧市，妓女如云”；其他地方“则春初西山踏青，夏则泛观荷荡，秋则桂岭九月登高，鼓吹沸川以往。”[2]

萎靡不振的世风、耽于冶游的时尚、消费经济的繁荣、高超的工艺技术，迅速催生出江南私家园林营造的勃勃生机。学界每每说起明代苏州园林的数量，有人说250余处，或是260多处，也有人说是271处，实际上，弘治、正德、嘉靖间，苏州究竟确切有多少园林，既无从稽考，似乎也不必精确稽考，如前所引《吴风录》可知：

一是当时的富人家家都有园林，园林必有假山，而且叠山不仅多用湖石，还在用石叠山上有强烈的攀比心理；二是一些既富且贵的家族，干脆圈占小山、小岛，一方面以开凿湖石牟利，一方面广种奇花异木、就地筑园；三是住在市井里弄的小户人家虽无充足财力或空余地面筑造大园林，却也在院子里摆弄一些盆景或者园林小品，以点缀居处环境；四是“以此务为饕贪，积金以充众欲”，筑造园林耗资巨大，以至于很多家庭积累多年的财富都投在了造园上；五是当时园林累石叠山、盆景艺术、花卉园艺，皆已经成为脱离农业的一门专门职业，世称叠山师，当时俗称花园匠：“朱勔子孙居虎丘之麓，尚以种艺垒山为业，游于王侯之门，俗呼花园子。岁时担花鬻于城市，而桑麻之事衰矣”[3]，所以清俞平伯感叹：“料理园花胜稻粱，山农衣食为花忙。白兰如玉朱兰翠，好与吴娃压鬓芳。”[4]

“苏州好，城里半园亭。几片太湖堆崒嵂，一篙新涨接沙汀，山水自清灵。”[5]清人沈朝初《忆江南》词中所见到“城里半园亭”的苏州，在明代中期就已经进入满城皆园林的空前繁荣时代。

复杂而喧闹的社会背景，促进了吴地造园进入了一个空前繁荣且艺术审美思想复杂的新阶段，也催生苏州园林艺术领域的许多新变化。

首先，苏州园林发展的新变化表现在园林主人的群体构成上。与前朝相比，此间苏州园林主人群体构成类型复杂，不同园林主人之间的人格品质差异较大。

1 （明）杨循吉，等．陈其弟，校点．吴中小志丛刊［M］．扬州：广陵书社，2004：370-371.

2 （明）杨循吉，等．陈其弟，校点．吴中小志丛刊［M］．扬州：广陵书社，2004：175.

3 （明）杨循吉，等．陈其弟，校点．吴中小志丛刊［M］．扬州：广陵书社，2004：176.

4 （清）俞平伯：《题顾颉刚藏〈桐桥倚棹录〉兼感吴下旧悰绝句十八章》，见王稼句校点．苏州文献丛钞初编［M］．苏州：古吴轩出版社，2005：684.

5 王稼句．苏州文献丛钞初编［M］．苏州：古吴轩出版社，2005：677.

江南私家园林主人历代都以文人为主，因此又叫文人园林，然而，文人是一个范围大而成分模糊的人群类型，还可以细分出若干个不同种类。具体来说，洪武年间苏州园林主人基本上就一类，主要是逃仕深隐的文人；建文至成化间，园林主人则有退隐的官僚、隐于艺术的市隐文人、耕读渔樵的山人隐士等；弘治至嘉靖间，苏州园林主人类型则非常复杂。明季吴地文坛领袖王世贞在《周公瑕先生七十寿叙》中说：

"文徵仲先生，前辈卓荦名家，最老寿。其所取友祝希哲、都玄敬、唐伯虎辈为一曹，钱孔周、汤子重、陈道复辈为一曹，彭孔嘉、王履吉辈为一曹，王禄之、陆子传辈为一曹，先后凡十余曹皆尽而最后乃得先生。"[1]

仅文徵明一人身边的文人，王世贞就可以分为十类人，而且，年龄齿序并不是这里分类的唯一参照点，王世贞分类还兼顾了各自的职业、身份、性情等其他因素，这也可以从一个侧面说明此间文人群体构成的复杂性。

这一时期苏州园林主人至少有六种文人。一是显达后致仕回乡的文人，典型代表是王鏊、王献臣、毛珵、杨循吉、陆师道、徐子容等。这一类文人造园能力强，园林规模相对宏大，园林艺术水平也比较高，是此间苏州园林营造的中坚。二是仕途失意的文人，这一人群或是求仕不成，或是因为对于政治的失望，转而借助苏州发达的消费型市商经济，凭借深厚的文化艺术素养，建立文化艺术名流的圈子，游离在出与处之间，走艺术人生之路。以文徵明为首的文化精英和艺术家圈子中就有不少这样的人，如祝允明、唐伯虎、徐祯卿、蔡羽、汤珍、王谷祥、顾荣甫等。他们或是选择城中幽静偏僻的里巷，或是在郊区的湖山之间，构筑宅园以深居简出、怡乐自适。三是书画艺术名家。他们一生没有太多染指政治，多以山人自况，主要凭借自己的高水平的艺术成就赢得社会声望，代表人物有王宠、陈道复、黄省曾、钱谷、岳岱、顾大有、顾仁效等人。这一群体的园居多在城外的湖山之间，以朴素清雅的草堂为主。对于这两类人群来说，园林既是他们交友的空间平台，也是他们的工作室，因此，他们所造园林数量较多。限于主人的经济实力较弱，此类园林简朴而富于意趣，或为写意性城市小园，或者是借助自然的湖山景色，园林艺术审美水平普遍较高。第四类人是先置产后造园。他们或以个人的专长能力，或以商贾，或是凭借权势，置办起丰厚的家产，然后以此为基础营造私园。如钱同爱、钱同仁兄弟就以家传的高超医术起家，王延喆、王延学兄弟则是凭借家族权势敛财。这类人群往往家资充裕，营造园林的物质基础较好，后世贾而好儒的徽商造园就是他们的继续。第五类人既未登仕，也不以艺术或技术来维持生计，他们选择最传统的耕隐方式，有的人是依托世业，有的人则借势圈占山池，择居乡村和山林，筑园于林麓垄亩之间。此类人所筑多为湖山园、郊野园，主要集中在洞庭东山、西山等湖边，如王铭、王鏊、王铨、施鸣阳、陆长卿、徐季止园等。第六类是寺僧。此间寺庙多有附属园林，住持的文化艺术修养也很高，因此，文化艺术名流也多愿意与之交往。仅《甫田集》

1 （明）王世贞. 弇州续稿（卷39）（四库全书集部第1282册）[M]. 上海：上海古籍出版社，1991：515.

中，文徵明记游吴中寺院的诗歌就将近百余首，其中《病中怀吴中诸寺》组诗[1]，一次就有“治平寺寄听松”“竹堂寺寄无尽”“东禅寺寄天机”“马禅寺寄明祥”“天王寺寄南洲”“宝幢寺寄石窝”“昭庆寺寄守山”等七首诗歌，既怀念诸佛门净土的园池，又兼怀诸知交释僧。

无论在年龄上，还是在人格性情与审美修养上，王鏊、文徵明等都属于传统文人，因此，他们造园、居园、赏园的审美趣味，更多还是强调在精神层面上的心灵愉悦。特别是文徵明，从停云馆到玉磬山房，都仅仅是一个简朴而狭小的文人宅园，但是他依然于其中享受了完整的君子攸居之乐，因此，其宅园是典型的写意园，全面地继承了传统文人园林健康的审美理念。明人陈宏绪在《寒夜录》中有一段文字，可以从一个侧面折射出文徵明的园林审美追求：

“文衡山先生停云馆，闻者以为清閟。及见，不甚宽广。衡山笑谓人曰：‘吾斋、馆、楼、阁无力营构，皆从图书上起造耳。’大司空刘南垣公麟晚岁寓长兴万山中，好楼居，贫不能建，衡山为绘层楼图，置公像于其上，名曰神楼。公欣然拜而纳之，自题《神楼诗》，有‘从此不复下，得酒歌圣明。问余何所得？楼中有真性’之句。尝观吴越巨室，别馆巍楼栉比，精好者何限？卒皆归于销灭。而两公以图书歌咏之幻，常存其迹于天壤，士亦务为其可传者而已。今之仕宦罢归者，或陶情于声伎，或肆意于山水，或学仙谭禅，或求田问舍，总之，为排遣不平。然不若读书训子之为得也。”[2]

写意是中国古代文人画山水的最主要笔法，文徵明以图绘园林的方式，来寄托自己的园林意趣，堪称是园林意趣中的最高境界。在文徵明看来，园林仅是寄托情志和兴趣的载体，实景也罢，图绘亦可，园景不必在乎大小多少，只要有精神的自由、心灵的舒适、人格的独立，即使面对画中园池也可神游湖山，其为好友华夏所绘《真赏斋图》也形象地诠释了其这一园林审美思想，这也从另一侧面，为文徵明多次图绘拙政园补充了一个解释。此间，与文徵明的园林审美思想比较一致的文人大多都是与其同辈的长者，如春庵主人顾荣甫，安隐先生王謦之，昆山状元朱希周等。朱希周致仕后也曾在吴趋坊隐居过，焦竑在《玉堂丛语》中说：“朱恭靖公归吴趋里中，市货溢衢，纷华满耳，入公之堂，萧然如村落中见野翁环堵。”[3]

身份、职业、年龄等方面的差异，仅仅是园林主人在表面层次上显现出来的区别，表现在园主的才情与人品上的不同，才是此间造园主人更深层的、更本质的差异，六类人群中有许多园主不仅明显有别于前一时代的园林主人，与同一时代园主之间的差异性也很大。成化以前，以龚诩、杜琼、刘珏、韩雍、沈周、吴宽、徐用庄、徐孟祥等为代表的园林主人，个个都有端正的品格，人人都有高深的文化艺术素养，在筑园而隐的表象后面，他们或以文德、或以仁孝、或以淳朴、或以政声、或以经术、或以艺术、或以技术等，引领时代风尚，惠及身边的人们，以至于在那个时代的园林艺术审美思想与园主人品之间形成了熔融互彰的

1 （明）文徵明. 文徵明集［M］. 周道振，校辑. 上海：上海古籍出版社，1987：309.
2 车吉心. 中华野史（明史）［M］. 济南：泰山出版社，2000：4138.
3 车吉心. 中华野史（明史）［M］. 济南：泰山出版社，2000：2181.

整体关系。因此，他们的园林和他们本人都赢得了人们共同的敬意和称赏。弘治至嘉靖间，尤其在正德以后，苏州园林主人在才情、品格及园林艺术审美上渐渐出现了明显的差异性，甚至出现了错位和断裂。文人的才情、品格与传统园林艺术审美理想之间的裂痕，在持续发展中不断加剧，直到明代结束，这种分裂客观上既为苏州园林艺术的设计与营造带来了多样性，也对苏州园林艺术的健康发展造成了较大的冲击。

王鏊在《伯兄警之墓志铭》中说："近时贵家多以势持州县短长，侵牟齐民，以广其田园，高其第宅。或劝可效之……王氏自宋家太湖之包山，世以忠厚相承，而近世亦不能无少变也，兄盖有前人之风焉。"[1]王铭谢世于正德五年（1510年），苏州权贵仗势侵夺小民土地以广其园宅之类行径盛行，应该就在弘治末、正德初的这段时间里。另外，陆粲为王延喆所撰《前儒林郎大理寺右寺副王君墓志铭》中也说："君年未二十归吴，即慨然欲恢拓门户。当是时，吴中富饶而民朴，畏事自重，不能与势家争短长。以故君得行其意，多所兴殖，数岁中则致产不訾，诸贳贷子钱若垆冶，邸店所在充斥……中岁愈更约，敕为恭俭，罢诸辜榷妨细民业者。"[2]王延喆生于成化十九年（1483年），"年未二十"应该是在弘治十六年（1503年）以前，其置业起家的办法很简单：依靠既富且贵的特殊身份，放高利贷、强买强卖和开当铺（当时势家的当铺常常是盗墓贼的销赃窝点）。直到中年以后，王延喆才停止那些妨碍小民生活的专卖业务，可见，王延喆的发家史很不光彩。由此也可知，侵占民宅、强夺田产，是那个时代势家常见的现象，王献臣侵占宁真道观、大弘寺及周边大片土地扩建拙政园，并不是个案。王延学在湖边围湖营造从适园，也有封山占水的嫌疑。

显然，这些名园主人的才情、品格，与上一个艺术时代相比，相差不啻天壤之间，与同代吴门宗师文徵明之间的差异也是泾渭分明——文徵明因宅园空间过于狭小，拆掉了父亲留下来的停云馆，也没有去侵占他人的宅地。缺少了主人的高尚品格，园林艺术与主人的人格品质之间出现了分裂，园林尽管景境优美，规模宏丽，对于时人来说，都只是富家势家的大宅子，财主地主的后花园而已，并不值得敬重和称赏。这是苏州园林艺术史上的重大变迁，对园林艺术的健康发展造成了深刻伤害。

时人袁袠（1502—1547）在其政论文集《世玮》中指出，奢侈无度、买卖官爵、宦官干政、浮躁功利、沽名钓誉等时代风尚，严重影响了士林习气。轻浮、浅薄的时代风尚，也全面地影响了此间吴地文人及园林主人。《明史·文苑列传》中，有关于祝允明、唐伯虎、杨循吉和桑悦几位吴中名士的记录文字："吴中自枝山辈，以放诞不羁为世所指目，而文才轻艳，倾动流辈，传说者增益而附丽之，往往出名教外。"祝允明、唐伯虎、文徵明三人同岁，而祝、唐等人身上的放诞无忌、轻狂浮躁等行迹，与文徵明绝不相类[3]。

祝允明"文章有奇气，当筵疾书思若涌泉，尤工书法，名动海内"，各地来求文求书的文化商人纷沓而至，与当年访求沈周颇相似。然而，这位祝三公子鄙视礼教，"好酒色、六博，善新声"，以至于访求者"多贿妓掩得之"。由于"不问生产，有所入辄召客豪饮，费

1 （明）王鏊．震泽集（卷29）（四库明人文集丛刊）[M]．上海：上海古籍出版社，1991：435.

2 （明）陆粲．陆子余集（卷3）（四库全书集部第1274册）[M]．上海：上海古籍出版社，1991：616.

3 （清）张廷玉，等．明史（卷286）[M]．北京：中华书局，1974：7351-7353.

尽乃已，或分与持去，不留一钱”，弄得走在大街上身后总跟着一串债主，他自己反以此为乐！

唐伯虎有奇才，也多奇行。在呈才任性、轻狂放诞这方面，他一点也不亚于祝枝山，也正因是过于张扬，才招致他人嫌猜妒忌，终于不明不白地从科场进了牢狱。《明史》所说的“文才轻艳”，在唐、祝二人的许多诗歌中表现得十分明显。

杨循吉年龄长于祝、唐二人四岁，三十出头时便辞官归隐支硎山，貌似高隐远俗，其实是个内心颇不安宁的假山人。“武宗驻跸南都，召赋《打虎曲》，称旨。易武人装日侍御前，为乐府小令。帝以优排畜之，不授官，循吉以为耻，阅九月，辞归。既复召至京，会帝崩，乃还。”正德皇帝本是历代帝王中的畸丑与大恶，杨循吉脱去山人的荷衣道袍，主动去为他扮了几个月的御前小丑，对于素来崇尚自由和自尊的吴地文人来说，这实在是奇耻大辱！

此间这些文人的奇言奇行，暴露了他们是一群富于才华而缺少定力的奇人真相，而且，由于内心的颇不宁静，他们的行为已经明显有些刻意和造作了。顾炎武在《日知录》卷18说：“盖自弘治、正德之际，天下之士厌常喜新，风气之变已有所自来。”[1]

王鏊、王铭等老一辈兄弟“以忠厚相承”，安隐本分，而王延喆、王延学等子侄辈却飞扬跋扈、浮躁轻狂，王鏊对此只能慨叹：“近世亦不能无少变也”。文徵明一生宽仁淳厚，然而其为人风范也没有被子侄们完全继承，五峰山人文伯仁虽然是“衡山之犹子，画名不在衡山下”，却也是“好使气骂坐”的躁竞之流，没能秉承其家族古朴、仁厚的家风。时人周晖在《金陵琐事》中，就记有一段文伯仁因任性骂座险些被事主投湖喂鱼的故事[2]。

可见，吴门文化艺术领域雅正淳厚的清风正气，至此已进入黄昏余音的阶段，轻浮、躁竞的风气已深刻地濡染了吴地文人，这一明显的代沟性裂痕对此间苏州造园的审美趣味产生了直接而深刻的冲击。

其次，园林主人群体构成与士林风气的新变化，直接影响了园林环境主题与功能的发生了巨大变化。成化以前，文人造园目的和功能依然以传统的耕隐与生产、孝亲与会友、修养情操等为主。弘治以降，这些传统主题和功能被全面地淡化了，满足自我喜好、追求享乐，是此间文人造园在主题与功能上普遍性的新方向。

园林传统的耕隐主题和生产功能普遍被弱化，这在许多名园里都可以清晰地看出来。王献臣拙政园的面积是吴宽东庄的三倍之多，其生产功能在当时园林中算是强者了，但是与前朝相比，其三十一景中已经没有了前朝东庄的“麦山”“稻畦”“果林”“竹田”等朴素的生产性景境。而且，王献臣在园中“灌园鬻蔬”之类的农事，主要靠驱使佃户、啬夫来完成，其身份是文人、园主、地主、财主的合一。桃花坞本是城内的蔬菜生产基地，然而，唐伯虎在桃花庵中日日饮酒、以醉为乐，仅靠卖画卖文为生，其在《言志》诗中高调宣称：“不炼金丹不坐禅，不为商贾不耕田。闲来写就青山卖，不使人间造孽钱。”[3]从这首自信的宣言诗

1 （清）顾炎武. 日知录集释（全校本中）[M]. 黄汝成，集释. 栾保群，吕宗力，校点. 上海：上海古籍出版社，2013：1065.

2 车吉心. 中华野史（明史）[M]. 济南：泰山出版社，2000：2914.

3 （明）唐伯虎. 唐伯虎诗文全集[M]. 北京：华艺出版社，1995：10.

中，可以清楚地看出明代中期文人园林对传统耕隐主题的离弃，以及对文化艺术作品商品化的适应与认同，园林就是他们创作艺术商品的工作室。唐伯虎一生才高命薄，靠卖画卖文维持生计，既不必劳累肢体，钱赚得相对轻松，又不失文人的风雅，然而，不善置产、不肯躬耕、舍本逐末的园居生活，有时候还是靠不住的。他的一首以序为题的七绝诗，就清楚地记录了其惨淡经营的生活窘境："风雨浃旬，厨烟不继，涤砚吮笔，萧条若僧，因题绝句八首，奉寄孙思和：十朝风雨苦昏迷，八口妻孥并告饥。信是老天真戏我，无人来买扇头诗。"[1]

传统文人园林中事亲尽孝的主题，此间也被大大地淡化了。王延喆怡老园虽然标榜的是为愉悦亲老，但是，其富丽堂皇的风格并不符合王鏊的审美趣味。徐子容薜荔园虽然能够见景思亲，但也没有履行实际上的养亲、尽孝职能。其他园林几乎皆无关乎孝亲的主题了。

传统文人园林的安隐自处、砥砺情操、修养道德的主题，在这个时代也进入曲高和寡的阶段了。安隐先生王铭是王鏊的兄长，王鏊在《安隐记》中说："其迹仕也，其心仕也，安仕者也。其迹隐也，其心隐也，安隐者也。一斯专，专斯乐，乐斯安，安斯久，久斯不变。有人焉居庙堂而有江湖之志，栖山林而有魏阙之思，是其能安乎？能久且不变乎？否也。"[2]王铭一生默默地耕隐于湖山之间、本分淡泊地自守自乐，然而，明代中期像王铭这样的人越来越少了。许多文人虽然在山中筑园，也以山人自况，但是，有的人心中深藏着强烈的"魏阙之思"，有的人希冀以山人名号来扩大影响、炒作名气。因此，文人园林传统的隐居主题，此间也已经渐渐变了原味、走了样。反之，此间文人园林造景强调情趣、追求自我快乐的倾向更加鲜明。如王鏊家族园林中，从北京的小适园，到东山的真适园，以及王铨的且适园，王延学的从适园，都明确地把对自适的追求题写在园林名称中。追求自适自怡之乐，原本也是文人园林的传统主题，只是这时候园林中追求的快乐自适，更加侧重于浅表层次的感官之乐。

为了追求精神上的自由和至乐，此间文人喜欢把园林想象成为桃源仙境。如西山徐子容薜荔园就是按照陶渊明《桃花源记》来设计游观路线和系列园景的；沧浪亭一泓碧水之上，仅架以可拆卸的独木板桥，拆了木板，园子就红尘远隔了；文徵明在玉磬山房庭园的两桐之下，徘徊啸咏，"人望之若神仙焉"[3]；唐伯虎在《桃花庵》诗中高歌"桃花坞里桃花庵，桃花底里桃花仙"[4]，又假借子虚乌有的九鲤湖仙授墨的故事造了"梦墨亭"；拙政园中的"梦隐楼"也是来自于九鲤湖故事，为园林增添了一层仙境之气。

无论是寄情于登高眺远，还是图绘写意园林，或者是附会一些桃源仙境的设计，这都是在精神层面上的园林乐趣，是江南文人园林传统审美追求的延伸，然而，随着世风日下，园林中过度追求感官快乐渐渐成为明代中后期江南文人造园相对主流的审美取向。

明代中期以后，苏州园林审美风貌的第三个变化，集中表现在园林的景境营造之上，此间苏州造园景境处理上至少表现出六个新变化。

---

1 （明）唐伯虎. 唐伯虎诗文全集［M］. 北京：华艺出版社，1995：5.

2 （明）王鏊. 震泽集（卷15）（四库明人文集丛刊）［M］. 上海：上海古籍出版社，1991：294.

3 （明）文徵明. 文徵明集（附录）［M］. 周道振，校辑. 上海：上海古籍出版社，1987：1618.

4 （明）唐伯虎. 唐伯虎诗文全集［M］. 北京：华艺出版社，1995：14.

园林景境变化之一是造园选址显示出很强的自觉性、主动性与选择性，其结果就是此间苏州造园选址相对集中在几个片区。《园冶》论造园，第一步便是"相地"，即选择地形和周边环境适合造园的地块，根据地形特征来规划设计。计成认为造园选址以山林地、江湖地为上，郊野、乡村次之，最不适合造园的是城市地——"市井不可园也；如园之，必向幽偏可筑，邻虽近俗，门掩无哗。"[1]

此间苏州文人在古城内造园，无论是西北的桃花坞、东北的临顿里，还是东片的葑门内、西南的沧浪屿，都是城内幽静偏僻之处。选址在城外的则集中在虎丘、石湖、东山、西山、阳山、阳澄湖等湖山之间。在下属县邑，如昆山、吴江、常熟的园子，也以临湖、近山为主，例如此间昆山的园林集中在西郊玉峰（马鞍山）一带。从大局上来看，如果说此前文人筑园选址更多表现为继承性和随机性，此间则已经显示出鲜明的主动选择性了，而这种选择的结果恰恰往往符合园林艺术审美的内在规律。

园林景境变化之二是造园规模更加宏大。规模逐渐增大是明代苏州园林一直存在的发展趋势。洪武年间，文人造园仅为一斋、一轩、一池、一亭等化整为零的形态，园林要借助宅园以外的湖、山、林、壑等自然风景才能来完成园林景境的营造。后来造园令解禁，文人渐渐可以营造一些小规模的宅园了。刘大夏说"百年今独见东庄"，东庄是成化年间苏州最大的园林，面积也仅有六十亩左右。相比较之下，弘治至嘉靖间，苏州园林在规模上要明显大得多，王献臣拙政园面积达两百亩之多，王延喆的城西园子竟然从天官坊延伸到国柱枋。城外湖山之间的园林与自然山水结合在一起，如且适园是宅园与农庄的合一，从适园依山围湖造园，薜荔园在水滨据山围湖以造山岛，这些园林面积都相对较大。这期间园林面积逐渐阔大，至少有三个原因，一是主人造园经济实力雄厚，二是权势之家对土地的兼并加剧，三是国家相关的限制性制度已经被完全废止。

园林景境变化的第三个标志是园林建筑呈现出向高处发展的趋势，即园中营造高楼。园中造高楼以资游眺，苏州园林古已有之，春秋是子城后圃就曾造有齐云楼，元末时隐士卢士恒在城外湖畔筑有听雨楼，时人张伯雨、倪云林、王蒙、苏大年、饶介、周伯温、钱惟善、张绅、马玉麟、张羽、赵俶、鲍恂、姚广孝、高启、韩奕、陶振、王谦、王宥等名流都曾题写过听雨楼诗，倪云林《清閟阁全集》中有专门一节《听雨楼诸贤记》收录了相关诗歌[2]。顾德辉的玉山佳处中，有湖光山色楼、春晖楼、小游仙楼（又名小蓬莱）等楼阁。入明以后，楼阁在苏州园林中似乎一夜之间不见了踪影，直到在成化以前，在相关诗歌、园记以及图绘中，仍然很少见到以楼为景的园林景境。弘治以降，楼阁建筑在苏州园林中再次大量出现，此间造楼阁的速度与密度犹如山林间的雨后春笋。今按王鏊、文徵明、唐寅、祝允明等人的文集可知，拙政园中有梦隐楼、王铨且适园有东望楼、王延学从适园有静观楼，此外，王延喆怡老园、唐伯虎宅第、文徵明宅园、王宠兄弟南濠宅园、临顿路王汉章宅园、祝允明怀星堂等皆有楼阁，尤其是阊门一带，楼阁尤为密集。在城外的园林中，石湖边还有袁鲁仲的列岫楼，在太湖边上有明秀楼，王鏊亲家西山徐氏也在薜荔园中新造了楼阁，光福潘氏造了湖

1 （明）计成. 园冶［M］. 陈植，注释. 北京：中国建筑工业出版社，1988：53.

2 （元）倪云林. 清閟阁全集（卷11）（四库全书集部第1220）［M］. 上海：上海古籍出版社，1991：340.

山佳胜楼，周天球园中造了四雨楼等。即便是此间的寺院、道观，如灵源寺、楞伽寺、虎丘千顷云、玄妙观等，也都修造了高台楼阁。

造楼台最直接的目的是便于登高望远，此间苏州园林内楼阁之密集，既是文人造园能力提高的表现，也说明苏州城内宅居已比较密集，相互之间遮挡了园林远借城外湖山之景的视线。因此，无论是城内诸园中的小楼，还是湖山之间的静观楼、东望楼、列岫楼、湖山佳胜楼、四雨楼等高大建筑，都是为了满足眺游湖山而努力提升园林借景视点的设计。因此，园内营造楼阁也成为此间园林造景风貌上的一个鲜明变化。

园林景境营造变化之四是理景的整体设计与分景处理更加系统化、程式化。早在刘廷美的小洞庭、吴宽的东庄中，已经对园林设景境设计进行了分景处理，然而，从总体上看，弘治以前的苏州文人园林造景，更注重对整体意境和主题的把握，整体设计多为因地制宜、顺势而为，分景设计的自觉性较弱，还没有成为主流。弘治以降，随着园林面积的增大，主人造园能力的增强，苏州园林在园景的设计与创造上，艺术主体自觉意识明显增强，整体设计、分景处理渐渐成为造景的主流程式。一些名园往往延请艺术家参与以设计，以山水画卷为蓝本，因此，此间文人园林造景更像是立体的文人山水画卷。典型案例有真适园十六景、拙政园三十一景、薜荔园十三景、且适园十四景等。其中，王献臣拙政园三十一景各自都可以成为一帧图画，是园林分景设计的成功典范。从文徵明的序咏可以看出，这三十一景是紧紧围绕水体处理和变化为线索的一个整体，围绕着远离政治这一主题，设计者把园林中的水域定性为沧浪之水，然后用理水来贯穿全园，这样的设计既使园林诸景得水而活，也全面贯彻了主人拙于政治而情寄沧浪的造园主题。徐子容薜荔园十三景的设计主题是“仙居世外，烟霞之与徒”[1]，因此，园林中的假山与峰石多置于水体之中，最高的楼阁水鉴楼也建造在水中，似乎是在暗示着传说中的仙岛琼阁故事。园中的游观线路和移步换景的细节，也完全按照《桃花源记》中所叙路线设计，暗示了此园乃是武陵渔人所见的桃花源。整体设计使园林的景境层次更加完整，使诸景境之间的呼应关系更加和谐，甚至可以组合叙事；分景设计可以使园林景境更加丰富，造景细节更加完美，使每一处景境都符合画意，这大大提升了园林局部景境的观赏效果。可见，明代中期以后，苏州文人园林造景艺术在技法和规程上都逐渐系统、成熟了起来。

在此间园林整体景境设计中，借景意识明显增强。园林的空间范围总是有限的，汉魏以来，中国古典园林渐渐走过了自然山水园阶段，逐步向城市和近郊发展，而私家园林在面积和体量上总是比较狭小的，因此，巧借园外景以成就园内的景境营造，成为文人园林理景艺术的重要技法。弘治以来，苏州园林的借景处理更加主动、巧妙，园内造景和园外借景之间的因借互补关系更加自然。其中，以王鏊真适园、王铨且适园、治平寺石湖草堂等为代表湖山园林，借景远近山水最为自然。城内诸园，或借景塔影，或借声梵音，或筑楼阁以远借城外湖山。总之，积极寻找园外可借之景，已经成为此间文人造园的普遍规律。

另外，园林理水审美技法也有了很大的发展变化。园林理水技巧更加多样、纯熟，园中

1 （明）陆深．俨山集（卷55）（四库明人文集丛刊）［M］．上海古籍出版社，1993：346.

水域很少再有上一艺术时期葑溪草堂那种方池居中的简单处理，而是结合假山、因形就势理地出江湖、河流、山溪、飞涧等多种艺术形态的水体。这样一来，园中水体就多了一些灵动的气息和美感，园林景境也因得水而活泼起来。

园林景境营造变化之五是写实手法逐渐增多，写意与写实手法结合更为紧密。唐宋以来，为人在城市之中营造咫尺山林，写意无疑是最为重要的艺术手法，文徵明的玉磬山房、顾春潜的春庵、朱希周的草堂等小宅园，不仅依然秉承了传统的写意手法，而且，写意性更加强烈。文徵明宅园中，假山高仅数尺，凿地嵌盆以为湖，甚至以案头图画来寄托心中的园林意趣！然而，随着主人造园能力的增强，园林面积的扩大，园林主人审美追求的俗化，文人园林造景中的写实作法逐渐多了起来，因此，园林艺术审美的表象化、视觉化、具象化倾向在明显加强。例如，怡老园中的假山，不仅在外观形胜上模拟太湖东山，而且体量巨大，连王鏊在《杜允胜偕陆子潜兄弟携酒至园亭》诗，自己也感慨说："寻山何用过城西，屋后巉岩且共跻"[1]；拙政园中有大面积的水域，小飞虹、芙蓉隈、小沧浪、志清处、柳隩、意远台、钓矶、水花池、净深、志清处等，皆是围绕水体设计的写实与写意相结合经典景境。城外的一些园林营造在真山真水之间，真适园、石湖草堂则借景湖山，从适园、薜荔园则直接圈占山水入园。总之，实景成为此间园林景境的重要组成部分。

园林景境变化之六，是置石叠山、园居盆景、博古陈设等，渐渐成为此间文人园林造景的必有元素和重要补充，造园中的人力工程明显增加。

叠石。"石令人古，水令人远。园林水石，最不可无"[2]。苏州文人园林中叠山理水的悠久历史，至少可以上溯到汉魏时吴人为戴颙"共为筑室"时的"聚石引水"。山石的开采、搬运和叠置都比较困难，随着唐宋以来文人奇石嗜好的过度膨胀，叠山、置石已渐渐成为文人园中的奢侈品，尤其是营造体量巨大的假山，或者是设置一些奇石、峰石，更需要耗费巨大的资财。因此，在明代中期以前，吴中市商经济还处于复苏和发展阶段，社会审美风尚也比较朴素，叠山并不是园林造景中的必有元素。成化以前的许多宅园都不见以叠山争胜，有的园林根本就没有假山。弘治以降，这种情况发生了很大的变化，"吴俗喜迭石为山"[3]，叠山已经成为吴地造园的风俗，叠山不仅成为园林造景中的必要元素，一些园林甚至造有多处假山，一些湖山园林中还要在真山之上营造假山，徐子容的薜荔园就是典型的一例。薜荔园本是依山临湖而造，园中却筑有大量的假山：思乐堂前庭院中置有峰石，湖边浅水区的大假山如湖中小岛，后园中借助山形修筑了高台和湖石溶洞，荷花池中有玲珑剔透的奇石留月峰。

在苏州园林的叠山与置石造境中，蕉石组合小品是一种常见的设计。这一做法起于成化以前，至明代中期逐渐成为一种普遍现象。陆容《叔园杂记》说："南方寺观及人家多种芭蕉，但可资观美而已，实无所用。或以其叶代荷叶，襯蒸麦者。然夫人有症瘕，及血气病者，感其气则益甚，是亦不可用也。闻猪瘟者，以其根饲之，鱼泛者，亦其杆剉投池中则

1 （明）王鏊．震泽集（卷7）（四库明人文集丛刊）［M］．上海：上海古籍出版社，1991：224.

2 （明）文震亨．长物志校注［M］．陈植，校注．南京：江苏科学技术出版社，1984：102.

3 （明）文徵明．文徵明集（下）［M］．周道振，校辑．上海：上海古籍出版社，1987：1275.

已，未之试也。”[1]陆容卒于弘治九年（1497年），可见，种芭蕉以资观赏，在明代中前期已比较常见，但是尚未形成稳定的蕉石小品组合。从现存明刊古籍的插图中，也可以看出这一园林小品艺术形式逐渐普及的发展趋势。

盆景。盆景可以被视作缩小版的园景，宋元间，苏州虎丘山下的盆景匠人逐渐脱离了农业生产，盆景设计与制作逐渐成为一门相对独立的艺术。成化以前，盆景已经成为文人园居环境设计中的常见元素。弘治以降，盆景在文人园林中更为普及，文徵明有《赋王氏瓶中水仙》《瓶梅》《赋盆兰》等咏盆景的诗歌[2]。而且，盆景在形式上也在不断丰富，体量逐渐增大，其集萃式的写意艺术与文人小园的理景艺术手法同出一辙，因此，“盆岛”之类的小品，常常被作为园林大项理景工程之外的点缀和补充。例如，文徵明停云馆中理水，就是凿地埋盆作池而为之；邵宝《徐太史薜荔园辞十三首》中说，徐子容薜荔园思乐堂庭院中也有“为山兮既仞，为池亦寻宛”的盆岛[3]；拙政园尔耳轩“于盆盎置土水石，植菖蒲、水冬青以适兴”[4]，这些园林理景其实都是盆景做法。晚明高濂总结说：“盆景之尚，天下有五地最盛。南都、苏、松二郡，浙之杭州，福之浦城，人多爱之，论植以钱万计，则其好可知。但盆景以几桌可置者为佳，其大者列之庭榭中物，姑置勿论。”[5]可见，高濂“姑置勿论”的“列之庭榭中”的大型盆景，已经直接融入园林理景设计之中，成为园林景境构成的重要元素。

博古。文人园居以博古文物自娱，或是与同道中人一起品鉴，这在元末时曾一度盛行，最为典范的要算顾德辉的玉山佳处了。入明之初，这种风气迅速衰落，直到宣德以后才渐渐复兴，沈周在有竹居中就时常这样做。正德、嘉靖年间，在强烈的利欲驱动下，这种风气似乎在一夜之间超过了元末，达到了鼎盛。

《吴风录》说：

“自顾阿瑛好蓄玩器、书画，亦南渡遗风也。至今吴俗权豪家好聚三代铜器、唐宋玉窑器、书画，至有发掘古墓而求者，若陆完神品画累至千卷。王延喆三代铜器万件，数倍于《宣和博古图》所载。自正德中，吴中古墓如城内梁朝公主坟、盘门外孙王陵、张士诚母坟，俱为势豪所发，获其殉葬金玉古器万万计，开吴民发掘之端。其后西山九龙坞诸坟，凡葬后二三日间，即发掘之，取其敛衣与棺，倾其尸于土。盖少久则墓有宿草，不可为矣。所发之棺，则归寄势要家人店肆以卖。乃稍稍辑获其状，胡太守缵宗发其事，罪者若干人。至今葬家不谨守者，间或遭之。”

这段文字清晰地描绘出当时文人园林中盛行陈列文物玩器的风气，也从另一个侧面，交代了王延喆城西园内那些文玩的主要来路。园林主人品第驳杂，因此，尽管发冢盗墓令人不齿，器物上沾染了太多的利欲，但是，园林中依然充斥着各种博古奇货。相较于前代，此间

1 （明）陆容．菽园杂记（卷10）[M]．北京：中华书局，1985：122.

2 （明）文徵明．文徵明集［M］．周道振，校辑．上海：上海古籍出版社，1987：115.

3 （明）邵宝．容春堂集（续集卷1）（四库明人文集丛刊）[M]．上海：上海古籍出版社，1991：408.

4 （明）文徵明．文徵明集（下）[M]．周道振，校辑．上海：上海古籍出版社，1987：1275.

5 （明）高濂．遵生八笺（卷7）[M]．成都：巴蜀书社，1986：256.

园林主人围绕文物的清雅意趣是很淡薄的，尽管王延喆园中文博物品量多品佳，却不可与清閟阁、玉山佳处、有竹居中的文玩品鉴大相径庭，反倒是与元末以海盗、海运起家的李时可宅园约略相似。

明代中后期，苏州园林繁荣发展的第四个审美特征，是逐渐形成了引领全国风尚的奢华与巧丽的风貌。

在园林建筑与附属装饰方面，明朝开国时原本极其崇尚简朴，曾三令五申禁防奢华，然而，风气变化和纲纪松弛之快，是早期立法者始料不及的。元末明初文人林弼在《燕坐斋记》中说："夫人唯苦于丰约之过计也。苟为不计，则虽荜门圭窦不为卑也，华堂广厦不为高也，绳枢瓮牖不以为朴，雕梁画栋不以为侈。何者？其志不以是而移也。"[1]然而，这种不以居处宅第简约、奢华而移志的言论，很快就成为阳春白雪之曲了。成化二年（1466年），罗伦在万言《廷试策》中说："庶人帝服，娼优后饰，雕梁画栋惟恐其不华，珍馐绮食惟恐其不丰，锦绣金玉惟恐其不多，姝色丽音惟恐其不足，此奢侈之风盛也。"[2]可见，成化年间，本来常用于宫殿、庙堂、寺观上的雕梁画栋，已渐渐流行于士大夫之宅院了。到了正德、嘉靖年间，士大夫对这种情形已屡见不怪了，顾璘贺同僚新第落成时就说："雕梁画栋相鲜地，最爱诗题素壁光。"[3]

明代中期以后，苏州渐渐成为东南甚至全国的经济、文化、艺术中心，中国古代工艺美术史上的"明式"，在某种意义上即可等同于"苏式"。园林主人往往是当时苏州的一等市民，因此，此间苏州园林中诸多建筑装饰物和生活日用物的制作工艺，皆为当时的最高水平，具有引领时代风尚的标志地位。张瀚的《松窗梦语》说：

"今天下财货聚于京师，而半产于东南，故百工技艺之人多出于东南，江右为夥，浙、直次之，闽粤又次之……迩来国事渐繁，百工技艺之人，疲于奔命。广厦细旃之上，不闻简朴而闻奢靡；深宫邃密之内，不闻节省而闻浪费。则役之安得忘劳，劳之安能不怨也。近代劳民者莫如营作宫室，精于好玩……至于民间风俗，大都江南侈于江北，而江南之侈尤莫过于三吴。自昔吴俗习奢华、乐奇异，人情皆观赴焉。吴制服而华，以为非是弗文也；吴制器而美，以为非是弗珍也。四方重吴服，而吴益工于服；四方贵吴器，而吴益工于器。是吴俗之侈者愈侈，而四方之观赴于吴者，又安能挽而之俭也。"[4]

对于这种由朴素发展到奢华的造物风尚变化，人们大多习惯于批判和忧虑，怀疑其存在的合理性。一些观念相对传统的苏州园林主人，一面仍然守持着简约朴素、淡泊宁静的古道，一面造园和园居生活又濡染了时代风气，以至于自己也觉得矛盾，言及园居时，还常常进行隐讳和回护。例如，在《薜荔园记》中，主人徐子容在请陆粲为其园林景境作序时说：

1 （元）林弼．林登州集（卷16）（四库明人文集丛刊）［M］．上海：上海古籍出版社，1991：136.

2 （明）罗伦．一峰文集（卷1）（四库全书子部第1251册）［M］．上海：上海古籍出版社，1991：638.

3 （明）顾璘．息园存稿诗（卷8）（四库全书集部第1263册）［M］．上海：上海古籍出版社，1991：439.

4 （明）张瀚．松窗梦语［M］．盛冬铃，校点．北京：中华书局，1985：76.

“先公府君木主在焉，一石一峰，先世之藏也。至于一泉、一池、一卉、一木之微，亦皆先人之志也。每一过焉，陟降泛扫之余，恍乎声容之在目，缙也何敢以为乐，愿子为我记之，以示后之人。”这是在从孝思的方面，为自己造华丽的大园子找理由。毛珵是王延喆的岳父，在当时苏州园林主人群体中，他属于与王鏊同辈的长者。然而，这位老先生晚年致仕后，把大量的精力都用在了增殖产业上，造园和园居的奢华也与其女婿王延喆颇为相似。文徵明在其行状《本贯直隶苏州府吴县某里毛珵年八十二状》中，就有意回避了这一个事实，说毛珵没参与造园享乐一类的事情：“晚岁业益，充拓田园，邸店遍于邑中。垣屋崇严，花竹秀野。宾客过从，燕饮狼籍，虽极一时之盛，而公无与也。雅善养生，平生保身如金玉，爱养神明，调护气息。至于暄寒起卧，饮食药饵，节适惟时。”[1]

回顾人类文明史，在一个相对持续稳定的社会阶段里，造物审美渐趋华丽，这是造物技术与社会财力发展的必然结果，也是艺术历史发展的基本规律。因此，不能简单用进步或退化来对艺术形式美的变化进行贴标签。反之，此间苏州园林生产功能的逐渐弱化、园林主人类型的丰富、审美取向的个性娱乐化、园林选址自觉意识的增强、园林造境设计与处理方法的系统化，以及造景手法的多样化等，都是中国古典园林艺术不断发展的必然历程，标志着古典园林艺术从理论到实践的全面进步。

大约从隆庆元年（1567年）起，至明末清初为止，明代苏州园林的兴造在达到鼎盛局面的同时，园林艺术的末世乱象也日渐突出，进入了鼎盛与裂变并存的阶段。

后世之所以能够从不同角度，对“晚明”作出相对一致的界定，根本原因在于嘉靖以后明代的国势、政局以及时代风气，都进入了一个每况愈下的持续性颓靡时期。这里所谓晚明六朝，其实，光宗泰昌一朝仅仅是几个月的蟪蛄春秋，弘光也仅是王朝覆灭后流落江南皇族的末世余音，主体是隆庆朝六年，万历王朝四十七年，天启朝七年，以及崇祯朝十七年。这期间，明代政治环境日渐险恶，王朝国运渐趋衰亡。这些年号几乎已经成为中国历史上的乱世与亡国的代名词了。

穆宗朱载垕1567年建元，年号隆庆，前后在位六年，《明史·穆宗本纪》赞美他说：“端拱寡营，躬行俭约，尚食岁省巨万。许俺答封贡，减赋息民，边陲宁谧。继体守文，可称令主矣。第柄臣相轧，门户渐开，而帝未能振肃干纲，矫除积习，盖亦宽恕有余，而刚明不足者欤！”[2]相对宽仁有为的帝王总是年寿不永，甚至英年早逝，这似乎是朱明王朝长期难以逃脱的魔咒，这也是王朝大势虽然在跌宕中坚持，却没能造就一个持续全盛时代的重要原因。

万历初期，虽然一度有张居正辅政，“国势几于富强”，然而，重臣之间的相互掣肘、攻讦，帝王的无道无为与胡作非为，后宫以及宦官的全面干政，致使王朝约半个世纪的统治纲纪废弛、君臣相乖、奸小当道、文人朋党。万历末年的宫廷三案是各种乱政与内讧的集中爆发，也启动了明朝大势走向灭亡的开关。因此，《明史·神宗本纪》斥其：“溃败决裂，不可振救。故论者谓明之亡，实亡于神宗。”又说：“明自世宗而后，纲纪日以陵夷，神宗末年，

1 （明）文徵明. 文徵明集［M］. 周道振，校辑. 上海：上海古籍出版社，1987：255.

2 （清）张廷玉，等. 明史（卷19）［M］. 北京：中华书局，1974：260.

废坏极矣。虽有刚明英武之君，已难复振。”[1]

熹宗天启皇帝如果不是心智不全，就可能是个大智若愚的超常人。面对已经难以收拾的乱局，他干脆来个不闻不问不收拾，专心去研究木工手艺，把千头万绪、乱七八糟的政事全部交给宦官出身的“九千岁”魏忠贤，听任国家大政进入自由落体的节奏。然而，无论朱由校是智是愚，“天启大爆炸”都注定成为古代历史上“天人感应”的经典案例。《明史·熹宗本纪》说：“妇寺窃柄，滥赏淫刑，忠良惨祸，亿兆离心，虽欲不亡，何可得哉。”[2]明朝已经进入了天怒人怨的灭亡倒计时。

尽管崇祯帝朱由检“沈机独断，刈除奸逆”，力图“慨然有为”[3]，但是，内乱已做大，强敌已临门，他在举国动荡飘摇中苦苦支撑了十七年，不仅没能重整山河，还成了以身殉国的亡国一君。把崇祯帝逼上万岁山命悬一线的，表面上看是李自成的乱军，或者是多尔衮的铁骑，深层的原因还在于此前半个多世纪王朝乱政的积患积弊。

唐宋以来，以苏州为首的东南一带渐渐成为天下的粮仓，农耕也成为居民最普遍的生活方式，因此才有“苏湖熟，天下足”之说。元明以降，太湖流域人口逐渐稠密，人均田亩迅速减少，加上朱明王朝开国以来对江南长期持续征收惩罚性田赋，致使从事农耕的居民纷纷破产。时人郑若曾在《论东南积储》一文中说：“我国家财赋取给东南者，什倍他处，故天下惟东南民力最竭，而东南之民又惟有田者最苦。平居每以赋役繁重，视田产如赘疣，思欲脱去而为逃亡者大半。”[4]

既然农耕生产已经渐渐成为导致居民贫困、破产的主要原因之一，居民弃农经商、弃农从工也就是自然而然的选择。随着明代中后期城市商品经济的高度发达，工商结合渐渐成为吴地居民最主流的生产模式。明代中期杨循吉就指出了这一现象：

“大率吴民不置田亩，而居货招商。阊阛之间，望如锦绣；丰筵华服，竞侈相高。而角利锱铢，不偿所费，征科百出，一役破家。说着谓役累土者而利归商人，其然其然。故外负富饶之名而内实贫困者。”[5]

随着发展程度不断加深，苏州古城内外的居民几乎人人都上了工商业这条船。顾炎武在《肇域志》中说：

“一城中与长洲东、西分治。西较东为喧闹，居民大半工技。金阊一带，比户贸易，负郭则牙侩辏集，胥、盘之内密迩，府县治多衙役厮养，而诗书之族聚庐错处，近阊尤多。城中妇女习刺绣。滨湖近山小民最力啬，耕渔之外，男妇并工捆屦、擗麻、织布、织席、采

1 （清）张廷玉，等. 明史（卷21）[M]. 北京：中华书局，1974：295.
2 （清）张廷玉，等. 明史（卷22）[M]. 北京：中华书局，1974：307.
3 （清）张廷玉，等. 明史（卷24）[M]. 北京：中华书局，1974：335.
4 （明）郑若曾. 江南经略（卷8下）（四库全书史部第728册）[M]. 上海：上海古籍出版社，1991：477.
5 （明）杨循吉. 吴邑志 [M]. 陈其弟，校点. 扬州：广陵书社，2006：8.

石、造器营生。梓人、甓工、垩工、石工，终年佣外境，谋蚕办官课。”[1]

在商业文明潮流的冲击下，耕读生活方式和耕隐人生追求在社会主流价值观念中全面褪色，这对晚明苏州园林发展造成了极其深刻的影响。一方面，失去了最基础、最传统的生存土壤，古代文人私家园林传统的营造主题、审美理想，都渐渐发生了深刻的变化；另一方面，离开了耕读持家的生活方式，“缙绅家非奕叶科第，富贵难于长守”了，也渐渐造成了归有光《张翁八十寿序》中所说“吾吴中无百年之家久矣”的现象[2]。这一现实严重影响了诸多名园的传承，使得明代苏州园林在营造、养护、增修的历史过程中，往往不断辗转于不同主人之手，以至于园林本来的设计匠心和艺术造境风貌，在流传中被不断地改变和破坏。

纲纪废弛的政治局面，高度繁荣的城市商品经济，耕读传统文化的褪色，深度颓靡的世风，全面而深刻地冲击了晚明苏州的文化艺术领域，致使社会生活的角角落落都充斥着商业利益驱动下的虚伪浮躁、一败涂地的末世乱象。以李贽“童心说”为代表的王学左派人性学说，一方面解放了人们的个性精神，另一方面也激活了人们被久久压抑的欲望。在享乐主义的鼓噪下，崇拜财富、炫耀财富、挥霍财富成为一种时代风尚。同时，随着文化艺术的大众化、世俗化，传统的文人艺术、高雅艺术也渐渐失守了原则，迷失了方向，整个时代的文化品格和艺术精神踏上了沿着浅俗化方向沉沦而下的节拍——这是一个貌似灿烂热闹而迷失了灵魂的浮华时代。万历朝首辅申时行（1535—1614）的诗歌《吴山行》，全面形象地绘写了晚明吴地奢华空虚的社会风貌：

九月九日风色嘉，吴山胜事俗相夸。阖闾城中十万户，争门出郭纷如麻。
拍手齐歌太平曲，满头争插茱萸花。横塘迤逦通茶磨，石湖荡漾绕楞枷。
兰桡桂楫千艘集，绮席瑶尊百味赊。玉勒联翩过羽骑，青帘络绎度香车。
彩缨挟弹谁家子，跕屣鸣筝何处娃。不惜钩衣穿薜荔，宁辞折屐破烟霞。
万钱决赌争肥羚，百步超骧逐帝騧。落帽遗簪拼酩酊，呼卢蹋鞠恣喧哗。
只知湖上秋光好，谁道风前日易斜。隔浦晴沙归雁鹜，沿溪晚市出鱼虾。
荧煌灯火阑归路，杂沓笙歌引去槎。此日遨游真放浪，此时身世总繁华。
道旁有叟长太息，若狂举国空豪奢。此岁仓箱多匮乏，县官赋敛转增加。
闾阎调瘵谁能恤，杼柚空虚更可嗟。何事倾都湎丘壑，何缘罄橐委泥沙。
白衣送酒东篱下，谁问迤桑处士家。[3]

在这些转变过程中，苏州始终走在杭州、松江、绍兴、嘉兴、湖州、扬州、常州等诸城市的最前沿，扮演着引领时代风尚的江南首郡角色，晚明的苏州园林就是在这种饱受商业文明冲击的环境之中，进入了造园的最盛时期，也进入艺术审美的裂变阶段。

1 （清）顾炎武. 肇域志（第一册）[M]. 上海：上海古籍出版社，2004：261.
2 （明）归有光. 震川先生集（卷13）[M]. 周本淳，校点. 上海：上海古籍出版社，1981：326.
3 （清）顾禄. 清嘉录 [M]. 上海：上海古籍出版社，1986：141.

浮华的时代风气、纷乱的文化思潮、自由的兴趣性情，失范的艺术个性，推动着晚明苏州园林艺术发展不断对传统审美规范进行突破与超越，致使时代风尚与文人园林传统的审美理想之间渐行渐远。这种差异和碰撞造就了苏州园林的一个全新时代风貌，这在晚明苏州园林的造景审美趣味、主人品格与艺术情怀、艺术技法与理论总结等方面，都有清晰的表现。

其一，园林营造的审美情感充斥着末世心态，这是晚明江南私家园林主人群体中普遍存在的现象。末世心态有许多种表现，及时行乐、无惧生死、挥霍无度、奢侈放纵等，都是其中最常见的现象。在元末顾德辉玉山佳处中常常雅集的那群文人身上，就曾浓郁地弥漫着这种末世气息，两百多年后，这种气息再次笼罩在晚明江南的文人群体和私家园林之中。

时人张翰在《松窗梦语》中，以歌舞演剧为例，怒斥了这种无度的末世浮华：

“夫古称吴歌，所从来久远。至今游惰之人，乐为优俳。二三十年间，富贵家出金帛，制服饰器具，列笙歌鼓吹，招至十余人为队，搬演传奇。好事者竞为淫丽之词，转相唱和。一郡城之内，衣食于此者，不知几千人矣。人情以放荡为快，世风以侈靡相高，虽逾制犯禁，不知忌也。”[1]

袁宏道曾长期在苏州一带为官，也曾是晚明江南文人领袖之一，然而，就连这么一位文名政声俱佳的袁中郎，也喜欢在舍生忘死的极端刺激之中感受快乐：

“行庄数十步，则卷而休，遇转快，至遇悬石飞壁，下蹙无地，发毛皆跃，或至刺肤踬足，而神愈王。观者以为与性命衡，殊无谓，而余顾乐之。退而追惟万仞一发之危，辄酸骨，至咋指以为戒，而当局复跳梁不可制。”[2]

袁宏道这种挑战极限的游山，已近乎后世的攀岩冒险行为，其中有超越生死的胆略，更多的还是对今世人生无望的消遣和冷淡，这在其书札《龚惟长先生》中，说得又直白又透彻：

“数年闲散甚，惹一场忙在后。如此人置如此地，作如此事，奈之何？嗟夫，电光泡影，后岁知几何时？而奔走尘土，无复生人半刻之乐……然真乐有五，不可不知。目极世间之色，耳极世间之声，身极世间之鲜，口极世间之谭，一快活也。堂前列鼎，堂后度曲，宾客满席，男女交舄，烛气熏天，珠翠委地，金钱不足，继以田土，二快活也。箧中藏万卷书，书皆珍异。宅畔置一馆，馆中约真正同心友十馀人，人中立一识见极高，如司马相如、罗贯中、关汉卿者为主，分曹部署，各成一书，远文唐宋酸儒之陋，近完一代未竟之篇，三快活也。千金买一舟，舟中置鼓吹一部，妓妾数人，游闲数人，泛家浮宅，不知老之将至，四快活也。然人生受用至此，不及十年，家资田地荡尽矣。然后一身狼狈，朝不谋夕，托钵歌妓

1 （明）张瀚．松窗梦语［M］．盛冬铃，校点．北京：中华书局，1985：139.
2 （明）袁宏道，等．三袁随笔［M］．成都：四川文艺出版社，1996：79.

之院，分餐孤老之盘，往来乡亲，恬不知耻，五快活也。士有此一者，生可无愧，死可不朽矣。”[1]

这种不论是非、不计毁誉、忘却廉耻、无视生死、及时行乐的纵欲心态，在当时文人之间具有广泛的普遍性。张岱在《自为墓志铭》一文中说：“少为纨绔子弟，极爱繁华，好精舍，好美婢，好娈童，好鲜衣，好美食，好骏马，好华灯，好烟火，好梨园，好鼓吹，好古董，好花鸟，兼以茶淫橘虐，书蠹诗魔，劳碌半生，皆成梦幻。”[2]

当时太仓籍首辅王锡爵曾概括说：“今之士大夫一旦得志，其精神日趋于求田问舍、撞钟舞女之乐。”[3]就连王世贞这位后七子的领军人物，也未能免俗，屠隆在《三才》篇中说他：“昧于天人之际，语鲜性命之宗。颇溺荣华、好谈富贵。”[4]

其二，园林造景注重表象化、视觉化效果，奢华典丽的审美趣味被进一步发展并导向极致。

从园林景境营造上看，嘉靖以前，即便是吴宽东庄、王献臣拙政园、王鏊真适园等著名园林，造景也都很疏朗、简约，拙政园三十一景已是非常之多了。然而，晚明苏州园林造景动辄就以数十计，王世贞的弇山园造景更是将近百计，赵氏寒山别业、王心一归园田居等文人园虽然造景艺术相对传统，富有自然、素雅的文人趣味，景境密度却也远远胜于此前的文人园林。不仅如此，晚明苏州园林营造的主流风气与世风基本一致：局部造景奢华了，园景的整体和谐却受到了损害；园景视觉上色调鲜丽了，景境的精神寄托却模糊了。这是当时园林普遍存在的现象。王世贞在《古今名园墅编序》中说：“徐封园饶佳石而水竹不称；徐参议廷祼园……饶水竹而石不称；徐鸿胪佳园因王侍御拙政之旧，以己意增损而失其真。”袁宏道在《吴中园亭纪略》一文中说：“近日城中惟葑门内徐参议园最盛，画壁拈青。飞流界练，水行石中，人穿洞底，巧逾生成。幻若鬼工，千溪万壑。游者几迷出入，殆与王元美小祇园争胜。祇园轩豁爽垲，一花一石俱有林下风味，徐园微伤巧丽耳。”对于晚明苏州园林艺术造景的整体和谐不足、局部雕镂有余、景境过于巧丽等等现象，这两位当世文学大师显然是心知肚明的。然而，正风化俗难而跟风从俗容易，加之普遍存在于文人潜意识之中的末世心态，王世贞的小祇园在被扩建成为弇山园后，园林景境也不再“一花一石俱有林下风味”，反如七宝楼台，浸透了繁密巧丽的时代趣味。

明代中后期，苏州园林审美风尚逐渐转向奢华，逮及晚明，苏州造园几乎就是在炫耀财富，园林可以不再是“君子攸居”的精神乐园，但绝大多数都是富贵之园，几尽奢华典丽已经成为一种普遍现象。这种富贵气息集中表现在当时造园对各种艺术要素的选材用料上，其中尤以城市山林为最。

这期间，筑山用石总量明显增多，而且往往和对奇石的追逐与崇拜结合在一起。中国

1 （明）袁宏道．袁中郎诗文选注［M］．任亮直，选注．郑州：河南大学出版社，1993：319.

2 （明）张岱．陶庵梦忆［M］．北京：中华书局，2008：167.

3 （明）张煊．西园见闻录（续修四库全书子部·杂家类第1168册）［M］．上海：上海古籍出版社，2002：86.

4 吴新苗．屠隆研究［M］．北京：文化艺术出版社，2008：71.

古典园林筑山主要有土、石两种材料，取土筑山多因地制宜，可以和凿池结合在一起，既方便经济，又便于园艺，因此，中国古典园林早期多为“积土成山”。苏州园林假山长期以多土少石的土包石为主，这其中不仅有造园审美观念方面的原因，还因为聚石叠山在材料开采和运输方面有现实困难，这往往需要巨大的资财消耗。古代重型物资的运输只能用舟船，若不是依山造园，叠山石料的运输就会成为一项浩大工程，特别是运输一些体量巨大的奇石，更是一项艰难复杂的烧钱工程。正因此，计成在《园冶》中说，“石无山价，费只人工”，并就造园选石提出了就近原则。元末倪云林的清閟阁超尘绝俗、冠绝当世，其间的湖石也仅仅是零散点缀。然而，在晚明苏州许多私家园林的营造中，石材的使用不但大量增加了，而且常常出现选择奇石来筑山的奢华现象。徐默川造紫芝园，其中假山面积竟然占园林总面积的一半以上，而且是使用了大量的湖石，园林叠山不仅有山涧、溪壑、溶洞、琴台，还有山峰三十六处，诸峰“或如潜虬，或如跃兕，或狮而蹲，或虎而卧。飞者、伏者、走者、跃者，怒而奔林，渴而饮涧者，灵怪毕集，莫可名状”，以至于时人竟以“假山徐”来代指其家。徐泰时造东园时，请当时著名艺术大师周秉忠以湖石堆叠了一所巨大的石屏：“高三丈，阔可二十丈，玲珑峭削，如一幅山水横披画，了无断续痕迹，真妙手也。”周秉忠为归湛初筑园时，堆叠小林屋洞水假山，用料也是湖石。徐廷祼园改造了吴宽东庄的朴野风貌，把园林内叠山与瀑布理水结合在一起，“画壁攒青，飞流界练，水行石中，人穿洞底，巧逾生成，幻若鬼工，千溪万壑，游者几迷出入。”王心一的归园田居中叠山，也大量地使用石材，其中，“东南诸山采用者湖石，玲珑细润，白质藓苔”，“西北诸山，采用者尧峰，黄而带青，质而近古”，此外还有缀云峰、小桃园等零散的叠山。王世贞的弇山园更是用石材平地堆出三座大山，叠山理水如仙境琼岛。谢肇淛在《五杂俎》中，就批评了此园用石过度：“王氏弇州园，石高者三丈许，至毁城门而入，然亦近于淫矣。”[1]后来弇山园败落，其中奇石被拆解转卖，时人称之为“弇州石”，这已有点宋徽宗艮岳寿山“败家石”的味道了。

在建筑上，晚明苏州园林中不仅有许多高大轩敞、不守旧制的建筑，而且，建筑的功能和地位也发生了转换，可供歌舞演剧排练表演的集体娱乐性厅堂，往往成为园林中最为高大、华丽的中心建筑，紫芝园、徐廷祼园、梅花墅等莫不如此。在建筑装饰上，晚明园林也多采用鲜亮的色调和华丽的雕饰。例如，徐默川紫芝园中，就用了有雕镂装饰的门楼、华丽的斗栱和绚丽的彩绘。从张岱、陈继儒等人的游记可以看出，范允临的天平山庄、许玄佑的梅花墅等园林建筑上，也采用了一些鲜丽的彩色装饰，传统文人园林建筑不雕不绘的淳朴审美思想，晚明时已经完全成为非主流了。

在园林建筑日渐转向高大奢华的同时，晚明苏州私家园林中的家具陈设也日益求巧、求精。明代硬木家具是中国古代设计艺术史上的一道亮丽风景，集中代表了“明式”设计风格，其中，“苏式”工艺又是“明式”的精华所在。关于明代硬木家具的使用，范濂在《云间据目抄》中有这样一段文字：

---

1 （明）谢肇淛. 五杂组［M］. 上海：上海书店出版社，2001：56.

“细木家伙，如书桌、禅椅之类，余少年曾不一见。民间止用银杏漆方桌。自莫廷韩与顾、宋两家公子用细木数件，亦从吴门购之。隆万以来，虽奴隶快甲之家，皆用细器。而徽之小木匠，争列肆于郡治中，即嫁装杂器，俱属之矣。纨绔豪奢，又以椐木不足贵，凡床厨几桌，皆用花梨、瘿木、乌木、相思木与黄杨木，极其贵巧，动费万钱，亦俗之一靡也。尤可怪者，如皂快偶得居止，即整一小憩，以木板装铺，庭蓄盆鱼杂卉，内列细桌拂尘，号称书房。竟不知皂快所读何书也？”[1]

在《长物志》中，文震亨也专门用了一卷文字来讨论园林家具陈设的款式、材质和装饰。

在晚明的苏州园林中，与硬木家具陈设同步密集增加的，还有主人在园居中的博古雅藏，园林主人对于雅藏的着意，犹如倪云林之于清閟阁，只是缺少了倪氏的迂拙、高古，这种雅玩的收藏，就有点像古玩店而不是园林了。时人莫是龙（即莫廷韩）在所著《笔麈》中指出：

“今富贵之家，亦多好古玩，亦多从众附会，而不知所以好也。且如畜一古书，便须考校字样讹缪，及耳目所不及见者，真似益一良友。蓄一古画，便须少文，澄怀观道，卧以游之。其如商彝周鼎，则知古人制作之精，方为有益。不然与在贾肆何异？”[2]

与此前所不同的是，晚明收藏家既注重古旧雅玩，也善于囤积居奇地炒作当时的玩器、雅物，博古收藏已经明显成为一种商业投资了。袁宏道在《瓶花斋杂录》中说：

“古今尚好不同，薄技小器，皆得著名。铸铜如王吉、姜娘子，琢琴如雷文、张越，窑器如哥窑、董窑，漆器如张成、杨茂、彭君宝。经历几世，士大夫宝玩欣赏，与诗画并重。当时文人墨士、名公巨卿炫赫一时者，不知湮没多少。而诸匠之名，顾得不朽，所谓五谷不熟不如稊稗者也。近日小技著名者尤多，然皆吴人。瓦瓶如龚春、时大彬，价至二三千钱。龚春尤称难得，黄质而腻，光华若玉。铜炉称胡四，苏松人，有效铸者皆不能及。扇面称何得之。锡器称赵良璧，一瓶可直千金，敲之作金石声，一时好事家争购之，如恐不及。其事皆始于吴中狷子，转相售受以欺，富人公子动得重资，浸淫至士大夫间，遂以成风。然其器实精良，他工不及，其得名不虚也。”[3]

在花木植物的总量和选配上，晚明苏州园林也显示出华丽的时代气息，园林中多名贵、珍奇的植物品种，一处园林往往就是一个巨大的花园。

关于园林花卉的选择与搭配，在文震亨的《长物志》和顾起元的《客座赘语》中，都有

1 （明）范濂．云间据目抄［M］．扬州：江苏广陵古籍刻印社，1995.

2 车吉心．中华野史（明史）［M］．济南：泰山出版社，2000：4436.

3 （明）袁宏道，等．三袁随笔［M］．成都：四川文艺出版社，1996：160.

集中的专论。这些配置了繁多品种和数量的花卉植物的园林，不仅是五彩缤纷的大花园，而且真正能够做到“一年无日不看花”。徐泰时的东园、王心一的归园田居等都莫不如此。此外，晚明苏州一带的盆景植物种类之多、身价之贵，也达到了有明一代的最高点。《客座赘语》中说：

“几案所供盆景，旧惟虎刺一二品而已。近来花园子自吴中运至，品目益多，虎刺外有天目松、璎珞松、海棠、碧桃、黄杨、石竹、潇湘竹、水冬青、水仙、小芭蕉、枸杞、银杏、梅华之属，务取其根干老而枝叶有画意者，更以古瓷盆、佳石安置之，其价高者一盆可数千钱。”[1]

总之，在日渐喧嚣的世风鼓噪下，在发达、膨胀的城市商品经济推动下，晚明江南私家园林艺术创作发生了巨大的审美变化：园林面积小而造景密丽，空间小而建筑高大，园景色调过于鲜丽，建筑装饰日渐繁复，室内硬木家具陈设日渐考究，博古清供日渐增多，园林植物总量及名贵花木数量剧增等。相较于此前，晚明苏州园林的这些变化突破了园林艺术传统的审美准则，艺术审美趣味逐步转向深度的世俗化，在园林造景注重追求视觉效果的背后，在琳琅满目的繁密园林景境表象背后，浸透了浓重的物欲味道。

其三，园林主人群体之间，艺术审美理想的分裂与错位，也是晚明苏州园林领域的一道风景。人以群分，物以类聚。就明代苏州园林而言，园林主人与园林艺术风格之间的类聚与群分，至少从明代中期就开始了。到了晚明，这种趋势已经形成潮流，并成为时代艺术的重要特征之一。

晚明苏州园林主人在总量和类型上都比明代中期更加繁杂，其中最主要人群有三大类：商人、致仕文人、山人。三种类型园主之间有存在多种多样的渗透和交叉，因此，晚明江南士商结合、亦官亦商是一种常见现象。这一背景影响下的许多晚明苏州园林，尽管依然是私家园林，却已不再是传统意义上的文人园林了。

随着城市工商业的发展，晚明的江南商人早已不再是一个单纯从流转货物中牟利的人群了，这一人群和他们所从事的职业已经渗透到政治、文化、艺术之间，许多商贾出身的园林主人，身上也都有各种各样的光环，或是精通文博、附庸风雅的艺术商人，或者是捐来功名头衔的亦官亦商，或者是饱读诗书的亦儒亦商，或者是娴于辞章、编剧作曲的亦文亦商，总之，他们大多不以商人职业最本色的面目出现在社会生活之中。他们大都喜欢园林也造有园林，其人格品第、价值观念、艺术审美趣味、职业背景等个性化特征，也往往会在造园活动中被比较清晰地显示出来，其中，古城的徐氏家族园林是这一类园林的典型代表。徐氏是一个典型的商业起家的家族，尽管到了嘉靖、万历年间，这个家族的第四、五代子孙先后有人进士及第，但是，从其家族园林的营造与兴衰现实来看，商人家族的痕迹还是很清晰的，用传统的文人园林审美思想来观照徐氏家族园林，也会发现其间存在一些不和谐、不一致的现

1 （明）顾起元. 谭棣华，陈稼禾，校点. 客座赘语［M］. 北京：中华书局，2007：18.

象或问题，这也成为当时苏州园林艺术的时代性特征。

第一是主人品格与传统文人园林审美之间存在深层错位。“君子攸居”是中国园林尤其是江南私家园林的主流。无论是对于园林中的叠山理水造景，还是松、柏、竹、梅、兰、菊等各种园林植物，以及那些隐现在山水、林木之间的馆、阁、亭、榭等建筑，人们总是习惯从主人精神追求的外化和人格情操的映射等方面，来思考园林景境营造的成败与优劣，来对园林艺术的审美内涵进行深层次解读。然而，以徐氏家族园林为代表，晚明苏州古城的许多园林主人在人格品质方面劣迹斑斑。

徐泰时东园（留园）曾因主办皇家兴造期间涉嫌贪贿而被勒令革职、回乡听勘，其子徐溶也曾一度谄媚魏忠贤阉党。徐默川的紫芝园被苏州市民拆解、焚毁，直接原因是末代主人项昱投降李自成而招致公愤，背后的深层原因却是徐氏兄弟之间不悌不友而引起的祸起萧墙之讼。拙政园第三代主人改王姓徐，是因为徐少泉诈赌，诓骗了王献臣的傻儿子王锡麟。徐廷祼据有东庄后，仗势侵夺韩氏祠堂，纵使恶僮巧取豪夺、敲诈勒索、殴打游人、杀人越货、霸占人妻，这些都是危害一方的恶霸行径。因此，晚明苏州许多园林早已不再是“君子攸居”，园主身上浸染了太多财主和劣绅的气息，在人格品质方面存在明显的大问题。

第二是园居生活内容与传统文人园林之间，发生了巨大错位变化。江南传统文人造园和园居生活，集中在淡泊明志、怡心养亲、会友论道、课子耕读等几个方面，不出诗书稼穑、琴瑟文墨的大圈子。然而，晚明苏州私家园林的主人，尤其是具有浓厚商人家族背景的园林主人，其园林活动中更多的是笙歌、曼舞、宴会、观剧等活动，充满了对声、色、味等感官快乐的无度享乐，或者是开放园门延客收费，把私家园林当作旅游资源来开发利用，园林生活中风雅斯文渐淡，更多的是世俗人生。例如，徐廷祼整合东庄和葑溪草堂后，近二百亩的园林盛甲东南，此园就经常开园延游以收取游资：“春时游人如蚁，园工各取钱方听入，其邻人或多为酒肆，以招游人。入园者少不检，或折花、号叫，皆得罪，以故人不敢轻入。”[1]又如，王世贞在《题弇山八记后》中说：

“余以山水花木之胜，人人乐之，业已成，则当与人人共之，故尽发前后扃，不复拒游者。幅巾杖屦，与客屐时相错。间遇一红粉，则谨趋避之而已。客既客目我，余亦不自知其非客，与相忘游者日益狎，弇山园之名日益著。于是，群讪渐起，谓不当有兹乐，嗟乎。”[2]

弇山园虽然是文人私家园林，但已经园门大开，俨如公共豫游园林了，以至于一些庸俗狭邪之流也时常混入园中，在园中甚至还时常能遇到陌生的红粉佳人。

晚明苏州园林与歌舞、演剧之间，大多数都有着密切关系，此间园林主人大多或深或浅地染指了戏剧创作，王世贞、许自昌、张凤翼、陈继儒、沈璟、范允临等还是晚明戏剧艺术历史上的重量级人物，因此，在当时诸多私家园林中，都营造了专供排戏和演出的舞台、厅堂，一些园林中最高大、华丽的中心建筑，诸如紫芝园的“东雅堂”、梅花墅的“得闲堂”

1 （明）沈瓒. 近事丛残（明清珍本小说集）[M]. 北京：北京广业书社，1928：18.

2 王稼句. 苏州园林历代文钞 [M]. 上海：上海三联出版社，2008：247.

等，就是观看歌舞、排练戏剧的场所。晚明的戏曲（传奇）与拟话本小说，本是城市商业文明催生出来的、一种雅俗共赏的大众化艺术，因此，晚明私家园林和歌舞戏剧紧密结合，也是园林生活走向世俗化的真实反映。徐泰时在东园中“呼朋啸饮，令童子歌商风应苹之曲”，王世贞在弇山园中月色乘舟，“一奏声伎，棹歌发于水，则山为之答；鼓吹传于崦，则水为之沸”，这些活动还似乎颇有雅意，但是，徐泰时“蓄两娈童，眉目狡好，善鹳鸲舞、子夜歌。酒酣，命施铅黛、被绮罗，翩翩傄觞，恍若婵娟之下广寒，织女之渡银河”，这就显然已流于庸俗了。至于徐廷祼游园“前一舴艋为鼓吹导绕出”，放纵恶奴呵斥、追打入园游客，这简直就是在践踏园林了。因此，尽管园林造景元素还是山、水、花、木，园林景色层次更加丰富、幽深，但是晚明苏州许多私家园林中的生活内容已经渐渐沦落为豪门的世俗人生，大大偏离了文人园居雅集文会的传统风尚。

与这些城市商业文明大潮催生出来的时代新变化相较，此间也有一些传统文人游离于时代潮流之外，在人格品质和才情修养上比较本色地继承了传统的文化精神和道德情怀，他们在园林艺术审美思想上，以及在造园活动中，都表现出坚决拒斥低俗、远离喧嚣的分裂倾向，并常常对一些造园俗相和园林俗事进行批判。这些园林选址往往回避市井，主人甚至多年也不进城一次，造园多择址于湖畔、山林，或者是幽僻的城隅，规模大小不一，色调相对朴素，代表了晚明苏州园林艺术的最高境界。代表园林有范允临的天平山庄、赵凡夫的寒山别业、陈继儒东畲草堂、张凤翼的求志园、文氏家族的香草垞和药圃、王心一的归田园居等。这群文人不合时宜，却秉承了传统文人的道德品格和才情修养，因此，他们的园林无论大、小、雅、丽，总是能表现出主人与园林艺术之间的深度一致性，是传统文人园林朴雅纯正风气的继续，与当时流行的文化艺术思潮之间，存在着鲜明的审美趣味差异。

其四，晚明苏州园林营造呈现出明显的审美失范与艺术形式程式化现象。中国古代园林尤其是文人私家园林，经过千百年的发展积淀，已经渐渐形成了相对一致的审美原则和规范。从艺术审美风格类型来看，晚明苏州园林色彩纷呈，不仅园林作品总量超过了历代，艺术审美类型也最为丰富，作品还充斥对传统审美规范的突破。与此同时，晚明苏州园林又在艺术要素的构成和造物技法上，日渐凸显出鲜明的程式化特征，经过著名文人艺术家和时代最优秀造园大师的提炼和归纳，这些程式化规范最终成为影响后世数百年的江南造园标准范式。

晚明苏州园林兴造的程式化，具体表现在对园林建筑要素、园林建筑的形制与样式、陈设与装饰、园林花木植物搭配与动物选配、造园的施工流程、工艺技法等方面的规定，其中尤以城市山林营造为最。在晚明许多文人笔记小品中，陈继儒的《小窗幽记》《岩栖幽事》，高濂的《遵生八笺》，张岱的《陶庵梦忆》《西湖梦寻》《琅嬛文集》，祁彪佳的《寓山注》，谢肇淛的《五杂俎》等，对此都有一些吉光片羽的深度探讨，计成的《园冶》、文震亨的《长物志》、李渔的《闲情偶寄》，则是此间三部关于艺术理论与工艺程式的集大成之作。

关于园林中的建筑元素构成，原本没有多少一致性的规定，根据园林选址的地形地势、主人的职业与身份、园林的某些特定功能等方面的差异，园林建筑元素可以各有侧重。然而，到了晚明，人们对私家园林中的基本建筑要素有了比较一致的认识，因此，对于选址相地、建筑立基，各种斋、堂、馆、轩、亭、台、楼、阁、廊、榭、舫、桥，以及叠山、理水、铺地、选材等等，上述诸文人笔记著述中多有专门的讨论和约定。例如，《长物志》就认为山斋、丈室、佛堂、琴室、茶寮、药室等，几乎是文人园中的必有要素，因此给予了专门的关注。另外，计成在《园冶》中，还对各种园林建筑的梁架与柱式，对门、窗、槅、栏杆、墙垣、铺地图案纹式、假山样式等，分别给出了各种定式。在苏州之外，李渔（浙江兰溪人）在《闲情偶寄》中，对于园林建筑中的房舍、花窗、栏杆、墙壁、联匾、假山等，也论述了一些符合文人审美趣味和艺术规律的主要样式。高濂（杭州人）在《遵生八笺》中，对书斋、茅亭、观雪庵、松轩、茶寮、药室等的构建，也都有比较精辟的探讨。文人笔记中的这些园林建筑样式，在当时江南刊行的古籍插图中大多能够找到对应的图绘，后人以图证文，可以了解晚明苏州园林建筑的基本面貌。

花木植物原本是古人造园的四大艺术要素之一，是中国园林的必有元素，而且，园林植物的选配常常与文人的人格品质与精神追求之间相呼应。晚明时期，江南私家园林的娱乐性增强，园林造景强调视觉化审美效果，园林中的花木植物密度大大增加。对于园林花木的选配与种植，人们也渐渐总结出一套规范化的程式。文震亨在《长物志》中集中探讨了文人清居园林关于植物选配的基本原则。

晚明苏州园林艺术的程式化趋势，也是明代园林艺术繁荣、鼎盛发展后的必然趋势。一方面，中国园林艺术发展进入成熟阶段，这是审美反思与理论总结阶段的必然结果；另一方面，此间园林艺术大师密集，先后出现了周秉忠、张南阳、计成、张南垣等造园艺术家，以及王世贞、王士性、袁宏道、谢肇淛、文震亨、李渔、张岱等一大批热衷于园林，且具有高深园林艺术理论修养的文人。二者合力之下，出现了《长物志》《园冶》《闲情偶寄》等艺术理论专著，以及《五杂俎》《陶庵梦忆》等与园林艺术审美思想关系密切的文人笔记，所有这些成果合力构筑了中国古典园林的艺术理论体系。

这种程式化趋势的审美理论和工艺法则，经过上层文人和基层造园师的共同总结、传播，不仅在当时流传广泛，成为定式，而且对后来几百年的江南文人园林艺术审美理论和造园技法，都产生了深远的影响。

其五，晚明苏州名园营造的家族化特征进一步加深。明代中期园林兴造呈现出来两大特点——家族园林兴盛、园林选址相对集中，到了晚明时期，都被进一步强化。在园林选址的空间分布上，晚明苏州基本延续了明代中期的局面，城内园林依然集中在西北、东北，以及东城的葑门和城南的沧浪、南园一带，城外的园林依然围绕着四郊的湖山。所不同的是，晚明这些地方的园林更加密集、数量更多，著名园林的占地面积和营造规模更加宏大，园林风貌和造景层次更加丰富了。同时，晚明家族性园林的繁荣也达到了江南园林史上的最高点。据说申时行家族在古城有大小八处园林；古城内外的拙政园、东庄、葑溪草堂、留园、紫芝园等诸多名园，都为来自太仓的徐氏家族所有；昆山、太仓的园林无论在数量上，还是在营造规模与艺术水平上，都以王世贞家族园林为最。除此以外，古城的张凤翼、太仓的王锡爵、常熟的瞿汝说、昆山的顾锡畴等，都有或多或少的家族性造园。苏州以外，此间扬州有郑氏、绍兴有祁氏、张氏等，也都有规模宏丽的家族园林群，这显然也成为那个时代江南园林史上的普遍性现象。

总之，晚明是一个国势陵夷、商业繁荣、世风萎靡、思想自由的时代，以苏州为代表的江南园林艺术的发展，深受这种时代风气的浸染。同时，经历了千百年跌宕起伏的发展，苏州的私家园林艺术在园林总量上已经稳居全国第一的位置，在造园技术和艺术审美理论总结方面，也都达到了园林艺术史上的最高点。同时，由于园林艺术领域的审美差异与分裂被充分暴露出来，以至于苏州园林与江南其他地方园林之间，苏州不同类型的园林主人之间，园林艺术理论家之间，都在审美追求上产生了争论，这种论争促使一批园林艺术大家思考发声、总结归纳，对苏州园林艺术及中国传统造园艺术完成了比较全面的理论体系建构。

7.1.3 人文纪事

明代两百多年间，苏州园林造园故事多、名人轶事多，有这样几类名人事件，尤其值得重点关注。

其一是名人名家的园林雅集。文人园林雅集有悠久的历史，西汉梁孝王的菟园文人圈开启了先河，西晋石崇的金谷园二十四友、东晋永和九年的会稽山兰亭雅集，都堪称园林雅集的典范，此后，唐、宋、元等历代皆不乏文人群体的园林雅集故事。逮及元末，以苏州为中心的东南文人圈，以玉山佳处、耕渔轩、洗梧园等名园为舞台，举行了难以数计的雅集活动，可以说，园林雅集活动的有无多少，成为园林艺术发展兴衰的重要标志。

洪武五年（1373年）七月的狮子林雅集，是明代苏州园林雅集的首唱，也是元末文人园林雅集的绝响。参与这次园林雅集的文人有高启、张适、王行、谢徽、申屠衡、张简、陶琛、姚广孝等，高启为此次雅会撰写了《师子林十二咏序》。此外，王彝和徐贲也在此间齐聚园林，王彝撰写了全面描述当时园林环境的《游师子林记》，以及《师子林十四咏》，徐贲图绘了园林十二景，即《狮子林图》，并赋诗《师子林竹下偶咏》。这次雅会留下了狮子林初造时最珍贵的图文资料。一年后，因受朱元璋深究郡守魏观的“某逆”冤案的牵连，参与本次雅会的文人大多遭受屠戮，明初苏州园林的文人雅集也就此写下了休止符。

洪武一朝终结后，随着苏州园林的逐渐复兴，文人雅集活动也逐渐回到了园林之中，其中，永乐年间，沈贞吉、沈恒吉（沈周之父）兄弟在相城西庄的宅园中，举行了著名的西庄雅集，参与的文人有青城山人王汝玉、耻庵先生金问、怡庵先生陈嗣初、中书舍人金尚素、深翠道人谢孔昭、臞樵翁沈公济等约十人。多年后，沈公济回忆此次雅会人物，作了《西庄雅集图》，杜琼为之序。本次雅集也成为明代苏州园林转向复兴的重要标志。此后，刘廷美的小洞庭、魏昌的宅园、吴宽的东庄、韩雍的葑溪草堂、城南禅园沧浪亭、光福徐氏的耕学斋、王鏊的城西怡老园等等，都不断有文人园林的活动，在分别留下大量文献的同时，也在不断重述着“园以文存”的定律。

其二，明代参与苏州园林营造与品赏的重要人物，大致可以分为这样几类：以谢应芳、吴中行、俞贞木、沈恒吉、龚大章等人为代表的明初隐处避世人群；以沈周、刘廷美、吴宽、韩雍、文徵明、王鏊、张凤翼、范允临、赵宧光、文震亨等人为代表的品高名重、德艺双馨主流人群；以明代中叶的王鏊家族、晚明古城的徐树丕家族、太仓王世贞家族为代表的家族园林主人群；以及晚明的职业化造园家人群，如周秉忠、张南阳、计成、张南垣等。这几类人群随着时间的流转推移，使苏州园林逐渐从寄托文人高情雅志的小众艺术，发展为雅俗共赏、文商兼容的生活环境。

其三，明代苏州一些重要的造园活动，对后世产生的重要而直接的影响。如，狮子林几次毁废与重修、王献臣营造拙政园、徐泰时营造东园、大云庵重修沧浪亭、袁祖庚营造醉颖堂等，都成为当代诸世界文化遗产园林历史上至关重要的大事件。

其四，明代苏州园林历史上最重要的大事件，是晚明时出现了一批专业化造园家和艺术家，实践和理论两个层面完成了苏州乃至中国传统园林艺术的理论体系建构。

在苏州乃至中国园林历史上，晚明不仅是园林兴造的鼎盛阶段，也是造园艺术与技术的理论归纳、总结时期，是理论构建的自觉时代，其中，计成的《园冶》、文震亨的《长物志》与李渔的《闲情偶寄》一起，基本完成了中国古典园林艺术的理论体系建构。此外，在晚明其他文人随笔中，也有许多关于园林艺术的审美思考和理论主张。

计成（1582—？），字无否，号否道人，苏州市吴江县同里镇人。在晚明至清初的江南，计成与早于他的张南阳（1517？—1596）、周秉忠，同时代的张涟（1587—1671，字南垣），以及稍后的李渔（1611—1680），张然、张熊（张南垣之子）等，都是著名的造园大师，计成更是以《园冶》成为中国园林史上成就最为卓越的艺术大家。

《园冶》是中国历史上第一部全面系统的园林理论著作，不仅代表了当时造园艺术的最高水平，而且全面总结了古代造园的经验成就；既为后世古典园林设计搭建了理论框架和范式，也确立了古典园林艺术审美鉴赏的基本理论原则。著作于崇祯四年（1631年）成稿，崇祯七年刊行。全书合计三卷，分为十章，按照园林营造过程的内在逻辑顺序，依次探讨了造园基础理论、选址相地、地形分析、建筑立基、结构设计、建筑装饰、叠山理水、墙垣铺地、借景处理等各个环节的方法与技术。著作配有图样235幅，借图说事，图文并茂，是迄今为止中国古典园林艺术史上最重要的造园学法式。《园冶》持论允当、中正平和、体大虑周，标志着中国古典园林艺术的发展成熟。

对于计成来说，造园不惟是一门艺术，也是一门职业，是他的营生之道。因此，《园冶》对造园整体设计和具体的施工技术都有全面的思考，配合各种造园工程图式，可以视作一部造园指导书和手册，而这恰是计成写作此书的根本原因和目标。计成在后记《园冶·自识》篇中说：年老而年幼，为免绝学坠废，“故梓行，合为世便”，这里也能显示出其超越世俗一己功利的大师境界。

或许是因为术业有专攻，《园冶》对园林植物选配和水景处理方面的内容略显单薄，成为这部造园学专著一个瑕不掩瑜的缺憾，而这，在文震亨的《长物志》恰恰得到了比较好的补充。

文震亨（1585—1645），字启美，苏州人。在晚明诸园林艺术理论家中，文震亨是那种具有深厚家族文德底蕴的、有着强烈怀旧情结清流文人，其曾祖是文徵明，祖父是文彭，父亲是文元发，长兄是文震孟，加上那位极富有政声的先祖文林（文徵明之父），这是一门品格高逸、门风雅正、才情超迈、善守古道的家族。

《长物志》全书十二卷，内容涉及园林室庐的功能与设计，家具、陈设的选材、制作及配置，博古、文具、书画的使用，园林水石的布置，以及园林花木、禽鱼、蔬果的园艺养殖等，这些内容与《园冶》之间形成了很鲜明的互补关系。

《园冶》是匠师的造园全书，立论视角相对全面、中允。相比之下，《长物志》则是名流高士的园林清话，其所谓“长物”者，皆为“寒不可衣，饥不可食”的文人清赏；其积极造园和著书说园主要原因，就是“吾侪纵不能栖岩止谷，追绮园之踪，而混迹尘市，要须门庭雅洁，室庐清靓。亭台具旷士之怀，斋阁有幽人之致。”[1]其审美立论完全是从上流文人恬淡清雅、讽今怀旧的角度出发，是对文人园林传统的淳朴、风雅精神的明确伸张，是对当时流行的造园俗趣的批判与匡正，也是一部个性化的艺术思考笔记。因此，《长物志》造园理论一个鲜明的个性化特征，就是处处以文人画和画中文人的生活环境，作为衡量园林造景与造物的雅与俗、优与劣的标准，《长物志》中所有理想的园居景境，实际上都是一幅幅文人画境。例如：

高士隐居图——“（庐室）要须门庭雅洁，庐室清靓。亭台具旷士之怀，斋阁有幽人之致。又当种佳木怪箨，陈金石图书，令居之者忘老，寓之者忘归，游之者忘倦。”[2]

虬枝横斜图——“乃若庭除槛畔，须以虬枝古干，异种奇名，枝叶扶疏，位置疏密。或水边石际，横偃斜披，或一望成林，或孤枝独秀。花草不可繁杂，随处置之，取其四时不断，皆入图画。”[3]

溪桥幽篁图——“种竹宜筑土为垅，环水为溪，小桥斜渡，拾级而登，上留平台，以供坐卧，科头散发，俨如万竹林中人也……至如小竹丛生，曰“潇湘竹”，宜于石岩小池之畔，留植数枝，亦有幽致。”[4]

写意山水图——“石令人古，水令人远。园林水石，最不可无。要须回环峭拔，安插得宜。一峰则太华千寻，一勺则江湖万里。又须修竹老木，怪藤丑树，交覆角立。苍崖碧涧，奔泉泛流，如入深岩绝壑之中，乃为名区胜地。”[5]

芦花烟柳图——“凿池自亩以及顷，愈广愈胜。最广者，中可置台榭之属，或长堤横隔，汀蒲、岸苇杂植其中，一望无际，乃为巨浸……旁植垂柳，忌桃杏间种。中畜浮雁，须十数为群，方有生意。最广处可置水阁，必如图画中者佳。”[6]

《长物志》初版时，文震亨好友沈春泽为之序曰：

“予观启美是编，室庐有制，贵其爽而倩、古而洁也；花木、水石、禽鱼有经，贵其秀而远、宜而趣也；书画有目，贵其奇而逸、隽而永也；几榻有度，器具有式，位置有定，贵其精而便、简而裁、巧而自然也；衣饰有王、谢之风，舟车有武陵蜀道之想，蔬果有仙家瓜枣之味，香茗有荀会、玉川之癖，贵其幽而闇、淡而可思也。”[7]

---

1 （明）文震亨. 陈植，校注. 长物志（卷1）[M]. 北京：中华书局，1985：1.
2 （明）文震亨. 陈植，校注. 长物志校注 [M]. 南京：江苏科学技术出版社，1984：18.
3 （明）文震亨. 陈植，校注. 长物志校注 [M]. 南京：江苏科学技术出版社，1984：41.
4 （明）文震亨. 陈植，校注. 长物志校注 [M]. 南京：江苏科学技术出版社，1984：73.
5 （明）文震亨. 陈植，校注. 长物志校注 [M]. 南京：江苏科学技术出版社，1984：102.
6 （明）文震亨. 陈植，校注. 长物志校注 [M]. 南京：江苏科学技术出版社，1984：102.
7 （明）文震亨. 陈植，校注. 长物志校注 [M]. 南京：江苏科学技术出版社，1984：10.

迄今为止，这段序跋可能是对《长物志》艺术理论的清流文人特性最为精当简括的概述。

江南园林始终是文人的精神与灵魂的栖隐之地，除《园冶》和《长物志》外，晚明江南还有其他一些文人的园林理论著作，也从不同角度对园林艺术审美进行了思考和讨论，值得人们特别关注，李渔和他的《闲情偶寄》是其中之最。

李渔（1611—1680），浙江兰溪人，字谪凡，初名仙侣，号笠翁，另有觉世稗官、随庵主人、湖上笠翁等别号。李渔漂泊的一生走南闯北，名气很大，著述颇丰，先后卖诗卖文、出版画谱、编排戏剧、领班演出，是依靠文化艺术能力自养的江湖散客。

相较于计成和文震亨，李渔对于自己的文人身份看得也很淡。面对文人他不以匠人身份为耻，面对匠人他不以文人身份自矜，他的身上既无传统文人的保守矜持和自命清高，也无山人游士纵横务虚的江湖习气，他是一位啸傲于世俗和附庸风雅之外的大俗大雅之人。因此，他的艺术审美观念也要豁达得多，既能够折中高雅艺术与大众趣味，又有自己独到的思考。李渔不以造园营生，毕生仅为自己营造过几处园林，既是甲方也是乙方，《闲情偶寄》中关于造园的艺术的文字多半是他实践中的心得体会，因此，他能够站在别人所难以到达的高度和角度，以得大自在的姿态，以谈笑风生的方式，尽情地阐述自己对园林艺术审美的独特主张。按照今天的标准，李渔是一位高水平的“文学家、戏剧理论家和美学家”[1]；陈植先生也曾说：“笠翁不惟为清初造园理论家，抑亦造园技术家也。”[2]

与《园冶》和《长物志》相较，《闲情偶寄》没有对园林艺术进行比较完整系统地分门别类论述，但是，在其所关注的问题上，李渔都有别具只眼的深刻见解。如：他认为园林艺术尤其是假山堆叠是有别于绘画的专门艺术；他主张园林设计要不拘格式、锐意创新，反对复古守旧、剽窃陈言；在园林建筑设计方面，他强调功能优先，反对铺张浪费，明确提出建筑空间与人体尺度之间要和谐相称的原则；在园林花窗设计方面，他强调坚固耐用与形式之美相统一，开创了尺幅窗、无心画式的设计……所有这些，对后世的园林艺术发展都产生了深远的影响。

此外，在晚明文人的一些小品短文中，也有很多与造园艺术理论相关的文字，虽然篇幅短小，却往往见解深刻、评断允当，对于研究中国古代园林艺术理论有很好的参考价值。如陈继儒与《小窗幽记》关于文人园居尤其是山园清居的思考和总结，张岱在《陶庵梦忆》中关于苏州虎丘和葑门荷荡的描述，范濂在《云间据目抄》中集中评价了晚明松江（上海）的园林，张瀚《松窗梦语》中的《花木纪》《鸟兽纪》两篇文字探讨了与园林花木种植和动物选配有关系，顾起元在《客座赘语》中对江南园林盆景艺术的发展演变有比较深入的思考。尽管这些思考有多、少、深、浅上的差异，有些还夹杂着作者个性化的审美趣味，但是，它们全面地反映了晚明以苏州为中心的江南园林艺术兴造的真实状况，并推动了中国古代园林艺术理论体系的构建、完善。

1 （明）李渔．杜书瀛，评注．闲情偶寄［M］．北京：中华书局，2007：3.

2 陈植．陈植造园文集［M］．北京：中国建筑工业出版社，1988：86.

7.2 私家园林

7.2.1 光福徐氏诸园

光福耕渔轩在入明后传至第二代主人徐汝南时，更名为遂幽轩，逮及徐达佐曾孙徐季清时，再次更名为先春堂。

在明初光福徐氏园林中，耕学斋也是最受世人关注的山园之一。徐衢，字用庄，号耕学，其年岁少于徐乐余、徐汝南。关于此园，张洪撰写了《耕学斋图记》：

“出胥江西南五十里而至光福，所谓虎溪是也。其南为上崦，西岸长堤，绿围与柔兰相映带。不二里，抵下崦之口，长桥绾之，所谓虎山桥也。右则为龟峰，有古塔断梁之胜。自西而东折，名福溪桥。右迂二十步，多古柳依岸，湖水湾环，而耕学先生之宅据其阳。一衡门自南入，稍折西，为舍三楹，曰来青堂。又进而东偏，亦三楹，清洁可爱。又进，则凿地为池，而芙蓉映面，西旁为书楼，所谓耕学斋是也。池与书楼，修竹环绕，千竿自春徂东，往往助其胜，而最后地广成圃。杂树花果之属，皆数拱余。竹益茂郁，然深山中矣……相与游于后圃竹树间，卉木阴翳，鸣声上下，真足畅叙幽情。返而登楼，凝眸之下，则堰水为之冲，诸溪为之带。近而邓尉、玉屏，以及穹窿，俨在几席间，秀色可餐。远而灵岩、天平、支硎之属，亦时与云气相出没矣。”[1]

从当时的相关文献来看，这位徐用庄先生是一位深得当地百姓及苏州士林共同称赏的良匠。天顺三年（1460年）及成化五年（1469年），韩雍先后两度“委徐君用庄督工”，营建其先妣、先考墓冢。韩雍在《谢徐用庄序》一文中称赞徐用庄：“早夜孜孜，若治其家事。计工较力，罚怠奖勤，均而无私，人敬且畏，故成功甚速，而无烦扰之嫌。”因为这位“读书隐居”的徐耕学处事至公且平，“乡人之有不平，不赴诉郡邑，而愿求直于用庄，即往诉，亦皆归用庄理判。用庄求其情是是非非，罔有屈抑，人遂大化……用庄又言于官，疏广水渎至光福官河，民不告劳而济利甚博，其贤名益彰。巡抚按部使咸礼重之，有所建营，悉用综理，无不称善。”[2]韩雍称赞他有陈平之长而无其所短，是真正的“文范先生”。吴宽也曾在《耕学徐翁像赞》一文中，赞叹他：“口不食君之禄，而惟惠则能使人足。”[3]

耕学斋是当时西山名园之一，虽没有徐达佐《金兰集》那样密集而盛大的文人雅会，却也是当时群贤毕至之所。早年张洪为之作序，沈周为之绘图，后来徐有贞还在这里发起“雪湖赏梅十二咏”，这是一次文人参与相对集中的园林雅事。沈周写了《次天全翁雪湖赏梅十二咏》组诗，吴宽也写了《次韵天全翁书遗光福徐用庄雪湖赏梅十二绝》予以唱和。诗中

1 曹允源，李根源．吴县志（卷39上）（中国地方志集成）[M]．南京：江苏古籍出版社，1991.

2 （明）韩雍．襄毅文集（卷19）（四库明人文集丛刊）[M]．上海：上海古籍出版社，1991：739.

3 （明）吴宽．家藏集（卷47）（四库全书集部第1225册）[M]．上海：上海古籍出版社，1991：430.

有“坐移月里千株树，卧看湖边万玉山”之句，可知邓尉山梅花香雪海之景，此时已经逐渐清晰可观；吴宽还在诗歌中把一介布衣的山园主人徐用庄，直接置于黄庭坚与陆游之间：“我爱涪翁与放翁，此翁应在二之中”[1]，此园境界之高、园林主人品格之魅力，皆清晰可见。

徐孟祥的雪屋，也是明初光福徐氏名园之一。徐麟，字孟祥，号雪屋，其山园名亦即是雪屋。正统庚申（1430年），杜琼曾游西山访徐拙翁，当时徐孟祥年仅十九岁，杜琼就有“孟祥有奇才，吾侪当避路者”的预感。成化十四年（1478年），吴宽应徐用庄之邀游光福，也见到了这位“隐而不用于世”的高人，此时他已是一位耄耋长者了，后来吴宽在诗中敬称其为“雪屋上人”。祝允明在《徐处士碣》中说：“（徐氏）特以处士孟祥为鲁灵光……处士讳麟，字孟祥，其为人也，体具阳秋而道孚华实。”[2]可见，徐孟祥是徐达佐之后家族中又一位仁孝悌友、风格高古的磊落隐士。杜琼为其野处山园“雪屋”作了序文：

“家光福山中，相从而问学者甚多，其声名隐然，于郡缙绅大夫游于西山，必造其庐。孟祥结庐数椽，覆以白茅，不自华饰，惟粉垩其中，宛然雪屋也。既落成，而天适雨雪，遂以雪屋名之。范阳卢舍人为古隶额之。缙绅之交于孟祥者，为诗以歌咏之，征予为之记……”[3]

吴郡士林游西山，常常会拜访雪屋，相从徐孟祥求学问道者甚多，文人大夫们对这位深山中的白衣处士如此推重，与之过从酬唱，主要是仰慕其志行高洁、学识渊博，以及其雪屋的朴雅绝俗。从吴宽《寄光福徐雪屋》和《答雪屋上人》两首诗歌中可以看出，雪屋也是前代名园耕渔轩的一部分余绪：

“吴下隐君徐雪屋，久缘山水伴渔樵。孝廉有士还堪荐，贫贱于人真可骄。书卷夜当岩月展，布袍寒傍渚风飘。铜坑深处杨梅熟，尚忆题诗坐石桥。”[4]“舣舟山足扣禅机，记得云林启半扉。静夜香炉浑不冷，深秋书札未应稀。雪中老屋怀詹卜，湖上长铲负蕨薇。须信大颠诗律细，世人休更笑留衣。”[5]

铜坑亦即铜井，石桥可能是虎山桥，不仅地形与位置基本一致，而且诗中还明言，雪屋前身就是“记得云林启半扉”的耕渔轩。

光福徐氏诸园朴素的山水环境，已经与徐氏家族淳厚仁善的家风深度融合在一起，形成当时苏州园林历史上一道亮丽的风景。

---

1 （明）吴宽. 家藏集（卷5）（四库全书集部第1225册）[M]. 上海：上海古籍出版社，1991：32.

2 （明）祝允明. 怀星堂集（卷16）（四库全书集部第1260册）[M]. 上海：上海古籍出版社，1991：595-596.

3 邵忠，李瑾. 苏州历代名园记·苏州园林重修记[M]. 北京：中国林业出版社，2004：72.

4 （明）吴宽. 家藏集（卷7）（四库全书集部第1225册）[M]. 上海：上海古籍出版社，1991：49.

5 （明）吴宽. 家藏集（卷11）（四库全书集部第1225册）[M]. 上海：上海古籍出版社，1991：84.

7.2.2 小洞庭

刘珏（1410—1472），字廷美，号完庵，长洲人，“以文章风节名天下，其词翰画笔尤为吴中所宝”[1]，其私园名“小洞庭”。刘珏有志于学而不愿做官，经况钟一再推举后始出仕。杨循吉《吴中往哲记》说：“年甫艾，即致政归。凿池艺花，闭户却扫，图史间列，觞咏其中。遇所得意，挥洒性灵，雕搜物态。诗长于七言，对偶清丽，当时称为刘八句。书画出入吴兴、黄鹤间，每见长缄巨幅。经营林壑，绘藻入神。”[2]吴宽在《完庵诗集序》中解释说：“完庵”，乃是“公归田时号也”，以此来纪念“自以保其身名，幸而无亏，如玉返璞，以全其真”[3]——虽有先仕后隐的经历，刘廷美在做人处世的风格品质上，却与杜琼、沈周等完全同调。

《姑苏志》说：“刘佥宪廷美自山西致政归，即齐门外旧宅累石为山，号小洞庭，有十景，曰：捻髭亭、藕花洲等名，天全徐武功伯为之序。”[4]小洞庭以垒石叠山为主景，“泉石花木，委曲有法。”[5]山景中有洞有坳，绕山种橘，依山构亭。山水相映，水景中有莲藕芳洲，碧波清池。园中松竹丰茂，蕉影婆娑，是个典型的小而精致的城市山林。

徐有贞所撰园记今已不见载籍，后世研究小洞庭十景的史料主要来自于韩雍的《襄毅文集》。韩雍《刘佥宪廷美小洞庭十景》既诗且序，比较详细地介绍了十景的原委[6]。其假山中的“隔凡洞”本于林屋洞中的“隔凡”二字；“题名石”是因为“徐武功、陈祭酒诸公亦尝来游，各有绝句以题其石”；“捻髭亭”是因为刘珏在此地吟诗，常为推敲字句打草稿而捻断髭须；“卧竹轩”本于杜甫“共醉终同卧竹根”，韩、沈、徐等道友醉酒后，也曾偃卧于此；“蕉雪坡”取意于“唐王摩诘尝画袁安卧雪图，有雪中芭蕉。盖其人物潇洒，意到便成，不拘小节也”；“鹅群沼”得意于“晋王逸少观鹅而得腕法之妙”；“春香窟”是用“以刺梅、木香、杂品花卉结成一室……花时宴坐其中幽香袭人”；“岁寒窝”周围集中种植桧柏，苍翠郁然，岁寒而后凋；“绕山种橘树，枝叶团阴森。霜后熟累累，万颗垂黄金”，因此十景中有“橘子林”；“种藕绕芳洲，藕生绿荷长。南风催花发，十里闻清香”，故山下水景取名“藕花洲”。小洞庭“惟筑山凿池于第中……实寄兴于三万六千顷七十二峰间也”[7]，小巧、精致、朴雅、写意是其最大的特色，这也是当时苏州园林最显著的特征。

7.2.3 葑溪草堂

韩雍（1422—1478），字永熙，长洲人，正统七年（1442年）进士。其私园在葑门内，

1　卢辅圣．中国书画全书（第8册）[M]．上海：上海书画出版社，1993：920.

2　（明）杨循吉，等．陈其弟，校点．吴中小志丛刊[M]．扬州：广陵书社，2004：53.

3　（明）吴宽．家藏集（卷44）（四库全书集部第1225册）[M]．上海：上海古籍出版社，1991：397.

4　（明）王鏊．姑苏志（卷32）[M]．台北：台湾学生书局，1986：453.

5　（明）杨循吉，等．陈其弟，校点．吴中小志丛刊[M]．扬州：广陵书社，2004：93.

6　（明）韩雍．襄毅文集（卷1）（四库明人文集丛）[M]．上海：上海古籍出版社，1991：68.

7　卢辅圣．中国书画全书（第8册）[M]．上海：上海书画出版社，1993：920.

有溪流环绕，故名葑溪草堂。在苏州园林史上，韩雍是少有以武职致仕、文武全才的园林主人。他曾两度提督两广军务，统兵清剿广西大藤峡少数民族的“猺獞”叛乱。《明史·韩雍传》说他：“才气无双……洞达闿爽，重信义……有雄略，善断动，中事机”[1]；《姑苏志》说他：“落落有大节，具文武才略，天下咸倾仰之。于诗文若不经意，而豪迈疏爽，人亦罕及。”[2]彭韶在《祭韩永熙都宪文》中说他：“挥翰若飞，人服公艺；决事如流，人服公智；长才远略，文饶可继。”[3]韩雍既有武略，兼修文韬，与徐有贞、沈周、刘廷美、祝大参等一群文人结为同道，并常常一起游山赏园，以诗文相唱和，其《小洞庭十咏》为刘廷美的园子留下了宝贵资料；刘廷美也投桃报李，为韩雍图绘了园景。《清河书画舫》说：“刘佥宪画本，当以《韩氏葑溪草堂十景》为第一，绝细而饶，气韵笔意在元人之上，盖出董北苑也。”[4]当时此组画还有徐有贞等十余人的诗咏，后世文徵明也题过跋文。可惜刘氏此图册今已不见流传，后世研究韩雍葑溪草堂，主要依靠园主本人及大学者邱濬所撰写的《葑溪草堂记》。

韩雍宅园的空间布局是西宅东园，东园葑溪草堂约三十余亩，园在葑门内，“溪流自东南来，注其中”[5]。考其位置当在今苏州古城的东吴大学旧址之南，垮百步街近旁的官太尉河。徐有贞《葑溪草堂与祝大参颢冯宪副定刘佥宪珏暨都宪公雍聯句》诗中有句：“葑溪古无名，得名自兹始。”[6]可知，“葑溪”得名也始于此时和此园。园记说此地“竹木丛深，市井远隔”，原是一片荒芜地[7]。韩雍在外舅金公的资助下，先买了王氏行馆作住宅，后买了陆氏旧宅辟为园。韩雍长期宦游在外，此园乃是其弟韩睦、其子韩文前后十余年“节缩日用而成”。

邱濬在《葑溪草堂记》中说：“其园林池沼之胜，甲于吴下。”[8]韩氏世家力田，以乡土植物为主的生产园造景，是葑溪草堂最鲜明的特征。园中方池养鱼，兼种莲藕。池北为堂，前种兰桂，后种篻竹，整个园内各种竹子近万竿。池南为假山，山脚多种菊花、丰草。边角隙地及溪畔池岸皆种树：桃、李、杏百余株，梅五株，柑橘、林檎、樱桃、枇杷、银杏、石榴、宣梨、胡桃、海门柿等树三百株，桑、枣、槐、梓、榆、柳等杂树二百株，而“若异卉珍木，古人好奇而贪得者，不植焉”。“余则皆蔬畦也。物性不同，随时发生，取之可以供时祀，给家用”。韩雍得志时贵为上将，威震岭南，功高盖世，而宅园能够保持这般朴野和本分，实在难得，这也成为当时苏州园林审美特色的鲜明写照。

到了明代中期，韩氏的葑溪草堂园池依旧风景优美且人气旺盛，时时还有一些小规模的文人聚会。黄省曾《宴韩子承宗葑溪草堂与刘时服》诗说：“中丞高馆旧，公子翠屏开。曲

1 （清）张廷玉，等. 明史（卷178）[M]. 北京：中华书局，1974：4735.
2 （明）王鏊. 姑苏（卷2）[M]. 台北：台湾学生书局，1986：768.
3 （明）彭韶. 彭惠安集（卷6）（四库全书集部第1247册）[M]. 上海：上海古籍出版社，1991：81.
4 （明）张丑. 清河书画舫（卷12）[M]. 上海：上海古籍出版社，1991：465.
5 （明）韩雍. 襄毅文集（卷19）（四库明人文集丛刊）[M]. 上海：上海古籍出版社，1991：725.
6 （明）钱谷. 吴都文粹续集（卷18）（四库全书集部第1385册）[M]. 上海：上海古籍出版社，1991：463.
7 王稼句. 苏州园林历代文钞[M]. 上海：上海三联出版社，2008：58.
8 （明）邱濬. 重编琼台稿（卷18）（四库全书集部第1248册）[M]. 上海：上海古籍出版社，1991：539.

水当门转，飞梁夹树来。花枝叠吐艳，水气暖生苔。乐意关啼鸟，闲情付酒杯。醉来白帻岸，时傍碧溪回。梦得新能赋，云霞费剪裁。”[1]

到了晚明时，葑溪草堂遭受强邻侵凌，逐渐衰落消逝。

7.2.4 有竹居

沈周（1427—1509），字启南，时称石田先生，世居长洲，终身不仕，明代吴门画派开山大师之一，私家宅园名有竹居，位于城北近郊的相城西庄，这一村居有如下几个鲜明特征。

其一是世业绵长。沈周的祖父沈澄（字孟渊），杜琼《西庄雅集图记》说：“（永乐间）居长洲东娄之东，地名相城之西庄……有亭馆花竹之胜，水云烟月之娱”；沈孟渊广交雅友，“凡佳景良辰，则招邀于其地，觞酒赋诗，嘲风咏月，以适其适”[2]。没有客人的日子，老爷子甚至让人登高远望，翘首企盼[3]。沈老倾慕顾德辉玉山雅集盛事，永乐初年，驰书诸友，主持搞了一次著名的园林雅会——西庄雅集。与会者有青城山人王汝玉、耻庵先生金问、怡庵先生陈嗣初、中书舍人金尚素、深翠道人谢孔昭、臞樵翁沈公济等约十人。多年后，沈公济回忆此次雅会人物，作了《西庄雅集图》，杜琼为之序。沈周父亲沈恒吉、伯父贞吉，既能安守祖业，又能继承家风，于祖居附近创构有竹居，坚持高隐不仕，“日置酒款宾，人拟之顾仲瑛”。沈周自幼师从邑人陈孟贤（五经博士陈嗣初之子）学文，师从杜琼、刘珏等学画，弱冠之年已博学多识、精通诗书，《明史·沈周传》称赞他“尤工于画，评者谓为明世第一”[4]。尽管郡守屡欲举荐，然而，沈周坚持纯孝养亲，决意隐遁，并在先业的基础上，“辟水南隙地，因宇其中，将以千本环植之”[5]。沈周终生隐居于此地。

其二是隐逸自适的园景特色。这本是沈氏三代的家风和人生，也是有竹居基本风貌。王鏊在所撰墓志铭中称赞沈周是“有吴隐君子”[6]，《明史》把他列为明代苏州隐逸第一人。沈周在《奉和陶庵世父留题有竹别业韵六首》诗中说：

“散发休休依灌木，洗心默默对清川。一春富贵山花里，终日笙歌野鸟边。聊可幽居除风雨，还劳长者访林泉。留题尚在庭前竹，淡墨淋漓带碧烟。比屋千竿见高竹，当门一曲抱清川。鸥群浩荡飞江表，鼠辈纵横到枕边。弱有添丁堪应户，勤无阿对可知泉。春来有喜将于耜，自作朝云与暮烟。”[7]

---

1 （明）曹学佺. 石仓历代诗选（卷501）（四库全书集部第1394册）[M]. 上海：上海古籍出版社，1991：196.
2 （明）钱谷. 吴都文粹续集（卷2）（四库全书集部第1385册）[M]. 上海：上海古籍出版社，1991：47.
3 （明）杨循吉，等. 陈其弟，校点. 吴中小志丛刊 [M]. 扬州：广陵书社，2004：53.
4 （清）张廷玉，等. 明史（卷298）[M]. 北京：中华书局，1974：7630.
5 （明）曹臣，（清）吴肃公. 舌华录·明语林 [M]. 合肥：黄山书社，1996：246.
6 （明）王鏊. 震泽集（卷29）（四库明人文集丛刊）[M]. 上海：上海古籍出版社，1991：440.
7 （明）沈周. 石田诗选（卷7）（四库明人文集丛刊）[M]. 上海：上海古籍出版社，1991：657.

耕学于力田，隐游于艺术，是当时苏州文人和园林主人所共同称赏的人生方式，然而，很少有人能隐处得像沈氏这样真诚、自然、坚决、踏实，绝无刻意、大智若愚，在有意与无意之间，保留了童心与天真，而且，祖孙三代一以贯之。他们读书饱学多才，交友广涉士林，是当时文人的模范，回到田舍、市井，走进竹林、垄头，他们又能与村氓一起同处共乐。沈周六十岁时所写《六旬自咏》诗说：

“自是田间快活民，太平生长六经旬。不忧天下无今日，但愿朝廷用好人。有万卷书贫富贵，仗三杯酒老精神。山花笑我头俱白，头白簪花也当春。”[1]

其三是有竹不俗、朴素清雅的文人清居园林色彩。有竹居在城外的乡村，相对于刘廷美小洞庭、陆昶锦溪小墅这样的写意城市山林，有竹居显得更加清新自然、疏朗简淡，朴素而富有野趣。“一区绿草半区豆，屋上青山屋下泉”[2]，有竹居的朴素风貌主要来源于其生产园的特质，这与韩雍的葑溪草堂、吴宽的东庄相类。如其《西园》《乐野》诗所歌：“为园多半是游嬉，傍宅西偏事事宜。鯈尾趁花溪宛转，莺声隔叶树参差。地循五亩横分畛，路绕三义曲作篱。满面夕阳人已醉，还歌飞盖旧游诗”“近习农功远市哗，一庄沙水别为家。墙凹因避邻居竹，圃熟多分路客瓜。白日帘栊又新燕，绿阴门户尽慈鸦。我当数过非生者，酒满床头不待赊。”[3]

园林游赏的耳目之娱、心神之乐，都要以治园、理园为基础，却很少有园林主人亲自留意实际生产的环节，沈周在园居生活中对此却屡屡有所关注，也为自己、为园林增添了浓郁的朴雅趣味。沈周自嘲园居建筑逼仄如窝庐，写《自宽》诗以表达其内心的自乐自足：“缚斋如斗白茅茨，安仅容身小不卑。瞰鬼楼台邻舍得，藏蜗天地自家宜。”[4]尽管小而简朴，漏雨沾湿了书卷，就必须添草加瓦，搬梯子上屋顶之类俗事，也自是难免，其《补屋篇》说：“先人有遗构，宇我逾百年。坏久莫除雨，沾湿床头编……梯危自苴补，惴惴求瓦全。曝湿保后读，子孙惟勉旃。”[5]

时人王肃《沈启南有竹居图卷》诗说：“野竹娟娟净，清阴十亩余。”[6]有竹居的雅致表里如一、清新自然。园内碧梧苍栝，水边竹影婆娑；阶下幽兰郁郁，篱墙掩映黄菊；夜坐小轩，月满秋园，清风过处，琅琅如环；冬有寒梅飘香，时见白鹤来去。一代文人画开山大师的君子攸居，自有清雅绝俗之气，不惟如此，沈氏三代所藏的雅玩，又为有竹居增添了一份精雅之趣。《明史·沈周传》说其有竹居“图、书、鼎、彝充牣错列”[7]。徐有贞《沈石田

1 （明）沈周．石田诗选（卷6）（四库明人文集丛刊）［M］．上海：上海古籍出版社，1991：40.
2 （明）沈周．石田诗选（卷7）（四库明人文集丛刊）［M］．上海：上海古籍出版社，1991：657.
3 （明）沈周．石田诗选（卷7）（四库明人文集丛刊）［M］．上海：上海古籍出版社，1991：662.
4 （明）沈周．石田诗选（卷7）（四库明人文集丛刊）［M］．上海：上海古籍出版社，1991：659.
5 （明）沈周．石田诗选（卷3）（四库明人文集丛刊）［M］．上海：上海古籍出版社，1991：590.
6 （清）卞永誉．式古堂书画汇考（卷55）（四库全书子部第829册）［M］．上海：上海古籍出版社，1991：325.
7 （清）张廷玉，等．明史（卷298）［M］．北京：中华书局，1974：7630.

有竹居卷》记述了其与刘廷美来访时，沈周"尽出所有图史与观"[1]。吴宽来访，"启南命其子维时出商乙父尊，并李营邱画，董北苑画为玩"，吴宽题诗《沈石田有竹居卷》说："笔精知宋画，器古鉴商书。"[2]如此清趣，兼古风雅意，使人们很容易想起倪云林的清閟阁。沈周诗《宜闲》："从容一樽酒，消散五弦琴。会得其中趣，悠悠万虑沉。"[3]园居有竹不俗，其根源在于不俗的主人和不俗的心境！

7.2.5 东庄

吴宽（1435—1504），字原博，号匏庵，世称匏翁或匏庵先生，长州人，散文家、书法家。吴宽私园东庄在葑门内，庄园紧邻城濠，园址相对清晰，大约就是今天苏州大学校园内的东吴大学旧址处。折桂桥是东庄佳境之一，在园记和许多文人诗咏中多次出现，此桥建于宋代，在《平江图》及以后一些苏州古城地图中均有定位，具体位置大约在今天校园内尊师轩附近。

东庄一带曾是五代时钱元僚之子钱文奉的东墅，有深厚的园林文脉，元末废为城内的村舍田畴。李东阳《东庄记》说："庄之为吴氏居数世矣，由元季逮于国初，邻之死徙者十八九，而吴庐岿然独存。翁少丧其先君子，徙而西，既而重念先业不敢废，岁拓时葺，谨其封浚，课其耕艺，而时作息焉。"[4]

吴孟融（吴宽父亲）重回这里开创庄园，大约在宣德年间，前后经过了吴孟融、吴宽与吴宣（吴宽弟弟，字原辉）、吴奕（吴宣之子）三代人的持续增修，才逐渐完成。这一持续营构的过程也被清晰地反映在当时文人的图绘与诗咏之中。二泉先生邵宝题写东庄园景时，有诗《匏翁东庄杂咏》，其中写了九个景境："东城""竹田""南港""桑洲""全真馆""耕息轩""鹤洞""朱樱径""曲池"[5]。《姑苏志》中"东庄"一条说，"中有十景，孟融之孙奕，又增建看云、临渚二亭"[6]，合计为十二景。白石翁沈周曾为东庄图绘十三景："文休承藏启南翁《东庄图册》，凡十三景，按题为吴孟融作。"[7]庞鸥先生在《水木清辉〈东庄图〉》一文说："应吴宽所愿，沈周曾两绘《东庄图》，其一为十二景，其二为二十四景。"并引用《壮陶阁书画录》："石田先生东庄十二景，作于弘治十五年（1502年）壬戌秋月，是年沈周76岁，当属其晚年之作。"此十二景图册今已失传难考，如与《清河书画舫》载录为同一作品，则可知图册传至民国间已缺失一帧，而且，沈周"为吴孟融作"的原跋文也已经不见了，而裴景福、庞鸥等考订其为弘治年间为吴宽作，有待进一步考论。

文休承所藏沈周绘图并题诗的《东庄图咏册》，今已不见流传，也无从考实其所绘的具

---

1 （明）郁逢庆．书画题跋记（卷10）（四库全书子部第816册）[M]．上海：上海古籍出版社，1991：727.

2 （明）郁逢庆．续书画题跋记（卷12）（四库全书子部第816册）[M]．上海：上海古籍出版社，1991：954.

3 （明）沈周．石田诗选（卷7）（四库明人文集丛刊）[M]．上海：上海古籍出版社，1991：659.

4 （明）李东阳．怀麓堂集（卷30）（四库全书集部第1250册）[M]．上海：上海古籍出版社，1991：316.

5 （明）邵宝．容春堂集（前集卷5）（四库明人文集丛刊）[M]．上海：上海古籍出版社，1991：41.

6 （明）王鏊．姑苏志（卷32）[M]．台湾学生书局，1986：453.

7 （明）张丑．清河书画舫（卷12）[M]．上海：上海古籍出版社，1991：465.

体景境，既然题款“为吴孟融作”，则应当作于东庄的早期。宁庵先生吴俨又有诗《东庄十八景为匏庵先生赋》。李东阳《东庄记》作于“成化己未秋七月既望”，即成化五年（1470年）秋，园记说：“作亭于桃花池，曰知乐之亭。亭成而庄之事始备，总名之曰东庄，因自号曰东庄翁。”在《姑苏志》卷32及钱谷选编《吴都文粹续集》卷17所录李东阳《东庄记》中，“桃花池”皆作“南池”。现存的沈周《东庄图册》是石田先生为好友吴宽所绘，这是后世得以再睹这百年一见的吴下名园景境风采的最直接载体。图册为21帧，据册后董文敏跋文可知，该画册原为24帧，明末遗失了3帧，图后还有董其昌等人的杂咏。该图册现存于南京博物馆，21帧具体为“东城”“菱濠”“西溪”“南港”“北港”“稻畦”“果林”“振衣冈”“鹤洞”“艇子浜”“麦山”“竹田”“折桂桥”“续古堂”“拙修庵”“耕息轩”“曲池”“朱樱径”“桑州”“全真馆”“知乐亭”。这些珍贵的园林画作应该不是一时一地一挥而就的，王世贞《赠吴文定行卷山水》说：“白石翁生平石交独吴文定公，而所图以赠文定行者，卷几五丈许，凡三年而始就。”[1]沈周本人也在《送吴文定公行卷并图》诗中说：“赠君耻无紫玉玦，赠君更无黄金棰。为君十日画一山，为君五日画一水。”[2]

一般认为，沈周《东庄图册》（图7-2-1）所绘的是庄园的完整面貌，其实，东庄还有其他一些景境，虽不见他人图咏，却可以从吴宽的诗歌中知晓一些相关信息。例如，《树屋》诗中“蘢蘢光浮叶蔽空，举头惟有碧云蒙”的枣林“树屋”[3]，《闻西坟新栽松树甚茂》诗中“西坟近所筑，数亩平如坻。嫩桧既环植，新松亦复移”的“西坟”[4]，以及古藤缠绕着数株苍松的“东坟”，这应该是园中两座高大的土假山，或许是五代东墅残存下来的遗迹；此外，振衣冈上还有“看云亭”，曲池旁还有“临渚亭”，吴宽有诗序说：“奕任构二亭于东庄，一在振衣冈，名看云；一在曲池旁，名临渚。”[5]可见，与当时其他诸园相比，吴宽东庄景境的总量和层次都要丰富得多，因此，刘大夏《东庄诗》说：“吴下园林赛洛阳，百年今独见东庄。回溪不隔柴门迥，流水应通世泽长。”[6]

诚如刘大夏诗歌所写，东庄堪称是明代中期苏州乃至江南城市园林的典范。

首先，大量而朴素的生产性景观，淳朴自然的田园生活气息，这是东庄园景最鲜明的特色。文人城市宅园不仅要满足文人的居游功能，还必须满足园主对米粟、果蔬、桑蚕、茶药等之类生活物资的需求，因此，生产性景观曾长期都是中国文人园林的基本特征。

从《东庄图册》及相关文字文献来看，在几处以水为景的图卷中，“菱濠”水面秋菱一片片，三两小舟采菱忙，一派水乡农事景象。“西溪”水面的吊桥、“南港”的渔舟和田埂，皆充满田园生活气息。从荷花、莲叶来看，“曲池”可能与“北港”相连，两处莲藕正值碧叶红花的七月时节。“艇子浜”乃是泊舟之所，遮阳避雨的瓦篷之下，正停泊一舟，红梅依然绽放，古柳尚未吐绿，这正是耕渔之家的休闲时节。“知乐亭”临水而筑，水域宽阔、游

1 （明）王世贞．弇州四部稿（卷138）（四库全书集部第1281册）[M]．上海：上海古籍出版社，1991：272.
2 （明）汪砢玉．珊瑚网（卷37）（四库全书子部第818册）[M]．上海：上海古籍出版社，1991：708.
3 （明）吴宽．家藏集（卷28）（四库全书集部第1225册）[M]．上海：上海古籍出版社，1991：215.
4 （明）吴宽．家藏集（卷24）（四库全书集部第1225册）[M]．上海：上海古籍出版社，1991：179.
5 （明）吴宽．家藏集（卷28）（四库全书集部第1225册）[M]．上海：上海古籍出版社，1991：217.
6 （明）钱谷．吴都文粹续集（卷17）（四库全书子部第1385册）[M]．上海：上海古籍出版社，1991：440.

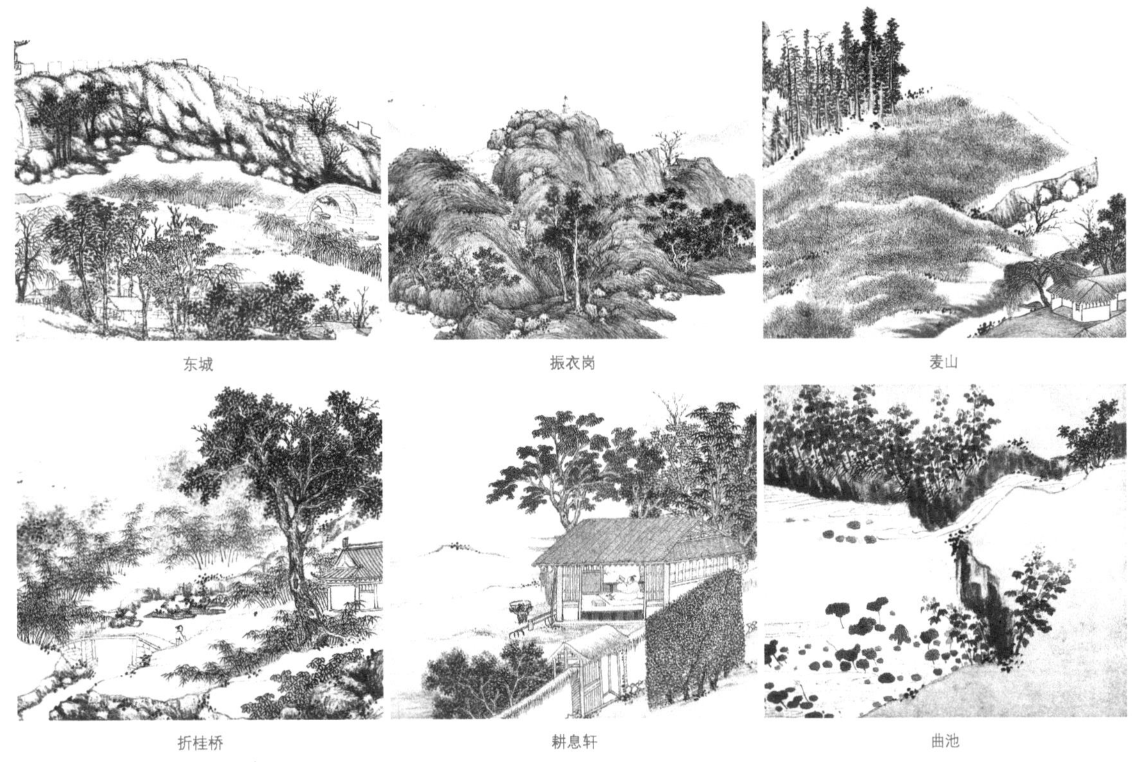

东城 振衣岗 麦山

折桂桥 耕息轩 曲池

图7-2-1 沈周《东庄图册》[1]

鱼阵阵，一书生凭栏俯身观水，似乎对水中游鱼之乐充满了羡慕，身后却是可以南柯一梦的高槐。几处以建筑为核心的图卷也是有别有致。“续古堂”是吴氏的祠堂，故此图采用了正面视角和轴对称处理，使画面庄重、平稳，堂上供奉一帧画像，当是吴孟融的遗貌，小园静谧优雅、松竹承茂。“拙修庵”是吴宣生前的居室，吴宣号拙修，性质朴，好读书，故此庵地处庄园幽僻的角落，掩映在高树丛竹之中，而庵内除一静坐默修长者外，便是满案茗具和满厨图书了。“耕息轩”也是修隐别馆，但与“拙修庵”迥异，除却小院高树下的瓦屋和屋内姿态懒散的书生，墙角或立或偃的耙子、锄头，以及挂在屋檐下的蓑衣，使得此轩生机盎然、妙趣横生。“全真馆”又作“白云馆”，乃是园中静修奉道之所，因此几乎完全被掩蔽在芦花、丛林之内，门前隔水，仅一座小木桥通过，确实有“九市尘埃真可避”[2]的味道。“鹤洞”依假山而作，虽有栅栏却门洞大开，一白鹤悠闲地立于庭除。吴宽在京城园居中也有养鹤之所，其为园中六景之一“养鹤阑”所写诗中，有“吴下枯篁一束来，绸缪牖户却常开”句，这似乎是在对图作歌[3]。还有几帧图绘，就直接以田庄生产入画：“果林”中硕果累累压弯了树枝，虽然还很青涩，却已传递出丰收消息；“稻畦”中的水田尽眼弥望，稻秧尚未分蘖，显然是暮春新禾；“麦山”在土山的斜坡，如“稻畦”，也是大片农田，麦子正在拔节、尚未抽穗，却已经可以依稀感受到阵阵麦浪来袭了——以稻秧、麦苗入园景的图绘，在历代

1 董寿琪．苏州园林山水画选［M］．上海：上海三联出版社，2007：22-43.

2 （明）吴宽．家藏集（卷7）（四库全书集部第1225册）［M］．上海：上海古籍出版社，1991：47.

3 （明）吴宽．家藏集（卷17）（四库全书集部第1225册）［M］．上海：上海古籍出版社，1991：124.

园林名画中实属罕见。“竹田”用了虚实相生的平远手法，远山很清晰，田中新笋使人充满了想象。“朱樱径”当是园中的干道，路面铺设了碎石，茂树碧叶深处，点点红色樱实。“桑州”地形乃两水夹一洲，女桑枝繁叶茂、阴翳成林。书房门边上还有闲置着钉耙和锄头等农具，投射出浓浓的耕读气息……园林到处都用日常的生产元素直接入景。也正因此，牛津大学的柯律格教授称赞东庄是“Fruitful Sites”[1]。

对照图册，可以看出，东庄比较完整地保留了五代园林东墅“累土为山，亦成岩谷”的原始场地的地形机理，曲折潆洄天然可爱的小河，因地制宜的各种生产性植物景观等，组合构成了令人神往的大美生境体系。

第二，园林理景充满浓郁而朴素的生活气息。园林中的建筑没有高大华丽的构筑，朴素的建筑掩映在土墙篱落、茂林修竹间，体量较小、形制简单、用材简朴，与浓郁的田园生产环境一起，投射出朴素亲切的生活气息。

亲情。首先，吴孟融当初就是因为“重念先业不敢废”，才又回到这里来构筑庄园的，吴孟融在世时，沈周就曾为东庄图绘十三景，因此，园中有大量的景境与什物，寄托了吴宽对已故亲老的孝思。其次，吴宽同母弟弟吴宣（拙修居士），幼时便跟着吴宽“嬉游博弈”，兄弟二人感情甚笃。吴宽所撰《亡弟原辉墓志铭》记录，吴宣十三岁时丧母，“稍长，每早，作之城东，经理旧业，种树成列，凿池环之，更筑屋田间，为农隐计”；后来，吴宣病重稍瘉，坚持赴京探兄，家人力劝无果——“或止之，不顾曰：‘吾必一视吾兄’”，此次探望果然成为兄弟二人的永诀，吴宣自京回苏州五个月后即亡故[2]。吴宽有诗《闻原辉弟东庄种树结屋二首》，其一：“折桂桥边旧隐居，近闻种树绕茆庐。如今预喜休官日，树底清风好看书”；其二：“旧业城东水四围，同游踪迹近来稀。结庐不必如城市，只学田家白板扉。”[3]又有《得原辉书云东庄两桂树甚茂》诗：“两桂当年汝自栽，石庭一别手书开。经行已讶枝相碍，爱护应劳土重培。密处栟榈休剪去，常时鹦鸰每巢来。香传隔巷繁花发，欲趁秋风买棹回。”[4]从中可以看出，园中树木、轩榭等，都是兄弟二人绵密手足之情的见证与载体。因此，吴宽每每念及弟弟协助父亲治园，都一往情深、感慨不已，其故园之情，也寄托了对英年早逝弟弟的历历追忆。再次，吴宽无子，以侄子吴奕为嗣，因此叔侄之间情如父子，而吴奕对园林每有增修，也皆以备吴宽致仕退养为念，如吴宽有诗并序：

“奕侄构二亭于东庄，一在振衣冈，名看云；一在曲池旁，名临渚。以书来报，待余归休，与诸老同游，喜而寄此。

尔父西庵扁拙修，当年种树带平畴。近闻肯构为吾计，有待归休与客游。山上看云依鹤峒，园中临渚对桑洲。只忧步履非轻健，更欲池边置小舟。”[5]

1 （英）柯律格. 蕴秀之城：中国明代园林文化［M］. 孔涛，译. 郑州：河南大学出版社，2019：1.
2 （明）吴宽. 家藏集（卷61）（四库全书集部第1225册）［M］. 上海：上海古籍出版社，1991：578.
3 （明）吴宽. 家藏集（卷2）（四库全书集部第1225册）［M］. 上海：上海古籍出版社，1991：12.
4 （明）吴宽. 家藏集（卷11）（四库全书集部第1225）［M］. 上海：上海古籍出版社，1991：84.
5 （明）吴宽. 家藏集（卷11）（四库全书集部第1225册）［M］. 上海：上海古籍出版社，1991：217.

友情。吴宽所居园林中的许多草木什物，或是好友赠送的，或是向友人讨要的，都是友情的载体。吴宽又是个用情细腻的文人，对于他人赠送石首、鱼腊、冬笋、鱼鲊、盐笋、新酿等等生活琐事，他皆一一作诗答谢，并手编入集，对于园中诸友所赠的花草、树木，更是珍爱有加。从《家藏集》中的一些诗歌可知，王鏊曾为其园中送来过决明子的秧苗："畦间香雾正氤氲，童子清晨荷锸勤。不惜离披垂翠羽，端愁摇动落黄云。"[1]还有一些银杏树的种子："却愁佳惠终难继，乞与山中几树栽。"[2]园中枣树果实鲜美，有仙种之称，系屠公所送，吴宽就写了《答屠公谢送家园枣有仙种之称》诗[3]。园中丛竹系叶翁分种时所赠，吴宽写了《叶翁以丛竹分种因题墨竹谢之》诗[4]。其他还有一些，如王主簿和叶惟立分别送来菊，沈周送来匏砚，王惟颙赠雕漆拄杖，陈原会寄来方木屐等。这些良友所赠之物，有些是为其北京所居的"亦乐园"，有些是苏州的"东庄"，却都能够显示出吴宽园林草木所承载的浓厚情谊。同样，吴宽的园林生活也多招朋速友、文期酒会，虽然没有玉山雅集、西庄雅集这般刻意邀集，但好朋友之间的诗酒酬唱，是吴宽居园期间生活的最主要内容。

闲情。虽然元明间苏州园林多有生产园的性质，但是，文人筑园，主要还是出于寄托逸致、修养人格，以及享受精神自由等，很少真正亲临农事、留心农事。吴宽的东庄园居生活中，却有其独特的园事闲情和农事情趣。《种竹》是一首五百六十字七言长诗，诗歌记述了吴宽园中种竹的全过程。六月六日，黄历宜种竹，吴宽冒着细雨，带着家童，抬着箩筐，到城西佛寺中讨竹苗——"城西佛寺许见分，亟往乞之休待促。泥涂十里何遥遥，健步携筐驰两仆"。新分的丛竹枝叶稀疏，新笋如玉，还沾着泥土，吴宽小心翼翼地把它们种在房屋近旁的台阶边。"浅深稀密种如法，更记南枝水频沃"。他对竹子百般关怀呵护，后来竹子很快成林。几年后，丛竹居然"春来雷动箨龙行，尚怜地窄身蜷局"——向"邻家隙地半亩余"[5]发展而去！《观园翁种菜》诗中，吴宽一边看园翁种菜，锄地、松土、去瓦砾、除荒草、壅土成垄、分田成畦，一边询问种菜方法。园翁告诉吴宽：土要整得细，种要选得好，根要种得深，这样才能长出好菜，且不会被风吹倒[6]。这样别有情趣的诗歌，在《家藏集》中还有许多。

东庄充满田园生趣，兼得文人园雅意，园林景境与主人情感无限契合，不仅是明代苏州园林复兴时期的典范与大成，而且为明代苏州园林发展复兴，树立了积极健康的正方向。

王国维在《人间词话》中说，"一切景语皆情语"。吴宽东庄园景充满恬静祥和、淡泊从容的三生融合特征，朴素自然、疏朗清雅，无矫情、不造作，既是淳朴冲淡的时代风气的写照，也折射出园林主人超然洒脱的心态和高尚仁厚的道德情操，也为后世文人园林造景梳理了雅正的方向。

名园创构很困难，守护和传世更难。吴宽家族人丁不旺，其弟弟吴宣英年早逝，吴宽之

---

1 （明）吴宽．家藏集（卷12）（四库全书集部第1225册）［M］．上海：上海古籍出版社，1991：90.
2 （明）吴宽．家藏集（卷13）（四库全书集部第1225册）［M］．上海：上海古籍出版社，1991：100.
3 （明）吴宽．家藏集（卷23）（四库全书集部第1225册）［M］．上海：上海古籍出版社，1991：171.
4 （明）吴宽．家藏集（卷18）（四库全书集部第1225册）［M］．上海：上海古籍出版社，1991：131.
5 （明）吴宽．家藏集（卷9）（四库全书第集部1225册）［M］．上海：上海古籍出版社，1991：62.
6 （明）吴宽．家藏集（卷12）（四库全书集部第1225册）［M］．上海：上海古籍出版社，1991：87.

子吴奭、吴奂皆早早夭亡，以吴宣之子吴奕为嗣，吴奕身后情况今不甚了了。因此，到了明代中期，吴氏东庄本该传至第三、第四代，然而，名园的处境却每况愈下，进入了更名易主的前奏。可能东庄最早大约在嘉靖末前后就易主他人了。

吴宽自37岁状元及第，长期在京为官，仅在两次丁忧期间短暂回吴。其间人们经过这里，偶尔还留下了一些诗咏。文徵明《过吴文定公东庄》说："相君不见岁频更，落日平泉自怆情。径草都迷新辙迹，园翁能识老门生""空余列榭依流水，独上寒原眺古城。匝地绿阴三十亩，游人归去乱禽鸣"[1]。

弘治元年文徵明仅18岁，这里诗中自称是"老门生"，可知此诗歌写作时间应当在弘治后期、吴宽辞世之前。此间吴宽已经是孝宗朝堂上伏枥之老骥了，数度请辞未能获准，终于在弘治十七年（1504年）七月，卒于京师，终年70岁。文徵明《游吴氏东庄题赠嗣业》诗说："渺然城郭见江乡，十里清阴护草堂。知乐漫追池上迹，振衣还上竹边冈。东郊春色初啼鸟，前辈风中流夕阳。有约明朝泛新水，菱濠堪著野人航。"[2]

此诗中的"嗣业"不是官职名，而是"继承家业"之意，赠诗的对象应该就是吴奕了。从标题用"吴氏"而讳称园主姓名，以及"前辈风中流夕阳"句，可知，虽然草堂之外依旧十里青荫，主人吴宽这期间已经下世了。祝允明《东庄》诗说："场上鸡豚争稻穗，渡头鱼鸭避菱科。老农到处东庄有，只少君家击壤歌。"[3]

缺少了主人打理的文人园林，渐渐又回到了农庄的本色。虽然园池中鸡鸭成群，场地上禽畜争食，然而，貌似热闹的园林中，应经没有了当年草木清辉的名园精气，仅剩下耕田的老农和耘圃的园翁，萧条之气令人油然而生寒意。

晚明时，昆山、太仓一带的徐氏家族在古城苏州迅速崛起，吴氏东庄也在此时易主为徐氏园林了。徐廷祼，字士敏，号少浦，昆山人。根据魏嘉瓒先生考证，徐廷祼与此前移居苏州阊门外彩云里的徐氏为同宗，是留居太仓的徐氏后裔，此间其人也移居苏州城内，并在万历六年（1578年）购东庄旧址经营徐氏园[4]。

袁宏道在《园亭纪略》中说："近日城中唯葑门内徐参议园最盛。"徐廷祼这所冠绝吴门的园林，有着非同寻常的历史。王世贞《游吴城徐少参园记》说："郡城之坎隅，有水木冈阜之胜，甲于一城，友人徐少参廷祼治之十年矣。或曰故吴文定公东庄也，后人芜而它属焉。万历之戊子（1588年）仲春十六日，余赴留枢，过郡，徐君与蒋少参梦龙醵而见要，至则日亭午矣。"[5]

这则游园序文交代了徐廷祼园的来历，即吴宽东庄，亦即五代时钱文奉的东墅；也交代了徐氏据有东庄的大致时间——万历戊子（万历十六年，1588年）前十年，即万历戊寅（万历六年，1578年）。王世贞在《古今名园墅编序》中又说："徐参议廷祼园，因吴文定东庄之

1 （明）文徵明. 周道振，校辑. 文徵明集［M］. 上海：上海古籍出版社，1987：255.

2 （明）文徵明. 周道振，校辑. 文徵明集［M］. 上海：上海古籍出版社，1987：205.

3 （明）祝允明. 怀星堂集（卷7）(四库全书集部第1260册)［M］. 上海：上海古籍出版社，1991：468.

4 魏嘉瓒. 苏州古典园林史［M］. 上海：上海三联出版社，2005：207.

5 赵厚均，杨鉴生. 中国历代园林图文精（第3辑）［M］. 上海：同济大学出版社，2005：172.

址而加完饬。"[1]后世多依此认定徐参议园就是吴宽东庄，然而，从"或曰故吴文定公东庄也，后人芜而它属焉"来看，徐廷祼可能不是直接从吴氏手中承袭的东庄。另外，徐氏还侵占了韩雍葑溪草堂等周边一些其他宅园。

王世贞在《与元驭阁老》书信中说："弟于菩萨行毫不肖似，老婆心间有之，然亦不至热拍也。止是面皮软，不能力拒人而已。只如韩氏子初为徐少参陵夺其先祠，托戚友引诉，弟无辞以对，姑善待之。以后复来，出一疏稿相示，云欲诣都上疏，求数行达尊兄。弟以年久远，劝其勿轻动……"[2]王元驭即王锡爵，号荆石，嘉靖四十一年（1562年）会试第一、廷试第二，万历十二年（1584年）拜礼部尚书兼文渊阁大学士，万历二十一年（1593年）拜武英殿、建极殿大学士，并入阁为首辅。这位王阁老也是太仓人，与王世贞同乡，且是历史上太仓籍品阶最高的官员。从这封往来书信中看，王锡爵盛赞王世贞有"菩萨行"，王世贞则谦辞说："菩萨行毫不肖似，老婆心间有之。"这一书信往来背后一段园林旧事：徐廷祼在得到东庄后，又图谋侵占韩雍的葑溪草堂旧业，甚至仗势陵夺了韩氏宗祠；韩氏子孙先是托亲友向时任南京刑部尚书的王世贞申诉，这本是正常的司法程序，王世贞却拖延不办，"无辞以对，姑善待之"；后来韩氏子孙决定进京告御状，请王世贞为这件事前后诉讼过程做个证明，并希望能请王锡爵干预此事，王世贞又再次做了和事佬，劝说韩氏息事宁人。

王世贞这件事情做得既不够恪尽职守，也不算光明磊落。韩氏子孙之所以在告御状之前拜访王世贞，并希望他能请托时任宰辅的王锡爵干预此事，不仅是为了完成诉讼的程序，也不仅因王锡爵是太仓人，深层的原因是徐廷祼与王锡爵乃是儿女亲家。今按《纯节祠记》："昙阳子之女于学士公也，盖尝字徐生矣。……徐生之父参议公……而生骤病物故。昙阳子知之，蓬跣三日，哭出其橐，则有成制，缟服、草履御之，以见学士……徐生讳景韶，有文行，十八而夭。参议公名廷祼，以需调归。学士公王氏名锡爵。"[3]由此也可知，徐廷祼是万历后期吴门有着通天背景的势家。仗势陵夺他人田宅以开池造园的事情，在明代中期就已经时有发生，晚明徐廷祼又更进一步，连前朝礼部尚书的名园、副都御史的祠堂，也成为其侵凌对象了。从相关文献中可知，徐廷祼园不仅包括了吴宽的东庄，陵夺了韩雍的葑溪草堂，而且，还圈占了周围一些体量较小的民居、宅园、墓园等。根据王世贞与王锡爵的书信，结合时人沈瓒撰笔记《徐少浦园》一文，可以做出这样的推断："徐少浦名廷禄（祼），苏之太仓人，后居郡城，为浙江参议。家居为园于葑门内，广至一二百亩，奇石曲池，华堂高楼，极为崇丽。春时游人如蚁，园工各取钱方听入，其邻人或多为酒肆，以招游人。入园者少不检，或折花、号叫，皆得罪，以故人不敢轻入。其所任用家僮，皆能致厚产，豪于乡，人畏之如虎。"[4]吴宽东庄面积六十余亩，韩雍葑溪草堂约三十余亩，而徐廷祼园"广至一二百亩"，面积和体量远远大于这两所园林之和，多出来近百亩的面积，应该就是被其虎狼般家

1 赵厚均，杨鉴生. 中国历代园林图文精选（第3辑）[M]. 上海：同济大学出版社，2005：380.

2 （明）王世贞. 弇州续稿（卷177）（四库全书集部第1283册）[M]. 上海：上海古籍出版社，1991：542.

3 （明）王世贞. 弇州续稿（卷56）（四库全书集部第1282册）[M]. 上海：上海古籍出版社，1991：736.

4 （明）沈瓒. 近事丛残（明清珍本小说集）[M]. 北京：北京广业书社，1928：18.

僮协势强占的小民家园了。

虽然徐廷祼园主体的前身是“百年今独见东庄”的吴宽家园，以及“万竹孤梅慕昔贤”的韩雍草堂，并以其宏大的规模和丰富的景境独步晚明，但是，其园林造景浸染着浓厚的巧丽与奢华时代趣味，早已不再是当年草木清辉、曲池平畴的朴素风貌了。在《园亭纪略》中，袁宏道对其园景有简练的描述和允当的评价：“画壁攒青，飞流界练，水行石中，人穿洞底，巧逾生成，幻若鬼工，千溪万壑，游者几迷出入，殆与王元美小祇园争胜。祇园轩豁爽垲，一花一石俱有林下风味，徐园微伤巧丽耳。”“王元美”即王世贞，弇山园是王氏倾注毕生才情和财力营造的佳园，“小祇园”就是其前身。袁宏道认为徐氏园境层次堪与小祇园比肩，只是园景工巧华丽有余而疏朗野趣不足。其实，弇山园筑最后建成的园景，也不如袁宏道所见时的“小祇园”这般“轩豁爽垲”而有“林下风味”了。

由于没有留下园图传世，关于徐廷祼园具体景境设计，今人只能从王世贞、袁宏道等当时文人游园诗文中来推测其大概了。在《游吴城徐少参园记》中，王世贞按照自己的游园路线，简略描绘了徐氏园林的主要景境和总体特征。

此园依然延续了早年东庄宅园合一的空间布局，袁宏道视其为吴门最盛，其斗豪炫富的盛势集中表现在宅居建筑之上。“辟崇堂五楹，雄丽若王侯。前为大庭，庭阳广池”。晚明苏州私家园林中的建筑，普遍具有高大雄伟、轩敞华丽的追求，而徐氏园中的建筑“雄丽若王侯”，已没有多少传统文人园林建筑的味道了。五代钱文奉开创东墅时，曾“累土为山，亦成岩谷，晚年经度不已”，因此，这里后世的园林假山长期以土山为主体，当年东庄中的麦山就是依托假山坡而成的田畴。徐廷祼据有东庄后连续经营了十年，把园林假山改造成为群山环抱的形势：“三隅皆山，卉树罨霭，冈岭遒峻。”可知徐氏改造后的群山，是在土山之上增加了一些成岭成冈的叠石，今天苏州大学校本部钟楼东侧的土假山可能就是其遗迹。王世贞在游记中说：“山后逶迤长溪。”在《古今名园墅编序》中又说此园“饶水竹而石不称”，为了叠山峰、筑岩洞，以及把水流打理成为山溪和瀑布，山上置石是必须的。王世贞曾沿着山间的石径，“逶迤上下，或峻或夷……前历深洞，登绝顶，主峰最雄壮，复下穿至一岩”。在游园诗中，王世贞《徐参议邀游东园有述》说：“轻篮出没疑秦岭，小艇回沿似武夷。渐入深崖青窈窕，忽排连岫玉参差。”[1]袁宏道也在诗歌《饮徐参议园亭》中说：“古径盘空出，危梁溅水行……欹侧天容破，玲珑石貌清。”[2]假山以土为主，因此，山上“饶水竹”，竹林茂密至于游人登山都受到阻碍了。

此园造景最为绝妙、最受王世贞称道的是理水中的瀑布造景：

“复前陟降几百许武，则瀑布岩出矣。岩陡削可三丈许，仰而望之，势若十余丈者。迭乱石为峭壁，隃天成已。岩鼓瀑，瀑自山顶穿石隙而下，若一疋练，中忽为燕尾，迸入小圆池，千珠逆喷，复繇池窦，而绕余前，浮觞渺渺，争先取捷。久之，瀑水益雄，布羃于地，卧而观之，面发沾洒，诵‘暎地为天色，飞空作雨声’句，大叫称快。酒至数十叵罗。不能

1 （明）王世贞．弇州续稿（卷18）（四库全书集部第1282册）［M］．上海：上海古籍出版社，1991：231.

2 范培松，金学智．苏州文学通史（第二册）［M］．南京：江苏教育出版社，2004：695.

醉。盖徐君预蓄水十余柜，以次发之，故不竭。吾不知于龙湫开先若何，慧山两王园故真泉，业弗如也。”

在山顶预置蓄水柜，应时开启以成飞流、瀑布，计成在《园冶》中记录了这种理水之法。面对此园林奇景，王世贞既饮酒诵诗，又大叫称快，甚至认为这比无锡惠山的天下第二泉还要奇妙可观。在《咏徐园瀑布流觞处》诗中，王世贞说：“得尔真成炼石才，突从平地吐崔巍。流觞恰自兰亭出，瀑布如分雁荡来。片玉挂空摇旭日，千珠霏水沸春雷。醉能醒我醒仍醉，一坐须倾一百杯。”

王世贞这次游园，徐廷祼先是画舫载酒，并“前一舴艋为鼓吹导绕出”，这种闹哄哄招摇过市的排场已了无文人游园气息；接着是“有三篮舆候丛竹间”，以接送游客下山，连登游假山都不曾涉足亲历；假山间竹林茂密，遮挡了行路，徐廷祼竟然对竹林刀斧开路，“妨则芟之”，“其始治岩岭亦然”——他治理假山的岭溪岩壑也是这么粗暴对待的！这种治园与游园的方式实在是文人中少见。在晚明文学艺术史上，王世贞是艺术修养和人文品第都享有盛名的大家，然而，也许是他“只缘生在此山中”，所以就“不识庐山真面目”了。对于这所徐参议园的主人居园与游园审美情趣，他几乎没有一点怀疑与反思——在品格与才情方面，徐廷祼与传统文人园林主人之间天地迥别，这也是晚明徐氏园与前朝文人园林最大的不同之一。

徐氏横极一时，其园林也盛极一时，然而，其所奉行的是受千夫所指的作恶称霸之道，是这注定不能传家久远的。徐廷祼大约于万历六年（1578年）取得此园，前后经营十余年，大约在万历三十年（1602年），徐氏又亲眼见证了此园的毁灭，从经营到被拆毁，此园存在仅仅约二十四年。沈瓒《近事丛残》说：

“有周宾者（徐家恶僮之一），尤恣横，壬辰（1592年）岁为按院所访，及被害人等告发，行吴江县问拟强占人妻，绞罪，死狱中。至壬寅（1602年），有陈进士允坚为令尹，近卒。其家眷自墓所归，路逢徐仆辈，相争殴。陈之子仁锡已为孝廉，集群孝廉举词。长洲邓令君云霄尽法究治，凡家人俱捕禁笞责荷校，至门无阍人。参议公与公差人隔阍闔扉而语，无人怜援之者。其园居亭榭山沼尽为里人及怨家拆毁过半。不久参议亦死，丧葬吊送者少。死后其子复犯人命，至吴江检审，刘令君罚银二千，助修塘工，其事乃已。徐氏遂以不振。今园仍在，乃讬别官之名主管之以避祸，而堂阁之间，已鞠为茂草矣。”[1]

沈瓒是晚明吴江派戏剧家沈璟的弟弟，万历十四年（1586年）进士，曾任职刑部主事，因此，他对于徐氏家族作奸犯科劣迹及最终下场的记录，是比较可靠的文献资料。从沈瓒的记录可知，徐廷祼晚年这一家人竟然到了招致郡内众孝廉同仇敌忾、联名公诉的地步。在苏州园林史上，这种因市民公愤而最后被集体拆毁的园林，大约只有朱勔的同乐园、项煜的紫

---

1 （明）沈瓒撰．近事丛残（明清珍本小说集）[M]．北京：北京广业书社，1928：18.

芝园、徐廷祼园、松江董其昌的周庄宅园几例。徐氏园至万历末年依然残存，但权属已挂靠在他人名下了而不敢称徐氏园了，园林也随之一片荒芜，如此结局竟成为这一七百年历史名园的最后一幕。

在以后的两三百里，这一带长期是城内的一片农田，到了1900年前后，有传教士在这里先后募资购地，创办了中国历史上第一所西制大学：东吴大学，名园东庄的历史从此接续进入名校校园的历史阶段。

7.2.6 龚大章东庄

龚诩（1381年—1469年），字大章，昆山人，高寿八十八岁而终，谥号安节先生，是一生经历了明初至成化间八帝九朝的传奇人物。其父龚察，洪武初为给事中，获罪谪戍，死于戍所，龚诩时年仅三岁。龚诩十七岁时继续为父谪戍，远戍辽阳，后建文帝爱其耿介，闵其孤幼，命其戍守城门。龚大章亲身经历了靖难之役应天城破时的败局，叛臣开门乞降时他就在旁边，亲眼目睹了建文帝宫中大火。在拜望城门弃戈恸哭后，他化名王大章，潜逃回了乡里，随后成为永乐一朝屡屡下牒通缉的逃兵之一。

今按《野古集》可知，龚大章昆山宅园名东庄，又名玉峰郊居，晚年在小虞浦筑逸老庵，时人也偶有流连歌咏。龚氏前半生孤苦伶仃，弱冠后萍踪漂泊，其宅园在当时影响并不大。《姑苏志》说他“有田三十亩，力耕自给。晚岁独与一老婢居破庐中，种豆植麻，咏歌自适”[1]，并没有记录其园林有何胜境。然而，其园居虽不宏丽，却代表了当时苏州园林的一种独特类型——建文逊国以后坚决逃仕的文人园。当时常熟著名诗人陈蒙有一组题名为“东庄八景”的诗歌，可惜陈蒙的《泛雪集》今已不传，仅龚诩在《野古集》中选录了《陈蒙允德东庄八景》组诗中的三首[2]。

采菊见南山，佳兴与心会。渊明千载余，高情付吾辈。（悠然处）

碧水涵秋空，幽花映奇树。茅亭四面开，是侬钓游处。（秋水亭）

自别东庄来，岁月易成久。披图怀此君，清风想依旧。（清风径）

篱墙黄菊里秋水映天，茅亭四面外兰桂飘香——虽仅仅三首，隐士之园的朴雅与清韵，已经依稀可见。王执礼的《龚大章传》说，龚大章逃脱追捕后，曾长期隐姓埋名，藏匿于“任阳大姓陈、马二家”，“晦处二十余年，卖药授徒以给朝夕”[3]。他时常通过诗歌来寄托其对故园的怀恋，如其《怀东庄》诗：“我家潇洒同三径，车马不闻尘土净。白云流水互萦回，

1 （明）王鏊．姑苏志（卷55）［M］．台北：台湾学生书局，1986：815.

2 （明）龚诩．野古集（卷上）（丛书集成续编影印本）［M］．台北：新文丰出版公司，1997：324.

3 （明）龚诩．野古集（卷下）（四库全书集部第1236册）［M］．上海：上海古籍出版社，1991：331.

翠竹苍松相掩映。瓮有新醅架有书，果蔬自足供盘饤。老妻甘与共清贫，劝我不须干赵孟。十年作客南野堂，麋鹿未忘山野性。惓惓虽荷故人情，食粟每羞才不称。西风昨夜动林柯，浩然忽起归来兴。殷勤为我报东君，好着梅花待吟咏。”[1]

陶渊明归去来兮的时候，见到故园“三径就荒，松菊犹存”，龚氏记忆中的故园，潇洒亦如此，可见其园中菊花之盛，也印证了陈蒙歌咏“悠然处”的“采菊见南山”。据沈鲁《龚大章墓志铭》所记，龚大章三岁丧父，半生的母子相依为命，慈母“守节不贰，纺绩给衣食，课子读书”[2]；张大复《龚大章传》说，他这位漂泊的逃兵“时时乘夜渡娄省母”[3]。龚大章自己写《夜归东庄》诗也说：“夜来觅棹返东庄，遥望东庄道路长。书画满船风与月，蒹葭两岸露为霜……”[4]所写大约就是其“乘夜渡娄”的辛酸事。

宣德年间，朝廷重新梳理兵务，龚大章这才结束了东躲西藏的流浪人生。后周忱巡抚苏州时，曾屡屡向他咨询治郡之方，他也先后几番为周忱治城理水出谋划策，但是，他依然坚决不肯出仕，就连周忱请他出任松江、太仓郡学教授这样的职务也拒不接受，理由只一个：不能愧对建文帝的知遇，以及自己面对宫中火起时的“城门一恸”！可见建文帝四年时间里的拨乱反正、文教德化，在改善江南文人对于朱明王朝的感情方面取得了巨大的成就。张倬曾在《寄龚大章》诗中，概括其中晚年人生状态：“半生心迹任虚舟，风雪飘萧一弊裘。独抱龙门太平策，沧浪亭下看沙鸥。”[5]

宣德至成化年间，龚大章生活相对平静安然，写了一些园居的闲适诗和田园诗，此时他占地三十亩的东庄园居生活，已经与乡村田园高度融合了。如《闲居四景》：

（春）吾家烟树水南村，尽日观书静掩门。地僻喜无车马过，春风正满绿苔痕。
（夏）门巷萧然午睡余，纷纷鸟雀噪阶除。明窗净几无闲事，自录农桑务本书。
（秋）偶栽佳菊傍幽泉，岁晚泉清菊更妍。掬饮掇餐聊适意，不图却疾制颓年。
（冬）林下渔樵平日侣，雪中梅竹岁寒交。幽居剩得春风力，不放红尘过小桥。[6]

又如《田园杂兴》：

十载飘零东复西，故园花木总成溪。归来但觉清贫好，有舌何曾肯示妻。
风吹鹤发短萧萧，数首新诗酒一瓢。爱看前村风色好，不知行过竹西桥。
草庵新结傍清溪，种得梅花与屋齐。结实未图调鼎鼐，岁寒聊取作诗题。
布被棱棱似铁寒，一宵诗梦屡更端。觉来爱煞窗前月，送我梅花瘦影看。[7]

---

1 （明）龚诩. 野古集（卷上）（丛书集成续编影印本）［M］. 台北：新文丰出版公司，1997：307.
2 （明）龚诩. 野古集（卷下）（四库全书集部第1236册）［M］. 上海：上海古籍出版社，1991：331.
3 （明）龚诩. 野古集（卷下）（四库全书集部第1236册）［M］. 上海：上海古籍出版社，1991：333.
4 （明）龚诩. 野古集（卷上）（丛书集成续编影印本）［M］. 台北：新文丰出版公司，1997：317.
5 （清）玄烨. 御选明诗（卷150）（四库全书集部第1442册）［M］. 上海：上海古籍出版社，1991：41.
6 （明）龚诩. 野古集（卷下）（四库全书集部第1236册）［M］. 上海：上海古籍出版社，1991：306.
7 （明）龚诩. 野古集（卷下）（四库全书集部第1236册）［M］. 上海：上海古籍出版社，1991：308.

7.2.7 锦溪小墅

当时太仓诸私园以锦溪小墅为最。园主陆昶，字孟昭，官至福建参知政事。陆昶宅园位于太仓城东南角，此园为陆氏首创，时人何乔新有记[1]。

《锦溪小墅记》："所居之西有地数百弓，规为园。"宅园空间布局为东宅西园，宅园之东"澄溪溶溶自东南来，芙蕖芰荷列植其间，花时烂若锦绣"。宅居部分为五开间，前后三进。西部园林理景简洁朴素，园内东西各有一亭，名为"洒香""霏翠"；园东有一轩，轩前有假山"翠云小朵"，体量很小而峰峦有致，苍润可爱，为此园之主景。主人"时循溪而遨坐乔木之繁阴，酌幽泉之清泚，容与乎溪风山月之间，歌石湖三高之词，继以晦翁武夷九曲之调，胸次悠然，盖不知舞雩之风，濠上之游，其乐视今为何如也"。可见，陆昶的锦溪小墅与刘廷美小洞庭一样，景境的营构与欣赏也以写意、会意为主。

7.2.8 如意堂

宋代制朱长文的著名园林乐圃、元代张适的园林乐圃林馆，到了明代初期为吴门著名画家、隐居高士杜琼所有。

杜琼（1396—1474），字用嘉，时称东原先生。杜琼在乐圃旧址上改筑私园，名为如意堂。宅园始于五代钱氏金谷园，远绍北宋乐圃文脉，近承元末乐圃林馆遗风，加之杜琼又是当时吴门以仁孝文德、学问诗画著称于世的名士，因此，尽管如意堂园林面积小且理景简朴，却照样成为明代苏州园林中最为显耀的园林之一。

杜琼在当时名望极高，沈周就曾师从于他；杜琼生活比较清贫，因此其私家园林也很小，宅园虽然号如意堂，名气很大，其中还造有延绿亭，实则仅为容膝之地。杨循吉在《吴中往哲记》说：

"（杜琼）晚岁持方竹杖出游朋旧间，消遥自娱，号鹿冠老人。归则菜羹粝食，怡怡如也。家有小圃，不满一亩，上筑赡（延）绿亭，时亦以寓意。笔耕求食，仅给而已，不见其有忧贫之色，浩然自足，老而弥坚，虽古人无以加也。"[2]

在当时的名园中，如意堂与沈周的有竹居、徐用庄的耕学斋、徐孟祥的雪屋、龚大章的东庄等，同属于绝仕不出的隐士之园。杜琼谥号"渊孝先生"，如意堂愉悦亲老的至孝主题，又是其景境有别于其他名园的最显著特征。

如意堂的营建分前后两个阶段。先是杜琼筑堂奉母，徐有贞《如意堂记》说："庭有嘉草生焉，其花迎夏至而开，及冬至而敛，其茎叶青青，贯四时而不凋也。杜子之母每爱而

1 （明）何乔新. 椒邱文集（卷13）（四库明人文集丛刊）[M]. 上海：上海古籍出版社，1991：227.

2 （明）杨循吉，等. 陈其弟，点校. 吴中小志丛刊[M]. 扬州：广陵书社，2004：53.

玩焉，曰：'之草也，幽芳而含贞，殆如吾意也。'"[1]于是，杜琼以萱草著花称母之意而名其宅为"如意堂"。宣德年间，杜琼得乐圃林馆部分园地，延伸其如意堂后院，整合而为一园，"结草为亭，曰延绿。又有木瓜林、芍药阶、梨花埭、红槿藩、马兰坡、桃李溪、八仙架、三友轩、古藤格、芹涧桥，凡十景一，时名流俱有诗。"[2]成化八年（1472年），杜琼年已七十七岁高龄，是年七月，延绿亭在一场暴风雨中倾圮，"园中茅茨既摧，梁木亦折，垣墉且阤，竹树尽偃"。其子杜启知道父亲颇为亭废而失意，于是，"遂相与召匠氏筑之。既成，邀先生坐于亭上，则摧者完，折者固，阤者立，偃者起，盖不日而旧观还矣。先生喜曰：天意殆欲新吾亭邪！"为此，远在京师的吴宽还特意撰写了《重建延绿亭记》一文和《喜杜子开将有兴复先世延绿亭之意》诗，既诗且文，嘉许其子杜启的纯孝[3]。

园林传至中晚明，这里先后有大学者王鏊的祠堂，"督粮道署"衙门、"巡抚行台""中吴书院"等。万历年间，内阁大学士首辅申时行致仕，在此地营造了宅园。

申时行（1535—1614），字汝默，号瑶泉，长洲人。他曾是嘉靖四十一年（1652年）状元，万历十一年（1583年）出任首辅，八年后致仕。退养吴门后，申时行自号休休居士，享受园居之乐约二十三年，其私园别墅可能不止一处。魏嘉瓒先生说："申时行回里后，在苏州有住宅八处，景德寺前四处，百花巷四处，分别题为金、石、丝、竹、匏、土、革、木，庭前皆植白皮松，阶用青石。"[4]申家园林与徐氏家族园林也有密切关系——申时行不仅是徐氏的外甥，而且，自幼被过继给舅舅家并改姓徐，直到状元及第后才恢复申姓。

申时行最受世人关注的园林就是位于乐圃旧址的适适圃。学界有一种说法，认为"适适圃"位置在今慕家花园处，而非前代的"乐圃"、后世的环秀山庄，在今环秀山庄处的是申时行八处宅园的另外一处"适适园"。这一说法其实有待商榷。顾震涛在《吴门表隐》中说，申时行长子申用懋致仕后"归筑适适园"。申用懋致仕在崇祯年间，亦即1628年以后，申时行早在万历四十二年（1614年）就辞世了！另外，距离申时行年代最近的方志、崇祯本《吴县志》也明确记录："适适圃，在乐圃坊内，即故乐圃地，申文定时行子尚书用懋所筑，为西城园林绝胜，中有赐闲堂，文定谢政家居，构此为憩息之所。"康熙年间修纂的《江南通志》沿用了此说[5]。这里五代时是钱文恽的金谷园，北宋时有朱长文的乐圃，元末有张适的乐圃林馆，宣德、成化间有杜琼的如意堂，嘉靖初为长洲县学，万历中为申时行所有。

关于申时行适适圃的园林景境，从其本人和朋友的诗咏中，可以管窥其中的胜景。在五言长诗《赐闲堂写怀》中，申时行简要完整地叙述了自己孤弱艰辛的成长身世，曲折婉转地诉说了自己充任首辅期间努力周旋辅政的窘境，不得不"抗章乞骸骨，掉鞅归柴荆"，其归隐之园适适中圃叠山高大，池水澄碧，嘉树成荫，好鸟嘤鸣，"林园有佳致，廛市无嚣声"。申时行还有一组描述园景的五言律诗《适适圃十二咏》，这十二景分别是"凌霄挺万竿"的"竹径"、"武陵差可拟"的"桃溪"、"扬日缕垂金"的"柳堤"、"天香扑酒卮"的"桂林"、"青

1 （明）徐武功．武功集（四库明人文集丛刊本）［M］．上海：上海古籍出版社，1991：130.
2 （明）王鏊．姑苏志［M］．台北：台湾学生书局，1986：349.
3 （明）吴宽．家藏集（卷31）（四库全书集部第1225册）［M］．上海：上海古籍出版社，1991：246.
4 魏嘉瓒．苏州古典园林史［M］．上海：上海三联出版社，2005：148.
5 （清）黄之隽，等．江南通志（卷31）（影印四库全书本）［M］．台北：台湾商务印书馆，1995：605.

葱结茂林”的“松冈”、“繁华压众芳”的“牡丹亭”、“缀雪转清妍”的“梅圃”、“倚槛春容丽”的“药阑”、“红渠映绿波”的“池莲”、“春意枝头闹”的“杏垣”、“幽姿独拒霜”的“芙蓉沜”、“奇分五色葩”的“菊畦”等。

此外，当时以青衣游历江南各地的扬州诗人王醇，也有一首《游适适圃》诗，其中有诗句：“飞阁迭文杏，悬题茸紫芝。度岩才见洞，无径不通池。片雨红桥滑，微风画桨移。翠烟迷断渚，香雪度繁枝。日落未游遍，夜归教梦知。花瓮相送路，廻望步迟迟。”由此可知，适适圃在当时是一座有着高大假山、幽深洞壑、大片水域、曲桥花径的大型宅园。适适圃中一些古树一直传续到清代中期，张霞房《红兰逸乘》说：“万历间，宰辅申公谢政林居，第傍别业曰适圃，故唐武后龙兴寺基，有老银杏数十章，皆千年古物。”[1]

明亡清兴，申时行之孙申继揆扩建宅园，更名为“蘧园”，园中豢养双鹤，文人魏禧为此写了《蘧园双鹤记》。乾隆年间，园林为著名学者、刑部侍郎蒋楫所有，蒋氏增建藏书楼“自求楼”，又因掘地筑山期间得一古井，有泉水流出，故其兄蒋恭棐作《飞雪泉记》。乾嘉之际，大学者毕沅入居此地，改建并更其名为“适园”。嘉庆年间，园归大学者孙士毅所有，嘉庆十二年（1807年），孙氏请常州叠山大师戈裕良，在园中堆筑了湖石大假山。戈氏采用其自创的“勾带法”，在有限的角落堆叠成集绝壁、峰峦、溶洞、岩谷、磴道、溪涧、飞瀑、水潭等一体的绵延山脉，山形气势磅礴，主峰客峰呼应，被学界公认为是国内遗存至今的湖石假山中最佳精品，陈从周先生更是把它比喻为唐诗中的李杜。

道光二十六年（1846年），苏州望族汪藻、汪堃叔侄购得此园，在其中建耕荫义庄和汪氏宗祠，东园西庄，更名为颐园，市民俗称其为汪园，冯桂芬为其撰写了《耕荫义庄记》。太平军入苏的战乱期间，园林遭到较大的破坏。

1918年，汪氏族人、昆曲名家汪鼎丞邀请了学者、天放楼主人金松岑等一行道友来游，金松岑为此撰写了《颐园记》。在园记中，金松岑说：“向闻此山为倪云林所叠，予以丘壑不凡，甚信之。今年往复，读壁间金天翮记，始知为百年前毗陵戈裕良所叠。谓戈君既叠成，乃自诧嘉狮林而上之。”

1936年，刘敦桢、梁思成两位先生来园中勘察，并撰写了踏勘记。抗战期间，园林和义庄皆为日寇所据。

新中国成立后，园与庄分离，市园林局持续对园林部分进行了维修，1963年，园林被列入苏州市文物保护单位，1982年，被列入江苏省文物保护单位，1987年，被列入国务院重点文物保护单位，1997年，被联合国教科文组织列入世界文化遗产名录。

7.2.9 朱挥使南园

朱挥使南园。从韩雍的组诗《朱挥使昆仲南园八咏》可知，园中有“凿池百步周”的“半亩塘”，有“池水明似鉴”的“一镜亭”，有可以“长竿向东海”的“钓鱼矶”，有“报秋孤叶

1 （明）杨循吉，等. 陈其弟，校点. 吴中小志丛刊［M］. 扬州：广陵书社，2004：12.

低”的“梧桐井”，有“水花开满池”的“采莲舟”，有“绕篱植寒花”的“栽菊径”，还有“盟鸥石”“芙蓉台”等诸景境[1]。今按韩雍诗歌《中秋文会为朱挥使昆仲题》，中有：“行将归老葑溪上，与尔中秋文会同”[2]诗句，《跋联句赠金内叔卷》序文中有“不数日，欲别去，乡党诸老具酒肴，就朱挥使池亭饯之”[3]，可知，此南园在古城之内的葑溪边上。

7.2.10　可竹斋

王廷用的可竹斋。徐有贞为之作《可竹斋辞并序》：

“长洲之荻溪，有士曰王廷用氏，贤而有隐操，居常爱竹，艺竹环其藏修之所，颜之曰可竹斋。词林之为文，以发其意者众矣。友人刘君原博为之求赋，余不获辞，漫为楚语贻之：溪之竹兮阴阴，有嫩人兮处其中林……”[4]

王氏后人珍爱先君之竹，增筑“瞻竹堂”寄托眷眷之思。吴宽为之撰写了《瞻竹堂记》：

“吴中高氏，世家饮马桥之北，物货车马纷然于门，固廛居也。其先廷用府君性爱竹，尝植竹于庭，翛然有园林之气概。尝扁其轩曰‘可竹’，故贺感楼先生为记之。府君既下世，而竹固在，其仲子策字德良者，以为先人所好也，岁时壅灌，爱护甚至，意不自已，乃作‘瞻竹堂’以寓孝思。”[5]

7.2.11　石磵书隐

石磵书隐。俞氏小园依然存在，并增添了“咏春斋”“盟鸥轩”等新构，俞贞木皆有自记。大学者朱存理在《题俞氏家集》一文中说，其年幼时与俞氏邻居，故常来串门，所见小园“竹树阴翳，户庭萧洒，如在山林中也。屋后有‘秋蟾台’，吴门周浩隶，亦山人，垒石为之。仍以其先命名台，上平旷，可坐四三人，荫以茂木。山人味淡泊，读书暇，灌园为事”[6]。

7.2.12　虹桥别业

杨循吉《吴中往哲记》说，永乐年间翰林陈嗣初，“老而居吴，多闻故实，德尊行成，

1 （明）韩雍．襄毅文集（卷10）（四库明人文集丛刊）［M］．上海：上海古籍出版社，1991：616.
2 （明）韩雍．襄毅文集（卷12）（四库明人文集丛刊）［M］．上海：上海古籍出版社，1991：630.
3 （明）韩雍．襄毅文集（卷20）（四库明人文集丛刊）［M］．上海：上海古籍出版社，1991：771.
4 （明）徐有贞．武功集（卷4）（四库全书集部第1245册）［M］．上海：上海古籍出版社，1991：144.
5 （明）吴宽．家藏集（卷37）（四库全书集部第1225册）［M］．上海：上海古籍出版社，1991：318.
6 （明）朱存理．楼居杂［M］（四库全书集部第1251册）［M］．上海：上海古籍出版社，1991：603.

咸仰以为宗工焉，称曰陈五经家。有绿水园，吴中称衣冠之族为第一”。其后人陈世本，拟先世绿水园建虹桥别业。吴宽为之写《题虹桥别业诗卷》：“吴中多名园，而陈氏之绿水尤著者，非以当时亭馆树石之佳，亦惟主人之贤而诸名士题咏之富也。今世本又为别业于虹桥，前临通衢，后接广圃，兼有城郭山林之胜。题咏沨沨，仿佛绿水之作。陈氏累世之贤，于是可考。”[1]

7.2.13 晚圃

钱孟浒晚圃，钱孟浒涉猎经史，精通绘事，以绘画养亲，时常卖画京畿，获利丰厚。王轼《晚圃记》说他：

“归乡里辟地数亩，于城憩桥之南，凿池构亭，莳花卉，培蔬果，每春和景明，群芳竞秀，众香馥郁，孟浒则逍遥野服，讴吟怏怏以自适。及夫秋霜既肃，则向之脆者，坚而好华者，敛而实。橙黄橘绿，畦蔬溪荇，高者可采，下者可拾，孟浒则邀朋速客，觞咏其间，谈笑竟日，其乐陶陶，因以晚圃自号，人亦以晚圃翁称之。”[2]

7.2.14 郑景行南园

徐有贞《南园记》说：

“南园，长洲郑景行氏之别业也……园在阳城湖之上，前临万顷之浸，后据百亩之丘，旁挟千章之木，中则聚奇石以为山。引清泉以为池，畦有嘉蔬，林有珍果，掖之以修竹，丽之以名华。藏修有斋，燕集有堂，登眺有台，有听鹤之亭，有观鱼之槛，有撷芳之径。景行日夕游息其间，每课僮种蓺之余，辄挟册而读，时偶佳客以琴、以棋、以觞、以咏，足以怡情而遣兴。而凡园中之百物色者，足以虞目声者，足以谐耳味者，足以适口，徜徉而步，徙倚而观，盖不知其在人间世也……”[3]

7.2.15 魏园

园主人魏昌是杜琼的外甥，吴宽在《耻斋魏府君墓表》中说：

“字公美，耻斋，其自号也。长身古貌，寡笑与言，布袍曳地，质朴可重。家当市廛中，辟其屋后，种树凿池，奇石间列宛，有佳致。作成趣之轩，以自乐。故武功徐公、参政祝

1 （明）吴宽. 家藏集（卷50）（四库全书集部第1225册）[M]. 上海：上海古籍出版社，1991：458.

2 王稼句. 苏州园林历代文钞 [M]. 上海：上海三联出版社，2008：60.

3 （明）徐有贞. 武功集（卷4）（四库全书集部第1245册）[M]. 上海：上海古籍出版社，1991：164.

公、佥宪刘公，时即其居，为雅集，屡有题咏。沈石田居士写之图画间，亦惟君之雅淡，不汲汲以势趋，故士大夫尤爱之也。君养亲甚力，平时食饮必亲进，又必问味可否，母卧病数年，侍奉不离左右……喜为诗，则得于其舅氏东原先生之所指授为多。”[1]

沈周《魏园雅集图》所本即为此园[2]。

今按王鏊《姑苏志》，在苏州园林复兴期间，古城内外还有周氏园、徐有贞天全堂、陈僖敏昼锦堂、张廷慎怡梅别业、唐氏南园和文会堂、张指挥环翠堂、汤克卫的奉萱堂、陈宥的素轩、处士王得中宅园、王思裕的竹庄、姚氏园、崔氏水南小隐、沈继南湾东草堂、守庄、清溪小隐等。另外，下辖县邑的园林也渐渐复兴起来。

7.2.16 云溪深处

按杜琼《游西山记》、徐有贞《青城山人诗集序》可知，云溪深处在光福，与徐氏耕学斋为邻，园主华氏是青城山人王汝玉的姻亲。徐有贞是云溪深处的常客，其《题云溪卷》诗说："伊人谢尘迹，深隐溪中云。心与水俱洁，身与云为群"；《云溪深处为华彦谋》诗说："云溪溪水碧玉流，流绕白云无尽头。云外湖波远相接，镜光一片涵清秋。君家久在溪边住，深入云深更深处。轩窗面面对青山，庭户阴阴列芳树。扁舟几度遥相觅，每被云迷不能即。春来却有桃花水，流出云中见踪迹……"[3]

7.2.17 西村别业

西村别业在西山消夏湾，园主为宣德至天顺年间的隐士蔡升，景泰六年（1455）翰林聂大年有《西村别业记》："洞庭之山高出湖上，延袤数百里……至于田园之乐，生殖之殷，山水登临之胜，则蔡氏西村别业专焉。蔡为东吴名族，最号蕃盛，而别业又在其居第之西，有水竹亭榭可以供其游玩，有良朋佳子弟日觞咏其中，可以适其闲逸。"[4]

7.2.18 史明古宅园

在吴江有史明古的宅园，园中竹树有顾辟疆园的风致。吴宽《隐士史明古墓表》说："吴江穆溪之上，有隐士曰史明古……家居甚胜，水竹幽茂，亭馆相通，如入顾辟疆之园。客至，陈三代秦汉器物，及唐宋以来书画名品，相与鉴赏……晚岁益务清旷，室无姬侍，筑小雅之堂，方床曲几，宴坐其中，或累月不至城郭。"[5]

---

1 （明）吴宽．家藏集（卷73）（四库全书集部第1225册）[M]．上海：上海古籍出版社，1991：724.
2 陈履生、张蔚星．中国山水画（明代卷）[M]．南宁：广西美术出版社，2000：364.
3 （明）徐有贞．武功（卷5）（四库全书集部第1245册）[M]．上海：上海古籍出版社，1991：206.
4 王稼句．苏州园林历代文钞[M]．上海：上海三联出版社，2008：174.
5 （明）吴宽．家藏集（卷74）（四库全书集部第1225册）[M]．上海：上海古籍出版社，1991：728.

7.2.19 南皋草堂

在常熟，有缪原济的南皋草堂，季篪有《南皋草堂记》：

"先生故居琴川上，厌市嚣喧阗，尘鞅缪辖，乃于此而卜筑焉。堂负邑城，两湖襟前，一山带右，每天日清霁，则山光水色交映于目，莹若玻璃，凝若螺黛，而渔歌樵唱，殷起其间，足以畅豁幽怀，以发舒笑，非心神清旷、善于理会者，畴克领其趣哉？而先生独得之，可羡也。"[1]

虞山之麓有九瑞堂，主人是宣德、正统间的监察御史章珪。园中桧树高挺，章珪有《桧》诗："天挺良材耸百寻，托根仙宿历年深。能兼老柏冰霜操，不让寒梅铁石心。"[2]在常熟城郭门外有吴讷的思庵郊居，周文襄巡抚苏州时有《过思庵郊居》诗："故人家住碧溪濆，出郭书声白昼闻。过访几回因看竹，归休何日共论文。……"[3]

7.2.20 驻景园

宣德间御医陈符（字原锡）在今太仓涂菘有驻景园，又名南野斋居。宣德中陈符以老辞宦，杨士奇《故南野翁陈君墓表》："既归，诸子恭勤孝养，营园池，杂植花卉奇树，作二亭其中，以奉之翁。取陶渊明归去来辞'东皋''西畴'为之名，日与宾客宴乐，超然物外者数年。"[4]龚诩在《驻景园记》中说："驻景园者，原锡陈君游息之所也，植卉木，艺药草，四时迭芳，而君日杖履其中，逍遥容与，若能驻夫光景焉者。"[5]

7.2.21 西溪草堂

在华亭有戴氏"西溪草堂"，吴宽为其撰写了《西溪草堂记》：

"缘溪居民百余家，有田可耕，有圃可种，有矶可钓，有市可贾，有舟楫可通，有桥梁可度，有仙宫佛庐可游赏。而憩息介其间，乔木蓊郁，远若云屯。下见周垣高宇隐隐焉、渠渠焉者，戴氏之所居也……往岁命儿子佑筑草堂于故居之偏隙地之上，以为逸老之计，堂成而溪水环其西，因名曰西溪草堂。[6]

---

1 王稼句．苏州园林历代文钞［M］．上海：上海三联出版社，2008：174.
2 王山峡，等．历代草木诗选［M］．昆明：云南人民出版社，1988：105.
3 （明）钱谷．吴都文粹续集（卷50）（四库全书集部第1385册）［M］．上海：上海古籍出版社，1991：559.
4 （明）杨士奇．东里续集（卷31）（四库全书集部第1239册）［M］．上海：上海古籍出版社，1991：71.
5 王稼句．苏州园林历代文钞［M］．上海：上海三联出版社，2008：257.
6 （明）吴宽．家藏集（卷32）（四库全书集部第1225册）［M］．上海：上海古籍出版社，1991：258.

7.2.22　文徵明宅园

文徵明（1470—1559）曾待诏翰林院，参与了武宗实录的修纂，是继沈周之后吴地文化艺术界的一代宗师，此间名流如王宠、王守、蔡羽、汤珍、彭年、钱穀、陈淳、袁袠、陆师道、周天球、黄省曾、王谷祥、何良俊等人，皆尊文氏为师，以出其门下为荣，文徵明的宅园无疑是此间最重要的私家园林之一。

文徵明宅园经历了从停云馆到玉磬山房的变化。《江南通志》说，文徵明宅园在"长洲县德爱桥，其父林所构，即停云馆也。徵明孙震孟宅又在宝林寺东。"[1]德爱桥准确位置方志中缺少记录，今已经难以考稽，文震孟是文徵明曾孙,《江南通志》这里也弄错了。《珊瑚网》说："徵明舍西有吉祥庵。"[2]《姑苏志》："猛将庙在中街路仁风坊之北，景定间，因瓦塔而创。神本姓刘名锐，或云即宋名将刘锜，弟尝为先锋，陷敌保土者也。尝封吉祥王，故庙亦名吉祥庵。"[3]吉祥庵在今中街路西侧的宋仙洲巷内，根据这些相关文献可知，文徵明宅园大致位置应在今艺圃东偏北的宋仙洲巷内，两地相距步行约700米。

文徵明父亲文林为官廉洁、一生清贫，其停云馆不仅面积小，而且园中的景境营造也很朴素、简单，基本上沿袭了苏州园林艺术上一个时代的朴雅风貌。这是一所以假山为主景的小庭园，由于主人长期疏于打理，一度几近荒废。文徵明在一组诗前序中说："斋前小山秽翳久矣，家兄召工治之，剪薙一新，殊觉秀爽。"[4]欣喜之余，他咏诗十首，为后人了解停云馆留下了最直接的资料：

"急澍涤罨埃，方墀净于扫。寒烟忽依树，窗中见苍岛。日暮无来人，长歌薙芳草。"

"道人淡无营，坐抚松下石。埋盆作小池，便有江湖适。微风一以摇，波光乱寒碧。"

"小山蔓苍萝，经时失峭崒。秋风忽披屏，姿态还秀出。层峰上崇垣，徘徊见西日。"

"清风自何来，离离洒芳树。斋居不知晏，但见秋满户。欲咏已忘言，悠然付千古。"

"迭石不及寻，空棱势无极。客至两忘言，相对飡秀色。檐鸟窥人闲，人起鸟下食。"

"寒日满空庭，端房户初启。怪石吁可拜，修梧净于洗。幽赏孰知音，拟唤南宫米。"

"百卉凌秋瘁，坚盟怜穉松。谁令失真性，屈曲薙鬖松。终然夭矫在，寒月走苍龙。"

---

1 （清）黄之隽等纂．江南通志（卷31）（影印四库全书本）［M］．台北：台湾商务印书馆，1995：600.

2 （明）郁逢庆．书画题跋记（卷11）（库全书子部第816册）［M］．上海：上海古籍出版社，1991：740.

3 （明）王鏊．姑苏志（卷27）［M］．台北：台湾学生书局，1986：357.

4 （明）文徵明．周道振，校辑．文徵明集［M］．上海：上海古籍出版社，1987：19.

“幽人如有得，独坐倚朱合。岩岫窅以闲，松风互相答。此乐须自知，叩门应不纳。”

“阶前一弓地，疏翠阴蓑蓑。有时微风发，一洗尘虑空。会心非在远，悠然水竹中。”

“西日在屋角，落影摇窗光。抚时怀美人，还陟墙下冈。风吹白云去，万里遥相望。”

从这十咏中可以看出，小园叠山高仅数尺，却不失岩峦崚嶒、丘壑苍古的味道。由于面积逼仄，不能开池，小园仅埋盆于地下，聊作波光潋滟的江湖。文徵明曾孙文震亨在《长物志》中有“一勺则江湖万里”的写意造园理论，可以看做是对停云馆“埋盆作池”造园实践的发展和提升。小山上多种花草，旁边矮松苍翠，墙角几竿水竹，高梧修净，芳草茵茵，松风呼应，鸟雀亲人，这是典型的以主人品格和艺术修养取胜的文人小园。文徵明《咏竹》诗序说：“旧岁王敬止移竹数枝，种停云馆前，经岁遂活，雨中相对，辄赋二诗寄谢敬止。”[1]可知，墙角那几竿竹子，是从王献臣拙政园中移来的。嘉靖六年（1527年）春，文徵明辞官回乡，又在先业东部拓建了玉磬山房。文嘉在《先君行略》中说：“明春冰解，遂与泰泉（黄佐）方舟而下，到家筑室于舍东，名玉磬山房，树两桐于庭，日徘徊啸咏其中，人望之若神仙焉。”[2]后人常把玉磬山房当作文徵明在停云馆之外另辟的一处私园，其实这仅是一组曲尺结构的书堂小院，平面设计图如玉磬形，而且与停云馆紧密相邻，停云馆居于西面，即为西斋。后来，由于停云馆房舍过于破旧，且庭院过于壅堵，文徵明把它拆掉了，并写了诗歌《岁暮撤停云馆有作》，记录了拆除时的场景：“不堪岁晏撤吾庐，愁对西风瓦砾墟。一笑未能忘故榜，百年无计芘藏书。停云寂寞良朋阻，寒雀惊飞故幕虚。最是夜深松竹影，依然和月下空除。”[3]

玉磬山房新落成时，好友汤珍写诗《文太史新成玉磬山房赋诗奉贺》予以祝贺，诗中比较清晰地描绘了一代宗师雅居小园形如曲尺的格局：“精庐结构敞虚明，曲折中如玉磬成。藉石净宜敷翠樾，栽花深许护柴荆。壁间岁月藏书旧，天上功名拂袖轻。草罢太玄无客到，晚凉高栋看云行。”[4]

顾璘《寄题文徵仲玉磬山房二首》诗歌也说，“曲房平向广堂分，壁立端如礼器陈”[5]。山房曲尺如磬，借助土垣、篱墙、柴扉四面合围。院中碧梧匝地，使人很容易联想起云林子的清閟阁；小小的石假山上，植树种花，苍翠雅洁，又有点像明初南园俞氏的石磵书隐。这是一所仅可曲肱而卧、容膝而居的贤君子之斗室。文徵明《玉磬山房》诗说：“横窗偃曲带修垣，一室都来斗样宽。谁信曲肱能自乐，我知容膝易为安。”[6]尽管停云馆和玉磬山房面积都很小，但是，君子之居蓬荜也自能生辉。从文徵明《人日停云馆小集》《期陈淳不至》等诗歌，以及

1 （明）文徵明. 周道振，校辑. 文徵明集［M］. 上海：上海古籍出版社，1987：910.

2 （明）文徵明. 周道振，校辑. 文徵明集［M］. 上海：上海古籍出版社，1987：1618.

3 （明）文徵明. 周道振，校辑. 文徵明集［M］. 上海：上海古籍出版社，1987：255.

4 （明）曹学佺. 石仓历代诗选（卷496）（四库全书集部第1394册）［M］. 上海：上海古籍出版社，1991：115.

5 （明）顾璘. 山中集（卷4）（四库全书集部第1263册）［M］. 上海：上海古籍出版社，1991：202.

6 （明）文徵明. 周道振，校辑. 文徵明集［M］. 上海：上海古籍出版社，1987：333.

许多时人的笔记来看，文氏小园中小范围的道友聚会非常频繁。后来文徵明在东厢山房的小院子里，渐渐增种植了绿竹、苍松、瘦梅、海棠、蘩菊、蜀葵等花木，与原停云馆留下来的水竹、山池相呼应。小园尽管景境不断得到一些充实，但直到文氏暮年，玉磬山房依然保持了狭小而简约的朴雅面貌。

7.2.23 桃花坞园居

苏州古城西北历史上有汉代张长史的桑园，北宋时有五亩园，这一带素以桃花闻名于世，历宋经元，到了明代中叶，这里依旧是以桃花闻名遐迩的名区，其中明四家之一唐寅的桃花坞园居就在其中。

唐寅（1470—1524），字伯虎，又字子畏，世居苏州古城阊门内。唐伯虎是个才子，这是江南妇孺皆知的事情，然而，这位才子一生坎坷潦倒、充满不幸。在经历了科场浮沉，亲历了锒铛囹圄，漂泊了天南地北，目睹了亲人生生死死之后，唐伯虎经世之心彻底冷淡，决计以“闲来就写丹青卖”来混迹红尘了却残生。正德二年（1507年），唐寅与好友张灵一起，在古城西北桃花坞故地建了桃花庵，后又在其中增修了梦墨亭。《唐伯虎文集序》中说：“筑室桃花坞中，读书灌园，家无担石，而客尝满坐。”[1]文徵明《饮子畏小楼》诗说：“今日解驰逐，投闲傍高庐。君家在皋桥，喧阗井市区。何以掩市声，充楼古今书。”[2]又有《夜坐闻雨有怀子畏次韵奉简》诗说：“皋桥南畔唐居士，一榻秋风拥病眠。用世已销横槊气，谋身未办买山钱。”[3]可知，唐寅居宅在皋桥之南，桃花坞在皋桥之北，桃花庵是其别业。因此，祝允明在《唐寅墓志铭》中说：“治圃舍北桃花坞，日盘饮其中。”[4]

历史上的桃花坞曾经是面积约七百余亩的超大型生产园，也是市民城内看花赏景的名区，唐氏桃花庵却很简朴而狭小，其名气之大多半是源于主人有名，以及桃花坞一带深厚的历史文脉和优美的自然环境。王鏊《过子畏别业》诗说：

“十月心斋戒未开，偷闲先访戴逵来。清溪诘曲频回棹，矮屋虚明浅送杯。
生计城东三亩菜，吟怀墙角一株梅。栋梁榱桷俱收尽，此地何缘有佚材。”[5]

《姑苏志》：“章氏别业在阊门里北城下，今名桃花坞。当时郡人春游，看花于此，后皆为蔬圃，间有业种花者。”[6]

这一带在元明易代的战乱中，经历过全面的烧杀掠略，已经完全废为田畦。到嘉靖年间一百五十年过去，此地环境的基本风貌变化不大，依然是溪流萦回的一片片菜地，是看菜

---

1 （明）唐寅．周道振，张月尊，辑校．唐伯虎全集［M］．杭州：中国美术学院出版社，2002：524.
2 孙中旺．苏州桃花坞诗咏［M］．济南：山东画报出版社，2011：54.
3 （明）文徵明．周道振，辑校．文徵明集［M］．上海：上海古籍出版社，2014：114.
4 （明）祝允明．怀星堂集（卷17）（四库全书集部第1260册）［M］．上海：上海古籍出版社，1991：604-606.
5 （明）王鏊．震泽集（卷5）［M］．上海：上海古籍出版社，1991：193.
6 （明）王鏊．姑苏志［M］．台北：台湾学生书局，1986：436.

花、赏桃花的好地方。唐伯虎的所谓桃花坞庵实际上是一处借景成境的工作坊。

晚明时，这里又新造了一处传世的名园：五峰园。此园以其中的五块太湖石峰石为名，并著称传世。石峰高3～4米，状若五位老者，故称作五老峰。《金阊区志》引徐大焯《烬余录》，认为五峰为宋朱动养殖园遗物："北宋花石纲罪魁朱动在苏广罗太湖奇石后，改阊门北仓为养殖园存放。事败后奇石四散，仅存二丈大石六七块，偃仰柳毅桥畔，至今犹存。"[1]

还有一说，认为此园始建于晚明画家文伯仁。文伯仁（1502—1575），字德承，号五峰、五峰山人、五峰樵客等，文徵明之侄。虽园名与雅号关系密切，但此说缺少更多文献支持，因此，学界主流观点认为此园始建于晚明的杨成。

杨成（1521—1600），字汝大，号震涯，苏州人，嘉靖三十五年进士，官至右副都御史、南京兵部尚书、南京吏部尚书，致仕时荣加太子少保。回乡后，在古城西梵门桥（杨衙前）筑园自娱，园中有五峰石：三老峰、庆云峰、擎云峰、观音峰、丈人峰，故名为五峰园。

明亡清兴，五峰园辗转流递，历代先贤才俊也先后卜筑其间，并依据旧址的历史文脉，先后增修了采香庵、小桃源、梅坞、观音峰、百灵台、梅坞、更好轩、双荷花池、碧藻轩、寄茅庐、拜石台、桃花坞、旃檀庵、桂香精舍、走马楼、鸭阑桥、渔家衖、杨柳堤、采石矶、周孝子堂、文昌宫、魁星阁、孝烈泉、梁高士祠、香义塾、七人墓、翁媪墓、闵子祠、张少傅祠、宝华庵等，此地俨然成为古城西北最重要的城市公园。

晚近以降，这一带民居渐密，五峰园为沈姓所有。至民国初又为王氏购得，园内先后有茶馆、织布厂等经营单位，园中风景也逐渐损毁严重。中华人民共和国成立后，1963年，此园被列入苏州文保单位，1979年苏州市园林局启动修复计划，经多轮修复，于1998年竣工开放，2002年被列入江苏省文物保护单位，现归入苏州市虎丘山风景名胜区管理处统一管理。

7.2.24 怀星堂

怀星堂原名天全堂，本是祝允明外祖父徐有贞宅园，位置在三茅观巷一带，邻近文徵明宅园。祝允明（1460—1526），字希哲，号枝山，曾仕历广东兴宁知县、应天府通判等职，后因病辞官回乡。因徐有贞中表及群从先后迁居他处，此宅园即归祝氏所有。祝允明在《怀星堂记》中比较明确且自豪地描述了宅园的地望：

"怀星堂，在苏州阖闾子城中之乾隅日华里袭美衔，有明逸士祝允明之所作也。清嘉左抱，吴趋右拥，面控邑公之室，背倚能仁之刹。斯其表环，尤有襟密，则西接旃林王中书，空室家以宅三宝者也；南临乐圃朱秘书，属渊孝以栖双高者也。至于堂之奠趾，懿惟少保左丞石林叶公少蕴之也。"[2]

---

1 金阊区志编纂委员会. 金阊区志［M］. 南京：东南大学出版社，2005：103.

2 （明）祝允明. 怀星堂集（卷21）（四库全书集部第1260册）［M］. 上海：上海古籍出版社，1991：663.

这里所记日华里可能就是集祥里；衮美衔方志中罕有记录。祝允明、唐伯虎、徐祯卿都是喜欢呈才肆志的奇绝文士，作文有浓厚的辞赋家气息，关于其辞赋中宅园位置及雕梁画栋的描述，不必字字句句都求真。其交代的怀星堂宅园与“阖闾子城”相去甚远，至于在承天能仁寺之南、乐圃故地之北的位置，也只是个大概，二者之间还相隔好几个街区。记文中，推测日华里可能就是集祥里。

7.2.25　有斐堂

钱同爱字孔周，是文徵明长子文彭的岳父。钱氏世代以行医为业，其有斐堂以桃花烂漫取胜，文徵明《钱氏西斋粉红桃花》诗说：

“温情腻质可怜生，浥浥轻韶入粉匀。新暖透肌红沁玉，晚风吹酒淡生春。窥墙有态如含笑，对面无言故恼人。莫作寻常轻薄看，杨家姊妹是前身。”[1]

文徵明另外还有《人日孔周有斐堂小集》[2]《重阳前一日饮孔周有斐堂》等诗歌[3]。有斐堂与怀星堂为近邻，其西北不远处就是唐寅的桃花庵了。祝允明《钱园桃花源》诗说：“落英千点暗通津，小有仙巢问主人。狂客莫容刘与阮，流年不管晋和秦。桑麻活计从岩穴，萝蔦芳缘隔世尘。只有白云遮不断，卜居还许我为邻。”[4]

7.2.26　近竹园

许多文献都记录了明代中期时，这里有大片竹林，范氏近竹园可能园子就在这片竹林附近。王鏊曾来访其园居，并留下了一首五言律诗《过范氏近竹园》：

“昔闻临顿里，近在古城东。甫里先生宅，龙图老子宫。
幽亭花外远，曲径柳边通。五月无烦暑，琅玕满院风。”[5]

从王鏊题咏诗歌来看，近竹园选址在“甫里先生宅”（陆龟蒙宅居旧址），又临近“龙图老子宫”（宁真道观）。小园曲径通幽、繁花小亭、翠柳拂风，绿竹满园，应该是一所景境丰富的清雅园居。陆宅故址和道观后来可能都被整合并入王献臣拙政园之中了，这应该也是范氏园最后的归宿。

---

1 （明）文徵明．周道振，校辑．文徵明集［M］．上海：上海古籍出版社，1987：204.
2 （明）文徵明．周道振，校辑．文徵明集［M］．上海：上海古籍出版社，1987：231.
3 （明）文徵明．周道振，校辑．文徵明集［M］．上海：上海古籍出版社，1987：177.
4 （明）祝允明．怀星堂集（卷8）（四库全书集部第1260册）［M］．上海：上海古籍出版社，1991：475.
5 （明）王鏊．震泽集（卷5）（四库明人文集丛刊）［M］．上海：上海古籍出版社，1991：194.

7.2.27 春庵

顾春潜，名兰，字荣甫。顾荣甫在郡学读书期间，是文徵明最为友好的同窗之一，其辞官归隐的经历与文徵明也颇相似。文徵明《顾春潜先生传》说：

“吴郡城临顿里人也。所居有田数弓，每春时东作，则有事其间。因筑室以居署曰“春庵”，自称春庵居士。他日仕归，邂逅于潜，人问于潜所为得名，曰：“昔人谓于此可以潜隐也。”乃忻然笑曰：“吾亦从此逝矣。”遂改称春潜。……春潜顾已倦游，竟投劾去。居官尤事持廉，常禄之外一无所取，亦不以一物遗人。在淄时属当岁觐，故事入觐，多行苞苴以要誉当路。春潜徒手不持一钱，父老知其如此，率邑中得数十缗为赆。春潜为诗却之，及是归，家徒四壁。先所业田已属他人，独小圃仅存，有水竹之胜。故喜树艺，识物土之宜，花竹果蔬各适其性，浅深有法，播植以时。而时其灌溉，久皆成林，花时烂然，顾视喜溢，循畦履亩，日数十匝，不厌客至，烧笋为具，觞咏其间，意欣然乐也于是二十年余矣。自非疾病，风雨及有大故，未尝一日去此，而于世俗酬应，仕路升沈，与凡是非征逐一切纷华之事，悉置不问。”[1]

顾荣夫的春庵既无叠山，也不理水，而是一所淡薄自怡的处士隐庐，也是花木果蔬欣欣向荣的自给自足之生产园。尽管如此，小园中的竹林有顾辟疆园的风致，丛菊寄托了陶渊明园田的雅怀，在花木水竹中投射出主人耿介磊落的品格和自由洒脱的精神，这正是中国古典文人园林最核心的价值所在。因此，文徵明是顾氏春庵的常客，并对其陋巷小圃一再称赏，如《顾荣夫园池》诗：“临顿东来十亩庄，门无车马有垂杨。风流吾爱陶元亮，水竹人推顾辟疆。早岁论文常接席，暮年投社忝同乡。寄言莫把山扉掩，时拟看花到草堂。”[2]

又如《荣夫见和再迭》诗：“为爱高人水竹庄，几回系马屋边杨。每开蒋径延求仲，常伴山公有葛强。陋巷谁云无辙迹，城居曾不异江乡。春来见说多幽致，开遍梅花月满堂。”[3]

另外，汤珍在《次韵签顾子荣》诗中说：“高城背日江流细，远市浮烟塔影微。”[4]可知，春庵的景境营造和欣赏已经开后世诸园借景北寺塔之先河了。

7.2.28 拙政园

王献臣，字敬止，号槐雨，世居吴门。王氏年少得志，“隶籍锦衣卫，弘治六年，举进士，授行人，擢御史”；弘治八年（1495年），曾奉命宣使朝鲜。程敏政《送行人王君使朝鲜序》说：“敬止少年，伟丰仪，妙词翰，选于众而使远外，名一旦闻九重。临遣之日，赐一品服，视他使为荣。”[5]虽然王献臣仕宦之职为皇帝的锦衣卫，是明代历史上饱受争议的内

1 （明）文徵明．周道振，校辑．文徵明集［M］．上海：上海古籍出版社，1987：652.
2 （明）文徵明．周道振，校辑．文徵明集［M］．上海：上海古籍出版社，1987：370.
3 （明）文徵明．周道振，校辑．文徵明集［M］．上海：上海古籍出版社，1987：370.
4 （明）曹学佺．石仓历代诗选（卷496）（四库全书集部第1394册）［M］．上海：上海古籍出版社，1991：114.
5 （明）程敏政．篁墩文集（卷33）（四库明人文集丛刊本）［M］．上海：上海古籍出版社，1991.

卫特务，但是，他并不苟言苟行、得过且过，因此，他在司职御史期间，慨然自任、力图有为。然而，他最终却因连续遭同行算计而被下狱问讯，不仅连续降了两级，受到杖刑，还被远谪岭南。这一段铁肩担道义的经历为王献臣博得了美名，许多吴地文人对此都大加赞赏，如沈周有《和林郡侯送王敬止赴任琼州韵》[1]，李东阳有《王永嘉献臣恩养堂》(王自御史谪海南以量移今职)[2]，徐祯卿有《王敬止御史始窜海南，继移永嘉，令自燕中迎养》[3]，吴门文士多人都曾为其氏赋诗，或赞许其勇，或宽慰其谪迁。

大约在正德四年(1509年)，王献臣辞官，回到苏州，在古城东北角辟地筑园，此即拙政园之伊始。这里有非常深厚的历史文脉和园林环境基础：三国时的郁林太守陆绩宅园、东晋时高士戴颙宅园、唐代时江湖散人陆龟蒙城内庄园、宋代著名学者胡稷言的宅园五柳堂等，都在此园址之内。元代时这里有佛寺大弘寺，入明代后，佛寺败落，仅残存一些部分斋堂。在民间传说中，王献臣营建拙政园过程中的一些做法，着实令人难以称道：据说王献臣圈占了大弘寺，赶走了寺僧，剥夺了佛像的金箔，以此为基础造拙政园，以至于晚年遭到因果报应，患上了严重的皮肤病。从方志文献上看，传闻过实和附会之处还是很明显的。王鏊主持修纂的《姑苏志》中说："大弘寺在城东北隅，元大德间，僧判筌友兰建净法师开山，延佑间奏赐今额名。僧余泽居此，尝别创东斋，斋前有井，因自号天泉。元末寺毁，相传毁时见红衣沙门立烟焰上，久之乃没，寺既荡尽，而东斋独存。"[4]《江南通志》说："拙政园在长洲县娄门内大弘寺西，明侍御王献臣所筑，广袤二百余亩。"可见，大弘寺毁灭于元代，并非是在王献臣的手上，拙政园后来不断扩建，可能将其仅存的东斋圈入园中了。

王献臣退隐吴门创构拙政园，无论是对于当时苏州文人园，还是对后世苏州园林艺术发展，都是一件重大的事情，然而，这个体量两百余亩，约四倍于吴宽东庄的名园，在时人留下来的文献中，居然没有一次像样的名流聚会记载，在苏州园林史上也不多见。而且，除文徵明外，在当时其他文人为数不多的诗咏之中，还偶尔有闪烁其词的味道，唐伯虎《西畴图为王侍御作》诗说："铁冠仙史隐城隅，西近平畴宅一区。准例公田多种秫，不教诗兴败催租。秋成烂煮长腰米，春作先驱两髻奴。鼓腹年年歌帝力，不须祈谷幸操壶。"[5]

唐伯虎称赞王献臣"铁冠仙吏"，还是源于他那段从御史到牢狱的不平凡经历，此外诗中再无多少称赞之意。"准例公田"是说王氏造园没有侵占他人田宅，只是援例获得的公田，却有点此地无银三百两的味道。积极"催租""驱奴"耕作等，也有违于文人园林的风雅远俗与仁和淡泊的基本风范。

关于王氏拙政园，历史上留下来的文献主要是文徵明的诗文图绘。文徵明曾为王氏拙政园绘写了三十一景图，并用不同书体题诗且序，以及一篇长文《王氏拙政园记》。后世根据这一组时人留下来的第一手资料，基本可以比较完整地还原拙政园初造时的面貌，甚至有人据此认为，当时作为吴门文坛盟主文徵明参与了此园的设计、筑造。实际上此说疑窦很多，

1 (明)沈周. 沈周集[M]. 上海：上海古籍出版社，2013：569.

2 (明)李东阳. 周寅宾，钱振民，校点. 李东阳集(2)[M]. 长沙：岳麓书社，2008：887.

3 (明)徐祯卿. 范志新，校注. 徐祯卿全集编年校注[M]. 北京：人民文学出版社，2009.

4 (明)王鏊. 姑苏志(卷29)[M]. 台北：台湾学生书局，1986：377.

5 (明)曹学佺. 石仓历代诗选(卷493)(四库全书集部第1394册)[M]. 上海：上海古籍出版社，1991：54.

文徵明应该是对景作画，绘园时王氏拙政园已完成营造了。令后人疑惑不解的是，文徵明图咏拙政园的三十一首诗歌，以及这篇著名园记，都没有被编入《甫田集》，而是依赖书画著录流传下来的。柯律格先生推测，可能是后人觉得社交活动与园林隐逸追求之间有冲突，有损于文待诏的“清高”，故而略去[1]。顾凯先生在《明代江南园林研究》中，也转引了此说。其实，从晚唐皮、陆以来，文人园中酬唱一直都是被人们尊重和欣赏的雅事，是无伤清高的雅集、雅会。笔者推测，抑或后人觉得王献臣这样的人不应该和文徵明靠得太近，因而略去这些诗文。

无论如何，幸有文徵明为拙政园所作的序文、诗咏、图绘，今人才有研究王献臣拙政园的基本文献，然而，后人又常常用文徵明这些诗文图绘，来反证王献臣的高洁、廉正。这看起来不难理解——如果文徵明认为王献臣是个不入流伪君子，他应该是不会为其园林作序并图咏的。今按文徵明《送侍御王君左迁上杭丞叙》诗，这里清清楚楚地说明了他认识王献臣的过程：

“往岁先君以书问士于检讨南屏潘公，公报曰：‘有王君敬止者，奇士也，是故吴人。’他日还吴，某以潘公之故，获缔好焉。及君以行人迁监察御史，先君谓某曰：‘王君有志用世，其不能免乎？’”[2]

可见，在王献臣还吴以前，文徵明的父亲文林并不认识他，只是听了南屏长者潘辰称誉王氏为“奇士”，才与其交往。父亲称赞王献臣有经世致用的志向，所以文徵明也与王献臣成了朋友，并认可他是“持重而博大”的耿介之士。

文徵明作于嘉靖十二年（1533年）的《王氏拙政园记》，是一篇详实的说明文，其中有三条信息很重要。一是留下了拙政园之初三十一景的空间布局和基本面貌；二是解释了拙政园名的由来——“昔潘岳仕宦不达，作《闲居赋》自广，以筑室种树，灌园鬻蔬，为拙者之政”；三是交代了作者写序文的主观原因。

文徵明《拙政园诗三十一首序》说：“徵明漫仕而归，虽踪迹不同于君，而潦倒末杀，亦略相似，顾无一亩之宫，以寄其栖佚之志，而独有羡于君。既取其园中景物，悉为赋之而复为之记。”[3]可见，文徵明结交王献臣，为其父亲王瑾写碑记，为其本人写园记，为其子王锡麟取字，为其所筑园林图绘题诗，也有三原因：一是钦佩其敢于犯颜抗争；二是两人有相似的仕途经历；三是自己没有能力营构园林，而羡慕王氏园中景境，赋诗图绘既是应园林主人之邀请，也是在寄托自己的园林情怀。另外，《弇州四部稿》说：“《拙政园记》及古近体诗三十一首，为王敬止侍御作，侍御费三十，鸡鸣候门而始得之。然是待诏最合作语，亦最得意笔。考其年癸巳，是六十四时笔也。”[4]据此可以推测，文徵明这些诗文图绘也是其市隐于艺术的人生中一宗商业活动，而王侍御支付了三十金，鸡鸣时就候于门外，也算是有足够的诚意。

---

1 顾凯．明代江南园林研究［M］．南京：东南大学出版社，2010：99.

2 （明）文徵明．周道振，校辑．文徵明集［M］．上海：上海古籍出版社，1987：438.

3 （明）文徵明．周道振，校辑．文徵明集［M］．上海：上海古籍出版社，1987：1205.

4 （明）王世贞．弇州四部稿（卷131）（四库全书集部第1281册）［M］．上海：上海古籍出版社，1991：192.

今按《清河书画舫》《珊瑚网》《御定佩文斋书画谱》《式古堂书画汇考》《六艺之一録》等书画录可知，除《拙政园记》外，文徵明至少还分别为拙政园绘有十二帧、二十帧、三十一帧的图册（图7-2-2）。真本今皆不知所在，仅其中三十一帧图册及题咏存有黑白的影印本。图册三十一景总序即为《王氏拙政园记》，时间款是“嘉靖十二年癸巳九月”（1533年）。具体景境为：梦隐楼、若墅堂、繁香坞、倚玉轩、小飞虹、芙蓉隈、小沧浪、志清处、柳隩、意远台、钓矶、水花池、净深、待霜、聽松风处、怡颜处、来禽囿、得真亭、珍李

小飞虹

倚玉轩

图7-2-2　文徵明《拙政园三十一景图咏册页》[1]

1　董寿琪. 苏州园林山水画选［M］. 上海：上海三联出版社，2007：45-77.

坂、玫瑰柴、蔷薇径、桃花沜、湘筠坞、槐幄、槐雨亭、尔耳轩、芭蕉槛、竹涧、瑶圃、嘉实、玉泉。“凡为堂一、楼一，为亭六，轩槛池台坞涧之属二十有三，总三十有一，名曰拙政园”[1]。

现存记录王献臣拙政园风貌的诗歌，也以文徵明为最多，除去其图咏中的三十一首外，文徵明还有一些诗歌，比较全面地反应了王氏园池的总体风貌（图7-2-3）。与园记和三十一首图咏一样，这些诗歌也没有被编入《甫田集》。

《饮王敬止园池》说：“篱落青红径路斜，叩门欣得野人家。东来渐觉无车马，春去依然有物华。坐爱名园依绿水，还怜乳燕蹴菊花。淹留未怪归来晚，缺月纤纤映白沙。”[2]

《寄王敬止》诗说：“流尘六月正荒荒，拙政园中日月长。小草闲临青李贴，孤花静对绿荫堂。遥知积雨池塘满，谁共清风阁道凉？一事不径心似水，直输元亮号义泉。”[3]

《席上次韵王敬止》诗说：“高士名园万竹中，还开别径着衰翁。倚楼山色当书案，临水

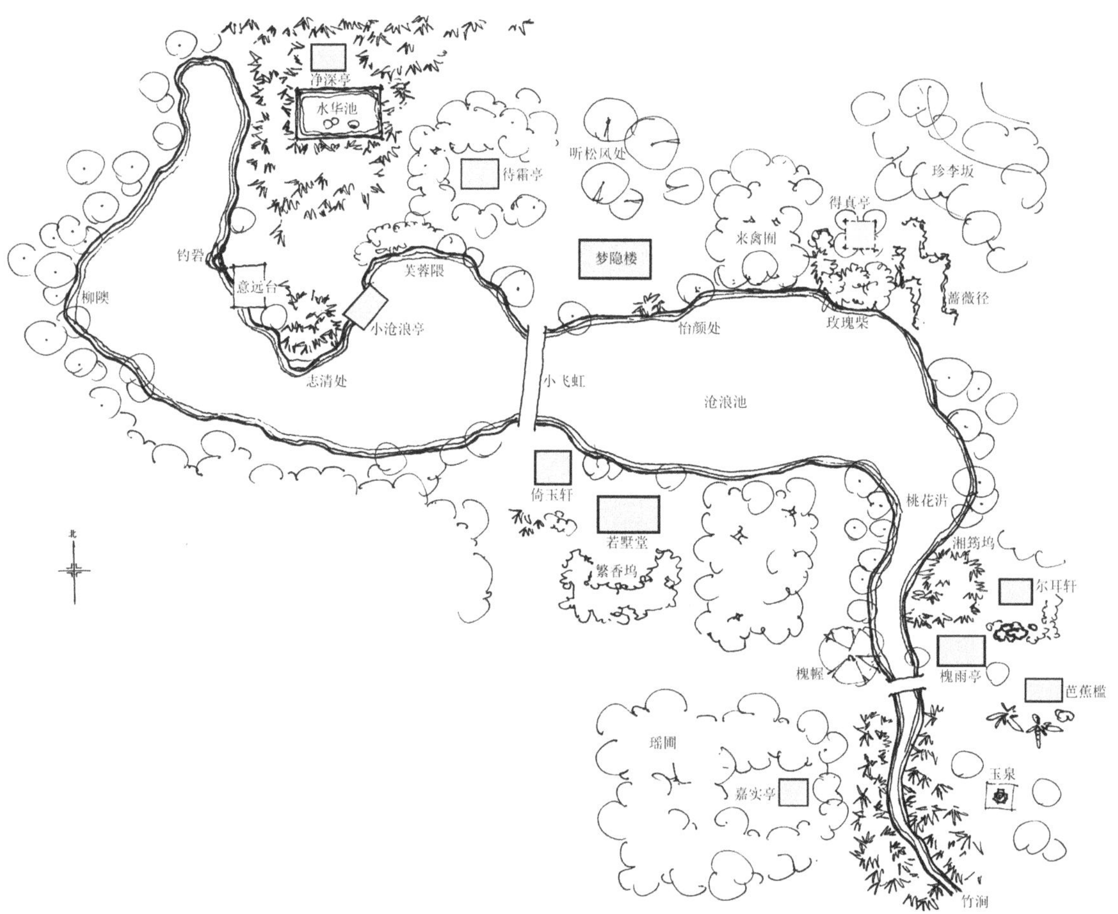

图7-2-3　王氏拙政园平面图[4]

1 （明）文徵明. 周道振，校辑. 文徵明集［M］. 上海：上海古籍出版社，1987：1275.

2 （明）文徵明. 周道振，校辑. 文徵明集［M］. 上海：上海古籍出版社，1987：896.

3 （明）文徵明. 周道振，校辑. 文徵明集［M］. 上海：上海古籍出版社，1987：906.

4 顾凯. 明代江南园林研究［M］. 南京：东南大学出版社，2010：76.

飞花拂钓筒。老去不知官爵好，相遇惟愿岁年丰。秋来白发多幽事，一缕茶烟扬晚风。”[1]

从这些诗歌可以清晰地看出，当时拙政园周边依然是车马稀少、旷若郊野的城北农田区域的朴野风貌。从“高士名园万竹中”可知，当时拙政园周围竹林之繁盛。园中以大面积水域为造景主体，山水应和、建筑稀疏、竹林密布，整体景境颇与吴宽东庄相似，这是当时苏州城内最大一所园林，也是当时苏州园林中，设计最为系统完整，景境层次最为丰富，审美主题与艺术形式融合得最为自然紧密的一处园林。

王氏拙政园传至第二代时王锡麟时，拙政园就易主徐氏了。徐树丕《识小录》记载说：

“娄门迎春坊，乔木参天，有山林杳冥之致，实一郡园亭之甲也。园创于宋时某公，至我明正嘉间，御史王某者复辟之。其邻为大横寺，御史移去佛象，赶逐僧徒而有之，遂成极胜。……当御史殁后，园亦为我家所有。曾叔祖少泉以千金与其子赌，约六色皆绯者胜。赌久，呼妓进酒，丝竹并作，俟其倦，阴以六面皆绯者一掷，四座大哗，不肖子惘然叵测，园遂归徐氏。故吴中有‘花园令’之戏，实仿于此。”[2]

徐树丕的记载是关于拙政园易主徐氏这段历史最直接的材料。王锡麟固然是个败家的孱头，徐氏家族仗势诈赌以攫取园林的做法也实在不够光彩。这些主人劣迹斑斑，品格修养及文德才情的水平也比较差，因此，他们占有和传承名园的同时，也往往会不断改变园林景境的早期设计，而这种改变大多不是建设而是破坏。在《古今名园墅编序》中，王世贞说：“徐鸿胪佳园因王侍御拙政之旧，以己意增损而失其真。”就是指徐佳（徐少泉）对拙政园的破坏性增益。尽管如此，“乔木茂林，澄川翠干，周围里许方诸名园为最古矣。”[3]此园依然是当时景境风貌最为古朴自然的园林之一。

崇祯四年（1631年），徐氏家族日渐衰落，以刑部侍郎致仕的王心一购得园东部十余亩空地，营造了退养归隐的宅园归田园居，揭开了园林分分合合的三百年历史。关于王心一的归田园居将在后文中叙述。

清初，苏州东北半城，向为满兵住扎，号为满洲城。自进娄门直至齐门南大街止，皆兵马所驻，民居多被占去，百姓无一人敢住。拙政园也不例外，当时有一首《江南词》写道：“天平山下莺声少，拙政园头马粪多。十里昏灯闪人影，只闻太息不闻歌。”吴伟业也有诗写道：“齐女门边战鼓声，入门便作将军垒。荆棒从填马矢高，斧斤勿剪莺簧喜。”顺治五年（1648年），徐氏家族迫于无奈，以两千金低值，售于徐家女婿海宁大学士陈之遴，以求委曲保全。陈之遴时任礼部侍郎，后迁礼部尚书，并不曾入居园内，其妻徐灿曾入住园内，留下了《拙政园诗集》和《拙政园诗余》。顺治十五年（1658年），陈之遴终遭弹劾罢官，全家流放辽东，十年后客死异乡。康熙元年（1662年），园林再次被没收为官产，随后再被驻防将军据为府邸，后改为兵备道行馆，后归还给陈之遴之子。旋卖给了吴三桂女婿王永宁。

1 （明）文徵明．周道振，校辑．文徵明集［M］．上海：上海古籍出版社，1987：963.

2 江畬经．历代小说笔记选（金元明）［M］．上海：上海书店，1983：294.

3 （明）袁宏道，等．三袁随笔［M］．成都：四川文艺出版社，1996：53.

王永宁夫妇在园林内大兴土木，肆意改造，对园林景境造成了很大的破坏。关于其中具体的恶劣改造之处，范烟桥在《拙政园志》中说：

“永宁挈新妇回，穷奢极欲，构斑竹所，娘娘所，以处三桂女，又有楠木所九楹，四面虚阑洞槅，备极宏丽，列柱百余，石础径三四尺，高齐人腰。皆故秦楚豫王府物。车徙辇致，所费不赀，楠木所柱础所刻皆升龙，又有白石雕龙凤鼓墩，尤极精美。”

这是清初拙政园之布局第一次大变动。

康熙十二年（1673年）撤藩，吴三桂举兵反清，园产随后再次被籍没入官。康熙十八年（1679年），改园林为苏松常道新署。徐乾学在《苏松常道新署记》中说：“凡前此数人居之者，皆仍拙政之旧，自永宁始易置邱壑，益以崇高雕镂，盖非复图记诗赋之云云矣。”四年后，苏松常道被裁撤，园林分散为民居，进入二次分散的阶段。

康熙十八年（1679年），拙政园归苏、松、常道新署，徐乾学有记，恽寿平《瓯香馆集》卷十二：“壬戌八月，客吴门拙政园，秋雨长林，致有爽气。独坐南轩，望隔岸横冈，叠石峻嶒。下临清池，涧路盘纡。上多高槐柽柳，桧柏虬枝挺然，迥出林表。绕堤皆芙蓉，红翠相间。俯视澄明，游鳞可数。使人有悠然濠濮间趣。自南轩过艳雪亭，渡红桥而北，傍横冈，循涧道，山麓尽处，有堤通小阜。林木翳如，池上为湛华楼，与隔水回廊相望，此一园最胜地也。”壬戌为康熙二十一年（1682年），陈从周先生认为，南轩即今倚玉轩，“艳雪亭似为荷风四面亭。红桥即曲桥。湛华楼以地位观之，即见山楼所在，隔水回廊，与柳阴路曲一带出入也不大。”[1]

这是清初拙政园之布局的第二次大的变动。至此，基本上奠定了今日拙政园之格局（图7-2-4）。

乾隆初，园西部归太史叶世宽，叶读书其中，改名为书园，在其中隙地新构了“度书阁”“读书轩”“行书廊”“浇书亭”等建筑。园林中部归太守蒋棨，蒋氏进行持续修复，更其名为复园。沈德潜为之写了《复园记》，赞美修复的后的园林“山增而高，水浚而深，峰岫互回，云天倒映”，再次恢复了“不出城市而获山林之胜”的景境。

嘉庆初，西部书园归道员沈元振。嘉庆十四年（1809年），中部被刑部侍郎查士倓购得。道光年间，西部园林再次分散，属程、赵、汪等。中部也被分散售于潘师益和大学士吴璥，人们称之为“吴园”。

咸丰十年（1860年），太平天国忠王李秀成合并中西部为忠王府。

同治二年（1863年），西部复归于汪氏，清光绪三年（1877年），被售于富商张履谦，更名为补园。张履谦搜得文徵明和沈周的画像，在园中构筑了“拜文揖沈之斋”；又在西部补园与中部园林的界墙处的假山上，增建了“宜两亭”，在中部假山上建造了“浮翠阁”，分别用以借景中部吴园之景和园外风景；建造“十八蔓陀罗馆”和“卅六鸳鸯馆”，用以家养班

1 陈从周．说园［M］．北京：文化出版社，1983：41-42.

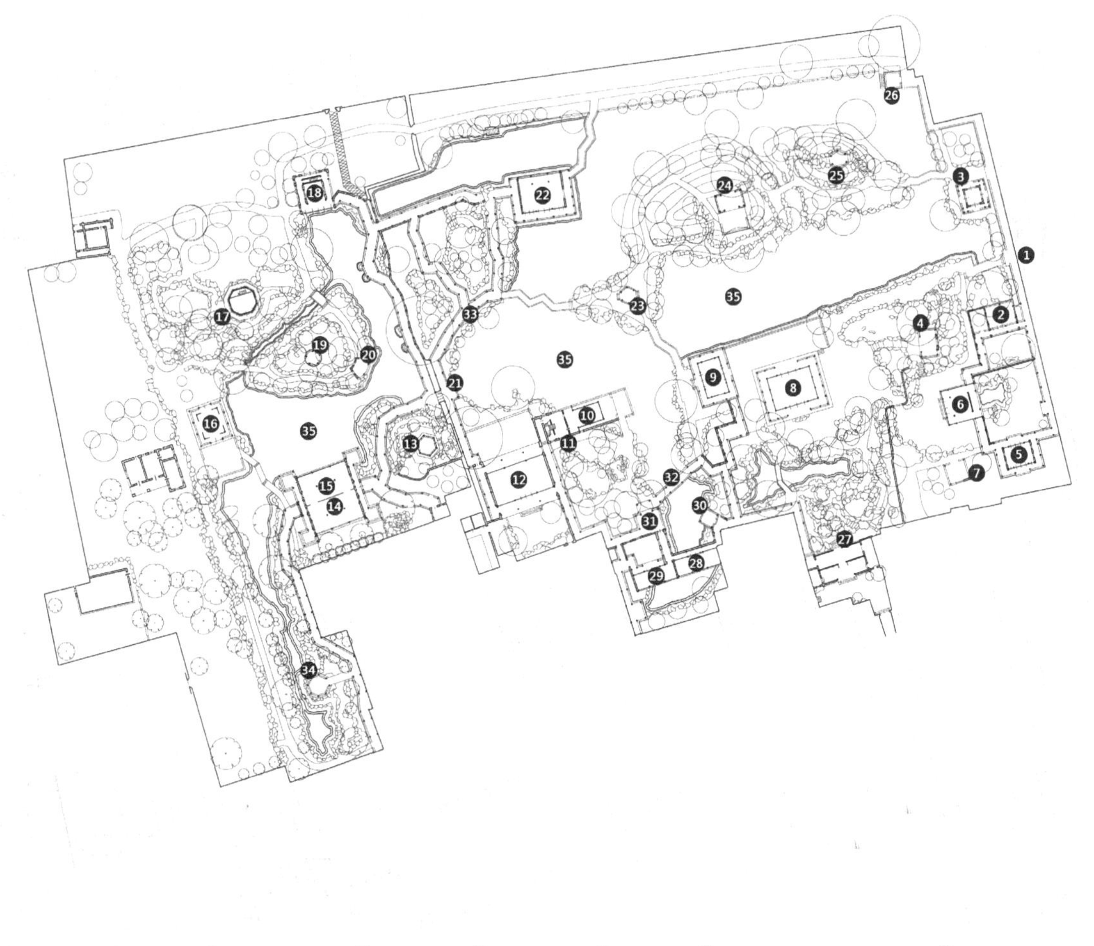

图7-2-4　今拙政园平面图

子演习昆曲。此外，张氏还在园中增建了“塔影亭”“留听阁”“笠亭”“与谁同坐轩”“倒影楼”等建筑。从此西部园林风景变得丰富而密丽起来了。

清同治二年（1863年），李鸿章以中部为江苏省巡抚行辕，同治十年（1871年），张之万改中部住宅空间为八旗直奉会馆，恢复后园名为拙政园。李翰文和世勋分别为之撰写了园记，整修后的园景“文槐参差，修廊迤逦，清泉贴地，曲沼绮交，峭石当门，群峰玉立。吴中园林亭之美，未有出其右者。”

民国期间，中部住宅一度归云贵总督李经义所有，更名为“蜕庐”“李宅”。1938年，汪伪江苏省政府整合西、中、东三部分，为省政府既附属机构的办公场所。1946年，国立社会教育学院借用园林为办学空间。

1951年，园林由苏南区文物管理委员会代管，1954年，交由苏州园林管理处管理。经过园林管理部门组织专业人士几年修复，名园逐渐恢复佳境，1961年，拙政园被列入全国文物保护单位，1997年，拙政园被首批列入世界文化遗产。

7.2.29 紫芝园

时人徐树丕在笔记《识小录》中，对于晚明苏州徐氏家族园林群有一些记载，虽然仅是些丛残小语，因出自徐氏后人之手，亦皆为弥足珍贵的园林史料。《识小录》中载：

“余家世居阊关外之下塘，甲第连云，大抵皆徐氏有也。年来式微，十去七八，惟上塘有紫芝园独存，盖俗所云假山徐，正得名于此园也。因兄弟构大讼，遂不能有，尽售与项煜。煜小人，其所出更微，甲申从贼，居民以义愤，付之一炬，靡有孑遗。今所有者，止巨石巍然旷野中耳。园创于嘉靖丙午（1546年），至丙戌（1586年），而从伯振雅联捷，至甲申（1644年）正得九十九年，不意竟与燕京同尽，嗟乎！嗟乎！”

徐默川的紫芝园初创于嘉靖二十五年（1546年），被苏州市民焚毁于崇祯十七年（1644年），徐树丕的记载，扼要地勾勒出紫芝园近百年历史的大致脉络。更重要的是，《识小录》收录了王穉登（号百谷）的《紫芝园记》[1]，此文比较完整地记录了万历二十四年（1596年）紫芝园景境最盛时期的大致面貌。仔细研读王百谷的园记，可以看出紫芝园造景有这样一些明显的特征：

第一，园林总体空间布局是南宅北园、宅园分离的格局：“太仆家在上津桥，负阳而面阴，右为长廊数百步，以达于园。园南向，前临大池，跨以修梁，曰‘紫芝梁’。”可见，徐默川的紫芝园与其宅居之间，既非别墅，也非紧密融合的宅园，而是一种亦即亦离的空间关系。晚清顾文彬怡园与其宅居之间的空间布局关系，与此颇有相似之处。

第二，园林面积较小而造景层次繁密，尤以假山林立为最，因此园林景境密丽有余而疏朗不足：“园凡若干亩，居室三之，池二之，山与林木、磴道五之，峰三十六，亭四，洞三，津梁楼观台榭岛屿不可计。”整个园子除却五分之一面积的水域，其他全部是假山、楼阁等建筑，小小水面上还有几处桥梁和许多岛屿，而假山叠峰竟然达三十六处。时人以“假山徐”来指代其家，可见，假山已经成为当时人们对紫芝园最深刻而鲜明的印象。园林叠山技巧非常高超，小小空间群峰林立，其间以磴道、涧壑和石梁相联络沟通，并在游山路径之中，还营造了两处溶洞、一处水洞和琴台。群峰中最高大者为“霞标峰”，周围布满造型各异又富有意趣的湖石：“或如潜虬，或如跃兕，或狮而蹲，或虎而卧。飞者、伏者、走者、跃者，怒而奔林，渴而饮涧者，灵怪毕集，莫可名状。”“霞标峰”旁营造了“骋望台”，登台四望，可以“东望城闉，千门万户；西望诸山，群龙蜿蜒”。“骋望台”下是“双联”溶洞，洞内“清旷通明”，竟然“可以罗胡床十数”。这样假山设计营造显然有效法狮子林的痕迹，从中也可以看出，晚明时苏州园林堆叠湖石假山的各种技法到已经高度成熟，审美趣味也发生了很大的变化。

第三，园中屋宇建筑高大密集，且富丽堂皇。仅王穉登的园记中，就记录了“永祯

1 江畬经. 历代小说笔记选（金元明）[M]. 上海：上海书店，1983：292.

堂”“东雅堂”“五云楼”“延熏楼”“白雪楼”“留客楼”“迎旭轩”“浮白轩”“遣心”水槛、“太乙斋”画室等十几处屋宇建筑。另外，还有四座亭子，多处游廊、桥梁、曲室，其中，沿着住宅东侧进入园林的主门之亭“翼然”高耸，可能已经有了门楼构造。“东雅堂”是园林中最宏大的广厦，不仅高大坚壮，而且，还大量地使用了斗栱：“栋宇坚壮，宏丽爽垲，榱题斗栱，若雁齿鱼鳞，夏屋渠渠，可容数百人。”园记又说：“一泉一石，一榱一题，无不秀绝精丽。雕墉绣户，文石青铺，丝金缕翠，穷极工巧，江左名园，未知合置谁左。”可见，此园建筑中已经大量地使用了彩绘、雕刻、错金、花窗、铺地等建筑装饰。仅从园林造景的角度来看，此园“仙家楼阁，雾阈云窗”，密集如琼楼玉宇般的建筑与较小的园林面积之间并不十分协调，过于奢华的建筑风貌，濡染了商人家园鲜明而浓郁的炫富争豪气息，与传统文人园的自然、朴素的审美理想之间渐行渐远。

第四，此园中的堂、楼、亭、台、阁、轩等，不仅有题名，且已多请名家题写，这也是明代中后期园林中的新风景。例如，“永祯”堂、“东雅”堂题额出自文徵明，“友恭”堂题额出自梅花墅主人许元溥，“揽秀”门额、“仙掌”峰题额出自王稚登等。园林景境央请当世名家墨迹题款，在元末时曾一度很流行，顾德辉的玉山佳处几乎每一景境都有杨铁崖、郑元佑、高明、吴克恭、于立、陈静初等人题写的楹联。然而，入明以后，这一风尚一度中断，明代中前期苏州园林中的大多景境都只有题名而并不刻意央请名家书写题名，到了晚明，这一风气又渐渐盛行起来。

另外，王稚登园记中说：“园初筑时，文太史为之布画，仇实父为之藻缋。”后世也多援引此说，认为此园设计出自文徵明之手。此园密集的建筑设计，富丽堂皇的整体风貌，与文徵明的园林审美思想之间相去较远；嘉靖二十五年（1546年）园林初创时，文徵明已经七十七岁高龄，以耄耋之年为一个富豪后生造园亲自布画、设计，这似乎也不大符合文太史的处世风格，更像是一种商业活动。仇英所绘园图，后世也早已不传。从徐树丕的随笔可知，明末时因为徐氏兄弟不睦，手足冲突竟然发展到公堂诉讼的地步。这种事情既伤害亲情，有损家族脸面，又破费家财，导致此园被转让售予了项煜。项煜本是崇祯朝的礼部侍郎、少詹事，也曾与东林党人有过交往，因为甲申（1644年）投降了李自成，招致吴地士民的忿恨和鄙弃，民怨最后被集中发泄在其园居上，一代名园最终被袭掠一番后，在一把大火中烟消云散，只剩下了“巨石巍然旷野中”。

7.2.30 东园

徐泰时（1540—1598），字大来，号舆浦，长洲人。万历八年（1580年）进士，先后仕历工部主事、营缮郎中、光禄寺少卿、太仆寺少卿等职。万历十一年，徐泰时因涉嫌贪贿而被解职，在其的“回籍听勘”期间营造了东园（今留园）。范允临在《明太仆寺少卿舆浦徐公暨元配董宜人行状》中说他：“一切不问户外事，益治园圃，亲声伎。里有善垒奇石者，公令垒为片云奇峰，杂莳花竹，以板舆徜徉其中，呼朋啸饮，令童子歌商风应苹之曲。”[1]

1 （明）范允临．输寥馆集（卷5）（四库禁毁书丛刊集部第101册）[M]．北京：北京出版社，1997：314.

魏嘉瓒先生说："徐朴是徐泰时的曾祖父，他的别业就是东园的最早基础。"[1]这一推测是可信的，徐泰时修造东园大约于万历二十三年（1595年）竣工，前后历时仅有两年多，如果没有良好的基础，这么短时间内是难以造出一代名园的。

此间，袁宏道与江盈科分别任职吴县和长洲的知县，二人先后数度来访园中，因此，二人诗文中留下了关于东园景境的早期资料。袁宏道说：

"徐冏卿园在阊门外下塘，宏丽轩举，前楼后厅，皆可醉客。石屏为周生时臣（周秉忠，字时臣，号丹泉）所堆，高三丈，阔可二十丈，玲珑峭削，如一幅山水横披画，了无断续痕迹，真妙手也。堂侧有土陇甚高，多古木。垄上太湖石一座，名瑞云峰，高三丈余，研巧甲于江南，相传为朱勔所凿，才移舟中，石盘忽沉湖底，觅之不得，遂未果行。后为乌程董氏构去，载至中流，船亦覆没，董氏乃破赀募善没者取之，须臾忽得其盘石亦浮水而出，今遂为徐氏有。范长白又为余言，此石每夜有光烛空然，则石亦神物矣哉。"[2]

袁宏道的《园亭纪略》尽管文字很简略，从中却也可以看出东园造景的一些主要特征。与紫芝园一样，东园也是一所宏丽豪华的园林，但总体空间设计与紫芝园不同，徐泰时东园是前宅后园的合一布局，这一点与今天的留园没有太多差别。东园中的假山出自当时著名画家周秉忠之手，其中临水近宅处的假山整体联络成一带岭脉的走势。

江盈科在《后乐堂记》中，对于徐氏东园初造时的理景，有更多更细的描述：

"堂之前为楼三楹，登高骋望，灵岩、天平诸山，若远若近，若起若伏，献奇耸秀，苍翠可掬。楼之下，北向左右隅，各植牡丹、芍药数十本，五色相间，花开如绣。其中为堂，凡三楹，环以周廊，堂墀迤右为径一道，相去步许，植野梅一林，总计若干株。径转仄而东，地高出前堂三尺许，里之巧人周丹泉为累怪石，作普陀、天台诸峰峦状。石上植红梅数十株，或穿石出，或倚石立，岩树相得，势若拱遇。其中为亭一座，步自亭下，由径右转，有池盈二亩，清涟湛人，可鉴须发。池上为堤，长数丈，植红杏百株，间以垂杨，春来丹脸翠眉，绰约交映。堤尽为亭一座，杂植紫薇、木犀、芙蓉、木兰诸奇卉。亭之阳，修竹一丛。其地高于亭五尺许，结茅其上……"[3]

结合袁、江二人的描述可知，徐氏东园在理景设计中，对地形的竖向改造用了很大的手笔，这为后世留园的山水环境格局奠定了基础。这里高三丈、长二十丈余的巨大石屏，这幅了无断续痕迹的山水横披画，应该就是今天留园中心水池西北侧的湖石假山群的基础，在今天留园的"闻木樨香亭"处，可能就是原先叠山构亭之处。在袁宏道寥寥两百字中，他还提到了东园的土假山："堂侧有土陇甚高，多古木。垄上太湖石一座，名瑞云峰，高三丈余。"

1 魏嘉瓒. 苏州古典园林史［M］. 上海：上海三联出版社，2005：236.

2 （明）袁宏道，等. 三袁随笔［M］. 成都：四川文艺出版社，1996：53.

3 （明）江盈科. 黄仁生，辑校. 江盈科集［M］. 长沙：岳麓书社，2008：250.

可见，今留园西侧的土包石大假山，也是明末艺术大师的遗构，江南奇石之一瑞云峰，就点缀于此土假山之上。这种积土成山、置石成峰的处理方式，也是晚明苏州园林土石假山的常见作法，当时退居阊门内的尚书杨成有五峰园，其中五峰也都是这种作法。关于这一瑞云峰的来历，袁宏道采用了当时的里巷传说，后来张岱的《陶庵梦忆》、徐树丕的《识小录》，也都用了此说。袁宏道还转引了范允临的说法，说此石能夜生光辉，似乎为有灵神物。尽管这些街头巷语流传广泛，却大多为无稽之谈。

江盈科在《后乐堂记》中说："公蓄两娈童，眉目狡好，善鹳鸧舞、子夜歌。酒酣，命施铅黛、被绮罗，翩翩傄觞，恍若婵娟之下广寒，织女之渡银河，四坐宾朋无不凝吟解颐，引满浮白，饮可一石而不言多。"在徐泰时的行状中，范允临也说他"呼朋啸饮，令童子歌商风应苹之曲"，可见，万历间昆曲演剧已经深度融入苏州私家园林中，成为园林主人的家养班子了。

从江盈科的诗文来看，徐氏东园花卉种植，已经明显有了"一年无日不看花"的追求，东园就是一个大大的花园。《后乐堂记》中说，园内有牡丹、芍药、紫薇、芙蓉、木樨、木兰、红梅、野梅等花卉，其诗歌《徐冏卿席上赋》说："名花杂植数百茎，四时常得教春住。"这种私家园林的花园化倾向，也是晚明苏州园林发展的一个普遍趋势。江盈科在书信《与徐少浦》中说："两过名园，山形水色，总非人寰中物，岂六丁为老丈从海上驱而来也？他鱼禽花鸟，种种会心，乃知三岛飞仙，谪居尘世，方能消受此景。不肖碌碌簿书，坐此间一刻，便欲蜕去。"[1]又在《陈进士召集徐园》诗中说："酒社喜追嵇阮约，名园况比阆壶看。"[2]总体来看，徐泰时的东园也是一所屋宇轩敞、华丽宏大的园子，园林造景与紫芝园一样，都有了浓重的逍遥享乐、追慕仙境趋向。

万历二十六年（1598年），徐泰时谢世，此后直到徐泰时之子徐溶成年，东园由徐泰时女婿范允临代管。徐氏除东园外还有西园，后来由于家境难以维持，徐溶舍西园为寺，此即今天的西园寺。徐溶在天启年间谄媚魏忠贤，成为招致天下士民不齿的阉党一员。《明史·魏忠贤传》说："故天下风靡，章奏无巨细，辄颂忠贤……"[3]崇祯登基后的头等大事就是罢黜阉党，因此，徐氏家道衰落、东园衰落，应该都发生在崇祯年间。

7.2.31 徐子本园

晚明时，阊门外徐氏还有另外一个闻名当世的园林，即徐子本园。关于此园留下来的文献资料不多，今从张凤翼的《徐氏园亭图记》[4]，可粗知徐子本其人及其园林景境设计的大略。

首先，此园主人徐子本与徐默川、徐泰时同为一个家族，其园林是这期间徐氏家族又一新造园池。张凤翼在图记中说："徐氏园亭图也，园在阊门外，新桥之北，去城二里而遥，

1 （明）江盈科. 黄仁生，辑校. 江盈科集［M］. 长沙：岳麓书社，2008：457.

2 （明）江盈科. 黄仁生，辑校. 江盈科集［M］. 长沙：岳麓书社，2008：84.

3 （清）张廷玉，等. 明史（卷193）［M］. 北京：中华书局，1974：7820.

4 王稼句. 苏州园林历代文钞［M］. 上海：上海三联出版社，2008：50.

园去桥半里而近。”徐树丕《识小录》说：“余家世居阊关外之下塘，甲第连云，大抵皆徐氏有也。”江盈科《后乐堂记》说：“太仆卿渔浦徐公解组归田，治别业金阊门外二里许。”综合这三条文献可知，徐子本园不仅在阊门外徐氏家族世居的“连云甲第”之内，而且与徐泰时的东园同在阊门外二里许的地方，两园之间距离近在咫尺。关于徐子本其人，张凤翼在图记中说：“主人子本，乃好行其德者，又敬爱客，嘉、隆间，尝与寿承、休承、孔加、公瑕、鲁望诸名胜嬉遨其间，至信宿忘返，殆若不知园之非吾有者。当时未有图也，已而钱山人叔宝为之图，图成而子本之伯子孝甫装潢之，属予为之记。”

寿承即文彭，休承即文嘉，孔加即彭年，公瑕即周天球，鲁望是袁袠之子袁尼，钱山人叔宝即钱谷。从徐子本交友圈可以看出，他应该是嘉靖、隆庆间吴地书画艺术界的活跃人物之一，很可能又是一个文化商人。与紫芝园一样，此园也是初造于嘉靖后期而传承至明末的名园。此园初造时无图，此图与记乃是园林传至徐子本侄子徐孝甫时分别请钱宠、张凤翼补作。

其次，与徐默川紫芝园和徐泰时东园相较，徐子本园虽然面积和规模相对较小，景境层次也显得更加疏朗、朴素，但是园林理景却更加具有文人写意小园的朴雅风致。

张凤翼在图记中说：

“入门，花屏逶迤，中围小山，山嶙峋多奇石，杂树松桧，森焉若真。遵麓而东，东有小渔梁，逾梁有小亭，命之日天香，桂丛在焉望，素而芬，宛乎淮南招隐之境也。亭前有小池，池广植莲，当朱而荣，烨乎若耶采芳之区也。池通大池，大池之上有堂临之，堂居园之中央，命之曰水木清华，觞酌恒于斯矣。堂西有小斋，斋外有桥，桥西复有斋，斋后植蕉，咸可憩焉、谈焉、藏焉、修焉，委乎禅房之奥也。”

从图记可以看出，园林的空间布局以“水木清华堂”为中心，堂前为一东西蜿蜒转折的大水池。池东侧和南侧皆为体量较小的石假山，石峰与花木掩映而构成此园东南进门处的屏风。假山上的丛桂之间，构有“天香”小亭，东南山水花木映衬交织，颇有“悠然见南山”的山林隐逸风气。水池自“水木清华堂”西南折向北，沿水池的转折处，造有小桥、斋馆、禅房、蕉窗、丛竹、茅亭等。所有这些，都是文人庭园中传统的理景要素和设计方式。

第三，此园造景巧妙地使用了借景处理。小园造景尽管精致，但受限于面积和体量，需要尽可能借景园外来丰富有限空间中的景境层次。《图记》说：

“自桥北望，重屋耸矗，飞甍入池，俨如倒景，池即大池。折而北，北南长可百步，沿池而北，历台至楼。登斯楼也，左城右山，应接不暇，而虎丘当北窗，秀色可摘，若登献花岩顾瞻牛首山然。俯而视之，则平畴水村，疏林远浦，风帆渔火，荒原樵牧，日夕异状，命之曰襄胜，谅乎其胜也已。”

第四，此园至少有两处成功的借景。一处是站在大水池西南角的桥面回首池北，利用池水为镜面来借景北面的楼阁、林木，即“自桥北望重屋，耸矗飞甍入池，俨如倒景”。另一处是在园西北角的水边，造有高台，高台之上造楼阁，充分增加高度，以借景园外的湖山：仰视远方，有西北的虎丘山、太湖边上的群山；俯视平野，则可以看到周围的村烟河荡、船帆渔火，甚至田野上的夕阳牧童。

第五，此园理水明显经过了缜密的构思。园林造景对水面的处理符合“大则分散、小则聚合”的理水原则；园中水系主脉自西北流向东南，分别在西南与东南处安置桥梁，在不经意之间暗合了“天门开”“地户闭”的传统风水观念。

7.2.32 天平山庄

范氏家族世居天平山、支硎山一带，范允临的天平山庄本是范氏祖业，也是范仲淹墓园之所在，因此，与晚明徐氏家族园林之间，本来没有多少关系。然而，范允临的夫人徐媛为徐泰时之女，范允临不仅是徐氏的女婿，而且，“盖吾亦少孤，十四而先君捐馆舍，十五而母氏弃杯棬”[1]，范允临就是在徐泰时庇护之下长大成人的。后来，徐泰时下世，徐氏东园不仅由范允临临时代管打理，而且，其嗣子徐溶也是由范允临抚育长大成人的。因此，范允临所造园林，与徐氏家族园林之间又有着深厚的亲缘关系。

范允临（1558年—1641年），范仲淹十七世孙，字长倩，号长白，苏州府吴县人；万历二十三年（1595年）进士，官至福建布政司参议；精通书法，善绘画，时与董其昌齐名；致仕后隐居苏州天平山麓，建园林，乐声伎，称神仙中人。今按汪琬《前明福建布政使司右参议范公墓碑》：

“前明福建参议范公，既解云南组绶，退居里中，惟用文章翰墨倡率后进，享有林泉之乐，从容寿考，殆三十有八年……于是，公归而筑室天平之阳，徙家居之。日夜流连觞咏，讨论泉石，数与故人及四方知交来吴者，往还遨娶山水间。”[2]

可知，晚明范氏天平山庄的复兴，是在范允临挂印回乡之后。范允临卒于崇祯十四年（1641年），汪婉说他享有林泉之乐约三十八年，由此可以推断，其于天平山兴建庄园大约是在万历三十一年（1603年），汪琬认为他是明代吴中古道朴风的最后继承人：“盖百余年来，吴士大夫以风流蕴藉称者，首推吴文定、王文恪两公。其后则文徵仲待诏继之，最后公又继之。逮公物故，而先哲之遗风余韵尽矣。”

天平山庄位于白云古刹东，依山坡地形顺势而建，以廊榭为路，引泉水为沼，架以石梁，馆阁亭榭随山势层叠而上，鳞次栉比。园中建筑有寤言堂、鱼乐国、咒钵庵、听莺阁、芝房、小兰亭、十景塘、桃花涧、宛转桥诸胜，总称天平山庄，俗称范园。关于山庄的园景，张岱在《陶庵梦忆》中有简要的记述：

1 （明）范允临. 输寥馆集（卷5）（四库禁毁书丛刊集部第101册）［M］. 北京：北京出版社，1997：314.
2 （清）汪琬. 尧峰文钞（卷10）（四部丛刊集部第276册）［M］. 上海：商务印书馆，1926：33.

“范长白园在天平山下，万石都焉。龙性难驯，石皆笏起，旁为范文正公墓。园外有长堤，桃柳曲桥，蟠屈湖面。桥尽抵园，园门故作低小，进门则长廊复壁，直达山麓。其绘楼幔阁、秘室曲房，故故匿之，不使人见也。山之左为桃源，峭壁回湍，桃花片片流出。右孤山，种梅千树。渡涧为小兰亭，茂林修竹，曲水流觞，件件有之。竹大如椽，明静娟洁，打磨滑泽如扇骨，是则兰亭所无也。地必古迹，名必古人，此是主人学问。但桃则溪之，梅则屿之，竹则林之，尽可自名其家，不必寄人篱下也。”

此园是一个集宅园、墓园、自然山水园融合为一的庄园，其园景最为鲜明的特征就是园林景境与园外自然山水交融和谐。这种风貌也符合晚明苏州文人园林新一轮向城外湖山之间发展的分裂趋势，依托自然地形构筑园林，宛若六朝的自然山水园。在自然山水中的园林环境相对开放疏朗，为了确保家庭生活的私密性，园中建造了高大精致的建筑，“绘楼幔阁、秘室曲房，故故匿之，不使人见也”。为了借景园外山水的自然景色，天平山庄理景又特别把园门和围墙设计得很低矮，对于园外“万笏朝天”的特殊地形，以及桃花流水、竹林梅圃，则完全听任其自然而然，以至于竹子高大粗壮得都如房屋梁柱一般了。而且，主人范允临最为会心得意的景境也不是园林造景，而是“月出于东山之上”的山林月色，以及山园雪景：“山石巇岈，银涛蹴起，掀翻五泄，捣碎龙湫，世上伟观。”明万历年间，范允临把枫树引种到天平山，年去岁来，枫林渐密，每到深秋季节，漫山遍野层林尽染，最终成为国内赏枫的名胜奇景。

作为晚明的名园之一，范允临天平山庄在屋宇建筑及装饰陈设等方面，也未能完全摆脱时代风气的影响：“开山堂小饮，绮疏藻幕，备极华褥，秘阁请讴，丝竹摇飏，忽出层垣，知为女乐。”可见，园林建筑装饰华美绮丽、刻镂藻绘，明显都是时代建筑装饰艺术的主流风格。晚明苏州盛行昆曲，演剧舞台是当时私家园林中雅俗共赏的常见风景，范允临是戏曲大家，丝竹女乐空间自然也成为天平山庄中的必有之景。晚明文人沈德符在《仲春大士生辰礼支硎因及他近山感赋》中，记录了他对天平山庄精美的园林建筑，以及园中戏班的精彩表演，留下的深刻印象。

另外，范允临归隐期间，以天平山庄为平台，广交江南名流雅士，山庄中多次举办文人雅会，园林俨然成为当时吴地的一个文化艺术交流舞台。

清初，天平山庄传至范允临之子范必英之手。范必英在园中建造“参议公祠”，康熙四十二年（1703年），康熙皇帝在南巡图中驾临山庄，为范氏忠烈庙赐题匾额“济世良相”。乾隆七年（1742年），范瑶等再次修复天平山庄。十年后，乾隆南巡途中，驾临天平山庄，有感于范仲淹“先忧后乐”“不以物喜，不以己悲”的高风大义，题赐“高义园”。并为赋无言律诗《范文正祠》一首：“文正本苏人，古山祠宇新。千秋传树业，一节美敦伦。魏国真知己，夷维转后尘。天平森翠笏，正色立朝身。”范瑶为了纪念天平山庄的这一殊荣，请人绘制了金碧风格的人物山水《万笏朝天图》。画长卷，纵56.3cm，横1706.7cm，比较完整地展示了御驾一行从苏州古城到天平山风景区的行程、迎驾人群，以及山水风光。至此，天平山庄进入其历史上的最为高光时刻，也成为凝聚吴地文化高风亮节和承载盛世帝王特殊恩荣的双重光环的风景名胜。

晚清到民国期间，天平山一带私自开山采石泛滥，虽然地方政府屡屡颁发禁令，却收效甚微，加之约一个世纪的战乱频仍，天平山庄胜景逐渐衰落下去。

中华人民共和国成立后，地方政府非常重视对天平山庄的保护，1954年，苏州园林局接管了山庄，随即启动了持续的保护修复工程。如今，这里不仅以深秋红枫、山园美景誉满世界，而且以深厚的文化精神内涵，成为爱国主义教育基地。

在晚明徐氏家族园林中，还有徐廷祼在吴宽东庄基础上改建的“徐参议园”，王世贞《游吴城徐少参园记》说“友人徐少参廷祼治之十年矣”[1]；以及徐佳和徐圭利用诈赌巧取的王氏拙政园，王世贞在《古今名园墅编序》中说：“徐鸿胪佳园因王侍御拙政之旧，以己意增损而失其真……乔木茂林，澄川翠干，周围里许方诸名园为最古矣。”[2]

7.2.33 求志园

张凤翼（1527年—1613年），字伯起，号灵虚，长洲人，晚明苏州著名的文人、书法家、戏曲作家。张凤翼与两位兄弟张燕翼、张献翼皆有才名，时人称为“三张”。

张凤翼故居位于今苏州干将路与临顿路交叉口西侧的文起堂，这是目前苏州古城区内仅存的几处明代建筑遗存之一。晚明时此园附近还有江盈科的小漆园、钱谷的辟疆园等。求志园是传统宅园空间布局中的后园，今人得以能够比较清晰地讨论求志园的景境风貌，主要得力于钱谷的《求志园图》（图7-2-5）和王世贞的《求志园记》（图7-2-6）。钱谷作画自题款为：“嘉靖甲子夏四月（嘉靖四十三年，1564年）钱谷作求志园图。”今可见到的王世贞园记最早版本，就是书写于钱谷园图上的跋文，落款为：“戊辰（隆庆二年，1568年）春三月天弢居士王世贞书。”由此可以推断出，张凤翼开创此园大致就在嘉靖末。钱谷和王世贞都是张凤翼的好友，也是求志园的常客，因此，二人的图与记都具有很强的写实性。今对照园图，结合园记，可以比较清晰地还原出此园完整的平面设计图。

沈德符《万历野获编》说：“近日前辈，修洁莫如张伯起”；沈瓒《近事丛残》说：“张孝廉伯起，文学品格，独迈时流，而耻以诗文字翰，结交贵人。”可见，在晚明苏州文人中，张凤翼以品性高洁、格调不俗而居众人之上。园如其人，其求志园的景境设计风格，也不苟同与晚明苏州流行的园林营造俗趣，显示出浓重的传统文人园林的艺术审美气息。

在园记中，王世贞转述了张凤翼本人的造园目的：“吾它无所求，求之吾志而已。”主人营造园林的核心追求在于“求志”，旨在身心俱闲、自得其乐的精神追求。这种人超然物外、明志远俗的高尚情趣，与当时造园广泛存在的奢华炫富流行风气泾渭分明，与当时以徐氏家族园林为代表的巨室私园，也不属于同一种格调类型。因此，在园林造景方面，此园不但没有多少金粉气息，甚至连置石与叠山也不曾有，正如张凤翼本人所言：“诸材求之蜀、楚，石求之洞庭、武康、英、灵壁，卉木求之百粤、日南、安石、交州，鸟求之陇若、闽广，而吾园固无一也。”这一点从钱谷所绘的园图中也可以看出来。这里需要特别指出的是，今人

1 赵厚均，杨鉴生. 中国历代园林图文精选（第3辑）[M]. 上海：同济大学出版社，2005：172.

2 （明）袁宏道，等. 三袁随笔 [M]. 成都：四川文艺出版社，1996：53.

图7-2-5　钱谷绘《求志园图》[1]

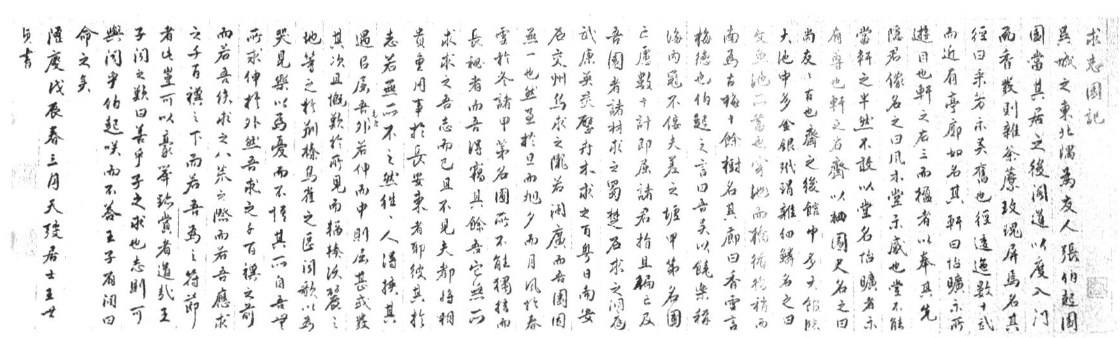

图7-2-6　王世贞书《求志园记》

认定干将路128号的文起堂，就是张凤翼的故居，其实，“文起堂”名既不见于王世贞的园记，也不见于钱谷的园图，而且，现实的砖雕门楼、贴砖照壁等，也不见于与张凤翼求志园相关的史料中，与张凤翼求志园的风格也不一致，因此，现存遗迹应该是张凤翼身后之人所建。

求志园是一所富有传统文人风雅趣味的园子，园中以篱墙杂植荼蘼、玫瑰为花屏，缘墙小路为“采芳径”。园中建筑仅有会客的主厅“怡旷轩”、祠祀先人的“风木堂”、陈列图史的书房“尚友斋”、香雪廊、文鱼池等基本构造。园林中面积最大的两处空间，是一方池塘和大面积的树林。从园记与图绘中看，求志园对于其中水域几乎未作多少处理，仅在中间造一曲桥以便于通往后面的花圃和林区。此水面主要功能可能正如其名，就是主人家的养鱼池。江盈科《张伯起池上看驯鸳》说：“水禽自昔羡鸳鸯，锦翼辉辉翠鬣长。惯趁春风眠别渚，乍随秋色下寒塘。芙蓉花底双双立，杨柳堤边款款翔。似解主人机事少，斋头饮啄总相忘。”[2]其《访张伯起留饮》诗又说：“马蹄无意逐风尘，独抱渔竿事隐沦……园花的的娇随酒，

1　董寿琪. 苏州园林山水画选［M］. 上海：上海三联出版社，2007：78-80.

2 （明）江盈科. 江盈科集（上）［M］. 长沙：岳麓书社，2008：154.

水鸟依依巧狎人。”[1]通过这两首诗歌可知，园中水池还有两个另外功能——池竿垂钓和驯养水禽，这也是晚明其他园中少有的趣事。

园林造景疏朗简朴、淡雅幽静，与苏州传统文人造园艺术风格一脉相承。李攀龙有诗：“驾言旋北郭，灌园依一丘。白云荡虚壑，余映翻寒流。”[2]说的正是此园虚灵疏旷的景境。也正因此，虽然此园在当时苏州无数园林中既狭小且朴陋，很不引时人瞩目，却有钱谷作图绘、王世贞写园记，以及王谷祥篆书“求志园”和文徵明手书“文鱼馆”的题额。另外，传世的钱谷图绘后面，还有当时名流皇甫汸、李攀龙、黄姬水、黎民表等人的跋文[3]。

7.2.34　艺圃

苏州艺圃在今阊门文衙弄之内，是明清鼎革之际苏州著名宅园，现已列入世界文化遗产名录。园林面积很小却名气很大，源于两个主要原因。其一是园林主人以文德雅望受世人瞩目；其二是园林理景设计的艺术水平高超。

在苏州艺圃的园林传续历史上，先后有三位深受世人尊重的文人（家族），他们的名望和才情对于园林理景成境起到了至关重要的作用。

首先是袁祖庚起创宅园，取名醉颖堂。袁祖庚，苏州长洲县人，明代嘉靖年间进士，先后辗转江南多地任推官、知府，因清正廉洁、奉公守法受人毁谤，遂于四十岁之壮年辞官回乡。从文徵明、王献臣到袁祖庚，苏州历来尊崇这样的人品和经历；醉颖堂宅园“地广十亩，屋宇绝少，荒烟废沼，疏柳杂木”，一派超然物外的“城市山林”风貌。这一切都为园林景境烙上了清晰的品格与个性。

醉颖堂传到第二代主人袁孝思时，转售于苏州书香世家文元发、文震孟父子。文震孟

1 （明）江盈科．江盈科集（增订本1）[M]．长沙：岳麓书社，2008：90.

2 （明）李攀龙．包敬第，标校．沧溟先生集[M]．上海：上海古籍出版社，1992：101.

3 徐朔方．晚明曲家年谱（张凤翼年谱）[M]．杭州：浙江古籍出版社，1993：194.

（1574—1636）是文徵明的曾孙，文震亨的哥哥，天启二年科状元，官至礼部侍郎、东阁大学士，以“刚方贞介”“忠义节烈”，受阉党排挤而落职回乡。文震孟改“醉颖堂”名为“药圃”，并对园林理景进行了全面的完善提升，奠定了今艺圃园景的基本架构和风貌。

明末清初，园林药圃逐渐荒废。园归因忠贞直谏获罪的名臣姜埰。

姜埰（1607—1673），字如农，为山东登州府莱阳县人，崇祯十四年（1641年）进士，后因都御史刘宗周弹劾首辅周延儒，上疏言事而获罪，被谪戍宣州卫。明亡后，流寓苏州，在好友周茂兰的资助之下，购得文震孟的旧园药圃，因为宣州（即今安徽省宣城）县北有敬亭山，姜埰说：“我宣州一老卒，君恩免死之地，死不敢忘。”遂自号敬亭山人、宣州老卒，并将其所购之园名之为敬亭山房。以此来铭记自己曾被崇祯皇帝遣戍宣州的往事，以明示自己不忘前朝之志，此后，又两次更改园名为“颐圃”和“艺圃”。

归庄在康熙十一年（1672年）三月所作的《敬亭山房记》中说：“先生犹得以先朝遗老栖迟山房，以尽余年，岂非幸欤？先生之不忘先朝，忠也。”[1]当时也只是荒园数亩，稍加修葺而已，池亭花石之胜，亦不过是文氏旧观，“先生抱膝读书山房中，不与世事者三十年”[2]。姜埰喜欢食枣，因为枣实是殷红色（朱）的，以示不忘前朝。圃中有枣树数株，其长子姜安节筑“思嗜轩”，一时名流，远近赋诗赠之，如施闰章：“趋庭有旧树，花发何纂纂。昔日怡老颜，今日悲肠断。果落馀空枝，肠摧无尽时。敬亭山下墓，重引泪如丝。”刘文昭：“风雾暗长陵，星辰忽易位。抗疏独黄门，忧天天果坠。投荒羁宛陵，感恩犹自慰。今夏逢令嗣，一见客心碎。揖我思嗜轩，顿生忠孝愧。为园多艺枣，云是先人惠。结实何离离，抚柯堕双泪。班荆话树间，坐待秋云退。”余思复：“峨峨阊阖城，郁郁城西圃。青青众草芳，中有伤心树。维昔黄门公，上书蒙谪戍。种此赤心果，于焉情所寓。佳儿每过之，旁徨不能去。岁岁嘉实成，凄凄感霜露。孤忠遗泽长，大孝终身慕。哀哉卢溪叟，不得溪上住。”姜安节亦有诗云：“纂纂轩前枣，攀条陟岵时。开花青眼对，结实赤心期。似枣甘风味，如瓜系梦思。只今存手泽，回首动深悲。”

从文氏药圃到姜氏艺圃，先后有黄宗羲的《念祖堂记》、姜埰的《颐圃记》，以及汪琬的《艺圃记》和《艺圃后记》等文章，比较完整地记录了园林的风景构成，著名画家王翚留宿艺圃期间，还因慕恋园景而绘写了《姜贞毅艺圃图》。从这些文字和图绘史料中可知，当时艺圃有：东莱草堂、延光阁、馎饦斋、香草居、四时读书乐楼、念祖堂、旸谷书堂、爱莲窝、敬亭山房、红鹅馆、六松轩、绣佛阁、响月廊、鹤柴、南村、度香桥、朝爽台、垂云峰、思嗜轩、乳鱼亭等多处理景。汪琬《艺圃记》说：

“予尝取其大凡，则方广而渺漫者，莫如池；逦迤而深蔚者，莫如村；高明而敞达者，莫如山颠之台；曲折而工丽者，莫如仲子肄业之馆若轩。至于奇花珍卉，幽泉怪石，相与晻霭乎几席之下；百岁之藤，千章之木，干霄架壑；林栖之鸟，水宿之禽，朝吟夕哢，相与错杂乎室庐之旁。或登于高而揽云物之美，或俯于深而窥浮泳之乐，来游者往往耳目疲乎应接，而手足倦乎扳历，其胜诚不可以一二计。”

1（清）归庄．敬亭山房记，王稼句．苏州园林历代文钞［M］．上海：上海三联出版社，2008：68-69.

2（清）魏禧．敬亭山房记，王稼句．苏州园林历代文钞［M］．上海：上海三联出版社，2008：68.

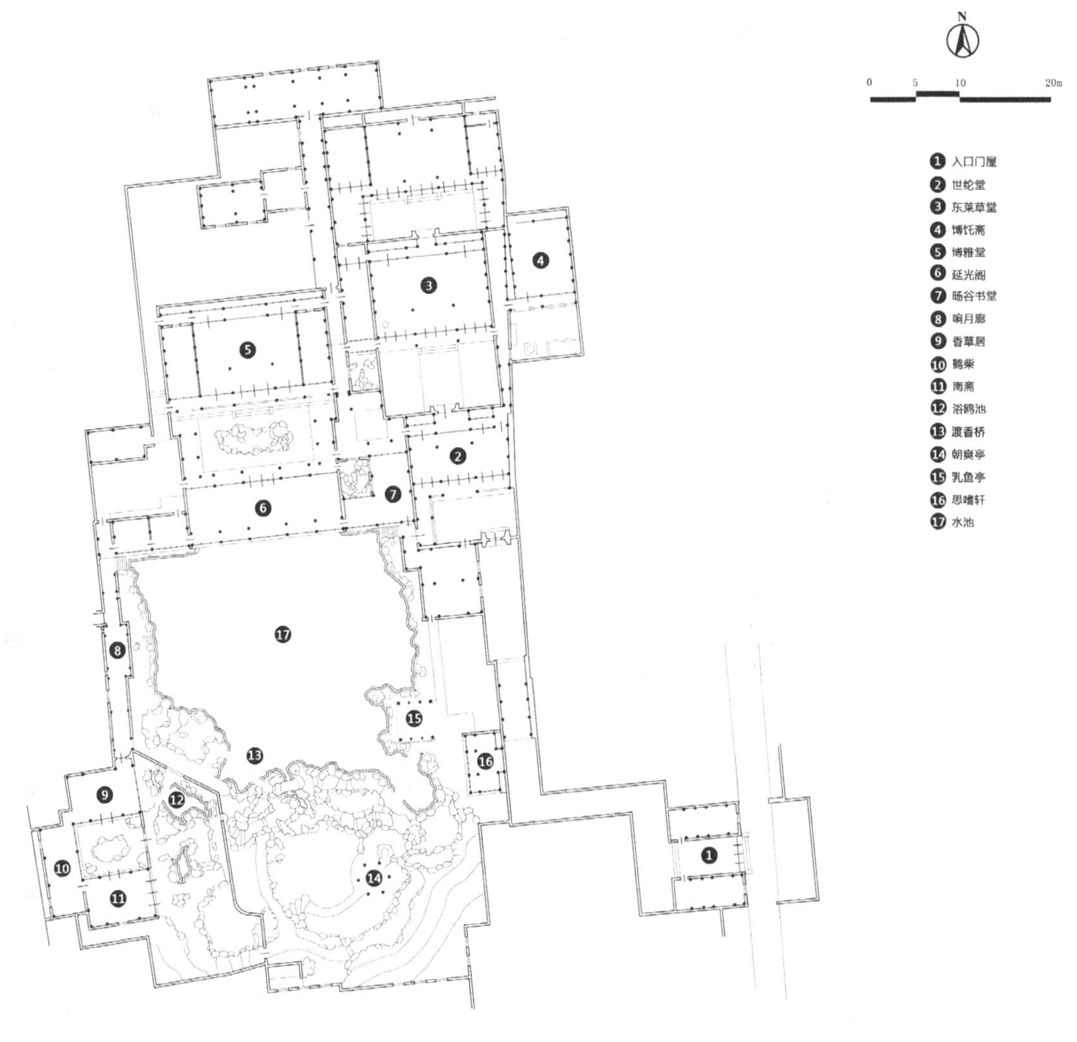

图7-2-7　今艺圃平面图

以图文对照今日的艺圃园林，人们还可以发现，不仅有数处景境名称三百多年未变，园林围绕中心水域叠山理景的格局基本没有变化，而且，园林从宅堂题名到园景韵致，迄今依然保留了文人世家的书香风气和精致典雅的山林逸气（图7-2-7）。

姜氏留居艺圃之中持续到清代中叶，此后，园林为苏州商人吴斌所得。晚清道光年间，苏州丝绸同业会在商人胡寿康和张如松的牵头下，集资购得此园，成立苏州丝绸同业会，取《诗经》中的“跂彼织女，终日七襄”诗句，更其名为“七襄公所”。虽然属性发生了变化，行业会所却依旧较好地保留了园林理景的要素和风貌。杨文荪的《七襄公所记》记录了这一过程。太平军据苏期间，园林为听王陈炳文的王府。民国期间，日寇入据苏州，园林一度被日伪用作乡公所。

中华人民共和国成立后，艺圃园林先后被当作中学校园、苏州工商联办事处、苏州昆剧团练功处、桃坞木刻所等临时之用。1982年起，苏州市政府责成园林局对艺圃进行系统修复，经过几次的修复，园林逐渐重现“城市山林”、文人园林的旧貌。

2000年，艺圃被联合国教科文组织增补进入世界文化遗产名录，2006年，艺圃被国务院批准为全国重点文物保护单位。

7.2.35 归田园居

王心一世居苏州，万历癸丑（1613年）进士，一生仕途三次上下沉浮，皆缘于对客氏及魏忠贤阉党的斗争，《江南通志》说他“直言劲节，推重一时”，他是晚明东林士夫中的重要斗士，其宅园归田园居建造于拙政园东部的废弃地。王氏自撰的《归园田居记》说，此园营造肇始“于辛未之秋”（崇祯四年，1631年），“落成于乙亥之冬”（崇祯八年，1635年）[1]。后来王心一再度出仕，“庚辰（崇祯十三年，1640年）归田，又为修其颓坏，补其不足”，造园前后断续经历了十余年。

此园现已并入拙政园，成为今拙政园之东园，园景面貌变化也比较大，园门东向已经改为南向，中心建筑兰雪堂也从涵青池北移至缀云峰南面，成为拙政园进门之前厅了。今人研究归园田居原始风貌，可以参考的早期文献资料有：王心一本人撰写的《归田园居记》、康熙年间画家柳遇的《兰雪堂图》、沈德潜的《兰雪堂图记》、顾诒禄的《三月三日归园田修禊序》等。另外，当代王氏后裔所绘的“归田园居复原图”，以及今人所绘“归田园居复园示意图”，也是很有价值的研究资料。

王心一不仅是一个仕途有为的清流，而且精通丹青绘事，研究相关的文献资料就可以发现，其归田园居也属于晚明典型的文人园，景境设计最大的特点就是模范元明间大家的山水画，这从《归园田居记》和《兰雪堂图》（图7-2-8）中，都可以看出来。

图7-2-8 柳遇《兰雪堂图》[2]

1 王稼句．苏州园林历代文钞［M］．上海：上海三联出版社，2008：46.

2 董寿琪．苏州园林山水画选［M］．上海：上海三联出版社，2007：83.

园记开篇说："予性有邱山之癖，每遇佳山水处，俯仰徘徊，辄不忍去。凝眸久之，觉心间指下，生气勃勃。因于绘事，亦稍知理会。"王氏习惯以水墨丹青的视角，来品鉴其所见山水的，因此，其园林叠山理水模范名家山水画卷，也就成为一种自然而然的审美取向。归田园居叠山有两个集中区域，分别使用了湖石和黄石，王心一明确指出，这两处叠山都本于画中山水，而且，叠山师陈似云也是丹青妙手：

"东南诸山采用者湖石，玲珑细润，白质藓苔，其法宜用巧，是赵松雪之宗派也。西北诸山，采用者尧峰，黄而带青，质而近古，其法宜用拙，是黄子久之风轨也。余以二家之意，位置其远近浅深，而属之善手陈似云，三年而工始竟。"

由此也可以看出，归田园居与当时许多私家园林，尤其是与一些势家、商人的园林造景之间，有着鲜明的审美差异。

中国古代文人艺术历来都以"自然美"为重要的审美追求，文人造园更是如此，自然之美也是归田园居景境设计和营造上的鲜明特征。此园居是晚明苏州古城内面积较大的园林，然而，"门临委巷，不容旋马，编竹为扉，质任自然"，园林理景从门景开始，就特别强调一种自然朴素、清幽淡雅的文人艺术趣味。园内理景围绕山、水来展开，"地可池则池之，取土于池，积而成高，可山则山之。池之上，山之间，可屋则屋之"，可见，归田园居的山水设计完全是按照地形的自然面貌而稍加人工。高大而奢华是晚明苏州园林建筑的流行趋势，然而，归田园居中的建筑则体量小而色调素雅，掩映于山水花木之间而疏密有度，因此，园林景境总体呈现出山水大花园的自然风貌。园

中有秫香楼，可以登楼领略园林内外的荷风与稻香。园林内花木之繁多更是令人目不暇接，水生者、草本者有芙蓉、荇藻、牡丹、芍药等，木本者有丛桂、梅花、竹林、垂扬、紫藤、梧桐、杨梅、玉兰、海棠、山茶、老梅、苍松、柑橘等，桑麻桃李，鸡犬相闻，一派自然的乡村田园风光。更为可贵的是，这偌大山林中的“丛桂参差”“拂地之垂杨”“梧桐参差”“竹木交荫”“茂林修竹”“梅杏交枝”等植物，“大半为予之手植”——主人在园中亲手大量地种树、种花，这已经是明代中期以后苏州私家园林不再多见的情景了。

从王心一的园记来看，其归田园居中有明确题名的园景大约五十余处，分别为：墙东一径、秫香楼、荷花池、芙蓉榭、泛红轩、小山之幽、兰雪堂、涵青池、缀云峰、联璧峰、小桃源、漱石亭、桃花渡、夹耳岗、迎秀阁、红梅坐、竹香廊、山余馆、啸月台、紫藤坞、清泠渊、一邱一壑、聚花桥、试望桥、缀云峰、连云渚、螺背渡、听书台、悬井岩、幽悦亭、杨梅澳、竹邮、饲兰馆、石塔岭、延绿亭、玉拱峰、梅亭、紫薇沼、漾藻池、紫逻山、卧虹桥、片云峰、卧虹渚、小剡溪、杏花涧、五峰山（紫盖峰、明霞峰、赤笋峰、含华峰、半莲峰）、放眼亭、流翠亭、拜石坡、资清阁、串月矶、草亭、奉橘亭、想香径等，此外，“诸峰高下，或如霞举，或如舞鹤，各争雄长于缀云下者，予不能尽名之”。从园记的文字上来看，园景的数量和密度是很大的，甚至有些拥塞的感觉了，这一状况有晚明苏州园林造景密丽的时代特征，却又不完全是园林景境设计的真相。归田园居园林造景精于构思，因此，一步一景、移步换景成为其景境的鲜明特征，这五十余景大多数是主人及其雅友对园林景境的归纳和凝练，而不全是质实的建筑。这也是晚明苏州园林理景艺术逐渐趋向精细化、雅致化、程式化的一个重要标志。

作为晚明苏州文人园林代表作品之一，充满文人艺术的书卷气，成为此园理景艺术的又一鲜明特征。园中有“听书台”，以专供“听儿子辈读书声也”；五十余处景境题名不仅格调雅致，而且，题名多有明确出处，充满古典诗文的气息；为之书写题额者又皆为当时大家、名流。因此，园景既文且雅，富有文人艺术的趣味。例如，此园园名出自陶渊明的诗歌，洞景“小桃源”出自武陵渔人游桃花源故事，“兰雪堂”明出自李白的诗句“春风洒兰雪”，“涵青池”出自储光羲“池草涵青色”诗句等。其中“归田园居”“兰雪堂”题额为文震孟（字湛持）所书，“墙东一径”为归世昌（字文休）所题写，丛桂之景“小山之幽”为蒋伯玉题写，“一邱一壑”出自辛弃疾的词，题额为陈元素（字古白）所书，“流翠亭”为叶廷秀（字润山）手书。

7.2.36 梅花墅

许自昌（1578—1623），字玄佑（亦作玄祐），长洲人，自号梅花主人，梅花墅在今甪直古镇上，是许自昌在唐人陆龟蒙吴江别业旧址上构筑的乡村园林。关于许自昌的配字，这里有必要考订一下。许自昌好友钟惺在《梅花墅记》中说：“友人许玄佑之梅花墅也”；陈继儒在《许秘书园记》中说：“吾友秘书许君玄佑。”然而，《江南通志》却说：“梅花墅在元

<table>
<tr><td>一代</td><td colspan="12">许朝相，即郡幕公（原配沈氏、继室陆氏）</td></tr>
<tr><td>二代</td><td colspan="12">许自昌，即中书君（字玄佑，清时避康熙“玄烨”讳被改为“元佑”）</td></tr>
<tr><td>三代</td><td colspan="3">许元溥</td><td colspan="3">许元恭</td><td colspan="2">许元礼</td><td>许元方</td><td>许元毅</td><td>许元超</td><td>?</td></tr>
<tr><td>四代</td><td>许定泰</td><td>许定升</td><td>三女</td><td>许定国</td><td>许定祚</td><td>一女</td><td>许定震</td><td>一女</td><td>许定豫</td><td></td><td></td><td></td></tr>
</table>

图7-2-9　许自昌家谱简要

和县甫里，明秘书许元佑所构。”[1]这里说许自昌字“元佑”；李流芳《许母陆孺人行状》文中也说：“中书君许元佑。”钟惺、陈继儒是许自昌的好友，说法是可信的。清代刊刻史料中的“元佑”、“元祐”配字，其实是为避康熙讳所改字。然而，这一避讳改字很不谨慎——今按李流芳《许母陆孺人行状》文可知，许自昌的子一代恰好就是“元”字辈，后人稍不留心就会被误导，把两代人误作一代人了（图7-2-9）。

当时著名诗人冯敏卿在《赠许玄佑》诗中，说他“生岂菰芦人，硕貌何俣俣。豪气狭八丘，深心托千古。”[2]虽然许自昌中书舍人是捐来的官衔，但是，他广交雅友，是晚明江南乡名贤中的重要一员，一时间江南名士如祁承爜、陈继儒、钟惺、陈仁锡、姚锡孟、马万、陈履端、申时行、马玉麟、杨廷鉴、尤侗、徐乾学、盛符升、钱谦益、王时敏、吴伟业、李维帧、夏之鼎、钱希言、钟伯敬、文震孟、董其昌、张凤翼、王稚登、侯峒曾、陈子龙等，都曾来游园林，因此，后人研究其人及其梅花墅，资料还是比较丰富的。其中钟惺的《梅花墅记》、陈继儒的《许秘书园记》、祁承爜的《书许中秘梅花墅记后》[3]，以及当时名流游园后留下的诗歌等，都是关于梅花墅园林景境设计的第一手资料。

梅花墅是晚明文人建造于乡村的园林艺术代表，此园位于当年陆龟蒙湖畔耕隐的别业旧址，周围不仅河道密布如网，而且多农舍渔村，具有良好的造园基础。钟惺在《梅花墅记》中说：“出江行三吴，不复知有江，入舟舍舟，其家大抵皆园也。乌乎园？园于水，水之上下左右，高者为台，深者为室，虚者为亭，曲者为廊，横者为渡，竖者为石，动植者为花鸟，往来者为游人，无非园者。然则人何必各有其园也，身处园中，不知其为园，园之中，各有园，而后知其为园，此人情也。予游三吴，无日不行园中，园中之园，未暇遍问也。”在钟惺看来，三吴之地山清水秀，村落墟里到处都如园林一样美丽，而梅花墅就是这乡村大园林中的一个小园林。钟惺之所以认为三吴村野到处都是园林，主要原因就在于有丰富的自然水体。围绕秀美的水体，因势随意而为，都可以成为优美的园林，而梅花墅“其为水稍异”，又比其他地方的水景更美好。

从造园艺术元素上来看，梅花墅是一所充分利用水体造境的水景之园。陈继儒在《许秘书园记》说：

“其地多农舍渔村，而饶于水，水又最胜。太公尝选地百亩，蒐裘其前，而后则樊潴水

1　（清）黄之隽，等. 江南通志（卷31）（影印四库全书本）[M]. 台北：台湾商务印书馆，1995：605.

2　徐朔方. 晚明曲家年谱（许自昌年谱）[M]. 杭州：浙江古籍出版社，1993：465.

3　王稼句. 苏州园林历代文钞 [M]. 上海：上海三联出版社，2008：196-199.

种鱼。玄佑请锹石围之，太公笑曰：土狭则水宽，相去几何？久之，手植柳皆婀娜纵横，竹箭秀擢，茭牙蒲戟，与清霜白露相采采，大有秋思。玄佑乃始筑梅花墅。”

一是因为水多而集中。从相关园记和诗文来看，水之于梅花墅几乎是无处不在。《梅花墅记》说：

“登阁所见，不尽为水，然亭之所跨，廊之所往，桥之所踞，石所卧立，垂杨修竹之所冒荫，则皆水也……三吴之水皆为园，人习于城市村墟，忘其为园；玄佑之园皆水，人习于亭阁廊榭，忘其为水。水乎？园乎？”

也正因水景丰富，钟惺才有“闭门一寒流，举手成山水”的诗句。

园林围绕水体理景，不仅多曲桥、水榭、水阁，就连廊（流影廊）、亭（在涧亭、碧落亭）等都是建在水面之上的，在“漾月梁”桥之上还建有桥亭。园中最为华丽的中心建筑“得闲堂”，也是三面临水而建。

二是因为梅花墅对园内水体处理的许多奇思妙想都是此前园林理水中不多见的。首先是采用暗道引水入园。梅花墅周围“饶于水，水又最胜”，然而，“墅外数武，反不见水，水反在户以内，盖别为暗窦，引水入园”。这种以暗道引入园内主水源的理水做法，在此前的江南私家园林中极其罕见，后世无锡寄畅园用暗道取水叠成溪谷“八音涧”，可能与此法相似。其次是园中水景处理妙趣横生。梅花墅游园之路不仅有登阁、攀山，而且连接着涉水的石矶、水洞和桥梁，一路游来跌宕摇曳：

“磴�分道，水唇露数石骨，如沉如浮，如断如续。蹑足蹇渡，深不及踝，浅可渐裳，而浣香洞门见焉。岭岈岪崿，窍外疏明，水风射人，有霜雹虬龙潜伏之气。时飘花板冉冉从石隙流出，衣裾皆天香矣。洞穷，宛转得石梁，梁跨小池，又穿小酉洞。洞枕招爽亭，憩坐久之。”

园中水体驳岸处理得嶙峋起伏、苍苔斑斑，高下曲折皆有景致，还设计有浅滩之景：“径渐夷，湖光渐劈，苔石累累，啮波吞浪，曰锦淙滩。”再次是水面景境设计优美、层次丰富。梅花墅水面景致设计不仅多曲桥、多曲廊、有桥亭，还多岛屿：“辇石为岛，峰峦岩岫，攒立水中”，加之长堤依依杨柳，莲沼茭蒲、芙蓉、荇藻“竟川含绿，染人衣裾”，相互掩映，交错成景，大大丰富了园林水景的层次[1]。园内池水也不施驳岸，水宽也罢，土狭也罢，全凭自然，长堤、柳杨、竹林、茭白、茭芡、蒲草、芙蓉、荇藻，这一切与园外面的水乡田园风光自然融合，浑然一体。园林景境与园外乡村的自然美景融为一体，艺术境界突破了通常意义上的园林边界，这也是梅花墅造景在空间设计上的最大特点。在这一点上，梅花墅与范允

1 王稼句．苏州园林历代文钞［M］．上海：上海三联出版社，2008：197.

临的天平山庄有异曲同工之妙。许自昌《冬日钟伯敬先生同诸君集小园》诗对此的概括是："静对寒流意自闲，开门绿野闭门山。"[1]

从游园效果上来看，梅花墅的园景设计很注重移步换景的空间变化和四时轮回的季相变化，实现了一步一佳境、四季皆可观的艺术追求。陈继儒《许秘书园记》说："窈窕朱栏，步步多异趣"，指的就是此园景境设计的空间变化。钟惺《梅花墅记》说：

"升眺清远阁以外，林竹则烟霜助洁，花实则云霞乱彩，池沼则星月含清，严晨肃月，不辍暄妍。予诗云："从来看园居，秋冬难为美。能不废暄萋，春夏复何似。"虽复一时游览，四时之气以心准目，想备之。欲易其名曰贞萋，然其意渟泓明瑟，得秋差多，故以滴秋庵终之，亦以秋该四序也。"

显然，园林在设计之初，就对秋冬之景进行了精心的设计和准备，因此，即便是秋冬之日，也有霜林烟霞、寒波映月、萋萋草木、临水草庵等，成为补秋、补冬之景。

另外，此园的演剧舞台设计也与众不同，不仅体量超大，而且居于园林中心位置，位于园中最为宏丽的建筑"得闲堂"的近前。这与主人的喜好与职业关系密切。许自昌是晚明著名的戏曲家，因此，得闲堂"在墅中最丽，槛外石台可坐百人，留歌娱客之地也"[2]。《许秘书园记》说，此石台"广可一亩余，虚白不受纤尘，清凉不受暑气。每有四方名胜客来聚此堂，歌舞递进，觞咏间作，酒香墨彩，淋漓跌宕于红绡锦瑟之旁。"

祁承㸁《寄怀许玄佑》诗说："蒹葭飞翠薄郊原，枫冷吴江忆故园。梦里青山连越峤，望中白练断吴门。忽惊此日传双鲤，恍似当年畅一尊。正念伊人天际外，秋山叠叠隔江村。"[3]水村乡间园林大多营造于平地之上，相对更容易因时过境迁而颓败消逝。入清后不久，这所晚明最为典范的文人乡村园林，随即湮灭与历史长河之中了。一部分建筑被许自昌的长子许元溥（字孟宏）舍作海藏庵禅寺了，康熙本《江南通志》说："梅花墅，在元和县甫里，明秘书许元佑所构。选地百亩，潴水垒石，擅一时之胜。今为海藏庵。"清初苏州著名诗人、戏曲家尤侗为其撰写了《海藏庵碑记并铭》。当年园中水绘之景也很快消散了，逮及乾隆年间，其地为著名学者汪缙所有，汪缙为此撰写了《二耕草堂记》："二耕草堂者许中书故址，所谓梅花墅者也，今为我家别墅地，在甫里。慕甫里陆先生之风，以二耕名其堂。"

7.2.37 赵宧光、陈继儒之湖山园

在晚明苏州园林中，赵宧光的寒山别业、陈继儒的东畲山草堂，与范允临的天平山庄一样，都属于山林园。山林地造园不仅取材方便，而且，园林景境很容易与园外的自然山水

---

1 徐朔方．晚明曲家年谱（张凤翼年谱）[M]．杭州：浙江古籍出版社，1993：478.

2 王稼句．苏州园林历代文钞 [M]．上海：上海三联出版社，2008：195.

3 徐朔方．晚明曲家年谱（张凤翼年谱）[M]．杭州：浙江古籍出版社，1993：468.

融合，还可以借景湖山，使园景境界阔大高远，因此，《园冶》认为湖山是选址造园的上等地形。

赵宧光（1559—1625），字水臣，号凡夫，又号广平、寒山梁鸿、墓下凡夫、寒山长。寒山别业在今天平山西南，这里原为赵宧光安葬先考的墓地，后赵宧光守墓于此，拓展成园。别业突破了传统意义上的园林格局，是一所以山为园、园山合一的超大庄园，在晚明苏州诸文人山园中独树一帜。今按赵宧光《寒山志》可知别业有这样一些独有的特点：

一是聚合山民，以山为园。寒山内居住着约三十户原住山民，后来都渐渐主动纳土于赵氏，聚合在赵氏的周围而成为山庄中的居民了，因此，偌大寒山既是赵氏之山园，也是包容了数十户他姓原住民的山庄。《寒山志》说：

“时山中老翁以他故得予者，谬为游扬，闾里信翁，因信不肖无他肠，由是比邻无不愿以山归我。不逾年，而前后左右，目中诸峰皆为我有矣。收户三十，连山五百以内二顷，缭以周垣一千余丈，始可任意纵横，措其布置，阙者使全，没者使露，秽者为净，坡者为阿，宜高者防以堤阜，宜下者凿以陂沱。……意欲其塞者，除蓁而石现；意欲其通者，疏脉而泉流。稍加力役，百倍其功，果出天成，若非人力。”[1]

原始朴素又层次丰富的山林园景，与园主超尘绝俗的文德才情紧密结合，是此园的第二个鲜明特征。寒山别业园林造景多是在自然林壑的基础上略施人工提炼而成的。在《寒山志》中，赵宧光略述了其寒山别业既有和待造的园景，林林总总约八十余处，分别是：无边云、白云封坛、元崖、玉雪岑、丹井、蹑青冥、瀊露潭、千仞冈、拂秋霞、眠云石、芙蓉峰、无依峰、驰烟峄、云观馆、空空庵、阳阿石、种玉浆井、元酒坊、耕云台、鸣濑涧、墨浪涧、钓月滩、清凉池、浮凉石、浮幢、印堂台、青霞榭、雕菰沼、飞鱼峡、寒山堂、骖鸾径、抱瓮陂、奏格堂（家庙）、“伯赵氏寒山阡”摩崖石刻、尺宅庐、蝴蝶寝、临睨楼、岚毗庵、悉昙章阁、须云阁、小宛堂、丙室、天阶馆、吸飞泉、悬圃、清浅池、谽岈谷、奔崖、玉兔石、倚天堑、翔风石、切云峰、藏蛟崖、厓仪曲、浮磬坪、开云峡、剖碧门、云片岗、凌波檥、千眠浦、奔声堰、归崔屿、野鹿薮、樵风楼、千尺雪（骇飙矕）、洒头盆、惊虹渡、碧鸡泉、云中庐、山农家、功德池、古天峰院（邃谷）、蜿蜒壑、菡萏峰、马头石、白杨堤、斜阳陂、法螺庵、紫蜺涧等等。这仅是寒山别业规模初具时的园景，自赵凡夫建园守茔，至其孙赵锟“弃山泉庐舍，席卷所有以东归”[2]，赵氏家族三代居寒山半个多世纪。其间，赵凡夫和陆卿子（陆师道女）、赵灵均（赵凡夫子）和文淑（文徵明玄孙女，文从简女），这两代神仙侣般的园林主人，都是以人格品行及艺术修养垂范当世的人物，三代人对寒山别业园林景境不断地进行增益。后来赵氏东归，在清军的嘉定屠城中，家族有二十二人罹难，直接导致寒山别业名园无主旋即荒凉消散了。

鲜明而强大的生产功能，是寒山别业的第三个特征。自明代中期以降，苏州园林的生产

1（明）杨循吉，等．陈其弟，校点．吴中小志丛刊［M］．扬州：广陵书社，2004：236.

2（明）杨循吉，等．陈其弟，校点．吴中小志丛刊［M］．扬州：广陵书社，2004：250.

功能就逐渐削弱了，至晚明苏州的一些城市山林，园林造景几乎毫不以生产为念，其根本原因是园主的经济来源不依赖于此。在城市商品经济繁荣失范的背景下，这也是时代风气和私园主人审美情趣变化的折射。然而，对于寒山别业主人赵氏，以及聚集在赵氏周围的原住数十户山民来说，寒山别业不仅是一座美丽的风景园林，也是其赖以生产生活的最基本场地。

另外，赵宧光是著名的金石学家，工于书法，尤精于篆刻。因此，山园中有大量的摩崖石刻，以及对园林景境进行摩崖石刻以品题点睛，也是赵氏寒山别业中一个鲜明的特色。

明清之际，赵凡夫家族惨遭清军屠戮，寒山别业也旋即荒废，园址处随后被建成了佛寺。《木渎小志》说：

“寒山在天平西北，章山西，石壁峭立，明赵宧光庐墓隐此，筑寒山别业，因名山。中有千尺雪最胜，凿山引泉缘石壁而下，飞瀑如雪。后改化城庵，清高宗赐名曰听雪阁，及法螺空空诸庵，皆宧光三径也。”

乾隆六次南巡，皆曾临幸此地，先后写诗约三十余首。此外，乾隆还在其热河行宫园林避暑山庄的题景中，模仿营构了此景，并写诗自注：“吴中寒山千尺雪，明处士赵宧光所标目也。南巡过之，爱其清绝，因于近地有泉有石，若西苑、盘山及此，并仿其意而命以斯名，且为四图合贮其地，详具图卷中。”

陈继儒的东畲山草堂，陈继儒是晚明吴地著名的山人，草堂位于松江东畲山。就晚明园林艺术而言，陈继儒有点像文震亨、李渔，是一位艺术理论成就远远大于造园实践的艺术家。在晚明文人走向湖畔山林以远离城市喧嚣的筑园潮流中，东畲山草堂是一所规模较小且没有被人们重视的园子。然而，他“少工文，与董其昌齐名，三吴名下士争欲得为师友，未三十弃诸生，筑室东畲山，以著述为事。短翰小词，皆极风致，兼善画，户外屦常满”[1]。董其昌为其山居绘写了《东畲山居图》。陈继儒一生隐居山园，因此，其关于山园隐居的艺术人生思考既深刻入理也朴雅清新，这些园林思考大都记录在他的《小窗幽记》《岩幽栖事》等笔记著作之中。

7.2.38　弇山园

王世贞筑。王世贞（1526—1590），字元美，号凤洲，又号弇州山人，南直隶苏州府太仓人，嘉靖二十六年（1547年）进士，官至南京刑部尚书。文学家、史学家，与李攀龙、徐中行、梁有誉、宗臣、谢榛、吴国伦合称“后七子”。

在晚明苏州私家园林中，太仓王世贞弇山园可能是营造时间最为漫长、园林造景最为富丽的一个。嘉庆本《直隶太仓州志》说：

1 （清）张廷玉，等. 明史（卷298）[M]. 北京：中华书局，1974：7631.

“弇山园，俗呼王家山，在隆福寺西，尚书王世贞筑。广七十余亩，中矗三峯，曰东弇、中弇、西弇，俗呼西为旱山，东中为水山，极亭池卉木之胜，为东南第一名园。”

关于这座“东南第一名园”的丰富造景，《百城烟水》中有简要的统计：

“弇山园，初称小祇园，在隆福寺西，王司寇世贞家园也。广七十余亩，中为山者三，曰西弇、东弇、中弇，岭者一，佛阁者二，楼者五，堂者三，书室者四，轩者一，亭者十，修廊者一，有石桥二，木桥六，石梁五，为洞为滩若濑者各四，流杯者二，诸岩磴涧壑竹木卉药之类，不可指。”

弇山园起造于“辛壬间”（1571年—1572年），王家原本有一些故园基础，《直隶太仓州志》说：“王氏麋场泾园，世贞世父忬筑。园初成，胜冠吴郡，郡人尤子求为之图，世贞有记，后废，凡峯石尽徙弇山。”弇山园营造前后历经约二十年，早在嘉靖三十九年（1560年），“弇山”一词就被王世贞用在《弇山堂识小录》题名中了。人生最后的十余年里，王世贞每每在致仕与复仕的间歇期间，还对园子不断进行施工完善，园林景境也时有增益，因此，“弇山”园从设想到完成修造，前后贯穿了王世贞的后半生。王世贞起初造园设想是：“余意欲筑一土冈，东傍水，与中弇相映带，而瓜分其亩，植甘果佳蔬，中列行竹柏，作书屋三间以寝息。”然而，由于长期宦游在外，筑园事宜主要由管家操办，这位管家“其人有力用而侈”，把园子筑造得越来越华丽，而王世贞辗转于仕宦之途“亦不暇问”。据今人考证，这位“有力用而侈”的造园师，正是明末江南著名园林大家张南垣。最后，实际造成的园子大大超出了王世贞初始的设想，造园几乎耗尽了他全部的资财，王世贞《题弇山八记后》说：“盖园成而后，问橐则已若洗。”[1]

王世贞为弇山园及其家族园林，留下了大量的文字资料。在《古今名园墅编序》中，王世贞说：

“余栖止余园者数载，日涉而得其概。以为市居不胜嚣，而壑居不胜寂，则莫若托于园，可以畅目而怡性而。会同年生何观察以游名山记见贻余，颇爱其事，以旧所藏本若干卷投之，并为一集。辄复用何君例，纟集古今之为园者，记、志、赋、序几百首，诗古体、近体几百千首，而别墅之依于山水者，亦附焉。”[2]

王世贞还有大量的咏园诗歌，仅《弇园杂咏》就有四十三首和二十八首各一组。在这百余首诗歌中，有一组诗歌清晰地显示出作者以诗序记录园林、勾绘园林的特殊目的，与《弇山园记》八篇互为表里，成为今人考证弇山园面貌的重要文献资料：

1　王稼句. 苏州园林历代文钞［M］. 上海：上海三联出版社，2008：247.

2　赵厚均，杨鉴生. 中国历代园林图文精选（第3辑）［M］. 上海：同济大学出版社，2005：38.

"入弇州园，北抵小祇林，西抵知津桥而止"；
"入小祇林门，至此君轩，穿竹径，度清凉界、梵生桥，达藏经阁"；
"度萃胜桥，入山沿涧岭，至缥缈楼"；
"自缥缈楼绝顶而下，东穿潜虬洞"；
"由西山别磴，至乾坤一草亭，西北望城楼，西南望武安王庙"；
"穿西山之背，度环玉亭，出惜别门，取归道"；
"由月波桥而东望梵音阁"；
"穿率然洞，入小云门，望山顶，却与藏经阁背隔水相唤"；
"壶公楼之背，对广心池之小浮玉"；
"度东泠桥蟹螯峰下娱晖滩"；
"由云根嶂之背，度双井转嘉树亭"；
"自分胜亭沿留鱼涧度玢碧梁"；
"由玢碧梁逾险得九龙岭"；
"傍广心池为敛霏亭，与振屧廊相对"；
"登来玉阁俯广心池，与西山对，下为振屧廊"；
"文漪堂临广池，前为小浮玉"；
"穿竹径，度知还桥，入文漪堂"；
"先月亭后拥竹，前俯广心潭"……[1]

这一组以序为题的诗歌，是王世贞设计推荐的游园线路，也为今人按图索骥，复原弇山园空间设计图提供了清晰的线索。顾凯先生在《明代江南园林研究》中，就依据这些资料，把弇山园分为六个较大的、相对独立景境区域，并绘制了《弇山园平面示意图》。

从文献资料上来看，弇山园乃是当时吴地城市山林造景荟萃之作，而其造景最为显著的特点，就是对人间仙境的追求和创造。造景有追慕仙境的意趣，是晚明苏州私家园林中广泛存在的现象，例如，王心一的归园田居中有桃花源，赵宧光寒山别业中有悬圃，徐默川紫芝园中"仙家楼阁，雾闼云窗"，徐泰时东园是"名园况比阆壶看"。然而，像王世贞弇山园这样把追慕仙境写在园林题名中，把整所园林空间布局设计成为仙境的，却似乎仅此一家。

关于弇山园名的由来，王世贞在《弇山园记》称：

"园所以名弇山，又曰弇州者何？始余诵南华而至所谓大荒之西，弇州之北意，慕之而了不知其处。及考《山海西经》，有云弇州之山五彩之鸟仰天，名曰鸣鸟。爰有百乐歌舞之风，有轩辕之国，南栖为吉不寿者，乃八百岁不觉爽然，而神飞仙仙，傞傞旋起旋止。曰：吾何敢望是。始以名吾园，名吾所撰集，以寄其思而已。乃不意从上真游，屏家室栖于一茅宇之下，偶展《穆天子》。传得其事曰：天子觞西王母于瑶池之上，天子遂驱升于弇山，乃纪其迹于弇

1 （明）王世贞. 弇州续稿（卷5）（四库全书集部第1282册）[M]. 上海：上海古籍出版社，1991：62-65.

山之石。而树之槐眉，曰：西王母之山则是弇山者。帝妪之乐邦，而群真之琬琰也。景纯先生乃仅以为弇兹日入地，夫奄兹在鸟鼠西南三百六十里，其中多砥砺，固可刻。而去陇首不远。二传皆先生笔遂忘之耶。则不佞所名园与名所撰集者，虽瞿然愧，亦窃幸其于古文闇合矣。”[1]

虽然王世贞在这里遮遮掩掩，说他的园子名弇山、弇州，与《庄子》《山海经》《穆天子传》中那个西王母的弇山暗合，是一个意外，实际上，“弇山”就是崦嵫山，就是传说中太阳歇息的仙山，就是西王母的瑶池所在之山。王世贞造园以追慕世外仙境的主观愿望，在园名中表现的非常清楚。因此，《百城烟水》说：“取弇州弇山者，因《庄子》《山海经》及《穆天子传》有弇州、弇山，皆仙境也。”

在整体空间布局设计上，弇山园分别被水隔离为上弇、中弇、下弇三座假山，并以三山为划分园林景境区域的主要标志，这种园景空间设计，明显受到一池三岛仙境思想的启发，模拟海上仙山的用意还是比较清晰的。另外，在园林局部造景方面，有以“藏经阁”为中心的佛国圣境，周围的“琼瑶坞”（琼岛）“凌波石”“壶公楼”“梵王桥”“梵音阁”“清凉界”“青虹梁”“雌霓梁”“飘渺楼”等造景，题名都浸染了浓厚的圣境仙宇色彩，园林景境如水中月、镜中花一般飘渺空灵。因此，王世贞《弇山园记》说：

“阁（藏经阁）之下亦宽厂，四壁令尤老以水墨貌佛境，宗风列榻其间，随意偃息轩后，植数碧梧，自此而北，水隔之路遂穷。阁之左有隙地，与中岛对踞水，为华屋三楹，以竢游客过者，历历若镜中花木……”

两千多年以来，一池三岛一直是北方皇家园林理水造景的主流范式，在江南文人私家园林中，这样处理水景并不常见。集景，也是江南文人私家园林所罕见的。然而，王世贞的弇山园“宜花”“宜月”“宜雪”“宜雨”“宜风”“宜暑”、宜晨游、宜晚宿、宜舟舫、宜垂钓、宜丝竹、宜醉客，是一所景境丰富、功能多样的集纳式大型综合园林。《弇山园记》说：

“园之中为山者三，为岭者一，为佛阁者二，为楼者五，为堂者三，为书室者四，为轩者一，为亭者十，为修廊者一，为桥之石者二，木者六，为石梁者五，为洞者，为滩若濑者各四，为流杯者二，诸岩磴涧壑不可以指计，竹木卉草香药之类不可以勾股计，此吾园之有也。园亩七十而赢，土石得十之四，水三之，室庐二之，竹树一之，此吾园之概也。”

可见，弇山园不仅一池三岛的空间设计有皇家园林气息，而且，整所园林华丽的、集纳式的造景特征，也有帝王宫苑的味道。王世贞说：“自余园之以巨丽闻，诸与园邻者游以日数……夫志大乘者，不贪帝释宫苑，藉令从穆满后以登弇山之巅，吾且一寓目而过之而，况区区数十亩宫也。”

---

1 王稼句. 苏州园林历代文钞［M］. 上海：上海三联出版社，2008：242.

就连王世贞本人，都认为自己的园林造景，已经透射出“帝释宫苑”的气息。

与晚明苏州城内园林家族化趋势相同步，太仓王世贞家族的园林也有很多，仅在其《弇州续稿》中，就有《山园杂著小序》《来玉阁记》《弇山园记》（八篇）、《题弇园八记后》《题敬美书闲居赋后》《疏白莲沼筑芳素轩记》《小祇林藏经阁记》《约圃记》《离贇园记》《澹圃记》《太仓诸园小记》等园林散文名篇，这些资料或整体、或局部地记录了相关园林艺术风貌。《百城烟水》说：“弇州伯仲为三园，余复有八园，郭外二之，废者二之，其可游者四园而已。弇州自为记者八。”

王世贞在《题弇州八记后》文中说：

“吾兹与子孙约：能守则守之，不能守则速以售豪有力者，庶几善护持不至损天物性鞠为茂草耳……子孙晓文义者，时时展此记足矣，又何必长有兹园也。”

王世贞谢世后四年，园内增建了祭祀祠堂。民国本《镇洋县志》：“王宫保尚书祠，祀明刑部尚书王世贞，在隆福寺西弇山园旧址。万历三十八年（1594年）建，有司致祭。至清，祀裁。嘉庆二年，江苏布政使熊枚知州，鳌图重修。咸丰初圮，裔孙捐赀谋重建，邑绅钱宝琛遂移建于南园西偏。”事实也正如王氏所预料，弇山园在王世贞谢世后不久即被转售他人；事实又出乎王氏所料，此园易主后不久就被拆分了，连其中部分假山也被拆解作造园石料而分销他所了。一代名园消散幻灭之速，实在令人叹息！

清康熙、乾隆间，太仓著名孝子刘廷钺购得此园中部，营造为宅园。《直隶太仓州志》：“刘廷钺，字威若，监生。先世居西郊，迁于城，得王世贞弇山园之中弇居之，有亭池旧迹。”

7.2.39 芝秀堂

王鏊《芝秀堂记》说，卢氏芝秀堂得名于天顺年间，后来子孙不仅能够世守家业，而且继承了家族的隐逸风气，因此，芝秀堂不仅是依山傍水的佳园，也是意境清高的高士隐庐。王鏊《宿卢氏芝秀堂留别师邵师陈二首》诗说：

越来溪上思悠悠，斜日门前一系舟。水若有情随我去，山虽无语为君留。
梅花红褪墙头，雪麦叶青回垄上秋。一曲沧浪人去远，平湖万顷接天流。[1]

7.2.40 石湖草堂

石湖草堂在上方山下，治平寺（楞伽寺）僧智晓于正德十六年（1521年）始创，由于这

1 （明）王鏊. 震泽集（卷5）（四库明人文集丛刊）[M]. 上海：上海古籍出版社，1991：190.

年世宗嘉靖皇帝即位，许多文献都把这一时间说成了嘉靖元年（1522年），其实明代皇帝习惯上建元是在即位的第二年。

蔡羽《石湖草堂记》说：

“夫登不高不足以尽江湖之量，处不深不足以萃风烟之秀，于其所宜得而有之，草堂所以作也。夫平湖之上，翳以数亩之竹；厓谷之间，旷以泉石之位，造物者必有待也。使无是堂，则游焉者不知其所领；倦焉者不知其所休，是湖与山终无归也。”[1]

石湖草堂是游观石湖绝佳的制高点，因此，这是一处借助自然、融于自然的山水园。五年之后，蔡羽又为石湖草堂作了一篇后记，足见其对石湖草堂的特别之情。除这两所园林外，莫震在《石湖志・园第》中还记录了此间大大小小约二十余处园池亭馆[2]。

7.2.41 岳岱阳山草堂

阳山在吴城外西偏北处，被堪舆家认为是吴中山岭之首，《姑苏志》把它列作吴山第一。阳山园林密集，园林主人大多是决意隐居的山人。岳岱自号秦余山人，又号漳余子，就隐居在这里，隐庐取名为阳山草堂[3]。《姑苏志》说：“阳山草堂，在长洲县，去浒墅可数里。花木翳然，修竹万挺。明山人岳岱结隐其中。”

7.2.42 顾大有阳山草堂

岳岱在其编写的《阳山志》（卷8）中，又记录了另外一处阳山草堂：“阳山草堂，在大石坞下，顾大有（元庆）居也。其堂制壮而美，又有园池竹亭。顾君工诗，兼善绘事。”[4]阳山草堂中，还有大石山房、大石书院。两处阳山草堂的主人还是好朋友，岳岱还为顾大有的山房题款。

当时许多文人多次造访阳山寻访二人，并作诗唱和，如袁昭阳的《同陆明府过阳山访岳山人》《咏阳山草堂竹赠岳山人》二首，陆俸的《至阳山访岳山人》，徐伯虬的《同九峻顾子访岳山人》，顾闻的《同徐子过岳山人》等[5]。

此外，嘉靖间山人顾仁效也隐居此地，其草庐也取名为阳山草堂，王鏊为其草堂作《阳山草堂记》：

“顾君仁效结庐其下，仁效年少耳，则弃去举子业，独好吟咏，性偏解音律，兼工绘

1 （明）钱谷．吴都文粹续集（卷31）（四库全书集部第1385册）［M］．上海：上海古籍出版社，1991：71.
2 （明）杨循吉，等．陈其弟，校点．吴中小志丛刊［M］．广陵书社，2004：340-343.
3 （明）王鏊．姑苏志（卷31）［M］．台湾学生书局，1986：599.
4 （明）杨循吉，等．陈其弟，校点．吴中小志丛刊［M］．广陵书社，2004：190.
5 殷岩星，莫节根．史说浒墅关［M］．苏州：古吴轩出版社，2017：164-167.

事。每风晨月夕，闭阁垂帘，宾客不到，坐对阳山，拄颊搜句，日不厌。或起作山水人物，或鼓琴一二行，或横笛三五弄，悠然自得，人无知者，知之者其阳山乎？因扁其居曰阳山草堂。”[1]

7.2.43 真适园

园在东山王巷，王氏的祖业即在于此。小园仅五亩余，造景也很简朴，却因借景田畴园圃、远山近水而景境开阔，王鏊于园中也得到了鸟宿山林、鱼回故渊后的真恬适。园初成时，王鏊有《洞庭新居成》诗：

“归来筑室洞庭原，十二峰峦正绕门。五亩渐成投老计，三台谁信野人言。郊原便自为邻里，水木犹知向本源。莫笑吾庐吾自爱，檐间燕雀日喧喧。”[2]

真适园是宅园合一、前庭后园的传统格局，园外周遭青山绿水、峰峦起伏，近邻原野田畴，园内鸟雀喧闹。这是个融于原野之中的乡村园，虽未着“隐”字，却颇有桃源意境。

从现存文献上看，真适园在植物选配上颇费了一番心思。小园在前庭植有翠柏和梧桐，某年三月，柏树滴露味道甘甜，老相国站在树下久思不得其解，写诗《三月六日庭前柏树有露，如脂其味如饴，或曰甘露，或曰非也。作诗纪之》，中有：“不知造化真何意，独凭栏干玩未休。”[3]庭园中筑有当时常见的石栏合围的牡丹圃，其《三月三日庭前白牡丹一枝独开》诗说：“红紫休夸锦作堆，瑶华一朵占先开。似从姑射山头见，不减唐昌观里栽。绰约每怜天与态，珑璁应藉雪为胎。风情一种无由见，携酒谁当月下来。”

后来牡丹花次第盛开了，于是他有写了《庭前牡丹盛开》诗：“一年花事垂垂尽，忽见庭前锦绣层。粉脸薄侵红玉晕，芳心斜倒紫檀棱。春云不动阴常覆，晓露微沾媚转增。造化无私还有意，石栏干畔几回凭。”[4]

元明间文人有园中种梧桐的传统，倪云林、曹善诚洗梧故事都成了美谈。明末松江隐君子陈继儒说：

“凡静室，须前栽碧梧，后植翠竹，前檐放步，北用暗窗，春冬闭之，以避风雨，夏秋可开，以通凉爽。然碧梧之趣，春冬落叶，以舒负暄融和之乐；夏秋交荫，以蔽炎烁蒸烈之威。四时得宜，莫此为胜。”[5]

---

1 （明）王鏊．震泽集（卷17）（四库明人文集丛刊）［M］．上海：上海古籍出版社，1991：309.
2 （明）王鏊．震泽集（卷4）（四库明人文集丛刊）［M］．上海：上海古籍出版社，1991：181.
3 （明）王鏊．震泽集（卷6）（四库明人文集丛刊）［M］．上海：上海古籍出版社，1991：207.
4 （明）王鏊．震泽集（卷7）（四库明人文集丛刊）［M］．上海：上海古籍出版社，1991：211.
5 （明）陈继儒．小窗幽记（卷6）［M］．南京：江苏古籍出版社，2002：273.

王鏊真适园中也有手植的两株梧桐。从《庭梧七首》[1]可知，这两株梧桐给王鏊带来的，有空中琴瑟、凤栖于梧的遐想，也有炎炎夏日里碧荫匝地阴凉，有秋夜“缺月挂疏桐”的萧瑟，也有梧桐细雨、小楼梦回的凉意。因此，嘉靖元年（1522年）夏，一株梧桐被暴风雨摧折，王鏊还专门写了《嘉靖改元七月廿五日，飓风大作，庭前双梧其一忽颠，赋诗伤之》诗[2]。

后园中种植以梅花为主，寒梅傲雪时节，小园千万株梅花一夜绽放，景境颇为壮观。王鏊有七绝《二月真适园梅花盛开》四首：“万株香雪立东风，背倚斜阳晕酒红。把酒花间花莫笑，风光还属白头翁。花间小坐夕阳迟，香雪千枝与万枝。自入春来无好句，杖藜到此忽成诗。香雪千山暖不消，我行处处踏琼瑶。绝胜破帽骑驴客，风雪寻诗过灞桥。春来何处能奇绝，金谷梁园俱漫说。谁信吾家五亩园，解贮千株万株雪。”[3]

现存记录真适园景境最为全面的文献是文徵明的《柱国先生真适园十六咏》[4]，从中可知景境层次颇为丰富。园有别馆，别馆庭园中有置石成峰的“太湖石”，有举杯待月、顾影徘徊的“款月台”，书斋的窗下是一副蓄水石槽“涤砚池”。后园中有借园外之山而入园成景的“莫厘巘”，在借湖水以成景的“湖光阁”上可以“临澜弄清渌”，“苍玉亭”周边“寒光锁浓绿”有青青翠竹，“寒翠亭”旁桧柏“翠阴寒簌簌”，冬日万株梅花盛开是即为“香雪林”，夏日站在“芙蓉岸”可见“芙蓉照秋水，烂然云锦披”，“鸣玉涧”中清流萦迴、泠泠如玉，横跨玉涧之上的是“玉带桥”，假山旁有“舞鹤衢”，近旁还有饲养鹅鸭的“来禽圃”，后园有路名“菊径”，两旁黄菊“采采自成行”，就荒小路的尽头有“蔬畦”“稻塍”。

7.2.44 怡老园

园在城西夏家湖边上的西城桥，造园者是其长子王延喆，目的是为愉悦亲老、以尽孝道，因此又叫怡老园。文震亨在《王文恪公怡老园记》中说：“近《邑志》误以为（怡老园）即文恪西园。西园故在百花洲，久不可考。”[5]这篇园记使后人常常以为王鏊在城内有两处园林。实际上是文震亨弄错了，西园就是怡老园。王鏊此园是当时文人经常雅集之处，文徵明有《侍守溪王先生西园游集（守溪先生次韵）》一诗，诗有“园在夏驾湖上”的题注，可知其西园并不在百花洲。诗曰：“名园诘曲带城闉，积水居然见远津。夏驾千年空往迹，午桥今日属闲人。江南白苎迎新暑，雨后孤花殿晚春。自古会心非在远，等闲鱼鸟便相亲。”[6]

---

1 （明）王鏊．震泽集（卷7）（四库明人文集丛刊）［M］．上海：上海古籍出版社，1991：215.
2 （明）王鏊．震泽集（卷8）（四库明人文集丛刊）［M］．上海：上海古籍出版社，1991：215.
3 （明）王鏊．震泽集（卷6）（四库明人文集丛刊）［M］．上海：上海古籍出版社，1991：207.
4 （明）文徵明．周道振，校辑．文徵明集［M］．上海：上海古籍出版社，1987：23.
5 陈从周，蒋启霆．园综［M］．上海：同济大学出版社，2004：235.
6 （明）文徵明．周道振，校辑．文徵明集［M］．上海：上海古籍出版社，1987：236.

王鏊和了一首诗歌《徵明饮怡老园有诗次其韵》："吴王销夏有残闉，特起幽亭据要津。剩水绕时伤往事，短墙缺处见行人。绿杨动影鱼吹日，红药留香蝶护春。为问午桥闲相国，自非刘白更谁亲。"[1]

这两首次韵诗显然是同一次、同一地的诗酒唱和，文徵明诗题作"西园"，而王鏊诗题作"怡老园"，可见，这是同一处园林两个名字而已。另外，文震亨这篇园记还有其他错误，如："自园成，而文恪亦绝口不及朝事，惟与故沈周先生、吴文定公、杨仪部循吉辈，结文酒社。"实际上，王鏊致仕回乡是在正德五年（1510年），园怡老筑成于正德七年（1512年）前后，吴宽早已于弘治十七年（1504年）就去世了，沈周也先于正德四年（1509年）下世了。这三老根本没有一起西园内聚首、白发叙故旧的可能。

王延喆自幼成长在锦衣玉食的环境中，他堪称当时吴中豪奢第一人，因此，他与王鏊的造园审美思想之间有很大的差异。虽然仅仅用两三年，怡老园中的山池构筑依然很是奢华。据说怡老园中凿池叠山是以洞庭东山为原型的。顾璘有《宴守溪相国园亭二首》：第一首诗中有"蓉池窥海岛，芝馆踏烟霄"诗句，可见园中凿池拟湖、水中叠石的痕迹；第二首诗歌中有诗句："窈窕平泉宅，清华独乐园。烟霞深晚景，花竹霭春温。招隐临丛桂，怀仙倚洞门。"[2]诗歌直接把园林叠山比作李德裕的平泉庄，园中更有小山丛桂、江湖烟霞、花竹幽洞等景境，皆流露出些许富贵气息。时人皇甫汸有五律《王舍人邀游故相文恪公园亭》二首，从标题来看，此时王鏊已故去，王延喆尚未入住和增修园子："东阁轻簪组，西园盛履綦。石闻穷海至，花自洛阳移。柳色萦城合，槐阴夹路垂。吴宫清跸水，留作养鹅池。疏傅遗金少，为园不买田。楼台卑绿野，花石减平泉。径草萋春雨，城乌起暮烟。临池俱欲赋，谁在凤毛先。"[3]

诗歌再次把此园比作平泉庄，而且诗句"石闻穷海至，花自洛阳移"透露出一个秘密：怡老园叠山之石，园内花木，皆采集于天南地北。此园楼台高耸，可俯视城内炊烟与灯火，也可远眺城外绿野与田畴。王鏊可能并不很喜欢这一沾染了浓厚富贵气息的造景，其诗歌中也很少言及此园，然而，在一些不经意之处，王鏊诗文《杜允胜偕陆子潜兄弟携酒至园亭》，也透露出怡老园富丽堂皇的真相："寻山何用过城西，屋后巉岩且共跻。高柳暖风初罢絮，曲栏疏雨不成泥。洛中雅自推三遐，王所端宁止一齐。独乐有围今共乐，不妨诗酒日相携。"[4]

王鏊在诗中说，看山不必再出城了，屋后的假山已如真山一般！而且，自诩其吴城中的园居风雅犹如洛中三遐。正德十六年（1521年），王鏊在怡老园中设宴，当时吴中群贤如祝允明、唐伯虎等都参与了这次雅会。据说唐伯虎名联"海内文章第一，山中宰相无双"，就出自这次雅会。王延喆的亲家翁陆粲为这次盛会撰写了《怡老园燕集诗序》一文[5]。

1 （明）王鏊．震泽集（卷6）（四库明人文集丛刊）[M]．上海：上海古籍出版社，1991：199.

2 （明）顾璘．息园存稿诗（卷8）（四库全书集部第1263册）[M]．上海：上海古籍出版社，1991：401.

3 （明）皇甫汸．皇甫思勋集（卷21）（四库全书集部第1275册）[M]．上海：上海古籍出版社，1991：637.

4 （明）王鏊．震泽集（卷7）（四库明人文集丛刊）[M]．上海：上海古籍出版社，1991：224.

5 （明）陆粲．陆子余集（卷1）（四库全书集部第1274册）[M]．上海：上海古籍出版社，1991：584.

7.2.45 安隐园

王铭（1443—1510），字警之，号安隐，王鏊同母兄长。王铭园居题名在文献中缺少记载，安隐园应是以主人雅号为名。王铭一生高隐安卧于东山之麓，与时人交游甚寡，因此，他人也很少有诗文吟咏其园中景境。今仅可从王鏊、吴宽等少数与其关系密切的亲友文集中，找到些许相关的信息。

第一，王铭于东山筑园隐居，既不是因为仕途受挫，也不是图谋终南捷径，是完全出于志在山林。王鏊《安隐记》记录了王铭一段关于隐居的言论：

伯氏警之，抱淳履素，不乐进取，自称安隐居士。伯氏之言曰："……太湖之滨，洞庭之麓，有田数亩，吾肆力而耕于是，凿其中以为池，疏其傍以为堤，除其高以为园。园，吾艺之橘；池，吾畜之鱼；堤，吾种之梅竹花柳。吾诚于是安焉，乐焉，以终吾身。吾于世非有负也，非有所希也，非有所不合也。譬吾之于隐也，若鱼之在水，不知其为水；鸟之在山林，而忘其为山林也。子以为何如。"[1]

王铭这番安隐高论令王鏊很受触动，当即表达了"他日将从兄而隐"的愿望。

第二，在当时炫富争豪、攀高结贵之风日渐抬头的风气里，地方官吏却几乎都不知道王鏊有这么个家兄，可见王铭的山园隐居既高且深，既朴且安，实在不愧其安隐之号。王鏊《伯兄警之墓志铭》说："年未艾，归卧湖山间，灭迹城市。鏊立朝三十年，州县不知其有兄也。鏊在内阁，人或曰：'弟当要路，不可因是媒进耶？'兄曰：'吾尝劝吾弟唯公唯正，苟以吾故挠其节，虽贵不愿也。'……其于声色、玩好、博奕、游戏一无所留意，王氏自宋家太湖之包山，世以忠厚相承，而近世亦不能无少变也，兄盖有前人之风焉。"当时，"近时贵家，多以势持州县，短长侵牟齐民，以广其田园，高其第宅，或劝可效之"[2]。王铭本分、朴素地安隐终身，坚决不肯仗势随俗为非作歹，这也可见其"安隐"内出于内心和本性。吴宽的《送王警之还洞庭》一诗，还专门作了个题注："济之兄，号安隐"[3]，也可以从另外一个侧面说明王铭匿迹之深。

第三，王铭虽朴实本分，追求身心安隐，但家庭颇为不幸。王铭有四个儿子，王宠、王宰皆早早夭亡，第三子王延质也在三十六岁时病逝，仅有第四子成长较顺利，这位公子就是后来围湖造从适园的王延学。

7.2.46 且适园

王铨（1459—1521），字秉之，号中隐，王鏊同母弟。王铨虽然自号中隐，却与长兄安

1 （明）王鏊．震泽集（卷15）（四库明人文集丛刊）[M]．上海：上海古籍出版社，1991：294.
2 （明）王鏊．震泽集（卷29）（四库明人文集丛刊）[M]．上海：上海古籍出版社，1991：435.
3 （明）吴宽．家藏集（卷19）（四库全书集部第1225册）[M]．上海：上海古籍出版社，1991：142.

隐先生趣味迥异，他经历过一段热衷功名而无所成就的沮丧人生，中隐是其中年之后的名号。为此，王鏊还写了一首七律《慰秉之》来安慰他："功名不用叹差池，利钝人生固有之。襄野迷途回未远，邯郸荣梦觉多时。尚平易足君应尔，蘧瑗知非我所师。芥蒂胸中都扫尽，兄酬弟劝复何疑。"[1]

王鏊在《亡弟杭州府经历中隐君墓志铭》中说："余性寡谐，而与弟独气合，以天伦之亲，而加以契我。弟以余为师，余以弟为友，非但世之兄弟而已也。"[2]兄弟二人是唱和相随、亦师亦友的亲密关系，因此，王鏊《震泽集》中有许多王铨园居的信息。王鏊《且适园记》说："太湖之东，有闲田焉，南望包山，数里而近。北望吴城，百里而遥。吾弟秉之行得之……吾其憩于是乎？包山信美矣，有风涛之恐。吴城信美矣，有市廛之喧。兹土也得道里之中，适喧静之宜。其田美而美，其俗淳而和，吾其憩于是乎。"[3]从王鏊的诗文中可知，王铨的且适园不在祖居王巷，而是在与包山隔湖相望的湖边一个叫塘桥的地方。王鏊的诗文也可以断续勾勒出王铨移居、造园、筑楼的大致过程。"弘治壬戌（1502年），吾弟秉之始去洞庭"。后来，王秉之在移居地生活得很适宜，王鏊写了《和秉之塘桥郊居自适之韵》一诗："山人本自爱山居，南望家山咫尺如。香玉满场收晚稻，银丝绕筋荐溪鱼。水东父老还为主，城里交亲好寄书。适意且潜潜且起，人生何必问其余。"[4]

王铨在移居之初，还有过一段载耕载渔的耕隐置业生活。此间文徵明也在《次韵王秉之新庄书事》诗中说："背郭通村小筑居，任心还往乐何如。山中旧业千头橘，水面新租十亩鱼。"[5]也可以作为王铨此间创业置产的补正。再后来，王铨在新居处创构且适园，王鏊写了十首七绝《秉之作且适园有诗和之》。

从王鏊为王铨撰写的园记及墓志铭可知，王秉之宅园也是前宅后园格局，前宅有堂，题名为"遂高堂"，今存遂高堂遗存在东山陆巷村。堂后园中杂莳花木，景境层次颇为丰富：在橘林中有"楚颂亭"，在田畴旁有"观稼轩"，临水有"观鱼亭"，还有"格笔峰""浣花泉""理丝台""归帆泾""菱港""蔬畦""柏亭""桂屏""莲池""竹径"等诸多景致，以及以资登高远眺的高楼。此楼是在王鏊建议下营造的，王鏊认为此园既平旷且幽静，惟独缺少了登高，于是建议造楼"以瞰乎远，据乎胜"。楼阁造于园成之后，是因地就势的借景构造，楼新成时，王鏊写诗《题秉之塘桥新楼》以祝贺。由于东山故园在遥遥相望的东南，所以，尽管此楼四望皆有景可观，却题名曰"东望"，以"示不忘本源也"。王鏊曾登楼远眺，并撰写了《东望楼记》一文：

"予登之，忽焉若飘腾以超乎埃埃，远山偕来显设。天际北望，则横山、灵岩，若奔云停雾；西望则穹窿、长沙，隐现出没，若与波升降；东望则洞庭一峰，秀整娟静，松楸郁

---

1 （明）王鏊. 震泽集（卷6）（四库明人文集丛刊）[M]. 上海：上海古籍出版社，1991：208.

2 （明）王鏊. 震泽集（卷31）（四库明人文集丛刊）[M]. 上海：上海古籍出版社，1991：459.

3 （明）王鏊. 震泽集（卷29）（四库明人文集丛刊）[M]. 上海：上海古籍出版社，1991：440.

4 （明）王鏊. 震泽集（卷4）（四库明人文集丛刊）[M]. 上海：上海古籍出版社，1991：181.

5 （明）文徵明著；周道振校辑. 文徵明集[M]. 上海：上海古籍出版社，1987：207.

郁，若可掇而有也。或郊原霁雨，草树有晖。或墟落斜阳，烟云变态。”[1]

7.2.47 王鏊、王镠宅园

王鏊、王镠是王鏊同父异母兄弟。王鏊，字涤之，宅园名壑舟。或许是亲疏有别，王鏊诗文中言及这两位兄弟宅园的文字很少，王鏊为王涤之宅园撰写了一篇《壑舟记》。园记说：“仲兄涤之既倦游，筑室洞庭之野，穹焉如舟，因曰是宜名壑舟。”[2]园名得意于庄子寓言——藏舟于壑，不图有用而只求平安。

关于王镠宅园，王鏊《己卯开岁九日，弟镠宅观灯次秉之韵》诗记述了王镠宅院观灯的经历：“灿灿红莲映绿池，看灯又是去年时。银球雪色悬珠箔，画带波文绾铁丝。闪烁最宜初月映，飘摇无藉好风吹。因思二十年前会，凤阁传宣趁进词。”[3]

正德十四年（1519年）岁在己卯，是年王鏊七十，王铨六十一岁，王氏家族正是家业最旺的时候。王镠宅中大年初九夜晚放灯，园池中荷灯闪烁，辉映绿水，园子里悬挂满各种装饰有彩画的花灯，天上还有随风扶摇而上的孔明灯。同卷中紧随此诗之后，还有一首《咏鱼枕灯》诗，可能说的也是这次观灯所见：“火树千枝总不如，莹然光彩透冰壶。共言鱼枕春裁玉，忽讶龙涎夜吐珠。云母屏开云影动，水晶帘展水纹铺。香罗万眼夸吴市，琐细空劳咏石湖。”[4]

关于花灯制作和节日放灯，时人张翰的一段话，对了解当时的此类风尚很有帮助：

“夫农桑，天下之本业也，工作淫巧，不过末业。世皆舍本而趋末，是必有为之倡导者，非所以御轻重而制缓急也。余尝入粤，移镇苍梧。时值灯夕，封川县馈一纸灯，以竹篾为骨，花纸为饰，似无厚重之费，然束缚方圆，镂刻文理，非得专精末业之人积累数旬之工，未能成就，可谓作巧几于淫矣。灯夕方徂，门隶请毁。积月之劳，毁于一旦，能无可惜？余禁止之。因思吾浙之俗，灯市绮靡，甲于天下，人情习为固然。当官者不闻禁止，且有悦其侈丽，以炫耳目之观，纵宴游之乐者。贾子生今，不知当何如太息也！夫为人上者，苟有益于下，虽损上犹为之。如有损于下，虽益上不为。今之世风，上下俱损矣。安得躬行节俭，严禁淫巧，祛侈靡之习，还朴茂之风，以抚循振肃于吴、越间，挽回叔季末业之趋，奚仅释余桑榆之忧也。”[5]

可见，王镠园中挂灯与放灯，不是节庆期间一般意义上的开心花絮，而是对家族财力、实力的豪华而盛大的展示。仅从年年放灯一幕，也可窥见王镠园池的宏丽奢华之一斑，其宅园与真适园、安隐园的风格已经明显不属于同类了。

---

1 （明）王鏊. 震泽集（卷16）（四库明人文集丛刊）[M]. 上海：上海古籍出版社，1991：303.
2 （明）王鏊. 震泽集（卷7）（四库明人文集丛刊）[M]. 上海：上海古籍出版社，1991：309.
3 （明）王鏊. 震泽集（卷7）（四库明人文集丛刊）[M]. 上海：上海古籍出版社，1991：221.
4 （明）王鏊. 震泽集（卷7）（四库明人文集丛刊）[M]. 上海：上海古籍出版社，1991：221.
5 （明）张瀚. 盛冬铃，校点. 松窗梦语 [M]. 北京：中华书局，1985：79.

另外，此间王鏊的亲家翁毛珵也有华丽的宅园。毛珵，字贞甫，别号砺庵。毛珵长子取文徵明堂妹为妻，第四女嫁王鏊之子王延喆为妻。文徵明在《本贯直隶苏州府吴县某里毛珵年八十二状》中说："晚岁业益充拓，田园邸店遍于邑中，垣屋崇严，花竹秀野，宾客过从，燕饮狼籍，虽极一时之盛。"[1]

7.2.48　王延喆宅园

王延喆（1483—1541），字子贞。这位王公子的亲姨妈就是弘治皇帝的昭圣张皇后，舅舅是飞扬跋扈的昌国公张鹤龄，父亲是两朝相国，岳父毛珵曾任太仆寺少卿、南都御副使。王延喆少年时代主要是跟随王鏊在京城度过的，曾有多次出入大内的经历，是一个地地道道的贵族公子。凭借既富且贵的特殊身世，年龄未满二十岁的王延喆便以势家公子的身份，在苏州到处开当铺、放贷银，经营专卖业务，轻而易举地置办起万贯家业。

王延喆城西宅园是在怡老园基础上扩建而成的。怡老园本来就是王延喆所筑，王鏊在时，园中的山水楼阁就已经十分奢华。王鏊去世后，王延喆得以完全按照自己的意趣进行增修，把园林扩展到天官坊与国柱枋之间。虽然出身书香门第，但是王延喆无论造园还是园居，艺术审美趣味都与父辈传统风范不同。关于其城西宅园的园景构筑，文震亨《王文恪公怡老园记》中有所记录：

"入其园，古栝老桧百章，花竹称是，石骨如铁，藓蚀之。藤萝蛇绾，汀蓼、石发、钱菌、云芝皆作，山典殷盘色。鸟雀不惊，苍翠极目，无一不遂其性。而公晋身任手据，仅竭疏潴，扶颓翦棘，芟蔓之力，至亭榭在。当时所谓清荫、看竹、玄修、芳草、撷芬、笑春、抚松、采霞、阆风、水云诸胜，或仅存其名，或不没其迹，或稍葺其敝，而终不敢有所更置、恢拓。曰：'我祖父缔造之意寄焉。'嘻！是真不以金碧着兹园矣。"[2]

文震亨在园记中说，此后约百年里，王氏子孙没有再对怡老园进行增减和改造，应该是在王延喆之后没有再增修过。有些造景随着时间推移已经自然漫灭了，到了明代末年，园子已经逐渐淡去了往日的宏丽与辉煌。尽管如此，从"清荫""看竹""玄修""芳草""撷芬""笑春""抚松""采霞""阆风""水云"等系列名称，人们依旧还可以遥想当时园景之盛。

7.2.49　从适园

王延学是安隐先生王铭之子，其适园筑造在东山的湖边，是典型湖山地形的园林。虽然不像王延喆造怡老园那般豪奢张扬，园景艺术风格也不尽相同，但是王延学筑造从适园消耗财力之大，也绝非一般文人造园可以想象，这位公子显然也没有继承其父一生安隐的家风。

---

1 （明）文徵明．周道振，校辑．文徵明集［M］．上海：上海古籍出版社，1987：620.
2 陈从周，蒋启霆．园综［M］．上海：同济大学出版社，2004：236.

从王鏊相关的诗文来看，从适园的营造至少经历了三个阶段。

第一阶段是营造静观楼。王鏊在《静观楼记》中说：“两洞庭分峙湖心，望之渺渺忽忽，与波升降，若道家所谓方壶、员峤者。湖山之胜，于是为最，楼在山之下，湖之上，又尽得湖山之胜焉。”静观楼是营造在湖边浅水区的观景楼，王鏊登楼后，看见“西洞庭偃然，如屏障列其前。湖中诸山，或远或近，出没于波涛之间”[1]，并把它和滕王阁、岳阳楼相媲美。可见，此楼不仅选址非同一般，而且体量很高大。王鏊另有《静观楼成众山忽见》一诗：“山居尽日不见山，楼上山来自何处。中峰独立群峰随，头角森森出林树。澄湖万顷从中来，浪卷三山欲飞去。得非奋迅从地出，无乃飞腾自天下。我来楼上何所为，长日观山与山语。东风吹醉还吹醒，山自为宾我为主。”[2]

楼阁高耸于湖畔水湾，浮翠于丛林之上，王鏊登楼后静观湖山胜概，甚至有了主宰湖山、小视洞庭的自信。文徵明游东山时曾在静观楼住宿了三个夜晚，写了《宿静观楼》诗，中有“秋山破梦风生树，夜水明楼月在湖。尽占物华知地胜，时闻人语觉村孤”诗句[3]。

第二阶段是围湖造田。王鏊《从适园记》说：“静观楼之景胜矣，去楼百步，故皆湖波也。任学始堰而涸之，乃甽乃畚，乃筑乃耨，期年遂成沃壤。”[4]从静观楼向湖中延伸约百步，把此间的水域筑围堰、排水，然后担土造园田，如此大兴土木造园已有点愚公移山的味道了。

第三阶段是造园。从适园充分利用了周围湖山以借景造园：一方面是造轩、榭于波光潋滟之中，另一方面在湖中造高亭以观远山。王鏊一首以序为题的诗歌说，“侄延学作亭湖上甚壮，欲予诗以落之，率成二首：几醉池亭雪色醪，近闻亭子势尤高。白鸥不避新翻曲，黄鸟时窥旧赐袍。波影半帘云滉瀁，山形四面画周遭。我来壁上题诗句，秃尽山中顾兔毫。”[5]

除了借自然湖山胜景外，从适园也营造了大量的“有若自然”的园林景境，以及园田林圃。《从适园记》说：

“湖山既胜，又益以花木树艺。秋冬之交，黄柑绿橘，远近交映，如悬珠，如缀玉。翛然而清寒者，为竹林。窈然而深邃者，为松径。穹然而隆者，为栢亭。其余为桑园，为药畦，为鱼沼，而诸景之胜，咸纳于清风之亭。”

以围湖所造之田为基础，园中橘树成林、竹林繁茂、松柏蓊郁，加之桑田、药畦、花圃、鱼沼，可见，除却适合登楼、登亭以游观湖光山色以外，园林造景还具备较强的生产功能。从某种意义上说，这种围湖造园，也算是江南文人园林艺术史上的一个奇迹，黄省曾《吴风录》中说：“至诸贵占据名岛以凿，凿而峭嵌空妙绝，珍花异木，错映阑圃。”[6]这也许就是其所言富贵之家侵占湖山名岛以营造园林的实例吧。

---

1 （明）王鏊. 震泽集（卷15）（四库明人文集丛刊）[M]. 上海：上海古籍出版社，1991：291.

2 （明）王鏊. 震泽集（卷1）（四库明人文集丛刊）[M]. 上海：上海古籍出版社，1991：127.

3 王稼句. 苏州园林历代文钞[M]. 上海：上海三联出版社，2008：161.

4 （明）王鏊. 震泽集（卷17）（四库明人文集丛刊）[M]. 上海：上海古籍出版社，1991：312.

5 （明）王鏊. 震泽集（卷7）（四库明人文集丛刊）[M]. 上海：上海古籍出版社，1991：214.

6 （明）杨循吉，等. 陈其弟，校点. 吴中小志丛刊[M]. 扬州：广陵书社，2004：176.

7.2.50 薜荔园

徐缙字子容，洞庭西山人，是王鏊的女婿。按吴宽《隐士徐静庵墓表》可知，西山这一支徐氏是“婺之桐山人，后徙吴之洞庭山，遂为邑”[1]。按王鏊《静庵处士墓志铭》可知，徐子容祖父徐震（字德重）曾师从五经博士陈嗣初学诗，诗名一度传至京师[2]。吴俨《挽徐德重》诗说：“吴门昔有隐君子，家住洞庭山上头。诗律深严唐句法，衣冠典雅晋风流。”[3]如此看来，徐氏在西洞庭山也算是世家，薜荔园又是当时西山名园，把此园作为王鏊家族园林之一，似乎有些牵强了。然而，把薜荔园列入王氏家族园林系列也不缺少理由：一是徐缙既是王鏊的女婿，也是王鏊的学生，曾师从王鏊求学五载[4]，翁婿二人关系非同一般。王鏊《赠徐子容序》：“有徐氏以同者……其子缙依予学者五年矣，其质秀而文，可与进者也。始予开以读书之法，而惶然继，予授以修词之法，而悚然，而豁然，而沛然。”二是筑成此园的是徐缙，并非其先人，陆深《薜荔园记》说：“薜荔之有作，实自先太史公（徐缙父亲父徐以同），始太史公谋以娱静庵府君之老也，而未成，成之者缙也，是故堂曰思乐”[5]；三是王鏊致仕回乡后，时常在这里游居。

从当时文人过从薜荔园留下的诗文来看，徐子容的这座园池，也是兼得天然山水胜景与人工造景之美的湖山园。王鏊在两首诗歌中，扼要地勾画了其外围的大环境：“早从胥口望巃嵸，舟入青溪曲曲通。一片湖山归手内，万家烟火隔云中。家住西峰第几坳，青山重迭水周遭……地势欲凭湖面阔，天窥空讶月轮高。”[6]

洞庭西山山水清秀、林壑幽美，本身就如同一个花团锦簇的大园林，徐氏薜荔园则是此超大自然园中的美丽宅园。因此，《薜荔园记》说：“建置经位，心目之所及，则山益高，水益深，景益清，远造化之巧，所不能与者，又托之乎人，若徐氏之于洞庭，洞庭之有薜荔园是也。园之广，凡数亩，地产薜荔，因以名园云。”“建置经位”就是“经营位置”，是谢赫山水六法之一，是关于山水画整体布局的理论，可见，薜荔园之整体设计与景境营构皆符合山水画意。

陆深的园记中，有两条信息很重要。一是薜荔园十三景优美如画，兼容于湖光山色之间，置身其中有红尘远隔、仙居世外的感觉。王鏊晚年时常来这里游居：“园之景凡十有三，曰思乐堂，曰石假山，曰荷池，曰水鉴楼，曰风竹轩，曰蕉石亭，曰观耕台，曰蔷薇洞，曰柏屏，曰留月峰，曰通冷桥，曰钓矶，曰花源，四时朝暮之变态无穷，而高下离立，足以当欣赏而游高明，可谓胜矣。洞庭既胜，而园又胜也，使人乐焉，若仙居世外烟霞之与徒，而日月之为客也。”二是此园还秉承了苏州文人造园以思亲尽孝的传统。此园的构筑设想和材料准备，都起于徐子容的父亲徐以同，徐子容落实造园工程，是在完成父亲的未了之愿。因

---

1 （明）吴宽．家藏集（卷72）（四库全书集部第1225册）［M］．上海：上海古籍出版社，1991：707.
2 （明）王鏊．震泽集（卷27）（四库明人文集丛刊）［M］．上海：上海古籍出版社，1991：418.
3 （明）吴俨．吴文肃摘稿（卷2）（四库全书集部第1259册）［M］．上海：上海古籍出版社，1991：388.
4 （明）王鏊．震泽集（卷11）（四库明人文集丛刊）［M］．上海：上海古籍出版社，1991：260.
5 （明）陆深．俨山集（卷55）（四库明人文集丛刊）［M］．上海：上海古籍出版社，1993：346.
6 （明）王鏊．震泽集（卷4）（四库明人文集丛刊）［M］．上海：上海古籍出版社，1991：170.

此，他于园中登涉游观，不惟感受到园居之乐，还能借助园景以追念父亲的音容笑貌："先公府君木主在焉，一石一峰，先世之藏也。至于一泉、一池、一卉、一木之微，亦皆先人之志也。每一过焉，陟降泛扫之余，恍乎声容之在目，缙也何敢以为乐。"[1]

王鏊曾为帝师，徐子容后来也入东宫侍读，这二人翁婿兼师生，十分相得。由于对刘瑾阉党一伙当道的不满，王鏊早早致仕，在《徐氏薜荔园》一诗中，可以看出这位岳丈对快婿早早远离是非之境的期待："花木年深锦作围，日高淀紫滴成霏。雁声晚过横山远，帆影春归渡渚稀。木末芙蓉风尽落，墙头薜荔雨多违。却嫌旧日园林主，夙沼承恩久未归。"[2]

在当时诸名园中，徐子容的薜荔园是留下来文献信息最多的一个，这主要得力于陈淳的那组《薜荔园图》。《珊瑚网》收录的陆深图记实际就是《薜荔园记》的前半段，但是《珊瑚网》所收图记中有时间款："正德十二年（1517年）十月之吉，赐进士出身翰林院编修文林郎经筵国史官，上海陆深谨记。"[3]从图记可知，陈淳图绘薜荔园是在正德十二年以前，陆深是看图写园记的。除陆深的记文外，当时名流如二泉先生邵宝、空同先生李梦阳、大复山人何景明、东桥居士顾璘、衡山先生文徵明、凌溪先生朱应登、西原先生薛蕙、胥台山人袁袠、国子司业景伯时等十人，都在此图上题跋留诗。其中，邵宝的诗跋时间款为："正德己卯九月望后五日，二泉邵宝书于惠山之松风阁。"[4]正德十四年（1519年）岁在己卯，邵宝诗跋晚于陆深的记文约两年，且书与惠山的自家园中，可见，这些文人题写诗跋不是在一时一地。对这种情况最合理的解释是，徐子容宦游在外其间一直把这组故园图绘带在身边，时常与同道人阅图并索诗题跋。

这组图册早已不见传世，后人只能从这些诗文中，探寻薜荔园十三景的大致设计。园林依山临湖，宅院部分以"思乐堂"为主建筑，庭院中置峰石高仅几尺，小池也不足一弓，是拳石勺水的写意小筑。湖边临水筑有"水鉴楼"，登楼可以远眺湖山云帆，也可以水为鉴，俯视波光里的楼山倒影。此园的大假山构筑在湖边的水池中，池中之水又与湖水相通，因此，石峰既是园中的假山，又如湖中的小岛。小轩建在竹林之中，倚轩对竹，清风过处，翛翛琅琅，如鸣玉、如泉溪。园中借助山形修筑了高台，登台四望，园林外面是大片的田野，因此名"观耕"。沿着园中曲径前行探幽，只见芭蕉掩映着湖石，蔷薇的红花绿叶遮蔽了假山的石洞。过了洞口，是一片荷花池，池水中又置有峰石，奇峰玲珑有孔，故名"留月峰"——两百年后的刘蓉峰在留园水池中置印月峰，可能也借鉴了薜荔园这一作法。在水域窄小如山涧的地方，筑有很小的一座石拱桥，如修虹饮涧，桥下流水潺潺。过了小桥只见翠柏遮路，犹如屏风，故名"柏屏"。屏后面所掩藏的乃是一片桃花源，以及突兀在水边的垂钓石矶。到这时游人才恍然明白，自己刚刚走过了一段缘溪寻找世外桃源的访仙之路！

---

1 （明）陆深．俨山集（卷55）（四库明人文集丛刊）［M］．上海：上海古籍出版社，1993：346.

2 （明）王鏊．震泽集（卷6）（四库明人文集丛刊）［M］．上海：上海古籍出版社，1991：208.

3 （明）汪砢玉．珊瑚网（卷40）（四库全书子部第818册）［M］．上海：上海古籍出版社，1991：753.

4 （明）汪砢玉．珊瑚网（卷37）（四库全书子部第818册）［M］．上海：上海古籍出版社，1991：754.

7.3 寺观园林

7.3.1 狮子林

狮子林依旧此间最重要的寺观园林，前文已对其历史有所叙述，这里从略。

7.3.2 正觉寺

吴宽《正觉寺记》说：

“吴城中分四隅，惟东南居民鲜少，自巷衢外，弥望皆隙地，大率与郊野类。访其遗迹，先朝废宅及故佛老之宫，为多今正觉寺者。相传其先为宋杨和王别墅，后为元人陆志宁寓馆，既而舍为僧院，号大林庵。国朝洪武二十五年（1392年），诏清理释教庵，并入万寿寺，遂废。……今（宣德十年，1435年）美种蔓延不绝，人犹以竹堂称之。地既幽僻，入其寺，竹树茂密，禽声上下，如在山林中，不知其为城市也。又幸其去予家更迩，徒步可至。予将归老，良时策杖与故旧子侄同游于此，即事赋咏，其乐有日也。”[1]

7.3.3 大云庵

此外，苏州城东南隅一带，可以游赏的寺院园林还有大云庵，此即苏舜钦沧浪亭遗址。沈周《草庵纪游诗》说，时人称之为“草庵”“结草庵”或“吉草庵”。寺庵一度曾遭回禄之灾，嘉靖二十五年（1546年）南禅寺大云庵重建，文徵明为新修的寺庵写了《重修大云庵碑》，数年后，大云庵住持文瑛有重修了沧浪亭。

7.3.4 东禅寺

东禅寺是一个尘嚣远隔的寺庙园林，寺园今已不存，从光绪六年（1880年）《苏州城图》中看出，“东禅寺”位置大约在今天苏州大学本部之北偏西处。明代中后期，东禅寺园林环境一度深受苏州文人的喜爱，成为他们时长来游的佳境。文徵明《东禅寺》诗说：“古寺幽深带碧川，坐来清昼永于年。虚堂市远人声断，小砌风微树影圆。”另外，文徵明还有以序为题的诗歌《九日期九逵不至，独与子重游东禅，作诗寄怀兼简社中诸友》《秋日同杜允胜、汤子重游东禅次子重韵》《东禅寺与蔡九逵同赋》等诗歌，皇甫汸有《东禅寺题张琴师故居》诗，皇甫涍有《晚过东禅》诗。可见，东禅寺也是当时文人乐于游赏逗留的清幽佳处。蔡

1 （明）吴宽. 家藏集（卷38）（四库全书集部第1225册）[M]. 上海：上海古籍出版社，1991：331.

羽《与诸友过东禅》诗说："波光回佛地，树色寂溪堂"[1]；李应祯《宿东禅静公房》诗说："松杉满院风，瓜豆一篱绿"[2]。这是一处南宗净土。徐有贞为其中的"闲趣轩"作过记文[3]，韩雍、沈周、吴宽等当时知名文人，皆时有到访，且留下了许多游寺问禅的诗文。

7.3.5 玉涧

明代中前期，在集祥里还有一个道教的意念之园——玉涧。此地本来只有庙并无园，"吴之集祥里，自唐以来有庙，祀周之康王，久而庙将压。天顺初，先修譔公倡里人重建之，复自购庙中故地，尝所侵于民家者，得什二三。作小屋于后，以俟守庙者居，更二十年，莫能得其人。"后来邓尉山方外人沈复中入居，自号玉涧，并以号名其庐，求吴宽作记文。吴宽在《玉涧记》中，以问代答："涧者，水之行于地中者也。复中所居，城市之所环绕，庐井之所贯络，求诸山水无所得，安有所谓涧者？岂其少家虎溪，既壮去其父母而犹思其地耶？"[4]道家思想中有得意忘言、得意忘象之说，由此观之，玉涧可以算作是一所得意而忘象之道教之园吧。

7.4 衙署和书院园林

7.4.1 况钟辟疆馆

馆在和丰坊五显王庙南部，为正统年间太守况钟私第。况钟借重建寺庙之际，因陋就简造了其退食自养之所，虽不在官廨之内，却是其治吴时的临时行馆，可算是半个官署园。况钟在整治院落时，得到刻有"辟疆东晋"字样的石碑，一度认定此地就是魏晋风流时的吴中名园顾辟疆馆[5]。此馆有山池之胜，"青葱蓊霭，竹木明瑟，为薄书萧闲地"[6]。

7.4.2 郡学

苏州郡学号称天下第一，其创始人和历代授业学官都有美名，历代都有许多从这里走出去的才气高、名气大的士夫，而其中景境也足以砥砺节操、修养心性。明永乐间王汝玉有诗歌《苏学八咏》，分别是："水木凝华清"的"南园"，"绿水浸红莲"的"泮池"，"蔼蔼绿生

1 （明）钱谷. 吴都文粹续集（卷30）（四库全书集部第1386册）[M]. 上海：上海古籍出版社，1991：49.

2 （明）钱谷. 吴都文粹续集（卷30）（四库全书集部第1386册）[M]. 上海：上海古籍出版社，1991：49.

3 （明）徐有贞. 武功集（卷2）（四库全书集部第1245册）[M]. 上海：上海古籍出版社，1991：64.

4 （明）吴宽. 家藏集（卷33）（四库全书集部第1225册）[M]. 上海：上海古籍出版社，1991：269.

5 魏嘉瓒. 苏州历代园林录[M]. 北京：北京燕山出版社，1992：111.

6 魏嘉瓒. 苏州历代园林录[M]. 北京：北京燕山出版社，1992：111.

阴”的“杏坛”，“岁寒霜霰多”的“古桧”，“石梁跨新渌”的“来秀桥”，“高亭临泮水”的“采芹亭”，以及“道山”、“春雨亭”等[1]。吴宽有组诗《追和朱乐圃先生苏学十题》，诗歌作于弘治十四年（1501年），然而追忆的却是其幼年时郡学的园林景境：“故吴越钱氏南园也，规制宏壮，远去市井，山水之胜，嘉树奇石，错植其间，宛然林壑也……宽为童子入学，固不知十题之名，独见国朝士大夫咏学中诸景诗石刻。”[2]由此可知，郡学宛然林壑之境已经有数十年之久了，其间不仅传统的“郡学十景”韵致依旧，时人还常有吟咏“郡学八景”诗歌，分别是南园、道山、泮池、杏坛、古桧、来秀桥、采芹亭、春雨亭等，可知，郡学已成为兼具深厚历史文脉与优美风景的书院园林佳境。

7.5 小结

明代两百多年的时间里，苏州园林经历了由沉积到复兴，再到繁荣、鼎盛的四个阶段。参与园林艺术设计营造活动的人群数量众多、类型齐全，他们不仅营造了有史以来数量最多的各类园林，许多名园流传后世，迄今已经成为世界文化遗产，而且，在设计营造流程、相地选址、规划建造、材料选用、叠山理水、植物选配、家具陈设、建筑装饰等方面，也逐渐总结归纳出相应的程式与规范，形成了苏式园林文化艺术审美特征和设计营造的匠作体系；此外，以计成的《园冶》和文震亨的《长物志》为代表的理论著作，不仅为明代苏州园林画下了圆满的句号，也成为后世造园设计和园林鉴赏的主要理论依据和工程守则。

---

1 （明）钱谷. 吴都文粹续集（卷4）（四库全书集部第1385册）[M]. 上海：上海古籍出版社，1991：90.

2 （明）吴宽. 家藏集（卷27）（四库全书集部第1225册）[M]. 上海：上海古籍出版社，1991：207.

第8章

清代

8.1 概述

8.1.1 时代背景

明崇祯十七年（1644年），明亡清立。顺治二年（1645年），改明代南直隶为江南省，治所在江宁府（今南京），苏州府隶属江南省江南布政使司管辖，江宁巡抚驻苏州，领江宁、苏州、松江、常州、镇江五府。苏州府领吴县、长洲、昆山、常熟、吴江、嘉定、崇明七县。顺治十八年（1661年）分置右布政使驻苏州府。康熙五年（1666年），领江宁、苏州、松江、常州、镇江、淮安、扬州、徐州七府一州。康熙六年（1667年），分置江苏、安徽两省，改右布政使为江苏布政使司。雍正二年（1724年）析长洲县南境置元和县、昆山县北境置新阳县、常熟县东南境置昭文县、吴江县西境置震泽县，升太仓为直隶州，割崇明、嘉定两县属之，置镇洋县为州治。乾隆二十五年（1760年），江苏分设江宁、江苏两布政使司，一直延至清末。江苏布政使司驻苏州，领苏州、松江、常州、镇江四府和太仓直隶州。

清初虽经战乱，然而到了康熙中后期，随着社会的稳定，苏州社会经济、文化等方面得以恢复和发展。康熙五十二年（1713年）进士孙嘉淦《南游记》："姑苏控三江，跨五湖而通海，阊门内外，居货山积，行人、水流、列肆、招牌，灿若云锦。语其繁华，都门不逮。"[1]该记写于康熙六十年（1721年），当时苏州情况却是"然赋税重，民不堪命焉"。雍正二年（1724年）两江总督查弼纳奏言，江南为财赋重地，而苏、松、常三府之州县，尤为烦剧，因额征赋税、款项繁多等原因，苏州府开始升州析县。至乾隆时期，经济繁荣超越前代，乾隆《吴县志》称："四方万里，海外异域珍奇怪伟、希世难得之宝，罔不毕集，诚宇宙间一大都会也。"正如《红楼梦》开篇第一回中所云："最是红尘中一二等富贵风流之地。"商贾辐辏，百货骈阗，苏州成为江南最大的商业和手工业城市，人口与财富的集中程度在当时无出其右，苏州被称为大苏州，而上海松江则称为小苏州。加之"百工、士庶殚智竭力，以为奇技淫巧"[2]，园林资源丰富，太湖石、黄石并用，掇山技艺达到了前所未有的高峰，各式花木争艳斗奇，使得苏州园林更加兴盛，风格更趋精致秀雅。

康熙帝玄烨于二十三年（1684年）首次南巡到苏州，至乾隆帝弘历于四十九年（1784年）的最后一次，正好一百年。在这整整一个世纪中，康乾两帝的各六次南巡，不但巩固了皇权，整治了河工，增强了满汉融合，而且大大促进了南北园林间的相互借鉴和发展，帝王的造园兴趣更加推动了苏州造园活动的兴盛，康、乾两帝对为苏州的人文和自然风景的眷恋，更加催发了苏州及近郊名山风景和佛寺的建设。

商业的繁荣，使得外地的商帮云集苏州，"阊门内外，居货山积，行人水流，列肆招牌。灿如云锦，语其繁华，都门不逮"。有资料显示苏州清代会馆和公所分别有43和82所，大批的会馆、公所促进了苏州会馆园林的发展，如安徽会馆（惠荫园）、七襄公所（艺圃）等。

---

1 （清）孙嘉淦．南游记［J］．苏州游记选，苏州市文联，1986：1.

2 （清）孙嘉淦．南游记［J］．苏州游记选，苏州市文联，1986：1.

道光《苏州府志》：卷二十四载："自入国朝以来，列圣相承，尊师重道，叠颁宸翰，揭于庙堂，以致高山景行之意。而又广设书院，乐育贤才，文教昌明，古今希有。"苏州所属的长洲、元和和吴县三县就有20所之多，书院的建设促进了文风的昌盛，清代全国有四分之一以上的状元出在苏州。康熙末年的江苏布政使杨朝麟感叹道："本朝科第莫盛于江左，而平江一路尤为鼎甲萃薮，冠裳文物，兢丽增华，海内称最。"（杨朝麟《紫阳书院碑记》）

雍正八年（1730年）设立水利同知一员，驻扎于吴江县同里镇，为太湖厅之始；乾隆元年（1736年），移驻吴县洞庭东山。咸丰十一年（1861年）太平军攻占太湖厅，改置东珊县，隶属苏福省。光绪三十年（1904年）分太湖厅兼辖之西山为靖湖厅。

嘉庆时期国家气象由盛逐渐转衰，内忧外患，纷至沓来。至道光一朝，由衰而乱，发生了划时代的剧变，道光二十年（1840年）鸦片战争爆发，中国进入半殖民地半封建社会。此后，上海开埠通商，逐渐兴起，但是此时苏州的商业地位仍然很牢固。

道光三十年（1851年）太平天国运动爆发，咸丰三年（1853年）定都天京（现南京），咸丰十年（1860年）占领苏州，建立苏福省，苏州为省会。苏福省沿袭清江苏布政使司辖地，设镇江、常州、苏州、松江、太仓五郡。太平天国使东南成为一片焦土，而苏州尤烈。之前苏州还是一片繁荣，黄金台（1789年—1861年）于道光三十年（1850年）九月八日游虎丘，作《虎阜登高记》云："寺未登而孤塔见，路将转而小桥横，烟火万家，遥指千人之石；楼台一带，又开五色之花，时山侧新成韦刺史祠，林亭群交，堂屋丹绚。一房云拥，果然秀溢虎丘。"而此时的七里山塘，"则灯船四面，美人都作惊鸿；箫管两头，豪客尚呼酌兕。难得十分月色，绚烂文章；可见七里风光，繁华世界。"[1]然而太平天国之后，沈守之在《借巢笔记》中说："阊门外，上下山塘一带烟火弥天，民不过徙，焚死无算，胥门、盘门、齐门外，亦皆焦土。葑门外较荒凉，火亦少衰，盖城未破，而精华已尽矣。"毛祥麟《墨余录》："自沪至昆，炊烟缕缕，时起颓垣破屋中，而自昆至苏境转荒落。金阊门外瓦砾盈途，城内亦鲜完善，虎丘则一塔幸存，余皆土阜。"

太平天国运动给苏州带来了毁灭性打击，成为苏州历史发展的转折点。道光十年（1830年）苏州府人丁数字为341.2万多，到了同治四年（1865年）骤降到128.8万多[2]，锐减近一半。太平天国爆发前的苏州曾是全国经济文化最为发达的城市，此后，苏州将东南经济中心让位给上海。从此，变成了大上海，小苏州。

同治二年，清军攻克苏州。光绪二十一年（1895年）中日签订《马关条约》，将苏州与沙市、重庆、杭州辟为日本商埠。光绪二十三年（1895年）签订《苏州日本租界章程》，将苏州盘门外相王庙对岸青旸地作为日本租界，租界地划分为元字、亨字、利字、贞字四大字区。为适应苏州开埠和通商，光绪二十二年（1896年）七月，苏州关税监督公署成立，署址为织造府内；八月，苏州关税务司成立，关址设在葑门外觅渡桥东。这对苏州的政治、经济、社会生活等产生了重要影响[3]。

---

1 （清）黄金台．虎阜登高记［J］．苏州游记选，苏州市文联，1986：12.

2 （同治）苏州府志．田赋卷十三［M］．哈佛燕京图书馆.

3 王国平．苏州史纲［M］．苏州：古吴轩出版社，2009.

8.1.2 营造活动

风景园林营造活动都是受政治、经济和社会的影响的，清代是以少数民族统治人口众多的汉族及广大地域的一个历史时期，但在政治上却大力吸收汉族制度，文化上尊孔重儒，推行科举制度。清代苏州风景园林的发展和风格特点基本上和其历史进程相一致，其造园活动承明代之势，既有对发轫前代进行增建、改建，或分立；又有新建新辟的园林。同治《苏州府志》记载当时苏州有园林130处；苏州园林局编史修志办公室《历代苏州园林名录》（1991）则共记载清代园林369处（一园多主，分列）。

风景园林营造活动的发展过程大致可分为清初恢复期、清中鼎盛期和晚清衰退转化期。

一、清初恢复期的风景园林营造活动及其特点

（一）恢复期的风景园林营造活动

由明清易代之际到康熙年间，是为苏州风景园林的恢复期。清初，战火纷飞，苏城生灵涂炭，城池尽毁，民不聊生，民间造园活动处于停顿状态。

多尔衮以清帝敕谕之名，行“薙发之令”，传令各地：“自此布告到日，亦限旬日，尽令剃发……迟疑不剃者，同逆命之寇，予以正法。”激起江南民变。江南士人或奋起反抗，或遁走山林。如现在网师园“竹外一枝轩”轩西的游廊山墙上有晚明黄道周撰书的《刘招》四方书条石（即《刘招》碑），这是黄道周拟《招魂》而作的一篇作品，其后有跋语云：“右刘招为刘鱼公作也，鱼公既远出，久而不归，念其才行之美，室人怀思，因作是篇云。乙亥秋九月，道周书。”其所招之人即门生刘履丁刘鱼公（字渔仲）。顺治二年闰六月，清兵在嘉兴等地限汉人十天内剃发易服，刘履丁在嘉兴与徐石麒等起义反清，最后为仇家所刺杀，可谓“壮志未酬身先死”。屈大均《皇明四朝成仁录》卷七“嘉兴起义诸臣传”有载：“刘履丁，字渔仲，漳州人，大学士黄道周高弟，聪明绝人，字画篆刻，皆及其妙……崇祯年间以贡为郁林知州。见天下方乱，致书友人曰：‘孔贼犯天津一月而弑两藩，吾辈不□□所矣。’因研究诸家兵法。至是与石麒等起义，敌至，为仇所刺，并杀其子，以降。”（清屈大均《皇明四朝成仁录》卷七）

在这明清鼎革之际，除了一些明朝遗臣和文人士大夫或抗清复明，或以死明志之外，又有一些士人身经亡国之痛，既不愿作贰臣，又不能以死明志，中国文人历代都有仿效伯夷叔齐的“义不食周粟”的做法，因此只好选择逃禅避世，用青灯古佛来安抚自己对故国的幽思。

（1）遁迹山林，逃禅避世

苏州的山水胜地，主要集中于西南的近、远郊，以前留园西部土山上就有一座建筑，欧阳修《醉翁亭记》句，曰：“望西南诸峰林壑尤美之亭”。其优美的自然景色自然吸引着这些前朝遗民。如顾公燮在《丹午笔记》的“米堆山”条中说：“澄江大司农张有誉，自号大园居士，常居灵岩。昆陵薛群伯寀，乱后剪发为头陀，居元墓真如坞雪香庵僧舍。自谓：‘吾名寀，今不冠，当去宀，又剪发，当去撇，仅存米字。’元墓有米堆山，因名米，号堆山。”

张有誉（1589年—1669年），字谁誉，号静涵，江阴人，他是明朝天启二年（1622年）的进士，官至南明户部尚书、太子太保；南明弘光政权灭亡，削发为僧，法号大园，常居于灵岩山。薛寀（1598年—1664年），字谐孟，号岁星，南直隶无锡人，崇祯四年（1631年）进士，官至河南开封府知府。

采香庵，位于灵岩山下采香径。《百城烟水》卷二："在云岩山南隔岸。顺治初，里人沈如椿置，白庵宗禅师开山。"并有注云："以庵近采香径，又取'撮群经而为果，采百花以为浆'之意，额曰'采香'。始至掩关三年，朝夕焚诵，为人和厚，不激不随，时以本分示人。初时茅屋五楹，师更浚池筑石，治蔬圃，葺寮房，花果竹树，四时灌艺。游其地者如领旃檀香风，使人自适云。"这里曾是南宋乾道间王文孺先生臞庵遗址，释超宗《采香林喜臞庵居士过访》："采取群葩绝紫红，宛然一点有无中。幽栖自得山林趣，小筑宁求殿宇工。果熟露浓随地落，香飘天暖遍晴空。今朝却喜臞翁过，修竹青松起惠风。"[1]

小桃源，《百城烟水》卷二"吴县"："在采香庵后，吕贞九退隐处。"吕毖（1611年—1664年），字贞九，号桴庵，吴县人。李果《吕道人桴庵传》："崇祯甲申之变，悲号不食，弃妻子入道，自号赤隐子。"顺治八年（1651年）居苏州清真观，十六年（1659年）游于终南山，归后，隐居于苏州灵岩山中的采香庵小桃源，筑室曰：桴庵，隐居修持。贞九颇有文才，著有《明宫史》，后被收入《四库全书》。桴即小竹筏或小木筏，《论语·公冶长》："子曰：'道不行，乘桴浮于海，从我者其由与！'"

落木庵，在天池山中，为徐波之墓园。徐波（1590年—1663年），字元歎，号浪斋，入清后号顽庵，吴县人。年二十余，与天台的幽溪和尚结伴游历山水。于天池山下构落木庵以居，与中峰、灵岩二高僧相往来。同治《苏州府志》卷八十二："徐波，字元歎，少为诸生，工诗古文，竟陵钟惺见而惊赏，以为古人复生，缔交甚厚。甲申冬，马士英擅政，将以清职罗致，波知士英必败拂衣竟去，归隐竺坞，筑落木庵以老。著述多少湮，仅有《谥箫堂集》若干卷行世。"甲申即顺治元年（1644年），为明朝灭亡之年。沈德潜《徐先生波传》："生平著述多散佚，今有《溢箫堂集》及《落木庵稾》藏于许太史家。太史名集，大夫名峡，为先生女夫，亦有志行。"徐波《天池落木庵记》：

"癸酉十月，与楚中谭友夏寓其弟德清令服膺署中。晓起盥漱，见余白发盈梳，云：'子从此别计，必住山。请择嘉名以名其居。'服膺出幅纸，俾作劈窠大字，友夏执笔拟议曰：'子还吴，可谓落叶归根。'遂有此目。今揭诸庵门，松栝数株，玄冬霜月，萧萧而下。"

徐波与明末竟陵派代表人物谭元春（1586年—1637年，字友夏）友善，《百城烟水》卷二："落木庵，在天池山中。为吾宗元叹丙舍，其额竟陵谭友夏所题也。锺退谷因写《支硎山图》以赠之。"落木庵之门庵额即为谭元春所题，而钟惺（字伯敬，号退谷）则画有《支硎山图》。

1 （清）徐崧，张大纯．薛正兴，校点．百城烟水［M］．南京：江苏古籍出版社，1999：160-161.

涧上草堂，徐枋所筑。徐枋，号俟斋，崇祯十五年（1642年）举人。苏州城陷，其父徐汧“以此不屈膝、不剃发之身见先帝于地下”，自虎丘新塘桥下投水，以死明节。徐枋遵父遗命，不仕异族，后于康熙二年（1663年）冬卜筑天平山麓上沙，建涧上草堂。徐枋《西山胜景图记》载：

“上沙在天平、灵岩之间，其地最胜，多乔林古藤、苍松翠竹，与山家村店相掩映，真画图也。一涧潺潺，水周屋下，时雨既过，则奔流激注如雷鸣。涧之所出，自为一村，余草堂在焉。轩窗四启，群峦如拱，空翠扑人，朝霏夕霭，可卧而游，又不假少文画图矣。”[1]

由此，徐枋息影杜门，足不窥户，终老于斯。

《吴门表隐》卷四：“涧上草堂在上沙戚字圩，明举人徐枋隐居处，久废。康熙三十九年，潘太史耒赎归为祠。嘉庆十四年，徐待诏达源、赵录事筠重建，奉吴祖锡、张舜臣、戴易，释储公配。道光六年，顾明经禄捐修，并辑记略得世。”潘耒为徐枋门生，其《徐俟斋先生祠堂记》曰：“先生家在天平山麓上沙村，没时三子皆已前卒，惹遗寡媳孤孙，谋鬻屋以葬……族人遂鬻富人为葬地。”后来潘耒又将此赎归为祠。沈复《浮生六记》卷四“浪游记快”：

“舟子曰：‘离此南行二三里，有上沙村，多人家，有隙地，我有表戚范姓居是村，盍往一游？’余喜曰：‘此明末徐俟斋先生隐居处也，有园闻极幽雅，从未一游。’于是舟子导往。村在两山夹道中。园依山而无石，老树多极纡回盘郁之势，亭榭窗栏尽从朴素，竹篱茅舍，不愧隐者之居。中有皂荚亭，树大可两抱。余所历园亭，此为第一。园左有山，俗呼鸡笼山，山峰直竖，上加大石，如杭城之瑞石古洞，而不及其玲珑。旁一青石如榻，鸿干卧其上曰：‘此处仰观峰岭，俯视园亭，既旷且幽，可以开樽矣。’因拉舟子同饮，或歌或啸，大畅胸怀。”[2]

客观上，明朝遗臣遁迹山林进一步促进了苏州西南山水风景园林的发展。

（2）归隐城市，构园自娱

明清鼎革，部分士人虽居城市而不仕，但园林生活却是他们纾解心志、标榜自我的理想情境，试图从山水林泉之中寻求寄托，怡老终身。如：顺治六年（1649年），复社成员韩馨购得明代太学归湛初之园所建的洽隐园，当时“洽隐园三友”韩馨、郑敷教、金俊明在“鼎革后，互砺名节朝夕与俱，而在洽隐园踪迹尤密……黄冠野服，栖迟泉石间，虽沧海横流，而园之泽若别有天地”（同治《苏州府志》卷四十六）。顾其蕴购得胡汝淳之园（即原归湛初园东部）所建的宝树园，李雯《宝树园记》云：“而先生（顾其蕴）以前朝党人，名振复社，

1　王稼句．苏州山水名胜历代文钞［M］．上海：上海三联出版社，2010：282.

2　据王稼句先生考证，沈复所游之地实为陆氏水木明瑟园，见王稼句．《读园小集》［M］．苏州：古吴轩出版社，2019：283-290.

乃能息心尘外，与一二名流俯仰其间，享诗酒林泉之乐，世事不知，沉浮莫问，非高尚其志者，何能若是哉？”

敬亭山房，姜埰所筑，今艺圃（见明代“艺圃”）。

密庵旧筑，在阊门后板厂，本为苏家园，御史苏怀愚所筑，至明初仅存树石，后为御史李模园。李模（约1586—1668），字子木，吴县人。先祖为太仓人，后避倭寇骚扰，迁居嘉定县娄塘镇。天启五年（1625年）进士，授任广东东莞县（今东莞市）令。擢升为监察御史，先后巡按云南、浙江、真定等地。后因揭露检举魏党陈镇夷，因言获罪，被贬为南京国子监典籍。南明时，再次被起用为御史。因马士英、阮大诚等人当权，遂引疾辞官，杜门里居。《百城烟水》卷二：“宅后圃，内有桃坞、草堂及芥阁诸胜。”袁学澜《吴郡岁华纪丽》卷三“南北园看菜花”条载：“北园在阊门内后板厂，旧名苏家园，为御史苏怀愚所筑，后为御史李模，今皆夷为场圃。”[1]可见到了清中期已夷为场圃。李模《初扫密庵旧筑》：“昔日深深意，今依幻住身。蓬蒿迷若醒，竹柏故犹新。小得蜘蛛隐，居惟钟磬邻。扫苔迎古佛，竺国备遗民。”祁班孙、读彻、张适、孙暘等有诗咏之。有《李文中公子招饮园亭》等诗咏之。

春草闲房，为金俊明在双林里的隐居之所。《百城烟水》卷二：“在卧龙街西双林里，金孝章所构宅后书斋也。公高蹈不仕，拥书万卷，炉香茗碗，日与四方名贤暨二子上震、侃咏歌其中。”[2]彭启丰《春草闲房记》：“昔吾乡耿庵金先生，当明季弃去巾服，遗荣养高，所居在双林里，老屋数间，自题曰：春草闲房，一时耆旧，杖履追从，焚香瀹茗，翛然自乐。”[3]金俊明（1602—1675），因七岁丧父，母贫改嫁姓朱，原名衮，又名训，字九章，明亡后，改为本姓金，名俊明，字孝章，号耿庵，又号不寐道人，吴县人。易代后，放弃诸生身份，“隐于市廛，不故蹈湖海以鸣高，殆庾子山所谓晏婴近市，不求朝夕之利，潘岳面城，且适闲居之乐者也。”金俊明隐居于尘世之中，杜门潜心吟诗作画。金俊明与归庄为姻亲，并与徐枋、郑敷教、李模、姜垓等当时高尚之士来往。金侃《臞庵过宿闲房》：“梧雨驱残暑，闲房正早秋。恰逢高士至，喜为故人留。古道存真率，幽情人唱酬。家贫惟茗粥，扫榻愧南州。”高世泰《题春草闲房》：“草色含晖碧一庭，荆扉昼掩拥函经。药苗新茁归泉灌，书带分栽杂莛馨。南浦别时人几换，西堂得句梦初醒。于今兀坐观元化，荣落悠然候不停。”[4]大致可见当时园林之景色。吴大澂之祖吴经堃（1794—1838）的春草闲房即金俊明故宅。

（3）消亡与旧园易主重构

晚明是苏州造园活动的高峰期，经过战火的破坏，一些前朝园林或湮没无存，或尚有遗存，经修复后，重现于世。而当时一些名园也因明清鼎革而湮灭，如苏州阊门外的紫芝园，徐树丕《识小录》卷四“紫芝园”条：

---

1 （清）袁景澜. 甘兰经，吴琴，校点. 吴郡岁华纪丽. 卷三［M］. 南京：江苏古籍出版社，1998：124.

2 （清）徐崧，张大纯. 薛正兴，校点. 百城烟水［M］. 南京：江苏古籍出版社，1999：112-113.

3 王稼句. 苏州园林历代文钞［M］. 上海：上海三联出版社，2008：92.

4 （清）徐崧，张大纯. 薛正兴，校点. 百城烟水［M］. 南京：江苏古籍出版社，1999：112-113.

“余家世居阊门外之下塘，甲第连云，大抵皆徐氏有也。年来式微，十去七八。惟上塘有紫芝园独存，盖俗所云假山徐，正得名于此园也。因兄弟构大讼，遂不能有，尽售与项煜。煜小人，其所出更微。甲申从贼，居民以义愤付之一炬，靡有孑遗。今所存者，止巨石巍然旷野中耳。园创于嘉靖丙午，至丙戌而从伯振雅联捷，至甲申正得九十九年，不意竟与燕京同尽，嗟乎！嗟乎！”

项煜（1598—1645）字仲昭，号水心，吴县人，天启五年（1625年）进士。李自成攻陷北京之后，项煜曾被授太常寺丞，但却因嫌官小，便弃职南逃至南京，混迹于南明弘光小朝廷，被揭发，从而激起民愤，要求诛之；苏州士人深以为耻，放火烧了紫芝园，“止巨石巍然旷野中耳”。后项煜逮治下狱，纳赎出狱；次年逃到浙江慈溪，被当地民众作为李自成大顺政权伪官而沉淹西门外太平桥下而亡。

嘉庆三年（1798年），范来宗作《寒碧庄记》，曰：

“金阊门外，旧多名园，前明徐太仆之东园、项宫詹之芝园，其最著者。自物换星移，烟云变灭，芝园仅留故址，子孙居之，无复曩昔亭馆之胜。东园改为民居，比屋鳞次，湖石一峰，岿然独存，余则土山花阜，不可复识矣。”[1]

东园即明末徐氏东园，今留园址，因刘恕（字蓉峰）购得重葺为寒碧庄，而长留于天地间。一代名园紫芝园却就此逐渐圮废而殆尽，湮没于历史的长河之中。

清初，顺服清朝的一些官员也在苏州纷纷购园，如顺治年间，保宁太守陆锦所筑的涉园，即今之耦园东花园部分，面积也较小。顺治十二年（1655年）进士、曾任江苏巡抚的慕天颜（1624—1696）购得明代申时行的适适圃（即北宋朱长文乐圃址，今苏州儿童医院址），俗称慕家花园。汪琬《苕华书屋记》：

“康熙九年春，予自金陵命儿筠往卜居郡城之西郊，老屋二十余间，堂寝庖湢略具，俗传以为明正德中尚书陆公完故居云。夏五月予还，自新西新关始，扫除旁舍一楹，迁几榻其中，而寝处也。地广袤不越数弓，庭前后襍花药三株，老梅各二本，前庭又有石植立。陵苕始华，其蔓循外垣而下，罗络石之四周，盖与梅皆数十年物也。予颇乐之，乃颜之曰苕华书屋。”（乾隆《苏州府志》卷二十八）

这一时期，一些官僚及新贵纷纷在苏州购置宅第，最便利的便是在前朝旧园整修改造，如顾汧在銮家巷（即今钮家巷）“得顾氏旧圃，重修治之，益擅名胜，公自有记及十二咏。”韩菼在祖宅上，原有寒碧斋、绀雪斋等，清初毁于兵火，进行重修，有郄轩、归思偲闲斗室，临流构敞宇，遥望西山。

---

1 王稼句. 苏州园林历代文钞［M］. 上海：上海三联出版社，2008：52.

红豆书庄，坐落在升龙桥的南面，城东南葑门内冷香溪的北面，为惠周惕所居。惠周惕（1641—1697），原名恕，字元龙，吴县人。因其东渚旧宅南有一条形如砚台的小溪，故自号砚（研）溪；晚年移居苏州葑门，宅前有一株红豆树，故自号“红豆主人”。少从徐枋游学，受业于汪琬，康熙三十年（1691年）进士，选翰林院庶吉士。散馆，改密云县知县，有善政，卒於官。“先是东禅寺有红豆树，相传白鸽禅师所种，老而朽，复萌新枝，周惕移一枝植阶前，生意郁然，因自号‘红豆主人’。僧睿目存为绘《红豆新居图》。周惕自题五绝句，又赋《红豆词》十首，属和者二百余家。四方名士过吴门，必停舟车访焉。传子及孙六十年来，铁干从霜皮，有参天之势矣。”后庚申兵燹，树被伐，遗址仅存。周惕自题《红豆新居图》有：“三间湫隘草元亭，不置勾阑不作屏”“吾家小小著墙东，指似新图约略同。一事比渠差过分，琅玕多占两三弓”等诗咏。顾震涛《吴门表隐》卷九记载：“铁树即红豆，郡中只有四树，一在元墓山寺内；一在城东酒仙堂，宋白鸽禅师手植；一在升龙桥南惠太史周惕宅，周惕少从酒仙堂分折栽成；一在吴衙场明给谏之佳宅内，后易宋、易彭，今为吴刺史诒穀所居。”[1]

（4）或民或官，收归官府

清初的苏州园林，经过战火的洗礼，许多已经荒废破败了。而幸存于世的一些园林，或被收归官府，成为官署府衙；或成为遗民逃禅入道之所，有的再次成为了歌舞升平的场所。这一时期最著名者，非拙政园莫属。

位于城之东北的拙政园，清初，苏州东北半城，向为满兵驻扎，号为满洲城。自进娄门直至齐门南大街止，皆兵马所驻，民居多被占去，百姓无一人敢住。拙政园也不例外，当时有一首《江南词》写道：“天平山下莺声少，拙政园头马粪多。十里昏灯闪人影，只闻太息不闻歌。”吴伟业也有诗写道：“齐女门边战鼓声，入门便作将军垒。荆棒从填马矢高，斧斤勿剪莺簧喜。”不得已，原园主徐氏以二千金价售于陈之遴。之后，园址为驻防将军府，兵备道行馆，康熙三年甲辰（1664年）园改苏、松、常道，后归还给陈之遴之子，旋卖给了吴三桂女婿王永宁（字长安）。王永宁在拙政园旧址上进行改建，建有斑竹厅和娘娘厅，作为吴三桂女儿的起居处，又修建了楠木厅，极尽铺张和奢华。这是清初拙政园之布局第一次大变动。

王永宁殁后次年（即康熙十二年，1673年），吴三桂反，拙政园没收为官署。

康熙十八年（1679年），拙政园归苏、松、常道新署，徐乾学有记，恽寿平《瓯香馆集》卷十二：“壬戌八月，客吴门拙政园，秋雨长林，致有爽气。独坐南轩，望隔岸横冈，叠石峻嶒。下临清池，涧路盘纡。上多高槐柽柳，桧柏虬枝挺然，迥出林表。绕堤皆芙蓉，红翠相间。俯视澄明，游鳞可数。使人有悠然濠濮间趣。自南轩过艳雪亭，渡红桥而北，傍横冈，循涧道，山麓尽处，有堤通小阜。林木翳如，池上为湛华楼，与隔水回廊相望，此一园最胜地也。”壬戌为康熙二十一年（1682年），陈从周先生认为，南轩即今倚玉轩，“艳雪亭似为荷风四面亭。红桥即曲桥。湛华楼以地位观之，即见山楼所在，隔水回廊，与柳阴路曲

---

1 （清）顾震涛. 甘兰经，等，校点. 吴门表隐. 卷九［M］. 南京：江苏古籍出版社，1999：113.

一带出入也不大。”[1]这是清初拙政园之布局的第二次大的变动。至此，基本上奠定了今日拙政园之格局。

沧浪亭，位于城南。康熙二十三年（1684年），王新命（？—1708）任江苏巡抚，在沧浪亭遗址内建苏公祠。三十五年（1696年），江苏巡抚宋荦（1634—1713）重修沧浪亭，“构亭山巅，复其旧观，饶有水竹之胜。”奠定了今天沧浪亭的基本格局。尤侗《沧浪小志序》：

“偶于幕府东偏城南野次，得宋苏子美沧浪亭故址，一坯仅存，鲜过而问者，公慨然怀古，梳爬而扫除之，既修祠宇，有堂，有室，缘阜筑亭，亭下为舫斋，绕以回廊，峙以高轩，汇以曲池，木石交错，光景一新。”

《沧浪亭志》:

“商邱宋荦抚吴时，寻访遗迹，复构亭于山之颠，得文征明隶书‘沧浪亭’三字，揭诸楣。循北麓折而东，小轩曰自胜。迤西四十余步，为屋三楹，曰观鱼处。亭之南，翼以修廊，曰步埼，从廊户出，有堂岿然，即子美祠也。”

康熙三十九年（1700年），王翚作《沧浪亭图》。五十八年（1719年）巡抚吴存礼《重修沧浪亭记》中有:

“遂饰工庀材，建御书碑亭于其中，而其旁屋宇，亦令增修，以助亭之壮丽。向所构观鱼处，规制颇狭，更恢广之，颜曰豪上观。复建舫斋于其左，颜曰镜中游。盖此地三面皆水，周围植竹，子美记中所云“澄川翠干，光景会合于轩户之间”者也。故皆临流构宇，以领其胜。其前盖拂云亭，亭西即步埼，修廊曲折，悉以前人石刻列诸壁间。复筑小室，颜曰容与，以为憩息之所。盖因商邱公之旧，整其颓圮，饰以丹雘，或扩之，或增之，移易其势，皆森列环向。”[2]

（5）会馆园林的复兴

顺治直到康熙前期，苏州还是一片萧条景象，如康熙二十三年（1684年）十月，康熙首次南巡，骑马从阊门进入，当时巡抚汤斌正引导，到盘门登城楼，“出盘门登城，穷檐蔀屋，极目无际，上为眷念者久之。”[3]“穷檐”是茅舍、破屋的意思；“蔀屋”即用草席盖屋顶的房子。至康熙中后期，苏州经济得以恢复，出现了“城里半园亭”的繁荣景象。

这一时期，随着社会的逐渐安定，苏州又是“控三江，跨五湖而通海。”极具地理之便，

1 陈从周. 说园［M］. 北京：文化出版社，1983：41-42.

2 苏州市园林和绿化管理局. 沧浪亭志［M］. 上海：上海三联出版社，2016.

3 （清）钱泳. 张伟，点校. 履园丛话［M］. 北京：中华书局1979：14.

到了康熙末年（1721年），苏州“阊门内外，居货山接”[1]。外省商人如广东的潮州、东莞，广西的义宁，福建的漳州、泉州、邵武，山东胶西、潍邑，以及江西、安徽等地，或民商或官商，在苏纷纷建会馆。会馆，顾名思义，就是旅居异地的同乡人或同行商人联谊的地方，会即会聚之意；馆则为同乡人寄寓的宾馆。一般会馆内通过建造和祭祀故土的神灵来联系和凝聚在他乡经商的同籍，即“崇乡祀而联乡谊”，同时也会在其后院或偏院筑以台榭陂池，颇具园林之胜，如“潮州会馆，顺治间创建，凡该郡士商往来吴下皆得憩游燕息其中。”[2]再如康熙四十六年（1707年）闽商在阊门外的南濠南雁宕村购地所建的温陵会馆，前为大殿祀天后，门内建有戏台，东西两翼以层楼回廊；殿之后为池，临以假山，编以药栏，为游观之区。

（二）风格特点

清初文人士大夫遭遇重大变革，民族矛盾突出，他们急需从山水林泉中寻求精神寄托，遁隐山林却不便生活，便选择生活便利的城镇或近郊的风景胜地，“隔断城西市语哗，幽栖绝似野人家”。而一些官僚也在明代原有的园址上购园、建园。据统计明代苏州园林224处之多，这为清代的造园带来了便利。

清初造园活动的恢复，尤以士大夫园林最为典型，其风格特点犹承晚明风格，其特点一是布局疏朗，风格自然质朴。城郊园林多取自然风光，建筑无多；即使在古城内，也多为自然景物，如顺治年间顾予咸所筑的雅园，俗呼野园，乾隆《苏州府志》：“本朝顾考功予咸桤林小隐在史家巷，其东偏曰雅园。水木渟泓，南池、遗意亭尤幽胜，类山居。”当时苏州人口不多，城内地域空旷，官僚及富裕阶层也容易置地建园林，故类山居。

其特点二是清初一切设施多沿明代旧制，清人王芑孙（1755—1817）说：“顺治、康熙间，士大夫犹承故明遗习，崇治居室。”（《怡老园图记》）明代的建筑形制，有着严格的规定，《明史・舆服》“庶民庐舍，洪武二十六年定制，不过三间五架，不许用斗栱，饰彩色。三十五年复申饬，不许造九五间数，房屋虽至一二十所，随其物力，但不许过三间。”因此住宅建筑，包括园林建筑一般均为三间，明末计成在《园冶・屋宇》中说：“家居必论，野筑惟因。”所谓的“野筑”，即为园林建筑；“惟因”就是因地制宜。还说：“惟园林书屋，一室半室，按时景为精。”园林中的建筑那怕只有一室半室，只要按时景布置，便是精美。如清初，位于光福的叶楠材的见南山斋，本为徐达佐[3]的遂幽轩，后三易其主，康熙年间叶楠材购得，进行了改建，“乃撤去斋前小屋数椽，以广其庭，而龟山俨然在望矣”，所以名见南山斋；“左旧有房两楹，房亦有庭，更通之，以编竹屏其中，若断若续，加曲折焉。庭中叠石莳花，潇洒可意。左右两廊，朱栏碧槛，交相映也。右廊微广，因结为斗室，可以调琴，可以坐月，所以为斋之助者不浅。是皆叶君之丘壑也。”黄中坚[4]有记曰：“春风槛外，桃树新栽，明月樽前，刘郎重到，流览之次，既悦其结构之精，又不胜今昔之感。”

---

1 （清）孙嘉淦．南游苏州记．苏州游记选［M］．苏州市文联，1986．

2 蒋维锬．清代商帮会馆与天后宫［J］．海交史研究．1995，(01)：45-63．

3 徐达佐（1333—1395）字良夫，号耕渔子、松云道人，苏州人，元末隐居光福山中，筑耕渔轩。

4 黄中坚（1649—1719），字震生，号蓄斋，吴县人，顺治年间贡生。有《蓄斋文集》《蓄斋二集》等。

再次则是清初的假山，陈从周先生说：

“清初犹承晚明风格，意简而蕴藉，虽叠一山，仅台、洞、蹬道、亭榭数事，不落俗套，而光景常新，雅隽如晚明小品文，耐人寻味。”[1]

今天的拙政园、沧浪亭、艺圃、狮子林等主要建筑和园景的基础奠定于康熙年间，清初假山承晚明遗风，但一些全景式的大型假山在造型上更趋成熟，如拙政园池中两岛、耦园黄石假山等。

到了雍正时期，建立了一系列的规章制度，尤其是雍正十二年（1734年）刊行颁布的清工部《工程做法》，不但是明末清初北方官式建筑营造技术与艺术的总结，也为乾隆时期的建筑大发展准备了技术条件。

二、清中鼎盛期的风景园林营造活动及其特点

（一）鼎盛期的风景园林营造活动

乾隆时代是封建社会最后一次建设发展高潮，在艺术上形成了突出的时代风格。随着乾隆帝的南巡，江南地区造园之风盛行，而苏州尤炽，一直漫延至道光初年。据文献记载，乾隆年间，苏州城中至少有纸业作坊30家、烛业作坊100家、钟表店坊30家、木行94家、业铜作者数千家。乾隆《元和县志》：

“吴中男子多工艺事，各有专家，虽寻常器物，出其手制，精工必倍于他所。女子善操作，织纫刺绣，工巧百出，他处效之者莫能及也。”[2]

手工业、商业的发达，必定带来社会的奢侈之风。

竞节好游的社会风尚推动了造园活动的兴盛。苏州自宋明以来，就有“多奢少俭，竞节好游”之俗。乾隆、嘉庆至道光初，随着人口的快速增长，天下太平，民生繁庶，享乐之风漫延，这为苏州的风景园林营造活动带来了得天独厚的条件。

成书于道光乙酉（即道光五年，1825年）的袁学澜《吴郡岁华纪丽》在描述十二个月的节序习俗中，光春天二月有元墓探梅、百花生日、玉兰房看花，三月有画舫游、踏青、山塘清明节会、清明开园、荡湖船、游山玩景、南北园看菜花、谷雨看牡丹、虎阜花市等习俗。如“百花生日”：

“今吴俗以二月十二日为百花生日……是日，闺中女郎为扑蝶会，并效崔元微护百花避风姨故事，剪五色彩缯，系花枝上为彩幡，谓之“赏红”。虎丘花农争于花神庙陈牺献乐，

1　陈从周．园林谈丛．苏州环秀山庄［M］．上海：上海文化出版社，1980：89.

2　王国平．苏州史纲［M］．苏州：古吴轩出版社，2009：369.

以祝神釐，谓之“花朝”。是时春色二月，花苞孕艳，芳菲酝酿，红紫胚胎，天公化育，肇始于兹。故俗以是日晴和，占百果之成熟云。”

袁学澜《百花生日赋》云：

“俗纪生申之节，芳萼初胎，春逢圻甲之辰，农书乍献。祝携酒盏，种成红豆千双；悬遍彩幡，护锡金铃十万。维时烟草萦隄，新苹泛沚。春到二分，尘香十里……颂冈陵于芳圃，峰涌螺青；设帨佩于璇闺，怀投燕紫。于是祝花长寿，庆日如年……亭台则暖集笙簧，林樾则灿成罗绮。”[1]

自从北宋末，朱勔被诛，其子孙居于虎丘山塘一带，以叠山造园为业，差一点的则担花于市，逐渐形成花市。其他如四月则有海鲜市、放生会、轧神仙、药王会，五月有山塘竞渡、六月有珠兰花市、七月有盂兰盆会、八月有山塘桂花节、九月有菊花山、十月有天平山看枫叶、冬则有窖花等。

苏州有清明节开园的风俗，苏州各家私人园林向民众开放，一直到立夏为止。此时，清代袁学澜《吴郡岁华纪丽》记载：

“春暖昼长，百花竞放，园丁索看花钱，纵人游览，士女杂遝，罗绮如云。园中花木匼匝，亭榭奇巧，畜养珍禽异卉，静院明窗悬名贤书画，陈设彝鼎图书玩器，扣砌名花，彩幕防护风日，笙歌戏剧，妆点一新。寻芳讨胜之子，极意流连。随处有赶卖香糖果饵，皆可人口。琐屑玩具，诱悦儿曹。俗于清明日开园放游人，至立夏节为止。”

旧园重构。苏州园林有个特点，就是园林随着时代的发展，大多传不过三代。究其原因，大抵是苏州是一座手工业、消费城市，到乾隆时期已达到鼎盛。一些官僚和有钱人纷纷在苏州购旧园筑园，典型者如网师园，其他如拙政园，乾隆初年，园一分为二，中部为复园，为蒋棨所有；西部名书园，为叶士宽所有；留园（徐氏东园）于乾隆末年，为刘恕所得，等等。

郊野市镇筑园。由于苏州城市人口相对稠密，而近郊或市镇人口相对较少，而其经济也呈现出一片繁荣，有着资料显示，苏州地区的市镇从明代正德、嘉靖年间的64座到乾隆年间的132座，几乎翻了整整一倍[2]。

毕沅的灵岩山馆、王庭魁枫桥的渔隐小圃、洞庭西山的芥舟园等都是这一时期郊园的代表之作。如鸡笼山西的无隐园，乾隆年间，南园老人彭尺木重修，四面皆山，有殿堂、客堂、斜廊、飞云阁。馒头石高二丈，石下凿小池，翠竹绿树，登高遥见太湖。正如《园冶》所云：“园地惟山林最胜，有高有凹，有曲有深，有峻而悬，有平而坦，自成天然之趣，不

1 （清）袁景澜. 甘兰经，吴琴，校点. 吴郡岁华纪丽［M］. 南京：江苏古籍出版社，1998：12.
2 王国平. 苏州史纲［M］. 苏州：古吴轩出版社，2009：372.

烦人事之工。”

市镇园林如常熟燕园、壶隐园、半野园，吴江黎里有五亩园、五峰园、且园，平望有采柏园。昆山的亦园、周庄的磊园，太仓有颐园、怿园，张家港杨舍镇的息园等。

（二）**风格特点**

由于历史的积淀，这一时期园林数量达到了最高峰，且园林逐渐向公众开放，在一定程度上成为大众的休闲空间。袁学澜《吴郡岁华纪丽》中记当时苏州园林中著闻者园林就有达二十多所：城南有苏子美的沧浪亭，桃花坞有唐伯虎的唐六如祠，任将桥东有五松园（即现狮子林），后板厂有蒋深的绣谷园，銮家巷（今纽家巷）有顾汧的凤池园（东偏归荥阳相国家，西偏为陈氏省园），宝成仓有陆锦的涉园（即现耦园），包家墩有小栖云，虎丘山后有玉兰房，雍西寺西有明代申士行的适适圃，宝林寺东有艺圃，北街有吴璥的园圃（即蒋棨的复园、叶士宽的书园。其地林木绝胜，为吴中园林之冠），阔街头巷的网师园，阊门外花埠街刘恕的寒碧庄（俗称刘园），虎丘山浜由塔影园改建的白公祠以及一榭园，阊丘坊钱峰的息园（即顾嗣协的依园旧址），盘门内的乐园（本为陆氏的陆园，园中牡丹甚盛，种备五色，而园不甚宏），枫桥西沿塘有袁廷梼的渔隐小圃，灵岩山麓毕沅的玲珑山馆，木渎上沙陆稹的明瑟园，钱氏的端园、潜园等。此外各种会馆、药馆均附有小园林。这还是当时苏州园林之大概。

其次，因太平日久，对于有钱者争饰池馆相娱乐，或因或创，穷汰极侈。园林风格亦由质朴而转为奢靡之风复燃，有的甚至成为了争艳斗奇之所。陈从周先生指出：“到了清代造园，率皆以湖石叠砌，贪多好奇，每以湖石之多少与一峰之优劣，与他园计较长短。”如刘恕爱好湖石，在寒碧庄内聚奇石为“十二峰”，当时著名的瑞云峰已被移到了织造署去了，而冠云峰尚在园外，“尝欲置庄中未果”，便把精心搜罗到的十二奇石置于园内，并依其形态神韵，分别品题为：奎宿、玉女、箬帽、青芝、累黍、一云、印月、猕猴、鸡冠、拂袖、仙掌、干霄诸名，并自号为“一十二峰啸客”。嘉庆七年（1802年）三月请昆山人王学浩（字孟养，号椒畦）对其一一加以绘形为《寒碧庄十二峰图》，每峰后均有王学诰、瞿应谦、刘恕诗题（今藏上海博物馆）。刘恕后来又陆续得到了晚翠峰、独秀峰、段锦、竟爽、迎辉和拂云、苍鳞五峰二石，于嘉庆十二年（1807年）筑“石林小院”。

苏州人汪厚斋在嘉善县城内有“二十五峰园”，《履园丛话》云：“二十五峰园，在嘉善县城内环整坊科甲埭，本海昌查氏旧园，有春风第一轩、八方亭、清梦轩、平远楼诸胜，园多湖石，洞壑玲珑。今归苏州汪厚斋氏，终年关锁，命仆守之。三十年来，园主人未尝一至也。”虽有诸多峰石，却“终年关锁”，园主人却三十年来未至一步。

在园林建筑方面，正如陈从周先生所云：“至乾、嘉则堂庑扩大，雄健硕秀，构山功力加深，技术进步，是造园史上的一转折点。”再如门楼，在清代前期其形制大多简朴，至乾隆时期日趋繁缛，《履园丛话·艺能》说：“又吾乡造屋，大厅前必有门楼，砖上雕刻人马戏文，灵珑剔透，尤为可笑。此皆主人无成见，听凭工匠所为，而受其愚耳。”

清中期假山则以戈裕良为代表，作品有环秀山庄和常熟燕园假山等，其在前期的基础上又有所发展，代表着苏州园林假山的最高成就。环秀山庄假山采用大小石钩带联络之法，其洞体更加硕大，强调大小石块间的勾连和镶石拼补，勾缝细致，假山岩壁的收头不再采用晚明猎奇式的群峰造天式立峰，而是采用山峦式结顶。常熟燕谷黄石假山（1825年）用石似乎比耦园来得更为讲究，石壁、洞壁局部用竖石出挑，充分显示高超的叠石技艺，洞顶则采用逐层挑出的叠涩之法，可看出也是由明末清初的假山技法中脱胎而来，并达到掇山技能的最高峰。

除了传统的达官富有阶层的造园之外，一些会馆、公所等，其内多筑有园林小圃，如“南濠有桂馨阁、体善堂、人参会馆、关东会馆、泉州会馆，洞泾内之同仁堂、培德堂，虎阜之同善堂，亦皆有花圃，裙屐骈集。”[1]流风所及，遍及全城。

三、晚清衰退转化期的风景园林营造活动及其特点

（一）衰退转化期的风景园林营造活动

苏州向来就是文人骚客流寓之地，咸丰年间，因经历了太平天国战火，苏州私家园林大多荒废败落。但随着苏州的光复，原先逃亡外地的乡绅纷纷回乡重建家园，营造园林。镇压太平军的一些官僚和晚清诗人词家等文化名流亦纷纷流寓吴门，他们在此或终老，或寓居，或为避世，或为燕游，前者如盛康、李鸿裔、沈秉成等，后者如朱祖谋、易顺鼎、郑文焯等，他们或造园或居园；或集宴云游，或踏月赏花，或诗酒酬唱，流连其间。正如俞樾《曲园杂纂・序》所云：

“东南底定之后，吴中花月之胜未减曩时。士大夫之宦成而归，及流寓于是者，各治第宅，启园林，竹崦松台、月汀星沼，极一时之盛矣。”

苏州迎来了最后一个士人造园高峰。

在这个造园的最后辉煌时期，可以说形成了一个主要以乡宦顾文彬为中心的交游圈子，这一时期的主要园林有顾文彬的怡园、吴云的听枫园、俞樾的曲园、盛康的留园、沈秉成的耦园、张之万的拙政园、李鸿裔的苏邻小筑（网师园）以及汪锡珪的壶园、潘曾玮的养闲草堂、潘遵祁的西圃等。

盛康（1814—1902）是顾文彬作为介绍人而购买留园的，《过云楼日记》记光绪二年（1876年）三月廿九日：“午后，盛旭人来，同至香严处，费幼亭在坐，谈租屋事。”到了第二天，即四月初一：“午后，旭人来，偕往刘园。遍游内外两园，古木参天，奇峰拔地，真吴中第一名园。惜失修已久，将来修葺约在万金以外。香严亦来，遂复之遍游一次，归已抵暮。”另一条就是五月初一：“余为介绍，以卧云所购刘园售与旭人，议价五千六百五十金。是日在余家成交，余不收中费，程藻安亦在中保之列。”当时留园分为内外两园，内园即住宅部分，外园即花园部分。咸丰十年（1860年）兵燹后，园虽幸存，却荒芜不治。同治

1 （清）袁景澜. 甘兰经，吴琴，校点. 吴郡岁华纪丽［M］. 南京：江苏古籍出版社，1998：106.

末，园宅归程卧云。[1]同治十三年（1874年），改建为二程夫子庙，后盛康于光绪二年五月初一从程卧云手中购得。花园部分，同治十二年（1873年）归盛康，其《留园义庄记》曰："同治六年丁卯，余自武昌奉讳回籍。……迨十有二年癸西，复于苏州间门外花步街购得寒碧山庄，易名为留园，自号留园主人。园额为'龙溪盛氏义庄'，而仍以留园名之者。"（民国《吴县志》则说："其外园于光绪二年归武进盛方伯康，改名留园。"）

同治四年（1865年）李鸿章任江苏巡抚，推荐俞樾主讲苏州紫阳书院、顾文彬任正谊书院董事。从此两人相识，并成为邻居，顾文彬之怡园与俞樾之曲园亦相近。顾文彬还请俞樾为其撰写《怡园记》。

顾文彬和吴云是姻亲，两人往来密切。顾文彬为吴云的听枫山馆撰有多幅对联。光绪九年（1883年）一月十一日，吴云病逝。十三日，顾文彬为其作挽联云：

"棣粤联盟，卅年以外。柴桑偕隐，半里之遥。耆英会觞咏婆娑，记东坡生日相逢，顿成永别；箕裘绍业，八世大昌。金石名家，千秋不朽。书画禅尘凡解脱，乘西域慈云而往，何啻长生。"[2]

李鸿裔入湖北巡抚胡林翼幕僚；胡林翼战死后，投于曾国藩幕下，官至江苏按察使，加江宁布政使。后因耳疾而退居苏州，与顾文彬为邻，购得网师园。其地因与苏舜钦的"沧浪亭"相近，故将园名改为"苏东邻"，著有《苏邻诗集》。李鸿裔移居网师园时，顾文彬赋诗四首赠之。

江苏巡抚张之万与顾文彬有诗词往来。同治九年（1870年），张之万调任江苏巡抚，冬至苏州，修葺吴园，仍名拙政园，有兰畹、枇杷园、烟波画舫诸胜；同治十一年（1872年），改名"八旗奉直会馆"。一时如李鸿裔、杜文澜、吴云、沈秉成、潘曾玮等经常宴集于远香堂，吟诗观画，如光绪四年（1878年）八月初四日，顾文彬等"游拙政园，古木参天，莲叶平岸，居然有山林气，不但胜怡园，并非留园所及，惜能领略其胜趣者少耳。新辟南轩一间，面临高阜深池，屏嵌大玻璃，广丈许，修数尺。此镜外洋新到，每架需二百余番饼，昔日所未见者。查古之镜殿铜屏，不过尔尔。"他们还时常在一直玩"竹游"等，以消遣时日[3]。

同治十三年（1874年），苏松太道道台沈秉成由上海来苏养病，借居张之万拙政园，俞樾《安徽巡抚沈公墓志铭》云："侨寓吴中，购得娄门某氏废园，而修葺之，有泉石之胜。时继配严夫人已来归，工丹青，娴词赋，公遂名'耦园'。"又说：沈秉成"性喜金石、字画，所收藏皆精绝。其居耦园也，南皮（即张之万）相国亦适寓吴，一时如潘文勤公及李眉生廉访、顾子山、吴平斋两观察，皆时相过从。偶得一古器。一旧刻书籍，摩挲玩弄，

1 程卧云即程廷桓（1805—1882），字卧云；典当业巨商程衡斋四子，潘遵祁亲家，居百花巷；起家于经营当铺，曾上海开设延泰钱庄，人称"程百万"，历捐二品郎中。见李峰、汤钰林《苏州历代人物大辞典》938页。

2（清）顾文彬. 过云楼日记［M］. 上海：上海文汇出版社，2015：537-538.

3（清）顾文彬. 过云楼日记［M］. 上海：上海文汇出版社，2015：473.

以为笑乐。”[1]

顾文彬《过云楼日记》多处提及“壶园”，一作为人之名号，二为园林之名，其主人为汪锡珪。顾文彬与汪锡珪、吴云交往甚密，在北京为官时，常有书信来往。顾文彬又亲自为壶园拟对联等。

苏州文人定期在各自私家花园集宴云游，诗酒酬唱，或饯春，或作东坡生日，或古物玩赏，进行金石考据和诗书绘画等活动。吴门真率会就是吴云杜门野服后，与苏州的林下诸老沈秉成、李鸿裔、顾文彬等仿唐宋时洛阳作“真率之会”。

晚清，苏州是众多文人骚客流寓和向望之地，如郑文焯、易顺鼎、张祥龄、蒋文鸿、张仲炘等，在苏诗词唱和流连。然而他们因囿于财力，常租赁小型旧园或建筑庭院而自娱。其他如况周颐于光绪十七年（1891年）、三十年（1904年）两度客居苏州；王鹏运（号半塘）常往来于沪、苏间，曾与郑文焯有西崦卜邻之约，郑逸梅《艺林散叶》载：“吴中有半塘桥，郑大鹤谓王鹏运曰：‘君号半塘，宜卜居’。”又说：“去苏州三四里，有半塘彩云桥，是一胜迹，君宜居之，异日必为高人嘉践。”半塘心肯，未几，却因暴病客死于苏州。

（二）风格特点

因遭太平天国兵燹，原有的城市格局得以打破，有的遂荡然无存，有的则已渐荒芜，这给财力较为雄厚的官僚来说，是扩大或兼并园宅的一个大好机会。因此这一时期，一些封建官僚的园林，面积扩大，建筑密度增加。

其次，营造园林时，大拆大建现象严重。如耦园，同治十三年（1874年）沈秉成由上海来苏养病，借居张之万拙政园，购得冯桂芬（字林一）旧居，并兼并东边两三宅和涉园，筑耦园。顾文彬说：“仲复大兴土木，构成东西两园，东即涉园故址，然已改头换面，只一水阁尚依稀可认耳。”[2]

李鸿裔购得网师园后，“大兴土木”，填掉了原宋宗元网师小筑西面的溪西小隐的部分水面，增建殿春簃。并在殿春簃至花圃一带与中部水池与现琴室一带筑起了隔墙，从此将网师园的结构改换成了东部为住宅、中部为园林、西部为芍药圃的格局。西部芍药圃的入口应在现在的露华馆“宜春窦”入口，这时的网师园已是“半非旧观”。曹迅先生在《网师园的历史变迁》一文中说：“但李鸿裔、李赓猷父子切割网师园，在园中东部铲除旧迹改建豪宅高楼轿厅，讲排场摆阔气而大煞风景，造成极大的硬伤，成为一大败笔。”[3]怡园水池原是仿照网师园的。怡园、网师园和沈秉成的耦园都由当时著名画家顾沄参与设计修葺，建造年代也都在光绪元年（1875年）左右。所以三园的水池形式基本相同，只是网师园到了李鸿裔、李赓猷手里，才改变了原来水池形态，形成了现在的格局。

大树移植进城，又是这一时期的特色，如在怡园的建造过程中，一些古树如白皮松、黄杨、桂花等均有一名叫王跷仙的经手，《过云楼日记》多次记载移植大树的情况：如从小仓口尼姑庵移植的一株罗汉松“长二丈许，大合抱”，“拆墙而进，植于岁寒草庐之东阶下……

1　苏州市园林和绿化管理局. 沧浪亭志［M］. 上海：上海三联出版社，2013：109-112.

2　（清）顾文彬. 过云楼日记［M］. 上海：上海文汇出版社，2015：373.

3　曹迅. 网师园的历史变迁［J］. 建筑师，2004，（06）：104-112.

枝耸干霄，园中大树，此为巨擘。”可惜这样一株古树就枯死了，后来“王跷仙从光福觅得古柏一株，数百年物也，植于‘岁寒草庐’。庭中之东南隅掘去已枯罗汉松一株。此柏古干离奇，枝如虬凤，为庭中群树之冠。”然而因大风等天气性灾害以及大树移植之不易等原因，而遭至古树枯死。

这一时期还有一个现象，就是动物作为造园要素之一，自从唐宋后逐渐退居次位后，在一定程度上有所回归。如怡园，沈秉成“送牝牡鹿各一，小鹿一。园中鹿房新造，大小两间，鹿至如归”[1]。留园也一度养有猢狲、孔雀以及鹿、狗、鸟、鱼等。

在园林的布局上，为了生活方便，常与住宅相连。晚清国力衰退，加之西风东渐，在造园技艺上过于工巧，只存形式而已。陈从周先生说：

“降及同（治）、光（绪），经济衰退技术渐衰，所谓土包石假山兴起，劣者仅知有石，几如积木。我曾讥为“排排坐，个个站，竖蜻蜓，迭罗汉，有洞必补，有缝必嵌”。虽苏州怡园假山在当时刻意为之，仍居中乘；其洞苦拟环秀山庄者，然终嫌局促。[2]

至民国，园主们因洞多不吉利，逐渐以小型假山花台替代之，但在掇峰技艺上则有所发展。

这一时期，还有一个趋势，即出现了大量庭院式的小园林，如郑文焯于光绪六年（1880年）春为江苏巡抚吴元炳幕客，寓居苏州，先后租赁潘氏西园、壶园等，又购置龚氏修园、马医科巷沤园，筑通德里吴小城、樵风补筑等。然而这些庭院和小园林最易湮没，从而无迹可寻。

8.1.3 人文纪事

一、康熙、乾隆两帝南巡与苏州风景园林发展

清初战乱，民生凋敝，百业凋零。至康熙时社会趋于稳定，经济、文化等方面得以恢复和发展。康熙、乾隆两帝的南巡直接影响着江南城市以及地域文化景观发展的变化，而且也大大促进了南北园林间的相互借鉴和发展。一方面，帝王的造园兴趣更加推动了苏州造园活动的兴盛，康、乾两帝对苏州人文景致和自然风景的眷恋，催发了苏州近郊的名山风景和佛寺的建设，山水名胜呈一时之极盛。另一方面，康乾两帝对苏州园林文化和造园技艺的吸收，加强了苏州园林对皇家园林的传播、渗透和影响，为苏州园林的后续发展奠定了基础。

从康熙二十三年（1684年）到乾隆四十九年（1784年）的一百年间，两位皇帝分别六次南巡，是为清朝历史上的重大事件，被誉为“巍巍盛典”“熙朝盛事”。为迎接帝王南巡，地方官员势必进行大规模的行宫修缮或营建活动。苏州是康乾两帝南巡的必经之地，也是驻

1 （清）顾文彬. 过云楼日记［M］. 上海：上海文汇出版社，2015：445.

2 陈从周. 园林谈丛. 苏州环秀山庄［M］. 上海：上海文化出版社，1980：74.

跸、揽胜的重要之地。苏州景色优美，名胜、园林众多，两帝驻跸的苏州行宫有苏州织造署、虎丘、灵岩山、寒山千尺雪、苏州邓尉山、华山、支硎山等。计成说："园地惟山林最胜。"自然风景区具有天然之趣而少人工之事，因此行宫园林多建于风景名胜处，使得苏州的山水、佛寺建设远迈前代，而帝王行宫园林的建设亦只此一朝。

康熙帝六次南巡，分别为康熙二十三年（1684年）、二十八年（1689年）、三十八年（1699年）、四十二年（1703年）、四十四年（1705年）和四十六年（1707年）。其大致路线，由水路经无锡，过浒墅关，驾莅苏州阊门，驻跸织造署。幸游路线也以水路为主，所以近郊的虎丘山、灵岩山、华山，以及太湖、邓尉山等是其驾幸之地，这些地方的山水和寺观园林得以进一步开发。如康熙帝六下江南，六幸虎丘。二十七年（1688年），苏州士民在悟石轩旧址恭建"万岁楼"，以迎接康熙帝驾幸，"如若夫虎丘一阜，万姓建亭纪盛，恭祝万寿，并施之毫素云"[1]。

康熙帝频频驾幸虎丘，除了其山水之胜和远近闻名的云岩寺之外，主要还因为虎丘是晚明东林集会的主要地方，在此为寺院题写匾额对联，以及为汪琬、尤侗、宋荦等赐以他们的厅堂园林等墨宝，以笼络江南文化阶层的精英。

康熙帝曾两幸苏州园林。二十三年（1684年）十月首次南巡，骑马从阊门进入，当时巡抚汤斌正引导，到盘门登城楼，一眼望去，全是些茅舍破屋，从齐门下，幸拙政园，晚到葑门，驻跸织造府。康熙第一次南巡就选择游幸当时已经被罚没充公为苏松常道署的拙政园，后来在三次南巡后，开始营造避暑山庄，有《三十六景诗图》，其二十三景为香远益清，就是取景于拙政园，可见当年拙政园主厅应该已经命名为远香堂。这也开启了日后乾隆大规模写仿江南园林的先例。三十八年（1699年）第三次南巡太湖时，驾幸东山席启寓东园；席启寓向康熙进新茶，呈其所刻《唐诗百名家集》四套和兰花二盆，得其赞赏；东园是清初归席本祯（1601—1653）购晚明翁彦陞集贤圃而移筑的园林；席启寓（1650年—1702年），字文夏，号治斋，为席本祯之次子，曾任过工部虞衡司主事，后辞官在家养亲，暇读唐诗，莳种兰花。

康熙帝驾临苏州，不但提高了苏州山水风景和园林的知名度，促进了南北风景园林的文化交流，并通过赐名题额，使河山生色，更是使苏州风景园林开发、建设达到了一个新的高度。

乾隆帝仿学其祖康熙帝，六次南巡，分别在乾隆十六年（1751年）、二十二年（1757年）、二十七年（1762年）、三十年（1765年）、四十五年（1780年）和四十九年（1784年），最初都驻跸苏州府城内织造府官署，此后逐渐在城外风景名胜地营建新的行宫。《钦定南巡盛典》卷二十五载乾隆帝曰："朕巡幸所至，悉奉圣母皇太后游赏，江南名胜甲于天下，诚亲掖安舆，眺览山川之佳秀、民物之丰美，良足以娱畅慈怀。"他奉母拈香揽胜，几乎踏遍了苏州附近的佳山名寺，先后至虎丘山的云岩寺，灵岩山的灵岩寺，华山的翠岩寺，邓尉山的圣恩寺、法螺寺、报恩寺、观音寺，上方山的楞伽寺、治平寺、石佛寺，以及穹窿山上真

---

1 （清）陆肇域，任兆麟. 虎阜志［M］. 苏州：古吴轩出版社，1995：11-13.

观，天平山高义园等。乾隆帝爱好舞文弄墨，他自己也说："每逢佳景喜题句，率以镌崖纪岁年。"或对名山佛寺题额赐名，或即兴吟诗，如驾幸天平山，赐额"高义园"；游名山，必有诗，如《奉皇太后游虎邱即景》："谁云金宝气，化作虎丘山西踞瞻湖墅，东临镇市阛。岩姿浮刻削，涧响泻潺湲。听法犹存石，生公旧往还。"这是苏州风景园林史上，绝无仅有的山水开发和寺观园林大发展时期，成为日后苏州山水胜景的最佳处。

乾隆帝驾幸的苏州园林有狮子林、寒山别业（千尺雪）、西碛山程园三处。

乾隆帝六下江南，驾幸苏州的山水寺观的范围和次数以及题额诗咏远胜于其祖康熙帝，尤其是对寒山别业和城内狮子林的眷恋，更是奠定了苏州风景园林在中国风景园林发展史上的重要地位，同时也使得苏州近郊风景园林开发和建设达到了最高峰。

此后，至咸（丰）、同（治）兵祸，苏州风景园林建设遂一蹶而难再兴。

二、园林著作、大匠与苏州风景园林

钱泳的《履园丛话》、沈复的《浮生六记》对园林的记述和造园理论虽是"断锦孤云，不成系统"，然而他们精于诗文或绘画，正如童寯先生所言："一切园事皆是绘事。"他们有关在园林的立意、布局、意境、等方面的阐述对后世造园和园林鉴赏有着极大的影响。张然、戈裕良等虽有丘壑在胸，借成众手，惜未笔于书，而他们所创造的园林作品成为永世的经典。

（一）钱泳《履园丛话》与园林述录

钱泳（1759年—1844年），原名鹤，字立群，号台仙，一号梅溪，别署梅花溪居士，江苏金匮泰伯乡（今无锡）人。嘉庆五年（1800年）迁居常熟钓诸渡，十八年（1813年）又迁于常熟翁家庄。

钱泳晚年潜居履园，"于灌园之暇，就耳目所睹闻，著《履园丛话》全书二十四卷"[1]，涉及典章制度、天文地理、金石考古、文物书画、诗词小说、社会异闻、人物轶事、风俗民情、警世格言、笑话梦幻、鬼神精怪等诸多方面，堪称包罗万象，蔚为大观。

《履园丛话》对研究苏州乃至中国园林的价值在于：

（1）史料价值。卷二十"园林"记录北京园林3条，江宁（南京）园林2条，苏州（包括常熟、吴江、太仓）园林17条，扬州园林9条，上海、杭州等其他园林25条，共56座园林，详细记录这些园林所属的时代、方位、道里、建筑以及规模和特色、兴废经过等，并附录有相关的诗词文章，尤其是对苏州园林，言之甚悉，对研究苏州园林以及江南、北京园林等，具有较高的历史价值和艺术价值。如"乐圃"条，记载尚书毕沅为陕西巡抚时，购得宋代朱长文乐圃旧地，"引泉垒石，种竹栽花，拟为老年退隐之所"；后毕沅受和珅案牵连，坐罪抄家，"尚书殁后，家产入官，无托足之地，一家眷属尽住圃中，可慨也已。"钱泳二十七岁（乾隆五十年，即1785年）时被毕沅慕名聘入幕府，所以感叹："文定（即明代申时行，此地

1 （清）钱泳. 张伟，点校. 履园丛话. 序［M］. 北京：中华书局，1979：1.

曾为申宅）之与尚书（即毕沅），同是状元，同是一品官，何福命之不相及也。”毕沅卒于嘉庆二年（1797年），其家眷尚住在园内。冯桂芬《汪氏耕荫义庄记》说：“乾隆以来，蒋刑部楫、毕尚书沅、孙文靖公士毅迭居之。”孙士毅卒于嘉庆元年（1796年），《清史稿》有传。因此，说毕沅之后，园归孙士毅，实为误传。而同治《苏州府志》载：“后归太仓毕尚书沅，继为孙建威伯宅。”建威伯实为袭孙士毅伯爵之孙孙均（号古云）。

中国园林与中国的诗文、绘画等融为一体。明末清初，文人的工匠化与工匠的文人化，使中国的园林成就达到了历史的最高峰。这一时期的许多造园家如周秉忠、计成、张南垣、叶洮等均擅于绘画。其“绣谷”条，记载“园中亭榭无多，而位置颇有法，相传这王石谷手笔也。”王石谷即清初画坛“四王”之一、虞山派鼻祖的王翚。康熙三十年（1691年）王翚出任《南巡图》首席画师，康熙三十九年（1700年）为蒋深作《绣谷送春图》，是年夏六月，为宋荦二子重绘《沧浪亭图卷》，四十岁左右时应姜实节之请，为其父艺圃主人姜埰作《艺圃图》；石谷晚年为洞庭东山的梧竹主人叶君弘誉绘《南园图》十幅，“将于所居之偏，疏池构屋，以为读书宴息之所，而嘱耕烟子先为之图，欲即图之所载以审夫经营位置之宜”（侯铨《耕烟先生画南园图记》）。从中看出，王翚不仅是位山水画家，更是一位园林画家，至于他是不是一位画家兼造园家，还有待考证，但画家参与造园却是中国的传统。

（2）造园理论。

一是立意构思，意在笔先。卷二十“园林”篇“造园”说：“造园如作诗文，必使曲折有法，前后呼应，最忌堆砌，最忌错杂，方称佳构。”在中国人的哲学观里，万物相通，源于“一”，而流于末。书画同源，造园与做诗文的道理是相通的。

二是相地得宜，构园得体。如江宁（今南京）随园，“依小仓山麓，池台虽小，颇有幽意”；浣香园，“仅有堂三楹，曰恕堂。堂下惟植桂树两三株而已，其前小室，即芥轩也。沈归愚尚书未第时，尝与吴门韩补瓢、李客山辈往来赋诗于此，有《浣香园唱和集》，乃知园亭不在宽广，不在华丽，总视主人以传”。

三是造园有法，园景在借。钱泳主张造园要“位置之得宜”，如前之所述绣谷：“园中亭榭无多，而位置颇有法。”常熟燕谷：“园甚小，而曲折得宜，结构有法。”扬州之静修俭养之轩：“四围楼阁，能以廊庑，阶前湖石数峰，尽栽丛桂、绣毬、丁香、白皮松之属……每逢花晨月夕，坐卧窗前，致足乐也。”江园：“回廊曲榭，花柳池台，直可与康山争胜。”锦春园：“园甚宽广，中有一池，水甚清浅，皆种荷花，登楼一望，云树苍茫，帆樯满目，真绝景也。”借景能扩展园林空间，让园林内外融为一体，如江宁张侯府园：“园不甚广，大厅东偏，有赐书楼一座最高，可以望远，万家烟火，俱在目前，亦胜地也。”芜湖长丰山馆：“园中有搴云楼，六桥烟柳，尽在目前，可称绝胜。”仪征朴园：“有黄石山一座，可以望远，隔江诸山，历历可数，掩映于松楸野戍之间。”

四是匾联点题，诗化园景。钱泳所记之园，或录有匾额对联，如木渎灵岩山馆：“将扁额悬挂其门，曰灵岩山馆，先生（指毕沅）自书，下有一联云：‘花草旧香溪，卜兆千年如待我；湖山新画障，卧游终古定何年。’”他自己也常常诗文相颂，或记当时之园景，或述当时之民风。狮子林：“其北数百步有王氏之兰雪堂、蒋氏之拙政园，皆为郡中名胜。每当春二三月，桃花齐放，菜花又开，合城士女出游，宛如张择端《清明上河图》也。余二十许时，尝往游焉，作《狮林竹枝词》云：'兰雪堂前青草蕃，蒋家三径亦荒园。寻春闻说狮林好，借问谁家黄状元。虬须园子倚门边，分得秋娘买粉钱。入门疑到天台路，且避前头两少年。苍苔新雨滑弓鞋，斜倚阑干问小娃。曾记飞虹桥畔立，不知谁拾凤头钗。一双绣袜污泥溅，日暮归来空自怜。不是贪游生小惯，明朝还上虎丘船。"更有感慨系之，如见扬州之平山堂"几成瓦砾场，非复旧时光景"时，"余亦有句云：'《画舫录》中人半死，倚虹园外柳如烟。'抚今追昔，恍如一梦。"

五是不求拥有，而万物皆备于我。钱泳主张："园亭不必自造，凡人之园亭，有一花一石者，吾来啸歌其中，即吾之园亭矣，不亦便哉！"

（二）沈复《浮生六记》与造园理论

沈复（1763—1835？）字三白，号梅逸，元和（今苏州）人。出身于吴门"衣冠之家"，终身以作幕僚维持生计。偶亦经商，又师从于善人物写真的杨昌绪（补凡）、工山水画的袁沛（少迂）、工花卉翎毛的王岩（星澜）等学画，写草篆，镌图章。杨补凡曾为沈复夫妇作《载花归去月儿高》画卷，"杨补凡为余夫妇写载花小影，神情确肖是夜月色颇佳，兰影上粉墙，别有幽致。"所以沈复又是位画家，曾在家侧开店，以写字鬻画卖钱度日。曾游无隐禅院，"归作《无隐图》"；为介石画《幞山风木图》十二册、冒辟疆作《水绘园图》等。

有关园林方面的见解主要集中在《浮生六记》卷二的《闲情记趣》[1]。

（1）沈复与造园叠石。沈三白自述："及长，爱花成癖，喜剪盆树。识张兰坡，始精剪枝养节之法，继悟接花叠石之法。"他因喜欢花木盆景，从张兰坡那里学得了莳养之法，尤其是"剪枝养节"和"接花叠石"之法；洪吉亮称戈裕良"以种树累石为业"，"种树累石"相当于现在所说的造园堆假山；古代对掇山没有统一的名称，累（垒）石、叠（迭）石等都是堆假山的称谓。可见，沈复不但是位画家，也是位园艺学家，还可能是一位掌握叠石技法的造园掇山师，因此他对园林有着独特的理解，只是他不以"接花叠石"为业，所以未见其园林作品及理论之作。正如俞平伯先生所言：他"不是什么斯文举子，偶然写几句诗文，也无所存心"，却"犹之佳山佳水"（《重刊〈浮生六记〉序》）。

园林掇山。沈复主张应以土石相间的假山为主，"或掘地堆土成山，间以块石，杂以花草，篱用梅编，墙以藤引，则无山而成山矣"。这与李渔以土代石的掇山理念是一致的，"堆土成山，间以块石"，自有天然委曲之妙。他随石韫玉（号琢堂）至潼关，"余居园南，屋如舟式，庭有土山，上有小亭，登之可览园中之概，绿阴四合，夏无暑气。琢堂为余额其斋曰'不系之舟'。此余幕游以来第一好居室也。土山之间，艺菊数十种"（《浪游记快》）。这是最好的例证。

园林空间处理。沈复提出："若夫园亭楼阁，套室回廊，叠石成山，大中见小，小中见大；虚中有实，实中有虚；或藏或露，或浅或深，不仅在周迴曲、折四字也。又不在地广石多，徒烦工费。"那怎样才能做到"大中见小，小中见大"呢？"大中见小者，散漫处植易长之竹，编易茂之梅以屏之"。在园林的空旷之处，通过恰到好处的栽竹植梅，加以充实，使

---

1 （清）沈复．浮生六记［M］．上海：上海书店印行，1982.

园景更为丰富耐看；“小中见大者，窄院之墙，宜凹凸其形，饰以绿色，引以藤蔓；嵌大石，凿字作碑记形；推窗如临石壁，便觉峻峭无穷。”在有限的空间中，精心刻画，营造出趣味无限的景物效果；网师园小山丛桂轩后窗面临云冈假山，便是“推窗如临石壁”的佳作：“虚中有实者，或山穷水尽处，一折而豁然开朗；或轩阁设厨处，一开而可通别院。实中有虚者，开门于不通之院，映以竹石，如有实无也；设矮栏于墙头，如上有月台，而实虚也。”虚实藏露是江南园林常用的构景手法，如留园揖峰轩周边，亭廊曲折，似虚还有，如有实无；轩窗外或栽以芭蕉，或映以竹石，或藏或露，或浅或深，宛如一幅幅水墨图画，从而丰富了美的感受，创造了园林的艺术意境。

取法自然。沈复居住于苏州沧浪亭畔，又迁居仓米巷，在“张士诚王府废基”上，有园“饶屋皆菜圃，编篱为门。门外有池约亩许，花光树影，错杂篱边”。后又寓居扬州，“备览园林之胜”；又游历天下，使他感悟到园林重在天然趣味。在谈到狮子林时，“虽曰云林手笔，且石质玲珑，中多古木；然以大势观之，竟同乱堆煤渣，积以苔鲜，穿以蚁穴，全无山林气势”。这是由于为营造假山禅意，而失去自然的精神气韵，没有“山林气势”，不能达到宛自天开的效果。在提到“明末徐俟斋先生隐居处”时，则极为欣赏：“园依山而无石，老树多极迂回盘郁之势。亭榭窗栏尽从朴素，竹篱茅舍，不愧隐者之居。中有皂荚亭，树大可两抱。余所历园亭，此为第一。”在园林树木的配植上，主张自然取势：“若新栽花木，不妨歪斜取势，听其叶侧，一年后枝叶自能向上，如树树直栽，即难取势矣。”

（2）沈复与盆景插花。盆景和园林是中国哲学土壤上成长的“一枝二花”，二者之间在立意、布局、造景等手法相同或相似，相互借鉴。对于没有经济实力造园的文士来说，只能如张潮所说的那样：“居城市中，当以画幅当山水，以盆景当苑囿”了。沈复夫妇莳弄盆景，在盆景中追求山水雅趣：“点缀盆中花石，小景可以入画，大景可以入神。一瓯清茗，神能趋入其中，方可供幽斋之玩。”夫妇俩制作的山水盆景：

“用宜兴窑长方盆叠起一峰：偏于左而凸于右，背作横方纹，如云林石法，巉岩凹凸，若临江石矶状；虚一角，用河泥种千瓣白萍；石上植茑萝，俗呼云松。经营数日乃成。至深秋，茑萝蔓延满山，如藤萝之悬石壁，花开正红色，白萍亦透水大放，红白相间。神游其中，如登蓬岛。置之檐下，与芸品题：此处宜设水阁，此处宜立茅亭，此处宜凿六字曰‘落花流水之间’，此可以居，此可以钓，此可以眺。胸中丘壑，若将移居者然。”

用盆景来达到“丘壑望中存”（清·龚翔麟《小重山·盆景》）的审美满足。在技法上，“至剪裁盆树，先取根露鸡爪者，左右剪成三节，然后起枝……枝忌对节如肩臂，节忌臃肿如鹤膝”。而一盆盆景的培育是一个连续生命成长的创作，“一树剪成，至少得三四十年”。

袁宏道《戏题黄道元瓶花斋》诗云：“朝看一瓶花，暮看一瓶花，花枝虽浅淡，幸可托贫家。一枝两枝正，三枝四枝斜，宜直不宜曲，斗清不斗奢。仿佛杨枝水，入碗酪奴茶。以此颜君斋，一倍添妍华。”贫寒之家常以插花为玩，沈复即为典型，他应该是插花的行家里手：“余闲居，案头瓶花不绝。芸曰：‘子之插花，能备风晴雨露，可谓精妙入神。’”当时苏州醋库巷有洞庭君祠，俗呼水仙庙，“余为众友邀去插花布置”。

花材选取，不拘一格。“即枫叶竹枝，乱草荆棘，均堪入选。或绿竹一竿配以枸杞数粒，几茎细草伴以荆棘两枝，苟位置得宜，另有世外之趣”。

位置得宜，偏斜取势。插花的关键在于布局：“宜偏斜取势，不可居中，更宜枝疏叶清，不可拥挤。”在花材的搭配上追求清疏透气，切勿繁杂冗乱。在插花布局中：“其插花朵，数宜单，不宜双，每瓶取一种，不取二色，瓶口取阔大，不取窄小，阔大者舒展不拘。”插花时：“必先执在手中，横斜以观其势，反侧以取其态；相定之后，剪去杂技，以疏瘦古怪为佳；再思其梗如何入瓶，或折或曲，插入瓶口，方免背叶侧花之患。”

起把宜紧，瓶口宜清。所谓起把宜紧，即“自五七花至三四十花，必于瓶口中一丛怒起，以不散漫、不挤轧、不靠瓶口为妙”；瓶口宜清，即“或亭亭玉立，或飞舞横斜。花取参差，间以花蕊，以免飞钹耍盘之病。叶取不乱，梗取不强”，力求避免呆板僵硬，追求灵动、飘逸的艺术效果。“用针宜藏，针长宁断之，毋令针针露梗”，以体现自然之趣。

自创花插，固定有法。《闲情记趣》中还记录了花插的制作材料和方法，“若盆碗盘洗，用漂青、松香、榆皮面和油，先熬以稻灰，收成胶，以铜片按钉向上，将膏火化，粘铜片于盘碗盆洗中。俟冷，将花用铁丝扎把，插于钉上，”在完成盆碗盘洗等广口器皿插花后，要尽可能抹去人工的痕迹，“然后加水，用碗沙少许掩铜片，使观者疑丛花生于碗底方妙。”

布置错落，追求自然雅趣。

视桌之大小，一桌三瓶至七瓶而止，多则眉目不分，即同市井之菊屏矣。几之高低，自三四寸至二尺五六寸而止，必须参差高下，互相照应，以气势联络为上，若中高两低，后高前低，成排对列，又犯俗所谓“锦灰堆”矣。或密或疏，或进或出，全在会心者得画意乃可。

（三）张然与苏州园林

张然（1622—1696），字鹤城，号陶庵，为张琏（字南垣）第四子，松江华亭（松江古称云间，即今上海松江）人。黄与坚《封孺林郎征君张陶庵墓志铭》记载，张然“康熙三十五年正月某日卒于家，年七十有五”。清初王士祯《居易录》卷四：“大学士宛平王公，招同大学士真定梁公、学士涓来兄（泽弘）游怡园。水石之妙，有若天然，华亭张然所造也。然字陶庵。”

清代吴定璋《七十二峰足徵集》卷十载有明末清初隐居于苏州东山附近武山的陆燕喆（鸠峰）的《张陶庵传》，传曰：

“陶庵，云间人也，寓槜李（今嘉兴）……住年南垣先生偕陶庵为山于席氏之东园，南垣治其高而大者，陶庵治其卑而小者。其高而大者，若公孙大娘之舞剑也，若老杜之诗，磅礴浏漓而拔起千寻也；其卑而小者，若王摩诘之辋川，若裴晋公之午桥庄，若韩平原之竹篱茅舍也。其高者与卑者，大者与小者，或面或背，或行或止，或飞或舞，若天台、峨嵋、山阴、武夷，余不知其处，而心识其所以然也。”

席氏之东园即吴县东山（今属苏州市吴中区）席本祯园，其假山是拆明末翁彦陞集贤圃假山石而堆叠。张然随父在东山造园，虽然他堆叠的小型假山，却有唐代王维之辋川、裴度之午桥别业的气势，已是表现不俗。

“南垣先生没，陶庵以其术独鸣于东山。其所假有延陵之石，有高阳之石，有安定之石。延陵之石秀以奇，高阳之石朴以雅，安定之石苍以幽，折以肆，陶庵所假不止此，虽一弓之庐、一拳之龛，人人欲得陶庵而山之。居山者几忘东山之为山，而吾山之非山也。”又说：“陶庵又善于写神，夫写神也假也，然而真矣。”

张然能利用不同的石材堆叠不同风格的假山，因其“善于写神（即绘画）”，所以能神似真山，使居山者几乎不知东山、武山是山了。

张琏卒后，张然独自营造了东山吴时雅的芗畦小筑（即依绿园），清初徐乾学《依绿园记》：“园之广不逾数亩，而曲折高下，断续相间，令人领略无尽……园成于康熙癸丑（即康熙十三年，1673年），云间张陶庵叠石，乌目山人王石谷为之图。”王石谷即“清初四王”之一的王翚。

据曹讯《明末清初的苏州叠山名家》一文考证，张然还在东山为许氏园、席氏园等园林叠石。顺治十年（1653年），重修瀛台，征召张琏，琏以老辞，遣张然前往；康熙十六年（1677年）张然再次去北京，为大学士冯溥造万柳堂，次年为兵部尚书王熙建怡园，后又重修瀛台，主持建玉泉山澄心园（即静明园）、畅春园建设；二十六年赐归，次年又到苏州，为汪琬的尧峰山庄掇山，二十八年（1689年）卒于家[1]。可以说张然的造园之术是从东山起家的，后走出苏州，两次北上京师，供奉内廷，成为皇家园林的总设计师。张然卒后，其子张淑继续供奉内廷，子孙在北京“世业百余年未替”，人称“山石张”。

（四）戈裕良与苏州园林

戈裕良（1764—1830）字立山，常州阳湖县（今常州）人。其造园叠山活动主要在清嘉庆、道光年间。钱泳《履园丛话》“堆假山”条：“戈裕良者，常州人。”并列举其假山作品有仪征的朴园、如皋的文园、江宁的五松园、虎丘的一榭园和孙古云家（现环秀山庄）书厅前的假山，共5处。“园林”条记述了苏州域外的仪征的朴园、如皋的文园2处。仪征朴园“朴园在仪征东南三十里”，为一家子弟读书之所，“园甚宽广，梅萼千株，幽花满砌。其牡丹厅最轩敞。”园中有十六景，其中戈裕良所堆叠的黄石假山：“可以望远，隔江诸山，历历可数，掩映于松楸野戍之间。而湖石数峰，洞壑宛转，较吴阊之狮子林尤有过之，实淮南第一名园也。”

钱泳对其评价甚高。如皋文园，“有溪南溪北两所，一桥可通”。当时园主为汪春田（名为霖，号春田）。汪为霖《小山泉阁诗》卷四《孙渊如观察星衍乘风阁偕戈山人坐雨》诗：“江上青山屋里书，先生真个爱吾庐。谁将雨后峰峦意，叠作闲园木石居。”戈山人即

1　曹汛．明末清初的苏州叠山名家［J］．苏州园林，1995（3）和（4）．

戈裕良，时在嘉庆七年（1802年）；其子汪承庸在《汪氏两园图咏合刻》中记述有课子读书堂、念竹廊、韵石山房、小山泉阁诸景。另一处是在“张侯府园”条：“其他如邢氏园、孙渊如观察所构之五松园，皆有可观。邢氏园以水胜，孙氏园以石胜也。”江宁五松园园主孙渊如观察即孙星衍（1753—1818），字渊如，号伯渊，别署芳茂山人、微隐，阳湖（今常州）人，后迁居金陵。其《冶城养集》卷下《题吴君（文征）为予画江湖负米图六帧》之三《青谿卜宅》诗序云：“予以丁巳岁南归，侨居金陵旧吴王府，有古松五株。”丁巳即嘉庆二年（1797年）；诗曰：“古松五株何代遗，后映钟阜前青溪。迤东传是江总宅，吴王苑近烟波迷。……松涛声起万壑喧，石骨叠作群山根。”四年（1799年）许兆椿《题孙渊如观察〈万轴归装图〉》诗四首，之三有小注云：“君属余为买宅，小有松石之胜。”七年（1802年）汪为霖作《渊如观察于金陵构五松堂，有终焉之志，赋此奉谏》诗（《小山泉阁诗》卷四）；园由戈氏叠石，故“园以石胜也”。嘉庆十六年（1811年）孙星衍致仕，寓金陵五松园（曹讯《明末清初的苏州叠山名家》）。

《履园丛话》记载戈裕良所造的苏州园林有3处，即“堆假山”条的虎丘一榭园、孙古云家假山和“园林”条的常熟燕谷。虎丘一榭园为嘉庆年间苏州知府任兆炯所筑，中有积书岩、东轩诸胜，假山戈裕良所叠，今已不存。现在孙古云家（环秀山庄）假山和常熟燕谷（燕园）的假山还存在，是研究戈裕良造园叠石技艺的最好实例。孙古云家假山即今环秀山庄假山。

从环秀山庄假山和燕谷实例来看，已经摒弃了用条石结顶的传统叠石方法，它所采用的正如戈裕良回答钱泳所说的：“只将大小石钩带联络，如造环桥法，可以千年不坏。要如真山洞壑一般，然后方称能事。”

历史上，对戈裕良的造园叠石水平评价很高，嘉庆《江都续志》说他是“戈工累石，近之张南垣也。”钱泳认为“其堆法尤胜于诸家”。尤其是戈的老乡洪吉亮，称其为“三百年来两轶群”“张南垣与戈东郭”，将戈裕良与张南垣并称为三百年来轶群绝类的造园叠山高手。当代曹讯先生更是推崇：“一部园林史上，戈裕良可算是最后一位造园叠山名家，戈裕良的故去，标志着我国古代园林叠山艺术的终结”（曹汛，明末清初的苏州叠山名家）。

8.2 私家园林

8.2.1 留园

清初，初建于明代徐泰时的东园渐废，住宅区一度被布商租用作为踹布坊，后来渐渐散为民居，花园区传闻曾有陈姓园主修复。范来宗《寒碧庄记》说：“东园改为民居，比屋鳞次，湖石一峰，岿然独存，余则土山瓦阜，不可复识矣”。其间，园中的部分奇石也被移至他处，《吴门表隐》：“瑞云、紫云、观音三峰玲珑高耸。宋朱勔所得，后归郇阳董氏，移至东园徐氏。瑞云峰，乾隆四十四年（1779年）移至织造府西行宫内。紫云峰久失，观音峰

（即今冠云峰）今屹立半边街踏坊外。”东园既徐氏之后的再次复兴，已是在清代中期刘蓉峰入园为主的“寒碧庄”阶段了。

刘恕，字行之，号蓉峰，世居苏州东山，清乾隆五十一年（1786年）举人。其《晚翠峰记》说：“余自丁巳岁（嘉庆二年，1797年）移家外花步里之寒碧庄筑传经堂以藏先世图籍。”关于寒碧庄的得名和园景，有两个含义。其一是钱大昕在《寒碧庄宴集序》中所说：“岩洞奥而旷，池沼缭而曲，竹色清寒，竹色清寒，波光澄碧，擅一圆之胜，因名之曰寒碧庄。”其二是刘蓉峰在《干霄峰记》中的解读：“居之西偏有旧园，增高为冈，穿深为池，蹊径略具，未尽峰峦层折之妙，予因而葺之，拮据五年，粗有就绪，以其中多植白皮松，故名寒碧庄。”此外，因园林为花步里，故又名花步小筑，钱大昕为之题写了园名；又因此间主人姓刘，时人又称之为刘园。

刘蓉峰钟爱造园，尤喜奇石，其中精选所得奇石十二块，俱命以嘉名，分别为印月峰、青芝峰、鸡冠峰、奎宿峰、玉女峰、一云峰、累黍峰、猕猴峰、仙掌峰、箬帽峰、拂袖峰、干霄峰等，并自号为“十二峰啸客”。嘉庆七年（1802年），刘蓉峰请著名画家王学浩绘制了《寒碧庄十二峰图》（图8-2-1）。此外，刘蓉峰还有《含青楼记》和《石林小院说》两篇重要的文献资料。其中，在《石林小院说》中，刘蓉峰清晰地解释了其在园中罗置奇石的深层原因：

“石与峰相杂而成林，虽不足尽石之状，备岩麓之幻，亦足以侈我观矣……虽然石能侈我之观，亦能惕我之心。《易》曰‘介于石’；《诗》曰‘他山之石，可以攻玉’。《易》言其德，《诗》言其功，余于石深有取焉。由是言之，嶙峋者取其稜厉，矶硉者取其雄伟，崭巀者取其卓特，透漏者取其空明，瘦削者取其坚劲。稜厉可以药靡，雄伟而卓特可以药懦，空明而坚劲可以药伪。”

刘蓉峰筑园置石，意在以奇石形态来隐喻人格品质，以石为良师益友，砥砺和完善自己的人格品质，打造家族的文化精神。

清末同治十二年，盛康（旭人）购得此园。盛康，常州府武进县人，字存勖，号旭人，晚号留园主人。盛宣怀即为盛康之子。盛康再次增修寒碧庄，于1876年完工，书法家吴云为园林题写了园额和跋记，国学大师俞樾为之撰写了《留园记》和《冠云峰赞有序》。在《留

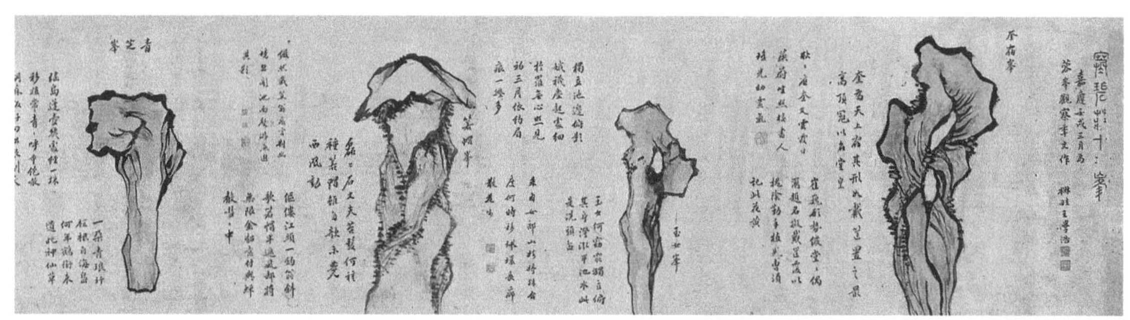

图8-2-1　王学浩《寒碧庄十二峰图》（局部）

园记》中，俞樾解释了园名的由来：园林前一任主人家族姓刘，故当地人们习惯上顺口名此园为刘园，至盛氏入主时依旧一时难改，于是“不易其音而易其字，即以其故名而为吾之新名”；后来咸丰庚申太平军战火殃及苏州，“吴下名园半为墟莽，而阊门之外尤甚……而所谓刘园者，则巍然独存”，乃改“留园”，寓“长留天地间”之意。

盛氏对园林的大规模增修分为住宅和花园两个部分。整修后园林区的建筑有绿荫轩、涵碧山房、明瑟楼、闻木樨香轩、半夜草堂、远翠阁、花好月圆人寿轩、少风波处便为家、又一村、亦吾庐、心旷神怡之楼、石林小院、揖峰轩、洞天一碧、还读我书斋、鹤亭、学圃、绣圃等，这些建筑绝大部分保留至今。光绪五年（1879年），盛氏请画家陈味雪绘制了《留园十八景》图册，十八景分别为：古木交柯、花坞留春、湖峰独修、柳影垂塘、草堂避暑、池馆临风、塔影双悬、荷香满院、红桥夜月、亭畔栖云、濠濮观鱼、秋轩延桂、绿荫晴波、山楼听雨、石林放鹤、岚光一览、峦尖积雪、秀圃吟梅。

后来，盛氏增购园林东北墙外的一部分因战争被废弃为瓦砾场的废弃民居宅基，东部冠云峰之前数百家居民化为了荒烟蔓草，只有冠云峰岿然独存，盛康将东部著名的原属徐氏东园内的花石纲遗物“冠云峰”重新围入了园中，并建“奇石寿太古之厅”（即“林泉耆硕之馆”），新造了戏楼东山丝竹、待云庵、浣云沼、冠云亭、亦不二亭等建筑；盛氏又在园林南部购买了二程夫子祠及附属隙地，建造了东宅西祠格局的建筑群。其间，郑恩照于1910年绘制了《苏州留园全图》，姚承祖绘制了《留园东宅平面图》。

盛康还在西部筑土山、建亭榭。将留园扩大到了东西两园，面积增加了一倍多。《潘锺瑞日记》记述，光绪十四年（1888年）八月廿五日，“（船）放至园外浜底，时甫及午，游船尚少。先岸头一步，见园西规地筑墙处，正叠土石为山，墙外磊磊砢砢，列石甚多，犹未辇人堆起也。”[1]并造南、北花房，培育四时花卉和名贵兰花。每春日兰花花开，都要举办盛大的兰花会，陈列各种兰花珍品名种，当时人们趋之若鹜，争相游览观赏，有诗记之曰：“香车宝马出金阊，兰花会开举国狂。留园门内人头动，挨肩挤背如排墙。”其盛况可见一斑。

清朝末年，盛康作古，园林传至其子盛宣怀。盛宣怀是晚清洋务派的著名领袖，辛亥革命后流亡日本，园林被民国政府没收，改为民军事务所；1912年，北洋政府责令苏州都督府把园林发还给盛氏；1927年，北伐军地21师驻留苏州期间，把留园作为其司令部；1929年，民国吴县政府再次查封留园，把部分房屋交给地16旅用作旅部，园林则向市民开放；抗战初期，留园一度被京沪一带的抗日驻军征用，用作张治中将军的“高级教官室”（中央军校野营办事处）；日据时期，留园被侵略者用作豢养军马的场所，到抗战胜利时，园内已是“栋折榱崩，墙倾壁倒，马屎堆积，花木萎枯，玲珑之假山摇摇欲坠，精美之家具搬取一空”。

中华人民共和国成立后，盛氏把园林献给政府，1953年，苏州市政府开始系统修复留园，是年年底修复完工（图8-2-2），并于第二年初向市民开放，园林管理也随即交给市园林局。1961年，留园被列入全国重点文物保护单位；1997年，留园与拙政园、网师园、环秀山庄一起，被作为苏州古典园林的典型例证收入世界文化遗产名录。

---

1 （清）潘锺瑞．尧育飞，整理．潘锺瑞日记［M］．南京：凤凰出版社，2019：530.

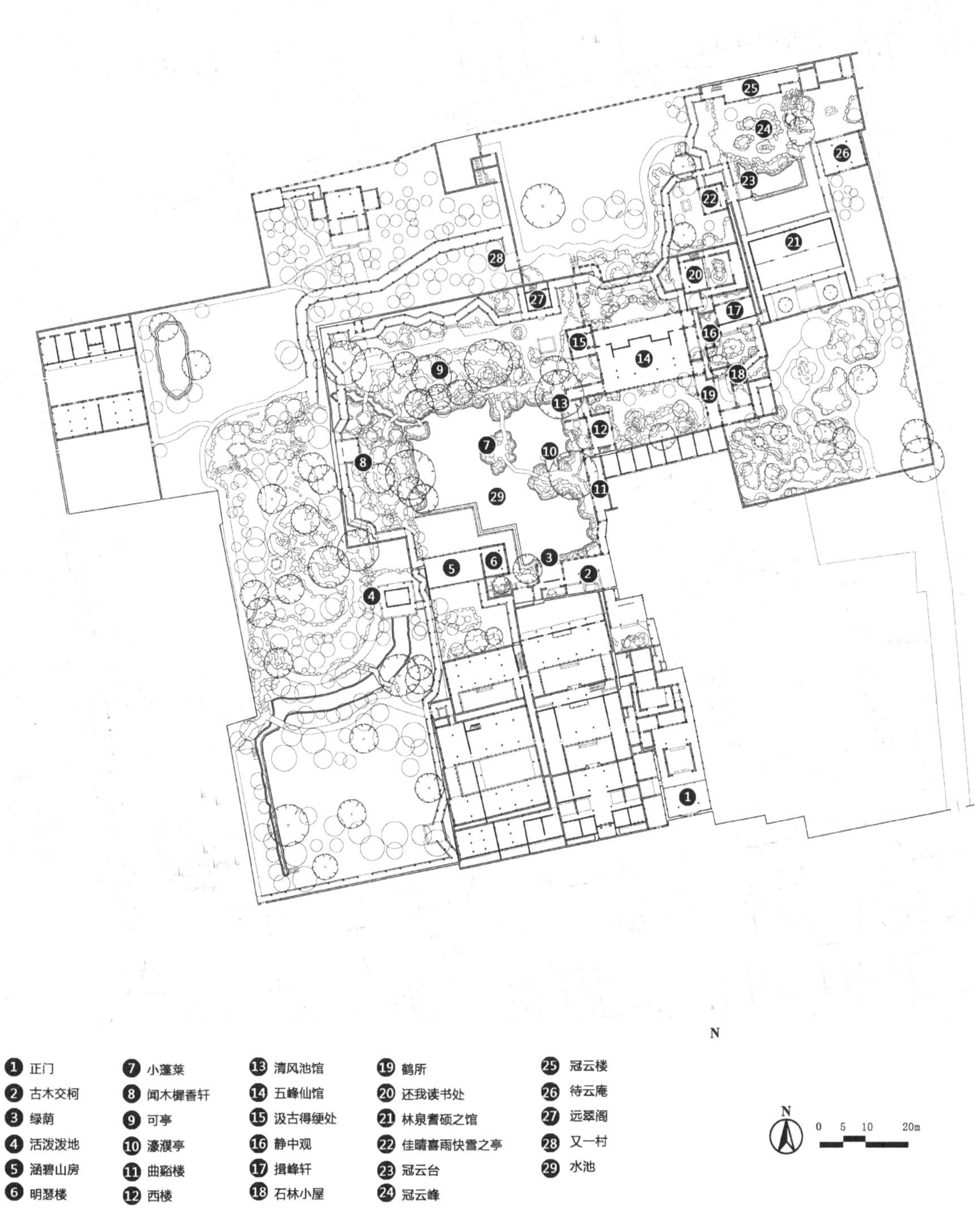

图8-2-2　今留园平面图

8.2.2　绣谷

在阊门内后板厂。顺治四年丁亥（1607年）秋，蒋垓造园时因掘地得石，有八分书“绣谷”，便以名园。《履园丛话·园林》“绣谷”条载：“绣谷在阊门内后板厂，国初朔州刺史蒋深筑。初刺史之祖垓，成进士后，隐居读书，偶课园丁剃草，土中得一石，有‘绣谷’二字，作八分书，遂以名其园。”[1]蒋垓，字兆侯，顺治四年（1647年）举人，十六年（1659年）会试副榜。其《绣谷记》云：“余先世城东居，遭兵燹后，家君自天津解官归，拟别营数椽，为课读地。粤以岁丁亥秋，卜筑桃花坞西偏，宽不过十笏，而背城临溪，颇无井邑之杂焉。”并具体介绍了得到“绣谷”刻石的经过：

“予日与宾朋觞咏其中，时思被以嘉名，更欲与目前景状有合者。凡几经商略焉，卒未得也。偶课园丁薙草，有巨石横亘，尘坌所翳，隐隐若字画痕，具畚锸掘而出之，剜藓剔苔，节角尽露，是八分‘绣谷’二字，字径二尺许，不著题署，笔锋瘦硬，真老杜所谓字直百金，非北宋后人能仿佛者。余奇其事，乃举是石陷诸壁，即用以名吾园，因叹古今来物之隐见有数，虽历数百年，若隐有鬼物守护之，非幸遇其人与其时不出也。苟斯石而处湫隘阛阓间，则终埋没不出。幸而出矣，适当田间或道左，则亦与石马、龟趺同蚀烟雨耳。今何幸，遇于余，且会余诛茅筑室时，更与园之景状相合，仍副余欲命名而不得之意，是固斯石之幸，亦即余之幸也夫。喜而为之记。”

关于“绣谷”的含义，其自云：“绣谷字义，似本东坡‘绣谷锦潭’之句，或曰用白傅《庐山草堂记》中语而节取其字云。”是节取了苏东坡和白居易字句而为名。苏东坡原诗云：“绣谷只应花自染，镜潭长与月相磨。”（《和仲伯达》）白居易《庐山草堂记》有：“春有锦绣谷花，夏有石门涧云，秋有虎溪月，冬有炉峰雪。阴晴显晦，昏旦含吐，千变万状，不可殚纪。”[2]

蒋垓无子，以兄蒋圻之子廷熔为嗣子；廷熔又无子，又以蒋圻之孙蒋深为嗣子。蒋垓殁后，园已三易其主，其孙蒋深寻访得而重又修葺。严虞惇（1650年—1713年）《重修绣谷记》云：

“孝廉（即蒋垓）捐馆舍，园属之何人。绣谷之名，若灭若没者四十余年。孝廉之嗣孙曰深，字树存，博学好古，裒先世之文，得向之所为《绣谷记》者，求其处，则园已三易主矣。慨然于堂构之弗荷，乃复而迁之。苏秽芟芜，崇峭决深，莳植益蕃，丹垩益新。顾瞻亭庑，旧石具存。于是，树存曰：‘嘻！此王父之遗志也。’遂以《记》书而镵之石，而与旧石俱陷之壁。于是，树存读书其中，仰咏尧舜言，俯追姬孔辙，扬清芬，怀骏烈，而绣谷遂复为蒋氏业矣。”[3]

蒋深（1668—1737）字树存，号绣谷，又号苏斋，毛宗岗弟子，康熙年间进士，任翰林院编修；康熙五十二年（1713年）任贵州余庆县知事、思州府知府、山西朔州知州等职，有《绣谷诗钞》《雁门馀草》。园成，请王翚（字石谷）为之绘图。园有绣水堂、苏斋、交翠堂、西畴诸胜。康熙三十八年己卯（1699年），蒋深曾邀请郡中名宿，于园内作送春会，坐中以尤侗和朱彝尊最为年长，有画家有王翚及其弟子杨晋（1644—1728，字子和、子鹤，号

1 （清）钱泳．张伟，点校．履园丛话［M］．北京：中华书局，1979：525.

2 王稼句．苏州园林历代文钞［M］．上海：上海三联出版社，2008：104.

3 王稼句．苏州园林历代文钞［M］．上海：上海三联出版社，2008：104-105.

西亭），世传的《张忆娘簪花图》就是杨晋在此园中所作；当时沈德潜年方二十七，居于末座；众人赋诗作画，为一时之盛。蒋深之子蒋仙根也是位风雅之士，到了乾隆二十四年己卯（1759年），时逢一甲子，在园中又作送春会，这时沈德潜则为首座了。

《五亩园志馀》记载绣谷园：

“园在阊门内后板厂，朔州知州蒋深筑，有交翠堂，前西畴阁，稍偏倚梧巢，又西苏斋，前后池水映带，花药环之，堂中储书数千卷，前人名迹数百册，石刻之精美完好者尤多。嘉庆中为叶河帅观潮所得，道光初归南昌谢观察学崇，后为婺源王都转凤生所居……蒋氏绣谷园，乾嘉时名人争为饯春之会，篇咏流传至今。”[1]

后毁于庚申兵火。

蒋垓“为芟其荒秽，新其架构，长廊回环，绕以短墙。松石之间，杂花夹莳。每至春阴始开，日气艳射，朱朱白白，上下映发，若绣错然”（清·蒋垓《绣谷记》）。其园景相对简单。至蒋深时，“葺而新之。地去金阊不数武，然嚣氛稍远，渐即夷旷，门临清渠，后枕碧雉，高原眺望，见嘉树数十亩，平削如掌”，后渐增扩。园有十五景，即：绣谷、交翠堂、余清轩、松龛、湛华山房、羊求坐啸处、匿圃、吾庐、个中庵、苏斋、开径亭、小杏梁、桃花潭、含晖台、西畴阁。尤以筑于雍正五年（1727年）的西畴阁为最胜，孙天寅《西畴阁记》云：“先生（即蒋深）自朔州解组归，即绣谷之西偏，拓比邻隙地，疏泉垒石，栽竹莳花，建阁其上，而命名‘西畴’，良常王篛林[2]先生为之题额，盖取陶令《归去来辞》意也。”[3]因陶渊明有“农人告余以春及，将有事乎西畴”之句，故而名之。

西畴阁可凭栏远眺，故为一园之最胜，“轩扉四启，北寺浮图，屹然而拱立。城中万瓦鳞次牙错，僧寮农舍，网户渔村，参差棋布于原野之间。郭外诸山，若灭若没，隐隐可一发指”（图8-2-3）。

图8-2-3　上睿《绣谷送春图》

---

1 （清）谢家福. 王稼句，点校. 五亩园志馀［M］. 济南：山东画报出版社，2011：36-37.

2 良常王篛林即清初书法家王澍（1668年—1743年），字若霖、篛林、若林，号虚舟，别号竹云，自署二泉寓居，常州金坛人，康熙五十一年（1712年）进士。

3 王稼句. 苏州园林历代文钞［M］. 上海：上海三联出版社，2008：105-106.

园虽不过十笏，却能布局得体,《重修绣谷记》云："园有嘉木珍林，清泉文石，修竹嫂娟，杂英飘摇，粉红骇绿，烂若敷锦。"雍正年间的孙天寅说："谷旧多名胜，王子石谷为之图，诸前辈赋其事，与辋川、清閟相伯仲。"钱泳则评之为："园中亭榭无多，而位置颇有法，相传为王石谷手笔也。"

8.2.3 雅园

在史家巷南，顺治年间顾予咸所筑。顾震涛《吴门表隐》卷三："雅园即桤林小隐，在史家巷，顾吏部予咸所构。"顾予咸（1613—1669），字小阮，号松交，长洲县人。顾公燮《丹午笔记》"器庙异闻"条云："顾予咸者，字松交，别号小阮，丁亥进士。初任绍兴山阴令，考满，补刑部郎中转礼部，升铨曹（即选拔官员的部门的主管），故又称其为顾考功（即吏部掌官吏考课之事）。十六年以病归里，居史家巷雅园，杜门不与外事。立少年面社，奖励后学，非郡中有大事则不出，筑小圃以自娱。"[1]丁亥即顺治四年（1647年）。顺治十六年（1659年），以病归里，杜门不与外事，著有《温庭筠飞卿集笺注》等。顺治十八年（1661年）"哭庙案"起，金圣叹等毙命，顾予咸因牵连坐狱，后"免遽绞，免籍没，免革职"。彭定求《顾考功祠堂记》云："我苏自皇朝定鼎以来，乡先生之风声气节足以匡世道、振人心、垂典型于奕模者，实惟我师考功雅园顾公为最著。"（同治《苏州府志》卷三十七）

关于雅园之园名，顾予咸有自记云："予家兹里里中，有旷土，俗呼'野园'。予拮据数年，粗成小筑，易'野'为'雅'，从吴语也。'"（乾隆《苏州府志》卷二十八）苏州人'野''雅'发音相近，故名之。到嘉庆年间，园仅存一池一阜，后顾予咸宅与园俱废。

1922年，范烟桥父亲范揆忱（一作臣）筑"邻雅"，即为雅园一角。《吴门园墅文献新编》卷一载："现温家岸范揆臣孝廉所购宅第，即雅园一角，故其门楣曰'邻雅旧宅'。园虽久废，而其遗址至今犹呼'雅园巷'。"[2]范烟桥曾撰文云："我家有院，有假山数垛，颇嵌空玲珑，有池虽天旱不涸，有榆树大可合抱，其他梧桐、腊梅、天竺、桃、杏、棕榈、山茶，点缀亦甚有致。"[3]其屋后的土阜委巷，说就是顾予咸雅园的余址，现温家岸17号有范烟桥故居"邻雅旧宅"。

园中有八景：虹桥春涨、绿沼荷香、明致桐阴、卧云石壁、渚阁朝烟、荷亭晚霁、爽轩丛桂、曲径寒梅。可见雅园有假山石壁，水池虹桥，荷亭渚阁，春时绿沼春涨，夏有荷香桐阴，秋有爽轩丛桂，冬春之季则有曲径寒梅，而呈四时之景。桤木是一种桦木科桤木属植物，为农家常种之树，不出三年，就可成材，是一种速生树种，正所谓："疾种移取，里人以为利。"范成大《上巳前一日学射山万岁池故事》："青黄麦垄平平去，疏密桤林整整来。"顾予咸殁后，至乾隆、嘉庆年间，园仅存一池一阜，中有爽致轩，匾额为金圣叹所书。晚清

1 （清）顾公燮．甘兰经，等，校点．丹午笔记［M］．南京：江苏古籍出版社，1999：157.

2 范君博，苏州市园林和绿化管理局．吴门园墅文献新编［M］．上海：上海文汇出版社，2019：63.

3 张永久．江南才子就这样走过一生［J］．长江文艺，2013，（04）：136-143.

吴县诸生陈镔《同友雅园闲眺》：“鸟向青云飞，鱼自清波跃。我心羡鸟飞，子亦知鱼乐。”可见园虽废，却一泓清池亦具幽趣。

8.2.4　依园、息园

一、依园

位于闾邱坊巷南，顾嗣协所筑，建于康熙年间。因与雅园相依，故名。有畅轩、话语轩、学诗楼诸胜。《百城烟水》卷三：“依园，在闾丘坊南，顾逸圃宅后圃也，中有一丘，相传为梁时妙严公主墓。”顾嗣协（1663—1711），字于克（迂客），号依园，又号逸圃、楞伽山人。顾予咸之第十子，年未二十，风雅豪迈，与金侃、潘谬、黄玢、金贲、蔡元翼、曹基等人酬倡往还，时称“依园七子”。徐崧《辛酉夏日同犀月过访顾逸圃留饮夜宿依园》诗云：“谁似依园里，犹留胜迹妍？吟能通七子，饮便集群贤。爱月庭中坐，看花石上眠。才高情烂熳，羡尔正青年。”

褚篆有《依园记略》云：

“我吴乡先生，以风雅自命，饶园林诗酒之乐者，惟考功雅园成公为最著。在昔春秋佳日，予时相过从，引壶觞，弄笔墨，友朋畅聚，几不辨执牛耳者为谁也。考功没，其风寝衰。不二十年，季子迂客复筑别墅于闾邱坊巷南，挥金结客，邑之宿老、诗翁及四方骚人、韵士，毕延而置之座上，一时诗酒流连之盛，品竹弹丝之胜，声噪大江南北，颜曰：依园，盖其地与考功雅园相依也……当月夕花晨，置酒高会，弦管迭陈，因而刻烛分题，赋诗即景，一时主宾酬唱，仿佛玉山、金粟遗风，与雅园宾从，殆先后焉。”[1]

从中可见顾嗣协之为人和园居生活。乾隆年间，蒋氏、杨氏二姓先后居之。后归钱峰。

二、息园

依园后废，至嘉庆十六年（1811年），钱泳族弟钱锋在依园和顾嗣立的秀野堂基址上建园，名息园。

《履园丛话·陵墓》“梁妙严公主墓”条记载：“苏城闾邱坊巷有息园，今为钱氏家庙，族弟盘溪司马购顾氏依园地，增筑之。”袁学澜《依园并序》曰：“（依园）在闾邱坊巷，为顾侠君选集元诗处。今属钱氏，名息园，建钱武肃祠，中有妙严台，相传为梁妙严公主墓所。”[2]钱锋，号盘溪，事迹不详，著有《盘溪诗草》四卷。当时妙严公主墓尚存，嘉庆十八

1　王稼句．苏州山水名胜历代文钞［M］．上海：上海三联出版社，2010：85.

2　范君博，苏州市园林和绿化管理局．吴门园墅文献新编［M］．上海：上海文汇出版社，2019：402.

年（1813年），钱盘溪“濬池得宋时旧刻，似是界石。”至同治年间，园已荒芜。袁学澜于同治乙丑（即同治四年，1865年）暮春游息园时，“至则瓦砾碍履，亭榭毁圮，于灌丛积莽中，惟见废池萍涸，乔木半枯，犹兀立于妙严台高阜之上。”[1]

依园中有土丘，下有南朝梁代梁武帝萧衍的女儿妙严公主墓，因筑妙严台、妙严亭。徐柯（1627—1700）《妙严台用坡公海州石室韵有序》则认为是简文帝之女，后如钱泳、袁学澜等均从此说。《依园记略》：“缘土作台，登其上，游目骋怀，城西诸山，历历如绘。台之南有亭，曰：妙严，妙严因台以得名，红桥碧沼，映带左右，为园中最胜处。”由此可知，依园颇具山水之胜。“其东有话雨轩，轩南植丛桂，杂以太湖石和尧峰石。又其南有畅轩，为学诗楼，即迂客著诗处。楼不甚钜，而可远眺，与妙严亭遥对。”顾嗣协《依园杂咏》诗中有“种竹一千竿”“竹影低冰簟，桐阴落酒杯”等句，俞瑒亦有诗云：“凉月照层轩，谈深静不喧。幸悬孺子榻，同醉辟疆园。竹露滴苔砌，梧阴生粉垣。”可知园中以竹为胜，可与晋代顾辟疆园相媲美。

依园依土丘所建亭台，正如《园冶》所说的“高方欲就亭台，低凹可开当沼”，能得景随形，而颇具山水之胜。园内叠石采用太湖石和黄石（尧峰石）互用，楼亭遥对。既有楼台可远眺东南诸峰，又有丛桂碧沼，映带左右，不失为一座名园。

息园园景似乎更胜依园，姚燮《上巳日过钱氏息园作》诗云：“伧也多金穷土木，改葺名园极华缚（注：园本依园故址，乾隆时，蒋、杨二姓先后居之。嘉庆十六年，钱参军锋改筑，即以其地为武肃王分祠）。游者讶为神仙宫，啧啧从人夸眼福。晴天上巳三月三，闾邱坊巷吾停骖。腰囊解纳扫花费，随例入门穷讨探。苍苔屏风万仞石，粉色栌张玉鸾翮。竹浮廊面不见根，花过人头但留隙。”三月三上巳开园，引得游人观瞻如织，“腰囊解纳扫花费”下有注云：“凡游园者，阍人索扫花钱少许，始纵人游览。”（清姚燮《复庄诗问》卷十二）阍人即看门人，向游客索要少许“扫花钱”，即可入园游览。万仞峰石，竹荫浮廊，花过人头，游人惊讶为“神仙宫”，大夸有眼福。

8.2.5 秀野园

在闾邱坊巷南，顾嗣立所筑，建于康熙年间。乾隆《苏州府志》：“（顾予咸）第十一子翰林嗣立秀野园在依园东。”顾嗣立（1665—1722）字侠君，号闾邱，顾嗣协之弟；康熙五十一年（1712年）进士，授知县，以疾归，博学有才名，曾预修《佩文韵府》，有《秀野集》《闾丘集》等。同治《苏州府志》：“所居秀野堂，疏池叠山，环植竹林，常集四方名士觞咏其中。轻财好义，家以日贫，而风流文雅照映一时。”顾嗣立以风雅负天下望，常聚宾朋酬唱于此。侠君性豪于饮，酒量甚大，时人视之为“酒帝”。

朱一新（1846—1894）《京师坊巷志稿》卷下“上斜街”条记载：

---

1 范君博，苏州市园林和绿化管理局．吴门园墅文献新编［M］．上海：上海文汇出版社，2019：87.

“又顾侠君嗣立家吴中，有秀野堂，京寓宣武门壕上，背郭环流，杂莳花药，查查浦颜曰：小秀野，并系以诗。侠君自题云：“数间小屋傍城西，纸阁屏风新品题。堪笑生涯同燕子，春深到处好添泥。草堂春柳正鬖髿，芍药红兰渐著花。生怕梦归南识路，却教移得到京华。”壕上今上斜街，寓址莫考。馀赁官廨七年，藤萝成阴，丁香花放，满院浓香，不得已而迁去，赋留别诗。案汪沆《槐庐诗话》：顾侠君入都，寓宣武门三忠祠内，小屋数椽，颜曰‘小秀野’，自题二绝句，一时名流和者甚众。又道光时，平定张穆尝属祁文端隽藻补题‘小秀野’三字，悬之祠偏老屋。事见穆所编《阎潜丘年谱》。《缦笳亭集》有题小秀野图诗，自注：“图为康熙三十五年禹鸿胪之鼎所作，图首竹垞分书小秀野，题诗者十九人。”又云：“魏坤小村第二图，新城、秀水皆有题诗。”

顾嗣立将京城寓所称作小秀野，为一时名流酬唱之地，禹之鼎还作有《小秀野图》。

《游息园记》载：袁学澜与息园主人钱锋的后人钱震在荒芜的草蔓间谈论息园的往事和读钱泳所书的武肃祠碑和壁间的苏东坡过闾邱小圃饮酒诗石刻时，讲起了其地的历史变迁：“国初，翰林顾嗣立即其地为依园，撕削荒秽，崇饰池馆，开秀野堂，搜招集名流觞咏。”

园在宅北，有秀野草堂、大小雅堂、因树亭、野人舟、闾丘小圃诸名额，极水木亭台之胜。朱彝尊《秀野堂记》云：“导以回廊，穿以径，垒石为山，望之平远也；捎沟为池，即之蕴沦也。”并有《题秀野草堂》诗云：“秀野堂深曲径通，巡檐始信画图工。小山窠石屋高下，清露戎葵花白红。已许糟丘成酒伴，不妨蠹简借邮筒。入秋准践登舻约，吟遍江桥两岸枫。”可见园内叠石为山，选择低洼之沟渠挖土成池，并以回廊、园路穿插其间，山石与建筑相高下，春夏有蜀葵[1]花开，入秋则池岸枫叶流丹。韩菼亦有诗咏之：“曲巷能鸜鹆，幽楼傍妙严。小池时泼墨，好鸟或窥帘。甲乙千峰石，青红四部签。”园内有台有楼，小池、峰石，环境幽砌，堪为读书之所。

《履园丛话·园林》：“宋信安郡王孟忠厚府在闾邱坊巷，有藏春园，或即其地也。其东为秀野园，康熙中翰林顾嗣立所居，有秀野草堂额，一时名士，如朱彝尊、韩慕庐辈俱有诗纪之。”闾邱坊巷因北宋闾邱孝终（字公显）有宅第在此所立的坊，故而得名。苏东坡谪黄州时，与他交从甚密，所以苏东坡过苏州，必造访闾丘孝终，并说：“苏州有二邱，不到虎邱，即到闾邱。”一时传为名言。东坡咏司马光独乐园诗云：“中有五亩园，花竹秀而野。”秀野园由此得名。乾隆《苏州府志》：“秀野草堂名最著。”朱彝尊则称其“登者免攀陟之劳，居者无尘壒之患。晓则竹鸡鸣焉，昼则佛桑放焉”。

8.2.6　洽隐园

位于苏州东城临顿路南显子巷18号，现大小约9.4亩。2006年列为江苏省文物保护单位。

明代嘉靖年间为归湛初宅园，园中多美石，韩是升《小林屋记》：“园为归太守湛初所筑。

1　戎葵即蜀葵。《尔雅·释草》：“菺，戎葵。”郭璞注：“今蜀葵也。”

台泉池石，皆周丹泉布画。丹泉名秉忠，字时臣，精绘事，询非凡手云。”假山洞仿西山林屋洞，“石床神钲，玉柱金庭，无不毕具。”周秉忠，字时臣（一作名时臣），号丹泉，明苏州人；精绘事，笔墨苍秀，追踪往哲。万历二十六年（1598年）尝为湘南（即文震孟，号湘南）写像。赋性巧慧，隆庆、万历间，至景德镇造瓷，善于仿古。亦以此自喜，常携其所制，售于苏、松、常、镇间赏鉴家。所仿定鼎、定器、兽面戟耳彝等皆逼真，千金争市，时人谓之“周窑”。能以古木寿藤裁为几杖，其疏泉迭石，尤能匠心独运，点缀出入意表，为有徐泰时东园（即今留园）堆叠石屏假山，今已不存，仅存小林屋假山，卒年九十三岁。

一、洽隐园

顺治六年（1649年）韩馨购得归氏废园重建。韩馨，字幼明，号清谐，自号少微真人，明末复社成员，崇祯二年（1629年）为虎丘五人墓书丹。重建后，云壑幽窭，竹树苍凉，堂名“洽隐”，故园亦名“洽隐”，与郑敷教、金俊明等胜国遗老互砺名节，“往来觞咏，皆遗民逸士，龙门之游，甘陵之部，世绝称之”[1]。沈宗骞（1736—1820）绘有《洽隐园三友图》。康熙丁亥（1707年）毁于火，只剩东南半壁奇峰秀石。乾隆十六年（1751年）重葺，于古假山洞口建屋二楹，专供藏书静玩，蒋蟠漪篆书“小林屋”洞额，苏州人欲呼“小林屋洞水假山”。至此，水假山已历时200年，“苔藓若封，烟云自吐，碧梧银杏，紫荆翠柏，春夏之交，浓阴蔽日，时雨初霁，岩乳欲滴。引水一泓，清可鉴物。嵌空架楼，吟眺咨适。游其中者，几莫辨为匠心之运”。（清韩是升《小林屋记》）韩馨之曾孙韩是升[2]于乾隆三十一年（1766年）春作《小林屋记》。

二、皖山别墅

道光末咸丰初归倪莲舫，略加修筑，改为皖山别墅，咸丰十一年（1861年），毁于兵燹。倪良耀（1792—1855），字孟炎，号莲舫（濂舫），安徽望江人，曾代理江苏巡抚，开藩金阊，咸丰五年（1855年）卒于吴门，存《香修仙馆诗抄》二卷。

三、安徽会馆（惠荫园）

咸丰十年（1860年）太平天国军陷苏州，为听王陈炳文府，园景“或有增损，致失其旧”。陈炳文（1836—1875），安徽巢县人，自幼丧父，母耕田纺纱为生，后去芜湖谋生，加入太平军，初克嘉兴时，任“真天命太平天国九门御林殿后军正总提朗天安”，升朗天义、忠孝朝将、听王，后降清。

咸丰十一年（1861年），园毁于兵燹。

---

1 （清）韩是升．小林屋记，王稼句．苏州园林历代文钞［M］．上海：上海三联出版社，2008：119-120.

2 韩是升（1735年—1826年），字东升，号旭亭，晚号乐馀，吴县诸生，有《听钟楼诗稿》八卷。

同治初，李鸿章抚苏，奏建程忠烈公祠，并建安徽会馆，为皖人士宴息之所，取名“惠荫”，即有恩惠荫及后人之意。程忠烈公即程学启（1829—1864），字方忠，安徽桐城人；从军，守庐州西门，城破，被太平军俘获，为英王陈玉成所赏识，屡立战功；守安庆时降清，攻嘉兴时，为挺王刘得功以洋枪击中其左脑，后死于苏州。蒯德模为苏州知府时，又增建渔舫、棕亭等，水碧染衣，天远接黛，气疏以旷，原有李瀚章题“渔舫”匾，并有长跋云：

“同治丁卯秋七月，子范兄同学自吴邮寄吾乡会馆中新建“寄闲小筑”跋语见示，恍若置身此园，目睹花木阴翳，亭台曲折，俗尘为之一洗，因颜其水榭曰“渔舫”，异日得遂初服，临流而渔，不减濠梁之乐也。质之子范，当有同志。是岁九月中浣日淝水李瀚章识于武昌节署。”[1]

同治丁卯即同治六年（1867年），蒯德模（1816—1877），字子范，晚号蔗园老人，安徽合肥人。李瀚章（1821—1899），字筱泉，一作小泉，晚年自号钝叟，谥勤恪，安徽省合肥县人，李鸿章之兄，道光十八年（1838年）进士。

光绪二年（1876年）前后，张树声又在程公祠西奏建淮军昭忠祠，巍焕堂皇，园因此也修葺一新。张树声（1824—1884），字振轩，合肥县西乡人，为淮军树字营首领，江苏巡抚，两广总督，直隶总督兼北洋大臣。李鸿章又拨款，由赵宗道修葺花园，有“惠荫八景”。“故八景之名偶题于补帅而定于振帅，及杜筱舫、郜荻洲、张任庵诸君子”。杜筱舫即官至江苏道员的杜文澜，郜荻洲即署江苏按察使司候补道的郜云鹄，张任庵即吴县知事张保衡，八景之名大多为这些官僚所题。所谓八景，即：渔舫曰柳阴系舫，琴台曰松荫眼琴，一房山曰屏山听瀑，小林屋曰林屋探奇，藤厓曰藤厓伫月，荷坨曰荷岸观鱼，云窦曰石窦收云，棕亭曰棕亭霁雪。刻“惠荫园八景序并目”“惠荫园总图”及八景分图，是为此园全盛时期。

清末民初的张荣培（1872—1953）有多首诗提及园主吴劭甫，如《偕凤生凤池游皖山别墅，并呈吴劭甫园主》：“共访名园趁午晴，主人好客喜相迎……欣看兰玉庭阶满，都是亭亭后起英。”吴劭甫事迹不详。

20世纪30年代初，苏州安徽会馆的后花园内尚聚集有陈石遗、张大千、谢玉岑等文人墨客赋诗作画唱和。民国后，园渐破败，曾作阅报社、游艺场。苏州解放后归第一初级中学。2001年至2002年对假山及建筑进行整修。

该园大门在南显子巷，花园东部为安徽会馆，西部为忠烈程公祠和淮军昭忠祠。沿巷有“安徽会馆”门厅。潘贞邦《吴门逸乘》卷二载有清末阙凤楼《惠荫园八景小记》（下简称《记》）以及王凯泰《惠荫园八景诗刻》序、赵宗道《惠荫园八景序诗刻》跋等记之。

1 潘贞邦. 吴门逸乘. 苏州史志资料选辑. 1989年第一、二辑合刊［M］. 苏州市地方志编纂委员会办公室，苏州市档案局，1989：64-65.

渔舫（柳阴系舫）：舫在忠烈祠后，翼然背河临池，回廊曲岸多植桃、李、玫瑰、芭蕉，宜夏季纳凉。《记》云：

“舫在忠烈祠后，左为“桂苑”重楼峻宇，最整豁。由曲廊绕西侧，舫翼然背河临沼，题额出李筱川制府手。回廊曲岸，多植桃、李、玫瑰、芭蕉之属。每茶烟午熟，卧短榻，闻鸣榔咿哑戛轧，履舄之下，直走涛声，芦竹之际，隐积花雾。溽暑开北窗，则又风露袭襟，羲皇愉梦矣。迎面作断桥，蹲石仰欹，“绿荫俯碧砌，抚掌引鲰鱼”，真不减戴文进《红衣垂钓图》也。故曰“柳阴系舫”。

琴台（松荫眠琴）：台左侧有老松，悬根石罅，虬拿空际，日色皆绿。宜眠琴，亦宜憩月。《记》云：“由‘桂苑’经‘鉴馨阁’，入‘云窦’，石径深曲，苔青滑人。拾级登‘琴台’，台左侧有老松，悬根石罅有年，虬拿空际，海风易秋，鳞裂半身，日色皆绿。由台左循回廊，北迤藏书楼，最为幽静，每闻棋坪落子声兴，与松子声相应。台下作石障，丛花杂果，缀欲破烟，春阴秋霁，碎若铺锦，鹤延祉以天高，蝉度枕而风谡。此间宜眠琴，亦宜憩月，姑择其韵者著之。”

一房山（屏山听瀑）：在琴台西，为一小榭，透过玻璃，可见琴台攒石为峰的石障，群峦巇巇然，若纳自牖，故称一房山。此处卧游听瀑，一枕先秋。《记》云：“由‘琴台’折而下，面北即‘石障’，面西则攒石为峰，即琴台左侧老松托根处也。于石西筑小榭，映隔玻璃，群峰巇巇然，若纳自牖，故曰‘一房山’。房西面荷沼，一碧虚涵，群岚倒泻，萝牵青隔，苔湿阴迷。小坐‘留云’，双眸豁翠，卧游听瀑，一枕先秋。昔宗少文作山水悬壁间，此则地辟半弓，嶂收千叠，真一抚操而众山响也。”

小林屋（林屋探奇）：为园中最胜处。仿西山林屋洞，故名“小林屋”。石乳倒结，岩阴若深，危度如栈，水深足盘，空凌噤寒。《记》云：“由‘琴台’背面，曲折侧身穿重楼邃户，其楼回环数十楹，曰‘收云处’。屈戌纡迎，云母迤隔。循级而下，松色纯绿，下荫曲池，石峰环皴，俯压危路，此‘小林屋’洞外境也。大抵一院中，巀嵲叠撑，稜笋怒茁。为云奇，为径曲，碧欲罅空，凉若雨泻。游至此，已快咏老杜‘石角藤枝’矣。又循横石桥，扪萝入洞，石乳倒结，其瑶华，岩阴若深；其琼笈，危度如栈。水深足盘，空凌噤寒，人立影失，觅火再入，几不测神钲玉秘在几许幽折境也。游人至是，以碎石投渊中，辄洞然作响，若虚无底者。”

现假山有水洞和旱洞组成，东侧水洞洞口低于地表，藏而不露，中有水一泓，清可鉴物。沿阶西行，拾级而上，即来到西侧旱洞，假山之上筑敞轩。

藤崖（藤崖伫月）：小林屋迤南有敞轩，原有百年黄杨、翠柏、紫藤、银杏等，惜1970年秋被砍划。《记》云：“出‘小林屋’石蹬，迤南有敞轩，当轩踞石作屈膝狮子状，石左右黄杨、翠柏，皆百年前物。石中裂有古藤如怒龙，穿石而上，盘空夭矫，结荫碎落，背藤作高崖，崖侧古银杏一株，大可大可三四人合抱，树与藤皆三百年外物。登崖望城东一带，瓦鳞烟缕，隐现若织；近则虬身碎甲，片片紫英，鸭脚积霜，寸寸秋色，衫履所染，香清翠深，胸次所豁，月白天远。尔时一笛呼秋，三影对契，丹桂荫若落裾袖，几不减陶隐居三层楼上矣。”

荷垞（荷岸观鱼）：小林屋洞北有半亩方塘，即荷花池。有三曲走廊横跨池上，故称荷垞。《记》云：“出‘小林屋’绕栏迤北，作荷池，左则‘一房山’，西即‘碧环小舍’也。方塘半亩，碧鉴眉发，净莲百茎，红亚藻荇，得鸥鹭亲人，喜鱼鸟识面。移磁礅，坐垞外，语通微波，身翳凉翠，云水交荡，风露袭裾，是亦快境也。然而观水有术，知鱼之乐，奚如会心所期，濯缨之风未远，随人领取，又不仅以观鱼限濠濮已。”

云窦（石窦收云）：北邻一房山，实为一房山石障岩脉分支之别名者。林壑旷如，风气清若，苔痕阴渍，石骨高寒。《记》云：“循荷岸左行数十武曰‘云窦’。窦在‘琴台’之背，即‘一房山’石障，各岩分支而别者。林壑旷如，风气清若，苔痕阴渍，石骨高寒，曲折径行，烟软无质，参差衣碍，云寨有声，危铃语于檐端，瓮壑响于脚下。入此者头头道通，宛宛面值，出则斜阳堕影，暮霭收林矣。”

棕亭（棕亭霁雪）：荷花方池以西，有假山一区。山上建六角，即棕亭。此处可俯视烟火万家，远望可见塔影明灭，帆出林阴，鹤远空碧。《记》云：“玩雪景最宜远旷，园林每苦无隙地，则‘棕亭’尚已。棕亭在‘渔舫’右角，矗立峰顶，曲蹬回峦，丛林密篠，旧有额曰‘爽挹西山’，盖极目则顾山蓉岭均，襞欹在望也。俯视烟火万家接于栏楯，白塔巍然，与虎丘断，塔影明灭，斜阳烟际，天宇澄霁，帆出林阴，襟怀豁疏，鹤远空碧。此间足乐，宜作阮公长啸声，赏雪景于霁霭澈后。然当春水罫畦，秋月浣露，衣香林语，引绪触怀，小憩倚栏，会心处正又不在远也。”

小林屋假山为明末叠山名家、画家周秉忠（时臣）仿太湖洞庭西山林屋洞所叠，石床神钲，玉柱金庭，无不毕具，为全园之精华，而其水假山则独步吴中名园。童寯《江南园林志》：“有小林屋洞壑乃明末周秉忠所作，最为胜境。”

附：宝树园

在今悬桥巷。李雯《宝树园记》：“宝树园者，余友顾空五先生所构栖隐地，在吴郡临顿里之东偏，广不数亩，无层峰叠壑之奇，无广厦华堂之美，而洞石玲珑，云林掩映……忆此园创始于明太学归湛初，颜其堂曰‘米丈’，后来为水部胡汝淳所得，易其堂为‘洽隐山房’，甲申后，屡经兵燹，日就荒秽。”[1]甲申即崇祯十六年（1643年），崇祯死难。明亡之时，园日废。顾其蕴买下废园后，芟榛刈棘，种竹莳花，焕然复为名胜之地。顾其蕴（1607年—1682年），原名予泰，号大来，晚号空五，长洲县人，明末复社成员，不仕，有《缶吟集》《真钓轩稿》，与郑敷教、韩馨并称“平江三逸”。当时郑敷教（1596—1675，字士敬）的桐庵、韩馨的洽隐园与顾其蕴的宝树园，皆不逾数武，三人常往来酬唱，随遇而安，因时自得。

民国《吴县志》：“第宅园林”记载：“宝树园在临顿里石子街北，高士顾其蕴所居，本为明归湛初米丈堂，胡汝淳得之，改为‘洽隐山房’，清初圮败。及归其蕴重事缔构，以多

1　王稼句．苏州山水名胜历代文钞［M］．上海：上海三联出版社，2010：118.

植山茶佳种，李雯为之记。其蕴本复社中人，明亡后绝以仕进，日与尤侗、沈荃、宋實颖辈饮宴赋诗，以寄其志。孙秉忠筑安时堂于宅中，并有结蘅草庐、澄碧亭、介圃诸胜，韩骐为之记。庚申乱后，安时堂归机织局，园亦荒废，俗称顾家花园，今犹存残沼一区。”考：顾秉忠（1677—1758），字葵如，号赘也，顾思秘之子，后出嗣给顾其蕴四子顾思容。韩骐《安时堂记》：“同里顾赘也先生筑堂于宅之中央，仍尊甫逸岩先生之旧，曰安时。”[1]逸岩即顾思容（1648—1713），原名思荣，字亦彦，号逸岩；聪敏绝人，通群书，尤精医术。顾秉忠在旧宅上拓地稍广，并在隙地架屋数间，“凿池叠石，有结蘅草庐、芥圃诸胜。”安时堂之名取自唐代李邕的《登历下古城员外孙新亭》：“负郭喜粳稻，安时过吉祥”句意。韩骐（1693—1754）字其武，号补瓢，为韩馨之孙。

庚申之乱后，安时堂归机织局，园废，仅存残沼，俗称顾家花园，巷名沿用至今。历史学家顾颉刚（1893—1980）即为宝树园顾氏之后，现悬桥巷顾家花园4号和7号为顾颉刚故居。

8.2.7 亦园

位于城东南南园一带，尤侗宅园，建于康熙二十八年（1688年）。尤侗（1618—1704）字展成，一字同人，又号悔庵，晚号艮斋、西堂老人、鹤栖老人、梅花道人等，长洲县人，康熙十八年（1679年）举博学鸿儒，授翰林院检讨，参与修《明史》，顺治帝誉之为“真才子”；康熙誉之为“老名士”。四十二年康熙南巡，得晋官号为侍讲，有《西堂集》《鹤栖堂集》等。

《百城烟水》卷三“长洲县”：“亦园，在葑门内上塘，太史尤艮翁归田所葺。四方诸君子至吴门者，必过访亦园主人，故酬和之什最多。内有揖青亭、水哉轩诸胜。”《吴门表隐》卷三：“亦园在葑门新造桥，尤侍讲侗宅。堂悬御书‘鹤栖堂’三字匾，两刻‘章皇天语真才子；圣上玉音老名士。”鹤栖堂为高宗弘历御书赐额。冯桂芬《苏州府志》卷二十八：“尤侍讲侗宅，在新造桥。有鹤栖堂，圣祖仁皇帝御书赐额，园曰：亦园。有揖青亭、水哉轩。”圣祖仁皇帝即康熙帝。

曹寅（1658—1712，字子清，号荔轩，又号楝亭等）任苏州织造时，常到尤侗之亦园，尤侗《艮斋倦稿诗集》卷四载有《八月十九日曹荔轩司农同余澹心、梅公燮、叶桐初过揖青亭小饮，拈青、池二韵二首》：“老圃原于野性宜，西园公子肯来迟。不嫌张翰药羹淡，偏爱陶潜菊径歌。”又：《十月十一日曹荔轩、余澹心、叶桐初、董观山水哉轩小饮，是日大风微雨，和澹心韵二首》；卷五《二月廿八日揖青亭看菜花作同曹荔轩、彭访镰、……郭鉴伦》[2]等诗。曹寅《楝亭诗钞》卷二《尤悔庵太史招饮揖青亭，即席和韵》：“苏家巷口揖青亭，闲日重登山更青。篱落不妨骑马客，郎官原近老人星。三秋鹓实前身树（注：亭侧有大楝合抱），二寸鱼吹水上萍。却笑南园成独醉（注：是日诸君皆不饮），沧浪咫尺唤难醒。”卷三

1　王稼句．苏州山水名胜历代文钞［M］．上海：上海三联出版社，2010：119．

2　徐坤．尤侗研究［D］．上海：华东师范大学，2006．

又有《雨霁过沧浪亭迟悔庵先生不至和壁间漫堂中丞韵》等（清曹寅《楝亭诗钞》）。

至道光年间，园已废，袁学澜诗云："莫问揖青亭旧迹，寒芜已偏鹤栖堂。"有并诗注曰："尤西堂水哉园已荒废，惟鹤栖堂尚存。"[1]太平天国时，为腊大王所占，"腊大王能书能画，曾在住宅墙上自绘小像与梅、兰数枝。"[2]

亦园大小约10亩，有"亦园十景"，尤侗自作《亦园十景竹枝词》咏之。即：南园春晓、草阁凉风、葑溪秋月、寒村积雪、绮陌黄花、水亭菡萏、平畴禾黍、西山夕照、层城烟火、沧浪古道诸景。

南园春晓：为赏春之处。词曰："柳醉花眠总殢人"，大概总是以柳为多。

草阁凉风：为一八尺的高台，即所谓的"八尺高台四面空，解衣盘礴快哉风。"

葑溪秋月：园近城南葑溪，为赏秋之处。"家住城南采葑溪，月明夜夜小塘西。清歌自不烦丝竹，笑煞苏堤斗白堤。"尤侗自认为其景色尤胜于杭州西湖的苏堤和白堤。

寒村积雪：为园中冬景。"千村万树白皑皑，日未烘干风舞回。忽听儿童拍手笑，草棚装出狻猊来。"

绮陌黄花：为春季赏菜花之处，"菜色惊看布地黄，春风习习更吹香。东边吃酒西边唱，三月田家作戏场。"

水亭菡萏：菡萏为荷花的别称，古人称未开的荷花为菡萏，即花苞。亦园建有水哉轩，为一水榭，归庄《水哉轩次韵》诗："之子投簪早，田园信乐哉。居惟营水榭，梦不到金台。"为夏季赏荷之处。尤侗诗云："水哉亭子俯清流，六曲阑干坐两头。莲叶莲花并莲子，只无美女采莲舟。"

平畴禾黍：可赏的农耕之景。"才看栽秧又刈禾，晴时锄把雨时蓑。桔槔尽说田家苦，却喜悠扬打枣歌。"打枣歌是一种民间曲调名。

西山夕照：运用园林中的借景中"远借"手法，可眺望苏城西南诸峰，"西山爽气朝来好，及至斜阳晚更佳。缥缈穹窿都一望，不须竹杖与芒鞋。"洞庭西山和吴中最高峰的缥缈峰宛在案前。

层城烟火："睥睨周遭绕九逵，万家烟火树参差。已拚月夜谯楼鼓，那禁霜天晓角吹？"这是借景中"邻借"手法，可赏苏城景色。

沧浪古道：亦园左有苏家巷，沧浪亭则为北宋苏舜钦之园，故有此名。"千古沧浪水一涯，平常小巷识苏家。寻君遗迹南禅寺，惟有钟声噪暮鸦。"沧浪亭南原有南禅寺。

揖青亭：此亭原为尤侗之父尤沦（字远公）防兵而建，至康熙十三年（1674年）而废。十三年后尤侗复建，为一茅亭，亭形似舟。"吾归五载后，乃有此茅亭""似画斋中舫，非牵岸上舟。开窗迎白鸟，俯槛对清流。一幅采莲赋，千声布谷讴。只须打两桨，便可泛沧洲"。尤侗另有《水哉轩》四首咏之，其二："闲居城小筑，吾意亦悠然。蛙吹菱塘夜，莺啼梅雨天。石桥行乐去，竹榻枕书眠。多少名园记，空留花鸟传。"写尽闲居园林之乐。

十亩之园，池占其半，正所谓"一池林影白"，近乎自然，当时人有"名沼苑吴中盛，

---

1 范君博，苏州市园林和绿化管理局．吴门园墅文献新编［M］．上海：上海文汇出版社，2019：643.

2 魏嘉瓒．苏州历代园林录［M］．北京：北京燕山出版社，1992：216.

斯园近自然”以及“胜地无逾此，名园有是哉。萧疏成结构，点缀半池台”等评述。四方雅士及吴中文人酬唱尤多。园有八尺高台和揖青亭，“点缀乾坤一草亭，逢迎赖有远山青。”为登高揽胜之处，远郊峰影、苏城绿野，尽收眼底。水哉轩为园中最胜处，陈菁诗云：“作榭全临水，洋洋洵美哉。恰宜环竹树，无用起楼台。”

8.2.8 凤池园

位于钮家巷，建于康熙三十四年（1695年），原凤池园西部，即钮家巷3号潘宅，被列江苏省重点文物保单位。清代时曾先后为凤池园、陈氏省园和临顿新居，太平天国时，英王陈玉成曾在此暂住，故又呼之为英王行馆、英王府。后园渐废为民居，只存一纱帽厅。现辟为苏州状元博物馆。

一、凤池园

相传这里曾是泰伯十六世孙吴武真宅，因中有池沼，有凤集于此，故名凤池。顾震涛（1790年—？）《吴门表隐》卷十一引韩是升庙碑：“周吴武真宅在钮家巷，武真，泰伯十六世孙，宣王时有凤集其家，中有池，因名凤池。”王謇《宋平江城坊考》：“韩洽（是升）《重修张武安君庙碑》：‘夷考凤池，始于周宣王时，有凤集于泰伯十六代孙吴武真家，故名。’案：今钮家巷附近属凤池乡。”[1]然而顾汧在《凤池园记》中说：“凤池在吾苏城东，……考《府志》，仅载有凤池乡，盖乡人所聚居，亦莫详凤池这何以得名。”[2]可见凤池园因苏州城东一带曾为凤池乡而得名，而“凤池”之地名源自吴武真宅的凤池。至于凤池园传为吴武真宅址，那是清代中叶之后的事了。

钮家巷，明初卢熊《苏州府志》著录为蓝家巷，因宋代蓝师稷居于此，故名。康熙《苏州府志》作銮家巷，俗呼钮家巷。乾隆《苏州府志》：“顾都宪汧凤池园在銮家巷，公自中州归，得顾氏旧圃，重修治之，益擅名胜。公自有记及十二咏。”顾汧（1646—1712），字伊在，号芝岩，别号凤池芝叟，长洲人。康熙十二年（1673年）进士，官至礼部侍郎，河南巡抚。所著有《凤池园诗集》等。凤池园原为顾氏族人的自耕园，后园易主，逐渐荒废。康熙三十四年（1695年），顾汧自礼部致仕归，购其地而重建，“小筑家园傍凤池”（《寄答小谢叔京信》其二），名“凤池园”。“经营伊始，规画徐布，乃亭乃台，乃垣乃路。”（清顾汧《凤池答客难》）有梅岭、桂亭、撷香榭、岫云阁诸胜。从“小山移补类愚公”（清顾汧《外舅偕褚苍书张德英过小园留饮》）诗句看，园中还应该有假山。其《移居凤池园》诗云：“浮湛宦海总虚槎，且傍云林作住家。水阁偏隅多种竹，石栏隙处补栽花。耆英春社人如昨，槐国南枝梦渐赊。喜奉北堂欢菽水，池鱼跃水尽堪乂。”并在园中结社，“归后得读彭访濂、尤沧湄诗集，皆有悠然自得之致，招集小园，为九老会”（清顾汧

1 王謇. 张维明，整理. 宋平江城坊考［M］. 南京：江苏古籍出版社，1999：218-219.

2 王稼句. 苏州园林历代文钞［M］. 上海：上海三联出版社，2008：93-95.

《凤池园诗集》自序）。

顾汧《凤池园记》："凤池在吾苏城东，池清且涟，涝不溢，亢旱不能竭，相传有灵泉焉。"当时园中有赐书楼、洗心斋、撷香榭、停云阁、抱朴轩、康洽亭、梅岭、曲溪等二十景左右，顾汧《凤池园诗集》有五言律诗《闲居杂咏八首》和五绝《园居杂咏十六首》咏之，此外还有《芙蓉涧》《池上雪霁》诸诗。园之名老圃，园中石径逶迤，桐阴布濩，四时野卉，纷披苔藨，有池一方，"苔封石洞门初辟，柳拂方塘水更澄"，夏日则荷风消暑，"一池芰盖消残暑，两岸薇花送晚风"。

武陵一曲：入门之景，列嶂环蹊，板桥压流，回廊盘亘。《园居杂咏十六首》："旧时凤池乡，今成武陵曲。幸无筑凿劳，安便贵止足。"

梅岭：岭有梅，寒葩凝雪，疏影横云，恍若罗浮之清梦焉。"高士不可见，美人难再来。雪月自终古，林下空徘徊"。

桂亭：亭有桂，金粟交柯，天香笼月，"天香满怀袖"。又有石台、爽垲、寒塘、浸玉，官柳起舞于风前，文杏斜倚于栏畔。

赐书楼：位于桂亭之后，杰然而高，奎章绚日，荣光烛天。其《池上建楼奉藏御书》诗云："池上层楼护紫烟，自天题处景无边。毫端快睹鹓鸾翥，云际欣瞻琬琰悬。引镜波光依海润，宿窗斗象拱星躔。谁言万里金门远，光烛神霄俨御前。"

康洽亭：取唐代杜审言"'人乐逢刑措，时康洽赏延'诗名而名之，旷然临流，菊畦缭绕乎篱边，药圃低亚乎坡侧。有榭名'撷香'，阁名'岫云'，右侧崇丘崔嵬，洞壑阴森，牡丹锦发，朱藤霞舒，竹木晻薆以蔽日，槜李闹舸而凌波"。《闲居杂咏八首》："曲水环苍翠，虚檐四照明。风篁侵坐爽，梧月入怀清。览胜从时好，观空任物情。客来都不俗，逸兴付棋枰。"

桃浪：在康洽亭左侧，虹梁横渡，鹤浦偃卧，桃花夹岸。"渔艇洞门入，花光夹岸焞。能从我游者，尽道小桃源"。

洗心斋：窈然而静深，《闲居杂咏八首》："万叠涛何壮，澄清只自知。任他非荡力，随我激扬施。风去元无相，月来宁有思。觅心不可得，藏密已多时"。

抱朴轩：《园居杂咏十六首》作"朴亭"，有老朴参云，为二三百年遗植。"老树干霄上，扶疏甲一园。咄者抱朴子，嘉遯欲忘言。"其《老朴》诗云："古木遗前代，阴森带太虚。枝藏鸣鹳室，根护蛰龙居。五月风犹冽，三秋籁不如。时耽抱朴意，不羡武陵渔。"

舫斋：石桥宛转，陆居似舟，榆槐夹路，薇花对溪，"水陆皆随便，阴晴总自操。泛虚原不系，何处见波涛"。

芙蓉涧：种植荷花之涧，俯菡萏之清渠，涉芙蓉之幽涧。"郫水朱华照客杯，赏心千里共徘徊。风高南浦驱残暑，日落西园集上才。何处宫蛙携鼓入，几家丛蝶趁香来。莫愁歌罢轻霞卷，曲涧通幽晚正开"。

见南山房：房周边柏冈环护，石壁列屏，"采菊怀所见，佩兰贻所思。古今同一慨，岂为道远遗"。

兰室："服媚自无匹，岩阿任所滋。江干持作佩，谷口遗相思。牖密能藏叶，云深可护枝。当门古有戒，只合织帘居。"

停云阁："曲磴临危壑，凭虚破岭烟。环屏涌空翠，错绣簇郊廛。风吹声还浦，鲸飞影动渊。幽居谁与伴，前哲旧题鲜。"并注："上悬史及超先生扁额"。又有岫云阁，双塔屹前，北寺塔以及西山山色隐隐可见。

得闲处："临沼平台迥，超然出世罨。开襟颢气合，引镜碧波摇。帐幕供宾坐，石栏待月邀。平生幽意惬，何藉阮公招。"

树下宿："碧云净无暑，暮霭咽秋蝉。旷志一何托，尘分万有蠲。邯郸粱未熟，槐郡榻空悬。高枕清无梦，松风伴我眠。"

玉立亭："谡谡松风古，森森桂露深。花飞乱云壑，鸟弄入弦琴。依斗青霄迥，开襟素月临。含真此延贮，时听砌蛩声。"

二、陈氏省园

乾隆年间，凤池园东部归朱氏，后归陈大业（字骏周），葺而新之，又买东邻隙地，凿小池，池傍筑船舫名爱莲舟。其子陈文灿承其父志，对园林进行了扩建，在池南筑春华堂，池北筑飞云楼，另有知鱼轩、引仙桥、浣香洞、接翠亭、凤池阁、深柳居、筠青榭、梅墅等，园易名省园，袁学澜《省园》诗注曰："旧为顾都宪汧凤池园，半归荥阳相国家。"诗云："一园分作两园春，此境幽闲迥绝尘。放鹤风摇邻院竹，养鹅水长石池苹。传家忠孝簪缨替，阅世亭台草木新。喜接纪群同胜赏，佛香茶味笑言亲。（陈顺庵父子奉佛）"[1]陈顺庵事迹不详。乾隆五十三年（1788年）蒋元益作《凤池园记》云：

"（顾汧）中丞宅鋆家巷，在园西数十步，子姓犹存，而园归朱氏。后陈君建亭，葺而新之……凡园中之胜，并易以嘉名。而又于其东，买邻隙地凿小池，池旁筑室，象舫，名爱莲舟，以徜徉游衍。复因池南屋老，欲作之，志未遂而即世。今令嗣辈庀材鸠工，为新堂焉。堂成，颜以：春华……池北楼曰：飞云，飞若上升，云若下垂。循西而南，修廊曲径，窈然静深者曰：楼下宿……轩曰：知鱼，鱼相忘者江湖，人相忘者道术。桥曰：引仙，仙以譬师朋，引以譬扶翼也。洞曰：浣香，识密鉴洞，心清闻妙也。亭曰：接翠，柯叶毋改，结交老苍也。池东南，峙杰阁，如园旧名，名曰：凤池，池以濯故见，阁以来新意也。"

此外，后有鹤坡，左榭名：筠青，右墅名：梅山等[2]。现陈园已废，仅存宅三进。

道光《苏州府志》："顾都宪汧凤池园，在鋆家巷（俗呼纽家巷），……今其东归陈大业，易名省园，蒋元益有记，其西归尚书潘世恩，名乃其旧。"后王资敬购下凤池园中部后，仍名凤池园，现其迹不存。

1　范君博，苏州市园林和绿化管理局．吴门园墅文献新编［M］．上海：上海文汇出版社，2019：363.

2　王稼句．苏州园林历代文钞［M］．上海：上海三联出版社，2008：96.

三、临顿新居

凤池园西原为顾汧子嗣居住，后为唐氏所有。嘉庆十四年（1809年）归潘奕基，潘世恩《思补老人自订年谱》："自嘉庆己巳（即嘉庆十四年），光禄公移居城东钮家巷，即临顿里，相传为皮陆所居，有'凤池园'，顾中丞汧故宅，邱壑深窈，林木翳如。"[1]将其修葺一新，名临顿新居；潘世恩又取杜诗"养亲惟小园"句，名养亲园，以奉养其父潘奕基。其孙又在对岸筑"养心园"，（同治）《苏州府志》卷四十六载："潘文恭公太傅第在纽家巷，即顾汧凤池园之西偏，有'凤池亭''虬翠居'诸胜，孙郎中仪凤即居宅对岸，筑'养心园'，归安吴云记。"

潘世恩（1770—1854），字槐堂，号芝轩，乾隆五十八年（1793年）状元及第，授修撰。官至礼部尚书、武英殿大学士等，著作甚丰，有《真意斋文集》二卷、《思补斋诗集》六卷、《正学编》八卷、《读史镜古编》三十二卷等。其潘氏一族称为"贵潘"。嘉庆十六年（1811年），潘世恩移居凤池园，有诗曰："地名銮家巷，家有凤池园。皮陆昔所憩，羊求今与论。亭台诗世界，水木道根源。善闭无关楗，何如尘市喧。"其子潘曾沂延请张深、王学浩、张崟作《临顿新居图》（图8-2-4），石韫玉作《临顿新居图记》。

园有凤池亭、虬翠居、梅花楼、凝香径、有瀑布声、蓬壶小隐、玉泉、先得月处、烟波画船和绿荫榭十景。陈裴之有《凤池园十咏为潘芝轩司徒作》、潘曾沂有《园居杂诗》十九首及《园居十咏》等（清潘曾沂《功甫小集》）。

凤池亭：背山面水，清流绕屋，花竹交映，有亭翼然，陈裴之诗云："碧澄湘草岸，红接海棠巢。寄语题门客，于今有凤毛。"潘曾沂："微风生树梢，花影碎池里。飞鸟去還来，苍苍暮烟起。"

图8-2-4　张崟《林顿新居第三图》（居部）

1　潘曾沂《功甫小集》卷八《检箧得先大父辛未年移居凤池园，怆然有感，敬用原韵追和一首》则为嘉庆十五年（1810年）移居凤池园。

虬翠居：为燕居之室，环拥图书，庭中有三株乔松如龙，亭亭霄霓之表，陈裴之诗云："故家乔木胜，长报竹平安。更有三松树，苍髯耐岁寒。"潘曾沂："涛声卷晴空，古干映寒室。几见太平年，未有如今日。"并有注曰："东坡《柏堂》诗：'九朝三见太平年。'"古松涛声，尽享太平。

梅花楼：岑楼耸然，高出林表，植有梅花，芳华迎春，繁英如雪，故而得名，陈裴之诗云："为问林和靖，何如宋广平。画楼香雪里，春暖语调羹。"林逋种梅西湖孤山，唐宋璟刚正不阿，铁石心肠，又能柔情为梅花作赋。潘曾沂："拾级上斜梯，寒林写幽景。月明人倚楼，愁踏梅花影。"

凝香径：梅花楼下粉垣迤逦，修廊环之，陈裴之诗云："井眉青乍染，屐齿绿初齐。最忆长安道，飞花亲马蹄。"正所谓"踏花归去马蹄香"。潘曾沂："密林有馀清，闲廊无浅步。众香草际来，胜觅花间路。"

有瀑布声：芳堤夹水，平桥通步，飞泉漱石，声如鸣玉，陈裴之诗云："卷起龙湫雪，清凉自玉京。飞仙天际过，吹下珮环声。"潘曾沂:"风雨来纵横，池中乱飞玉。白云满地流，空亭抱寒绿。"

蓬壶小隐：幽房邃室，众喧不到，陈裴之诗云："花底春云丽，壶中爱日长。东山留别墅，大隐笑东方。"潘曾沂："繁花闹游蜂，古树窜松鼠。子规时一啼，春深在何许。"古树、繁花，自成天趣。

玉泉：泉出石间，味甘如醴，如北京之玉泉，陈裴之诗云："前年云汉咏，一勺独沄沄。早见为霖去，源头生白云。"潘曾沂："坐石伫清风，携炉煮寒水。我欲补《茶经》，泉味淡如此。"相传陆羽曾居虎丘山，著有《茶经》。

先得月处：兰寮东启，空明无碍，陈裴之诗云："金波丽仙掌，流照此间多。玉宇琼楼上，高寒更若何？"潘曾沂："纤云卷遥天，微微月初吐。怯寒人未来，清光落幽户。"

烟波画船：枕水作屋，因中贮法书名画，而名。陈裴之诗云："风雨思光屋，图书海岳船。巨川宜作楫，肯与钓徒传。"潘曾沂："竹径入欹斜，池波漾清澈。隔帘欢鸟声，杏花白于雪。"可见翠竹绕池，杏花如雪，池波清澈，引得一片欢鸟之声。

绿荫榭：竹木交荫，万绿如海，陈裴之诗云："此时桃花树，他日栋梁材。万绿浓如海，闲招白鹤来。"潘曾沂："斜阳听暮蝉，飞鸟自来去。不见扶筇人，人在烟深处。"

此外，还有退思轩、柏冈、遂初草堂、伴吟居等。

凤池园为清初顾汧旧居，古木森然，曲沼环合，楼阁亭轩错列如画。其自谓："则今日之凤池，庶几与陆浑山庄、辋川别业寄情不远矣。"唐代宋之问在东都洛阳附近有陆浑山庄，山水清嘉，风景幽美；在长安附近的蓝田有辋川别业（后为王维所居），可见其景其情。时人有"凤池园似小蓬莱"之誉。

8.2.9 志圃

位于古城太平桥南，康熙年间缪彤所筑。缪彤（1627—1697），字歌起，号念斋，吴县人。康熙六年（1667年）状元，授秘书院修撰，官至侍讲。后辞官归里，闭门不问时政，创立三畏书院，有《双泉堂文集》《双泉堂诗集》等。《百城烟水》卷三“吴县”：“志圃，在府治西北，西禅寺之左。为侍讲缪念斋所葺，以奉其尊人薛书先生者也。既落成，先生谓侍讲曰：‘汝大父参政公宦游二十载，归田之日，欲治一圃未可得，今汝能成大父之志矣。’因以志圃名焉。”缪彤之父缪慧隆，字子京，号薛书，为吴县诸生，明亡不仕。缪彤之祖缪国维（1566—1626），字四备，号西垣，明万历二十九年（1601年）进士。早孤，随母姓张氏，姓张名国维，后改缪国维。因此，缪彤筑园，也算了却其祖缪国维之愿，故名志圃。《履园丛话·科第》：“缪薛书名慧隆，吴县诸生。父国维，由进士历官贵州右参政，尝平蛮寇之乱，民德之。薛书乃叙次历官政绩，走数千里，请祀于闽、于浙、于黔，吴人称公孝行。子彤，自幼颖悟，中康熙丁未状元。孙曰藻乙未榜眼，曰艺戊戌进士，曾孙敦仁、遵义俱中甲科。”可谓满门书香皆进士，钱泳归之为缪国维“种德”之故。

志圃有双泉草堂、白石亭、媚幽榭、似山居、瑞草门、杓岭、两山之间、莲池湾、杏花墩、丘壑风流、青松坞、大魁阁、小桃源、不系舟、红昼亭诸胜。张英（1637—1708）有《双泉歌》咏其景：“吴门市宅石桥头，家有赐书藏小楼。粉壁不屑斗朱翠，一丘一壑偏能幽。古称养亲惟小园，此风近日无其俦。叠石临池构书屋，曲沼穿花漾新绿。最是草堂初起时，春风佳气何清淑。缪子倚树看荷锄，醴泉一道花间出。花间初出犹涓涓，甫经探搜何潺湲。水边石畔不盈尺，一泉又出如珠联。品题谁复居第二，味如京口中泠泉”（同治《苏州府志》卷四十五）。叠石为山，临池筑草堂，一丘一壑，各具幽趣。泉从花间而出，如同珠联，味比中泠。中泠泉被誉为“天下第一泉”，原在扬子江心，现位于镇江金山寺外，苏东坡《游金山寺》诗云：“中泠南畔石盘陀，古来出没随涛波。”

双泉草堂：因堂前有双泉注水成池而得名，缪彤别署双泉老人，其《双泉草堂》诗云：“注壑成池水石平，涓涓流出喜双清。倘令补入《茶经》后，陆羽应夸别有名。”时人多有夸耀之词，常与“天下第一泉”的中泠泉、无锡“天下第二泉”惠山泉等相比拟，如吴懋谦有：“欲识惠山新汲水，不知甘比此泉无？”句；缪锦宣诗云：“竹径松开胜地偏，槛前寒甃对澄鲜。闲来幽客能同赏，品作东吴第几泉？”又泉环境幽静，松竹匝布，虎丘有第三泉，那这双泉又能品为第几泉呢？缪锦宣，字钧闻，康熙十二年（1673年）进士，为缪彤叔伯兄弟。

白石亭：亭周绿竹阴翳，亭侧因有玲珑太湖石一峰，为唐白居易所遗，故而名之。缪锦宣《白石亭》：“白公片石碧生苔，曲榭高台阅几回？还就玉山倾一酌，当年曾伴醉吟来。”吴懋谦：“嵌嵲玲珑凿不成，香山此石旧知名。”白公、香山即唐代白居易。缪彤诗云：“黄堂林壑旧清幽，绿野还看竹树稠。传得玲珑一片石，至今下拜想名流。”北宋米芾知无为军时，看见州治有巨石甚奇，便具衣冠拜之，呼之为兄，世称“米颠拜石”。

媚幽榭：为一跨涧的水榭，绿树成荫，虽值夏天，亦如秋凉，缪彤有《媚幽榭》诗云：“一椽跨涧似渔舟，月影烟光槛内收。碧浪波纹晴若雨，绿阴成盖夏如秋。”有曲径入竹穿松，沿溪涧前行，犹似桃花源之缘溪行，可深入花溪最深处，缪锦宣诗云：“水边曲径似缘溪，入竹穿松咫尺迷。觅得花溪最深处，小轩独坐听莺啼。”

似山居：为临流草堂，背山面溪，宛若山居，缪彤《似山居》：“绿萝清昼草堂闲，半在溪边半在山。竹径临流入隔岸，松扉过岭鸟飞还。”缪锦有：“来往轩车门外客，谁知城市有烟霞？”之句，虽居城市，却有山林泉石之胜。

瑞草门：因生长双芝而得名，缪彤《瑞草门》诗云：“双扉昼掩翠烟微，三秀含华掩映稀。自是药栏增胜事，白公石上彩霞飞。”缪锦宣：“一夜双芝喜降祥，春风凝露紫泥香。当阶应并三珠秀，绕径谁论九畹芳？”双芝和太湖石形成了“三秀含华掩映稀”之景。

杓岭：杓是指北斗七星的柄，因山岭蹬道盘曲如北斗星的柄而得名，缪彤《杓岭》：“古藤碍瓦檐牙缩，老树盘根石磴旋。曲曲长廊山欲转，好如斗柄指东边。”

两山之间：缪彤有《两山之间》诗云：“湾湾碧水绕堂前，南北分流共一川。试看芙蓉相映发，前山却与后山连。”有一水分二山、一湾碧水遥接峰云之胜。

莲池湾：为种植有荷花的水池一曲，缪彤《莲子湾》：“每羡花中并蒂莲，不由种子自天然。结成三实珠成掌，持作心田法相全。”池有并蒂莲，缪锦宣诗云：“清池初日漾涟漪，并蒂芙蕖入照时。爱看花开还数子，碧筒引醉写新词。”并蒂莲是古代佛座莲品种的一种。佛座莲共有四个品种，除一茎单花者，尚有一茎双花者为并头莲（又称并蒂莲），三花者曰品字莲，四花者即四面观音莲，还有多至五六朵的。

杏花墩：生长有杏花的土墩。缪彤《杏花墩》：“蕊含恍似樱桃绽，花放还如蜀锦红。却忆曲江初宴罢，马蹄踏遍凤城中。”唐时春榜进士与朝廷官员，常于长安东南的曲江亭举行庆宴，称为曲江宴。凤城即五凤城，指皇城。高中进士，正是“春风得意马蹄疾，一日看尽长安花。”却忆往事，已成云烟。

丘壑风流：缪彤《丘壑风流》：“春来袅袅黄金色，秋去飘飘白玉丛。遮莫风光谁领得？一丘一壑一迂翁。”《汉书·叙传上》：“渔钓于一壑，则万物不奸其志；栖迟于一丘，则天下不易其乐。”一丘一壑是指退隐在野，放情山水。南宋辛弃疾《鹧鸪天》有：“一丘一壑也风流”句。

青松坞：缪彤《青松坞》：“岂望干霄比栋梁？爱听涛响似笙簧。年来渐觉霜皮老，肯许龙鳞百尺长。”南朝陶宏景“特爱松风，庭院皆植松，每闻其响，欣然为乐”。松树的外表皮如百尺龙鳞。《论语·子罕》：“岁寒，然后知松柏之后雕也。”故缪锦宣有诗云：“种就霜枝渐郁盘，岭边翠色枕边看。繁花冶叶知无数，只许苍髯共岁寒。”

大魁阁：为登高远眺之处，可眺望太湖七十二峰和一城千家万户，缪彤《大魁阁》诗云：“巍峨欲与白云齐，乔木参天独鹤栖。一望城中千万户，太湖七十二峰西。”缪锦宣诗云：“云间杰阁俯林垌，远树苍茫列岫青。尺五天高应独上，可容卧看少微星。”

小桃源：缪彤《小桃源》：“早从惠远乐幽栖，流水桃花自不迷。若使渔人来问渡，隔林即是武陵溪。”桃花源、武陵溪借指避世隐居的地方，典出陶潜《桃花源记》。

不系舟：缪彤《不系舟》：“每乘小艇一遨游，陆地牵来兴更幽。窗外层峦浑不动，风波端可暂时休。”古人常以不系舟比喻自由而无所牵挂，《庄子·列御寇》：“巧者劳而知者忧，无能者无所求，饱食而敖游，泛若不系之舟，虚而遨游者也。”缪锦宣诗云：“扁舟心事鹭鸥知，坐对清池动远思。倚槛放歌当落日，还疑江上扣舷时。”

红昼亭：缪锦宣诗云：“浓花一树压雕阑，绛雪丹霞迥未残。卷幔坐来春昼永，不须银烛夜深看。”红昼疑似为海棠花，苏东坡《海棠花》：“只恐夜深花睡去，更烧高烛照红妆。”用唐玄宗和杨贵妃典。缪彤《红昼亭》：“虬干婆娑一树红，相传数伴百年翁。汪君作记才偏老，蒋子临池法亦工。”

更芳轩：因植有桂花而得名，缪彤有《更芳轩》诗云：“堪同黄菊比幽芳，却并苍松饱雪霜。最爱东皋诗句好，晚来赢得一园香。”桂花与松相配植是古人的常用手法。缪锦宣：“小庭桂露冷疏桐，寂寂帘栊度晚风。抚景最宜秋色里，飘香更爱月明中。”吴懋谦：“一轩花放午阴低，欹枕虚窗倚醉题。赢得广寒携此种，天香吹落夕阳西。”月亮广寒宫里有一株高五百丈的桂树，有吴刚月宫伐桂故事。

志圃以双泉草堂为主体建筑，两山夹一溪，一湾碧水，两岸桃柳，姜希辙（？—1698）赞之为：“名园胜金涧，清流激方渠。”（《客缪氏园答徐松之》）似一天然水景园林。

附：耐久园

位于尧峰山麓，缪彤《耐久园记》云：

“余既买山于皋峰之饮马池……山故有园，园之中，或板扉，或竹篱，取其朴也。或短垣，或土山，取其陋也。以柳枝植于池上，喜其易成阴也。昨冬折芙蓉枝覆以土令植之，不费钱也；土花木石买于山中，不远求也。惟朴惟陋，惟不费钱，惟不求人，故能耐久。

严我斯《寄题耐久园》四首，有“绿野堂开岁几迁，披襟长对蔚蓝天。”[1]等句。山园中有土山、水池，池上植柳、芙蓉，并有绿野堂、板扉、竹篱等。

8.2.10 笑园

位于古城西的金门与胥门间的升平桥弄、古城墙边，大小约为3.9亩。20世纪80年代因旧城改造而消失。

笑园始建于明代，据传为晚明徐枋后人所筑。徐枋（1622—1694），字昭法，名俟斋，长洲人，明清更代之际，初避地吴江芦墟，后于木渎筑涧上草堂，著述颇丰，有《通鉴纪事类聚》《廿一史文汇》《读史稗语》《读书杂钞》《建元同文录》等。康熙三十三年（1694年）九月，徐枋卒，临殁有遗嘱云：“寡媳孤孙，不可移居荡口，山居不便，入城可也。”说笑园是安置寡媳孤孙之所。清初时称紫藤书屋。

魏嘉瓒先生《苏州历代园林录》说：“清康熙时，有自号枫江渔父者居此。”另据陈从周先生《梓室余墨》“苏州园林——徐园”条：“叶遐翁曾告我，苏州升平桥弄之徐园[2]假山后为戈裕良叠。此园曾数作调查，园依城墙，墙下有大假山一丘，右有一阁，装修极精，山下有池，水阁临流，此其大略也，是否为戈氏所作，犹待证耳。”[3]叶遐翁即叶恭绰，号遐翁、遐庵等，他在《凤池精舍图》有题曰：“又徐电发故居假山，在吴门升平桥街十四号，传出

---

1 王稼句. 苏州园林历代文钞［M］. 上海：上海三联出版社，2008：144.

2 即徐釚之园，徐釚（1638年—1708年）字电发，号虹亭，又号菊庄、鞠庄、拙存，晚称枫江渔父，吴江西濛港人；康熙十八年（1679年）召试博举鸿儒，授翰林院，纂修《明史》，遽乞归。后以原官起用，辞不就；工诗词古文，善画山水。

3 陈从周. 梓室余墨［M］. 北京：生活·读书·新知三联书店，1999：51.

名工戈裕良之手，结构极为有匠心，而知者不多，余告之刘、陈二君，必图保存，度二君必能有规划也。”[1]

同治年间，翰林院编修冯桂芬曾居住于此，后为状元陆润庠所有。陆润庠（1841—1915）字凤石，号云洒、固叟，元和人；同治十三年（1874年）状元，历任国子监祭酒、山东学政、工部尚书、吏部尚书，官至太保、东阁大学士、体仁阁大学士等，任末代皇帝溥仪老师。后又归富商陆孟达。日军侵占苏州时，笑园被占据，逐渐荒废。

中华人民共和国成立后，笑园住宅部分为居民所住，园南花园空地部分为日用五金厂所有。1979年被列为苏州市城市总体规划之古典园林修复项目，20世纪90年代毁。

笑园布局因地制宜，依城墙而筑，有门厅、轿厅和住宅楼。原门面东，园内有四面厅、花篮厅、楼阁等。中为荷池，池上架以曲桥。池北有旱船，池南有假山一座，逶迤连绵，高下参差。原有百龄古枫，四面厅东有古白皮松一株。现院墙石库门楣上有“笑园”砖雕，有假山蹬道可达城堞，尚存假山已非原样，重建有水池、曲桥、水榭、廊亭等，廊壁间嵌有嘉庆年间书条石二十三方。

笑园依古城墙而筑，又傍城河，既可登临城墙，远眺西南群山，又可俯看运河，其假山亦出自名家之手，为一处难得的古典园林，可惜已毁。

8.2.11 莱圃

在大石头巷，李果于雍正元年（1723年）冬自葑溪迁居于此。李果（1679—1751），字硕夫，号客山，中更曰在亭，晚岁又自号悔庐，长洲人，有《在亭丛稿》《咏归亭诗钞》等。李果曾多次迁居，所结之集，均以迁居之地名之，其《咏归亭诗序》云：

“有从游者，强仆出之箧中。因芟其十五。曰《石闾》者，早岁居石里所为诗也。曰《竹亭》者，客扬州作也。曰《溪堂》者，买屋葑溪红桥，奉老母以居，虽往来江都，亦以溪堂名也。曰《莱圃》者，既赋悼亡，重归石里，割李氏之园，灌畦养母，取莱子之志也。曰《蒿庐》者，从莱圃移家于此，偶有作也。曰《东楼》、曰《舫斋》者，横经城西之地也。”（清李果《在亭丛稿》卷一）

李果后移居葑门鹭鸶桥，别筑葑湄草堂。其康熙五十九年（1720年）冬所作的《葑湄草堂记》云：

“康熙丁亥（即四十六年，1707年），世父省庵先生弃石里旧居，予凡三迁，居葑门之鹭鸶桥，初得屋十馀楹，后复圹三楹，书堂高敞，有轩有斋，中庭有枸橼、香橙、石榴，予补种梅树、桂树，叠石为陂陀，艺兰其下，何义门侍讲为书“葑湄草堂”。屋之后，隔巷即

1 何文斌. 晦园旧闻摭谈［J］. 苏州杂志，2018，（05）：67-69.

青松庵，庵前乔木一林，浓阴交布，盛夏无暑，坐书堂后轩以望，则蔚苍森干，如在深山。门临河有古榆六七株，行人常于此憩息。东西有桥，夹桥而居者十馀家，颇淳朴。（清李果《在亭丛稿》卷八）”

莱圃有莱圃、古柏四株、种学斋、悔庐、观槿轩诸胜。

种学斋：斋前种植黄梅、甘子、古桂等，并小石假山。李果雍正三年（1725年）乙巳初冬的《莱圃记》云：

“莱园在大石里，割李广文国之一隅，癸卯冬居之。其以莱名者，以圃久荒芜，多蒿莱，奉老母以居，又窃取老莱子娱亲意也。园地五六稜，治之可种菜蔬，滨李氏之地，易灌溉。有古柏四株，蔚然苍翠。其堂屋闲靓，予颜之曰‘种学斋’，援韩子种学织文之义，且以勖吾子。掩扉危坐，停云在天，嚣声不至，拥书一编，遇会意处，辄落落自得。既又读陶渊明诗，爱其言近道得孔颜乐天安命之义。予之居此也，荷锄自艺，黄齑饘粥，一室之内，母子欣欣，差堪自逸……斋前有黄梅、甘子、古桂及小石假山，予又于葑溪移桂树一株植焉。”（清李果《在亭丛稿》卷八）

悔庐：李果《悔庐说》：

“悔者，自反者也，口不言而心自咎也……余往者以‘种学’名吾斋，且以课吾子，比诸种艺，五谷耕耘，以时翼于有成，不至于卤莽耳……既复徙石里，遭境益苦，于昔有倍。叹曰：‘吾身如脊土之树，不避霜雪，其耐劳苦久矣。而弱质薄植，卒未尝培植其本根而荣其枝叶也。’夫圣人之道，博厚而闳深，非思之深、力之固，未足以几于道。况宇宙之大、岁月之疾，年寿不可知，资又驽下，今及丈矣……故名其庐。”（清李果《在亭丛稿》卷八）。

其文作于雍正六年（1728年），李果年近五十。

观槿轩：因轩前植有木槿，故名。木槿为锦葵科木槿属的落叶灌木，夏秋开花，花有白、紫、红诸色，朝开暮闭，在南方多作绿篱，号槿篱。李果《观槿轩》云：

“悔庐之墙西邻有槿树，方夏四月，茂叶郁青，朱英烨烨。予坐南窗见之，观荣落之速，测盛衰之理，窃有感焉。逐遂名吾轩曰观槿。夫树于槿，甚微耳。花时缤纷昼开夜合，不失其时，昔人以朝荣暮落称之，殆以是欤。大椿以八千岁为春，栎社之树，以不材终其天年；而蜉蝣之朝暮、蟪蛄之春秋，至伏龟海鹤之属，又常至数百年，生物年寿之不齐如此，又不可解也。……予自丙午居此，十有二年矣。”（清李果《在亭丛稿》卷八）

其文作于乾隆二年（1738年），丙午为雍正元四年（1726年），李果居此已是十二年。

莱圃有轩有斋有假山，尤以古木、果树、菜蔬为胜，颇具田园之趣。

8.2.12 环秀山庄

位于苏州古城区景德路262号，先后为景德寺、蘧园、朱嘉遇宅园、求自楼、孙氏园、耕荫义庄（环秀山庄）和颐园。20世纪50、80年代政府先后对其整修。1988年被列为全国重点文物保护单位，1997年作为苏州古典园林的典型例证，被列入《世界遗产名录》。现大小约3亩。

一、景德寺

这里传为五代吴越钱氏金谷园旧址。北宋为朱长文乐圃，太守章伯望表其居为乐圃坊，当时有名人士大夫以不到乐圃坊为耻。查南宋绍定二年（1229年）图碑《平江图》，乐圃坊在景德寺南，并有河路相隔，即在原景德路儿童医院址。至元末为张适（1330—1394）乐圃林馆，倪瓒绘有《乐圃林居图》。明代正统、景泰年间，杜琼（1396—1474）得其东隅，筑如意堂及延绿亭等。万历年间，为申士行所有，筑适适圃，中有赐闲堂。清顺治年间归江苏巡抚慕天颜，人称慕家花园。《吴门表隐》卷五："赐闲堂在慕家花园，国初陈相国元龙所居，后为谷州尉志斌宅，今归董封翁如兰宅，傍有旷观楼，前有梅花阁（今废）。"[1]陈元龙（1652年—1736年）字广陵，号乾斋，浙江海宁人，康熙二十四年进士。董如兰（1753—1825）字逸隽，吴县人，著有《慕园賸稿》等。道光《苏州府志》卷四十六载"慕家花园后归河南人绍兴太守席椿，其后毕尚书沅割其半，今皆颓废矣。"席椿于乾隆三十六年（1771年）由玉山县令升职绍兴知府，应与董如兰同时代。其后毕沅割其东半，筑小灵岩山馆；毕沅（1730—1797）字纕蘅，小字秋帆，自号灵岩山人，江南镇洋县（今苏州太仓）人；毕获罪，园被抄没入官，"一家眷属尽住圃中"[2]。西半则为董国华（疑为董如兰之子）所有；董国华（1773—1850）字荣若，号琴南，吴县人，嘉庆十三年（1808年）进士；宣统年间，滇南刘树仁购得董氏旧宅，重新修葺，名遂园，中有绿天深处、映红轩、客闲堂、逍遥室、琴舫诸胜；民国二十六年为东山叶氏所有。

现环秀山庄则在原景德寺址。景德寺在乐圃坊北，《吴地记》："景德寺，在县西北一里三十步，晋咸和二年，献穆公王珣、弟珉舍宅建。"[3]东晋咸和二年即公元327年，兄弟俩舍宅为寺[4]。《吴郡图经续记·园第》："晋东亭献穆公王珣和珉宅，外在虎丘，内在白华里，后皆施以为寺"[5]。白华里又作日华里，明王鏊《姑苏志》卷三十一："王珣宅，在日华里，今景德寺也，其别墅在虎丘。"由此可见，自晋唐至明中叶，此地一直为景德寺址。

---

1 （清）顾震涛．甘兰经，等，校点．吴门表隐．卷五［M］．南京：江苏古籍出版社，1999：61.

2 （清）钱泳．张伟，点校．履园丛话［M］．北京：中华书局，1979：522.

3 （唐）陆广微．曹林娣，校注．吴地记［M］．南京：江苏古籍出版社，1999：125.

4 （明）王鏊．姑苏志．卷二十九［M］．影印本，《钦定四库全书》本则说"景德寺，东晋隆安中僧法云建。本王珣故宅"。

5 （宋）朱长文．金菊林，校点．吴郡图经续记［M］．南京：江苏古籍出版社，1986：61.

二、蘧园

道光《苏州府志》卷四十六："飞雪泉在申衙前，先为景德寺，后改学道书院，再改为兵备道署，又废而为中文定公宅。乾隆间刑部郎蒋楫（字济川，号方槎）居之，后归太仓毕尚书，今为孙伯宅（或云即宋时乐圃）。"申文定即万历年间大学士申时行。申时行（1535—1614）字汝默，号瑶泉，晚号休休居士，长洲县人，嘉靖四十一年（1562年）状元，谥文定。他退隐苏州，有八大住宅，其中一处在乐圃原址，清尹继善《江南通志》卷三十一："适适圃，在吴县乐圃坊内，即古乐圃地，明申时行所筑，中有赐闲堂。"一处则在景德寺原址，清冯桂芬《苏州府志》："申文定公时行宅，在黄牛坊（即黄鹂坊）桥东，今犹名申衙前，中有宝纶堂。"其孙申继揆（字维志，号勖庵），改名"蘧园"。明末清初魏禧《蘧园双鹤记》："吴门申勖庵先生家中有阁，曰：来青阁，前后有松有石有药栏，曰：蘧园。"[1]在康熙七年（1668年）、八年各有一鹤飞来，魏禧于十一年（1672年）来到苏州，作此记。十二年申继揆卒。

三、朱嘉遇宅园

申继揆蘧园之后，则为阳山朱鸣虞宅园，钱泳《履园丛话》："康熙初，有阳山朱鸣虞者，富甲三吴，迁居申衙前，即文定公旧宅。"朱鸣虞名嘉遇，一字上萃，朱长文裔孙，吴县浒墅人。顾公燮《丹午笔记》之"哭庙异闻"条："朱嘉遇，名鸣虞，吴中富户也，居申衙前文定公旧宅，著名阳山朱氏。次子典，甲午举人。三子真，府庠生。"因"哭庙案"，"当十一人囚于府治之时，朱饷酒十盒，或闻于抚，故波及。"他只是送饭酒而牵连，被拘于江宁，后释归。《丹午笔记》之"赵朱斗富"条还记有一条轶闻：

"康熙初年，阳北（山）朱鸣虞富甲三吴，迁于申文定旧宅。左邻有吴三桂侍卫赵姓者，混名赵蝦，豪横无忌，常与朱斗富，凡优伶之游朱门者，赵必罗致之。时届端阳，若辈先赴赵贺节，皆留量饮。赵以银杯自小至巨觥，罗列于前，曰：'诸君将往朱氏乎？某不强留，请各自取杯，一饮而去，何如？'诸人各取小者立饮。赵令人暗记，笑曰：'此酒是连杯皆送者。'诸人悔不饮巨觥，其播弄人如此。元宵，朱挂珠灯于门，赵无以对，命家人碎之。朱不敢与较，商于顾吏部松交。顾定计，以重币招吴三桂婿王永宁来宴饮，席散游园，置碎灯于侧。王问曰：'可惜好珠灯，何碎不修？'朱曰：'此左邻赵蝦所为。因平西之人，未敢较也。'王会意，耳嘱家人数语，连夜逐赵蝦另迁。鸣虞子典入翰林。"[2]

王謇《宋平江城坊考》："朱太史典宅，在申衙前。典为乐圃先生裔孙，自阳山徙居于此。

1　王稼句．苏州园林历代文钞［M］．上海：上海三联出版社，2008：21.

2（清）顾公燮．甘兰经，等，校点．丹午笔记［M］．南京：江苏古籍出版社，1999：61.

今案：宅北通西百花巷处，犹名‘阳山朱弄’，以表阳山朱氏所居处也。俗作‘杨三珠弄’，颠矣。”[1]

四、求自楼

乾隆年间园归刑部员外郎蒋楫，建求自楼，掘地得泉，名“飞雪”。蒋楫，字济川，号方槎，长洲县人，乾隆间官刑部侍郎。蒋楫堂兄蒋恭棐（1690—1754）作《飞雪泉记》云：“斯泉之地，故景德寺，改学道书院，再改兵巡道署，又废，而申文定公宅之，今百四十年矣。”[2]又说：“从弟方槎比部新居厅事之东，为楼五楹，以贮经籍，名‘求自’。于楼后叠石为小山，畚土有清泉流出，迤逦三穴，或滥或氿，不濊不竭，合之而为池，酌之甚甘，导之行石间，声濊濊然，因取坡公《试院煎茶》诗中字，题曰‘飞雪’。”[3]苏东坡《试院煎茶》诗有“蟹眼已过鱼眼生，飕飕欲作松风鸣。蒙茸出磨细珠落，眩转绕瓯飞雪轻”之句。泉因堆叠假山而掘得，“工掘地深三尺许，见旧甃衢，并拾得军持数十，意泉故值寺之井而久湮塞者。”军持是指古代僧人游方时携带之，贮水以备饮用及净手所用的澡罐或净瓶，所以由此判断该泉是景德寺之物。

五、孙氏园

后归大学士孙士毅之长孙孙均。孙士毅（1720—1796），字智治，一字补山，浙江仁和（今杭州）人，乾隆二十六年（1761年）进士，曾出任广西、四川等地方大吏，并任翰林院编修，纂校《四库全书》；乾隆五十六年（1791年），召授吏部尚书、协办大学士，廓尔喀入侵西藏，督办运送进藏清军的粮饷和军储，廓尔喀平，官拜文渊阁大学士。曾督学黔中，得文石一百零一块，自署“百一山房”，著有《百一山房赴藏诗集》。嘉庆元年（1796年）卒于军中，赠公爵，追谥文靖，长孙孙均袭伯爵，入汉军正白旗，官散秩大臣。孙均（1777—1826）字诂孙，号古云，又号遂初。陈文述《颐道堂文钞》卷十三《孙古云传》：

“君讳均，字诒孙，一字古云，浙江仁和人。大学士赠公爵四川总督文靖公冢孙，赠建威将军小山公子也。幼颖悟，读书务观大略，通国语，善骑。赠公早逝，乾隆中以文靖公荫袭轻车都尉，教匪不靖，蔓延秦蜀，文靖公督师凤陇，薨于秀山军营。君弱冠以冢孙袭封三等伯隶汉军正白旗，官散秩大臣。每南苑从猎，香山扈跸，翠翎黄褶，尝在属车豹尾间。休沐之暇，辄闭有读赐书间，与诸文士讌集，左图右史，琴尊清暇，望之者以为神仙中人。嘉庆初元，睿皇帝以君汉人，不谙旗务，命本旗当差，值宿雍和宫，君先以坠马伤足，不良于

1 王謇. 张维明整理. 宋平江城坊考［M］. 南京：江苏古籍出版社，1999：91.

2 王稼句. 苏州园林历代文钞［M］. 上海：上海三联出版社，2008：21-22.

3 王稼句. 苏州园林历代文钞［M］. 上海：上海三联出版社，2008：21-22.

行，以恩重不敢乞假，既改本旗，乃得从容养病焉。”

孙均工竹刻、篆、隶，篆刻宗陈鸿寿；善写生，花卉得徐渭、陈道复神趣。陈文述《颐道堂文集》卷七：“国朝缘刻之学，以吾杭为最盛。……曼生工书，隶法入西汉人之室，故所作尤妙。山阴则董小池，以浅刻仿宋元名印置法帖中，可乱真。后辈工此者，若高犀泉、施石樵、汤古巢、汪静渊，皆称名手。今之存者，则高爽泉、孙古云、倪子同、赵次闲、吴山道士金月舟，皆其选也。”[1]高爽泉即高垲，现留园揖峰轩小院东墙上有高爽泉临唐褚遂良书《圣教序》书条石。

嘉庆十一年（1806年），孙均受和珅案牵连，褫夺旗籍，圣谕命归原籍，其母苏太夫人为常熟苏国公太史女，“君乃奉太夫人南归，初居常熟，继卜居吴门，奉母养疴，优游林下者二十年。”孙均交游广泛，在京师时就与姚春木、查南庐及作者陈文述等“文讌往来，每多酬唱”。他“所居云绘园在太平湖上，多嘉树奇石，春明诗社比之西园雅集、南湖乐事焉。及来吴门，所居为毕秋帆尚书旧宅也，高台曲池，君复加以营建，属兰陵戈山人叠石仿狮子林，百一山房规模不减京师。”[2]孙均购得毕沅旧宅后，延请兰陵戈山人即常州戈裕良，堆叠假山，其规模不减孙均在京师太平湖上的云绘园。《履园丛话》“堆假山”条云：“又孙古云家书厅前山子一座，皆其（戈裕良）手笔。”[3]因此现环秀山庄假山应建于嘉庆十一年（1806年）或稍后，园有停云馆等园景。孙均后因病不可治，于“道光丙戌（1826年）二月廿五日卒。”（清陈文述《颐道堂文钞》）。

六、耕荫义庄（环秀山庄）、颐园

道光末年（1850年），工部郎中汪藻、吏部主事汪堃购得孙氏宅园，建汪氏宗祠耕荫义庄。并筑别业，署其堂曰“环秀山庄”，故又将园名称“环秀山庄”。冯桂芬应汪藻之请，作有《汪氏耕荫义庄》，云：

“今建祠之地，相传即宋时乐圃，后为景德寺，为学道书院，为兵巡道署，为申文定公宅，乾隆以来，将刑部楫、毕尚书沅、孙文靖公士毅迭居之……将氏掘地得古甃井，命之曰：飞雪泉，今尚存。余尝僦于孙家此者数年。”[4]范君博《吴门园墅文献新编》卷一：“闻故老当毕尚书宅之入官也，孙士毅相国售诸官，愿隐其姓，县人信笔，署以汪，终为汪氏所得。从前更徙，及兹而定，亦云奇矣。中有问泉亭、补秋舫、半潭秋水一房山诸胜，其间叠石为山，匠心独运，虽仅一堆拳石，恍如万壑千岩，大有尺幅千里之势。”[5]

1　王稼句．苏州园林历代文钞［M］．上海：上海三联出版社，2008：21-22.

2　王稼句．苏州园林历代文钞［M］．上海：上海三联出版社，2008：21-22.

3（清）钱泳．张伟，点校．履园丛话［M］．北京：中华书局，1979：330.

4　王稼句．苏州园林历代文钞［M］．上海：上海三联出版社，2008：22-23.

5　范君博，苏州市园林和绿化管理局．吴门园墅文献新编［M］．上海：上海文汇出版社，2019：27-28.

顾文彬有联跋云："环秀山庄为孙补山相国故居，余昔年曾赁庑于此。后归平阳祠宇。"可见冯桂芬、顾文彬都租居于此。又有汪惟韶联跋云："是园为孙补山相国旧宅，自后迭更其主。道光年间始归吾庄。园邻黄鹂坊桥，庭植娑尾一本，春来发花甚盛。旧有飞雪泉，淤塞已久，乃疏而通之，源流不绝，颇具瀑布之观云。"[1]

环秀山庄因其而对假山，故而名之，园在义庄之东，又名颐园（亦称汪园），金天羽《颐园记》云："溪南为堂，颜曰'环秀山庄'者，以其面山。……园在义庄东偏，其阛之额曰'颐园'者，汪西溪书也；构此山者，毗陵戈裕良，为晚清名手，自诧以为驾狮林而上之，不虚矣。"[2]庚申之变，因战祸园颇有毁伤，光绪时庄正汪锡珪（秉斋）又重加修葺。有问泉亭、补秋舫、半潭秋水一房山亭等。后几经驻军又遭摧残。童寯《江南园林志》："现久经驻军，装折四散，涧瀑不流，幸假山完整，花木扶疏，两亭一舫，犹可登临。西部划为义庄，南部厅堂，曾一度散为民居。"[3]

主厅环秀山庄为四面厅，南为"有穀堂"，厅北为假山。假山西侧为边楼，是衬托假山主景的主要建筑，西北有问泉亭、补秋舫、半潭秋水一房山亭等，隐约于绿树丛中。

有穀堂：面阔三间，《诗经·大雅·有駜》："君子有穀，诒孙子，于胥乐兮。"意思是：君子有福又有禄，福泽世代留子孙，乐在一起真高兴。明代王立道《有穀堂》二首之一："甲第新成高入云，风流廿载忆徵君。亭亭独鹤閒芳草，惟有诗书日夕闻。"庭院中有百年广玉兰，树老荫浓。

环秀山庄：为四面厅，内有俞平伯手书"环秀山庄"匾额。厅北有露台，正对山林。其地虽只半亩，却山势磅礴，岩峦耸翠，池水萦绕，绿树掩映，有巧夺天工之妙。山池东面，以高墙为界，更有百年古朴，遮云蔽日，形成一道绿色屏障，隔断红尘喧嚣，而山林之气，亦由此而生。其正如绘画的边框，山体余脉由此开始，向西犹如山脉奔注，忽然断为悬岩峭壁，止于池边，"似乎处大山之麓，截溪断谷。"山体内有石洞、石室各一；洞顶采用钩联手法，犹如喀斯特天然溶洞，逼真而坚固，正如戈裕良自己所言："只将大小石钩带联络，如造环桥法，可以千年不坏。要如真山洞壑一般，然后方称能事。"洞壁有洞穴下通水面，天光水色，映入洞中，意匠别具。有幽谷二，一自南向北，一自西北向东南，交会于山之中央，谷上架石为梁。断崖处，有黑松虬枝堰盖，呈蛟龙探海之势。《江南园林志》："现有假山，出自戈裕良手。下有洞，上置亭。其所作洞，即前章所谓'顶壁一气，成为穹形'者也。环以小池，徵似拳勺，而风味殊胜。"

西北隅有辅山曰飞雪。

半潭秋水一房山亭：位于假山余脉的平岗上，为一单檐攒尖四方亭。唐李洞《山居喜故人见访》："入云晴斸茯苓还，日暮逢迎木石间。看待诗人无别物，半潭秋水一房山。"取其意而名之。

---

1 潘贞邦. 吴门逸乘. 苏州史志资料选辑编辑部. 苏州史志资料选辑. 1989年第一、二辑合刊［M］. 苏州市地方志编纂委员会办公室，苏州市档案局，1989：64-65.

2 范君博，苏州市园林和绿化管理局. 吴门园墅文献新编［M］. 上海：上海文汇出版社，2019：187.

3 童寯. 江南园林志. 沿革［M］. 北京：中国建筑工业出版社，1984（2）：30.

补秋舫：面山临水而筑，形如舟楫，内有对联曰："云树远涵青，偏数十二阑凭，波平如镜；山窗浓叠翠，恰受两三人坐，屋小于舟。"东、西二门上有"凝青""摇碧"二砖额。其西有太湖石辅山，石壁上镌有"飞雪"二字，乾隆年间蒋楫掘地而得泉，取苏轼《试院煎茶》诗意，名"飞雪"。现泉水由补秋舫后檐宛转而出，萦绕于假山之侧。

问泉亭：为歇山顶方亭，四周溪流环潆成岛状，西、北有跨溪石板廊桥分别与边楼和补秋舫相接。因其可近观名泉，故称"问泉亭"。

边楼：为两层楼阁，下层廊壁上镶有明代文徵明、祝枝山《前后赤壁赋》书条石和唐寅梅花图刻石等。

环秀山庄叠石疏泉，奇峰环秀，寒泉飞雪，与楼廊亭榭相高低错落（图8-2-5）。假山之危径绝壁、水谷飞梁、山洞石室等，有万壑千岩、尺幅千里之势，冯桂芬说："奇疆寿藤，奥如旷如，为吴下名园之一。"[1]清俞樾曾有联曰："邱壑在心中，看叠石疏泉，有天然画本；园林甲吴下，愿携琴载酒，作人外清游。"金天羽《颐园记》："其山皱瘦浑成，自趺至巅，横睨侧睇，不显不斫。几余所涉天台、匡庐、衡岳、岱宗、居庸之妙，千殊万诡，咸奏于斯。"刘敦帧先生评价道："此园面积不大，利用有限面积，以山为主，以池为辅，组合方法可称特辟蹊径，是为罕见作品。"陈从周评之曰："环秀山庄之假山允称上选，叠山之法具备。造园者不见此山，正如学诗者未见李杜，诚占我国园林史上重要一页。"

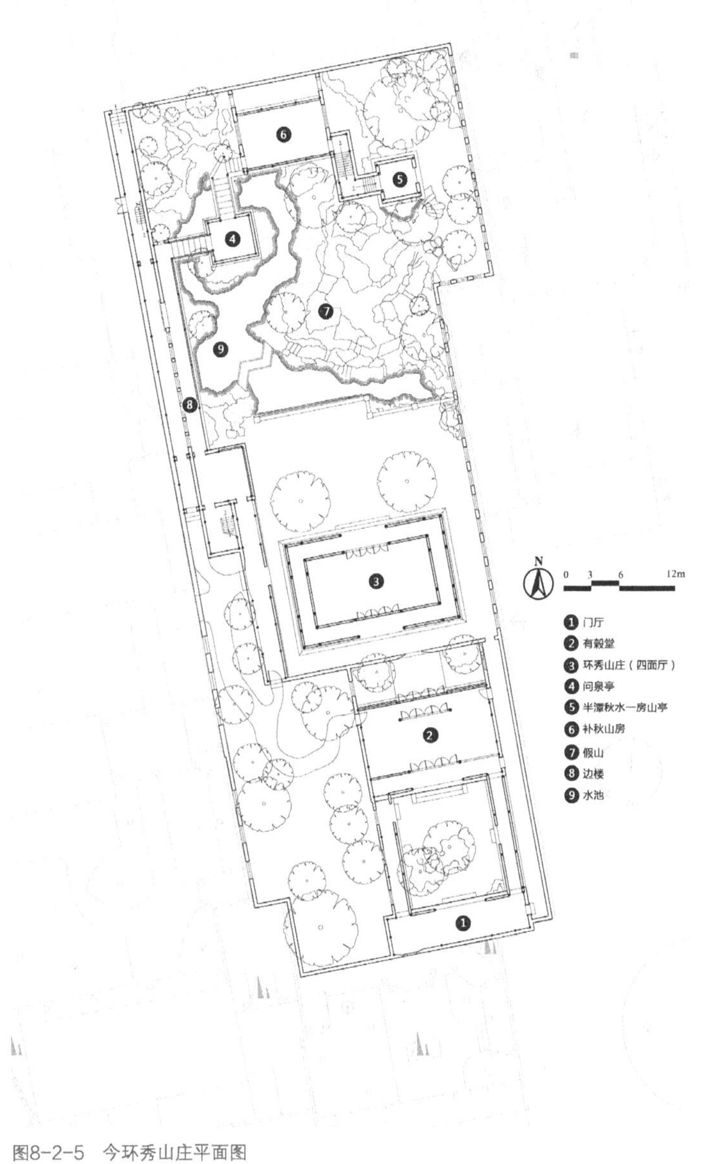

图8-2-5　今环秀山庄平面图

1　王稼句. 苏州园林历代文钞［M］. 上海：上海三联出版社，2008：22-23.

8.2.13　网师园

位于苏州市古城区带城桥南阔家头巷11号，现占地面积6500平方米。先后为史正志万卷堂、丁氏昆季宅第、赵汝橚百万仓籴场、宋宗元网师小筑等。1982年，网师园被国务院列为全国重点文物保护单位。1997年12月4日，经第21届世界遗产委员会会议通过，网师园与拙政园、留园和环秀山庄作为苏州古典园林的典型例证，被列入《世界遗产名录》。

一、史正志万卷堂与渔隐

南宋淳熙（1174年—1189年）初，史正志在带城桥建宅造园，元代陆友仁《吴中旧事》有记载：

“史发运宅在带城桥。淳熙初宅成，计其费一百五十万缗。仅一传不能保，僦直十万缗，久不售。后为丁季卿以一万五千缗得之。绍定末，丁又不能保。赵汝橚来为浙西提刑官，占为百万仓和籴场。故老说：发运初归时，舳舻相衔，凡舟自葑门直接至其宅前，用发运司案纸黏窗，煮黏面六七石。自后仅易目前耳（原案此句语意未明，似有脱悮）。万卷堂环列书四十二厨，写本居多。始则论斤买（卖）为故纸，其后势家每厨止得一十千，席卷而去。”

史正志（1119—1179）字志道，号阳菴，南宋绍兴二十一年（1151年）进士，授歙县尉；先后知建康、成都、静江府，任户部侍郎、都大发运使，故又称史发运；后归老苏州。在带城桥建宅。因藏书逾万卷，以“万卷堂”名之。又在对门造花圃，自号渔隐、吴门老圃。淳熙中，又历知宁国府，赣州，庐州，卒于庐州任上。有《菊谱》一卷，另有《建康志》十卷、《清晖阁诗》等，今已不传。

关于史正志万卷堂位置，从“舳舻相衔，凡舟自葑门直接至其宅前”的记述来看，主要是从葑门，经过现在的十全河，最后到达万卷堂（即现在的网师园址）。从在万卷堂建成大约60年后的《平江图》中可以看到带城桥，以及由十全河南折支流上的红鸭桥和通向万卷堂的河道。

二、丁氏昆季宅第和赵汝橚百万仓籴场

史正志去世后，他精心构筑的宅园“仅一传不能保，僦直十万缗，久不售，后为（常州）丁季卿以一万五千缗得之。绍定末，丁又不能保，赵汝橚来为浙西提刑官，占为百万仓和籴场。”（元陆友仁《吴中旧事》）僦直即租赁的价钿。史正志的万卷堂宅园只传了一代，先是花圃荒废，然后将住宅以十万缗出租，最后以百分之一的价钿卖给了常州人丁季卿（王鏊《姑苏志》作丁卿兄弟俩）。后来又一分为四，最后又被浙西提刑赵汝橚占用为百万仓和籴场，之后渐废。赵汝橚，宋理宗时资政殿大学士赵善湘长子，为宋太宗赵匡义八世孙，宋末元初任江浙提举。其父赵善湘字清臣，从宋高宗南渡，居明州（即现浙江宁波）；庆元二年举进士，宋理宗时官至资政殿大学士，其家族是宋代皇族的一支，有子赵汝橚、赵汝梓、赵汝榴、赵汝楳。

万卷堂环列的四十二口书厨，开始则论斤卖作旧纸，最后被势家席卷而去。绍定是宋理宗赵昀的年号，共六年，绍定末年是1233年。史正志的万卷堂和花圃从淳熙初年（1174年）到赵汝櫄占为百万仓籴场，也就60年不到的时间。此时园林基本被废。

自元至清初，因资料阙如，园史已无可稽考。明王鏊《姑苏志》卷三十一有记云：“万卷堂，侍郎史正志所居，在带城桥南，旧有石记，为僧磨毁。《施氏丛抄》云：正志，扬州人，造带城桥宅及花圃，费百五十万缗。仅一传，圃先废，宅售与常州丁卿昆季，仅得一万五千缗。绍定末，丁析为四，其后提举赵汝櫄占为百万仓籴场。”

从王鏊《姑苏志》中所说的：万卷堂“旧有石记，为僧磨毁”一词推断，可能一度沦为僧寺或民居。《姑苏志》“圆通庵”条：“通玄庵，今名‘圆通’，在东南隅。淳熙间僧原净建。”[1]现网师园东，与之一墙之隔的圆通寺即为当时的圆通庵，清光绪中重建，改名圆通寺。1980年，圆通寺法乳堂则被划入网师园，辟为“云窟”茶室。

三、宋宗元网师小筑

清代乾隆年间，宋宗元购得万卷堂及旧圃后，在此营建别业。一是为了奉养母亲，二是为了他自己归老之计，颐养天年。宋宗元（1710—1779），字鲁儒，一字光少，号悫庭（悫亭），苏州府长洲人，乾隆三年（1738年）举人，后纳赀为官，知成安（今属河北省）县、直隶良乡（今属北京房山区）县，迁知蓟州、保定，晋天津清河道。因母年老乞归，筑网师园。其母过世后，再出为官，补天津道，迁光禄寺少卿，在热河（即今承德）得痺疾而归，卒。有《巾经纂》《网师园唐诗笺》（尚絅堂藏版）《悫庭慵书》等。

宋宗元以“网师”自号，并题园名为网师小筑，以远托南宋史氏花圃“渔隐”旧义，近取网师园边上的王思巷谐音，这也是网师园得名的由来。沈德潜有《网师园图记》记之：

“予读欧阳文忠公《思颍》诗，叹士大夫一执仕版，欲遂其山林之乐而不易得也。公留守东都，即思买田颍上，阅二十载愿迄未遂。自序云：“有志于强健之年，未偿于衰老之后，良可悯也！”同年观察宋君悫庭，以名孝廉，为令几辅，有廉能声。数年中洊历监司，政和民洽，大吏重之。”

“天子知之，行将畀以节钺，入参机务，如文忠之致，位两府。乃年未五十，以太夫人年老陈情，飘然归里。先是君在官日，命其家于网师园旧圃筑室构堂，有楼、有阁、有台、有亭、有汫、有陂、有池、有艇，名《网师小筑赋十二景》诗，豫为奉母宴游之地。至是，果符其愿。既归，循陔采兰，凌波捕鲤，奉太夫人晨餐夕膳。每当风日晴美，侍鱼轩，扶鸠杖，周行曲径，以相娱悦。时或招良朋，设旨酒，以觞以。凭高瞻眺，幽崖耸峙，修竹檀栾，碧流渺弥，芙蕖娟靓，以及疏梧蔽炎，丛桂招隐，凡名花奇卉无不莱胜于园中。指点少时游钓之所，抚今追昔，分韵赋诗，座客啧啧叹美，谓君遭逢之盛，邱壑之佳，当与子美沧浪、仲瑛玉山并传。予谓子美仕宦不得志，扁舟来吴，买木石以寄其侘傺无聊之感。仲瑛饩

1　王謇．张维明，整理．宋平江城坊考［M］．南京：江苏古籍出版社，1999：124.

馆声伎，甲于东南，然时丁末造，轻财结客，比于燕雀处堂而已！孰若君中岁抽簪，啸歌自得，处太平之世，展将母之怀，无累于中，不求乎外，此其乐！文忠公所不能遽遂者，而君早遂之，遂遭逢使然，而亦君之知几恬退有以自致乎？此也！园名：网师，比于张志和、陆天随放浪江湖，盖其自谦云尔。命画师绘图，又以师卢鸿乙、王摩诘，欲使图画之传于后也。予与君比屋而居，昕夕过从，咏少陵：'高枕乃吾庐'句，殆有因君之乐以乐予之乐者乎？故不辞而为之记。"[1]

宋宗元外甥彭绍升《二林居集》卷十《仲舅光禄公葬记》云："（宋宗元）初举乾隆三年顺天乡试，……晋天津道，移清河。……亦善饰宫馆，治邮传，购金银玉器物，古今图书，丹碧焕烂，岁时通殷勤，以是上官益向之。总督方公与为昏姻，诸僚属趋走恐后。公家旧临葑溪，至是别起第于网师巷，浚池叠石，台榭崇丽，以太恭人年老乞归。日设饮张伎，履舄交错，填塞家衖。暇则集诸文士，笺诗谱声韵，襞绩故事，成书满箧。居数年，而太恭人卒。既免丧再出，补天津道。时方公已即世。"（清彭绍升《二林居集》卷十）。宋宗元是在天津清河道上，得到清河道台方观承[2]的赏识，配以婚姻，"至是别起第于网师巷"。宋宗元开始建网师园，时间应在乾隆七年之后或十四年之后。宋宗元在网师园所刻的《巾经纂》一书的自序末，题有："乾隆辛未夏五梅花铁石主人宋宗元悫亭甫识。"辛未即乾隆十六年（1751年），梅花铁石山房为网师园主要堂构，说明此前已有网师园。同治《天津县续志》卷九"职官上"："宋宗元，江苏元和人，举人，乾隆十四年在任。"同年九月，乾隆帝谕旨"天津道员缺，著天津府知府宋宗元补授。"改任天津道。"名宦"："宋宗元，字悫庭，江苏元和人，举人。乾隆二十三年，再任天津道，三十六年，运河涨溢城西芥园，堤溃氾滥南乡复逆行围城。"[3]由此推定，网师园应建于乾隆十四至十六年之间，确切时间应该是乾隆十五年（1750年）。

清钱大昕在《网师园记》中说，园原为宋时史正志万卷堂故址。沈德潜《宋悫亭园居》诗："引棹入门池比境"下注曰："引河水从桥下入门，可以移棹"，网师园水池从南宋一直到清同治年间都是和十全河相通，并且是水上的入园通道。

宋宗元在"年未五十"时，即乾隆二十四年（1759年）前，"飘然归里"。宋宗元姐夫彭启丰《戊寅岁元夕网师园张灯合乐即事》一诗云：

试灯佳节卷晶帘，把盏征歌韵事兼。
梅圃雪飘封玉树，冰池云散露银蟾。
星桥乍架春初转，画舫新移景又添。
漫听村南喧鼓吹，家家竹马驻茅檐。

1 王稼句. 苏州园林历代文钞［M］. 上海：上海三联出版社，2008：75.

2 方观承（1698年—1768年），《清史稿》有传："乾隆七年，授直隶清河道；十一年，署山东巡抚；十三年，迁浙江巡抚；十四年，擢直隶总督，兼理河道；乾隆三十三年卒，谥恪敏。"

3 （同治）天津县续志［M］. 哈佛燕京图书馆.

又作一诗云：

头番风信报芳菲，小筑云房锦绮围。
万象眼前抒乐意，一枝尘外对清晖。
自将椒酒供春酒，好整莱衣作舞衣。
莫怪比邻来往熟，同赓将母赋旋归。

戊寅即乾隆二十三年（1758年），农历正月十五日为上元节，是夜称元夕。这一夜张灯合乐，“同赓将母赋旋归”，大家都来赋诗赓唱宋宗元的母亲的归来。宋宗元因母年老乞归，也应该在当年（虚年49岁，正是“年未五十”时）或稍后回到网师园的。从此在网师园中，“笺诗谱声韵，褎绩故事，成书满箧”，其《网师园唐诗笺注》即作于此时。

当时网师园中有梅花铁石山房、北山草堂、濯缨水阁、花影亭、丽瞩楼、度香艇、半巢居、溪西小隐、小山丛桂轩、斗屠苏、无喧庐、蹈和室等十二景，宋宗元有《网师小筑即景十二咏》咏之。苏叟《养疴闲记》卷三：“宋副使悫庭（宗元）网师小筑在沈尚书第东，仅数武。中有梅花铁石山房，半巢居，北山草堂：附对句‘丘壑趣如此，莺鹤心悠然’，濯缨水阁：‘水面文章风写出；山头意味月传来’（钱维城），花影亭：‘鸟语花香帘外景；天光云影座中春’（庄培因），小山丛桂轩：‘鸟因对客钩辀语；树为循墙宛转生’（曹秀先），溪西小隐，斗屠苏：附对句‘短歌能驻口；闲坐但闻香’（陈兆仑），度香艇，无喧庐，琅玕圃：附对句‘不俗即仙骨；多情乃佛心’（张照）[1]。”[2]濯缨水阁、小山丛桂轩、蹈和等名至今沿用。

宋宗元的母亲陈氏卒于乾隆三十年（1765年），其母过世后，宋便“再上长安，授天津道，鞅掌王事，而田园之乐荒矣。”彭绍升《仲舅光禄公葬记》云：宋宗元“既免丧再出，补天津道。时方公已即世。”方观承卒于乾隆三十三年（1768年），再出补天津道时，应该在母卒守孝三年之后，即乾隆三十三年。同治《天津县续志》卷九“职官上”：“宋宗元，乾隆三十三年再任。”正好吻合。

宋宗元被“召入为光禄少卿，以扈从热河，得痺疾”，于乾隆四十年（1775年）回到苏州，“居四年，疾甚，渐不省事”，卒于乾隆四十四年（1779年），时年七十岁[3]。

四、瞿远村网师园

乾隆末，阊门外抱绿渔庄主人、富商瞿远村偶然路过网师园，见茂草丛中房屋已经塌坏，大为叹息，一问，知道主人正要出售，便买下了网师园。瞿兆骙（1741—1808）字乘

1　若此联是张照专门为宋宗元网师小筑所撰写，则网师园应建于乾隆十一年。参见：卜复鸣. 品读网师园［M］. 苏州：古吴轩出版社，2018.
2　陈从周. 园林谈丛［M］. 上海：上海文化出版社，1980：43.
3　苏州人常以虚龄计年纪。清彭绍升《二林居集》卷十“仲舅光禄公葬记”：说宋氏卒于“乾隆四十四年五月壬子，年七十。”

六，号远村。先世迁嘉定高桥镇，其父连璧迁自嘉定迁居苏州，入籍为长洲县人。瞿幼学敏勤，因家道中落，十五岁废学，随父从商，中年交游日广，在家侍奉双亲。其为人诚信，口碑极佳，潘奕隽撰墓志铭。

瞿远村买下网师园后，便重加整修，在原有的基础上又重构堂轩，一树一石都由瞿亲手布置，堂构亦由其命名。当时园内有梅花铁石山房、小山丛桂轩、濯缨水阁、蹈和馆、竹外一枝轩、集虚斋及月到风来亭、云冈等八景，基本上形成了今日网师园的规模和格局。园建成后，请钱大昕、王鸣盛以及吴中诸友燕游其中。钱大昕、褚廷璋、冯浩等好友为之撰写园记。

钱大昕《网师园记》:

“古人为园以树果，为圃以种菜。《诗》三百篇言园者曰：‘有桃有棘、有树檀’，非以侈游观之美也。汉魏而下，西园冠盖之游，一时夸为盛事，而士大夫亦各有家园，罗致花石，以豪举相尚，至宋而洛阳名园之记传播艺林矣。然亭台树石之胜，必待名流燕赏、诗文唱酬以传，否则辟疆驱客，徒资后人嗢噱而已。吴中为都会，城郭以内宅第骈阗，肩摩趾错，独东南隅负郭临流，树木丛蔚，颇有半村半郭之趣。带城桥之南，宋时为史氏万卷堂故址，与南园、沧浪亭相望。有巷曰网师者，本名王思，曩卅年前，宋光禄悫庭购其地治别业，为归老之计，因以网师自号，并颜其园，盖托于渔隐之义，亦取巷名音相似也。光禄既殁，其园日就颓圮，乔木古石，大半损失，惟池水一泓，尚清澈无恙。瞿君远村偶过其地，惧其鞠为茂草也，为之太息，问旁舍者，知主人方求售，遂买而有之。因其规模，别为结构，叠石种木，布置得宜，增建亭宇，易旧为新。既落成，招予辈四五人谭宴，为竟日之集。石径屈曲，似往而复，沧波渺然，一望无际。有堂曰梅花铁石山房、曰小山丛桂轩，有阁曰濯缨水阁，有燕居之室曰蹈和馆，有亭于水者曰月到风来，有亭于崖者曰云冈，有斜轩曰竹外一枝，有斋曰集虚，皆远村目营手画而名之者也。地只数亩，而有纡回不尽之致；居虽近廛，而有云水相忘之乐。柳子厚所谓‘奥如旷如’者，殆兼得之矣。园已非昔，而犹存网师之名，不忘旧也。予尝读《松陵集》赋任氏园池云：‘池容澹而古，树意苍然僻。不知清景在，尽付任君宅。’辄欣然神往，今乃于斯园遇之。予虽无皮、陆之诗才，而远村之胜情雅尚，视任晦实有过之，爰记其事，以继‘二游’之后，古今人何渠不相及也。”

钱大昕称其园：“地只数亩，而有纡回不尽之致；居虽近廛，而有云水相忘之乐。柳子厚所谓奥如旷如者，殆兼得之矣。园已非昔，而犹存网师之名，不忘旧也。”柳子厚即唐代文学家柳宗元。尽管园林修葺一新，又重构堂轩，已半易网师旧规，然而瞿远村还是沿用了网师园的旧名，以不忘其旧。但因园主姓瞿，所以常称为“瞿园”。

当时网师园中栽植很多的牡丹和芍药，一片富贵气象，是姑苏城内的一处胜迹。嘉庆年间钱泳与范来宗、潘奕隽等到园中赏芍药，赞“其花之盛可与扬州尺五楼相埒。”

彭希郑《四月十二日同人集网师园看芍药，为诗社第六十七集》在“百本横斜争绚烂，五峰层叠巧安排”旁注：“庭有湖石五峰”。周孝垻《游网师园同汪有村蒋香杜胡蒼香宋又苏》：“小山思庾信，奇石拜襄阳。”五峰书屋前有五座太湖石峰石，为网师园中最胜处。

嘉庆十三年（1808年）瞿远村去世，他的第四个儿子瞿中灏（字亦陶）继承家业，成为网师园主人，潘奕隽有《瞿亦陶招饮网师园，出示其尊甫远村太守所装园中题赠诸同人诗记册，俯仰今昔，慨然成咏》一诗。

道光年间，问梅诗社（起社于1823年）成员尝在春盛花日之时，于园中雅集赏花、觞咏酬唱。韩崶《赋网师园二十韵》云"梅社邀同侣，骚坛续旧盟"，韩崶在道光八年（1828年）开始参加问梅诗社的诗会，到道光十四年（1834年）春韩崶去世，诗社活动渐趋冷清。

彭启丰曾孙彭蕴章在道光十二年壬辰（1832年）作《四月望后一日，邀桂舲、竹堂、棣花、春帆诸先生，集葑溪网师园，为诗社百二十三集》，此时，网师园尚属瞿氏。

五、天都吴氏园第和长洲县衙

道光年间，网师园归天都吴氏。据曹迅先生考证，约在道光十八年（1838年）后，园归于天都吴氏。童寯《江南园林志》说："道光时瞿远村增构之，遂称瞿园。后归吴嘉道，又转而归李鸿裔。"瞿远村卒于嘉庆十三年（1808年），所以不可能在道光时增构之。吴嘉道其人是否钱泳所说的天都吴氏，无从考证。

咸丰二年，问梅诗社成员尤崧镇曾在苏州网师园做寿，潘遵祁《西圃集》"浴佛日同人集网师园，为尤榕畤七十寿，功甫兄得七律一首，属董幼琴世帷写《园林初夏燕集图》，属而和者题册赠之壬子"，壬子浴佛日即咸丰二年（1852年）四月八日，尤崧镇招同人畅饮于网师园中，为尤祝七十寿辰。咸丰三年（1853年）王寿庭作《阳台路·重过网师巷，访宋悫庭观察别墅，已屡易主矣》。

潘锺瑞《香禅精舍集》中的《香禅词》有《满庭芳，外舅琢堂先生其章招游网师园容斋良斋两内兄偕》一词，后注："园本史氏万卷堂旧址，瞿氏始筑滋兰堂，今又易姓矣。凌波榭、濯缨水阁、婪尾春庭，皆园中额。"潘锺瑞的《香禅词》起于道光二十四年甲辰（1844年），止同治八年己巳（1869年），其中所说的"凌波榭""濯缨水阁""婪尾春庭"等园中匾额，除"濯缨水阁"是瞿远村园中景名外，"凌波榭"和"婪尾春庭"可能是园"易姓"后的建筑堂构名称。婪尾春与殿春都是芍药的别名，网师园现在有殿春簃一景。

同治二年（1863年）十二月清军攻克苏州后，网师园被借作长洲县官署。按民国《吴县志》卷三《职官表二》，同治年间长洲县令依次为蒯德模、厉学潮、钱宝传、吴承潞、顾思贤、高心夔、顾思贤（再任）、万叶封。

蒯德模（字子范）在同治三年（1864年）知长洲县，亢树滋有《蒯子范邑侯以网师园消夏时索和次韶敬呈》诗四首，之一云："琴堂吏散坐深宵，偶向风前弄玉箫。忽觉萧骚响清听，一天凉意到芭蕉。"蒯德模（1816—1877），字子范，晚号蔗园老人，安徽合肥人，与李瀚章、李鸿章兄弟为少年同窗。同治元年，李鸿章率淮军督师上海，招蒯德模前往上海襄助董理税务，淮军攻克苏州，知长洲县、苏州知府、太仓直隶州知州，后任江宁知府、补授四川夔州知府等，有《吴中判牍》《带耕堂遗诗》等。

蒯德模《带耕堂遗诗一》有《甲子秋权篆长洲留别沪上诸同人》诗，甲子即同治三年（1864年）。其《带耕堂遗诗二》有《长洲杂诗》之四云："当年衙署掩蓬茅，暂寄鸠居借鹊巢”句下有夹注：“县署贼毁，借住瞿园，在近郊之地。”诗之八：“移将衙署住园林，去听莺声到柳阴。为助宰官琴韵远，一齐山水有清音。”明确指出是借网师园为长洲县署。另有《遣兴》八首，诗之七：“取来铁石号山房，更有梅花树树香。我到此间闲领略，神寒骨重两相当。”下有夹注：“园内有梅花铁石山房，今作判事处。”梅花铁石山房，即现在的万卷堂被作为县衙正堂判事处。

蒯德模《消夏八首末一章，兼怀刘培甫茂才》之三：“濯缨此去向清流，歌罢沧浪水阁幽。”下注曰：“园中有濯缨水阁”；诗之六：“红云捲去绿天遥，日到蕉窗影不骄。一座凉亭一池水，几人到此热中消。”由此可见，因长洲县署被毁，在同治三年网师园被借作长洲县临时县衙，蒯德模在此处理行政事务。

吴承潞于同治八年（1869年）任长洲县令，当时碧螺山人金兰有《网师园歌呈吴长洲承潞》：“城南胜地多园林，网师夙擅幽且深。吴长洲寓此听事，折东招我重登临。……”一诗记之。吴承潞（1833年—？），字子彦、广盦，号慎思，又署慎思主人，浙江归安（今湖州）人，同治四年（1865年）进士，先后任长洲县令、补太仓知州、授苏松常镇太粮储道、江苏按察使、福建布政使等，有《延陵故札》（稿本）。

六、李鸿裔“苏邻小筑”

长洲县衙毁于咸丰十年（1860年），到同治十二年（1873年）修复。之后，李鸿裔从吴氏手中买下了网师园。李鸿裔（1831—1885），字眉生，号香严，晚号苏邻。四川中江（今属四川省德阳市）人。咸丰元年（1851年）顺天乡试举人，入资兵部主事，后入湖北巡抚胡林翼幕僚；胡林翼战死后，投于曾国藩幕下，官至江苏按察使，加江宁布政使。后以耳疾辞官，居苏州，与顾文彬为邻，后购得网师园。与吴云、顾文彬、沈秉成、潘曾玮、勒方锜、彭慰高等人举行真率会。精书法，有《苏邻遗诗》《林居杂稿》等。

顾文彬《过云楼日记》卷六在光绪元年“十月廿一日”载有诗四首，其二云：“一条家弄东西屋，衡宇相望过往频。却怪沧浪苏学士，无端邀去作比邻。”旁注曰“香严与余同居铁瓶巷，近日购得网师园，大兴土木，将移居，看其地与苏舜钦沧浪亭相近，故名其园曰：苏东邻。”[1]可见李鸿裔是光绪元年（1875年）购得网师园，搬出铁瓶巷的。

李鸿裔购得网师园后，“大兴土木”，这时的网师园“半非旧观”。现存网师园殿春簃匾额有跋云：“庭前隙地数弓，昔之芍药圃也。今约补壁，以复旧观。光绪丙子四月香岩记。”光绪丙子即光绪二年（1876年）。光绪二年（1876年）六月，李鸿裔招留园主人盛康、怡园主人顾文彬、听枫园主人吴云等去网师园观荷花。

李鸿裔没有儿子，以堂侄李赓猷为子。赓猷原名贵猷，字少梅（少眉），又字远辰，官江苏道员。建撷秀楼，俞越为之题写匾额有跋云：“少眉观察世大兄於园中筑楼，凭栏而望，全园在目。即上方山浮屠尖亦若在几案间。晋人所谓千岩竞秀者，俱见于此。因以撷秀名楼，余题其楣。光绪丙申（1896年）腊月，曲园俞樾记”。

1 （清）顾文彬. 过云楼日记［M］. 上海：上海文汇出版社，2015：367.

李赓猷卒于光绪二十八年（1902年），俞樾为其作挽联，有序云：“少梅乃眉生廉访嗣子，寓吴下蘧园，有泉石之胜。”大概因“蘧”通“瞿”，如“蘧麦”亦作“瞿麦”，所以李赓猷时便把其父的苏邻小筑改名为蘧园了。光绪三十一年（1905年）李赓猷之子友娴请俞樾为《蘧园七老图》题跋。俞樾《春在堂诗编》卷二十二有《蘧园七老图》诗，序云：“（李）友鹏以其先祖眉生先生《七老图》见示，七老不署姓名，属余辨别，余亦不能尽识也。题诗四首，举所知者告之。”

七、达桂“网师园”

光绪三十三年（1907年），网师园归退居苏州的清朝最后一位吉林将军达桂[1]。光绪三十三年（1907年）腊月，达桂来到网师园，只见“水木明瑟，池馆已荒”，于是“以芟以葺，乃次旧观”。经过他的修葺，景观恢复如初，光绪三十四年（1908年）因程德全到访，达桂作《网师园记》：

“佳节也，胜游也，良会也。茫茫尘网中，恒若不能自适，而况得而扁之邪。丁未（光绪三十三年，1907年）嘉平，余始来此园，水木明瑟，池馆已荒。以芟以葺，乃次旧观，颇得庚子小园寂寞人外之意。然每当花晨月夕，无故知往还，辄悄焉寡驩。越明年七月中元，余友雪楼中丞引疾还山，迂道来访，余为投辖。雪楼与余为患难交，生年同，志趣同；宦游之地同，退居之迟早又同。于是执酒相慰劳，使小儿女环而侍。余爵雪楼，雪楼亦逡巡，起而反觞焉，酒酣论今古，一如在黑龙江上。时宵深烛灺，往往说前事以为笑乐。或循池走，倚石而歌，琅琅震屋壁，与泉声相唱和也。夫人生行乐不过须臾间耳。使余不见摈于时，雪楼不乞病，则劳人草草，犹仓皇戎马，如庚子辛丑之交。且嗷飦不知口处而嗷嗷待哺者相环也。更何暇作此一游，即游矣，若不得此，繇宋以来，而瞿而李之名园，园既得矣，而与良朋，或先或后，相约相左，或至或不至，则意兴爽犹似亦无足纪者。今则宾主雍雍，当风清月满之时，相与回旋台榭间，所谓佳节胜良会者，不皆欣如所遇邪。时多君竹山与雪楼偕来，多君亦从事白山黑水间者，因嘱直书其事并以记此园。”[2]

1911年辛亥革命推翻清王朝前，达桂一家离开网师园。之后，园归冯姓所有。

八、张锡銮“逸园”

冯氏之后，网师园再次易主，张作霖以三十万两银子购得。1917年赠与其师前奉天将军张锡銮作庆寿大礼，易名逸园，旧有黎元洪为其题写的匾额。因新园主姓张，所以叫做张家

---

1 达桂（1860年—？）字馨山。汉军正黄旗人，先任盛京、阿勒楚喀副都统。光绪三十年（1904年）署黑龙江将军，后任阿勒楚喀副都统、吉林将军等。

2 苏州市园林和绿化管理局. 网师园志［M］. 上海：上海三联出版社，2013：163.

花园。张锡銮（1843—1928）字金波，又作金坡、金颇，浙江杭县（今杭州）人。先后任东边道税务总监、山西巡抚、直隶都督、奉天将军、湖北将军等，后为参政院参政。

范广宪《吴门园墅文献》所记网师园：“宣统三年复归满人达将军，寻即移归杭县张广建锡鸾，更名逸园，后筑琳琅馆、道古轩、殿春簃、萝月亭诸胜，别饶风趣其间，尤以十二生肖迭石象形为他处所无。”

因张锡銮本人身在北国，在天津有两处花园洋房，终生未入园居住。其子张师黄一生没有工作过，完全靠着张锡銮留下的家产，过着豪华的生活。由于有闲，加上有钱，又喜欢收藏古玩字画等，所以也结识了不少如张善孖这样的画坛名流。

1932年，名画家张善孖、张大千兄弟到苏州，因与张师黄相交游而借寓网师园。当时张善孖居殿春簃，张大千居桂花厅畔的琳琅馆，住宅部分由叶恭绰所居。张氏兄弟在园中会友聚谈画画，莳养芍药，逗调幼虎，园中还养有老鹤。

九、何亚农“网师园”

1940年，书画、文物鉴赏家和收藏家何澄从张师黄手中买下网师园，这时园已破败。何澄在得到网师园前，即同住在园中的张善孖、张大千兄弟来往。何澄（1880—1946）原名何厚僩，字亚农、顽石，号两渡村人、灌木楼主人。因敬崇傅山（清兵入关后自号真山），又号真山老人，别署两渡村人，山西灵石县两渡镇人。早年留学日本振武学堂、陆军士官学校，后加入同盟会，任保定军官学校教官、沧石（沧州至石家庄）铁路局局长。辛亥革命时佐陈其美督师沪上，任沪军都督府第二师参谋长。1912年退出军界前往苏州，后建办益亚织布厂。

何氏买得此园之后，延请能工巧匠，亲手擘画，花费三年时间，对屋宇、亭台、园池、假山以至门窗家具等，作了大量整修；复又充实文物、字画，植树栽花，遂使旧园为之焕然。何氏努力恢复名园旧观，除沿用网师园旧名外，多处品题均依前人原样。在建筑物方面，把原封闭式的竹外一枝轩，改为敞轩，拓宽了射鸭廊，还将曲桥与殿春簃隔墙处的方门改为月洞，上镶“潭西渔隐”旧题，背嵌手书“真意”二字。还在冷泉亭北的粉墙上题“云冈”匾额，款署“庚辰年，真山书”，庚辰即1940年。

何澄定居苏州后，在十全街购地建屋南园，自号灌木楼主，网师园只作别墅不纳游人。1946年，何澄病故，此园由其夫人王季山继有。

1950年何夫人王季山去世，何氏八位子女将网师园及何宅现南园宾馆一并捐献给国家，所藏亦悉数捐公。1966年“文革”初期，网师园改称友谊公园，并一度关闭。1974年重新开放，复称网师园。1980年，东面圆通寺法乳堂划入网师园，1981年改建，辟洞门，题额“云窟”。2001年在原花房址建“露华馆”。

网师园东部为住宅区，在平面布置上不脱江南明清建筑的均衡对称的布局方式，即沿中轴线由前而后，依次为门厅、轿厅、大厅（万卷堂）、内厅（撷秀楼）等，以符合当时封建社会的宗法秩序和等级观念的要求，充分体现“长幼有序，内外有别”的儒家思想。内厅后有直廊，北连五峰书屋和后庭院。三厅东侧有避弄，连贯三进，直通内厅。

轿厅：为敞口建筑，为旧时轿夫停轿休息和备茶之处，所以也称茶厅。轿厅西南有附房五间，旧时作账房，或家塾之用，也用作收租时的客栈。轿厅西北，辟门宕，上有砖额“网师小筑”，是进入中部园林的主要入口，进门可直达主厅小山丛桂轩。厅后有石库门（即大厅门楼的背面），门枋上面设有砖雕家堂以前供奉“天地君亲师”五字牌位。过去，这里是主人祭祀的地方。苏州现存园林中，仅网师园有此建构。

万卷堂：原名积善堂；现则沿用宋代史正志万卷堂旧名。厅前有砖雕门楼“藻耀高翔”，建于清乾隆年间，不但精美绝伦，而且迄今完好无损，被誉为江南园林第一门楼。两侧兜肚为立体戏文砖雕，东为“文王访贤”，西为“郭子仪上寿”，人物形象生动逼真，含意隽永。

万卷堂西边廊墙上有钱大昕《网师园记》、褚廷璋《网师园记》、冯浩《网师园序》及于鳌图、洪亮吉所作的诗书。

撷秀楼：位于大厅北，为内厅（女厅），是昔日园主夫妇的居室。匾额有跋文：“少眉观察世大兄于园中筑楼，凭栏而望，全园在目。即上方山浮屠尖亦若在几案间。晋人所谓千岩竞秀者，具见于此！因以‘撷秀’名楼，余题其楣。光绪丙申腊月曲园俞樾记。”前有门楼，雕刻简净，额题“竹松承茂”，以祈家门兴盛，子孙发达。撷秀楼西北有小门直通花园，供内眷入园玩赏。

网师园北部及西部均为书斋庭院区，有梯云室、五峰书屋、集虚斋、看松读画轩、殿春簃等建筑。

梯云室：因室前有云梯假山一座，可登五峰书屋而得名，为课徒之所。内有银杏木落地罩一堂，双面镂刻雀梅图。东、西墙上悬有汪洵所临宋代米芾《苕溪诗》四条木刻屏和刘墉所书苏东坡题跋的竹皮漆雕屏。室前设有月台，春可观花，夏可纳凉，秋可赏月，冬可踏雪，四时之景俱备。庭院北为两层建筑，现辟为瓷器馆，庭院有砖额“香睡春浓”。由此可出网师园后门。

五峰书屋：为两层楼房，旧为园主藏书读书之处。这里曾是瞿远村时期网师园的“最胜处”，庭有湖石五峰。

集虚斋：取自《庄子·人间世》：“惟道集虚。虚者，心斋也”句意；二楼与五峰书屋二楼楼层相连。

看松读画轩：因庭前花池内有古柏苍松而得名。东西边间纱隔前陈设硅化木，轩前花台有古柏一株，相传为南宋史正志万卷堂遗物，树龄已有900多年。花台内植以牡丹，有白皮松、黑松等，姿态苍古。

殿春簃：仿明式建筑，有“殿春簃”匾额，并有跋云：“庭前隙地数弓，昔之芍药圃也。今约补壁，以复旧观。光绪丙子四月香严记。”后设砖框景窗，犹如绘画小品。西部设小书房，置博古架，陈设书籍及古玩。张善子、张大千于1932年秋从上海来到苏州借寓于此，养虎儿、莳花、作画。虎儿死后被埋在殿春簃墙边，现立有张大千所题的“先仲兄所豢虎儿之墓”一碑。

殿春簃前设月台，春可观花，夏可纳凉，秋可赏月，冬可踏雪。这里原为宋宗元网师小筑的溪西小隐，故现在庭院东门门楣上有“潭西渔隐”砖额。庭中则用花街铺地，网纹交织，鱼虾相戏，以平整朴实的一派水意渔情铺地与中部彩霞池的碧波涟漪形成水陆对比，并隐隐透露出网师园的“渔隐”主题。

冷泉亭：因其南邻涵碧泉而得名。位于庭院西，坐西向东，倚墙而筑，飞檐轻翘。亭基高出地面米许，筑于山岩之上，犹如山亭。亭内陈设有一块大型英石，色泽乌黑，叩之有声，而其形则似振翅欲飞的苍鹰。

网师园中部为山池主景区，有彩霞池、月到风来亭、濯缨水阁、云冈黄石假山等山水和建筑。

彩霞池：池约半亩，略呈方形，水面聚而不分，东南和西北各有水湾。东南一角为“槃涧”，其水源发端于可以栖迟门宕与小山丛桂轩处的灵峰秀石之间。涧中置小小水闸，旁边立石上刻有“待潮”二字。涧口有花岗岩小桥（引静桥，俗称三步桥）一座，为苏州古典园林中最小的石拱桥。水池西北则设计了一座梁式石板曲桥，形成了内湾式的迂回水尾，池水从曲桥下穿流而过，直到看松读画轩的堂前。这里原为网师园的入园水道。

月到风来亭：宋宗元时期叫做花影亭，是个四面临水的湖心亭。现三面环水，踞于由黄石而堆砌的山崖上，凭栏东眺，天光山色，粉墙亭阁，廊轩树影，倒映在一池碧水之中，如淡墨生香，活生生是一幅典雅秀丽的江南古典园林图画。清王鸣盛《月到风来亭》：“月到天心处，风来水面时；无端凭击触，有道任推移。”亭内西墙高悬一面大镜，增加了园林的景深，并与水面景物相映成趣。

月到风来亭向南，经岩腹涧唇而下，沿樵风径可顺延至宜春窦，折向蹈和馆。沿池岸东折，则为濯缨水阁。

濯缨水阁：坐南朝北，名为水阁，实则是水榭。小阁凌水而筑，轻巧若浮，凭栏而望，池北景观尺现眼底，“水面文章风写出，山头意味月传来。”旧为坐息观景和拍曲之所。阁名源自《孟子·离娄上》：“有孺子歌曰：‘沧浪之水清兮，可以濯我缨；沧浪之水浊兮，可以濯我足。’”

云冈黄石假山：位于濯缨水阁东，环山设以石径，山北临水处池岸，用石下直上横，而以横石挑出形成各种洞窟窝凹，石径石岸曲折错落。后山之东西两角设有蹬道通往山顶，假山西部有山洞可以穿越，可由濯缨水阁直通小山丛桂轩。

竹外一枝轩：位于彩霞池南，临水而筑，所以轩南采用大敞开空间，凭轩南望，碧池绿波，水崖云冈，尽收眼底。轩名取自苏轼《和秦太虚梅花》：“江头千树春欲闇，竹外一枝斜更好”诗意。轩西有游廊与看松读画轩相接，游廊东墙上晚明黄道周撰书的《刘招》四方书条石。

射鸭廊：东依五峰书屋院墙，南接半山亭，北连竹外一枝轩，形成了楼轩、廊、亭三者之间的错落高下，曲折多变的艺术效果。

网师园南部为宴居庭院区，有小山丛桂轩、蹈和馆和琴室等建筑。

小山丛桂轩：为园中主厅，轩前及西侧叠以小山花池，植以丛桂，取北周文学家庾信《枯树赋》“小山则丛桂留人”句意，每至仲秋，丹桂飘香，积聚于山坳之间，叶密千层，金粟万点，更具独特意趣。

西南角门楣上有“可以栖迟”砖额，出自《诗经·陈风·衡门》：“衡门之下，可以栖迟。”

蹈和馆：馆名出自“履中蹈和”一语。坐西向东，面阔三间，每间均用板壁作分隔，东、北两面设有走廊，圆作梁，南为硬山顶，北为歇山顶。步柱间均为长窗，南北边墙和西墙上均设有砖框景窗。

琴室：为一座开敞式长方形半亭，亭内置以古琴和琴砖（郭公砖）。东侧院墙门堂上有“铁琴”砖额。庭院中沿墙有湖石壁山，植紫竹、枣树与古桩石榴盆景等。

露华馆：此地原为花房，现辟为牡丹庭院。三开间厅堂原为桃花坞大街的保护性古建筑，于2001年1月从移建于此。只是其体量过大，与网师园风格有点格格不入。

网师园东宅西园，宅园一体，布局紧凑，结构精巧，被誉为苏州园林中小园林的极则，“以少胜多”的典范（图8-2-6）。园林部分以彩霞池为中心，整个园林空间采用主、辅对比的手法，以山水主景区为整个园林的主体空间，在其周围用建筑、假山、植物等进行空间分隔，设计若干个辅助空间，从而形成众星拱月的格局。通过曲廊、门洞、漏窗等运用透景、藏景、框景等手法，云窗雾阁，庭院深深，局促小院与殿春簃、梯云室等月台广庭形成对比，或幽奥或旷如，奥中有旷，旷中有奥，曲折而悠远。清代钱大昕说：“地只数亩，而有纡回不尽之致；居虽近廛，而有云水相忘之乐。柳子厚所谓‘奥如旷如’者，殆兼得之矣。”朱珔称之为“文章结构本天成”，韩崶则誉之为“东南此绝胜，足冠阛阓城。”《江南

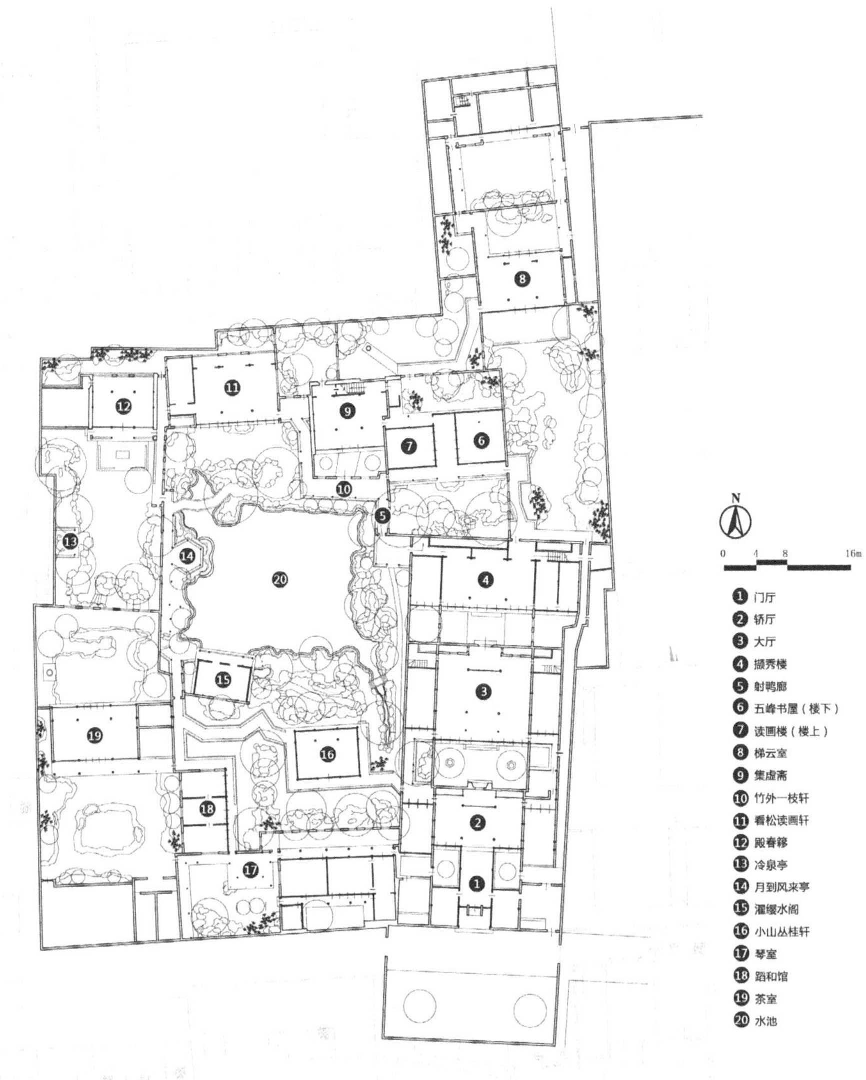

图8-2-6　今网师园平面图

园林志》："中部假山荷池，古木参天。西院小筑，乃画师含毫命素之所，园宅兼俱。典雅古洁，别具一格。自李氏迄今，主是园者，间为画家。据林泉之胜，养丘壑之胸，至足美也。"当今陈从周先生的评价是："网师园清新有韵味，以文学作品拟之，正北宋晏几道《小山词》之'淡语皆有味，浅语皆有致'，建筑无多，山石有限，其奴役风月，左右游人，若非造园家"匠心"独到，不克臻此。"

1979年，美国纽约大都会艺术博物馆为陈列中国明代家具，经陈从周先生推荐，决定建一以苏州网师园殿春簃为蓝本的明式建筑，因按明代建筑特色而设计建造，故取名"明轩"。从此网师园名闻世界。

8.2.14 五柳园

在金狮巷，今26～28号尚存石韫玉府第花篮厅。石韫玉（1756—1837）字执如，号琢堂，又号花韵庵主人，亦称独学老人，吴县人，乾隆五十五年（1790年）进士，授翰林院修撰，任重庆府知府，山东按察使等，主讲苏州紫阳书院，修有《苏州府志》，有《独学楼诗文集》《晚香楼集》《花间九奏乐府》《花韵庵诗余》《竹堂类稿》等。其《城南老屋记》所载：老屋在城南经史巷，宅西原为何焯宅，中有赍研斋，其子孙没有守住祖业，后割其半为石氏所有；嘉庆十七年（1812年）辞官返苏，"所居之南，有水一池，池上有五柳树，皆合抱参天，遂名之曰五柳园"（清石韫玉《独学楼三稿》）。

何焯（1661—1722），字润千，丧母后更字屺瞻，号义门、无勇，晚年茶仙，长洲人，康熙四十二年（1703年）年进士。《清史稿》有传，说他"通经史百家之学，藏书数万卷。得宋元旧椠必手加雠校，粲然盈轶，学者称义门先生。"有《义门读书记》五十八卷、《义门先生文集》十二卷、《义门题跋》一卷，以及《诗古文集》《语古斋识小录》《道古录》《困学纪闻笺》等。

咸丰八年（1858年）俞樾移居五柳园，其《春在堂诗编五》有《嘉平二十日移居经史巷》七律四首，其一："泛宅浮家任所如，偶来吴下卜新居。敢争子美沧浪席，且读天随笠泽书。朝籍久除无束缚，乡山欲买尚踌躇。一椽聊借诗人屋，大好城南独学庐。"其下注曰："所居即石琢堂前辈故宅，有独学庐。"其三："摩挲碑碣手频揩，遗址重寻赍砚斋"句下注曰："读琢堂前辈《城南老屋记》，知此即何义门先生故宅，中有赍砚堂，庭中植柳五株。"

太平天国后，园废，仅存残水一池。

石韫玉有《山居十五咏》咏其景，其《五柳园》诗云："小筑衡茅为养真，百年乔木状轮囷。申公因树先成屋，陶令归田且卜邻。黄犬卫人常警夜，仓庚求友自鸣春。却嫌车马门前客，偏向花源谷问津。"有乔木盘曲，黄莺鸣春，自有桃源之景。园有涤山潭、花间草堂、瑶华阁及归云洞假山诸胜。

涤山潭：因五柳覆于池上，其中池北四株，池南一株，绿荫如幄，池水常绿，故名。当时西碛黄山人送一块大石给石韫玉，上面镌刻有"涤山潭"三个篆字。其诗云："闲坐苔矶理钓纶，芳潭春到绿生鳞。潆洄恰映三分竹，清净宁沾一点尘。依草落花无定相，化萍飞絮识前因。衡门自足洋洋乐，肯向河干更伐轮。"可见除了五柳之外，尚有翠竹映照碧池，闲时坐矶，垂钓于池，亦足自乐。

花间草堂；柳阴下面水处筑屋三楹，即花间草堂；“学筑卢鸿旧草堂，阶前桃季俨成行。春归杨柳风三面，秋到蒹葭水一方。”唐王维之辋川别业、卢鸿之嵩山草堂，都是后世文人仿效的典型；卢鸿有《草堂十志图》，其词曰：“山为宅兮草为堂，芝兰兮药房。罗蘼芜兮拍薜荔，荃壁兮兰砌。蘼芜薜荔兮成草堂，阴阴邃兮馥馥香，中有人兮信宜常。读金书兮饮玉浆，童颜幽操兮长不易。”花间草堂前桃李成行，春有杨柳，秋有蒹葭，颇具野致。

花韵庵：位于草堂之西，这里原为何氏赍研斋，石韫玉易其名为花韵庵，并有诗曰：“萧斋十笏向阳开，丛桂连蜷手自栽。曾在玉堂呼供奉，又将金粟溢如来。清言对客挥松尘，绮语移人费麝煤。老学维摩常宴坐，不知天女散花回。”庵前植有丛桂，花时金粟缀满枝间，如同“金粟如来”（为佛名，即维摩诘大士）。

微波榭：庵之东南有屋三间，临水，即微波榭。其诗云；“幽室如巢杨柳阴，每逢避暑一登临。出泥花有超尘相，在沼鱼无土竹心。锺子审音调白雪，浪仙得句铸黄金。芜葭狄水分明是，欲问灵修路转深。”杨柳荫榭，是夏季避暑的好去处。

旧时月色：位于微波榭之西，为一舫形建筑，因环植梅树而得名。南宋词人姜夔《暗香》写梅花句：“旧时月色，算几番照我，梅边吹笛。”石韫玉有“不及罗浮清梦隐，旧时月色对婵娟”句咏之。

瑶华阁：位于旧时月色后，阁外有玉兰一树，花时如积雪檐端，瑶林琼树，自然是风尘外物。其诗云：“璅窗高启竹西偏，六尺匡床适小眠。三面疏棂花作幛，一区芳草石如拳。曾闻乐府歌琼树，又说仙人耨玉田。”

归云洞：旧时月色舫之北叠石为洞门曰归云洞。有诗云：“一片云飞六合间，不戒霖雨且归山。几看变化同苍狗，稍喜消摇伴白鹇。有路通时花气度，无人行处藓痕斑。经营好作藏书洞，分付龙威谨闭关。”

卧云精舍：洞内构屋三间，即卧云精舍，其诗云：“洞天常闭古滕阴，幽径还须扫叶寻。粘纸壁间成雪窦，安弦石上作风声。拥花不觉衣裳冷，对二翻嫌院宇深。敢道商声出金石，偶因怀古一长吟。”古人常以筑假山，以便夏季洞中避暑。

在山泉：在假山洞外，石中有泉，故名。“贪庞何苦妄争名，水在山中性自清。颜子一瓢知遗味，苏公万斛喻文情。养花有术能熏髓，润物无功且灌缨。愿与尧民同饮此，耕田击壤过今生。”水润万物而不争，有君子之风，故古人多乐山乐水。

梦蝶斋：绕出花韵庵之左，东北有小屋斗室，即梦蝶斋。“斗大新斋号小眠，一场春梦笑当年。卧游疑在和神国，定起无忘化乐天。每患花迷妨入道，不须羽化便登仙。灵光养得心同月，肯为香熏又破禅。”斗室虽小，居此卧游，恰似传说中的和神国，虽说不上象神仙一样，却也能养心乐天。

晚香楼：位于园东，在原何氏的语古斋旧址上，改筑楼五间，因落成于菊花开之季，所以名晚香楼。“男儿坠地万缘牵，草草劳人五十年。识破浮生同旅寄，营成乐国号梯仙。妄思寿世留诗草，稍喜传家有砚田。一壑一邱天许我，梅花看到菊花天。”人过五十，感叹浮生如旅，筑园修仙，以文墨传家，亦可维持生计。

鹤寿山堂：位于晚香楼北，因藏有《瘗鹤铭》古本，故而得名。位于镇江焦山西麓石壁上的楷书摩崖《瘗鹤铭》传为陶弘景所书，被宋代黄庭坚称之为“大字之祖”。石韫玉诗云：“茅堂新筑小山幽，此日归潜愿始酬。宦拙早同黄鹄举，心闲久为白云留。帘中丝竹供行乐，壁上川原当卧游。清俸写成书万本，传家端不羡封侯。”

独学庐：位于鹤寿山堂北，藏书二万余卷；“门因谢客昼常关，孤陋无闻亦等闲。当世何人如畏垒，著书曾梦到娜环。学成隐几师南郭，草就移文付北山。斛读离骚能饮酒，此心常在圣贤间。”《礼记・学记》：“独学而无友，则孤陋而寡闻。”这是石韫玉的自谦之词。

舒咏斋：位于园之东北，成亲王所题额，此为童子读书之所；“文章结习我生初，坐拥琳琅向此居。上客谈经争夺席，后生问字辄停车。何缘豪杰思投笔，始信神仙爱读书。珍重河间献王迹，常留光宠在蓬庐。”

此外，尚有静阁、徵麟室、连理桑诸胜。

咸丰八年（1858年）俞樾移居于此。其《春在堂诗编五》载《戊午嘉平二十日移居以史卷》七律四首，其一：“泛宅浮家任所如，偶来吴下卜新居。敢争子美沧浪席，且读天随笠泽书。朝籍久除无束缚，乡山欲买尚踌躇。一椽聊借诗人屋，大好城南独学庐。”有注曰：“所居即石琢堂前辈故宅，有独学庐。”又有注云：“读石琢堂前辈《城南老屋记》，知此即何义门先生故宅，中有赉研堂，庭中植五柳。”又陈舲诗《吴门百咏》诗云：“城南老屋辟新居，赉研重寻学士庐。王榭而今皆易姓，空存五柳树扶疏。”太平天国后，园废。

因园内池上有五柳，取陶渊明《五柳先生传》之意而名。园内诸构多临水而筑，园内叠石为山，配以山泉，以及梅花、玉兰，颇具特色。

8.2.15 尚志堂吴宅

位于苏州市西北街58号，面积约为4300平方米，2003年被列为苏州市控制保护建筑，2009年被列为第六批苏州市文物保护单位，2011年被列为江苏省文物保护单位。

吴宅原来规模宏大，三路四进。中路大厅原为采菽堂，后为高家所购，称尚志堂。外墙有“尚志堂高界”的界碑。现西路存四进，三座门楼，砖雕甚精；上款均署“甲午”。第二进“圭璋范德”落款为“云限蒋谢庭”，蒋谢庭生卒年不详，字云限，长洲人，官至山东道御史。第三进门楼保存最为完好，其中坊字牌有“兰茁其芽”，上款“甲午季秋”，落款“永斋陈初哲所书”；两侧兜肚中有树石人物雕饰。上坊有松竹、梅菊、牡丹雕刻；下坊有一块连理枝包袱锦雕饰。陈初哲（1736—1787），字在初，号永斋，元和（今苏州）人；乾隆三十四年（1769年）状元，授翰林院修撰；本拟重用而不幸早逝，《履园丛话》“杂记”条有“陈状元犯土禁”记陈初哲因造屋事而亡，葬石湖吴山岭让金湾，钱大听为之撰墓志铭。第四进楼厅前“德为福基”门楼下款模糊不清。由此可知，“甲午”即乾隆三十九年（1774年）。由此判定，尚志堂吴宅应建于乾隆年间。

据传太平天国时，忠王李秀成安置家眷于此，后散为民居。吴氏世居西路。1954年，尚志堂中路归檀香扇厂，现为苏州工艺美术博物馆。其余两路仍为民居。

坐北朝南，三路四进。门厅后双面砖雕门楼。现第二进正厅面阔三间，扁作大梁雕有包袱锦“百蝠流云”，现辟为珍宝展示厅。厅北为一小园，道路两侧有假山蹬道，或峰石耸立，或高树荫翳，花木茂盛，颇具野致。

第三进为三开间带两厢楼厅，楼下轩有包袱锦雕刻。

第三、四进楼厅间庭院，有左右对称的两花池假山。西有廊亭相接，假山花池内古朴参天，杂卉繁茂。东则有半亭与东部花园相通，假山花池内几丛芭蕉，峰石峻嶒。在楼厅起居之处堆叠假山较为少见，为了防止小孩的登攀嬉闹，所以计成在《园冶》中说："内室中掇山，宜坚宜峻，壁立岩悬，令人不可攀。"该庭院即使盛夏，亦暑气甚少。

尚志堂之东现辟为花园。走廊墙壁间嵌有兰、竹图，以及唐代张旭、明代沈周、祝允明、文徵明、唐寅、董其昌等书条石。

尚志堂后进楼厅间庭院设假山花池，在现存苏州园林中极为少见，证之《园冶》，可寻假山之内室山遗踪。

8.2.16　辟疆小筑

位于古城甫桥西街，现定慧寺巷，道光二十年（1840年）顾沅所筑。顾沅（1799—1851），字澧兰，号湘舟，又自号沧浪渔父，长洲人，官教谕，辑有《赐砚堂丛书》《古圣贤像传略》等。严保庸《辟疆小筑记》："吴郡葑门之西偏一里而近，有桥曰：甫桥，唐甫里先生之故里也。桥左有园，曰：辟疆小筑，长洲顾子湘舟之别墅也。辟疆奚以名也？郡治东隅和丰坊五显王庙，即晋顾氏辟疆园故址。唐顾况诗：'辟疆东晋日，竹树有名园。年代更多主，池塘复裔孙。'谓此坊故有况宅。"[1]大致述其梗概。并认为这里曾是东晋号"吴中第一名园"的顾辟疆园了（其实这里并非辟疆园址）。后为唐末陆龟蒙所居之处，故名甫桥。

民国《吴县志》卷三十九下"第宅园林"：

"辟疆小筑，在甫桥西街，道光二十年顾明经沅建，阮相国元题并书，严太史保庸为记。中有艺海楼，收储金石、书画、书籍，摹勒古碑帖凡数百种。楼之前有传砚堂，为沅之曾祖济美开藩滇省赐有端砚，子孙相传，因以堂名。又有吉金乐石之斋、金粟斋、吟香阁、白云深处、心妙轩、据梧楼诸胜，为名士文宴之所。思无邪斋为子侄辈会文之所。并见苏文忠宫祠于其中。咸丰庚申之乱，所藏书籍碑版均散失，园遂荒废，苏祠亦划入定慧讲寺，园址所存，不及其半。"

咸丰庚申之乱，艺海楼、吉金乐石之斋等所藏之书籍碑版均散失，清叶昌炽《藏书纪事诗》说："湘舟辟疆园在郡城甫桥西街，庚申之劫，其所藏尽为丰顺丁中丞捆载以去。持静斋书目所著录多其家书也。"园亦逐渐荒废，苏文忠公祠划入定慧寺。

1956年后，仅存古银杏树两棵，余则荡然无存。

宣统《吴县志稿》："辟疆小筑，在甫桥西街，顾明经沅筑，以藏金石、书画、图籍。有传砚堂、吉金乐石之斋、金粟斋、吟香阁、白云深处、心妙轩、据梧楼。所藏金石图籍之

1　王稼句．苏州园林历代文钞［M］．上海：上海三联出版社，2008：126-127.

属，遭庚申之变均散失。园亦逐渐荒废。”严保庸《辟疆小筑记》述其园景。

思无邪斋：为子侄辈会文之所。地势高旷，无纤忽障翳，为园之最胜者。有巨石突兀自异立阶前，如冠珮贵人，不可亵视。小者英英露爽，罗立如儿孙。乔木数章，干青云而上，杂花绕之，开时灿如云绵。其前为苏文忠公祠，祠中竹树隔墙，相视而笑，如一家然。祠中有苏亭、苏轩等。道光十四年（1834年）夏侯官李兰卿廉访访得《归去来辞》石刻，建苏亭，蒋泰均诗：“赞皇持节涖中吴，瓣香心切亭名苏。祠宇重新轩复古，落成恰值公悬弧。园林幽靓若峦瘦，结构如得公指授，凿池一尺漾清流”（顾沅《苏亭小志》）。

又有古寿宁寺在思无邪斋之东南，仰而视之。双塔夭矫，如天外飞来，摇摇欲堕几席间，尤胜绝也。

不系舟：由思无邪斋西折，循石磴而下，不数武，有屋如舟，为一船形建筑。

清照泉：位于心妙轩之北，因有古井，故名。

据梧楼：因植有梧桐而名，记曰：“据梧楼，清秋佳日，读《南华经》一二篇，俨与桐君相揖让也。”梯而下少北，曰：

金粟草堂：位于据梧楼北，植有丛桂，记曰：“小山留人作如是观。”

艺海楼：位于园之西，“楼观纵横环列三十六橱，贮书十万，经史子集以类从，名人书画真迹称是。”楼下为吉金乐石之斋，商彝周鼎、晋帖唐碑之属靡弗具，亦靡弗精。

传砚堂：位于艺海楼西，为顾沅之曾祖济美开藩滇省赐有端砚，子孙相传，因以堂名。“登斯堂者，肃然起敬，以为先中丞怡斋公赐砚之所藏也。”

白云深处：传砚堂左偏有地一区，“筑室建楼，宏深精洁，他日将春母夫人颐养于是，余名之曰：白云深处，盖游屐之所不经也。”

此外，不系舟下而少西，为心妙轩。金粟草堂之西，精室三楹，为如兰馆，其上有春晖阁。“由弄而东，则窈而深者池，森而峙者石，缭而曲者廊。廊尽，临池而面者，为古泉精舍，池泳与井脉同源，故名。石有穴，蛇而行，猱而升，石尽得亭，曰：不满亭，亭踞西北之极偏，名亦余所命，地不满西北，宫成则必缺隅，古人持盈之义，乐为贤者告也。与亭斜值而面西者，有楼焉，取近水楼台诗意，曰：‘得月先，楼故不深，不扰月到难也。于是度石矼而南，复反于思无邪斋，而辟疆小筑之胜毕具矣。’”[1]

“园不甚大，而自具尘市山林之致”。小筑景色秀丽，为名流文宴之所。有怀古书屋、艺海楼作为藏书楼，尤其艺海楼，藏书十万卷，其图书之富，甲于东南。吉金乐石之斋则藏有商彝周鼎、晋帖唐碑，无所不备。

8.2.17 退园

位于古城井仪坊巷，咸丰元年（1851年）吴嘉淦所建。同治《苏州府志》卷四十六：“退园，在井仪坊巷，吴嘉淦清如所居。”吴嘉淦（1790—1865），字清如，号澂之，吴县人，道光十八年（1848年）进士，官至户部员外郎，有《仪宋堂文集》等。《吴门园墅文献新

1 王稼句．苏州园林历代文钞［M］．上海：上海三联出版社，2008：126-127.

编》："退园，在井仪坊巷，清吴县吴清如嘉淦所筑。嘉淦旧居通和里，后移居皮墅里之朝元巷，再迁于西麒麟巷，三迁于采莲巷。自京师归，迁定井仪坊巷，皆名其堂曰'仪宋'，自为之记。"[1]吴嘉淦《退园续记》云："始得园时，在咸丰辛亥之秋。"辛亥即咸丰元年。又《退园补记》云："余自京师归，买屋于城东井仪坊巷，有水木明瑟之胜，名之曰：退园。无何粤寇陷城，遂舍之而去。……移家海外。"咸丰庚申之乱，吴嘉淦移居海外，园毁。

退园之地不过数弓，而有池，方广百步。向南有室，曰微波榭。折而左，为秋绿轩，远望丛桂数株，芬馥袭人。园之偏右，为仪宋堂，吴嘉淦著有《仪宋堂诗文》等，取其古文学宋之意。园池之北，有室三楹，名曰初日芙蓉馆，因池中植荷面名，夏日风来，香远而清，凭栏眺望，红衣翠盖，亭亭绿波沼间，足以清暑。又有枫杨一株，大可合抱。循榭右转，三分其室，左则为吴嘉淦家祠，春秋享荐，遐念其祖泽；右为曲室，以时憩息而吟咏其中；中室之庭，广可七八尺，筑台其上，植牡丹数本，花时张灯宴客于此，颜之曰：群玉山房。堂之偏右，有思树斋，夏日移榻于此，可以避暑。

园中景观，四季皆宜。吴嘉淦《退园续记》云：

"园中花木，四时备具。每至春日，则繁英璨然，如入桃源。鼠姑数丛，天香馥郁。若游《穆天子传》所谓群玉之山，不知为尘世矣。入夏则方池荷花荡漾绿波翠盖间，红日朝霞，掩映可爱。秋月皎洁时，丛桂著花，芬郁袭人。冬日将尽，腊梅飘漾，缟袂仙人若招我于罗浮山顶也。"

8.2.18　双塔影园

位于苏州市官太尉桥15、17号，面积约为3000平方米。作为袁学澜故居，2009年被列为苏州市文物保护单位。

始建于咸丰二年（1852年），当年秋天，袁学澜斥资买下卢氏旧居，筑双塔影园。因"邻寺双塔，影浮南荣丁位"，根据堪舆家的说法，"谓主居者多寿，娴于文艺，以塔之秀气所聚也。"便袭用位于虎丘旁的明代文肇祉的塔影园之名，特别加以双数，名双塔影园，并作《双塔影园记》。袁学澜（1804—1879）原名景澜，字文绮，号巢春，元和（今苏州）人，元和县诸生，八应乡试不中；师从吴江殷寿彭，以能诗著称于吴下，筑静春别墅，有"诗虎"之称，有《吴都岁华纪丽》《静春堂诗集》《静春诗》等。《吴门园墅文献新编》：

"双塔影园，在官太尉桥西，清元和袁文绮学澜诸生所居。其先世为宋京西提刑观察使袁琦，从高宗南渡，迁吴。元孙枢为郡马，元兵南下，殉节。五世孙通甫易隐居吴淞之滨，筑静春堂于蛟龙浦之赭墩。九传至洪愈，于明隆、万间为南尚书，祠墓俱在赭墩。子姓繁衍，族聚成村。父莲塘，部曹，学澜出嗣堂伯静安，去菀集枯，以孤孽自处，劬苦于学，补元庠弟子员，旋授詹事府主簿。庚申遘变，袁村旧宅荒芜，播迁海上。同治四年，

1　范君博，苏州市园林和绿化管理局. 吴门园墅文献新编［M］. 上海：上海文汇出版社，2019：21.

始迁定鲜溪新宅，自为记。”[1]

后袁氏衰落，双塔影园南路于抗战前归吴县商会会长程榦卿所有，北路为庞氏所有。抗战后散落为民居，违章建筑较多。1996年动迁住户，全面修缮。

双塔影园紧靠双塔，坐西朝东，东临官太尉桥，原卢氏旧居堂构宏深，屋比百椽，其东北隅有厅堂三间，名郑草江花室，为罗列文史，会聚朋友谈艺之所。“旁有隙地盈亩，旧废为菜畦，瓦砾榛莽，不堪游憩，乃鸠工庀材，草创数楹，辟旧垣广其庭。庭有花木，玉兰、山茶、海棠、金雀之属，丛出于假山磊石间，具有生意。井洌寒泉，可供灌漱，绕迴廊以蔽风雨，构高楼以迎朝旭，芟削芜秽，清景呈露。”（清袁学澜《双塔影园记》）

现存建筑分南、北两路。南路三进，大厅名眉寿堂，厅前砖雕门楼，中枋有“云开春晓”门额，上款“辛亥孟秋”，落款“钱大昕”；辛亥即乾隆五十六年（1791年）；左右两方兜肚，刻画人物故事。上枋透雕“十鹿（禄）图”，或立卧奔逐，或鸣呦，或顾盼，松竹梅蕉，绿树成荫。下枋为“鱼化龙”图案，祥云、浪涛、鲤鱼、海马、礁石等栩栩如生。眉寿堂后又有“克勤克俭”门楼，上款“辛亥孟秋”，下款“陆文祥”，两侧“兜肚”是“刘海戏金蟾”和“东方朔偷桃”，上枋有三块浅浮雕：中为团寿海棠图案，两侧则作卐（万）字斜纹。下枋为透雕“十鹤图”，松竹梅鹤，寓意吉祥。

门楼后，为杏花春雨楼。楼后辟为小园，有荷花池、曲桥及亭轩建筑，布局疏朗北路四进，有文绮堂和郑草江花室等。“郑草”即东汉郑玄之书带草，“江花”即江岸之花，白居易《忆江南》词云：“日出江花红胜火，春来江水绿如蓝，能不忆江南。”原东北隅有花篮厅，精致秀美。

《双塔影园记》自云：“今余之园，无雕镂之饰，质朴而已。鲜轮奂之美，清寂而已。”童寯先生在《江南园林志》中对其评价说：“此则不特少造屋，且所造者，亦仅止白屋青扉。文人之园，固当如乐天草堂也。”

8.2.19 陆氏半园

又称北半园，位于苏州市白塔东路60号，面积约为1160平方米，1982年列为苏州市文物保护单位。园建于咸丰六年，由江苏道台陆解眉所建，至1949年尚有陆氏后人居此。1954年后，为企业所有。1992年全面整修向社会开放（图8-2-7）。

园位于住宅之东。园门有“半园”砖额。园以呈南北狭长形水池为中心，黄石驳岸，建筑、游廊环池而筑。水池东北设水湾，以小桥作分隔，显得水脉深远。现园由西廊偏南方亭而入，亭作依廊半亭，以凸现一个“半”字；亭又依水而筑，故又称水榭，宜观鱼赏莲。

知足轩（四面厅）：位于水池之北，西廊北尽头，四面厅式样，面阔三间，进深七界，歇山卷棚式屋脊，五界回顶。厅侧有古紫藤一株，蟠根虬枝，生气盎然。前设平台，曲池花木，环境雅致。

---

1 范君博，苏州市园林和绿化管理局．吴门园墅文献新编［M］．上海：上海文汇出版社，2019：21.

藏书楼：位于园之东北角，为二层半楼阁，重檐高阁，造型独特，装修精美，为苏州园林中所罕见。登楼可俯瞰全园景色。

四面厅前，左侧有一圆孔小桥，桥体以青砖砌成，半圆形的桥孔偏斜，使人感觉到好像有桥被切去一半。小桥将池水分隔成大小两个区域。其东有假山，拾级而上，可达怀云亭。

怀云亭：位于园之水湾东南的假山之上，依墙折角而筑，亭之平面为五角，两边借墙，故亦为半亭，取名怀云，以示高洁。亭之抱柱有对联曰：“奇石尽含千古秀；春光欲上万年枝。”

东半廊：依墙而筑，北接小桥，南连半波舫，只有一面落水，故称半廊。廊为五折，每折墙面设漏窗，窗外或天竺，或芭蕉，配以湖山石，构成一幅幅不同的窗景。廊南尽头设小门，可通半波舫。

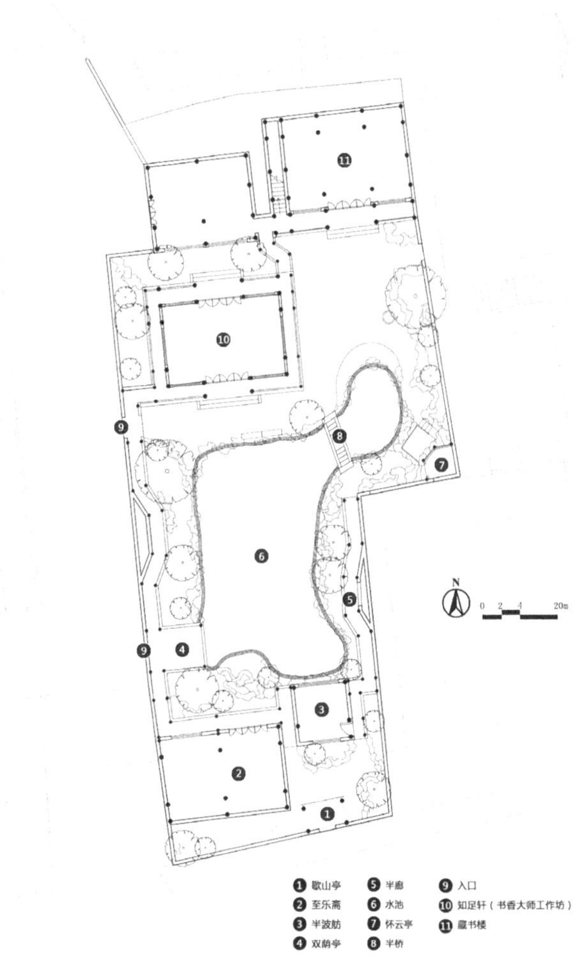

图8-2-7　今北半园平面图

半波舫：位于池南，舫因半边临水，故名。面阔一间间，进深四界，前茶壶档轩，后三界船篷轩。

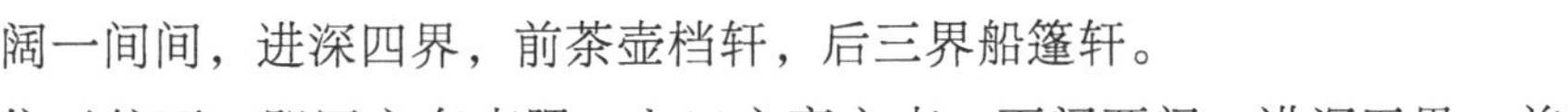

至乐斋：位于舫西，即园之东南隅，入口方亭之南。面阔两间，进深五界，前后设廊，为三界船篷轩。

此园布局紧凑，建筑小巧，构思独特，以“半”为特色，半亭、半廊、半桥、半船，趣味盎然。园内植有白皮松、黄杨、蜡梅、桂花等，花木扶疏，景色幽绝。

附：止园

位于原东白塔子巷（而半园位于该巷之东的原中由吉巷，现二巷合称为白塔东路），即现半园之西、平江路和临顿路之间，沈世奕所筑，中有怀云亭。沈世奕（1625—1685）字子美，一字韩倬，号青城、竹斋，昆山人，入籍吴县；顺治八年（1651年）贡生，十二年（1655年）进士；授编修，官至詹事府太子洗马，顺治十五年会试同考官。与冒襄、陈维崧、王昊、秦松龄友善，多有诗歌唱和。

《百城烟水》卷三“长洲”：“怀云亭，在东城，沈青城太史止园。”并附有徐崧等诗作。徐崧《秋日遇怀云亭，访周雪客，调得踏莎行》：“径点苍苔，墙遮翠柳，闲亭面面开疏牖。

不知城市有山林，谢公丘壑应无负。为叩名园，欢寻良友，十年梦寐今携手。尘谈相对欲披襟，庭花细落茶香后。”孙枝蔚有《过怀云亭，访周雪客，示与崧之唱和词，因次其韵》词云：“瘦竹连松，衰梧映柳，秋风入处嫌多牖。止园何似栝园中？黄花万朵轻相负。座少青娥，樽多红友，湖山久待挥毫手。问君酬倡与谁频？吴江诗老徐陵后。”俞瑒：“风飐枯荷，烟凝疏柳，秋花点点迎疏牖。槿篱苔径并幽寻，元龙豪气真难负。文许论心，诗堪结友，当筵笔阵推能手。碧阑干下按红牙，新词肯让清真后？”由此可见，止园归周雪客或周雪客客居止园。周在浚（1640年—约1762年），字雪客，号梨庄，一号苍谷，周亮工之子。周雪客后隐居摄山，有别业在江宁栖霞山中，孙枝蔚《溉堂前集》卷二《客金陵一月将归维扬，留别周雪客兼怀尊公栎园先生》诗等。

止园后分为东、西两宅，西归周氏，东归潘氏，潘氏园林有古香亭。

《履园丛话》“园林”条：

“怀云亭在东白塔子巷，乾隆间郡人沈观察某占买大乘庵旧基，而造为园宅，未及三十年，而售于周勖斋太守。太守复拓而广之，颇有幽趣，改名朴园。有一峰名归云，甚峭，其东为蒋氏种梅亭。春时百花齐发，群艳争芳，系乐安全盛时四十八第之一，今归潘氏，为古香亭。”

今考沈世奕卒于康熙二十四年（1685年），“乾隆间郡人沈观察某”不知何人？沈世奕孙沈曾纯是康熙三十六年（1697年）进士，乾隆间的这位“沈观察某”亦有可能是其后人。周勖斋即周明德，乾嘉间长洲人，曾任叙永直隶厅（今四川叙永）同知，故称太守。“太守复拓而广之”则周明德扩建为朴园。乐安则为蒋氏郡望。曹汛先生认为钱泳《履园丛话》所用材料，“以当时人记当时事，多半是可靠的，同时我也发现书中有不少疏漏与错失”[1]。

8.2.20 柴园

又称䌤园，位于苏州市醋库巷44号，面积约为3590平方米。1982年柴园被列为市级文物保护单位，并列入古典园林修复规划。中华人民共和国成立后，园为苏州南区政府所在地。1957年后为苏州市聋哑学校，1974年在园内建平房作校办工厂。1978年拆除池北面原有曲楼，建三层教学楼。2015年修复，现为苏州教育博物馆。

道光年间，为潘曾琦宅园。潘曾琦字竹桥，为顾震涛表弟，道光二十二年（1842年）潘曾琦曾重修七姬庙。同治年间，两淮盐运使柴安圃购得潘氏宅园，重修扩建，后其子题额为䌤园，俗称柴园。䌤是茧的古文。

东宅西园（图8-2-8），园中前有鸳鸯厅，宽敞豪华，后有楠木厅，典雅淳朴。其间布置庭园四区，以中园最佳，抗日战争爆发后，渐散为民居。1962年为苏州市盲聋学校。仅存住宅门厅及北部住宅楼，花园部分尚存鸳鸯厅、画舫、水轩、曲廊以及假山、水池、花木等。

1 曹汛．石涛叠山“人间孤品”：一个媕浅而粗疏的园林童话［J］．建筑师．2007，（04）：94-102.

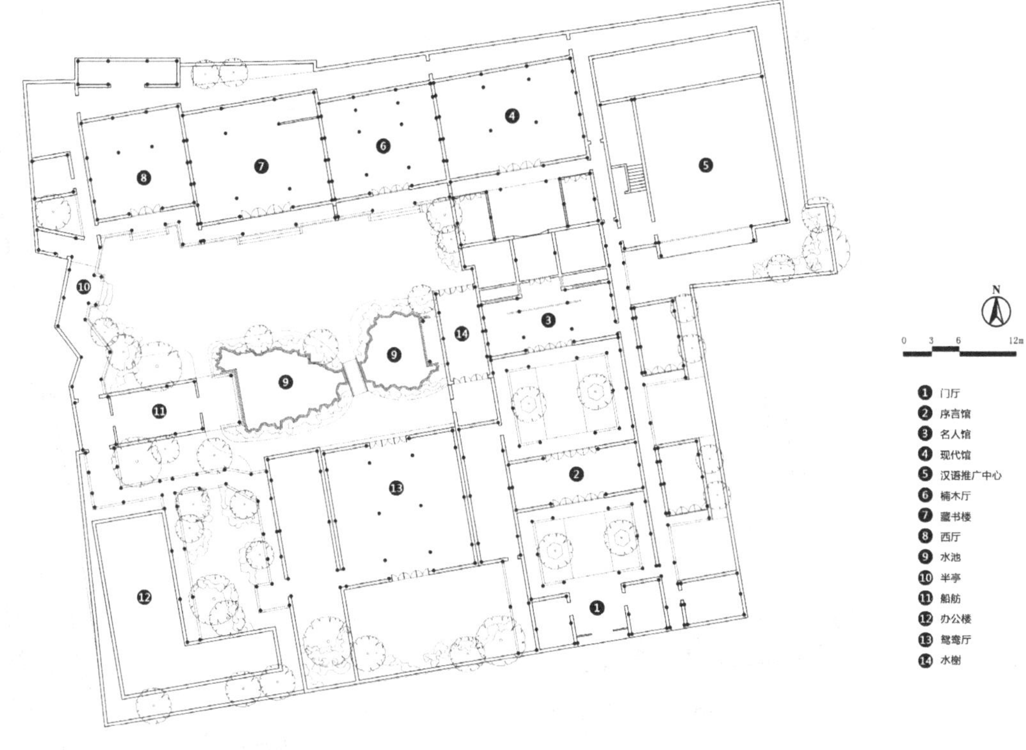

图8-2-8　今柴园平面图

2014年全面整修，依据历史原貌，恢复楠木厅、藏书楼、西花厅等建筑。

现呈东宅西园格局，住宅部分按门厅、轿厅、大厅和楼厅（堂楼）等布置。花园部分以小池为中心，北则原为教学楼，现新建或移建有留余堂、跬步山房等建筑。西侧原为学校入口，现改建为亭廊。西南为办公区，有百年古广玉兰二株。

堂楼：面阔三间，带东西厢楼，楼南有廊。有“嘉门善祥”额砖雕门楼，为有光绪九年（1833年）原宁绍道台顾文彬所题。堂楼之西为藏书楼。

楠木厅：位于藏书楼西，面阔三间，扁作厅抬头轩带草架，硬山式屋顶。原有匾额“留余堂”，凡事必留余地以自戒。楠木厅西为跬步山房、西花厅。

旱船：位于西花厅南。船厅东向，前为敞亭，贡式梁架，悬山顶；中部船厅黄瓜环屋顶；后为两层歇山式阁楼。前有小池、小桥，小巧有致。船厅南有曲廊，与办公区相隔。

水榭：位于小池之东，与旱船相对。面阔一间，硬山式屋顶，前鹤胫轩，梁架扁作雕花。有水一潭，湖石驳岸，水池清幽。原水榭西窗临池，计成在《园冶》中说：“凡家居住房，五间三间，循次第而造；惟园林书屋，一室半室，按时景为精。方向随宜。”书房前最宜者，“更以山石为池，俯于窗下，似得濠濮间想。”推窗凭栏，一碧池水在四周嶙峋山石的衬托和藤萝的掩映下，更觉清幽可人，拙政园玲珑馆尚存此意。现水榭临水处外设回廊，已失古意。

鸳鸯厅：位于水池之南，面阔三间，南厅扁作，北厅圆作，五界回顶，南厅鹤胫轩，北厅船篷轩。廊柱、步柱和柱础均作方形、圆形，脊柱及柱础则南方北圆，为典型的鸳鸯厅。厅东接平房一间，满堂轩式；西接楼房一间，楼前小庭置湖石假山。

鸳鸯厅之西，庭院置湖石假山，叠砌感有致，入山中有“缭而曲”三字，盘旋迂回，丘壑自具，现已不存。

柴园小巧幽雅，原林木茂密，假山盘旋，石峰玲珑，曲廊贯边；既有亭馆台榭之美，又具山池林泉之胜。修复后的柴园，山池清幽，船厅水阁，别具特色，尤其是鸳鸯厅做法，更为典型。园内花窗、铺地，小品也精心设计，各有韵味。

附：茧园

茧园在葑门苏家巷，即现十全街东段南侧的尚书里（与位于醋库巷的柴园相去甚远）。宋代因苏舜钦居于此而得名。清雍正时文华殿大学士、兵部尚书彭启丰宅于此，故而名之。现存门厅、轿厅和花厅等。至同治年间，其裔彭翰孙筑茧园。翰孙（1834年—1886年），字南屏，曾署广州知府，后归苏州。他因读葛洪的《神仙传》，记载：有位园客，济阴人，种蚕得茧，大如瓮，每一茧，缫六七日乃尽；缫讫，客忽仙去。因以名园。彭翰孙之父彭慰高有《茧园落成，书示翰孙》诗云：“二百年间几废兴，乱余版筑渺何凭。枳篱竹屋聊容膝，野鹤闲云喜得朋。胜有乔柯先泽远，重栽桑拓古风仍。舍南咫尺弦歌地，只许羊求偶策藤。”茧园是园主同人雅集之地，郑文焯、顾晞元等均有酬唱之作。

8.2.21 听枫园

听枫园位于苏州古城区庆元坊12号，面积约1310平方米。1982年被列为苏州市文物保护单位，2006年被列为江苏省文物保护单位。

听枫园建于清同治三年（1864年），园主吴云（1811—1883），字少甫、号平斋，又号榆（愉）庭、抱罍子，晚号退楼主人，别署二百兰亭；斋、两罍轩等，浙江归安（今湖州）人。举人，后科场屡试不中，道光二十四年（1844年）以通判发任江苏常熟，官江苏宝山、金匮（即无锡）通判，后治军扬州。咸丰八年（1858年）知镇江府，次年任苏州知府，后至上海，曾佐巡抚薛焕幕。同治元年（1862）辞归，居苏州，以收藏金石彝器而著名，有《两罍轩彝器图释》《二百兰亭斋古铜印存》等。同治十年（1871年），以捐贩直隶水灾复原官。园因有老枫而得名，《过云楼日记》载，光绪六年（1880年）四月初四：“愉庭于院中新构茅亭，枫树下环筑假山，移石笋三株，索余楹联，余集稼轩词句赠之曰：‘今古风池台，新葺茆斋，倚栏看碧成朱，揩拭老来诗句眼；风月一丘壑，醉扶怪石，有客骖鸾翳凤，横斜削尽短长山。”[1]

传听枫园建于原为宋代词人吴应之红楼阁故址，实误。范成大《吴郡志》：“吴感，字应之，以文词知名。天圣二年，省试第一。九年，中书判拔萃科。仕至殿中丞。”[2]天圣为

1 （清）顾文彬. 过云楼日记［M］. 上海：上海文汇出版社，2015：510.

2 （宋）范成大. 陆振岳，校点. 吴郡志［M］. 南京：江苏古籍出版社，1999：369.

宋仁宗年号，天圣二年即公元1024年。明初庐熊《苏州府志》：“红梅阁，在小市桥。天圣中，殿中丞吴感所居。感字应之，有姬曰‘红梅’，因以名阁。又作《折红梅词》，传于一时。……红梅字字香。……其后，阁为林少卿家所得。”王鏊《姑苏志》卷十七：“吴殿直巷，小市桥北，吴感所居，因名。”（误：北应为西）。晚清郑文焯（1856年—1918年）《蓦山溪》词序：“吴城小市桥，宋词人吴应之红梅阁故地也。桥东今为吴氏听枫园，水木明瑟，以老枫受名，红叶池亭，不减旧家春色，且先后并属延陵于胜地，若有前因。”查初版于民国十七年（1928年）《最近苏州游览地图》：小市桥西的吴殿直巷是一条东西向的小巷，其巷名一直保持到了解放前。听枫园则位于小市桥的东北，两者之间还是有一定的距离的。

吴云建听枫园于小市桥东金太史巷后，于光绪六年（1880年）延请吴昌硕于听枫园设馆课子，直到光绪八年（1882年），吴昌硕谋得佐贰一职，才离开听枫园。

光绪九年（1883年）吴云卒后，词人朱祖谋（号沤尹、彊村）租居于听枫园内，夏孙桐《清故光禄大夫前礼部右侍郎朱公行状》：“乙巳，以修墓请假，离学政任回籍。次年，遂已病乞解职，卜居吴门。”乙巳次年，即光绪三十二年丙午（1906年）。郑文焯《蓦山溪》序曰：“彊村翁近僦其园为行窝，翁所著词声满天地，折红梅一曲未得专美于前也，爰托近意歌以颂之。”朱祖谋《蓦山溪》序：“吴城小市桥东听枫园，退楼老人诹古觞咏地也。予将僦居其间，叔问（郑文焯号叔问）为相阴阳，练时日，且举宋词人吴应之故事，词以张之。依韵报谢，兼抒近怀。”辛亥革命后，朱祖谋“不问世事，往来湖淞之间，以遗老终矣。”1912年春，移居上海德裕里。

朱祖谋《六丑》词序：“吴门听枫园僦舍，十年来三易主人矣。戊辰闰春偶过其地，海棠一树，摧抑可怜，凄对成咏。”戊辰即民国十七年（1928年），之前，听枫园已三易主人。之后，园归陈寿先，曾获修葺，后屡更园主。

1949年后，曾相继为学校、评弹团等使用。1984年底由市文化局整修竣工，次年苏州市国画院迁入。

听枫园原为吴氏东宅的花园部分，因园内有古枫一株，姿态婆娑，故名听枫园。园以主体建筑听枫山馆为中心，东南叠石为山，西北则有一泓碧水。现入口在庆元坊，为一石库门。

听枫山馆：为园内主体建筑，坐落于园之中央。其南叠以太湖石花台，植以花木，与假山、石峰构成宁静优美的庭院环境，馆西北堆土叠石为山，曲径逶迤，花木掩映。再北有泓碧一池，清澈见底。池北为水榭，以北面高墙为背景，面南临水，东、西设门，点缀花木。池西长廊依墙而建，有半亭挑出水面，颇具“水际安亭”之妙，又得“深林曲沼，危亭幽砌”之趣，可瞰水中游鳞。

平斋：位于听枫山馆东南，原为吴云书房，吴云号平斋，故而得名。其南叠以小山，循瞪道而上，可达墨香阁，其建筑空间高低错落，自成院落。

墨香阁：位于平斋之南的假山之中，为二层楼阁，依墙而建，上层在假山之巅，下层隐于假山之中，一面开窗，与平斋适成对景，构成一高一低的空间结构。这里曾是吴昌硕担任西席时的书斋。

两罍轩：位于听枫山馆之西，中以味道居相连，前有待霜亭。长廊折西由南，接适然亭，亭面东。庭院内树影婆娑，湖石隐现。吴云藏有齐侯二罍，故在听枫园内筑两罍轩（罍为古代盛酒容器），又因藏旧拓兰亭二百种，故又名其书斋为二百兰亭斋。两罍轩北为楼厅和后楼。

待霜亭：位于味道居前，亭前一片庭院，绿树掩映，对面墙根下，缀以湖石，粉墙上藤萝漫布，秋日枫叶霜浓，红叶撼枝，满目生辉。

听枫园宅、园一体，布局紧凑，占地虽小，却能曲折幽深，花木掩映，山石参差，虽居城市中心，而得闹中取静，为不可多得的书斋园林。

8.2.22 史氏半园

位于苏州市仓米巷24号，面积约为5250平方米。1982年被列为苏州市文物保护单位。为与白塔东路陆氏半园（北半园）相区分，亦称南半园。

半园原为仓米巷一处老宅，俞樾卜居苏州时，曾租居于此，因价高而后移购于马医科，筑曲园。同治十二年（1873年）为布政使史杰所有。史杰（1813—1882），字伟堂，江苏溧阳人。俞樾《浙江候补道史君墓志铭》记载：史杰曾祖史随（1665—1740）为康熙四十八年（1709年）进士。史杰自小留意吏治，不屑为章句之学，后召入广州府，缉私私盐，收伏盐贩李开云等，“生平厄于水火者凡十，皆绘图记之。”迁任盐同知，任广东候补道，浙江候补道等。同治元年（1862年）有人参奏史杰包揽私盐，把持盐纲，差点丢官。后受曾国藩赏识，延入幕府，“积功复官，加二品服。”同治十一年（1872年）曾国藩卒，“因知我者死矣”，便绝意官场，先是侨寓扬州，“晚岁爱吴中风景，筑谦俭堂，移居焉，筑半园于宅之东。”

《吴门园墅文献新编》：“半园，仓米巷，清季初，由德清俞荫甫樾太史所居。旋让溧阳史伟堂杰方伯，鸠工庀材，题名‘半园’，中有半园草堂、安乐窝、还读书斋、风廊月榭、君子居、不系舟、待月楼、四宜楼、双荫轩、三友亭、挹爽亭诸胜，定远方佛生泽久广文曾结隐于此，今为公廨矣。”[1]园中先后设立半园女诗社和女学研究会等。汪权《乙卯五月望日，半园女诗社成立》诗云：“五月陂塘雨乍收，轩开双荫集名流。空林滴翠新诗境，夕照翻红旧画楼。隔院笙歌添雅兴，满池菡萏快清游。晚来裙屐翩翩去，翰墨余香四壁留。”乙卯即1915年，而双荫轩则为活动之处。其另有一诗为《丙辰新正廿五星期，双荫轩开第一次女学研究会》：“廿五星期日，烹茶到半园。红梅肥满树，绿竹瘦当轩。风雅联翩至，文章子细论。今朝开胜会，归去已黄昏。”丙辰新正即1916年正月。

抗战前，陆鸿仪租居于此，设律师事务所，曾办理“七君子”案。后为史氏后裔保管。1949年后，先后为厂家使用，后毁，仅存半园草堂。现已得到保护修复。

俞樾《半园记》记载：史杰说“吾园固止一隅耳，其邻尚有隙地，或劝吾笼而有之。吾

1　范君博，苏州市园林和绿化管理局．吴门园墅文献新编［M］．上海：上海文汇出版社，2019：29.

谓事必求全，无适而非苦境，吾不为也。故以‘半’名吾园也。”这和俞樾的曲园取“曲则全”之意同出一辙。园在屋西，园中之主屋为半园草堂，俞樾书榜。“其屋南向，东北有小室曰‘安乐窝’。迤东，有屋三间曰‘还读书斋’。又以修廊亘之，中有小亭二，曰‘风廊’‘月榭’。东南隅，有室正方，前临荷池，后栽修竹，以竹与荷花，皆有君子之称，因名之曰‘君子居’。其西南隅，有屋如舟，颜曰‘不系舟’。从其后绕出西廊，有楼屋三重，其下层颜以四字‘且住为佳’；中曰‘待月楼’；上曰‘四宜楼’，凭栏而望，则阛庐城中万家烟火，了然在目矣。”[1]

现半园东宅西园（图8-2-9），住宅分东西两路，东路有花篮厅；西路依次有门厅、轿厅、大厅、内厅、楼厅。《吴门逸乘》作者潘贞邦于民国二十一年（1932年）秋曾访此园，现据此述之。

图8-2-9　今南半园平面图

1　范君博，苏州市园林和绿化管理局. 吴门园墅文献新编［M］. 上海：上海文汇出版社，2019：185.

入门处有王文治所题对联："事若求全何所乐；人非有品不能闲。"以宣示事不求全、知足常乐的园林境界。全园山石累累，中有假山洞壑，主屋半园草堂前有小池一泓，波光粼粼，小桥横架其上，花木繁盛。

半园草堂：乃园中主体建筑，堂前植紫薇、碧桃、芍药、玫瑰、牡丹诸花。再前为曲池小沼，由小桥沟通南北，桥的另一端有胡桃树一株。

君子居：位于池东，其西临荷池，后背修竹，东西长廊逶迤，廊壁间刻有十幅史杰平生历险图，图尽有俞樾撰、李鸿章所书的《半园记》。

挹爽亭：位于君子居长廊中，亭中有联曰："不问人是否；但见花开落。"

双荫轩：在挹爽亭左侧，轩前有古榆一株，枝叶峻茂，由老藤攀援其上。旧有枯桑一株，双鹰栖其上，故名双鹰轩，后改名为双荫轩。轩中悬郑板桥对联："南国植辛夷，千秋文笔；两河移木芍，万里花王。"民国后这里常为雅集之所，方泽久《双荫轩晚眺》有云："留得残荷荡小池，闲吟捻断几茎须髭。藤盘枯树花开艳，竹倚虚窗月上迟。赤舄老翁还曳杖，红裙幼妇正投诗。恼人最是堂倌懒，呼唤声声若不知。"

还读书斋：旧在半园草堂东，现位于园之东北，为史杰读书处。

不系舟：在水池之西，有屋如舟。旧在其左有室，名且住为佳。

另有待月楼、四宜楼，已废。现在园之西南隅恢复四宜楼。

半园东宅西园，园名取意"乃甘守其半，不求其全"，与俞曲园援引《老子》"曲则全"一样，合知足、知不足两义，犹进乎道也。俞樾评之为："斯园也，高高下下，备登临之胜，风亭月榭，极桱柏之华，视吴下诸名园，无多让焉。"

8.2.23 曲园

曲园位于苏州古城区马医科43号，面积约3020平方米，园林约为500平方米。1963年被列为苏州市文物保护单位，1995年被列为江苏省文物保护单位，2006年被列为全国重点文物保护单位。

俞樾于同治十三年（1874年）购得潘世恩旧宅，筑曲园，次年（即光绪元年，1875年）四月园落成。俞樾（1821—1907）字荫甫，号曲园，浙江德清人，清代学者、朴学大师。道光二十四年（1844年）中举，三十年（1850年）进士，授翰林院编修，任河南学政，以事罢官归京。咸丰八年（1858年）春南归，居苏州饮马桥，十年（1860年）返德清，后辗转绍兴、上海等。同治四年（1865年）秋，经两江总督李鸿章推荐，主讲苏州紫阳书院，有《春在堂全书》《群经平议》五十卷、《诸子平议》五十卷、《茶香室经说》十六卷等。

同治十三年（1874年），购得已故大学士潘世恩在马医科巷的旧宅废地，建宅造园。园为曲尺形，与篆书"曲"字相似，又《老子》第二十二章有"曲则全"之句，故名曲园。当时有乐知堂、春在堂、小竹里馆、认春轩、瑞梅轩、曲水亭、达斋等。俞樾有《曲园记》述之：

“曲园者，一曲而已，强被园名，聊以自娱者也。余故里无家，久寓吴下。岁在己巳，赁马医巷潘文恭旧第而居之。至癸酉岁，太夫人自闽北归，以所居隘，谋迁徙而无当意之屋。适巷之西头有潘氏废地求售，乃以钱易之，筑屋三十余楹。用卫公子荆法，以一苟字为之。取《周易》‘乐天知命’之义，颜其听事曰乐知堂，属彭雪琴侍郎书而榜诸楣。堂之西为便坐，以待宾客，颜以曾文正所书‘春在堂’三字，别详《春在堂记》。

春在堂后尚有隙地，乃与内子偕往相度而成斯园。即于春在堂后连属为一小轩，北向，颜曰认春。白香山诗云：‘认得春风先到处，西园南面水东头。’吾园在西，而兹轩适居南面，认春所以名也。认春轩之北，杂莳花木，屏以小山。山不甚高，且乏透、瘦、漏之妙，然山径亦小有曲折。自其东南入山，由山洞西行，小折而南，即有梯级可登。登其巅，广一筵，支砖作几，置石其旁，可以小坐。自东北下山，遵山径北行，有回峰阁。度阁而下，复遵山径北行，又得山洞。出洞而东，花木翳然，竹篱间之。篱之内有小屋二，颜曰艮宧。艮宧之西，修廊属焉。循之行，曲折而西，有屋南向，窗牖丽，是曰达斋。曲园而有达斋，其诸曲而达者欤？由达斋循廊西行，折而南，得一亭，小池环之，周十有一丈，名其池曰曲池，名其亭曰曲水亭。由曲水亭循廊而南，至廊尽处，即春在堂之西偏矣。大都自南至北修十三丈，而广止三丈，又自西至东广六丈有奇，而修亦止三丈。其形曲，故名曲园。所谓达斋者，与认春轩南北相值。所谓曲水亭者，与回峰阁东西相值。艮宧则最居东北隅，故以艮名。艮，止也，园止此也。然艮宧南有小门，自吾内室往，可从此入，则又首艮宧。艮固成终成始也。

嗟乎！世之所谓园者，高高下下，广袤数十亩。以吾园方之，勺水耳，卷石耳。惟余本窭人，半生赁庑。兹园虽小，成之维艰。《传》曰：‘小人务其小者。’取足自娱，大小固弗论也。其助我草堂之资者，李筱荃督部、恩竹樵方伯、英茂文、顾子山、陆存斋三观察、蒯子范太守、孙欢伯、吴焕卿两大令；其买石助成小山者，万小庭、吴又乐、潘芝岑三大令；赠花木者，冯竹儒观察。备书之，矢勿谖也。”（清俞樾《春在堂褉文》）。

1954年，著名学者俞平伯先生将曾祖俞樾故居捐献给国家。

曲园为宅第园林，现住宅部分分为东、西相邻两路。东路正宅有门厅、轿厅、正厅三进；正厅名乐知堂，取《周易》“乐天知命”句意，为园主接待和节庆宴会之所；厅前有“金榦玉桢”门楼，即金玉满堂之意；厅后原为住宅。乐知堂西庑屋墙上镌刻有俞樾诗序，云：“余故里无家，久寓吴下，去年于马医巷西头，买得潘氏废地一区，筑室三十余楹。其旁隙地筑为小园，垒石凿池，杂莳花木，以其形曲，名曰曲园。乙亥四月落成，率成五言五章，聊以纪事。”乙亥即光绪元年（1875年）。

西路由门而入，有小竹里馆三间，原为主人读书处；庭院中竹影婆娑，彭玉麟曾赠曲园文竹，故而得名。馆后为主厅，名春在堂，与乐知堂相邻，是俞樾讲学之所，堂名取自俞樾“花落春仍在”之句；道光三十年（1850年）保和殿复试时，诗题为：“淡烟疏雨落花天”，俞樾因首句“花落春仍在”深受曾国藩赏识，“必欲置第一”。堂上有曾国藩所书“春在堂”匾，有题识云：“荫甫仁弟，馆丈以春在名其堂。盖追忆昔年，廷试落花之句即仆与君相知始也，廿载重逢，书以识之”。匾下有吴大澂篆书俞樾《春在堂记故事》：

“余自幼不工书，而进殿廷考试，尤重字体。士复试获在第一，咸疑焉。后知由曾文正公，时公以礼部侍郎充阅卷官，得余文，极尝之，置第一奉御。又以余诗有‘花落春仍在’句话同列曰‘此与小宋《落花》诗意相似，名位未可量也。’然余竟沦弃终身，负公期望。同治三载，余寓公书，述前句，且曰‘神仙乍到，风引仍回’，询符花落之谶矣。然穷愁著书，已逾百卷，倘有一字流传或亦可言春在乎？！无赖之语，聊以解嘲，引以‘春在’名堂，请公书之，而自为已。”

堂后为认春轩，取意于白居易“认得春风先到处，西园南面水东头”之诗。轩后则为曲园。

现曲园呈狭长形，东为假山，中间有小池，西侧则为曲廊。认春轩北杂植花木，依东墙叠太湖石假山为屏，中有山洞蜿蜒。

回峰阁：位于园之东，依墙而建，南北两侧假山延绵，山石崚嶒，花木隐翳（图8-2-10）。俞樾诗曰：“左有回峰阁，阶下石凹凸。遵此石径行，又东出自穴。”阁中置一镜，以拓展园之景。假山南，庭院中有200余年古紫薇一株。

阁西有曲池一方，池西侧有亭三面临水，而使水面呈“曲”字形。曲池原有小浮梅槛，编竹为桴，俞樾《小浮梅》：“乙亥初夏，吴中曲园落成。园有曲池，乃于池中截木，为桴屋于其上，朱阑绿幕，略如黄制，然周围止一丈，仿之西湖直杯水耳。故此桴广止四尺，修止五尺，渺乎小矣，因名曰‘小浮梅’。”并赋诗十二韵记之：“十年雅慕浮梅槛，试手经营到此才。只惜量来不盈尺，故应唤作小浮梅，纵横箄栰三层积，前后轩楹四面开。”

曲水亭：“所谓曲水亭者，与回峰阁东西相值。”位于园之西侧，因曲池而得名，俞樾诗

图8-2-10　曲园回峰阁

曰："其下临小池，游鳞出复没。右有曲水亭，红栏映清冽。"亭中有湘军将领、俞樾儿女亲家彭玉麟《红梅》图碑，并有俞樾题诗："老彭淡墨写臞仙，不画红梅三十年。特为俞楼助春色，胭脂多买不论钱。"彭玉麟去西湖俞楼看望俞樾，见一枝红梅盛开，便染彩写照，后徐琪（花农，号俞楼）觅得碑石，浙江道台马驷良（字星五）刻碑，俞樾题诗，并复制了一块，置于曲园。

曲水亭南北廊壁间有刻石，其中一块即为俞樾传世之作的唐张继"枫桥夜泊"诗碑。

达斋：位于曲水亭北，曲廊尽头折角处，为俞樾书房，俞樾诗云："达斋认春轩，南北相隔绝。"俞樾《曲园记》："曲园而有达斋，其诸曲而达者欤。"人生曲折，由曲方能通达。

艮宧：位于园之东北隅，东北为艮，故以"艮"名；《尔雅·释宫》："东北隅谓之宧"，故名艮宧。《易·艮》："艮，止也。"《曲园记》："园止此也。然艮宧南有小门，自吾内室往，可从此入，则又首艮宧。艮固成终成始也。"

达斋与艮宧之间的廊壁间有多方石刻。其中有俞樾临终前所作的十首别留诗：《别家人》《别诸亲友》《别门下诸君子》《别曲园》《别俞楼》《别所读书》《别所著书》《别文房四宝》《别此世》《别俞樾》。其《别曲园》诗云："小小园林亦自佳，盆池拳石自安排。春风不晓东君去，依旧年年到达斋。"

曲园小巧精雅，简朴素雅，不事雕琢，清新悦目。

8.2.24 壶园

壶园位于苏州古城区庙堂巷7号，面积约300平方米，今已不存。

壶园建于同治年间，园主汪锡珪，字搢甫，号秉斋，又号雨孙、壶园居士，长洲县副贡生，光禄寺署正衔，赏加盐运使衔，晋授荣禄大夫等；曾任汪氏耕荫义庄庄正。《过云楼日记》载同治十一年（1872年）八月廿一日，顾文彬枕上口占壶园一联，云："名花蠲忿，美酒延年，笑傲即神仙，不羡长房壶隐；瘦石补云，小池涵月，往来无俗客，何殊庾信园居。"同治十二年（1873年）正月卒，顾文彬有挽汪秉斋联云："记离群比及三年，去冬手简犹新，竟成绝笔；数吾党又弱一个，从此牙琴可碎，更少知音。"[1]

园后归汪体椿。汪体椿，字潞年，号铜士，壶园主人，汪藻嗣子，潘钟瑞表侄，为苏州吴趋汪氏第89世孙，娶潘希甫（探花潘世礦之子）之女；吴县增贡生，五品衔，光禄寺署正，赏戴蓝翎，著有《吴趋汪氏支谱》。后郑文焯租赁于此。

郑文焯（1856—1918）字俊臣，号小坡，又号叔问等，自号江南退士，别号瘦碧、冷红词客、大鹤山人等，奉天铁岭人，为满洲正白旗包衣籍（与曹雪芹之旗籍相同）；先祖为汉人，自称山东高密郑玄后裔.遂复姓郑；光绪元年（1875年）中举，纳货捐内阁中书；光绪六年（1880年）春为吴元炳巡抚幕客，寓居苏州，卜居乔司空巷潘氏西园，后因地狭，移居壶园。郑文焯是清季满族著名词家，晚清四大词人之一，有词集《瘦碧》《冷红》《比竹余音》《苕雅余集》等。

---

1 （清）顾文彬. 过云楼日记［M］. 上海：上海文汇出版社，2015：197-223.

关于何时移入，郑文焯之婿戴正诚《郑叔问先生年谱》光绪十一年乙酉（1885年）条目："二月，移居庙堂巷汪氏壶园。"而据壶园寓客《潘钟瑞日记》："光绪十年甲申（1884年）日记"四月廿三日丁卯，"饭后洒雨，俟一阵过后，出。至乔司空巷潘家文寓，见小坡，谈。"又：五月初一乙亥，"是日小坡来，租定壶园。"十一日乙酉，"文小坡移家来平阳壶园中，余具衣冠贺之，略谈，返书室督课。午后，写横幅一。"五月十四日戊子，"夜，小坡招饮吴仲英、汪少甫、潘吟香、铜士与余五人为客，谈讌良久。席撤，又观其收藏物，留桂轩与闲舫陈设具备。"[1]潘钟瑞长期在汪体椿家坐馆，教读汪氏子弟，藉此谋生；又是租赁促成者之一，因此郑文焯当于光绪十年（1884年）五月租定并移居壶园。从此，壶园成为吴中文人的又一结社之处，如光绪十一年腊月十九日（1886年1月23日）雪后初霁，壶园为苏东坡850岁生日作寿；光绪十五年（1889年）与文廷式、蒋次香、张子苾等结社于壶园。

光绪二十四年（1898年）冬，壶园不戒于火，郑文焯迁居幽兰巷。二十六年（1900年）冬，由幽兰巷迁居马医科巷沤园。

附：据《郑叔问先生年谱》，郑文焯在苏州有多处住处。光绪十九年（1893年），纳吴趋歌儿张小红，别居廊堂巷龚氏修园。光绪三十一年（1905），郑文焯在苏州孝义坊购地五亩，建筑新居，曰通德里。秋初落成，乔迁并张筵庆五十。又从邓尉购来嘉木名卉，杂莳庭院，颇擅园林之美。其东高岗迤逦，即吴小城故址，复作亭于城之高处，曰吴东亭。绕以竹篱，凭眺甚佳。下一水萦回，即子城壕所谓锦帆径也。郑自谓以五亩之居刻意林谷。既拥小城聊当一丘径之水又资园。挽可以钓游不出户庭，而山泽之性以适者此也。其《满江红·竹隔桥南》小序曰："乙巳（1905年）之秋，诛茅吴小城东，新营所信，激流植援，旷若江村。"其《瑶华慢》小序亦云："余家书带草始生，不其山中以经神受名，自成馨逸。……今余既营草堂于吴小城东，修廊曲砌，布濩殆遍。"又《鹧鸪天》："水竹依稀壕上园，苍烟五亩绝尘喧。半床落叶书连屋，一雨漂花船到门。寒事早，恋清尊。狸奴长伴夜毡温。老来睡味甜如蜜，烂嚼梅花是梦痕。"

汪氏壶园内有婆罗花馆、一松一石之庐、留桂轩等。郑文焯寓居时，则景色更宜，如《潘钟瑞日记》中光绪十一年（1885年）三月十七日记："晌午，小坡遣人来，邀往便饭，云牡丹正开，仓石在座，同看花也。……饭罢，复于小亭啜茗而散。"五月廿六日："傍晚，仓石冒雨来……偕至小坡处新额'瘦碧行窝'中，三人同坐叙谈。雨适猛泣，庭际竹蕉梅柳，万绿齐滴，小池水涨，几将拍桥，又须画壶园话雨图矣。"仓石即吴昌硕。

婆罗花馆：署长洲知县、署苏州知府等职的平翰（字岳生，号樾峰）书"婆罗花馆"额。汪藻有《买陡塘·题〈壶园春水盟鸥图卷〉次季玉韵》，季玉即潘曾玮；潘曾莹有《壶园赏婆罗花，樾峰太守诗先成，即和其韵》，翁瑞恩（1826—1892，翁同龢二姊）有《婆罗门令·汪氏壶园看婆罗花，即席赠潘夫人》等咏之。

一松一石之庐：钱振伦有《二月四日春雪，又作承招集一松一石之庐七叠前韵，即席赋谢》等作，潘曾玮有《一松一石之庐图记》。

---

1 （清）潘钟瑞．尧育飞，整理．潘钟瑞日记［M］．南京：凤凰出版社，2019.

留桂轩：为汪氏壶园旧构，《过云楼日记》载同治十年（1884年）四月廿四："汪秉斋索题留桂轩楹帖，为集辛苏一联云：'天香染露，花意争春，一枝金粟玲珑，依然画舫清溪笛；歌扇萦风，虚桐转月，小院朱栏几曲，误入仙家碧玉壶。'"

补秋簃：郑文焯《迟红词》之四首："晚薇开遍去年枝，红露霏霏点鬓丝。肠断江南花落后，更无人醉补秋"自注云："余客汪氏壶园，临水遍种蕉竹，以补秋名其居。"

刘敦桢先生《苏州古典园林》一书中有注曰："此园现已损毁"。当时园景是：

"壶园位于住宅西侧。门作圆洞形，入门即为走廊，北通一厅，南接一轩，走廊中部有六角半亭一座。园以水池为中心，北、东两面厅、廊临水而设，池岸低平。北面厅前平台挑临水池之上，六角亭凌水而建，增加了水面的开阔感。园内不叠假山，仅在池周散置石峰若干，间植海棠、白皮松、腊梅、天竹和竹丛等，掩映于水石亭廊之间。池上架桥两座，以沟通水池两岸。小桥低矮简朴，能与水池相称，惟铁制栏杆与全园风格不相协调。园西界墙高几平板，故在上部开漏窗数方，再蔓以薜荔之类的藤萝。沿墙布置花坛、石峰和竹丛、树木，形成较为活泼的画面。西北角厅前湖石花台与水池、小桥的结合也较别致。"[1]

刘敦桢先生对壶园有高度评价：

"此园的面积仅约300平方米，但池水曲折多致，池上小桥及两岸树木、湖石错落布置，白皮松斜出池面，空间富有层次变化，无论从南望北或从北望南，都有竹树翳邃的风景构图。小园用水池为主景者以此为佳例。"[2]

8.2.25 怡园

位于苏州市人民路1265号，现占地面积约4440平方米。1982年被列为江苏省文物保护单位。

怡园始建于清代同治、光绪年间，先筑春荫义庄，后又在义庄东建园，至光绪五年（1879年）建有二十一景，八年（1882年）又构建园东建筑庭院，历时9年，全部落成。园主为顾文彬，由其子顾承主持营造，延请任薰（字阜长）、顾沄（字若波）等为之图。俞樾《怡园记》："顾子山方伯既建春荫义庄，辟其东为园，以怡性养寿，是曰'怡园'。"

顾文彬（1811—1889），字蔚如，号子山，晚号艮盦、艮庵、过云楼主，元和（今苏州）人，道光二十一年（1841年）进士，官至浙江宁绍道台，有《眉绿楼词》八卷、《过云楼书画记》十卷、《过云楼帖》等。怡园始名适园，顾文彬在日记中说："余拟一园，名之适园，先成一赞：不山而岩，不壑而泉。不林薮而松杉，不陂塘而芰荷。携袖中之东海，纵归棹兮江南。或谓文与可之筼筜谷，或谓柳柳州之钴鉧潭，问谁与主斯园者，乃自适其适之艮庵。""自适其适"出典于《庄子·骈拇》，后又以自怡、怡亲改名为怡园，顾文彬在《过云楼家书》中说："至

1 刘敦桢．苏州古典园林（修订本）[M]．北京：中国建筑工业出版社，2005：72-73.

2 刘敦桢．苏州古典园林（修订本）[M]．北京：中国建筑工业出版社，2005：72-73.

园名，我已取定‘怡园’二字，在我则可自怡，在汝则为怡亲。”《过云楼日记》光绪元年十月廿一日，为李鸿裔购得网师园大兴土木进行整修而作四绝之三：“手辟荒园只自怡（余自名新辟之园曰怡园），几间茅屋与疏篱。输君邻近沧浪水，不愧烟波旧网师。”

怡园造园之太湖石主要来自苏州废园，如赵园（阁老厅）、曹园、王家花园等，《过云楼日记》：“园中之石皆取给于赵园，近又得山塘杨铁蕉家园中石，大小数百块，内有一峰，皱、瘦、透三美皆备，为诸石之冠。自幸何缘得此异物，前代米颠下拜之石，未知视此如何也。”植物则移自苏州近郊光福等地，“光福山中黄晓云善种花树，在管春花圃作伙，承儿书识之。从山中载出桂花树五十本，皆如碗口粗。连日在园中观其种植，亦一乐也。假山石新立，嫌其骨出如飞龙，今以花树环植，如裸体人得衣，一望郁葱，大有生色”。又“小仓口有一尼庵，庵中有罗汉松一株，长二丈许，大合抱。三儿欲移入园中，令王跷仙与尼相商。尼卜之于佛，得大吉签，遂允移。廿七日掘起，廿八日用两舟并载至言子庙河，于夜深人静用塌车拽至园门，今晨拆墙而进，植于岁寒草庐之东阶下，根蟠于地，枝耸干霄，园中大树，此为巨擘”。“王跷仙从穹窿山坞人家购得大白皮松一株，载入城中，泊舟草桥堍，须数十人牵挽，因雇轿役二十人助之，用塌车拉之至尚书巷口，难于转弯，大费周折，拉至园中梅林过夜”。

当时怡园中有湛露堂（牡丹厅事）、松籁阁、面壁亭、锄月轩（梅花厅事）、藕香榭（荷花厅）、遯窟、南雪亭、岁寒草庐、拜石轩、坡仙琴馆、留客处、石舫（白石精舍）、锁绿轩、金粟亭、小沧浪、四时潇洒亭、秀野亭、玉延亭等二十七景，又有慈云洞诸胜。顾文彬筑怡园时用宋词辑成《眉绿楼词联》，以作园林楹联。园中常名士汇集，如真率会、琴会等活动不断，吴门精英盛集一时，正如杜文澜（1815—1881）所言：“丙子（光绪二年，即1876年）丁丑间，吴中文燕，多在顾子山观察之怡园。”

顾承之子顾麟士（字鹤逸）于光绪二十一年（1895年）在怡园牡丹厅，与吴大澂、陆恢、金心兰、倪田、吴昌硕、顾若波等成立了苏州历史上第一个制订有规约章程的绘画团体：怡园画集。1919年8月25日，怡园举办了中国近代史上首次大规模琴人雅集“怡园琴会”。1953年顾家后人将园献给政府，并整修开放。

现怡园前宅后院布局，园分为东、西二部分，东部原为明代官员旧宅，西部为顾氏建园时扩建，两者间用复廊相隔（图8-2-11）。

一、东部建筑庭院区

由入口进东部庭院，由曲廊、玉延亭到四时潇洒亭，循廊向西，过玉虹亭、白石精舍，至复廊北端之锁绿轩，可进入西部园林。由四时潇洒亭循沿廊南折，可到坡琴仙馆、岁寒草堂；再西至复廊南端的南雪亭，由东南角进入西部园林。

玉延亭：为一依墙六角亭，南壁镶有董其昌草书石刻：“静坐参众妙，法谭适我情。”匾额为萧山汤纪尚（字伯述）所题，并有跋云：“艮庵主人雅志林壑，宦退后于居室之偏，因明吴尚书复园故址为怡园。既更拓园东地筑小亭，割地植竹，仍复园旧榜曰‘玉延’。主人友竹不俗，竹庇主人不孤。万竿戛玉，一笠延秋，洒然清风。不学涪翁咒笋已。壬午孟夏萧山汤纪尚谨署。”壬午即光绪八年（1882年），以前认为怡园为吴宽复园址，实误。由此可

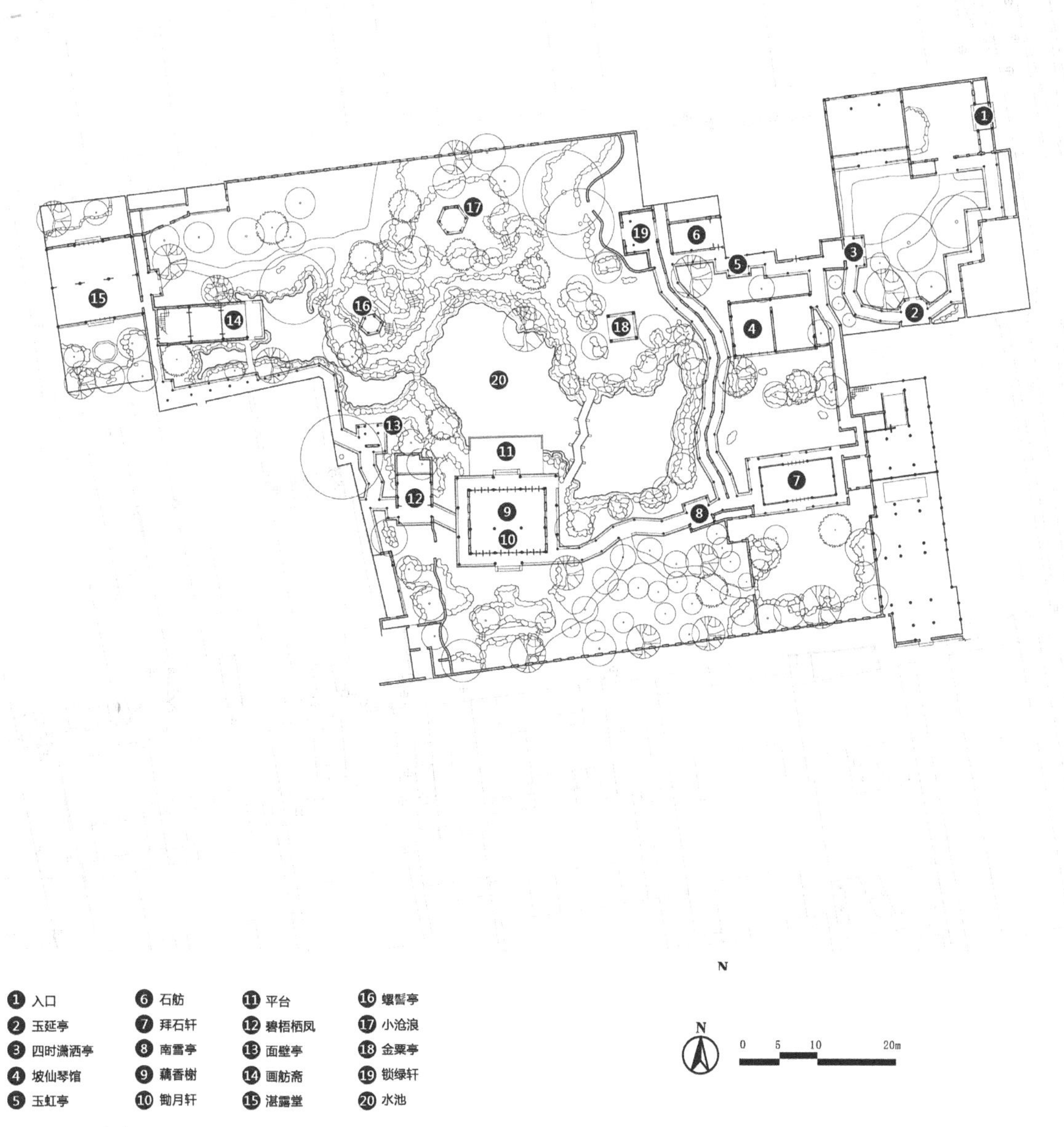

图8-2-11　今怡园平面图

知此地原为种竹之处，宋黄庭坚《戏赠彦深》诗云：“李髯家徒立四壁，未尝一饭能留客……一心咒笋莫成竹。群儿笑髯穷百巧，我谓胜人饭重肉。”吴宽在京师的宅园中有玉延亭，沈周曾作《玉延亭图卷》，为当时文人雅集游赏之地。

四时潇洒亭：为一长方形半亭。徐沄秋（1908年—1976年）：“艮庵主人既构怡园之明年，复拓地园东。……亭前竹林中有泉曰‘天眼’，护以石栏。”亭之背面有吴云所书“隔尘”砖额。

白石精舍（石舫）：为一船厅建筑。原室内器具均系白石制成，故名。白石为传说中的神仙的粮食，汉刘向《列仙传·白石生》：“白石生，中黄丈人弟子，彭祖时已二千余岁。……尝煮白石为粮。”厅东墙有匾额云：“绕遍回廊还独坐”，取自苏东坡《蝶恋花》词：“绕遍回廊还独坐，月笼云暗重门锁。”俞樾《怡园记》：“又西北行，翼然一亭，颜以坡词，曰“绕遍回廊还独坐”，廊尽此矣。”则知此匾原为亭额。西壁有郑板桥所书：“室雅何须大，花香不在多”对联。

锁绿轩：位于复廊北端，坐东向西，原为怡园“留客”，顾文彬说：“北墙月洞门署曰‘留客’，入门则翠竹千竿，高出墙头，亭中小憩，此君如俯而窥焉。”面西有云墙洞门，西部园景隐现，颇有“深院回廊锁绿云”之势。

坡仙琴馆、石听琴室：位于白石精舍南。东为坡仙琴馆，因旧藏苏东坡“玉涧流泉琴”而得名，匾有吴云长跋：

“琴者禁也，所以禁客邪，正人心也。艮庵主人以哲嗣乐泉茂才工病，思有以陶养其性情，使之学习。乐泉颖悟，不数月指法精进。一日，客持古琴求售，试之声清越，审其款识，乃元祐四年东坡居士监制，一时吴中知音者皆诧为奇遇。艮庵喜，名其斋曰“坡仙琴馆”，属余书之，并叙其缘起。”

乐泉即顾文彬第三子顾承，因身体欠佳，顾文彬想用古琴陶养其性情，以养身。现室内悬东坡先生小像。

西为石听琴室，顾文彬得清代嘉庆癸亥翁方纲手书“石听琴室”旧额，翻新后自跋云：“生公说法，顽石点头；少文抚琴，众山相应。琴固灵物，石亦非顽。儿子承于坡仙琴馆操缦学弄，庭中石丈有如伛偻老人，作俯首听琴状，殆不能言而能听者耶？覃溪学士此额，情景宛合，先得我心者，急付手民，以榜我庐。光绪二年岁次丙子季冬之月怡园主人识。”琴室外西北庭院中有一块太湖石，状如伛偻老人，俯首听琴。

岁寒草庐、拜石轩：为怡园东部的主要建筑，南为岁寒草庐，《过云楼日记》：“岁寒草庐南墙下立石笋十九株，是日植二柏一松于石笋之中，另植五松于小沧浪之西，皆王跷仙以手。”又：“王跷仙从光福觅得古柏一株，数百年物也，植于岁寒草庐。庭中之东南隅掘去已枯罗汉松一株。此柏古干离奇，枝如虬凤，为庭中群树之冠。”现庭院内对植白玉兰，石笋、丛竹、松柏四季苍翠，凌冬不凋，《论语》：“岁寒，然后知松柏之后凋也”，故名岁寒草庐。北为拜石轩，北面庭院中奇石罗列，故取宋代米芾拜奇石呼之为兄之“米颠拜石”典故，名拜石轩。顾文彬《怡园十六景词并序》：“如美人舞袖者一，如蹲师者二，如苍鹰者一，如反哺乌者大小各一，如白衣人者一，如灵芝者一，皆面轩而立。”有一峰似“笑”字，刻有“东安中峰，苍谷题名。”

二、西部山水主景区

藕香榭、锄月轩：为园林主体建筑，北为藕香榭，属荷花厅，临池，设有露台，盛夏可赏荷、观鱼、纳凉。南面名锄月轩，又称梅花厅，“梅花厅事”匾额下屏板上镌有俞樾所写

《怡园记》。顾文彬日记曰："怡园梅花厅之前有两峰屹立，极嵌空玲珑，惜为竹篱遮其下半。余于承儿相商，将竹篱移绕于两峰之后，另用湖石砌成花台，预备明年种牡丹、芍药，而湖石已无处可购，不得已将宅内东西两书房旧石拆动罗挖，共得石数十块，勉强凑齐，居然可观，而两高峰之全体毕现。此举甚为快心，明岁花时必烂漫可观，时届余七十正寿，当于花前浮大白也。"现轩南有多层牡丹花台，东南有梅圃，遍植梅花。

假山，藕香榭对面为怡园主体假山，顾文彬在家书中说："大约须造三间之四面厅为主屋，如拙政园之远香堂，一面正对池子，有此作主。"对面假山峭壁上有绛霞洞，"洞口细桃烂漫红，洞门自有绛霞封。落花流水，仙境窈然通。钓艇无人翘一鹭，石梁跨涧饮双虹。普陀大士，危立听松风。"

假山中另有慈云洞，洞中有石桌石凳。由洞盘旋而上，上有螺髻亭，位于慈云洞顶石山的最高处，童子结发为螺髻，古人亦常以螺髻比喻耸起如髻的峰峦，如皮日休《太湖诗·缥缈峰》："似将青螺髻，撒在明月中。"

假山后侧有小沧浪，与藕香榭相直，可俯瞰荷池，后有三块太湖石并立如屏，"竹林在左，松林在右，奇峰环列，巨石如屏题曰'屏风三叠'。西有石壁，题曰'听松'。"

怡园水池仿网师园。李鸿裔购得网师园后，填掉了部分水面，渐成今日之形态。怡园水系用太湖石假山水门，将园内的水系划分成东、西两个大小不等的水池形式；这样，利用曲桥、假山水门，将形状狭长的水池划分成了层次分明的三个部分，从而增加了景深。水门西则形成停靠船的内湾船坞。

金粟亭：原名天香亭，亭居藕香榭东北，绕亭皆桂树，原有勒方琦书主人集辛弃疾词联："芳桂散余香，亭上笙歌，记相逢金粟如来，芷宫仙子；天峰飞堕地，眼前突兀，最好是蜂房万点，石髓千年。"

南雪亭：位于藕香榭东，其南为梅圃，取《齐东野语》：潘庭坚"尝约同社友剧饮于南雪亭梅花下"之意，南窗以外万梅如雪。

碧梧栖凤馆：位于藕香榭西，旧为园主读书处。匾有跋云："新梧初引，么凤迟来，徒倚绿阴，渺渺兮予怀也。怡园主人属书。光绪丁丑仲春仁和吴观乐。"凤凰非梧桐不栖，非竹实不食，意示高雅。

面壁亭：《五灯会元》载：菩提达磨大师"当魏孝明帝孝昌三年也，寓止于 嵩山少林寺，面壁而坐，终日默然。人莫之测，谓之壁观婆罗门。"后因以称坐禅，谓面向墙壁，端坐静修。亭面对石壁，壁置明镜，为园主参禅之处，顾文彬《怡园十六景词并序》："后壁嵌玻璃镜，隔岸烟景尽入镜中，如以大地山河摄入大光明藏。""峭壁曾经面九年，小亭又对石屏安，是空是色，为问镜中天。古月朗同今月照，一园幻作两园看。虚阑斗茗，玉井汲新泉。"

遁窟：为避世隐居之意。庭中花木以梅花为主，屋小如艇，石瘦于人。东坡云："岁云暮矣，风雪凄然，纸聪竹屋，灯火青荧，时于此间，得少佳趣。"可以移赠于此。

松籁阁（画舫斋）：为旱船型建筑，如画舫泊于船坞。原阁之北有松树百株，大风振木，涛声怒号，阁上凭阑远眺，与祠前高阜所见相同，故名松籁阁，是听松涛佳处。楼下画舫斋有俞樾篆书题额"碧涧之曲古松之阴"，内室匾额"舫斋赖有小豁山"。

湛露堂：取自《诗经》："湛湛露斯，匪阳不晞。"有希望世泽长久之意。庭院内有牡丹花台。这里曾是怡园原入园处，俞樾《怡园记》："入园有一轩，庭植牡丹，署曰'看到子孙'。"唐诗咏牡丹有云："是处围亭皆可种，看到子孙能几家。"

怡园造园上吸取苏州诸园之特点，如沧浪亭之复廊、环秀山庄之假山，网师园之水池、拙政园之香洲、狮子林之洞壑等，刘敦祯先生认为其有"集锦式的特点"。

8.2.26 耦园

耦园位于苏州城东小新桥巷6号，现占地面积为7800平方米。2000年作为苏州古典园林的扩展项目之一，被列入《世界遗产名录》。2001年被列为全国重点文物保护单位。

耦园东部原为清初保宁太守陆锦的涉园。陆锦，字闇亭、流真，苏州府长洲县人，雍正七年至九年（1729—1731）任保宁太守（今四川阆中市）。《吴门表隐》卷十八："陆锦，字素丝，贡生，官保宁知府。躬行孝友，两举乡饮宾。筑'涉园'，名'小郁林'，名流觞咏。倡始义仓，预筹赈济，力建文待诏（即文徵明）祠。著有《周易统宗》《秀眉堂诗稿》《养疴闲记》。"卷五："孝友能文，为官清廉，乞归，创始义仓者。园又名'小郁林'，顾司空祖镇书；宛虹桥，蒋司马仙根书。又有沈太史志祖题联曰：'谁知太守山林之乐，时有群贤觞咏其间。'"[1]程章华（字亦增）《涉园记》："主人流真陆先生以保宁太守致政家居，杜门却扫，老屋数间，缥缃卷轴，日供清玩，意泊如也。"取陶渊明《归去来兮》："园日涉以成趣"而名"涉园"。又因陆氏先祖、汉末郁林太守陆绩罢归，取石压船之，人称其廉，号"郁林石"，故又名"小郁林"。"跨虹而南，三面皆临流。先生凿池引流，以通其中。建得月之台，畅叙之亭。绕曲槛，不加丹雘，以掩朴素。庭中杂卉乔木，惨淡萧疏，无浓荫繁葩，壅障风月，更不令栋宇多于隙地，即所谓涉园也"[2]。

当时有"涉园八景"：宛虹桥、浣花井、觅句廊、月波台、红药栏、芰梁、筼筜径、流香榭，李果有《涉园杂咏》八首咏之。"石壁类削，绿树茂密，一阁临溪，三面朱栏，映带修竹，境甚幽靓"（杨绳武《涉园消夏图记》）。沈志祖（乾隆十年进士）曾为之题联："谁知太守山林之乐，时有群贤觞咏其间。"园内花开之时，对外开放，纵人游观。

陆锦之后，园屡易其主，先为崇明祝氏别墅，后属藩理沈沅，道光年间归顾宗瀚（《吴门表隐》卷五）。

道光十五年（1835年）前后，书法家郭凤梁寓居于此。郭凤梁字季虎，长洲（今苏州）人，工书，飞白、隶草，名冠一时；求书者日不暇给，腕底敏捷，数十幅立就。郭凤梁在涉园结吟社，邀袁学澜、汪藻等雅集。道光二十七年（1847年）、二十九年，先后邀同人于涉园修禊。袁学澜《涉园》诗在"池馆旧营廉石倅，儿童今识细侯名"句注云："园为陆闇亭太守所筑，今为郭季虎参军赁居。"道光辛丑（1841年）进士汪藻《静怡轩诗钞》有《季虎移居涉园》八首，《又题涉园四景》诗四首。顾文彬诗："骑鹤仙人不可期，相逢犹记涉园

---

1 （清）顾震涛．甘兰经，等，校点．吴门表隐．卷五［M］．南京：江苏古籍出版社，1999：65.

2 王稼句．苏州园林历代文钞［M］．上海：上海三联出版社，2008：88.

时。当年名卿，争和放翁生日诗。”并有注云：“丙申冬，郭君季虎大会名士于涉园，作陆放翁士多如生日。”丙申即道光十六年（1836年）。当时涉园景物，韩崇有诗云：“入门风廊斜，历磴山径曲。漾碧转孤亭，数帆登杰阁。俯瞰水四周，远抱城一角。”[1]顾文彬《过云楼日记》“光绪元年”十二月记：“涉园者，即郭季虎旧居，四十年前尝觞咏于斯，乱后（太平天国之乱）化为瓦砾场。”[2]郭凤梁年仅三十三岁即病故。太平天国时化为了瓦砾场。

同治十三年（1874年）沈秉成由上海来苏养病，借居张之万（南皮）拙政园，购得冯桂芬（字林一）旧居，并兼并东边两三宅和涉园，筑耦园。延请名画家顾沄设计，大兴土木，改头换面，只有一水阁依稀可认，并扩建中、西部。光绪二年（1876年）落成，易名耦园。沈秉成有《奉命按察河南，旋调蜀臬，以病辞，侨寓吴门，葺城东旧园，名曰耦园，落成纪事》诗：“不隐山林隐朝市，草堂开傍阖闾城。支窗独树春光锁，环砌微波晚涨生。疏传辞官非避世，阆仙学佛敢忘情。卜邻恰喜平泉近，问字车常载酒迎（时南皮师寓拙政园）。”严永华《和外子耦园落成纪事诗韵》：“小歇才辞黄歇浦，得官不到锦官城。旧家亭馆花先发，清梦池塘草自生。绕膝双丁添乐事，齐眉一室结吟情。永春广下春长在，应见蕉阴老鹤迎。”[3]

沈秉成（1823—1895），字仲复，清浙江归安人，咸丰六年（1856年）进士。官至安徽巡抚，署两江总督。生平雅爱金石、书画，沈秉成和第三任妻子严永华琴瑟和鸣，为封建婚姻之典范。顾沄（1835—1896）字若波，号云壶、壶隐、云壶外史、病鹤等，吴县（今苏州）人，布衣，工画。

当时园有“耦园十景”：城曲草堂、双照楼、听橹楼、筠廊、樨廊、邃谷、受月池、宛虹杠、山水间、枕波双隐（枕波轩），此外还有吾爱亭、留云岫、桃屿诸胜。光绪十七年（1891年），沈秉成卒于园中，之后散为民居。

1932年杨荫榆在此创办二乐女子中学。1940年钱穆曾迎母入住东花园，著《〈史记〉地名考》。1941年为常州实业家刘国钧购得，1958年刘将园捐于振亚丝织厂。《吴门园墅文献新编》：“今归常州钜商刘国钧，近已改为工人宿舍矣。”1965年整修后的耦园东花园对外开放。

现耦园为东、中、西三部分，中部为住宅区，有东、西两园（图8-2-12）。

一、住宅区

住宅大门，面河而开，河旁有一小河埠，尽显“人家尽枕河”之本色，这也是耦园的特色之一。轿厅前有“平泉小隐”门楼，唐相李德裕曾有别墅叫“平泉山庄”，引此以示园主的退隐之意。大厅名“载酒堂”，取宋人戴敏“东园载酒西园醉”诗意，正是昔日园主归隐“耦园”的真实写照。堂北为楼厅，呈“凹”字形，前有“诗酒联欢”砖雕门楼，构件精美，迎风弄月、觥筹交错的人物形象，栩栩如生，人们可以从中了解到古人所追求的“载酒园林，寻常巷陌”的生活情趣和意境。

1　范君博，苏州市园林和绿化管理局．吴门园墅文献新编［M］．上海：上海文汇出版社，2019：392-395.

2（清）顾文彬．过云楼日记［M］．上海：上海文汇出版社，2015：373.

3　范君博，苏州市园林和绿化管理局．吴门园墅文献新编［M］．上海：上海文汇出版社，2019：395-397.

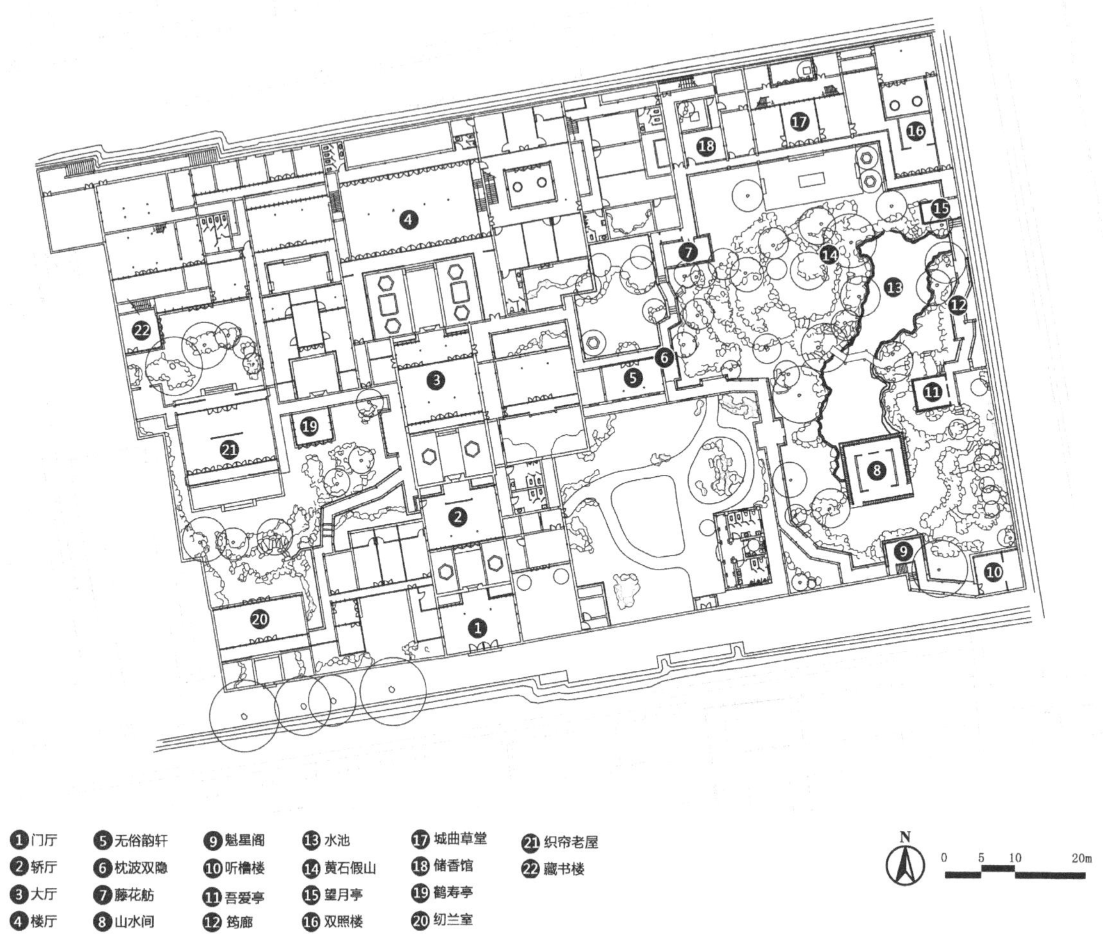

图8-2-12　今耦园平面图

二、西花园

织帘老屋，系西部花园主体建筑，硬山造鸳鸯厅，其名取自南朝高士沈驎之以织帘为生、著述课徒的典故，以表示沈氏夫妇对男耕女织生活的憧憬。屋前有月台，东南角有太湖石假山一座，山体蜿蜒曲折，老树葱翠，山上更有云墙起伏，别致可赏。清末词坛盟主朱祖谋自广东学政解归，曾借住于此，并留下了众多词作。词人郑文焯流寓吴门时，也常来此和主人剪烛夜谈，有《齐天乐》等词可证。

藏书楼：位于织帘老屋北，为沈秉成藏书楼，前后三进呈凹形，沈氏夫妇曾有“万卷图书传世富，双雏嬉戏老怀宽”之句，可见当年藏书之丰。楼前有小井一口，据传原为宋代时所凿，虽一小小泉眼，却能与东花园受月池相呼应，形成东池西井格局，与网师园内殿春簃的涵碧泉有同工异曲之妙。

鹤寿亭：位于西花园东，为一依廊而筑的半亭。沈秉成曾自名老鹤。据说沈氏当年任镇江道员时，曾得《瘗鹤铭》拓片，而这块拓片又比其他的多出“寿鹤”二字。想当年宋名士林逋隐居西湖孤山，以“梅妻鹤子”自适，所以鹤除了寓意长寿之外，更多的是体现了一种遗世独立的隐逸情怀。

三、东花园

东花园是耦园的精华所在，布局以山为主，以池为衬，建筑环绕，景物幽远。

城曲草堂：为东花园主体建筑，它是一座跨度长达40米的楼阁，这在苏州园林中较为罕见。楼阁中有高大楼厅三间，楼下名城曲草堂，楼上为补读旧书楼。楼东略南突，呈曲尺形，楼下名还砚斋，楼上为双照楼。楼西则与中部住宅相连。东西各有筠廊和樨廊和其他建筑连贯相接。城曲，即城角之意，耦园位于城之东北隅，沈氏乾嘉时城曲草堂旧题，故而之。唐李贺《石城晓》：“女牛渡天河，柳烟满城曲。”女牛是指织女星和牵牛星（俗称牛郎星）。耦园东西二园，沈氏夫妇似牛郎与织女，男耕女织，夫妻恩爱。

黄石假山：草堂前的黄石假山为清初涉园遗构，中有谷道，宽仅1米有余，两侧削壁如悬崖，形似峡谷，故名邃谷，将假山分为由东、西两部分。东部主山山势陡峭险峻，上有石室，其东侧石壁上有“留云窗”石刻，宋人诗云：“凭谁为唤诗宗匠，共赋留云借月章。”词曰：“待繁红乱处，留云借月，也须拚醉。”元人有诗曰：“岩洞留云在，池泉与海通。”窗则为籀文岫字。自堂前石径可通假山东侧平台，平台之东，山势渐高，转为绝壁，直泻而下，临于受月池，人临于此，有雄险伟峻之感，是全山最精彩的部分。西半部假山，自东而西逐级降低，其东壁有“桃屿”石刻，山上有平台，置石桌石凳。综观此山，不论在崖壁、蹬道，所用之石，大小相宜，有凹有凸，或横或直，或斜或仄，相互错综，而以横势为主，整个山体显得自然逼真，与明代嘉靖年间张南阳所叠砌的上海豫园黄石大假山手法相似，弥足珍贵。

补读旧书楼：是园主旧时读书的地方，陶潜有诗曰：“既耕亦已种，时还读我书。”该处原有鲽砚庐，是沈氏夫妇诗酒酬和之处，斋名是因为当年沈秉成在京师时，得到的一块汧阳石，“剖之有鱼形，制为两砚，名之曰‘鲽’”。鲽，即比目鱼。两砚由沈氏夫妇各执其一。沈夫人名永华，字少蓝，工丹青，擅诗词，有《纫兰室诗钞》《鲽砚庐诗钞》以及和其夫君的合集《鲽砚庐吟集》。

还砚斋：为书斋，斋内原有俞樾所题一匾，并有题跋说，沈秉成的玄祖东甫先生，生平致力于经学、史学、小学，实为清代乾嘉学派的先导，其所用一砚叫眺砚，久已失落，后为沈秉成复得，所以颜其斋名叫还砚斋。

双照楼：取自晋代王僧儒《忏悔文》：“道之所贵，空有兼忘；行之所重，真假双照”句意；照即明，借指夫妇双双明道。

安乐国：位于城曲草堂与还砚斋之间，为一较为僻静安逸之处。北宋理学家邵雍所居之处称安乐窝，沈氏借用于此，以示安乐娴雅的生活。

储香馆：为城曲草堂西延之屋，是旧时园主后裔读书的地方。庭院内植有丛桂，“岩桂储香八月天”，每当秋高气爽之季，桂子飘香，满室储香，隐喻子孙当勤勉学习，祈盼他年蟾宫折桂。

藤花舫：位于储香馆南，小轩呈舫形，因植有紫藤，沿用涉园旧名。

无俗韵轩：位于假山西侧，小厅三间，小院闲静。轩东侧外墙花窗边，有一砖刻小联："耦园住佳偶，城曲筑诗城"，横额为"枕波双隐"，故此轩又名枕波轩。当年双双隐居于此的沈氏夫妇，优游林下，伉俪情深。

樨廊：位于东花园之西侧，廊起自草堂西，曲折向南，再东折止于便静宧（听橹楼），因植有丛桂而得名。

山水间：位于受月池南，其名取自欧阳修《醉翁亭记》："醉翁之意不在酒，在乎山水之间也。山水之乐，得之心而寓之酒也。"该建筑戗角高翘，造型优美，外廊檐柱间有"卍"字形挂落，四周设有吴王靠，内有明代遗物杞梓木"岁寒三友"落地罩，全罩跨度4米，高3.5米，雕刻精美，所刻古松苍劲挺拔，翠竹万竿摇空，梅蕾迎寒待放。此罩为苏州诸园之冠。

魁星阁：位于樨廊南端，东与听橹楼相毗连，上下有阁道和连廊与之相接。所谓魁星即奎星，二十八星宿之一，为主宰文章兴衰之神。此处原有祭祀神灵之物。一楼一阁，外观造型通体轻盈，相依相偎，恰如一株并蒂之莲，似与"偶"字也相吻合。

听橹楼：位于之东南，楼下临内城河，外接娄江，旧时帆樯往来不绝，时时能听到船橹声，故取南宋诗人陆游的"参差邻舫一齐发，卧听满江柔橹声"诗意名之。

便静宧：听橹楼下为便静宧，《尔雅·释宫》："东北隅谓之'宧'"，《说文解字》说"宧，养也。室之东北隅，食所居。"又谢灵运《过始宁墅》有"拙疾相倚薄，还得静者便"，意为不善做官，只好求得安静。据说当年沈秉成年老回苏州就医时，常一人执卷呆坐于此，安适静养于一隅。

筠廊：位于园之东侧，廊起自还砚斋，止于吾爱亭，因植有丛竹而得名。廊内有《抡元图碑》，上有沈氏夫妇题跋。

吾爱亭：取陶渊明《读〈山海经〉》其一："众鸟欣有托，吾亦爱吾庐。"诗意而名之。

耦园之美，首先在选址得宜，布局独特，可谓佳"耦"天成。其园三面枕水，一面临街，门前园后各有水码头。中间住宅部分，依次为门厅、轿厅、大厅和卧室楼群。第四进楼群，从东到西横贯全园，中间以廊相接，俗称走马楼，整个建筑群呈"T"形，在现存苏州园林中，可谓独树一帜。

耦园有东、西两园，布局成双，也寓一"耦"字（耦通偶，耦园亦称偶园）。古代两人耕种称"耦"，《考工记》："二耜为耦"，中国是农耕社会，重农历来是儒家思想之本，所以仕途失意之士往往会回到为百姓所依赖的田园家事中去，加上受隐逸思想的影响，常笑傲于山水烟霞之中；因此，"耦"字极具隐逸色彩。沈秉成在建园之前就有诗曰："何当偕隐凉山麓，握月檐风好耦耕。"

假山东大西小，也寓一"耦"字。刘敦桢先生评之为：叠石自然，位置恰当。并说："山水间内'岁寒三友'落地罩雕刻精美，规模较大，为苏州各园之冠。"

8.2.27 鹤园

鹤园位于苏州古城区韩家巷4号，面积约3060平方米。与俞樾曲园、吴云听枫园南北为邻。1963年被列为苏州市文物保护单位。

鹤园建于光绪三十三年（1907年），为时任苏州道员洪尔振所筑。洪尔振（1856—1916），字鹭汀，西蜀华阳（今成都）人。光绪十七年（1891年）举人，官江苏溧阳、丹徒、丹阳知县，江苏候补道。辛亥革命之后，寓居上海、扬州，是淞社之重要成员。为俞樾从孙婿，与吴昌硕、郑孝胥等交往甚密。

金天羽《鹤园记》："清光宣间，华阳洪鹭汀观察以宦橐所赢，卜宅韩家巷而规其为圃，取曲园所书'携鹤草堂'四字榜之曰鹤园。"[1]宦橐所赢是指因做官而赢得的钱财，可知鹤园之名是因为俞樾书有"携鹤草堂"匾而取，"又署其厅事曰栖鹤"，"方池镜平，修廊虹亘，风亭月馆，媚以花药，地不溢三亩，而专林壑之美"。园有方池一泓，长廊逶迤，风亭月馆掩映于山石之间，确是一方城市山林之地。"乃斤斧之役未竟，观察不欲有其业。先王父中表屈庐庞公承是园也，以付于其孙蘅裳。"[2]园未竣，于民国癸亥（1923年），转手卖给了庞庆麟，然后去了上海。

庞庆麟，字小雅，号屈庐，同治十三年（1874年）进士，江苏震泽（今吴江）人。官至刑部主事、户部主事。在苏州有多处房产，如购大新桥巷陈氏老宅，马医科绣园曾为其孙庞国钧所有，名居思义庄。"其孙蘅裳"即庞国均（1884—1968），字蘅裳，号鹤缘，别署梦鹤词人。"蘅裳于癸亥秋始葺是园谋居之。蘅裳修且癯，与鹤望生相类，自号曰'臞鹤'有年矣。既宅于兹，乃改字曰鹤缘，缘与园音相谐也。"癸亥即1923年，庞国均对鹤园整修后，由大新桥巷老宅迁入鹤园。"蘅裳方从事杭州，则僦与沤尹。浙西古为词客渊海，沤尹善讽谕，忱悱婉丽，一师梦牕。而高密郑大鹤为词俊健，有白石之风。二子同居吴下，海内隐然推词坛祭酒，四方名士踵接其庐。园有丁香一本，花时芬馥，则沤尹自宣南移种，寸根千里来宠词伯。"[3]庞国均因在杭州工作，便将鹤园租赁给朱祖谋。

朱祖谋（1857—1931）原名朱孝臧，字藿生（一字古微、古薇），号沤尹，又号彊村，浙江归安（今湖州）人。光绪九年（1883年）进士，官至礼部右侍郎。

光绪三十二年（1906年），在广东学政任上以病乞解职，卜居吴门，往来于苏州与上海之间。有词集《彊村语业》三卷，诗集《彊村弃稿》一卷等。在苏州先是寓居听枫园，宣统二年庚戌（1910年），作《西河》词，序云："庚戌夏六月，瘿庵（即罗惇曧，字掞东，号瘿庵）薄游吴下，访予城西听枫园，话及京寓，乃半塘翁旧庐……"1923年，又租下鹤园，并从北京移植丁香花一本。1926年四月，移苏州家什及藏物至上海。1931年卒于上海枯岭路南阳西里寄庐。

1942年，园归苏纶纱厂厂主严庆祥，曾作纱厂办事处。苏州解放后，严氏将园献与人民政府。

鹤园东宅西园，园以四面厅居中，分为南北两部（图8-2-13）。厅北以鹤形水池为中心，环池叠石，植以花木。厅南与门厅互为对景，沿粉墙置花台。池东有长廊自门厅至大厅，贯穿全园，曲折盘旋。庞国均之鹤园，"园中梅、杏、梧桐、枫叶，离立数十本"。

1 范君博，苏州市园林和绿化管理局. 吴门园墅文献新编［M］. 上海：上海文汇出版社，2019：183-184.

2 范君博，苏州市园林和绿化管理局. 吴门园墅文献新编［M］. 上海：上海文汇出版社，2019：183-184.

3 范君博，苏州市园林和绿化管理局. 吴门园墅文献新编［M］. 上海：上海文汇出版社，2019：183-184.

图8-2-13　今鹤园平面图

四面厅：现厅内有悬有“枕流漱石”匾额。其前庭中，原有朱祖谋自千里之外的北京宣南移植至此的一本丁香，花时芬馥满园，沁人心脾。庞蘅裳特以砖坛护之，并求邓邦述篆题“沤尹词人手植紫丁香”八字于花坛下方。

携鹤草堂：为园内主体建筑，前廊东西门楣上有庞蘅裳自题“岩扉”“松径”砖额。

梯形馆：位于水池之西。平面呈梯形，为一歇山式重檐建筑，形象特别，在苏州园林中实为少见。馆以曲廊与大厅携鹤草堂相接。

梯形馆南，即园之西南角，叠以黄石花坛假山，上有广玉兰和紫藤，似为百年之物。

鹤园规模较小，布局近于庭院。刘敦桢先生说：“山、池安排与局部处理简洁，园景以平坦、开朗为特色。两翼廊、轩的位置、尺度合宜，西南一角土阜与水湾处理也不落建筑沿周边封闭环列的常套。”池西梯形馆，“与东侧长廊均能破除墙面的平板空旷，有助于丰富园景。长廊曲折有致，与院墙构成几个小院，间以杂花修竹，层次颇多，为全园精华之所在”。

原名东园，后吴待秋取杜甫《秋兴》诗之八："香稻琢残鹦鹉粒，碧梧栖老凤皇枝"句意而名残粒园。园由"锦窠"砖额月门而入，峰石为障景，水池居中，太湖石驳岸，池岸有水穴、石矶、钓台等，有池水不尽之感。水池西北墙根为太湖石假山，由山洞拾级而上，可达山巅半亭，即栝苍亭（取自浙江栝苍山名），亭踞山崖，可俯瞰园全园景色。园中小径环池，蜿蜒起伏，植以榆树、桂花、蜡梅等，四时可观；更有薜荔等藤萝绿被山石，显得苍翠温润（图8-2-17）。

图8-2-17 残粒园栝苍亭

纵观其园，假山、水池、花木、亭台俱备，布局上善于利用空间，尤能小中见大，刘敦桢先生评之为："此园运用传统小空间处理手法较为成功，半亭、石洞、水池、花台的位置高下相称，尺度适当，组合紧凑。"实为苏州小型园林之精品。

8.2.30 慕园

位于苏州市富仁坊巷72号，面积约为1230平方米，现为苏州市控制保护建筑。

始建于清代，现68号东路建筑内尚存道光壬辰（1832年）题款砖额。太平军占领苏州时，为慕王谭绍光府邸，称慕园。谭绍光（1835—1863），广西桂平县人，忠王李秀成的部下，是太平天国后期著名的军事将领，以平苏浙功，封慕王。清军攻克苏州后，慕王府渐废。20世纪50年代初归工艺美术局使用。1962年归园林管理处，建苏州盆景园，培植、陈列苏州盆景，对外开放，为我国最早的专类盆景园之一。后归市邮电局，1980年规划为修复项目。

现仅存假山、水池。

假山：位于园林南部，土石相间，东西狭长，山上岗峦起伏，林木繁茂，层次丰富。山径蹬道蜿蜒曲折，高低盘旋。山上多散列峰石，玲珑多姿。假山有东、西两洞，东洞顶部以勾搭法叠成；西南山洞则蜿蜒曲折，因山洞较长，故采用条石为顶。

水池：位于假山之北。池依山而凿，湖石驳岸为主，曲折而委婉，并多处留有水口及水湾，使水面具有水广波延、深远不尽之意。水池东北角设溪涧，湖石筑砌，曲折而幽深，正所谓山贵有脉、水贵有源。池上架曲桥，以湖石为栏，这是为晚清园林的普遍做法。

园内假山精巧，水池聚分自然，山池结合自然，周围林木苍郁，颇具山林之趣。

8.2.31 渔隐小圃

位于苏州枫桥寒山寺江村桥南。渔隐小圃原为王廷槐的江村山斋。王廷槐，字冈龄，号盘溪，工诗画，与沈德潜、袁枚等名流交游。袁枚《渔隐小圃记》云："吾宗有贤曰：渔洲居士。居士有园曰：渔隐小圃，在枫桥之西，袤广百弓，客之往来于吴会者，可以泛杭而至。去年予初游目，见有所谓‘无隐山房’者，仿山谷答长老之旨，植桂其繁”（清袁枚《小仓山房文集》）。可见园名取自黄庭坚从晦堂和尚悟禅的故事，宋释晓莹《罗湖野录》载：“太史黄公鲁直（宋代黄庭坚）元祐间，丁家艰，馆黄龙山，从晦堂和尚游。……时当暑退凉生，秋香满院。晦堂乃曰：‘闻木樨香乎？’公曰：‘闻。’晦堂曰：‘吾无隐乎尔？’公欣然领解。”禅宗讲究悟道，佛理就象桂花香飘一样，虽无影无踪，看不见，摸不到，但却无处不在，无处不有。又因仰慕文徵明，改名为小停云馆。

王廷槐殁后，园归其婿廷槱，并改葺，称渔隐小圃。袁廷槱，字启蕃，号渔洲，长洲人。袁廷槱卒，其弟廷梼继之，又拓新之，于嘉庆二年（1797年）移居。袁廷梼有《丁巳夏日移居西塘渔隐小圃，偶成七律四首》记之，其四有诗注云：“园为王丈盘溪故居，王丈工画，师法文待诏，沈归愚先生题曰‘小停云馆’，壁有《西塘雅集诗》，先兄为之刻石。”[1]袁廷梼（1764—1810），字寿阶，号又恺，与周锡瓒、黄丕烈、顾之逵号称乾嘉“藏书四友”，有《红蕙山房集》《五砚楼书目》《金石书画所见记》《渔隐录》。清王昶《袁又恺渔隐小圃记》：“枫桥之水，从梁溪来，过桥分支西南流，别为西塘，又有桥名江村，其南则袁子又恺渔隐小圃在焉。圃之先，为王冈龄居，名‘江村山斋’。冈龄师沈文悫公，工小诗，画仿文待诏，往往招集胜流名士，作文字饮，具见所刻《西塘酬唱集》中。”《寒山寺志》之“附录”载：渔隐小圃有贞节堂、竹柏楼、红蕙山房、枫江草堂、吟晖亭、五砚楼等十六景。其中竹柏楼，“在枫桥西沿塘，乾隆中袁廷梼母韩氏守节处。当时题咏甚富，有《霜哺遗音集》”[2]。

顾禄《清嘉录》卷三游春玩景：“又枫桥西，沿塘小停云馆，本为国朝王庭魁宅，后归袁廷梼，葺为渔隐小圃，后查氏改为绉云别墅。”

袁廷槱时，小圃有鸟催馆、来钟亭、戏荷池等。袁枚《渔隐小圃记》对其园景的描述：“足止轩者，仅容二人膝语，甚奥。燕睇堂者，长康重榛，可以张饮会宾，甚恢宏。列岫楼者，遮迣穹隆、灵岩诸峰，甚旷。其他，馆曰：鸟催阁，曰：来钟亭，曰：小衡山，池曰：戏荷，率皆回峰纡流，有屡屡晃漾之观。”

袁廷梼时，小圃有贞节堂、竹柏楼、梦草轩、水木清华榭、洗研池、稻香廊、枫江草堂、锦绣谷等十六景。袁廷梼有《渔隐小圃十六咏》[3]记之。《袁又恺渔隐小圃记》：“又恺之兄，冈龄女夫也，故是圃归袁氏，又恺拓而新之。”入门，贞节堂三楹，后为竹柏楼，盖奉母韩大夫人，而竹柏所以况其节也。楼旁有洗砚池，池木湛碧，芙蕖花时，香满庭户；袁廷梼诗云：“舍后有清池，池清可洗砚。绿縠绉千层，冰轮沉一片。风吹翰墨香，青莲生水面。”沿池偏植木芙蓉，其《芙蓉径》诗云：“本末搴芙蓉，骚人寄幽思。湘江秋露繁，晚霞映霜果翠。今傍野人庐，绕径增清媚。”通过芙蓉径可达梦草轩；“一榻近池塘，独卧布衾衣。忽闻鱼夜跃，枨触披衣起。年年春草生，谢梦今已矣。”傍柳阴，驾横石，名柳沚徛；“柳沚水清浅，横石即为徛。树密鸟声喧，溪流花影移。前山有佳趣，行歌复徲夷。”由徛而入，左

1 范君博，苏州市园林和绿化管理局. 吴门园墅文献新编［M］. 上海：上海文汇出版社，2019：450.

2 （清）叶昌炽. 寒山寺志［M］. 南京：江苏古籍出版社，1990.

3 范君博，苏州市园林和绿化管理局. 吴门园墅文献新编［M］. 上海：上海文汇出版社，2019：450-453.

为系舟，诗云："不泛五湖里，惟将书画装。虚窗不受著，止水自生光。堂坳一杯滞，寂寂绿杨傍。"右为水木清华榭，"晴光泛秋水，空籁振林木。翠羽集复翔，文鲂戏相逐。临流时抱黎，得句在廷目"。再进为五砚楼，又恺嗜藏书，兼嗜砚，获砚五，皆元明间袁氏名人手泽，故以名楼，其诗云："先泽在砚田，经训是菑畬。灌溉茗颖发，笔耕信未虚。开窗面平野，楼中看荷锄。"登楼，远山出没，平畴如方罫，可供吟眺。楼东枫江草堂，"诛茅枫江上，沿江构草堂。夜钟出古寺，春水通横塘。编篱学老圃，不惮灌花忙"。草堂后，栽有牡丹、芍药，名锦绣谷。袁廷梼曾于嘉庆三年戊午（1798年）三月十一日，因小圃牡丹花开，招王昶、钱大昕、段玉裁等同人赏花，吟诗酬唱并有诗记之。南并草堂者小山丛桂馆，取"小山招隐"之意，丛植桂花，"丛桂发天香，众芳渐摇落。筑馆山之幽，高会比酬酢。不慕招隐士，喜得文酒杯"。前有小阜突起，建吟晖亭于上，诗云："孤亭对初日，幽砌露未晞。离离见寸草，融融乐春晖。低吟东野句，零泪沾裳衣。"亭下接稻香廊，"朔风吹寒雪，四野田铺玉。长廊望农人，白屋饭蒸粟。回忆稻香村，辛苦胼手足"。廊尽为银藤簃，"阁边架小屋，檐绕银藤枝。暮春花璀璨，宛若珠帘垂。月色相掩映，夜坐吹参差"。西向最高者为挹爽台，"素嶂立如屏，苍岩净若扫。雨过清览观，云开荡怀抱。横琴曲未终，飞鸿入晴昊"。东则汉学居，为袁又恺著书之地，又恺穷经必本注疏也，诗云："古圣微言绝，汉儒训诂明。仰止郑北海，礼堂集其成。我欲据秘逸，何时慰平生。"再后为红蕙山房，钮布衣匪石自洞庭山移红蕙树此，故名，其有诗云："良友贻红蕙，山房易嘉名。秋风始吐花，色艳香偏清。苍松今有伴，发我思古情。""红蕙"下有注云："蕙这钮君非石所赠，庭有四面松，乃小停云馆故物。"总十六景，而统谓之渔隐小圃（清王昶《袁又恺渔隐小圃记》）。

王昶说：渔隐小圃，"且见夫亭榭之更新，图书之美富，宾朋之戠盍，将与乐圃、南园并美。"

8.2.32　蒋氏塔影园

位于虎丘山东山滨，乾隆年间蒋重光筑，俗称蒋园。蒋重光（1708—1768），字子宣，号辛斋，别署东皋隐，长洲人，雍正六年（1728年）入苏州府学，诸生，著有《赋琴楼稿》等。同治《苏州府志》："蒋氏塔影园，俗呼蒋园，在虎丘东南隅，蒋重光所筑别业，有宝月廊、香草庐、浮图阁、随鸥亭诸胜。园本程氏故居，蒋氏有之，盖袭塔影之名，而非旧址也。嘉庆二年任太守兆坰即塔影园改建白公祠，中有思白堂、怀杜阁、仰苏楼。"嘉庆二年即公元1797年。《吴门园墅文献新编》："其地为程秉义故居。"程秉义事迹不详。蒋恂堂《塔影园》诗云："园亭已入香山社，松竹犹存蒋径名。秋雨独来寻塔影，隔溪鸥鹭总关情。"[1]王鸣盛《同沈侍郎暨三吴诸子，集蒋君塔影园》、钱大昕《述庵侍郎招同袁春圃、潘榕皋、宋汝和、蒋立厓、周漪塘、费在轩、王西林、张农闻、袁又恺、戈小莲、徐佩云，集塔影园小饮即席得句》等诗咏。

1　出自（清）顾禄撰《桐桥倚棹录》。

沈德潜《蒋氏塔影园记》说：因园中山巅浮图，隐见林隙，故名塔影园。金义植有诗云："丘南来蒋宅，一水隔湾环。翠冷槛前竹，云晴屋后山。寒日照高阁，青苍浮烟鬟。嵯峨七层塔，影挂疏竹间。"其特色在于借山、借塔影。"园本程氏故居，几为废壤，主人有之，剃蒙翳，蠲荒墟，构新依故，崇卑决淤，经营有年。断手伊始，敞者堂皇，俯者楼阁，缭者曲廊，静轩闲龛，邃窝深房，峙乃亭台，环乃垣墙，向背适宜，燠寒协序。隙地植梧、柳、榆、桧、桃、杏、来禽，芍药满畦，寒梅成林，藤萝交络，桂树丛阴，馣馤蓊勃，葱蒨深沈。此南岸之胜概也。"[1]此为南岸景色。

园之北岸景物："迤北通以虹桥，沿以莎堤，突以高冈。冈杂松杉、乌桕、银杏之属，石级萦绕，虎络连缀，洗钵有池，翻经有台，窈窱有敦，篠荻萧疏，连绵鹤涧，第三泉注白莲池，泻入涧中，乍舒乍咽，幽幽淙淙，云垂烟接（最高处旧名）。睇视涵空，浩然天成，匪由人工。此北岸之胜概也。"

园之周边景物："园三面绕河，船自斟酌桥进，丛生芰荷，朋聚凫鸥，回塘纡馀，沓溆分流，山山遥青而点黛，水绕白而曳练，直溯长荡，疑闻棹歌。此园以外周遭之胜概也。"[2]

蒋氏塔影园是沿袭了明末崇祯年间国子生顾苓虎丘塔影园之名及造园手法，所以沈德潜说："昔顾高士苓居塔影园，高士结志区外，洒门清川，所云畏荣好古也。"其最大特色就是借景虎丘塔影，"赋琴主人为园于虎丘东南隅，山之明丽秀错，园皆而得之，名曰：塔影，山巅浮图，隐见林隙，故名"[3]。

8.2.33 抱绿渔庄

位于虎丘山东山滨。《桐桥倚棹录》卷八：道光年间为瞿兆骙宅。瞿兆骙即瞿远村，后购得网师园，修葺而成一代名园。之后，抱绿渔庄归陈氏，再归顾禄，修缮后，名东溪别业，他便从塔影山馆移居于此。顾禄有《东溪别业前后记》和《纪事诗》二十首，刻入《颐素堂诗文集》内。顾禄，字总之，一字铁卿，自署茶蘑山人，嘉庆、道光年间吴县人，著有《清嘉录》等。袁学澜说顾禄居抱绿渔庄时，"豪气方盛，志方恣，挟赀出游，鹜声逐势，遍交贤杰，衔杯接欢，目驰骋于酒场文社间，颇以豪侠自命"。后因觑觎郡中富族，因讼事下狱而死。

塔影山馆，在塔影桥内，为皖人陈氏所筑，其地与短簿祠（即今万景山庄址）相望。顾禄因忆王士禛有"一片青山短簿祠，夕阳花坞带茅茨"之句，摘书"夕阳花坞"四字以颜其楣，并有联云："一堤风月，往来几个酒人，且共我浅斟低唱；七里莺花，供养历朝词客，犹容侬觅句裁笺。"又于隙地艺菊数百盎，有匾曰餐英，节取自《楚词》语，有行吟泽畔之意也。卜居未几，因梅雨陡涨，易淹，所以便徙于东溪别业。

抱绿渔庄东北两面临流，为竞渡游船争集之区。

1 范君博编，苏州市园林和绿化管理局. 吴门园墅文献新编［M］. 上海：上海文汇出版社，2019：195-196.
2 范君博编，苏州市园林和绿化管理局. 吴门园墅文献新编［M］. 上海：上海文汇出版社，2019：195-196.
3 范君博编，苏州市园林和绿化管理局. 吴门园墅文献新编［M］. 上海：上海文汇出版社，2019：195-196.

东溪一曲：为程世勋题匾，陆绍景书，并有北郭散人林琛撰书的对联曰：“聆棹歌声，辨云树影，掬月波香，水绿山青，此地有出尘霞想；具著作才，兼书画癖，结泉石缘，酒狂花隐，其人真绝世风流。”又有韦光黻所赠的对联云：“如此烟波，只应名士美人消受溪山清福；无边风月，好借琼楼玉宇勾留诗画因缘。”

北楼：有额曰含飞阁，王芑孙书。

南楼：曰先秋得月楼。楼下为知非草庐，顾承书，有钱塘孙元培撰书的对联曰：“倭国远求萧颖士；鉴湖高隐贺知章。”又犹女德华所书的集明人文中语对联曰：“塔影在波，山光接屋；画船人语，晓市花声。”

袁学澜《重过抱绿渔庄感旧记》说：其园“碕岸陡出，绣榭凌波，曲槛雕窗，湘帘掩映。”侈汰之盛，可见一斑。

附：瑶碧山房

《桐桥倚棹录》：“瑶碧山房，在东山浜，本为瞿氏宅，今为赠君陆敦诗别墅，其嗣陆森重茸，面东临流。春秋佳日，尝延文人学士啸咏其中。联曰：‘塔影峦光楼阁上；花辰月午画图间。’董国华书。又，盛朝钧赠联曰：‘秋月春花名士酒；青山绿水美人箫。’上为涵影楼，凭栏遐瞩，烟波渺然。中有微波亭，亭前古桂数株，花时香霏垣外，施南金易其额曰：金粟影，联云：‘延到秋光先得月；听残春雨不生波。’”[1]瞿氏即后来的网师园主人瞿兆骙。

8.2.34　尧峰山庄

尧峰山庄在尧峰山之胡巷村（后名萧家巷），原为卢氏别业，清初汪琬所建，自作《尧峰山庄记》，“阅四旬，縻白金几如屋直之数，而始讫工。”[2]汪琬（1624—1691）字苕文，号钝庵，初号玉遮山樵，晚号尧峰，小字液仙，人称尧峰先生，长洲（今苏州市）人。顺治十二年（1655年）进士，康熙十八年（1679年）奉诏考试，授翰林编修，二十年（1681年），乞病归，隐居尧峰山，有《尧峰文钞》《钝翁前后类稿、续稿》等，古文与侯方域、魏禧并称“国朝三家”。汤斌《石坞山房图记》：“吴郡山水之佳为东南最，而尧峰名特著者，则以汪钝翁先生结庐故也。钝翁文章行谊高天下，尝辞官读书其中，四方贤士大夫过吴者，莫不愿得一言以自壮。而钝翁尝杜门谢客，有不得识其面者，则徘徊涧石松桂之间，望烟云杳霭，怅然不能去也。以此钝翁名益重，然亦有病其过峻者矣。”[3]

汪琬《初置山庄二首》：“虫丝冉冉罥秋槐，室有烟煤径有苔。幸得好山当四面，不妨牵帅老夫来。”又“缚帚旋除珠网净，插篱每护药苗新。老夫到老不晓事，能几何时作主人”。又有《重葺山庄作》：“作屋茅檐亦快哉，中间位置出新裁。结篱欲限邻鸡入，甃径愁妨好客来。旋滤石泉供茗饮，豫培桐树作琴材。暮年自笑忙如许，一半童心未肯灰。”并有《村居

1　出自（清）顾禄撰《桐桥倚棹录》。

2　王稼句．苏州园林历代文钞［M］．上海：上海三联出版社，2008：141.

3　王稼句．苏州园林历代文钞［M］．上海：上海三联出版社，2008：141.

十四首》咏之。汪琬在此山庄筑有御书阁、锄云堂、梨花书屋、墨香廊、羡鱼池、瞻云阁、东轩、梅径、竹坞、菜畦诸胜，尤以御书阁和东轩为最（清汪琬《尧峰文钞》卷六）。

御书阁：《百城烟水》卷二："御书阁，在尧峰之麓。为汪钝翁先生读书处，旧名：皆山阁，复称：归来阁。甲子冬，大驾南巡，御笔临董其昌书以赐，因供奉阁中，遂改今名。"[1]汪琬《皆山阁》诗云："竟日不出户，凭高兴自长。溪山供画本，烟霭润琴床。药草烹为馔，松肪爇作香。儿童报奇事，邻笋欲捎墙。"汪琬《御书阁记》云："皇帝践祚之二十有三年，冬十月戊子（午），东巡至苏越二日，庚申，御舟还次无锡，驻跸惠山之麓，招巡抚都御史臣斌，谕曰：'编修汪琬久在翰林院，文名甚著，近又闻其居乡不与闻外事，是诚可嘉，特赐御书五轴……。'凡行楷三十有五行，一百三十有一字，乃临故尚书（董）其昌所录诗余三阕也"（同治《苏州府志》卷四十五）。其《自题山庄》诗云："问舍山深处，萧然一径斜。亭阴丛苦竹，墙角蔓圆瓜。怀壁惟生蠹，荒畦每聚蛙。耕渔俱在野，真作野人家。"又："茅茨傍墓田，见者或疑仙。身在人间世，家依小有天。斫云科果树，烧药试松泉。犹恨归来晚，行歌是暮年。"另有《吴公绅同周觐侯移庖过尧峰山庄，觐侯有诗，因次韵二首，同集者张六子、王咸中及公绅次子于石也》诗中，有"枳篱茆舍也生春""径有茶梅初放艳"；《尧峰山庄招公绅觐侯》中有"丛桂丹时兴最长""水面咿呀乘晓月"等描述，大致可见尧峰山庄的景色（清汪琬《尧峰文钞》卷七）。

东轩：汪琬《东轩遣兴》诗云："溪长路复重，轩骑绝过从。久向空山里，全家占一峰。瀑声穿涧小，花气覆檐浓。自分衰迟极，为农近亦慵。"《料理东轩南墙外地粗了》："春寒趁晓晴，幽事费经营。径石铺初稳，山松植已成。藏花交小叶，梢蝶下新莺。送老无多地，欣然惬野情"（清汪琬《尧峰文钞》卷七）。

汪琬《山庄》诗云："水北山南池，渔樵并结邻。岁时仍汉腊，风土是尧民。怪石苔侵面，长松薜裹身。不因村舍僻，何以谢嚣尘。"山庄依山面水，前有一径斜上，亭边生长着苦竹，环境幽远，溪山似画。

附：丘南小隐

在虎丘关山门甬道之东，为汪琬在虎丘山的别业。《百城烟水》卷一："丘南小隐，在二山门之左。系汪钝翁先生读书别业，诸门人所修葺也。内有员（圆）石，光润可鉴，故又名十四石圃，其最胜有山光塔影楼。"曹基《迎汪钝翁先生至丘南小隐》："园居无一亩，揽胜在凭楼。近市仍达俗，看花最耐秋。山光庭树引，塔影砚池收。会得幽栖概，何须问虎丘。"《虎阜志》等均作"二十四石圃"。《吴门园墅文献新编》："内有圆石，光润可鉴，故又名'二十四石圃'，其佳处有乞花场、山光塔影楼诸胜。圣祖玄烨南巡，召见行宫，赐御书，悬于丘南之堂。今则别业已废，名迹无存。迨民国十五年，由苏州总商会改建商团纪念碑林，更名'云集山庄'。兹以园林管理处开渠筑桥，争光名胜，此地适当冲要，遂成河埠矣。"可见其大致更改。

1（清）徐崧，张大纯．薛正兴，校点．百城烟水［M］．南京：江苏古籍出版社，1999：154-155.

8.2.35　南垞草堂

在尧峰山之胡巷村南，吴公绅所筑。吴士缙，字公绅，长洲人，以医为业，汪琬《南垞草堂记》云："盖公绅故儒者，及壮始业医，以是喜读书、为诗，好施乐义，有以病告者，无论寒暑风雨必往，既悉心治疗，其酬谢有无，举不校也。有余资，必用以分给亲故宾客，随手散去，家不留一钱。"因此，"有盛名而甚贫"。相传此地原为元末顾阿瑛曾避地卜居于此。汪琬说："予居村中，吴公绅先生屡访予于此而乐之，因买地筑小园，为草堂于其间。"（同治《苏州府志》卷四十五）为了和汪琬做朋友，索性买地筑园做邻居。

康熙年间，归处士金拱辰，益加修整，时称胜景，与名流觞咏其中。金拱辰，生卒年不详，字修来，号春泉，吴县人。奉母至孝，周恤亲友，卒年五十八。

园除南垞草堂外，有漱石廊、攓云阁、容安轩等。汪琬《南垞草堂记》云："买地筑小园，为草堂于其间。堂之前乔柯数章，文石参列，飞泉从山巅来，穴垣而入，每瀌瀌鸣除下。堂之东为漱石之廊，又东为攓云之阁，又东北为容安之轩。"（同治《苏州府志》卷四十五）并有《过吴氏南垞草堂》诗，云："饭馀屐步出，于此每盘桓。高下数株石，周遭卐字阑。广除分美荫，圆沼引清湍。笋蕨茶香熟，差令老抱宽。"（清汪琬《尧峰文钞》卷十）可见南垞草堂前有广庭，乔木数株，文石参列，山泉从山上下来，在堂之侧形成圆形池沼，卐字雕阑，有阁可攓云，有轩足容安，可"愉愉然安居于兹堂"矣。

容安轩，取自陶渊明《归去来兮辞·并序》："倚南窗以寄傲，审容膝之易安。"汪琬《容安轩记》："予既寓居太傅息斋先生之第，其第逾堂而左，得东厢三楹，庳湿幽暗，遇雨将圮。于是稍葺治，其一辟牖南向，设几榻为燕休之所，暇即坐卧其中，自非理文书、接宾客，率不他徙，遂名之曰：容安轩。"（清汪琬《尧峰文钞》卷十）

汪琬说："予山居多暇，辄履步徐吟其中，然胜未有逾草堂者。"

8.2.36　石坞山房

石坞山房在尧峰山之南麓，为王申荀别业。申荀字咸中，吴县人，王鏊六世孙，原居城中西南隅有其祖的怡老园，因慕名汪碗，来此卜邻而居，王士禛《遥题王咸中石坞山房》四首其一："我爱尧峰叟（原注：汪钝翁），怜君比屋居。云林交罨画，烟火共村墟。颠倒床头屐，逍遥溪上渔。汉阴鸡黍约，今古意何如。"（清王士禛《带经堂集》卷三十三）毛际可（1633年—1708年）《石坞山房跋》："王子咸中以能诗显，尤善仿二王书。家尧峰之石坞，林泉岩壑，擅三吴之美。而其西北不数武，即汪钝翁先生卜居处也。"汤斌《石坞山房图记》："王子咸中，旧家吴市，有亭台池馆之胜，一旦携家卜邻，构数椽于尧峰之麓，曰石坞山房。日与钝翁扫叶，烹苦茗，啸歌晏息乎坞中。钝翁亦乐其恬旷，数赋诗以赠之，称相得也。钝翁应召入都，咸中复从之，舍舟登陆，千里黄尘，追随不少倦，盖其有得于钝翁者深矣。"（清王士禛《带经堂集》卷三十三）

汪碗《石坞山房记》："吴中石之美者，如太湖、巙村之属，最著以尧峰文石为甲。泉之美者，如武邱、法雨、七宝、憨憨之属，最著又以尧峰乳泉为甲。故吾吴游者，莫不盛推尧峰，尤西山幽绝处云。石坞在尧峰之麓，居人不及数家，然其行路所践皆文石也。晨夕所引以灌稻田，汲之以供食饮洗濯者，皆乳泉也。又加以竹树之美、花药之胜、云霞烟霭出没之奇丽，悉与泉石相映带。王子咸中爱之，遂筑别业，读书其间，暇即探泉源，穷石脉，极其登览所至而休焉。”（同治《苏州府志》卷四十五）

清初画坛“四王”中的王原祁（字茂京，号麓台）曾为之图，王士禛《遥题王咸中石坞山房四首》之四：“笔墨谁能事，吾宗今右丞（注：茂京作石坞图）。悠然辋川路，写向剡溪藤。短彴宜行药，空林偶饭僧。片帆天外影，兴到直须乘。”（清王士禛《带经堂集》卷三十三）

石坞山房擅林泉之美，窗外湖明，众山如在阶前。吴雯《遥题王咸中石坞山房》：“积水浮九州，东南益荡潏。人家半洲岛，萝筱互蒙密。具区我旧游，石坞君栖逸。至今尧峰上，犹上尧时日。窗外一湖明，阶前众山出。春风散岩花，细雨溜厓蜜。仙灵每来往，真儒间俦匹。表圣具生圹，维摩得丈室。泉声四回抱，岭势百崒嵂。何日复赢粮，为君访衡泌。”（清吴雯《莲洋集》卷一）

山房有池，汪琬有《坐王咸中池上》《坐王咸中池亭》等诗咏之：“杨柳芙蓉次第栽，一泓寒鉴复新开。群飞白鸟浑如鹤，散绕青苹半似苔。垣短不将山翠碍，廊虚能引月明来。溪鳞信美村醅熟，莫怪游人茗艼回。”（清汪琬《尧峰文钞》卷六）

山房有真山堂、木瓜房、鱼乐轩、快惬窝、自远阁、梅花深处、芍药畦、松陂、莲溪、藤门诸胜，施闰章、汪琬、朱彝尊等均有诗题咏。

石坞山房擅林泉之美，当时人将其比作王维之辋川，沈皞日《摸鱼子——题王咸中石坞山房》其二：“问山房、古梅修竹，烟开翠滴三径。结茅不遣尘飞到，百里湖光如镜。门外静。有春草、春波春树遥相映。幽人寄兴。看桥亘长虹，塘回走马，远寺一声磬。”

8.2.37 横山别业

又称二弃堂，在横山之北，《苏州府志》卷四十五“第宅园林”条：“二弃堂，堂在横山之阳，叶燮所居，有已畦、二取亭、独立苍茫室诸胜，皆自以为记。”叶燮（1627—1703），字星期，号已畦，世称横山先生，吴江人；康熙九年（1670年）进士，授宝应知县，后遭罢黜。康熙十七年（1678年）冬，在祖茔之地的横山之麓，“得五亩之废地，以三之一为庐舍，馀尽芟薙以为畦，身与畦丁均其劳，种植树艺，四时不敢愆其序，日月不敢差其候，昼夜不敢辍其作”（叶燮《已畦记》）[1]。畦丁即园丁。关于“已畦”之园名，叶燮说：“曾子曰：‘病于夏畦’，畦固病矣，于夏尤甚；杜甫《废畦》诗：‘暮景数枝叶，天风吹汝寒。’其衰飒之况，于寒又甚。然则畦之为业，夏病而冬寒，业之劳，历时甚苦者也。”夏畦即指夏天的田间劳作，病则是指为其所苦之意。夏天烈日当空，在田间劳动当然很辛苦，但冬寒更甚。叶燮在田园中种植蔬瓜豆谷，以供一年生活之需。已，止也。“余既无所不已矣，而独不已于

1 王稼句. 苏州园林历代文钞［M］. 上海：上海三联出版社，2008：144-145.

畦。……命之曰已畦，殆夏忘其病，冬忘其寒者矣”[1]，什么都可以停下来，唯独为了生活的劳作，而已畦则是指因劳作而忘掉夏苦冬寒。

又取鲍照：“君平独寂寞，身世两相弃”与李白：“君平既弃世，世亦弃君平”之诗义，为其庐舍取名为“二弃草堂”（叶燮《二弃草堂记》）。又有亭，华山僧碓庵子建议：“堂为弃，而亭为取，妙义循环，道尽于此矣。盍名是亭为‘二取亭’乎？”叶燮也认为：“夫道本无有可弃，本无有可取，道之常也；有弃有取，道之变也；有弃斯有取，有取斯有弃，道之变而常也。”便取苏东坡《前赤壁赋》“惟江上之清风，与山间之明月，耳得之而为声，目遇之而成色，取之无禁，用之不竭，是造物者之无尽藏也”之句中的“清风、明月，取之无禁”而名二取亭，并请碓庵书额。碓庵即释晓青（1629—1690），俗姓朱，字晓青、僧鉴，号碓庵，吴江人，清初诗僧。

叶燮《二弃草堂记》云：“戊午之冬，叶子得废圃于西山之麓，面九龙、尧峰、楞伽诸山，背负横山之阳，筑草堂焉，命名曰‘二弃’。”戊午即康熙十七年（1678年）。其《二取亭记》：“草堂之南为方池，池东南畔为亭，亭方广丈，西面临池，南北为牖，可坐。东为圆窦，导池东南行为曲流，绕亭，亭外绕以竹。”这是已畦之大致布局。

二弃草堂：为园中主体建筑，其南为方池，池之东南为二取亭。草堂后叠有假山，查慎行《过叶已畦二弃草堂出新刻见示》：“叠成山势凿成洼，位置柴门趁屋斜。小筑人皆称得地，远来吾不为看花。”假山后则为独立苍茫室。江苏巡抚宋荦有《春日过访叶星期二弃草堂不值》诗二首，其一：“柴门寂历豆花香（自注：蚕豆），一曲清池对草堂。常日观鱼人似鹤，也应唤作小沧浪（自注：余署中有小沧浪）。”宋荦曾重修沧浪亭，其水池即为“沧浪池”，而已畦中的这一方小池可称作“小沧浪”了。毛正学《叶已畦招集二弃草堂用昌黎醉赠张秘书韵》：“结庐横山畔，屋角饶烟云。芙蓉围清池，篱菊初舒芬。”小池周边植有木芙蓉，篱边则有黄菊。叶燮《方池（同王孝传）》诗云：“新柳毵毵绕野塘，寂无七十二鸳鸯。谁能知我鱼长在，忽谩低头月一方。云影参差杉嶂落，蘋花检点钓机香。若教洗耳吾岂敢，尺水何妨自望洋。”（叶燮《已畦诗集》卷五）池边新柳，天光云影，映于池中，虽只尺水，却有汪洋之感。

二取亭：位于水池之东南，西面临池，南北开窗，亭外种竹。叶燮《二取亭》诗云：“主人与世澹相忘，滥取偏于风月场。濯濯爱伊穿槛影，微微倩汝汎兰香。多生积累拚消受，一夕撄拏为底忙。盈屋满庭浑不定，若教收贮费商量。”并有《予二弃草堂南筑一茅亭，碓公赠名二取，取东坡‘江上清风，与山间明月’义，叠前韵为赠，予十一叠韵以答》诗：“小亭横丈高八尺，信物一角裹函。维摩室容八万座，亭中亦致千峰巉。主人造物真富有，与之相对忘巾衫。一向山人无职掌，管领风月新头衔。取之须藏什袭固，二物不用予牢缄。碓公持赠余自取，证明与授馀皆芟。此外向公更请益，一指直竖凌霄岩。我尝世味甘乃苦，舌根淡有天然咸。藏名无尽且无始，营营莫作疾蝇喃。绕亭四面蛙八部，利口引类张炽谗。究竟适我总成累，风姨月姊还须劖。元亮子瞻不复作，庐岳岭海风堪鉴。静观有情攫无竟，长河

1　王稼句. 苏州园林历代文钞［M］. 上海：上海三联出版社，2008：144-145.

变酪难医诡。亭与风月并我四，赖公介绍通其诚。送公出亭山北去，林端举手犹樾攕。”（叶燮《已畦诗集》卷二）

独立苍茫室：位于二弃草堂之后，中有假山。叶燮《独立苍茫室记》：“予既作草堂，于草堂后累累然筑石，石渐高出屋顶，又于石后筑室三楹，颜之曰‘独立苍茫处’，取杜诗：‘独立苍茫自咏诗’语意。”但与杜甫又不同，杜甫的“无归处”，是身在苍茫，是身世之感；而叶燮的身在苍茫，是“自得于一室，一室自得于苍茫，人境两忘”[1]。

该处还是和顾嗣协等同人吟诗雅集之处，《午日前三日，同人集独立苍茫处，即事赋断句分九佳》：“空谷惊逢节序佳，不妨胜事集涎蜗。谁人书出昭阳影，提起千年怨馆娃。”（叶燮《已畦诗集》卷九）

小天平山：叶燮《小天平山（同顾迂客雷阮徒）》诗云：“叠石为山积尺寻，依然阴壑与阳岑。撑持一簣凌空意，磅礴如拳不转心。妄谓朝天从世谛，何须端笏比华簪（自注：天平山俗名‘万笏朝天’）。堂前半亩联丘壑，径路风云只自深。”（叶燮《已畦诗集》卷五）从词义上看，这座位于二弃草堂与独立苍茫室之间的假山有以下特征：一是体量较大，占地面积约有半亩；二是假山之高，渐高出于二弃草堂屋顶；三是一座以天平山为蓝本的假山。宋荦《春日过访叶星期二弃草堂不值》其二：“别圃幽幽境愈奇，春风篮舆尔何之。小山丛桂清阴下，想见苍茫独立时（自注：书室题苍茫独立处）。”假山上或周边应该栽植有桂花。

山居之美，美在周边自然的优美环境和借景，《园冶》说“园地惟山林最胜”，故将山林地造园列为第一。叶燮此园正得其所，其《独立苍茫室记》云：“吾室仅容膝耳，予尝晨起，当檐而立，面南山，背横溪。凡日月之出没，星辰之推移，风云雨雪之变态，四时百物之消长，细至春鸠秋蟋、邻舂谷应，天地之能事，无不尽于苍茫，而苍茫无不尽于吾室，吾室隐几而得之”[2]。

8.2.38 水木明瑟园

位于木渎灵岩山麓上沙村，康熙四十三年（1704年）陆稹所建。这里原是徐白隐居之地。康熙《苏州府志》卷二十七：“水木明瑟园在上沙，初吴江高士徐白介白隐居于此，郡人陆稹增拓之，遂为胜地。园中馆宇皆秀水朱检讨彝尊署扁，何学士悼各有题识。”徐白（1605—1681），字介白，号笑庵、石隐等，明诸生；明亡后，卜筑灵岩，屏迹城市三十年，筑潭上书屋，与归庄、徐枋等友善，何焯作有《题潭上书屋》。后为陆稹所有，陆稹，字元公，一作元功，号研北，为长洲人；康熙二十七年（1688年）秀才，工诗善画，和沈德潜、张锡祚等人一起，均为叶燮受业弟子。朱彝尊《水木明瑟园赋并序》云：“康熙甲申八月，陆上舍贻书相要，过上沙别业，遂泛舟木渎，取道灵岩以往，抵其间，则吴趋数子在焉。爱其水木明瑟，取以名园。”（同治《苏州府志》卷四十五）康熙四十三年（1704年），朱彝尊应陆稹相邀，前往其园，并为其取名“水木明瑟园”。杨宾（1650—1720）《大瓢偶笔》卷

1 王稼句．苏州园林历代文钞［M］．上海：上海三联出版社，2008：147.

2 王稼句．苏州园林历代文钞［M］．上海：上海三联出版社，2008：147.

六《论学书》中云：“癸巳四月十九日，余偕义门何庶常，赴陆广文元公明瑟园之招，元公出扇素索书，余与义门始则据梧帷林，更迭挥洒，继则分居一室，各骋所能。”癸巳即康熙五十二年（1713年）。何焯有《明瑟园》诗云：“四山环合一溪通，明瑟园当野绿中。远望拂云林隐屋，到来宜月水涵空。小栏低槛坐无厌，曲碕平岗步不同。作赋前头有朱老，景多先怯语难工。”（清何焯《义门先生》卷十二）

陆稹之后，园归其子陆锡畴。锡畴字我田，号茶坞，何焯弟子。全祖望（1705—1755）《陆茶坞墓志铭》云：“茶坞姓陆氏，讳锡畴，字我田，吴人也，研北先生之子。”（《鲒埼亭集》卷二十）其《题水木明瑟园》诗云：“芳园好亭榭，赋自小长芦。云气接林屋，天光通射湖。扫除金粉泽，想见大痴图。谢豹花初放，娇红媚酒垆。”《涧上徐高士昭法草堂》：“为问徐高士，流传尚有居。蕨薇长遍野，画卷更谁储。大雅消沉后，残山涕泗馀。曾闻汤宪使，徒步此踌躇。”（清全祖望《鲒埼亭诗集》卷五）

陆锡畴死后，园渐废。同治《苏州府志》卷四十五：“乾隆五十二年，其族孙万仞尝得王石谷所绘园图。越三十年，又为毕秋帆尚书营兆地。今且松籁如怒涛声矣。”《履园丛话·园林》之“水木明瑟园”条：“明瑟园在上沙，初吴江高士徐介白隐居于此，后郡人陆上舍稹增拓之，遂称胜地，秀水朱竹垞检讨为作《明瑟园赋》，后复荒芜。乾隆五十二年，其族孙万仞尝得王石谷所绘园图见示，余为补书朱赋，于后忽忽三十年，又为毕秋帆尚书营兆地，今且松籁如怒涛声矣。”从中看出，到乾隆年间已经荒芜，后来成为了毕沅的墓地（营兆即为营葬）。

张云章（1648—1726）《朴村文集》卷十一《明瑟园记》云：“朱检讨竹垞先生过而乐之，越月逾时不能去，又赏其水木明瑟，故以名园，而赋之其园之屋则曰潭上书堂、曰皂荚庭、曰蛰篇、曰桐桂山房、曰帷林、曰听雨楼、曰翠羽巢、曰介白亭、曰升月轩。”园中馆宇的匾额都是朱彝尊所署。

潭上书堂：石城峙前，天平倚后，平田缭左，溪流带右，其中老屋五楹，规制朴野，广庭盈亩，植以丛桂，因此地名曰潭上，所以名之。

皂荚庭：为潭上书堂的后庭，“鸡栖一树，直扨清霄，曲干横枝，连青接黛，每曦晨伏昼，不受日影，下有蔀屋，偃憩者莫不忘返矣。”鸡栖即皂荚，为苏木科皂荚属落叶乔木，树干上具有分枝的圆刺，初夏季节开黄色的蝶形小花，结实成荚，长扁如刀，在拙政园等园林有生长。

曲蠡阑：左并广池，右迫桂屏，接木连架，旁植木香、普薇诸卉，引蔓覆其上，花时追赏，烂然错绣。

介白亭州：三面临水，轩爽绝伦，左则修竹万竿，俨然屏障。前则海棠一本，映若疏帘，旁有古梅，蚴蟉屈曲，最供抚玩，旧为隐士吴江徐白（字介白）所筑，故名。

坦坦猗石梁：在介白亭之前，广八尺，长倍之，平坦可以置酒，追凉坐月，致为佳胜。

升月轩：临水面东，月从隔岸修篁间夤缘而上，故名。

听雨楼：因种植梧桐、松树，并得元代书法家周伯琦“听雨楼”篆额，故名。桐响松鸣，时时闻雨，霜枯木落，往往见山。

帷林草堂：三间，北望荼茶坞山，如对半壁，其前嘉木列侍，若帷若幕，中有古桐一株，横卧池上，霜皮香骨，尤为奇绝。庭后蔬莳药畦，夏花秋葩，未尝去目。

暖翠浮岚阁：在帷林后之右偏，叠石为山，构楹为阁，四山嶒嵲，环列如屏障；烟云蓊郁，晨夕万状。

冰荷壑：帷林之前的广池，两岸梅木交映，水光沉碧，临流独坐，寒沁心脾。

桐桂山房：丛桂交其前，孤桐峙其后，焚香把卷，秋夏为佳。益者三友之蹊，细条蒙密，桐桂交错，中有微径，沿流诘曲。

小波塘：介白亭后之方池，细浪文漪，涵清漾碧，游鳞翔羽，自相映带。

擿箬冈：枕池之东，土冈蜿蜒，其上修篁林立，扫箨劚萌，颇供幽事。

木芙蓉溆：在擿箬土冈之下，池岸连延，暑退凉生，芙蓉散开，折芳搴秀，宛然图画。

鱼幢：池深广处，立石幢一，游鱼环绕，有邈然千里之意。

蛰窝、惬室：朝北，窅如深冬，庭有古梅，如幽幽蛰龙。

饭牛宫：东皋之涘，翠羽黄云，三时弥望，草亭低覆，过者以为牛宫，故名。

东沜桥：横跨流水，前后澄潭映空，月夜沦涟泛滟，行其上者，如濯水壶。

砚北村：修竹之内，茅舍数间，外接平畴，居然村落，一窗受明，墨香团几，视友仁之在阛阓有过之。

此外，园有古紫藤，全祖望作《水木明瑟园古藤歌》咏之："惊见天平谷口双峥嵘，古根诘屈穿山出，酝酿洞庭七十二峰之精灵。踞地先成偃卧形，老罴当道群貉屏。欲上不上意磅礴，忽然蹶起势骞腾。百转千蟠故作态，低头下瞰纷长缨。其心时复吐云气，其干将无闻铜腥。其杪迎风舞拂拂，大垂小垂都珑玲。就中倏生数直干，岸然如弦复如绳。空所依旁冉冉升，此尤怪绝得未曾。"写尽古藤之雄奇百态。

全祖望评之为："吴中台榭甲天下，而以水木明瑟园为最。"

8.2.39 遂初园

位于木渎东街，康熙年间，吉安太守吴铨所建。吴铨，字容斋，号璜川；生于徽州歙县之磺源，随父迁居松江，后又迁苏州木读望信桥，雍正中为吉安知府，归田后，于木渎筑遂初园；为著名藏书家，藏珍本秘籍无数。徐陶璋《遂初园序》云："吾友吴先生容斋，以郎官出典江西之吉安郡，政成风和，卓乎著循誉，年未老，乞假归，士民咸挽之不得。归无几时，度地于木渎镇之东偏，诛茆构宇，叠石穿池，极园林之胜。园既成，挈家人之半以居，日取经籍，训课其幼子，暇则登高跳远，揽山色波光之秀，间行野外，遇樵夫牧竖相酬答，若忘乎曾为郡守。"又说："先生独优游园中，罕入城市，且斯园缔造，出其家馀财，不由官之所入，其风抑又可嘉。"（同治《苏州府志》卷四十五）遂初园由吴铨传其子孙。其孙吴泰来，"吴泰来，字企曾，号竹屿，长洲人。乾隆二十五年（1760年）进士。……有别墅在木渎曰遂初园，其中藏书数万卷，多宋元善本。日与江浙名流为文酒之会"（道光《苏州府志》卷第一百二）。

同治《苏州府志》："遂初园在木渎，康熙间吉安太守吴铨，字容斋所筑，中有补闲堂。徐陶璋为之序，后归葛氏。咸丰间，归洞庭西山徐氏。"光绪年间又归柳氏，后渐废。

园名“遂初”，取自晋代孙绰的《遂初赋》。其园，垒土为山，疏者为池，极具园林之胜。有拂尘书屋、补闲堂、邃室、拂尘书屋、掬月亭、听雨篷、鸥梦轩、凝远楼、清旷亭、横秀阁诸胜。

其园景大致由邃室循修廊西折而面南者，为拂尘书屋，深静闲敞，林阴如幄，于休坐宜。经桂丛北迤，有亭翼然，俯临清流，为掬月亭，倒涵天空，影摇几席，于玩月宜。自亭而东，随堤南折，沿石齿，度略彴，为听雨篷，宾朋既退，船窗四阖，风摇枝柯，飒飒疑雨，于夜卧宜。东望为鸥梦轩，主人息机，物我偕适，于徙倚宜。又东迤为凝远楼，登楼四望，娃宫西峙，五坞东环，天平北障，皋峰南揖，馀若蠹若奔，若倚若伏，苍烟晴翠，斗诡献异，胥入阑槛，于眺览宜。楼之东为清旷亭，绮疏洞开，招纳远风，于披襟宜。亭皋南折，回旋冈岭，拾磴级，穿梅林，耸然而高者为横秀阁，东北送目，平田万顷，纵横阡陌，绿浪黄云，夏秋盈望，于观稼宜。其他平室深窝，交窗复壁，敞者宜暑，奥者宜寒，约略具备。

沈德潜《遂初园记》：“容斋吴太守于木渎镇东治园一区，园故废地，蠲荒秽，剃蒙翳，因其突者垒之，洼者疏之。垒者为丘、为阜、为陂陀，疏者为池，因池之曲折，界以为堤，跨以为桥，楼阁亭榭，台馆轩舫，连缀相望。垣墙缭如，怪石嵚如，古木槎枒，篔筜萧疏，嘉花名卉，四方珍异之产咸萃。”（清沈德潜《沈归愚诗文全集》卷四）。徐陶璋说其园，园之基址，高下广狭，楼台、亭馆、桥梁，曲折变化。有亭可掬月，有楼眺览，擅一时之胜概也。

8.2.40 灵岩山馆

位于木渎灵岩山西施洞下，筑于乾隆四十八年（1783年）左右，园主为毕沅。“营造之工，亭台之侈，凡四、五年而始竣，计购值及工费不下十万金。”（清梁章钜《浪迹续谈》卷一）。至五十四年（1789年）三月，始将匾额悬挂其头门等。钱泳和王文治、潘奕隽等曾于乾隆五十五年（1790年）游灵岩山馆，“其明年庚戌二月十四日，余与张君止原尝邀王梦楼太守、潘榕皋农部暨其弟云浦参军及陆谨庭孝廉辈，载酒携琴，信宿其中者三日，极文酒之欢。”到了嘉庆四年（1799年）九月，毕沅家被查抄，此园作为墓园并没有入官。“以营兆地例不入官，此园尚无恙也。自是日渐颓圮，苍苔满径。至丙子年间，为虞山蒋相国孙继焕所得，而先生自出镇陕西、河南、山东、两湖计二十余载，平泉草木，终未一见，可慨也。”[1]道光《苏州府志》“人物流寓下”：“（毕沅）调抚河南，适遇大旱，救灾赈困转歉为丰柘城民变，沅闻信即调兵往剿，立时扑灭，升兵部尚书、两湖总督。苗疆有警，沅移驻辰州，督运军储无缺。湖北白莲教匪人作乱，陷当阳县，沅督兵火攻复其城，仍往辰州，以炎障致疾，殁于辰。先是沅以年老，有归田之志，营‘灵岩山馆’，颇饶泉石之胜，竟未得一日安居，其后子孙遂家于吴门。”梁章钜有诗云：“灵岩亭馆出烟霞，占尽中吴景物嘉。闻说主人不曾到，邱山华屋可胜嗟！”

1 （清）钱泳．张伟，点校．履园丛话．序［M］．北京：中华书局，1979：527-529.

嘉庆二十一年丙子（1816年）园归虞山蒋继焕，故亦名蒋园。蒋继焕（1756—1829），常熟人贡生；乾隆五十三年（1788年）由捐纳工部营缮司主事，进工部郎中，补授山东曹州知府，兼护兖沂曹济道，迁山东督粮道；五十九年革职，于湖南军营效力。嘉庆二年（1797年）发山东候补知府，两护山东督粮道，再任曹州知府；十五年护广东高廉道[1]。

到道光四年甲申（1824年），园渐废。《履园丛话·园林》云："道光甲申八月，余偶过是园，回思庚戌之游，屈指已三十四年矣。为题四绝云：'卖去灵岩一角山，园门已付老僧关。林泉也自遭磨折，笑我重来鬓亦斑。''忆昔春游花正红，曾随杖履殿诸公。坐中最羡三松树，依旧掀髯倚碧空（谓榕皋先生）。''云壑巍然绝世奇，当年亭榭半参差。此中感慨谁能悉，试问墙间没字碑（旧时石刻俱已磨去）。''眼前富贵总堪哀，世事无如酒一杯。却喜今朝风日好，山灵应为故人来。'"[2]到咸丰中，园再毁于兵燹，已是片瓦不存。

灵岩山馆有御书楼、九曲廊、澄怀观、砚石山房、画船云壑诸胜。梁章钜《浪迹续谈》卷一"灵岩山馆"有其园景描述。

头门：挂"灵岩山馆"匾额，有毕沅自书对联云："花草旧香溪，卜兆千年如待我；湖山新画障，卧游终古定何年。"语意凄婉，识者已虑其不能歌哭于斯矣。

二门：扁曰钟秀灵峰，为阿文成书，有对联云："莲嶂千重，此日已成云出岫；松风十里，他年应待鹤归巢。"

御书楼：自二门盘曲而上，可达御书楼，皆长松夹路，有一门甚宏敞，上有嵇文恭书题的"丽烛层霄"四个大字。梁章钜《浪迹续谈》："忆昔游时，是处楼上有楠木橱一具，中奉御笔扁额'福'字，及所赐书籍、字画、法帖诸件，今俱无之。"楼下刻纪恩诗及谢恩各疏稿，凡八石。

澄怀观：由御书楼后折而东，有九曲廊，过廊为张太夫人祠。再由祠而上，有一小亭，即澄怀观。

画船云壑：澄怀观道左有三楹，即画船云壑，三面石壁，一削千仞，其上即西施洞也。前有一池，水甚清冽，游鱼出没可数，中一联云："香水濯云根，奇石惯延采砚客；画廊垂月地，幽花曾照浣纱人。"

砚石山房：为池上精舍，由刘文清书额。

灵岩山馆借山营池，钟秀灵峰，画船云壑，长松夹道，梅花压磴。"营造之工，亭台之胜，凡四五载而始成"[3]。钱大昕《秋帆中丞招游灵岩山馆》赞之云："四面湖山列翠屏，清虚中有快哉亭。地高合让名公占，水静还招冷客听。细雨秋添溪溜白，远峰晚借树烟青。"

8.2.41 严家花园

位于苏州市木渎镇羡园街98号，面积约为11100平方米。

1 李峰，汤钰林. 苏州历代人物大辞典［M］. 上海：上海辞书出版社，2016.

2 （清）钱泳. 张伟，点校. 履园丛话. 序［M］. 北京：中华书局，1979：527-529.

3 （清）钱泳. 张伟，点校. 履园丛话. 序［M］. 北京：中华书局，1979：527-529.

始建于乾隆年间，原为沈德潜之竹啸轩。道光八年（1828年），园归钱照。钱照字端溪，故名端园。同治《苏州府志》卷四十五载：“端园在木渎王家桥畔，道光八年钱照所筑，自为记，有友于书屋、眺农楼、延青阁诸胜。端溪隐居不仕，以能诗名。经庚申兵燹后，潜园、西潜园俱颓废，而端园独存。”

光绪十五年（1889年），常熟名医方仁渊（1844—1927）有《游木渎镇钱氏端园，园严姓所得，修葺尚未毕工也》二首，其一：“花木亭台次第新，灵岩山色倍精神。名园幸脱沧桑劫，且喜今番得主人。”其二：“奇花瘦石两清幽，为爱池塘半日留。天与闲身春不老，白头敢望再来游。”可见光绪十五年园已归严氏。现均说是在光绪二十八年（1902年）木渎首富严国馨买下端园，延请香山帮建筑巧匠重葺，改名羡园，故又称严家花园。严国馨（？—1993），乳名雨荪，初名静波，号兰芬，为接任蒋介石聘任中华民国总统严家淦的祖父。

抗战期间，曾为日军侵占，后严氏后人卖于国民政府。全国解放后，为吴县农具厂，后由镇政府收购，2000年修复并开放（图8-2-18）。

现花园中路为五进，依次为门厅、怡宾厅、尚贤堂、明是楼和眺农楼。尚贤堂前有一座精美的“绿野流芳”砖雕垂花门楼，字牌两侧肚兜及下枋雕刻有人物故事，为清代旧物。西部园林从南至北有清荫居、友于书屋、延青阁、闻木樨香堂等。

清荫居：位于最南端，其后有广玉兰古树一株，为羡园旧物，虽历经百年沧桑而蓊郁如故。

友于书屋：原为贡式船篷轩顶，《营造法原》有记载，可惜已毁。现为一独立庭院，前院湖石数片，花木扶疏，环境幽僻。书屋北侧有假山，两厢复廊皆与假山相通，洞壑幽深。

图8-2-18　今严家花园平面图

图8-2-19 闻木樨香堂

图8-2-20 环山草庐陈设

延青阁：前有清池一泓，池上架桥，周边绿树成荫，其东有澹香轩、织翠轩、锦荫山房等诸构，亭阁相望，景色尤宜。

闻木樨香堂：因周边遍植桂花而名，花时丹桂飘香，芬芳馥郁。堂前有广池，视野疏朗开阔（图8-2-19）。

东部园林有采秀山房、海棠书屋、疏影斋、听雨轩、环山草庐（图8-2-20）等。环山草庐前设平台，有太湖石假山隔水想望，这是园内最大的一处太湖石假山，山间清流潺潺，山巅有亭翼然，放眼北望，灵岩山古塔钟楼尤清晰可辨。

童寯《江南园林志》对此园评价曰："北临田野，登楼凭窗，远瞩灰平，近望灵岩，极游目骋怀之致。园内布置，疏密曲折，高下得宜。木渎本多良工，虽处山林，而斯园结构之精，不让城市。"[1]刘敦桢则评价为："园面积颇广，院宇区划，稍嫌琐碎，然轩厅结构，廊庑配列，下逮门窗阑槛，新意层出，处处不肯稍落常套。最后得小池一处，中跨石梁，作之字形，环池湖石错布，修木灌丛，深浅相映，为境绝幽。人为之美，清幽之趣，并行而不悖，而严氏此园，又其翘楚也。"[2]

8.2.42 桂隐园

位于木渎斜桥西，一名潜园，嘉庆十八年（1813年）钱炎所筑。同治《苏州府志》卷四十五载："潜园在木渎斜桥西，本旧家废园，后歙人汪某卜筑于此，中多老树奇石。嘉庆十八年里人钱炎得之，为别业，构亭榭池阁，名曰潜园。"钱炎，字杏圃，钱照之兄。其地本为明李氏小隐园，后歙人汪某卜筑于此。沈钦韩《木渎桂隐园记》说："先是嘉定汪君某基是而卜筑焉，买石移花，经营数年，天殆啬其祿而使不莫于居也。岁星几周，虽池馆稍陊，而豫于嘉木盖日长矣。践君某偕瞿司马某过而乐之。钱君喜兰，购兰之品以十数，将买园移兰以娱老，未遂而没。其长子炎，亟成先志，遂易其券，乃揭榱楯之朽蠹与粉漆之剥落

1 童寯. 江南园林志［M］. 北京：北京建筑工业出版社，1984：31-32.
2 刘敦桢. 苏州古建筑调查记［M］. 北京：中国营造学社，1936：3-4.

者，随其规缮完之。畦菊数十百本，与亲串落之。”庚申兵燹后，潜园渐废。

木渎自唐以来，人物浩穰，农贾凑集，虽名曰镇，其实县也。一水自太湖胥口分流，东迳镇二十里而入运河。一水自铜桥泛分流，东出镇之斜桥，而会胥口之水。二水夹桥，名虹桥。桂隐园位于桥南，入门，望不数亩，而间架密密，一一入画。园有凉堂、奥室、山阁、水榭，老树扶疏，浓阴覆庐。《木渎桂隐园记》记其园景，云：“有凉堂，可以企脚北窗；有奥室，可以围炉听雪；有山阁，掇烟云于帘幕；有水榭，招风月于坐卧。老树扶疏，浓阴覆庐，红莲蓝蔼，清袭衣裾，岂非仲长乐志之地、兴公遂初之干乎？”[1]

沈饮韩说：“镇之上，户崇栋宇者，沈沈相望，无足眺览，且见客则迎，距独钱予恺悌近人，芒鞋竹杖，时得造请焉，他日一觞一咏，擅木渎之胜，惟此为宜。”[2]

附：息园

同治《苏州府志》卷四十五载：“（钱炎）弟煦去园西百步余，得薛氏废园十余亩重葺，旧址凿池筑亭，憩息其中，名西潜园。”钱照之弟钱煦，字千舟，于桂隐园之西百步余，筑园，种竹莳花，憩息其中，名息园。后遭咸丰兵燹，废为灰烬。

8.2.43 邓尉山庄

位于光福西崦湖旁，今已不存。邓尉山庄为嘉庆年间查世倓所筑，其地原为元末明初徐良甫的耕渔轩。元末明初的耕渔轩不仅有登览之胜，而且以徐达左为中心形成了一个文人群体，倪攒、朱德润、周伯琦以及号称明初“吴中四杰”的诗人高启、杨基、张羽、徐贲等诗歌酬唱，书画流连。

嘉庆年间，海宁查世倓以厚值并得之，名邓尉山庄。张问陶《邓尉山庄记》说：山庄本为明初徐良夫的耕渔轩，“废圮已久，比邻有林亭池馆，颇饶幽趣”（同治《苏州府志》卷四十五）。查世倓（1750—1821），字恬叔，号讱堂，又号憺馀，浙江海宁人；乾隆三十五年（1770年）顺天举人，由内阁中书历官至刑部福建司郎中，著有《憺馀诗文集》。《邓尉山庄记》作于嘉庆癸酉仲春日，即嘉庆十八年（1813年）仲春。并说“去岁，予自莱州引退来吴，君果已先予七载归老江南，卜宅于鲟溪、鸳湖两地，而居吴之日为多。”由此推算，邓尉山庄建于嘉庆十年（1803年）。查世倓便以厚值并得之。此外，嘉庆十四年（1809年）购得现拙政园中部、原蒋棨复园，有远香堂等十景。

张郁文（1863—1938）在《光福诸山记》中说：“邓尉山庄，在光福西崦，旧为耕渔轩，明初高士徐达左良甫所居也。……轩久废，清嘉庆间，海宁查世倓购得而扩治之，中有御书楼、思贻堂、小绉云、塔影岚光阁等二十四景，张问陶为之记。未几，查氏返浙辇材去。里人徐坚、许兆熊、倪升诸人尝集文社于此。兵燹后，郡绅冯桂芬就建一仁堂，有《耕渔轩记》勒石。近年附设国民学校，即湖上读书处也。崦西小筑，在耕渔轩侧，亦曰小云

1 王稼句. 苏州园林历代文钞［M］. 上海：上海三联出版社，2008：150.
2 王稼句. 苏州园林历代文钞［M］. 上海：上海三联出版社，2008：150.

台。相传为石壖庵下院，有水阁三楹，擅湖山之胜。”（同治《苏州府志》卷四十五）说明查世倓在邓尉山庄的时间不长，后冯桂芬在此基址上建园，仍名耕渔轩。至民国年间，曾作学校用。

邓尉山庄入门则丛木蓊郁，曲径逶迤。山庄有“二十四景”：即思贻堂、御书楼、静学斋、月廊、宝禊龛、蔬圃、耕渔轩、塔影岚光阁、澹虑簃、钓雪潭、金兰馆、鹤步彴、石帆亭、索笑坡、梅花屋、听钟台、无棣传经室、春浮精舍、竹居等。

思贻堂：为五间厅堂，储藏古籍，几于充栋，《七略》四部，著录咸备，梁山舟学士为书扁。

小绉云：思贻堂后峰峦排列，奇诡不可状。有英石一峰，峻嶒秀削，潘榕皋丈题曰“小绉云”，以君家伊璜先生曾有绉云石，故小名之。

御书楼：位于小绉云等群峰之北，巍然而高峙，“中奉其先德声山宫詹侍直南斋时，蒙赐御书唐诗巨册、御制《紫葡萄》诗大幅、御笔堂额楹联及字画、碑刻、砚墨各件，敬谨宝藏，又内府秘书五百卷，乃奉敕拟纂《韵府》样本时特赐，以资采辑者，此楼之所以名也”（清张问陶《邓尉山庄记》）。

静学斋：位于御书楼东，多古树，因树为屋，名静学斋，“亦宫詹蒙圣祖谕，以‘士人必先静学，方能如卿之品端行粹。’世宗在藩邸为书斋额，宫詹感荷宠褒，识跋语以传示后人。今君敬揭诸楣，纪温纶，荣睿赏，亦以彰祖德也”。

月廊：位于西北，回廊盘互，取杨万里《积雨小霁暮立捲书亭前》“看山偶忘归来却，月到西廊第二间”诗意。

宝禊龛：循廊可以到达一斗室，即宝禊龛，因摹隋开皇本《禊帖》（即《兰亭序》）嵌石于壁，其为海内《兰亭》之鼻祖，可宝也。

蔬圃：宝禊龛后有隙地，用以种植疏果，故名。

耕渔轩：为面圃之轩，所以沿用徐达左之遗迹之名。

杨柳湾：耕渔轩外有柳堤纡曲，呈袅袅依人之态，故名。

塔影岚光阁：在柳堤尽头，高阁凌虚而起，可览龟山之麓的塔影，而太湖七十二峰，亦隐隐可望。

澹虑簃：与阁相连的西侧之屋，隐几看山，翛然物外，所以取韦应物：“杨柳散和风，青山澹吾虑”诗意而名之。

读画庐：位于阁之东，为藏春奔书画之所，烟云供养，消暑为宜。

钓雪潭：稍南有池水一泓，澄清如鉴，倚槛观鱼，令人作濠濮间想。

银藤舫：位于钓雪潭右，檐际古藤纠结，绿荫如幄，为憩息之处。

秋水夕阳吟榭：位于钓雪潭左，因惓念故交，可托兴于伊人宛在，以寄遐思，故名。

金兰馆：临水而南向，徐达左尝辑宾朋题咏为《金兰集》，故名。

鹤步彴：潭水折而北流，有石梁横卧其上，即鹤步彴，石窄而长，仅容人之趾也。

石帆亭：踞于彴东的土阜之巅，凭阑远眺，如对石壁也。

索笑坡：石帆亭旁有一块平坦的坡地，蜿蜒而西，种植梅花数十本。

梅花屋：位于索笑坡上，小筑三间，花时，主人拥炉读史于此。

听钟台：在索笑坡的高处，可遥听山寺钟声，而以自省。

无棣传经室：由听钟台而下，筑茅屋，四周遮，惟南荣辟窗户，若燕齐间之营造者。园主与诸兄弟的授经之地为古无棣邑，今则棣华凋谢，追念钓游，故名其室，以寄慨也。

春浮精舍：为园主逃禅处，“君不佞佛而喜读梵筴书，不交方外而时与寒石风公谈禅理，尝乞吾与庵无名异卉，分植庭隅，谓《水经注》云‘波罗奈国维摩所处，有树名春浮。’即此也”。

竹居：精舍之南结槿篱为藩蔽，修竹万竿，不露曦影，中藏清凉世界，凡户牖几案之属，皆竹为之，诚异境也。

张问陶说：查世倓“慨慕高踪，重加葺治，梁栋之朽者剔之，垣墉之欹者扶之，台榭之倾且颓者增筑之，厘为二十四景各被嘉名，可谓极园林之韵事”。而且邓尉山庄绿波环绕，“峙崦岭若屏障于前，妙景天成，非阛阓所恒有”（同治《苏州府志》卷四十五）。

8.2.44　九峰草庐

又称九峰草庐，位于光福西碛山下，为康熙四十五年（1706年）孝子程文焕（1649—1735）葬父，于墓旁筑室及园林。程文焕（1649—1735），字豫章，号介庵。蒋恭棐《逸园纪略》：“逸园在吴县潭西太湖滨，孝子程介庵先生庐墓处也。康熙四十五年丙戌，孝子卜葬赠儒林郎懿孝先生于西碛山之南麓，筑室墓旁庐墓。四十八年已丑，何义门先生榜曰九峰草庐。五十三年甲午，邵北崖先生题逸园二字于壁。”（同治《苏州府志》卷四十五）康熙四十八年（1709年），由“帖学四大家”之一的何焯（1661—1722）题名“九峰草庐”，五十三年（1714年）由进士邵泰题名“逸园”。何焯《题九峰草庐》：“程君豫章葬其尊甫远之先生于西碛山麓，因丙舍以庐墓，适当湖山胜处。其前远近高下，为九峰。康熙已丑，丐余书以颜之。昔玉溪生有《过姚孝子庐》诗，千载而下，鱼感鹤来之语，当复有能赋者，继其声焉，不徒以湖山相赏咏也。”（乾隆《苏州府志》卷二十七）另外，程文焕有宅在枫桥，《吴门园墅文献新编》载：“程文焕宅，在枫桥镇，清康熙间孝子程文焕所居。于四十五年重建江村桥以利行人，为梓桑造福，口碑载道。又在吴邑西脊山麓营构庐墓，颜曰‘逸园’，右临太湖，左有茶山、石壁诸胜。每当梅花开时，探幽寻诗者，必到此处也。”[1]

逸园传至程文焕之孙程锺，后易主江昉。程锺（1708—1775），字在山，吴县人。袁枚《随园诗话》卷五：“苏州逸园，离城七十里，在西碛山下，面临太湖，古梅百株，环绕左右，溪流潺潺，渡以石桥，登腾啸台，望飘渺诸峰，有天际真人想。主人程锺，字在山，隐士也。妻号生香居士，夫妇能诗，有绝句云：‘高楼镇日无人到，只有山妻问字来。’可想见一门风雅。予探梅邓尉往访不值。次日，程君入城作答，须眉清古，劝续前游，而予匆匆解缆。逾年再至苏州，程君已为异物。记其《杂咏》一首云：‘樵者本在山，山深没樵径。不见采樵人，樵声谷中应。’”

1　范君博，苏州市园林和绿化管理局．吴门园墅文献新编［M］．上海：上海文汇出版社，2019：50.

乾隆四十年（1775年），园归扬州盐商江昉（1727—1793，字旭东，号橙里），易名西碛山庄。同治《苏州府志》卷四十五："后人因其地构为逸园。有腾笑台、清晖阁、白沙翠竹山房等胜。乾隆间归扬州走读盐贾江氏。庚子岁，高庙南巡临幸其地，御制诗有'园应还故主，吾弗更去矣'之句，由是有司不复修葺。"

袁枚《西碛山庄记》载："余游时，适主人程君外出，相传园已售扬州江氏。俄而有持蕴火来置灶者，询之，果江氏家僮。"又说："江橙里先生得西碛山庄之次年，赋诗八章，走币索予为记。余告之曰：'凡游共地而不能忘者，心记之，胜于笔记之也。予游山庄一稔矣，爱其形胜之奇，天施地设，非人所为，故常置诸心目。微子之请，方将书梗概当卧游，而况受主人諈诿耶？'"（清袁枚《随园诗话》卷五）。

《履园丛话·园林》"逸园"条记载了逸园之变迁："逸园在吴县西脊（碛）山之麓，康熙中，孝子程文焕庐墓之所。右临太湖，左有茶山、石壁诸胜。每当梅花盛开，探幽寻诗者必到逸园，其主人程在山先生名锺，即孝子孙也。少工诗，同邑顾退山太史择为佳婿。太史之女曰'蕴玉'者，自号'生香居士'，亦能诗，与在山更唱迭和，较赵凡夫之与陆卿子殆有过之。在山尝有诗云：'空斋尽日无人到，惟有山妻问字来。'可想见其高致也。当时如沈归愚大宗伯、彭芝庭大司马、金安安廉访诸老，入山探梅，辄留宿园中。余年十二三时，尝随先君子游逸园，并见先生及生香居士，其所居曰：生香阁，阁下为：在山小隐，琴尊横几，图籍满床，前有钓雪槎，其西曰：九峰草庐、白沙翠竹山房、腾啸台，下临具区，波涛万顷，可望缥缈、莫厘诸峰，虽员峤、方壶，不是过也。嗣生香没后，在山亦旋卒，一子尚幼，为地方官买得而造行宫，则向之亭台池馆，皆化而为方丈、瀛州矣。乾隆四十五年，高宗纯皇帝南巡，驻跸于此，有御制诗五古一首，其结句云：'园应归故主，吾弗更去矣。'回銮后，此园遂废，今隔四十年，已成瓦砾场，无有知其处者。"乾隆四十五年（1780年），弘历驾幸于此，其《游西迹程园纪事成咏》诗云：

"邓尉复西去，盖行十馀里。西迹山在焉，程氏园居彼。
志云无多景，潭西差胜耳（见一统志）。大吏修葺之，供揽太湖水。
事成乃弗说，一涉聊为此。高下度小岭，溪村凡经几。
到亦未逾时，坐亦未移晷。屋虽谢丹艧，石乃多砌垒。
其松非古遗，其梅或新徙。独是太湖近，凭栏观足底。
白浮及漫山，钉餖如置几。何殊灵岩山，临湖榭（在灵岩行宫内）所视。
轻舆遂言旋，卯出时蹄巳。舁者觉过劳，彼亦人之子。
易马按辔行，七十犹能尔。过午还灵岩，咨政戒怠弛。
诚驰驿观山（灵岩至程园往返八十馀里，中途易马还行馆时已过午向，尹继善以驰驿观山为比，盖以余游览所至，总不逾时，于寓意而不留意之旨诚有合耳），倍由旬弗止。顾谓大吏云，可一再斯否。园应还故主，吾弗更去矣。"（清高晋等《钦定南巡盛典》卷十六）。

"园应还故主"，似乎不太欣赏，后园渐废。到嘉庆年间，逸园已经彻底荒废，已无人知其所在了。

逸园广五十亩，临湖四面皆种植梅花，不下数万本，前植修竹数百竿，檀栾夹池水。过饮鹤涧，古梅数本，皆叉牙入画。

九峰草庐：何焯题额，因“其前远近高下，为峰有九。”故名。庭前邱壑隽异，花木秀野。

花上阁：在草庐后一小阁，因植有牡丹一二十株，而得名，良常王虚舟先生题额。

寒香堂：位于花上阁后，由秀水朱彝尊题额。

养真居：在寒香堂西偏，为程孝子庐墓时栖止之所。

心远亭：在草庐之东，山阴戴易（字南枝）书额。

钓雪槎：在心远亭北崖壁上，有室三楹，栏槛其旁，以为坐立之倚，佳花美木，列于西檐之外。下则凿石为涧，水声潺潺，左山右林，交映可爱。槎之东，银杏一本，大可三四围，相传为宋元间物。稍东有廊曰：清阴接步。

清晖阁：在清阴接步廊东，虞山王峻（号艮斋）题额，蟠螭、石壁界其前，铜井、弹山迤逦其左，凭阑东望，高耸一峰，端正特立，尤为峭萃。其下梅林周广数十里，钱谦益《游西碛》诗云：“不知何处香，但见四山白。”最善名状。

梅花深处：位于草庐之西。引泉为池，名涤山潭，潭上有亭，曰藻绿，石梁其上，曰盘碕。盘碕之北，过芍药圃，竹篱短垣，石径幽邃，则白沙翠竹山房也。

宜奥室：为白沙翠竹山房旁的斗室，每春秋佳日，主人鸣琴其中，清风自生，翠烟自留，曲有奥趣。

山之幽：位于宜奥室后，因桂花而得名，古桂丛生，幽荫蓊蔚，是为园之北境。

由竹篱右径折而西，飞桥梯架岩壑，下通人行，为迪山，今名涤山。山由西碛逶迤成陇，高二十余丈，周百余亩，其中平坦处，石台方广丈馀，登其巅，则莫釐、缥缈诸峰，隐隐在目，白浮长空，近列几案间。

东则丹崖翠巘，云窗雾阁，层见叠出。西则黏天浴日，不见其际，风帆沙鸟，烟云出没，如在白银世界中，为逸园最胜处。

西碛山庄时期，园景并没有发生多大变化，袁枚说：“园中亭榭无可改更，惟台旁少屋，天风清寒，客离久留。得构数椽其间，观鱼龙出没，与缥缈、莫釐二峰朝夕拱揖，岂非置身天际哉？”又说：“庄在吴门邓尉之西，旧号‘逸园’。离城七十里，极蟹胥鲑稟之饶。入其门，古梅铺菜，芳树蓊蔚，曲涧巉岩，环庐而呈。所扁表者，有清晖阁，有九峰草庐，有钓雪槎，有鸥外春沙馆，凡十余处，皆各极其胜；而腾啸台为尤奇，台袤夷亩许。西碛山从背起接天，苍苍然，面临太湖，三万六千顷之烟波浮涌台下。”（《西碛山庄记》）

逸园不但山水形胜，而且是观梅胜地，一时文人，酬唱往来。钱泳说：“虽员峤、方壶，不是过也。”如员峤、方壶等这此仙山之景也不过如此矣。

8.2.45　爱日堂花园

位于苏州市吴中区金庭镇西蔡村47号，面积约150平方米。1986年被列入吴县文物保护单位。

建于乾隆三十年（1765年），为洞庭蔡氏祖居，堂名取自“孝子爱日”句意。汉代扬雄《法言·孝至》：“事父母自知不足者，其舜乎？不可得而久者，事亲之谓也。孝子爱日。”孝子爱日的意思是要珍惜与父母共处的岁月，能及时行孝。

堂为蔡氏世祖宋代蔡源的二十一世孙蔡光谓所建。蔡源（？—1132年），字济夫，号世洪，南宋崇宁二年（1103年）进士，官秘书郎、焕章阁学士，是宋徽宗大公主之驸马，育有三子，长子蔡维孟随母赵夫人移居苏州西洞庭山消夏湾之西，为迁居西蔡之始祖。其他二子则迁居于浙江。

现存砖雕墙门中枋字牌镌刻有“乾隆乙酉秋八月上浣”，乾隆乙酉即乾隆三十年（1765年）。

宅有东、西两路，依山势而建，现大厅已被拆，东路现存砖雕门楼和后进楼厅；西路现存花厅和住楼。东路后进楼厅为硬山顶，面阔五带两厢，明次间廊轩与东西轩廊相通构成回廊。西路花厅面阔三间，内四界前后船篷轩；西墙有《西湖全景》白描图，买鱼桥、断桥、雷峰塔依稀可见，其他大多已模糊不清；其画工精细，应为清代作品。

西花园内原有书房、邀月亭、旱船、花廊等建筑物。现园内有黄石假山一座，山中有洞，有蹬道盘旋而上，可达山顶上原有的邀月亭，亭今已坍塌不存，仅存台基。亭南有水池。花廊原系大厅通往书房的过道，半墙上饰有“万福流云”，下设美人靠，可凭栏赏花。园内有桂花、山茶、紫薇、枇杷、蜡梅、南天竺等，花木繁盛。

爱日堂原系一住宅园林，随势而建，登楼远眺，眼前青山，冈峦葱翠。小园虽小，却有假山小亭，书房船厅，确是读书事奉双亲之佳所。

8.2.46 芥舟园

位于苏州洞庭西山（今金庭镇）缥缈东蔡村秦氏宗祠旁，面积约为200平方米。1986年被列入吴县（今吴中区）文物保护单位。

建于乾隆年间，为世医秦氏故宅的一部分，俗称秦家花园。秦氏系北宋婉约派词人秦观的后裔，秦观六世孙秦宗迈（字益之）定居于此，故名。秦氏以世代行医而名世，善治伤寒，兼理妇科，累十代而有“秦一帖”之美声。园门有顾光旭题书“芥舟”二字砖额；顾光旭（1731年—1797年），字华阳，号响泉，又号晴沙，无锡人，乾隆十七年（1752年）进士，官至甘肃干凉道、署四川按察司使，有《响泉集》《梁溪诗钞》。今为十代世医秦魁元，九代世医秦少坡，八代世医秦桔泉的故居。

园名取自《庄子·逍遥游》“覆杯水于坳堂之上，则芥为之舟。”在堂上的低洼处，倒翻一杯水，以小草为舟，以喻园之小，而能优游自得，逍遥于天地之间。

园之南，以黄石假山为主，奇峰异洞，巧布于数尺之间，颇具匠心。假山四周配以天竺、枇杷、万年青等花木，颇具生机，更有数百年左右的罗汉松树一株，英姿勃发，清新挺秀。

园之东，埋有一口小缸，缸口覆盖怪石，做成小池一泓。池虽小，却与假山相映成趣，为古园增添意境。

园之西，有石垒琴桌一方，前立灵芝状太湖石一块，石上镌有“洞庭波静泛秋水，楚甸林稀见远山”之句，落款为“丙戌夏日书”，丙戌，为乾隆三十一年（1766年）。

花园之北，有书屋三间，称微云小筑。

芥舟园虽小，却布局精致，高雅不俗，是苏州乾嘉年间小型第宅园林的代表作。

8.2.47 依绿园

位于吴中区东山武山之麓，建于康熙十二年（1673年），园主为吴时雅。吴时雅，字份文、斌雯，一说字斌文，别号南村。其孙吴定璋《七十二峰足征集》卷六十九“吴时雅”条：

“先王父字份文，亦字斌雯。年十四岁，遭抚路皓月（振飞）流寓东洞庭，一见器之，呼为小友。当申酉之际，湖中多故，席太仆（本桢）受方略于路公，出家财，练乡勇，立水城以固吾圉。先王父寔左右效臂指之使。康熙四年初，设太湖营，分讯东山，把总无官署，居翠峰寺中，东山司巡检亦无官署，僦民房以居。先王父倡言于众曰：‘设兵本以卫民，今寺居深山内，去湖口三四里，将何以制湖盗。设官本以治民，今赁民居，民不惬则索屋，迁徙无常，于体殊亵首为鸠赀。’卜地湖滨，创建文武二署，升堂视事，出入呼殿，山民始见官长威仪焉。缪双泉太史（彤）为记其事于石。性爱林泉，依绿水以结庐，蜀中李学士（仙根）题曰：南村草堂。人亦遂以‘南村’称之。”

园名取自杜甫《陪郑广文游何将军山林》十首其一：“名园依绿水，野竹上青霄”句意。徐乾学《依绿园记》：“园成于康熙癸丑（即1673年），云间张陶庵叠石，乌目山人王石谷为之图，吾乡叶九来先生诗以美之。”[1]叶九来即叶奕苞（1629—1686），字九来，昆山人，家有半茧园，原址为元时顾德辉“玉山草堂”，清初为其父叶国华“茧园”，后叶奕苞分得茧园东偏之半，葺而新之，故名“半茧园”。

乾隆四年（1739年），依绿园毁于大火，一时名园成了瓦砾场。后虽重修，又毁于太平天国兵燹。1911年后尚存遗迹，李根源《吴郡西山访古记》卷五：

“过吴巷游依绿园，时雅建，又名乡畦小筑，乾学修《一统志》时居东山尝寓焉，为撰园记。今虽圮废，而池桥山石宛古桃源也。时雅子永颐著《文起堂诗文集》、永臧著《荷戈集》、孙定璋辑《七十山降足徵集》版片均存依绿园。吴氏子孙云：洪杨乱后园废版散，子孙无力，不能复振，言下极家世之感。余亦为之欷歔慨叹焉。”

今已无迹可寻。

1 王稼句. 苏州园林历代文钞［M］. 上海：上海三联出版社，2008：167.

依绿园高轩广庭，临池面山，俯仰之间，令人心目皆爽。

南村草堂：这园之主体建筑，堂之东南有双扉，映柳色而滨水者，故名柳门。

水香簃：为柳门之西的走廊，修廊数折，有若方舟之浮于波面者，故名。

飞霞亭：水香簃南数武，度平桥，循山拾级而登，有亭翼然，参古桂苍翁而出者，即飞霞亭。

欣稼阁：临阁凭虚而俯绿，平畴千顷，可以目耕，可览南湖水光一片，与天无际。自西而北，层峦复岭，青紫万状，咸排闼而入几席。

自飞霞亭后小阜，折东而下，迤逦平冈一带，皆'岁寒三友'，而有石幢高峙其间。冈之南，辟地为圃，佳树成列，望之蔚然。

花鸟间：为万绿中一小楼，上沙高士徐枋隶额，壁间镌明代董其昌书《归去来辞》。倚楼北望，则锦鸡鸠峰、濮公墩皆在檐庑间。其前则桂花坪、芙蓉坡、鹤屿、藤桥相望焉。

凝雪楼：可俯瞰平冈梅花，时在群玉山头。

芗畦小筑：凝雪楼迤北则回廊一曲，琅玕数十，至芗畦小筑，邃室六楹，缥缃满架，庭有奇石，如云涌状，上植盘柏一株，覆如青盖，此隐君课子藏修处也。

自曲廊西转，竹屏湖石，缭以短垣，有斗室为冬日藏兰之所。其中为花间石逸，其后设庖厨，贮美酝佳茗，以供宾客。

依绿园之广不逾数亩，而曲折高下，断续相间，令人领略无尽。高轩广庭，临池面山，俯仰之间，令人心目皆爽。假山为叠山大师张涟所掇，清四家之王翚为之图。当时缪彤曾评价道：东西两洞庭"山中多好事，竞选胜地为园亭，不减洛阳之盛，而最称东山吴隐君南村草堂"。

8.2.48 隐梅庵

位于吴中区东山镇金湾卜坞，道光二十六年（1846年）顾春福所筑。顾春福（1796—？），字梦芗，一作梦香，号隐梅道人，吴县人。郑言绍《太湖备考续编》卷一：

"隐梅庵，在东山卜坞，道光二十六年顾春福字梦芗筑。枕山面湖，有地十亩，植梅数百本，构屋于其中，有卧雪草堂、玩月廊、听涛观、海阁诸胜。"其自记，录其造园经过："岁丙午，道人春秋五十有一。……得之莫厘峰南麓曰：卜坞，距蔽庐三里许，前平旷，后枕山，有岩石涧水，有竹树，有松柏茂林，有破屋为基，有樵夫数家为邻，皆如所授意也。喜甚，亟假佣值购之。是岁冬，闲赋无事，典衣之邓蔚，先市梅百本树之。越岁，辟门径，洽其堂，纡曲其涧，缭以石垣。明年，葺后屋及旁舍，就山势架回廊草阁。又明年，增内室，据高筑小亭。又越一年，剔石补梅，编篱莳竹，开山径，造生圹。其花杖之未备者，悉植之，幸比岁砚田获稍丰，全家衣食之馀，罄归于此。至是始草草告成，偻指已八阅星霜矣。计地十亩，屋四十楹，咸茅檐，树梅三百本，共靡钱三千缗焉。总名之曰'隐梅庵'。"

咸丰十年（1860年）后，园归屠氏，再归谢瀛士。袁学澜《隐梅山庄记》：

“太湖东洞庭山莫釐峰之南麓，有隐梅庵者，道光间，顾君梦芗之所筑也，亭阁廊庑，随山结构。庚申之乱，未毁兵燹，后归屠氏。越三年，吴都谢君瀛士爱其景幽绝，购而居之，以为别业，易庵名为庄。”[1]

卧雪草堂：前后启牖，环以梅花，时设榻高卧其间，如袁安之偃仰于积雪中，故名。

玩月：堂中所通的曲廊，当皓魄渐圆，自松林上至梅稍，循廊玩之，最为相宜。

听涛观海阁：廊尽所筑之阁，凭栏一望，雪香如海，阁背长松屏列，涛声满耳，又如登宏景之三层也。

看到子孙轩：位于草堂后，“因栽五色鼠姑，取罗邺诗意，以勉后人也。”（清·顾春福《隐梅庵记》）鼠姑为牡丹的别称，唐末罗邺《牡丹》诗云：“落尽春红始著花，花时比屋事豪奢。买栽池馆恐无地，看到子孙能几家。”

梦芗仙馆：轩后之屋，为道人休息处，庭惟红梅绿萼，每晓枕迷离，有暗香来袭。

天雨曼陀罗华之室：位于仙馆左偏，藏屋三楹，因阶前植山茶两株，故而得名，偶趺坐逃禅，如维摩丈室，天花著人衣袂。

不可无竹居：位于室之曲廊外一小斋，周边修竹成林，东晋王徽之有好竹之癖，故名，并藉此君以砭俗。

可眺亭：位于山颠，登斯则葑山之林峦梵宇，三万六千顷之波光帆影，皆堪游目也。

春雨流花涧：其源从幽谷中来，穿垣由草堂前蜿蜒出，山雨后，潺湲不绝，落英点点，随水流香也。涧之宽处，依老树驾板桥，扶以红阑，下视水中梅影，如读林逋佳句也。

此外，竹林后有石壁，曰梅岩、兰坂、桂壑，巨石巉岩，苔花凝碧，上皆虬枝缀玉，下石埌如坂，尽艺以兰，有桂五株，因各镌名于石也。有山径曰穿珠岭。过板桥，拾级而登可眺亭，计有九曲也。岭旁一壑藏云，万花团玉。

谢瀛士隐梅山庄之园景，袁学澜《隐梅山庄记》：“其地卜家坞，面对葑山寺，左干山岭，右塘子岭。入门为巡笑簃，其中堂曰：卧雪，堂后为紫霙轩。轩之右为鹤巢径，为蔷薇院，有曲院曰：悬霤精舍，则其寝食之所也。堂之西，过枕流彴，南折而上，为于玩月廊，至碧云香雨山房，可以临眺，群山在望。其西为竹深留客处，其上为穿珠岭，梅花夹道，最上为益清亭，乃园这最高处也。湖光山色，尽在目中。下至半壁，有敞屋两椽，循达禅香坡。缘石垣，启扉出，由流花涧渡短彴，穿小径，即前门入草堂之路也。”

隐梅庵以梅胜，“兹得十亩三百树，寒香冷艳。”（清顾春福《隐梅庵记》）而隐梅山庄，虽“园之地，不过十亩，其中佳果林立，而梅尤多，药栏花径，四时芬芳不绝。”（清袁学澜《隐梅山庄记》）

---

1 王稼句. 苏州园林历代文钞［M］. 上海：上海三联出版社，2008：169-170.

8.2.49 东山嘉树堂

位于苏州市吴中区东山镇金嘉巷18号，面积约为960平方米，其中建筑为480平方米，被列入苏州园林名录。

始于清代道光、咸丰年间。嘉树堂原是清代东山潘氏古宅敦朴堂的一部分。东山潘氏源自明代万历年年间，潘秀从吴兴（今湖州）怀七里迁至洞庭东山唐殷村。道光年间，东山潘氏后裔潘良村等曾编有《潘氏宗谱》，敦朴堂未见著录。1955年部分建筑曾借用作震泽县卫生工作者协会，后迁出，归潘氏后裔。2004年由王姓从潘氏、张氏（为远东审判日本战犯翻译张培基后人）手上买下，历时三年修复竣工。

敦朴堂坐西朝东，现存门厅、大厅和楼厅，为清代晚期建筑。嘉树堂为敦朴堂之南路，有花厅和后厅前后两进厅堂。前堂后厅，堂前与厅侧各有小院，附以短廊，简朴而不失清雅。堂因园内有古腊梅、红豆树、孩儿莲、藤和平月季等古树名木而得名。

堂南沿街有“俪德还贤”砖雕门厅和边门。嘉树堂位于园之东侧，原为敦朴堂花厅，面阔三间，内四架梁，中间脊桁有贴金彩绘，前廊宽绰，前设平台，有靠壁假山一座，高耸浑厚，杂树藤萝，飞瀑高挂；下有曲池一泓，东南设水湾，呈泉流宛转之态。堂左为书屋，曰嚼妙庐；堂之南设廊，有半亭，作水榭状，名穿松就石舫。廊侧有红豆树一株，翠干碧枝，叶似槐树，2019年曾开花一次，可惜后因搬迁而枯死。

堂后天井左右花坛内各有古蜡梅一株，树龄在二百年左右，分别为七干与十一干，丛干聚簇，实属罕见。花时枝上嫩蕊，色攒黄蜡，花点点如满天星斗，黄灿灿似羽衣霓裳，清冽的香气，直浸心脾；下有青苔苍翠，相映成趣。东山居士吴之虚有诗云：“深庭藓驳映花黄，半嗛檀心紫蕊芳。一片寒香清且绝，明窗犹对素儿妆。”

后厅左有厢房，右则为小园，小小一方池水，有亭临水，湖石嶙峋，池侧分别有孩儿莲和月季名种“藤和平”。孩儿莲四月始花，花时满树花蕾如珠，花开则朵朵垂挂，正所谓“花间朵朵簇孩儿”，临水顾影，亦如西施浣纱。藤和平月季原出自法国原总理蓬皮杜访华时赠送的月季，植于网师园，后折枝扦插于此，名种得以繁衍。

小池西北筑太湖石假山，山侧配以黑松，设蹬道，盘旋而上，上置笠亭，人立亭中，莫釐峰则幽然如南山。

嘉树堂利用厅堂建筑的小小庭院空间，布置假山、小池、花木而有自然山林之趣，却不见其拥挤，可谓袖里乾坤，壶中蓬瀛，为不可多得的庭院园林。

8.2.50 端本园

位于吴江汾湖镇黎里社区中心街68号大观弄底。面积约为390平方米，为吴江文物保护单位。

乾隆年间陈鹤鸣所筑，嘉庆《黎里志》卷四载：“端本园，在发字圩，运判陈鹤鸣所居。”陈鹤鸣（约1697—1760），字敬业，监生，任天津长芦运判，历署嘉湖宁波同知等。邱璋《端本园歌》可见该园之盛衰：“十年兴衰双丸速”，当时该园也颓败得较快。陈鹤鸣的三子陈鸿文，字健冲，监生，“性磊落多豪气，亦由太学授甘肃平番知县。有前任某亏项若干，鸿文身任之，后卒以此获咎”（清徐达源《黎里志》卷九）。获罪入狱抄家，“秋蟀春庚泡影过，无端宦海起风波。乌鼠山头乡信断，脊令原上泪痕多。琅珰声急官符紧，虎卫周环阑吏窘。捕车克日拥黄门，妆楼竟夜啼红粉。箧倒筐倾玉石俱，县官籍没更无余。珊瑚树碎惊盈尺，薏苡装轻载满车。山丘华屋愁无奈，门帖萧条发官卖。燠馆凉亭蚁穴营，雕甍绣闼蛛丝挂”，后查无实据，“恩诏黄封下九天，同根萁豆免牵连。陆家许赎三间屋，卜氏区分二顷田”（清徐达源《黎里志》卷四）。端本园得到了部分恢复，一直延时至今。

园临水而筑，有伴月廊、半山亭、双桂楼诸胜。邱璋有《端本园歌》咏之：“数椽老屋愁容膝，凿池叠石规时日。卑栖何碍息蒐裘，高枕终须广兔窟。”“云蹬参差阁道重，登冯经岁告成功。排闼青莲当槛翠，沿堤绿映出墙红。”“昼绵堂高介眉寿，纱帽隐囊坐清昼。易箦宵闻蒿时歌，临觞客忆瑶池奏。”现存双桂楼、六角亭以及部分回廊、假山。

端本园临水而筑，凿池叠石，沿堤绿映，青莲排闼，杨柳成荫，为当地名园之一。邱璋有《端本园歌》有“禊湖发源自天目，临水家家富林麓。就中端本号名园”句赞之。

8.2.51 退思园

位于苏州市吴江区同里镇新填街234号，现占地面积约5670平方米。2000年作为苏州古典园林的扩展项目之一，被列入《世界遗产名录》。2001年被列为全国重点文物保护单位。

园主任兰生（1837—1888），字畹香，号南云，清咸丰八年（1858年）加入皖军，因剿捻而深受曾国藩、英翰等赏识，光绪五年（1879年）官至安徽凤（阳）、颖（州）、六（合）泗（洲）兵备道，光绪八年（1882年）又代理按察使，光绪十年（1884年）遭人弹劾，十一年正月，部议革职。彭玉麟赠其对联曰：“种竹养鱼安乐法，读书织布吉祥声”。任兰生罢官回乡后，斥资请袁龙（字起潜，一字瘦倩，号东篱等）造园，《左传·宣公十二年》：“进思尽忠，退思补过。”《孝经·事君章》亦云：“君子之事上也，进思尽忠，退思补过，将顺其美，匡救其德，故上下能相亲也。”取其意而名退思园，以表达其退位补过之意。

光绪十三年（1887年），退思园建成。是年山东巡抚张曜、两江总督曾国荃等保奏和凤颖六泗士绅联名上书，并筹集8000两白银为其捐道员，发往安徽。当年黄河决堤，安徽被水，任兰生驰驱辖境救灾保民，因马受惊而摔伤，光绪十四年（1888年）四月，卒于颍州任上。其弟任艾生哭兄诗云：“题取退思期补过，平泉草木漫同看。”

退思园由西向东可分为三部分：西为住宅，中为庭院，东为园林（图8-2-21）。住宅又分内宅和外宅，外宅为三进厅堂；内宅畹芗楼是园主和家眷的起居之处，为南北两幢五楼五底的跑马楼，东西复廊沟通。中部庭院区是西宅到东园的过渡，庭之南有迎宾居、岁寒居，是园主会客、宴客之处。庭之北有坐春望月楼、揽胜阁，是供客人居住。揽胜阁是一座不规则五角形楼阁，居高临下，可一揽东园佳境。庭中有旱船，俨然是一艘向东待发的客船。原有假山一座，现废为花池，花木灿然，环境清幽，引人入胜。院东有月洞门通往花园。

图8-2-21　今退思园平面图

花园以水池为中心，园林建筑贴水而筑，名称也由水而生。由月洞门入园，便是三面临水的水香榭，榭为南北游廊的中心，往南九曲回廊，长廊漏窗嵌饰“清风明月不用一钱买”九个小篆，李白《襄阳歌》曰：“清风朗月不用一钱买，玉山自倒非人推。”

闹红一舸：位于池水西侧，水香榭之南，为一舫形建筑。姜夔《念奴娇》词曰：“闹红一舸，记来时，尝与鸳鸯为侣，三十六陂人未到，水佩风裳无数。”置身其中，犹有舟楫之感。

由水香榭往北，过廊轩，即可达退思草堂。

退思草堂：是园内主体建筑，鸳鸯厅结构，前设露台，夏可赏荷，亦可赏全园景色，亭台倒影，景色如画。后厅有赵孟頫书《归去来辞》碑拓，实属珍贵。

琴房：位于草堂左侧，即园之东北角。前有碧水一湾，由曲桥花树与大池相隔，近处东墙下有幽篁几丛，花树掩映，环境幽绝。

眠云亭：位于水池之东、琴房之南，为二层建筑，底层用太湖石包砌，疑似亭立假山之巅。此处为园中最高处，身处亭中，如立云朵。侧旁假山有山洞，可盘行而上至亭中。古人常眠云比喻山居生活，如唐刘禹锡《西山兰若试茶歌》：“欲知花乳清泠味，须是眠云跂石人。”

菰雨生凉轩：位于水池之东南，眠云亭南。菰即茭白，为苏州“水八仙”之一，彭玉麟有西湖“三潭印月”联句曰：“凉风生菰叶，细雨落平波”。三间小轩贴水而筑，临水设长窗疏栏，入夏坐卧，如枕涟漪，虽不值菰雨，亦凉意无穷。轩内有彭玉麟所赠对联：“种竹养鱼安乐法，读书织布吉祥声。”轩底原有三条水道，已毁。

辛台：为两层小阁，是园主读书、课徒之处，有辛苦求学之意。苦心读书之余，推窗眺望，园内景色，尽收眼底。园东由云梯假山与菰雨生凉轩山墙相接，拾级而上，可至复道长廊的上层。廊之北侧，有一灵璧石峰，高5.5米，因其形酷似一位临风远眺的长者，故又称“老人峰”，峰巅酷似一长寿灵龟。

桂花厅：位于园之西南，自成院落，门楣上镌有“留人”两字，园内植以桂花几树，假山几许，为一处幽静的园中园。庾信《枯树赋》：“小山则丛桂留人”，有隐居之意。

陈从周先生认为：“吴江同里镇，江南水乡之著者，镇环四流，户户相望，家家隔河，因水成街，因水成市，因水成园。任氏退思园于江南园林中独辟蹊径，具贴水园之特例。山、亭、馆、廊、轩、榭等皆紧贴水面，园如出水上。”[1]故有“贴水园”之称。

8.2.52 燕园

位于常熟市辛峰巷，现占地面积约3520平方米。先后为蒋元枢园、燕园、疏野堂、张鸿燕园，1937年日军占领常熟后，园渐废。1982年起陆续修复。1982年3月被列为省级文物保护单位，2013年被列为全国重点文物保护单位。

乾隆初年，这里曾是方益（字对岩）的“峰谷泉源”，后售于文渊阁大学士蒋廷锡之孙、东阁大学士蒋溥之子蒋元枢。蒋元枢（1739—1781），字仲升，一字香岩，乾隆二十四年（1759年）举人，任惠安、仙游等知县，乾隆四十年（1775年）三月至四十三年六月任台湾知府，其间兼护福建分巡台澎兵备道兼理学政，其治台业绩卓著，编修《台郡各建筑图说》。

乾隆四十五年（1780年），蒋元枢辟建园林，“中建西洋台，权槛悉以檀楠为之，奉天妃其中。”相传其子蒋继煃因赌博而将园输与他人，单学传《海虞诗话》卷十三：“蒋处士继煃，字芝山，世家子，豪于摴蒲，尝掷明琼指园池为注，一掷而拱手赠人。相传即燕园也。其《咏棋墅梅》云：‘疏影斜侵一局棋，轻敲玉指带香移。由来胜败皆欣喜，索得檐前笑眼窥。’”

道光九年（1829年），园归蒋因培。蒋因培（1768—1838），字伯生，一字辛峰，乾隆四十九年（1784年）举人，长期在山东任知县，在任齐河知县时被罢免，遣戍新疆，后蒙恩

1 陈从周．说园［M］．北京：书目文献出版社，1984：49.

释回，回到故里，有《乌目山房诗存》。后买下蒋元枢园，重加修建。于五芝堂之东南，增筑赏诗阁，延请叠石名家戈裕良，用虞山黄石叠成“燕谷”（道光十年，即1884年，戈裕良去世，燕谷为其最后作品）。郭麐《燕园记》：“疏泉植援，帖石置屋，引远山以为屏，辟曲径以延客，花卉竹木，面势所宜，云霞新鲜，鸥鹭如养，称心营度。虽地不数亩，居然有丘壑之美。”关于燕园其名，蒋元枢说：“吾生长山左，长而跋履，足迹所及数千万里，出塞入塞，冰雪之交。在卦为蹇，于人为劳。老爱筋力，燕燕居息。少而旅逸，远去乡国。宗人戚属，稀见颜色。愿言于此：燕乐饮食，毛羽不丰。翻飞逆风，近惭鸕鹈。远愧冥鸿，飘摇琐尾。一巢始定，安我琴书。长我子姓，病者求息。劳者必歌，传于此名。”

园名取《诗经·小雅·北山》“或燕燕居息”名燕园，自号燕园主人，园亦称“泉上精舍”，人称蒋园。有诗境、燕谷、引胜岩、春明池、过云桥、一瓻阁、三蝉娟室、五芝堂、十愿楼、绿转廊、伫秋簃、赏诗阁、童初仙馆、冬荣老屋、竹里行厨、梦青莲花庵等景，钱杜绘《燕园十六景图册》。蒋元枢死后，其子蒋庸将燕园售于吴县东山富商潘守训。

道光二十七年（1847年），园为归令瑜所有。归令瑜（1800—1850）字子瑾，号萝汀、少庵，道光十四年举人，著有《疏野堂集》，归兆丰后序曰：“公少孤敏学，九岁能文，既登贤书，屡上春官，荐而不售。丁未报罢，绝意进取，购燕园以诗酒自娱，疏野堂者，园中旧额名也。”（归令瑜《疏野堂集》）后归氏又把燕园大部分售于蒋元枢玄孙蒋鸿逵。蒋鸿逵（1864—1918），字逵卿，号蔚青，著有《吾好庐诗抄》。

光绪末为《续孽海》作者张鸿所有。张鸿（1867—1941）初名澂，字师曾、诵堂，别署隐（映）南、璚隐，晚年号蛮公，得燕园后，大加修葺，自署为燕谷老人，又号童初馆主。张在燕园内，完成反映晚清史实的名著《续孽海花》；因热心慈善事业，在园内设孤儿院，又创设刺绣学校。

燕园布局呈南北狭长，可分为南、中、北三部分。三蝉娟室和诗境将南部和中部分隔；中部景区以燕谷黄石假山为主景，假山之西长廊沿园墙贯通全园南北，直抵五芝堂；北部为生活住宅区，有五芝堂、一瓻阁、十愿楼等组成前后错叠的建筑空间。

三蝉娟室：为现园中主体建筑，鸳鸯厅式，张丰玉《瓶花庐诗词抄》：“新竹幽而静，新柳娇且妍。新月一笑来，成此三蝉娟。傲他林处士，独抱梅花眠。”前有荷花池和“七十二石猴”太湖石假山，“山间立峰，其形多类猿猴，或与苏州狮子林之命意同出一臼。山下水口曲折，势若天成。”[1]三蝉娟室东即为诗境。

童初仙馆：位于太湖石假山之南，原为蒋氏家族对后辈进行家教的私塾学馆。

绿转廊：为太湖石假山之东的三曲廊桥，西南接以假山，东北则与梦青莲花庵相连。

梦青莲花庵：位于诗境南、水池东，为两层建筑，登小楼可西眺虞山风光。

燕谷：为戈裕良晚年所作的一座黄石假山（图8-2-22），仿虞山剑门，布局大胆，别出蹊径。东、西二山，上贯石梁，称过去桥。西山东南凹处凿有小池，水流引入洞中，内点步石。山巅有引胜岩，绝壁险要。燕谷之石洞、石桌、汀步、危崖，可谓园中绝胜。山南

1 陈从周．园林谈丛［M］．上海：上海文化出版社，1980：111.

图8-2-22　燕园假山

有牡丹园，花时一片锦绣，为此园之胜。东山之东北山麓曲成小池，有临水旱船，即天际归舟。

赏诗阁：位于黄石假山之东，由诗境之北楼道登之，可俯瞰全园景色，远望虞山。

天际归舟：出赏诗阁沿廊下山沿墙北行，可达天际归舟。

伫秋簃：位于黄石假山之西南长廊中，为一半亭式赏景建筑。

五芝堂：为昔日园主迎会亲友之所。堂后西侧是冬荣老屋（梅屋），其东侧有廊，北通竹里行厨，东则为一瓻阁和十愿楼。

燕园虽地不数亩，却能曲折得宜，结构有法，有丘壑之美。钱泳说："园甚小，而曲折得宜，结构有法。"陈从周先生评之曰："能独辟蹊径，因地制宜，仿佛作画布局新意层出，不落前人窠臼。"

8.2.53　曾园、赵园

位于常熟市城西南隅翁府前（现环城西路第一人民医院西），曾园与赵园相邻，原有一条民居环秀弄相隔，现两园合为一园，亦称曾赵园。环秀弄民居部分辟为"环秀分胜"，有水木清华堂、山满楼、涵虚天镜诸建筑。1982年被列为江苏省文物保护单位。

曾园、赵园都是在明代钱岱"小辋川"废址上重建的。钱岱（1541—1622），字汝瞻，号秀峰，明代隆庆五年（1571年）进士，万历年间任湖广道御史，及张居正败，被迫致仕，返乡造园。《常熟县志》卷十四："小辋川在山塘泾，南明侍御钱岱园居也。取王右丞蓝田辋川诸胜，有聚远楼，绘'辋川十二景'于壁。楼东庑有云间汉阳守孙克弘八分书'右丞十二景'。"屠隆《小辋川记略》说：他的园居绝类唐代王维的蓝田辋川，又雅慕王维的为人，所以一切台阁亭榭都颜以辋川诸胜，故名小辋川。园与宅相对，中有二十余丈的小路想通，园内有竹里馆、蓝田别业、栾濑、空明阁、梅廊、华子岗、孟城分胜亭、倒影清漪亭、风景濠梁轩、涉园、聚远楼、木兰砦、文杏馆、金屑亭、芍药栏、木香亭、蔷薇架诸景（清钱相灵《常熟县志》）（图8-2-23）。

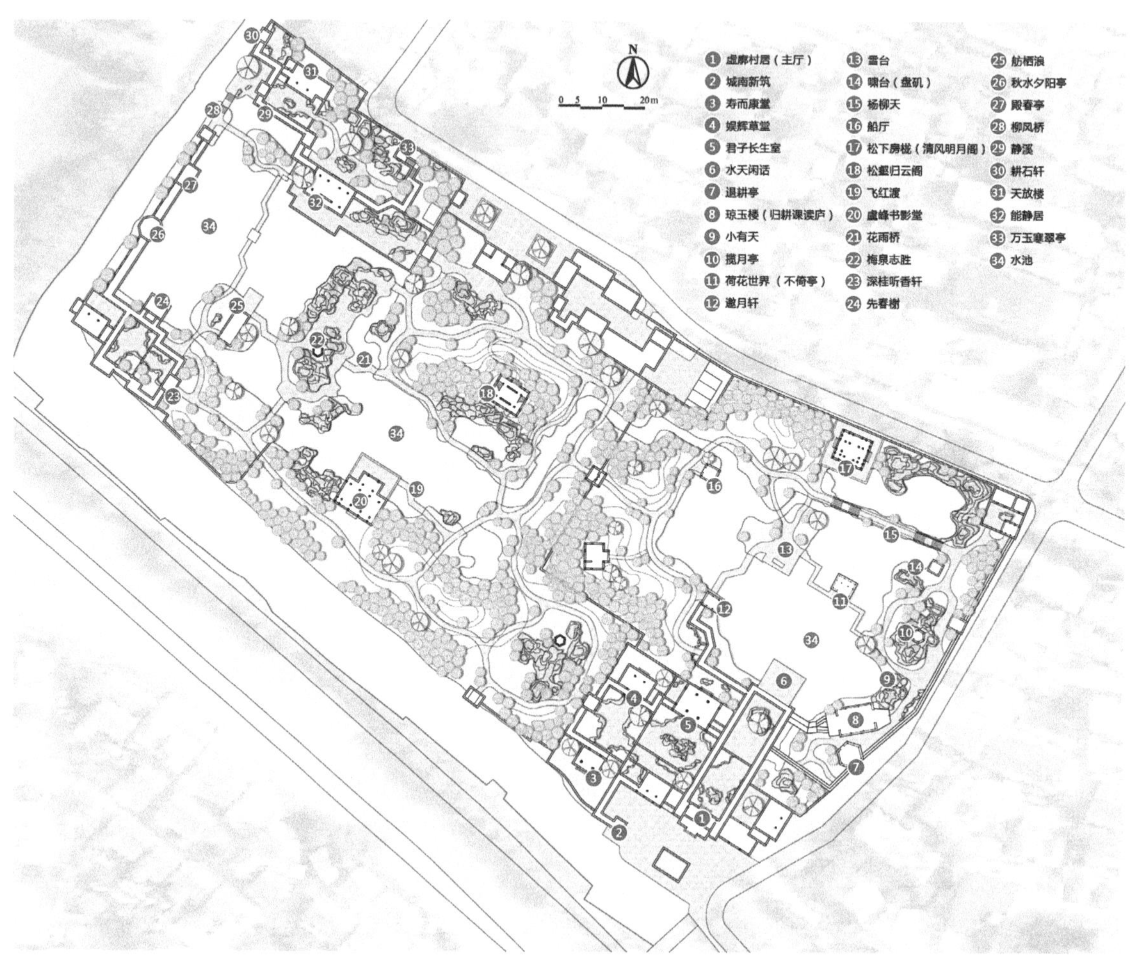

图8-2-23 今曾赵园平面图

曾园为清代同治、光绪年间的曾之撰所筑。曾朴的父亲、刑部郎中曾之撰中年辞官返乡，购得小辋川址东边一半，榜其门曰虚廓，俗呼曾园。《常昭合志稿》："虚廓居在九万圩西，即小辋川废址也。"曾朴（1872—1935）字孟朴，笔名东亚病夫，系清末民初小说家，主要作品是长篇小说《孽海花》，鲁迅《中国小说史略》给予"结构工巧，文采斐然"的评价，把它列为晚清四大谴责小说之一。园内现辟有曾朴纪念馆。

小辋川址西边一半为易州知州、阳湖（今常州）人赵烈文所有。赵烈文（1832—1894），字惠甫，号能静居士，江苏常州人。其购得后，筑天放楼、能静居、柳风桥、静溪、梅泉志胜、似舫及两座假山等，榜其门曰静圃，俗呼赵园，又称赵吾园。赵烈文曾为曾国藩幕僚，后退隐常熟。又在购得清嘉庆、道光间吴峻基的水壶园（又名水吾园）的基础上，于光绪十二年（1886年）九月"全园合龙完工"，其规模"住宅及园中楼堂榭亭为屋一百二十间，走廊内外通共八十余间，石山两堆，大小桥六架，果树、花卉以千计"[1]。

顾文彬《过云楼日记》记光绪九年（1883年）四月初一日，受李鸿裔邀请，去常熟拜访

1 （清）赵烈文. 能静居日记［M］. 长沙：岳麓书社，2013.

赵烈文，“惠甫，毘陵人，曾任易州牧，不久即告归，移居常熟之西门内。其地系某氏废园，惠甫以贱值得之，葺屋而居。中有一池甚大，厅堂、书室、上房俱在池南。屋后即虞山，池通外河，池东有石桥一座，以栅栏为界。池北有楼，有亭榭，有长板桥通往来，并无墙垣，以篱槿为樊。手植榆、柳等，高已干霄。池中荷芰菱芡皆满，颇极幽旷之趣。惠甫诗、古文、词皆佳，尤深于金石，出示所蓄金石拓本十余册，多有考据，即此略见一斑”[1]。

辛亥革命后，园归武进盛宣怀所有，名宁静莲社，供僧侣居住，为天宁寺下院。

一、曾园

光绪九年（1883年）始建，至二十年落成。曾园以水池为中心，借虞山为景，水光山色，亭台楼榭别具匠心，花木掩映，常熟名医方仁渊有《虚廓园海棠烂若朝霞，归有感呈园主人》诗三首，其一：“光比凝脂烂若霞，移根瑶圃植仙家。玉环去后魂犹艳，化作倾城一树花。”

入门有照壁“虚廓村居”，取《淮南子》“天文训”：“道始于虚廓，虚廓生宇宙”之句意，为翁同龢旧题。庭院中香樟、白皮松，枝繁叶茂，绿树荫浓。老树下有“妙有”太湖石，石上有题刻云：“余营虚廓园，依虞山为胜，未尝有意致奇石，乃落成而是石适至，非所谓运自然之妙有者耶，即书‘妙有’二字题其颠。石高丈许，绉、瘦、透三者咸备。光绪二十年十月初三日曾之撰并记，男朴书。”

归耕课读庐：三面环水，为曾园主厅，鸳鸯厅形制，是主人教子读书、接待宾客之处。厅之后半部曰水天闲话，后依大池，推窗可眺望对岸天光水景山色。西有曾朴纪念馆、娱晖草堂、寿而康等，东有竹里馆、琼玉楼等建筑。

君子长生堂：室内有吴大澂题写的“君子长生”匾额，此处原为曾氏书房兼客房。同治、光绪年间书法家吴大澂、清末民初常熟诗人杨云史、杨无恙曾在此居住。张鸿常则在此与曾朴畅叙，并受托完成《续孽海花》。庭院中花木扶疏，更有三百五十余的明代红豆树，为明代“小辋川”旧物，尤为珍贵。今辟为曾朴纪念馆。

娱晖草堂：昔为读书处。有联曰：“人间岁月闲难得，天下知交老更亲”。

寿而康室：唐代韩愈《送李愿归盘谷歌》：“饮且食兮寿而康，无不足兮奚所望。”寓意健康长寿，此处原为园主供奉母亲之所。

邀月轩：位于池南中部，临池而筑，可四面观景，为池中南北曲桥要道。

琼玉楼：位于园池东南隅，为一狭长两层小楼，两侧翼楼相依，是原主人生活起居之处。登楼全园风光，尽收眼底；远眺则虞山秀色，历历在目。东侧通“小有天”假山。

黄石假山：名小有天，有石刻题云：“光绪丙戌，筑石室为静坐处，故友庄亦耕经营之，越六年曾之撰记。”可知假山为庄亦耕所叠。山中有蹬道、石室，洞壁镌刻有“日长山静”与“水流花开”。山巅筑揽月亭，亭为六角。假山东、北二侧有碑廊，壁嵌有曾朴祖父曾退庵原明瑟山庄的《山庄课读图》和曾退庵祖父的《勉耘先生归耕图》两部石刻30余方，

---

1 （清）顾文彬. 过云楼日记［M］. 上海：上海文汇出版社，2015：538-539.

有李鸿章、张之洞、翁同和、扬沂孙等书题。廊南端有“竹里馆”，翠竹丛丛，清翠宜人。

啸台：位于荷池东，曾之撰自题“啸台”二字，为垂钓处。啸台西侧池水中的石矶曰盘矶，石上镌刻“虚廓子濯足处”。

不倚亭：位于荷池之中，为一歇山式方亭（图8-2-24），与南岸之归耕课读庐适成优美对景。亭内有匾额曰荷花世界，联曰：“画船低似荷花屋；蓬观曾骑古叶鞍。”

柳堤双桥：位于园北，因堤上植以杨柳、两端设有桥亭而得名。

清风明月阁：为接待会宾之所。为园内最高建筑，与虞山辛峰亭、城楼遥相呼应，是观赏园内外景物的佳绝之处。

超然榭：位于荷池的西北隅。

梅花山房：旧有梅花数亩，故名。

图8-2-24　不倚亭

二、赵园

能静居：为园中主厅，系园主迎宾之所（图8-2-25）。位于池北，为一座三进院落，周以长廊，间以漏窗。院后有黄石假山，山顶置亭曰抱翠亭。西行贯长廊，名先春。

似舫：位于池南，为旱船形建筑，舫后有老柳数株，名舫楼柳浪（图8-2-26）。

梅泉：位于似舫之东，为赵氏光绪十年题记，此处原为“梅泉志胜”，山上高林掩映，有松柏三株，古朴盎然，为钱氏小辋川遗物。

天放楼：原为园主藏书处。赵烈文从二十四岁至四十四岁入曾国藩幕，转战南北，每到一地，则尽力搜集购置书籍，其《卜居诗》曰：“平生囊箧藏，四壁罗图书。”周绕长廊，背

图8-2-25　能静居

图8-2-26　似舫

靠虞山耸翠，前设庭院，自成一区。廊北端有单孔石拱桥名“柳风”，城河之水由柳风桥引入“静溪”。

静溪：由柳风桥引入楼前，曰静溪。南通园中大池，用小岛与大池分隔，岛上缀以假山花树，别有意趣。

柳风桥南有殿春榭、不碍云山亭等。

陈从周先生在《常熟园林》一文中，对其评价道：“园内水面较广，衬以平岗小阜，其后虞山若屏，俯仰皆得。其周围筑廊，间以漏窗，园外景物，更觉空灵。”[1]

8.3 寺观园林

苏州西南一带名山连绵，风水蕴涵，晋代以来，佛教兴盛，“天下名山僧占多”，风景优越的名山胜景成为营造佛寺丛林的主要场所。因此寺庙有着得天独厚的自然环境和园林化环境，如：

“天王寺，寺前有曲涧，临涧一庵甚幽雅，试款扉小憩。……入门，顿忆往境，主僧名字面目，房中某幅某联，不假思维，一时涌现，‘藏识含摄，多生不忘’，此其验矣。主僧为含士璞公，一见喜甚，开箧出余书扇，宛然如新。遂同入寺，访葛洪井，观梁时古柏，柏枝折于风，干挺立，铁色严毅可畏。”[2]

城区之内也是佛寺众多，康熙、乾隆二帝的南巡，多次驾幸元妙观（玄妙观避康熙玄烨名讳，又称圆妙观）、瑞光寺、开元寺等城内寺观拈香。佛道在传播宗教时，向公众开放，信男信女烧香拜佛之余，游憩其中，逐步发展为风景名胜或游憩之区，成为寺观园林。

现据《百城烟水》等所载的清代城区及附近寺庙园林，略举数例概述之。

8.3.1 戒幢律寺放生园池

位于苏州市阊门外桐泾北路西园弄18号，为西园寺西园，全寺面积约为6.58公顷，为江苏省文物保护单位。

明代万历年间，太仆寺卿徐泰时营造东、西两园，东园即现在的留园；西园是在当时的归元寺旧址上改建而成的宅园，即现在西园寺址。后其子徐溶舍宅为寺，名复古归元寺。崇祯八年（1635年），茂林禅师为弘扬律宗，改名戒幢律寺，俗称西园寺。《百城烟水》卷三：“戒幢律院，在冶坊浜东。旧为徐太仆‘西园’，子工部溶舍为‘复古归原寺’。崇祯

1 陈从周. 园林谈丛［M］. 上海：上海文汇出版社，1980：112.

2 潘耒. 游西洞庭记［J］. 苏州游记选，苏州市文联，1986：61-65.

八年，延报国茂林祇律师开山，改今名。茂殁，建全身塔于此。嗣戒初勖公继之，付律二人，长不二仝，次诚敬月。后月公复参雪宝石老人受嘱，仝公住。后康熙二年，月公开法本寺，至乙丑夏，郡绅士复延月公法嗣天资粹禅师继席。”乙丑即康熙二十四年（1685年），天资粹和尚即释超粹，为诚敬月公法嗣。至乾嘉以后，戒幢律寺法会极盛，遂为江南名刹之一。

咸丰十年（1860年）太平军攻陷苏州，西园寺毁于兵燹，后于同治、光绪年间重建，基本形成了如今的布局的和建筑规模。但虽重修，而寺内园林部分却未全面恢复。童寯《江南园林志》：“今寺虽重新，而园未全复也。园之主眼，在放生池。亭立池中，有曲桥达两岸。岸西荒芜不治，近放牲园。”1954年和1980年曾两度修葺。

寺院部分有山门、大雄宝殿、放生池、普渡桥和罗汉堂等。徐崧有诗云：“杯酒留欢兴尚赊，吟诗种菊几人家？槛前流水随山绿，树杪征帆带日斜。”江接芹：“春残花事少，碧叶覆园深。鸟语欣初霁，人情爱梵音。疏钟流古渡，空翠接遥岑。坐久浑忘返，幽香袭我襟。”

花园部分为明代徐泰时西园遗址一角。现有照墙曰“大德曰生”，《易经·系辞传》：“天地之大德曰生”。园门有额曰：“广仁放生池。”园以水池为中心，池广约3000平方米，水面宽广明净。并形成一狭长形弯曲水面，向北并折向东南。西园放生池中多鱼鳖之类，湖心亭和九曲桥上观赏鱼鳖，也是一绝。池中原存有稀有动物大鼋，相传为明代老鼋所繁衍的后代，在炎热之季，大鼋偶尔露出水面，有《西园看神鼋》诗云：“九曲红桥花影浮，西园池水碧如油。劝郎且莫投香饵，好看神鼋自在游。”可惜大鼋今已绝迹。

湖心亭：位于水池中心，亭、桥将池面空间一分为二，丰富了池面风景。亭原有额曰“月照潭心”，并有楹联曰：“圣教名言独乐何如同乐；佛家宗旨杀生不若放生。”亭为重檐六角，双围廊柱攒尖瓦顶，以粉墙分间内外，东西两侧设门，各接七折曲桥与两岸连接。亭外檐廊设置靠吴王靠，可供游人休息（图8-3-1）。

湖心亭东北侧隔池有一恬静之处，三面环水，中间用石块垒起一平台，似为塔幢基，幽径环绕，树木扶疏。平台上有石桌、石凳，三五为伴。

爽恺轩：位于水池西，面水而筑，前面有曲桥与湖心亭相接。

苏台春满轩：位于水池之东，四面厅式，面西临池而筑。现辟为茶室。轩南沿池有长廊，逶迤而南，中辟假山洞门。轩南有庭院，中有黄石大假山一座。

黄石假山：位于苏台春满轩之南，南北走向，用黄石叠砌而成，山中设蹬道，曲径迂回，逶迤起伏。假山西南部分设洞穴，出洞可观水池及湖心亭。

云栖亭：位于假山之巅，为纪念莲池大师的功德而建。亭为六角单檐，攒尖顶，小憩凭眺，极目远处，西花园可收眼底。

西园戒幢律寺寺宇宏伟，佛像庄严，为苏州城市现存最大的佛寺。寺园以宽广明净的放生池为中心，月照潭心亭居于池中，池东建筑临水面筑，环境清幽，意境悠悠，为苏州著名的寺园之一。《吴门园墅文献新编》评论道：“寺连园曰‘西园’一角有放生池，池水清澈，有亭曰‘月照潭心’，石梁枕水，九曲相通，轩厅宽敞，茗话尤宜，游钓其间，俗尘顿释，洵佳境也。”

图8-3-1　放生池湖心亭

8.3.2　圣恩寺

在邓尉山南的玄墓山，依山面湖，环境清幽。冯桂芬《重修邓尉圣恩寺记》："寺踞山巅，衢廷宏敞，列屋数百楹，别院又若干区，山高百丈，巨区汇其前，左穹窿，右西碛，其他有名之山，百数周回以为障，四营而开宇。附近艺梅为业，花时香闻十里……山深林密，尘坱不至，为郡中名刹第一。"（同治《苏州府志》卷三十九）

顺治五年（1648年）建还元阁，又有南询堂、拈花寺、精进堂、禅悦堂、延寿堂、印心堂、温砚寮、宝书楼、丛桂轩、四宜堂、满月阁、纯白窝等，皆寺中胜处。康熙二十八年（1689年），玄烨南巡至邓尉山圣恩禅寺，八十四岁住持济石禅师率众僧迎接，御书"松风水月"，帝夜宿圣恩寺四宜堂中。康熙帝问知客德和："梅花甚处好？"答云："吾家山第一"，即命德和引驾，时夕阳在山，花光掩映。并即兴作《邓尉山》诗一首："邓尉知名久，看梅及早春。岂因耽胜赏，本是重时巡。野霭朝来散，山容雨后新。缤纷开万树，相对惬佳辰。"（同治《苏州府志》卷首一）

还元阁：面湖环山，多松，故有松风谡谡然。王士祯《雨夜宿圣恩寺还元阁》："梅树初花石涧流，满山香雪送行舟。三更萧瑟湖边雨，百尺高寒水上楼。师子窟中岚翠合，法华山外暝烟收。霜天欲晓鲸音起，万壑声从何处求。"

四宜堂：堂前有桂花，邵长蘅《玄墓探梅记》："坐四宜堂，堂前古桂六七株，离奇欹倚，数百年物也。堂之右稍南小轩，为今上（即康熙帝）驻跸所，御书'松风水月'字嵌壁间，前设御榻，瞻视而出。"

真假山：圣恩寺后有似太湖石的奇石，与山体相连，自然天成，俗称"真假山"，同治《苏州府志》卷四："寺后奇石，俗称'真假山'，有卢熊所题：神狮出岫、海涌门、汲砚泉、涵辉洞、峭壁岩、螺髻峰、流云洞、凌空桥八景。"邵长蘅《玄墓探梅记》载"石玲珑类人工镂凿，故名。凡物往往以假冒真，兹石独以真冒假，为之一笑。已乃取径万峰院，登钟楼。楼前多寿藤、长松，墙外巨竹万个争拏云，丛翳蒙密，幽清凄寒，未夕而暗。出竹间，循石级南下半里许，地渐平衍，回望四面皆梅，蓊勃香气，花光合匝，夕霞如燕支红，反射之，益奇丽。"苏州人善堆叠假山，以假冒真，而只有这里的太湖石却以真冒假，绝无仅有。

乾隆六次驻跸圣恩寺。现大雄宝殿前有古柏，据称为晋代之物，距今已有1900多年的历史了。上有康有为题写的"寿洞"石刻。

8.3.3 兴福庵

在古城縻都兵巷南。縻都兵巷即縻都兵巷，因宋代抗金名将縻羿而名。今名"宜多宾巷"，这里原为宋嘉定间僧智明建的集福庵，明宣德年间重修，后废为叶氏园。同治《苏州府志》卷三十九："兴福庵，旧名集福庵，在西北隅嘉鱼坊，前志作縻都兵巷。宋嘉定间僧智明建，明宣德间重建，杨翥记。后废为叶氏别业。"顺治十五年（1658年），释证研微买地重建，金之俊建藏阁，改名兴福庵。金之俊（1593—1670），字岂凡，又字彦章，号息庵，吴江八都人。庵中有连环池，徐崧《连环池赠雪奇上人》："闲园仍旧复精庐，水积池通印碧虚。自是道人观化远，岂因玩好畜朱鱼？"有准提台，银杏参天，荫翳高台，徐崧《《同用王坐准提台》："不须按籍觅娑罗，银杏参天较若何？绝胜隔窗相对处，高台一座绿阴多。"高简则有"炉馀经宿火，花放傲寒枝。细雨留春夜，分吟傍砚池"等诗句。后又废，道光间，僧德禅重建，咸丰十年毁于兵燹。

8.3.4 泮环禅院

在古城盘门内西半爿巷，取"半爿"谐音而名。其地北半为民居，南半为沟水，有东西二巷。相传西巷曾为吴太宰嚭所居。顺治年间，里人李定祯（字君宙）等倡建。顺治十六年（1659年），超圆禅师开山，超圆字木言，太平人，为人平怀朴实，不亢不随；受嘱于宜兴芙蓉自闲和尚，与圣晓、古树等五六人闭户静修，甚有契合。木言偈曰："体性原无二，众生与佛同。欲穷玄妙理，拈笔判虚空。"圣晓偈曰："翠竹非关色，莺啼岂是声？蓦然偷眼觑，全露法王身。"古树破衲偈曰："破衲如云片，风吹透骨寒。分明无覆盖，拈起任君看。"

其环境似世外桃源，环境幽静，宋实颖《过泮环庵》诗云："茅庵结得近盘关，半是人家半水湾。到此尘喧都隔断，桃源原不远人间。"禅院池水如镜，竹径松风：李维均《庵居》："庵居何以静？竹径自萧萧。潭水明如镜，松风响似涛。莺声花里出，树影月中描。到得心空处，方知不寂寥。"有高柳、荇花：李圣芝《过古浦庵口占》："参天高柳有啼鸦，照槛澄潭发荇花。如此风光谁省得？幽栖输与衲僧家。"徐崧《同过绎之过庵中访木言禅师》：

“小筑名无定，重来路已更。圃蔬寻径入，院竹绕墙生。夕照菰浦影，西风鼓角声。开元常在望，一样傍南城。”

8.3.5　佛华禅院

在阊门外采云里北冶坊浜内。本为高氏园，顺治十八年（1661年），玄墓剖禅师开山，其西逝后，弟子印先禅师于康熙十年（1671年）置建，十二年建大殿，十三年又建两厢客堂及山门厨库，十四年建斋堂、菜园等寮。后又将建“韦驮殿”“大悲宝阁”。

禅院内有方池、荷亭，又有竹林、老梧，徐崧有诗云：“焚香礼佛掩禅扉，曲径残园到者稀。闲坐芙蓉亭畔石，方塘一片竹林围。”孟亮揆《过佛华庵和壁间韵，赠印先大师》：“百折香严地，当门一水通。山添螺髻翠，花映佛灯红。秋老风尘外，人来梵呗中。无生谁共话？挥麈有支公。”又：“双树依然在，重来感岁华。修篁穿仄径，残芰漾明沙。法座晴飞雨，山门晚带霞。迦陵如可问，阶下涌昙花。”费密《佛华禅院过印先大师》：“烟封野市压琳宫，请得卢能手种松。晚食自依藤杖立，楼台无数夕阳中。”释同揆有“静掩松溪白板扉，苔痕鹤迹客来稀。欲知挂拂经行处，屋角梧桐大十围”等句。

咸丰十年（1860年）寺毁。同治十二年（1873年），僧根庵重建三楹。

8.3.6　祇园

在白莲寺北里许，相传为“红莲寺”址。后更为园居，易姓不一。康熙十七年（1678年），金阊陈室郑氏，法名上果，刻旃檀圣像而购斯园供奉，请童硕宏禅师主持。

释本宏诗云：“吴国莲华寺，为园已寂寥。阑残几片石，错落数闲寮。凿岸通池水，接人设板桥。暂来投破笠，物外得逍遥。”园有水池荷香，高梧荫井，环境幽远。徐崧《丁卯宿只园赋赠童和尚》：“为爱闲园胜，支公作退居。溪通池水活，门入径桥虚。系艇窗前树，挥毫石上书。安能常到此，相对话樵渔？”丁卯即康熙二十六年（1687年）。

8.3.7　平田禅院

在祇园东北，旧名放生池。顺治初，僧古心（苏州范氏）募请建苏州织造局的工部侍郎周天成，创为药树放生池，请灵岩继和尚于此说法，易名平田禅院，又委法嗣麟乳禅师主持，续建大悲殿，殿壁砌有文徵明的《赤壁赋》和《真行千字文》书法石刻。张大纯《过平田禅院观衡山先生石刻》诗云：“衡山字字有波澜，石碣应从壁上观。为语龙蛇莫漫去，放生池内海天宽。”

8.3.8　涌泉庵

在虎丘山后，过新塘桥西北半里。本为承天寺的退居别业，初建时，因锄潭化灰时而得涌泉，便开凿为池，故而得名。内有月满楼、清足堂、翠竹轩诸胜。先是青印法、天鼓震两禅师憩锡于此。康熙十九年（1680年），崇明县令朱公购以供四川夔州山晖浣禅师。徐崧《题涌泉庵呈青印禅师》诗云："砌石山根似，停泓水一方。游鱼穿树影，落叶点天光。岸尽烟笼壁，池深月映廊。倚阑尘世隔，不觉沁清凉。"叠石似山之余脉，有静水一方，天光行云、游鱼树影，倒映其中，月映斜廊，一片清凉，有隔绝尘世之感。张大纯亦有诗云："即此闲庭内，无非芳树林。高僧才可住，游女不容寻。石草垂书带，松风度梵音。我来殊旷爽，幽映发清吟。"松竹芳树，书带草垂石，梵音风度，实为幽僻之地。

8.3.9 金幢庵

在南仓桥东北。顺治六年（1649年），印持闻法师购建。印持名溥闻，吴县人。这里原为崇祯年间许方伯所筑的石虹园，内有三层楼及池台花木。或说是七塔寺外院废址，印公与法弟湛门分购而居之。

庵为废圃，多乱石，其内有三层楼，可以眺远，释读彻有《过印持首座金幢庵题赠》诗云："桃花落尽净知年，卜得幽居爱地偏。支遁开山前代事，许询舍宅再来缘。楼高双塔三天外，城俯长洲万户悬。岂似铜驼荆棘里，石羊满地牧云眠。"地幽楼高，苏城万户能尽收眼底。卜居此地，犹如晋代高僧支遁之开山建寺；东晋征士许询舍宅为寺而逃官隐居。徐崧有："荒园成鹿苑，高阁出千家。树密藏啼鸟，庭深积落花。"以及"山中花落移吟社，池上云横隔讲坛。纵有高楼堪极目，临风无柰客衣单。"等诗咏之。

8.3.10 古雪居

又称古雪庵，在洞庭东山翠峰坞翠峰寺后。相传范蠡曾隐居于东山翠峰坞。康熙初，席启图（1638—1680）兄弟于寺后为其建庵舍，取诗"古雪光无际，照君清素心"之意。《百城烟水》卷一："康熙初，席中翰文舆乔梓为止白净禅师建。"席启图（1638—1680）字文舆，东山人，官内阁中书舍人。"乔梓"是指父子。释止白，俗姓张，名心静，吴江人，一生多病，闭户焚香。清初汪琬、朱用纯等有诗咏之。朱用纯（1627—1698），字致一，号柏庐，昆山县人，是著名的理学家和教育家，入清以隐居教读为生，自康熙二十二年（1683年）起，在东山执教，有诗云："花气穿云细，泉声出竹迟。"有竹有泉，透过竹林，泉声隐隐。释心净《山居病中偶拈》诗有云："倚山结屋任高低，且就南湖作照池。"房屋依山而建，呈现出高低错落之态，且南面湖。李根源《吴郡西山访古记》卷五："过古雪居，地极幽邃，陶文毅、彭刚直极赏之。刚直有'山色湖光吸一楼'之句，为此庵生色不少。山坳六角亭，陶文毅以清宣宗书'印心石屋'石刻嵌之壁间。下注紫泉，清甘适口，僧云：'雪窦禅师降龙于此。'旁有薇香阁已废。至翠峰寺，寺毁于兵，瓦砾榛莽，不堪入目，惟默祝雪窦、天衣诸大师作再来人以振兴之耳。旁建唐武卫将军席温祠，翠峰宣德钟卧阶下，虬柏一株、鸭脚二株，各大四五围。出翠峰松径。"现该地尚遗存有香花桥和古井等。

8.4 衙署、书院和公共园林

苏州园林依其依附建筑的性质而言，除了属主流的宅第园林外，有附属于官府的衙署园林，附属于山水名胜的公共园林，附属于府学书院的书院园林，附属于茶肆酒楼的街坊园林，以及附属于祠堂、义庄等的园林。

8.4.1 织造署园林遗址

位于苏州市带城桥下塘18号（今苏州市第十中学校址），面积约970平方米。1981年被列为苏州市文物保护单位，2013年被列为全国重点文物保护单位。

顺治三年（1646年），工部侍郎陈有明和满人官吏尚志等，奉旨在苏州设苏杭管理总织局。当时尚志专驻明代织造局[1]，陈有明驻在兵备道署内。康熙十三年（1674年），苏州一些官吏就商议利用城南明代崇祯国丈周奎的住宅（即今葑门内带城桥下塘），改建为苏州织造衙门。同治《苏州府志》卷二十二“公署”：“织造府在元和县葑门内带城桥东。”苏州织造署与南京的江宁织造署以及杭州织造署并称为“江南三织造”。

康熙二十三年（1684年），在织造署西侧建行宫，康熙、乾隆二帝均驻跸于此。康熙第三次南巡，赐苏州织造李煦御书“修竹清风”四大字并字二幅；后又赐御题诗一首，对联一副，及《渊鉴斋法帖》等。曹雪芹的祖父曹寅，曾于清康熙二十九年至三十二年出任苏州织造，后调至南京任江宁织造。曹寅内弟李煦继之，自康熙三十一年出任苏州织造，至雍正元年获罪默革还旗，共计在任三十一年，恭逢圣祖南巡四次。

乾隆四十四年（1779年），因皇帝南巡幸苏，便将阊门外徐泰时之东园（即现留园）荒陇上的瑞云峰移到了织造署的行宫（现苏州市第十中学址）内。民国《吴县志》：“瑞云峰，乾隆四十四年移之织造府西行宫内。”吴翌凤《东斋脞语》：“瑞云峰，相传朱勔所凿也。园（即现之留园）久废为踹布场，此石岿然独存。庚子南巡，移人织造府。”庚子即乾隆四十五年（1780年）。

原织造署规模宏大，咸丰十年（1860年）毁于兵火。花园部分唯瑞云峰独存。章钰《水调歌头·题瑞云峰图》有小序：“国朝入苏州南巡行宫，粤匪平后，织造使署典守之。宣统国变，改织署为巡警教练所，以石为试火枪之的，略残损矣。”现在所存的大门、仪门等为同治十年（1871年）重建。大门内保存有顺治四年（1647年）和十年（1653年）的《织造经制记》和《重修织造公署记》。后振华女校迁入原织造署。1982年，原织造署西花园水池修缮。现存织造署的西花园遗址尚保留有瑞云峰等旧时园林景物。

织造署行宫西花园遗址以瑞云峰为中心。其峰正面朝北，面朝寝宫，巍然屹立于池之中

1 即北局，现苏州人民商场小公园一带。同治《苏州府志》：“北局即旧织染局，在长洲县天心桥东，明洪武初建，为内监董理织染之所，洪熙中先后增饰，万历中益加整丽撤停，后渐圮。国朝顺治三年，织遣侍郎陈有明重修，周天成设南局，后改名北局。”

央。水池湖石驳岸，池周怪石林立，如众星捧月，有“十二生肖”之说，亦有“十八种飞禽走兽”之辨；林木葱茏。

瑞云峰高5.12米，磐高1.13米，总高6.25米；宽3.25米，厚1.30米，其体量为现在太湖石名峰之最。相传在苏州的太湖洞庭西山东麓有大、小谢姑二山，它们有如二女，娟好相立。北宋宣和五年（1123年）朱勔在谢姑山采得二块“大谢姑”和“小谢姑”奇石[1]。小谢姑瑞云峰，不仅历史带有传奇色彩，而且体态丰润多姿，特具神采。因该石采于太湖之中，石性温润奇巧，色质清润坚莹，又历经太湖波涛的激浪冲刷，显得嵌空穿眼，涡洞相套，再加上天然风化，石面纹理纵横，褶皱相叠，可谓瘦、皱、漏、透，一应俱全。更令人叹服的是经过古代江南能工巧匠的慧眼和巧手，通过精心相石和精湛的采凿、采运技艺，始得此天下尤物、石中之宝。

织造署西花园曾是皇帝行宫后花园，瑞云峰岩崿嵌空，瑞云奇光，为花园一绝。明代袁宏道在《园亭记略》中说：“瑞云峰，高三丈余，妍巧于江南。”张岱《陶庵梦忆》则称之为“石祖”，“石连底高二丈许，变幻百出，无可名状。大约如吴无奇游黄山，见一怪石，辄瞋目叫曰：‘岂有此理！岂有此理！’”[2]民国李根源（印泉）将为拙政园文徵明手植紫藤、汪氏义庄（即环秀山庄）假山及和织造署瑞云峰称之为“苏州三绝”。童寯《江南园林志》说：“江南名峰，瑞云之外，尚有绉云峰及玉玲珑。”从此确立了“江南三大名石”之说。

附：《重建苏州织造署记》（德寿撰，何绍基书，同治十一年立）

织造一官，盖周官大府内宰之属。我朝鉴前明任用中官之失，于顺治三年以工部侍郎一员总理织务，旋于江宁、苏州、杭州各简内务府郎官管理织造。康熙十三年改葑门内明嘉定伯周奎故宅为苏州织造衙门。二十三年圣祖南巡，乃于织署之西创立行宫，历二百余年，烱朗高骧，万民瞻仰。洎咸丰庚申发逆下窜，均毁于贼。同治二年十月，李爵相鸿章以江苏巡抚统兵克复苏常，随即筹办善后，百废具兴。而帑项支绌，不得不先其所急，故数年来未遑议及织署，历任织造皆僦居颜家巷民房。兹恭遇皇上大婚典礼，奉办服物采章，工程浩大。所居实形垫隘，德寿以修建衙署商于抚藩，因度支蚨局迄难就绪。同治十年春，巡抚张公之万，布政使恩公锡先后抵吴，德寿亦三次奉旨留任，复议及此事。二公曰：“是要工也。”遂遴员集费，匀工庀材，经始于十年辛未岁五月，至十一年壬申岁三月落成。经画大致，悉仍旧贯，惟地临河滨，向植木板为照壁，今将河岸培宽，易以砖石，庶垂久远。共计房廊四百余间，用钱四万二千余串。其司库、库使、笔帖式26等署一律修缮。至行宫，为圣祖高宗两朝十二次临幸之所，自应敬谨重建，永识熙朝盛典。虽已清厘疆界，周立墙垣，因工钜帑艰未及蒇事，是所望于后贤也。此次主修者为原任武英殿大学士两江总督一等毅勇侯曾公国藩、升授闽浙总督江苏巡抚张公之万、升署两江总督江苏巡抚何公璟、升署江苏巡抚江苏布政使恩公锡、署江苏布政使按察使应公宝时、署江苏按察使候补道贯公益谦、杜公文澜。其

1　峰石被采后，二岛则改称大鼋、小鼋，即现在的西山鼋山。

2（明）张岱. 冉云飞，校点. 夜航船［M］. 成都：四川文艺出版社，1996：435.

在事各官，则候补知府杨锡麒、刘文棨、许润身，候补直隶州知州连常五，候补县丞刘沛霖、方廷鸿、俞世球也。德寿目睹辛劬，濡笔为记，附名石末，有荣幸焉。钦命三品顶戴赏戴花翎督理苏州织造兼管浒墅关税务德寿谨撰，赐进士出身前文渊阁校理国史馆提调翰林院编修四川学政何绍基谨书。

大清同治十一年岁次壬申孟秋月立。

8.4.2 按察使旧署蓓园

位于苏州市道前街170号，为江苏省文物保护单位。

建于雍正八年（1730年）。明初在此设省水利分司署；弘治十四年（1501年），改为按察分司，后专门治兵备事宜，称兵备道，道前街由此而得名。清初兵备道移驻太仓，雍正八年江苏按察使由江宁（南京）迁至苏州，改兵备道署为提刑按察使衙门，俗称臬台，主管省内司法刑狱。咸丰十年（1860年）毁于兵燹。同治六年（1867年）重建。辛亥革命后曾为江苏高等法院。

1949年后，初为苏州市人民政府治所，后为市部分局、委所用。

主轴线上现存门厅、北部二堂、内宅和东二路各四进建筑。工字殿与楼厅均面阔五间，硬山式，中以卷棚顶穿廊相连。正堂，面阔五间，硬山顶。北部二堂硬山屋顶，中为卷棚顶与廊相连，与正堂、廊围成两个小型天井，天井花坛植各种花木。

最北端为内宅，楼前为蓓园。内宅两层，面阔五间，硬山屋顶。北楼二层，面阔三间，硬山顶。廊庑，面阔三间，硬山屋顶。屋与屋之见通过过廊相连，围成天井，天井里植花木。

蓓园（图8-4-1）位于按察使署东北端，园以南北狭长形以水池为中心，南为假山，北则为楼阁，湖石驳岸，池岸南迎春披垂，池西临水处以檐廊相接，中有半亭；池东则有曲

图8-4-1 按察使旧署庭院

桥、石径，沿小径南行，有蹬道可上假山。

按察使署旧址蓓园随形而设，假山、亭廊、花木俱全，并藏景于使署衙门之中，别有特色。

8.4.3 可园

位于苏州市人民路708号，面积约为6990平方米。1963年列为苏州市文物保护单位。

五代末年，这里曾是吴越中吴军节度使孙承佑园林的一部分，北宋时属苏舜钦所建之沧浪亭，后章惇得之。至南宋，为韩世忠所有。从绍定二年（1229年）所镌刻的《平江图》上看出，此时的韩园已向北扩建至今可园，筑桥跨两山之间；蒋吟秋《沧浪亭新志》载："韩蕲王（宋孝宗时追封世忠为蕲王）得章氏宅在沧浪亭之北，尚有韩家场旧名。"至宋末仍为韩氏所有。元、明期间可园被并入大云庵。雍正时为尹继善近山林，其后为乐园、可园。

同治《苏州府志·公署二》："近山林，在府城沧浪亭北。"雍正六年（1728年）江苏巡抚期尹继善在此建为近山林；尹继善（1696—1771）字元长，号望山，满洲镶黄旗，章佳氏；雍正元年（1723年）进士，历任翰林院编修，两江总督，文华殿大学士，兼军机大臣等，存《尹文端公诗集》十卷，曾参修《江南通志》。常和名士同游名山胜水，诗酒赓和，略无虚日，驻苏三年，建行台附属花园，近沧浪亭，故名近山林。沈复《浮生六记》"闺房记乐"载："（沧浪亭）隔岸名'近山林'，为大宪行台宴集之地，时正谊书院犹未启也。"是接待上级及宴集之处；此记记乾隆庚子中秋日夜于沧浪亭赏月事，即乾隆四十五年（1780年）。

《吴门园墅文献新编》："可园，在沧浪亭对面，一名'近山林'，相传最初为长洲沈归愚德潜鸿博读书处。"诸可宝《学古堂记》："是冬，合楼右之沈文悫祠址，继为斋舍三成，成五楹。"所谓沈德潜的住宅或读书处原来是其祠堂，其位置大致在现可园西北的办公楼一带。近山林后改名乐园，取孔子"智者乐水，仁者乐山"之意。朱珔《可园记》云："吾又闻可园本名乐园，取诸知仁乐山水，而人或误为行乐之乐，乾隆间大吏为行乐不可训也，遂易之曰可园云。"[1]乾隆年间有"某大吏"认为"乐园"之名常引起误解，认为是行乐之所，所以易名可园。关于近山林后何时改名乐园，一说是乾隆二十三年（1758年）布政使苏尔德把近山林改建为行辕，名为乐园；苏尔德，隶正蓝旗满洲，乾隆二十七年（1762年）至三十三年（1768年）任江苏布政使（驻苏州）；所以他不可能在乾隆二十三年改名可园。一说是"乾隆三十二年（1767年），朱珔寓此。"朱珔字玉存、兰坡，号兰友，安徽泾县人，生于乾隆三十四年乙丑（1769年），嘉庆七年（1802年）进士，卒于道光三十年庚戌（1850年）；所以他不可能"寓此"，这是因为《可园记》云："余于丁亥春，主吴正谊书院讲席"之"丁亥"之误，此处"丁亥"是道光七年（1827年）。

嘉庆十年（1805年）在可园旧址建正谊书院。民国《吴县志》"书院"："正谊书院在府学东，沧浪亭北，嘉庆十年两江总督铁保江苏巡抚汪志伊建。"铁保有《正谊书院记》："一

1 范君博，苏州市园林和绿化管理局. 吴门园墅文献新编［M］. 上海：上海文汇出版社，2019：157.

切修脯膏火悉如紫阳书院例，以白云精舍及可园地为基址，而颜之曰‘正谊’。夫谊者，义也。官正其谊则治期探本，士正其谊则志在立身。”（铁保《梅庵文钞》卷四）。铁保（1752年—1824年），字冶亭，号梅庵，满洲正黄旗人，乾隆三十七年（1772年）进士，官至两江总督，有《惟清斋全集》《惟清斋法帖》等。汪志伊（1743年—1818年），字稼门，安徽桐城人，乾隆三十六年（1771年）举人，曾任镇江府知府，苏州知府，苏松常镇太督粮道，江苏按察使，甘肃布政使等。道光七年（1827年）春，朱珔主吴中正谊书院，见书院西偏有园，“颇敞且近，供使节燕集之需，渐欹损。”正好布政使梁章钜莅任，“乃稽故牍，仍还之书院。”重加修葺，成为书院园林。朱珔《可园记》:

“园之堂，深广可容，堂前池水，清泚可挹，故颜堂曰挹清。池亩许，蓄鲦鱼，可观兼可种荷。缘崖磊石可憩．左平台临池可钓，右亭作舟形，曰坐春舫，可风可观月，四周廊庑可步，出廊数武，屋三楹，冬日可延客，曰濯缨处，盖园外隔溪即沧浪亭，故援孺子之歌，可以濯缨也。迤北复有小园，有小池，池上启轩，列碑五六，可考曩迹。馀内舍可读书，可居眷属，而园境尽矣。”

可容、可观鱼、可种荷、可憩、可钓……，总之万事皆可。朱珔（1769—1850），字兰坡，安徽泾县人，嘉庆七年（1802年）进士，由翰林累官右春坊右赞善，历主钟山、正谊、紫阳书院等近三十年，辑《国朝古文汇钞》，有《小万卷斋文稿》《说文假借义证》《经文广异》等。

咸丰十年（1860年），冯桂芬出任正谊书院山长，太平天国时，园毁。冯桂芬（1809—1874），字林一，又字景亭（景庭），自号邓尉山人，晚号㥦叟，吴县人，道光二十年（1840年）进士，授编修，咸丰初在籍办团练，同治初，入李鸿章幕府。先后主讲金陵、上海、苏州诸书院，有《校邠庐抗议》《说文解字段注考证》《显志堂诗文集》。

光绪十四年（1888年）在可园址建学古堂。《吴县志》:“学古堂在沧浪亭北，正谊书院右，光绪十四年江苏布政使黄彭年建，可园旧基，正谊书院所未围入者。”黄彭年（1824—1890），字子寿，号陶楼，晚号更生，贵州贵筑县（今贵阳）人，道光二十七年（1847年）进士，授编修，官至湖北布政使、江苏布政使，有《三省边防考略》《金沙江考略》《陶楼文钞》等。诸可宝《学古堂记》:“可园者，水木明瑟，庭宇清旷……书楼五楹，颜其堂曰‘博约’。”有池亩许，芙蕖敝水。有厅事三楹曰学古堂，周以回廊，曲达左右。另有一隅堂、浩歌亭诸胜。

光绪二十七年（1901年），清政府谕令全国将书院改为学堂，光绪二十九年（1903年）张树声改正谊书院为江苏省中学堂，后改为苏州府中学堂。光绪三十一年（1905年），清政府宣布全面废除科举制度，巡抚陆春江停办学古堂，蒋炳章就学古堂旧址改为江苏游学预备科，三十三年（1907年）又改为江苏存古学堂。陆春江名元鼎，浙江仁和（今属杭州）人，清同治年间进士，历任江宁、上海知县，江苏、湖南巡抚，总督漕运。蒋炳章（1864—1930）字季和，别号留庵，江苏吴县人，光绪二十四年（1898年）进士，授翰林院编修，宣统元年（1909年）议员，江苏咨议局副议长，民国《吴县志》总纂等。

1914年可园属省立苏州图书馆，1922年蒋吟秋任馆长时，园景幽雅。蒋吟秋（1896—1981），字镜寰，苏州人。1921年创办吴县县里示范讲习所，后为吴县县立中学等。1951年为苏南工业专科学校办公及师生疗养用，1957年属苏州医学院，2014年起全面修缮。

旧有“可园八景”：学古堂、博约堂、黄公亭、思陆亭、陶亭、藏书楼、浩歌亭、小西湖。

今可园东部以水池为中心，环池建有挹清堂、坐春舻、觚亭等，池北有土山，略具山水之趣。西部庭院区，有博约楼、学古堂、濯缨处等。濯缨处。再西，则为正谊书院一区（图8-4-2）。

门厅：面阔三开，有“近山林”匾额。厅北为一方小天井，左右门廊与院内曲廊相连。北有月洞门，有“四时风雅”砖额，可望园中山水、建筑。背面砖额曰“小西湖”（图8-4-3）。

挹清池：即小西湖。池约亩许，清澈明静，岸柳拂水，《可园记》：“堂前池水，清泫可挹。”故名。旧植莲，开白荷花。苏州种植碗莲专家卢彬士学在此种荷育碗莲，周瘦鹃先生说：“老友卢彬士是吴中培植碗莲的唯一能手，能在小小一个碗里，开出一朵朵红莲花来。每年开花时节，往往以一碗相赠，作爱莲堂案头清供。”[1]常熟杨廙有《可园赏荷，卢彬士先

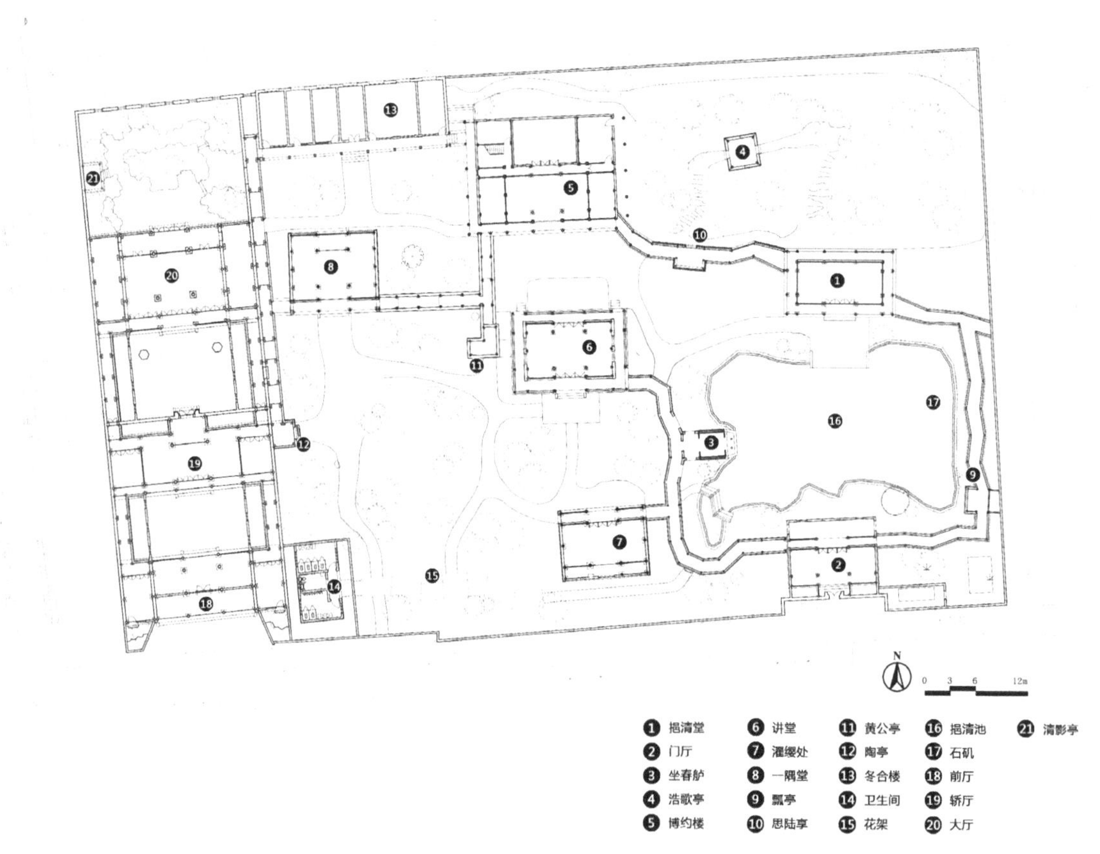

8-4-2 今可园平面图

1 周瘦鹃．拈花集［M］．上海：上海文汇出版社，1983：338.

图8-4-3 可园入口

生引观所植佳种及钵莲，赋呈一首》诗云："天怀澹定卢居士，钵纳莲花赋小园。入室几人穷窔委，当门一水自潺湲。风荷露柳宜秋赏，苦茗寒泉与客温。却羡邻苏通寤寐，知翁诗境薄西昆。"

挹清堂：位于池北，面阔三间，卷棚歇山顶，因"清浤可挹"而名；为可园主体建筑，前设平台，倚栏临池，有水色空濛之感，与池南门厅形成对景。

浩歌亭：挹清堂北，有土山，坡砌蹬道，上筑浩歌亭，为四角攒尖顶，四周树老石拙，藤萝蔓挂，颇具自然山林之趣。元代王冕《梅花诗》云："浩歌拍拍随春风，大醉惊倒江南翁。"

觚亭：位于水池东南，为一歇山顶四角半亭。"觚"，出《论语·雍也》："觚不觚，觚哉！觚哉！"，觚不像觚，还是觚吗？朱熹集注："觚，棱也；或曰酒器，或曰木简，皆器之有棱者也。不觚者，盖当时失其制而不为棱也。"何晏集解："以喻为政不得其道，则不成。"

思陆亭：位于挹清堂西。巡抚陆春江在苏州培育诸生，以经术饰吏治，士林仰望。离任，留像于亭中，故名。

坐春舻：位于池西，卷棚歇山顶，为一船形建筑（图8-4-4）。坐春即坐春风（即如坐春风或坐春风中），比喻承良师的教诲，犹如沐于春风。宋朱熹《近思录》卷十四："朱公掞见明道于汝（州），归谓人曰：'光庭在春风中坐了一个月。'"（《伊洛渊源录》卷四同）朱光庭（1037—1094）字公掞，河南偃师人，为程颢门人。程颢（1032—1085）号明道，北宋理学家，"洛学"代表人物，世称明道先生，与弟程颐，世称"二程"。北宋黄庭坚《鹧鸪天》词曰："汤泛冰瓷一坐春，长松林下得灵根。"此处可风可观月，四周廊庑可步。

博约堂（楼）：位于西部庭院区北端，面阔五间，硬山顶，是书院园林的主体建筑。下层称博约堂，旧时供奉东汉经学大师郑玄和宋代理学家朱熹画像。上为藏书楼，曾藏书籍八万余卷。博约即广求学问、恪守礼法之意，《论语·雍也》："子曰：'君子博学于文，约之以礼，亦可以弗畔矣夫！'"它与再西面的一隅堂、冬合楼均为书院建筑的一部分。

图8-4-4　可园坐春舻

博约楼西侧碑廊，南端设半亭，即陶亭，有“陶小沚先生遗像”碑刻，右上有铭曰：“元和孝廉陶先生于丁卯岁莅斯长馆，劬悴三载，遽焉捐舍，同侪慨念，镌石摹像，庸矢勿谖。”丁卯即1927年，陶惟坻（1855—1930），字小沚，周庄人，曾任江苏省立第二图书馆馆长，因三年劳累而卒，同事便镌刻其像，以示纪念。碑廊中还有光绪二十二年（1896年）所立，可宝撰文并篆额，钱新之刻石的《学古堂记》和二十三年所立，朱琦撰文，诸可宝篆额，章钰书丹、钱邦铭刻石的《可园记》等。

学古堂：位于博约楼南，面阔三间，为歇山式四面厅。堂前遍植梅花，旧有铁骨红梅二株，即现在的“骨里红”梅花品种，有“江南第一枝”之誉，岁时开花，郡人士女争往观赏。海盐沈祖模有诗云：“可园同访古红梅，照眼繁枝正半开。想见孤高遗世俗，墙东一老不凡才。临水花开见早春，琼英清艳迥无尘。几生修得娜嫘地，自有诗书气袭人。”

濯缨处：位于学古堂南，面阔三间，硬山顶，因近沧浪亭，故取“沧浪之水清兮，可以濯吾缨”之意，以示呼应。

一隅堂：出《论语·述而》：“不愤不启，不悱不发。举一隅不以三隅反，则不复也。”意即要启发学生去举一反三、触类旁通。

冬合楼：位于可园西北隅，为二层楼阁，现辟为办公区域。

正谊书院：位于可园最西面入口，面阔三间，自成院落。汉代大儒董仲舒（公元前179年—公元前104年）《春秋繁露·对胶西王越大夫不得为仁》：“仁人者，正其道不谋其利，修其理不急其功。”班固《汉书·董仲舒传》则云：“夫仁者，正其谊不谋其利，明其道不计其功。”朱熹极力推崇董仲舒，把“正其谊不谋其利，明其道不计其功”定为白鹿洞书院学规内容中的“处事之要”。后厅为书院讲堂，有道光帝御题“正谊明道”龙纹金匾。

可园是现存苏州书院园林中的代表，它不但保留了古代书院园林的格局，而且见证了清末民初苏州近代学校教育的体制演变。值得一提的是，可园修复项目，联合国教科文组织评审专家认为：清代园林可园的精心保护，体现了中国传统景观保护的艺术性和科学性，荣获2019年度亚太地区文化遗产保护大奖——杰出奖，这是苏州在文化遗产保护方面由政府间国际合作组织颁发的最高奖项，也是苏州园林首次获得联合国教科文组织文化遗产保护奖。

8.4.4 拥翠山庄

位于苏州市虎丘山风景区二山门西侧，面积约为740平方米。2009年列为苏州市文物保护单位。

光绪十年（1884年）春，观察朱修廷寻访梁代憨憨尊者所凿的憨憨泉，访之不得，属僧云闲搜寻，获之于试剑石右，井垣无毁，只是巨石戴其上，汲而饮，甘冽逾中泠。当时同游者有洪钧、彭翰孙、郑文焯等，踊跃集资，在虎丘憨憨泉旁月驾轩遗址上建屋，“于泉旁芟隙地亘短垣，逐地势高侇，错屋十余楹，面泉曰‘抱瓮轩’，蹬而上曰‘问泉亭’，最上曰‘灵澜精舍’，又东曰‘送青簃’，而总其目于垣之楣曰‘拥翠山庄’。”（杨岘《拥翠山庄记》）杂植梅、柳、芭蕉、竹数百本，风来摇扬，戛响空寂，日色正午，入景皆绿，故名拥翠山庄。《吴门逸乘》卷一：“（冷香阁）又南有拥翠山庄，为洪文卿、郑叔问、朱修廷所建，近已修葺。”洪钧（1839年—1893年），字陶士，号文卿，吴县人；同治七年（1868年）状元，光绪十三年（1887年）携赛金花出使俄德奥荷四国三年。彭翰孙（1834—1886），字南屏，长洲人，彭蕴章之孙，曾任惠州知府等，著有《师炬斋诗录》三卷。郑叔问即郑文焯（见《壶园》）。

光绪十三年（1887年）江苏巡抚崧骏在山庄西侧建月驾轩，置钱大昕题书之“海涌峰”碑。1924年在灵澜精舍之北建送青簃。1923年，在拥翠山庄南，连同抱瓮轩等建私立敦仁小学，1951年撤并入虎阜小学校。后由苏州市园林管理处接手逐年整修，是一处极具特色的山地园林。

山庄坐北朝南（图8-4-5），布局根据山势之高下，共分四层，故在剖面上作阶梯状，从而形成了苏州古典园林中独有的台地园林式样。

园南墙开门，石阶井然，门楣有“拥翠山庄”四字正楷书。门之左右院墙上嵌有“龙、虎、豹、熊”石刻四方，李根源《虎阜金石经眼录》：“龙虎豹熊，四大字，嵌拥翠山庄外壁，又仰仆小吴轩，戊午秋行书一石。咸丰八年（1858年）桂林陶茂森书刻也。”按：在五人墓东蒋参议祠另有“龙、虎”二大字石刻，“龙、虎两大字，行书，乾隆五十年乙巳，老人星降日，蒋之逵书，曾孙元益跋刻。高约四尺，在参议蒋参议祠。”[1]

抱瓮（甏）轩：面阔三间，“抱瓮”之名取自《庄子》之外篇“天地”篇：“子贡南游于楚，反于晋，过汉阴，见一丈人，方将为圃畦，凿隧而入井，抱瓮而出灌，搰搰然用力甚多而见功寡。”[2]为“抱瓮灌园”之意，以喻简陋生活，清高士奇即著有《北墅抱瓮录》一书。

1　蒋之逵所书，原在五人墓东蒋参议祠。乾隆五十年乙巳（1785年）。现在常将二者相混淆，拥翠山庄“龙、虎、豹、熊”四字确为陶茂森所书刻。

2　沙少海．庄子集注［M］．贵阳：贵州人民出版社，1987：135.

图8-4-5　拥翠山庄

《吴门逸乘》记载：“前曰抱瓮轩，山右乌河田国俊联：‘香草美人邻，万代艳名齐小小；茅亭花影宿，一泓清味问憨憨。’”[1]前庭两两高梧对植，轩后则丛篁杂树，仍不脱“屋前种梧，屋后植竹”的旧俗；后庭铺地亦成水样波纹及蛙鱼图案，以紧扣主题；轩后设边门以通憨憨泉井台，由此可得一泓清味；又另辟一径，可达拥翠阁。

拥翠阁（不波艇）：为一船厅式样的建筑，戗角轩举，似舟非舟，有匾“海不扬波”，人坐其中，宛如置身于舟楫之中。

问泉亭：置于东南平坦之地，亭前古柏，后为蕉竹；亭之西北则山势陡峭，根据自然坡度，筑就假山，树以峰石，杂树丛灌，幽篁翠蕉，风来摇飐，戛响空寂，日色正午，入景皆绿。中有山路蜿蜒盘旋而上，宛如蛟龙，两侧奇峰怪石，置身山亭之中，却与身处私家宅第园亭无异，而又能得天然山林之气，这在现存的苏州古典园林中，可谓独树一帜。

灵澜精舍：面阔三间，为山庄主体建筑，为晚清词人郑文焯所题。灵澜乃美泉之意，意指憨憨之泉。《吴门逸乘》云：“额为俞曲园书。并识云：‘岁在甲申，文卿阁学、修庭观察诸君，访得憨憨泉，遂筑室其上，小坡孝廉，以此四字名之。’”屋北用山廊与位于第四台地、民国年间所建的送青簃相接，形成四合院式样，结构紧凑，独具特色。山廊间嵌有杨岘[2]《拥翠山庄记》，云：

“出郭北行不数里，曰‘虎丘’。丘不隆而迤，若俯若注，若蹲若侧卧，嘉木美草，披拂夷洒，不能殚状。案志，丘有泉，曰‘憨泉’。梁憨憨尊者凿，岁久湮弃。光绪甲申春，朱

1　潘贞邦．吴门逸乘．苏州史志资料选辑编辑部．苏州史志资料选辑．1989年第一、二辑合刊［M］．苏州市地方志编纂委员会办公室，苏州市档案局，1989：59-60.

2　杨岘（1819年—1896年），字庸斋、见山，号季仇，晚号藐翁，自署迟鸿残叟，浙江归安（今湖洲）人。精研隶书，名重一时。

君修廷陟丘访焉，丘之人无知者。属怡贤亲王祠僧云闲大索，获于试剑石右，井干无毁，巨石戴其上，汲而饮，甘洌逾中泠。时洪君文卿、彭君南屏、文君小坡同游，皆大喜踊跃，谋所以旌之，匀众，众诺，集金钱若干千万，于泉旁笼隙地亘短垣，逐地势高偓，错屋十余楹，面泉曰'抱瓮轩'，蹬而上曰'问泉亭'，最上曰'灵澜精舍'，又东曰'送青簃'，而总其目于垣之楣曰'拥翠山庄'。杂植梅柳蕉竹数百本，风来摇飏，戛响空寂，日色正午，入景皆绿。凭栏而眺，四山滃蔚，大河激驶，遥青近白，列贮垣下，相与酾酒称快。今夫天下之大元气之所流灌，足以罄吾志，悦吾精，宁止兹泉？然而不遇谐赏，或百年不一雠其奇，是故无用之用，宜不为轾轩。或曰譬于人，虽其龊龊，傥大人先生祓晦而振滞，与星汉争光可也，是说也，吾喟焉。士有邃辟穷谷，捐明即黯，坚忍戢踣，肌色焦然，岂尽挢亢不情与？毋亦无烙灼者与？吾故为泉幸也。且夫泉不积恝弃，无以异也，犹人日般旋耳目间，攘攘焉耳矣，秘久而出，而名益荣，虽千万泉莫适争也。则信乎泉之幸，泉之自诡也。乙酉春正月，归安杨显撰并书。唐仁斋双钩刻石。"

灵澜精舍东侧则筑以平台，乱石铺地，围以形制古朴的青石低栏，视野空旷，而能妙借四周的山林景色，既可仰观虎丘塔影，又可俯视台下的上山之路，同时又和处于第一台地的不波艇上下呼应。原来在此可眺望狮子山，吴语有"狮子回头望虎丘"一说。

月驾轩：位于灵澜精舍右前，取《水经注》："峰驻月驾"之意而命之，喻其犹如一艘在月光下穿行于峰峦之中的小艇，故有"不波小艇"旧额。此处与灵澜精舍位于同一台地，为观赏园内外景物的最佳之处，闲坐于此，"凭垣而眺，四山滃蔚，大河激驶，遥青近白，列贮垣下，相与酾酒称快。"（杨岘《拥翠山庄记》）壁间嵌有钱大昕于嘉庆九年（1796年）所书的"海涌峰"石碑。

送青簃：送青乃呈现青色之意，北宋王安石《书湖阴先生壁》诗有"一水护田将绿绕，两山排闼送青来"之句。此处为山庄最上层，是一个封闭式庭院，两翼廊壁间有《拥翠山庄记》书条石。

拥翠山庄是由文人集资而兴建的聚会之处，具有公共园林的性质，同时也是一座山地园林或山庄园林，还是一座台地园林，它利用虎丘高低的天然山坡，在平坦之处的若干台地上筑室架屋，在陡峭之处则布置园景，建以勾通各台地的蹬道，而不拘泥于苏州园林中常设的那种水池形式，却又能使人领略到苏州私家园林的风致，可谓匠心独运。刘敦桢先生认为：

"此园结合地形创造台地园，而不拘于有无水池，可谓巧于因地制宜，又妙借园外景物。如仰视虎丘塔，远借狮子山，俯览虎丘山麓一带风景，都收到事半功培之效。中部一段布局灵活，视野开阔，与周围自然环境结合密切，不失为虎丘山中一个有机组合的景区。"

8.4.5 虎丘花神庙

苏州有关花神庙的记载，有九座之多，虎丘花神庙就是其中之一。《虎阜志》有花神庙图和《虎丘花神庙记》，记曰：

“花神庙在虎丘云岩寺之东，试剑石左。旧有梅花楼，基址久废。庚子春，天子南巡，台使者檄取唐花，以备选进，吴市莫测其法。郡人陈维秀善植花木，得众卉性，乃仿燕京窨窖熏花法为之，花则大盛。甲辰岁，翠花六幸江南，进唐花如前例。其繁葩异艳，四时花颗，靡不争奇吐馥，群效于一月之间。讵非圣化涵濡，与华年仁寿，嘉禾岐麦，骈集图瑞，以奉宸游，而昭灵贶，曷克臻兹？郡人神之，乃同陈芝亭度其地，爰立庙殿三楹，环两廊，有庭有堂，并莳杂花，荫以秀石。斯庙之建，匪徒为都人士游观之胜，亦可见仁圣天子丰仁溉泽，化贲草木，维神有灵，是可志也。庙建于乾隆四十九年九月，落成于五十二年四月。”

乾隆帝于庚子（即乾隆四十五年，1780年）和甲辰（即乾隆四十九年，1784年）二次驾幸虎丘，当时正值春寒料峭之季，却要备各色鲜花供奉。多亏陈维秀用京城的“窨窖熏花法”，即在地上挖窨窖，以暖气熏蒸花，使花提前盛开，可达一月之久。《吴门表隐》附录载：“康熙初，山塘陈维秀始得窖熏之法，腊月能使牡丹、玉兰、碧桃鲜艳夺目。”在试剑石左的梅花楼旧址上，于乾隆四十九年（1784年）由织造四德知府胡世铨、里人陈维秀等建造起一座花神庙。

花神庙旧址梅花楼，顺治十三年（1656年），苏、松士人金又文与沈其江召集当地名妓五十余人，选虎丘梅花楼为花场，为妓女定“花榜”。列于“花榜”的妓女一经品题，声价十倍，遂招摇于市，“彩旗锦幅，自青门迎至虎丘。画舫兰挠，倾城游宴。”被称为“清初御史第一人”的李森先（？—1660）为煞风景，以正风纪，将金又文杖毙于狱。清初朝廷为整肃晚明以来的浇薄世风，强化礼法纲纪，对潜礼越制行为大加惩戒，这使明中叶以来的士人园林声伎之风有所遏制。

8.4.6 文庙

位于苏州市人民路45号，现存面积约为1.78公顷，为全国重点文物保护单位。

原为苏州府学，北宋名臣范仲淹于景祐二年（1035年）创建。范仲淹知苏州次年，割吴越国钱氏南园旧地，首创将官学与孔庙合一的左庙右学格局，一时名闻天下，各地纷纷仿效。南宋建炎四年（1130年）毁于兵燹，荡然无存。绍兴十一年（1141年）重建，至清代同治七年（1868年）七百年间重修、拓建达三十余次。

康熙五十二年（1713年）增设紫阳书院，康熙赐额“学道不淳”。乾隆帝六次南巡，六次驻跸。乾隆十三年（1748年），赐额“白鹿遗规”，并多御诗嘉勉。清末科举废除，文庙府学日渐荒废。光绪三十年（1904年）创办江苏师范学堂，宣统三年（1911年）改省立第一师范学校。1928年改为江苏省立苏州中学。

苏州解放后，曾多次整修，1981年重修文庙，后建苏州碑刻博物馆。

布局为左庙右学，东路左庙以大成殿（图8-4-6）为中心，为五进庭院，主要有黉门、棂星门、大成殿、崇圣祠等。右学西路以明伦堂为中心，亦为五进庭院，主要有泮宫、七里池、明伦堂、尊经阁等。各庭院中的园林化环境，不但衬托出了中国寺庙园林的庄重，而且创造了一个优美的学园环境。

图8-4-6 文庙大殿

文庙内现存古银杏分别称之为寿杏、连理杏、福杏、三元杏，均有数百年树龄。大成殿、崇圣祠前院曾陈设盆景，以展示苏派盆景，弘扬技艺。

大成殿西有一院落，伫立着一块巨石，即廉石，又名郁林石。《吴郡图经续记》："陆氏郁林石。初，陆绩事吴为郁林太守，罢归无装，舟轻不可越海，取巨石为重。至姑苏，置其门，号为郁林石，世保其居。唐史书之。"陆绩回到苏州，置石于临顿里门前，弘治九年（1496年）被移置于察院场，康熙四十八年（1709年）移至府学。周边古柏苍翠，环境肃穆。

府学有半月形的泮池和泮水桥。《诗经·泮水》："思乐泮水，薄采其芹。"古代如果中了秀才，要到孔庙去祭拜，要在泮池中采水芹，插在帽子的边缘，表示有文才。过北仪门，又有大池，有七孔石桥跨水上，名为七星桥。过桥上露台，即登明伦堂，堂后依次为至善堂、毓贤堂、敬一亭、尊经阁等诸构。

文庙左右对称，前后井然，森然有序，至清代整座建筑群体规模庞大，名列东南之冠。府学内亭台楼阁错落有序，池沼、畦圃、假山及花木点衬其间，其园林化环境与建筑交相辉映，形成了布局严谨、殿宇宏丽、气势磅礴的建筑特色。

8.4.7 植园

位于城之西南文庙旁，清代末叶，江苏巡抚陈启泰命苏州知府何刚德所建。何刚德（1855—约1936），字肖雅，号平斋，闽县（今福建福州）人，清光绪三年（1877年）进士。光绪二十六年（1900年），任苏州知府。何刚德因厉行新政，在植园内植树二万余株，大者如桧、柏、椿、杉及罗汉松五种，皆夹道分行，其余散种桑秧为多。花则梅花、桃李，均为苏州美产，每种划地数亩，各种秧苗数百株，杂树数不可计。何刚德《于野自苏州来，谈及植园旧种树木荟蔚可观，梅花一丛，枝干高耸，竟有参天之势，书此志感》诗云："十年树木本因时，今日阴成慰梦思。夹道绿杉梁栋选，交柯翠柏雪霜姿。杏林经雨光逾艳，梅干参天事更奇。”其《梦游植园》诗有注云：“园为余守苏州时所创，诗中所叙皆园中实景。”[1]

植园有小山，因始创之时，文庙边上多为兵燹后丛冢，便规划成山体，《吴门园墅文献新编》载：“大府力促修治，而惮于迁寻，乃度地，得一百一十四亩，缭以园墙，相其丛葬疏密地势，绘成山形。然后锄地面民砾，堆积于上，加以土坯，逐一掩盖。一雨之后，草活泥匀，苍翠可观。”并在丛冢一区，周围种植枣、梨等树，“瘗余残魂，居然青山埋骨矣。”何刚德《植园小山》诗：“意期庙貌肃观瞻，岂许蓬蒿迹久淹。因冢成山青不断，贴泥蓄草翠如黏。瘗余枯骨心常谨，岁久残魂惠共霑。一篑未成原有愧，权宜亦自喜沾沾。”

宣统三年（1911年），由江苏巡抚程德全，广为拓展。贵池刘慎诒《过植园》诗注云：“是程雪楼中丞抚吴时所筑”，程德全（1860年—1930年），字纯如，号雪楼等，四川云阳（今重庆）人，宣统元年（1910年）任江苏巡抚。拓展后的植园分为园林区、农田区等，布置一新，规模称宏，植园之名始著。

中华民国成立后，植园划归苏常道尹公署管辖，“有改办蚕桑场及平民工厂之议。道尹李维源倡之甚力，卒以经费无着而中止。考植园乃学宫之一部，故产权亦属之。是园于民国五六年时，曾辟为公共游憩之所，花木掩映，裙屐往来，颇极一时之盛。阅一二年，渐告冷落，今则鲜有问津者矣”[2]。民国初年（1912年），植园逐渐荒芜，园内土山于民国五年（1917年）划归江苏省立第一师范学校（今苏州中学）。此后植园一度改作蚕桑改良所与苗圃。沦陷时期被日军占作养马场，园内树木遭大肆砍伐。抗战胜利后，园内树木又被伤兵流氓倒卖殆尽。

原植园外有砖额一方，上题“植园”行楷二字，上款为“宣统庚戌十月”，下款落“程德全”；庚戌为宣统二年（1910年）。植园初建时，大门北向，设于书院巷，园内水池清丽，荷花清香时送；花木繁盛，桧、柏、椿、杉及罗汉松等树种夹道而种，又植有供人欣赏的梅丛、桃林与杏圃。其中属道山比较独特，是由掘池而得的土所包裹的一座坟茔，于土山上植枣树与梨树，以“枣梨”之标志，望不惊扰坟内的苏州书刻业义家冢，取名道山，也有魂归道山之意。山上茅亭亦名“道山”。后植园扩建，又于南侧新辟大门，园内房屋百间，大体可分为游憩区、果园区、农田区与苗圃区四个部分。园内分片种植香樟、桧柏、松杉、朴树、梅、梨、桃、杏等；另有水稻与慈姑各十亩；玫瑰、月季、桂花与一片覆地三亩的紫藤棚架构成花海，春夏观万紫千红之绚烂，秋日享硕果累累之喜悦，冬雪覆银装，红梅点点，亦是一番别样美景。园内树木共计两万余株，均挂有标有树名与种植年月的标本牌。园内曾有8处景点，为1911年一名为秋心的作者发表的《植园八咏》中所记载，分别为：“锄月门探梅”“立雪亭观稼”“采莲舫赏荷”“沁芳亭摘豆”“修竹轩敲棋”“羡鱼台垂钓”“微波榭烹茶”“弄月台饮酒”（图8-4-7）。

作为苏州近代的第一座市民公园，植园的意义是非凡的。于该园的主要建造者何刚德而言，这是他的得意之作，曾多次作诗感叹“因冢在山青不断，贴泥蓄草翠如黏”“梦中忘却卸朝衫，

1 范君博，苏州市园林和绿化管理局. 吴门园墅文献新编［M］. 上海：上海文汇出版社，2019：332.

2 潘贞邦，吴门逸乘，苏州史志资料选辑编辑部. 苏州史志资料选辑. 1989年第一、二辑合刊［M］. 出版不详，1989：47.

游眺芳园眼尚馋”“百度维新具苦心，课农余事创园林。手栽二万二千株，异日终于蔽芾荫”[1]。而叶圣陶也在其日记中写道：“园内异花佳树，一流碧水，红莲已绽，清香时送，仕女如云。”[2]

图8-4-7　20世纪30年代的植园

8.5　小结

清朝是我国封建社会最后一个皇朝，在长达三百年的历史中，以少数民族统治人口众多的汉族及广大地域，从康熙平定三藩之乱，国家开始休养生息，到乾隆时达到最后繁荣，当时全国人口由二亿增加到三亿多。嘉庆、道光时期已显衰颓迹象，但因经济困扰，民生转艰，富商地主纸醉金迷，生活享乐加剧，人口进一步增长，到道光三十年（1850年）已超过四亿。私家园林增加，民间住宅密度增加，空间变小。道光二十年（1840年），鸦片战争爆发，中国进入半封建半殖民地社会，最后封建朝代瓦解。

清代苏州风景园林的发展也基本遵循了这一历史发展轨迹。清初，一些前代遗民或隐居不仕，或筑园以逃避新朝，如姜埰的“敬亭山房”（今艺圃）、徐白的“水木明瑟园”等。随着社会的稳定，园林营造也得以恢复，一些官吏纷纷购地筑园，如顾予咸的“雅园”及其子顾嗣立的“秀野园”、保宁太守陆锦的“涉园”（今耦园）等，其造园技艺基本上承因了晚明的特色。至乾隆、嘉庆时期，享乐之风漫延，私家园林的营造活动达到高峰。这一时期以宋宗元的“网师园”为代表，其建筑技艺（如砖雕门楼）、造园技艺达到了前所未有的高峰。苏州近、远郊山水名胜亦康熙、乾隆二帝的南巡，而达到了空前的开发和建设。同时，这些地方更是传统的观梅胜地，如光福的崦上，“时残梅未尽而樱桃花盛开，取仄径，行篱落间，仰餐玉英，俯踏香雪，恍然兜罗绵世界矣”。

道光后，晚清国力衰退，在造园技艺上过于工巧，过分追求形式主义，苏州园林空间变小，但装修考究，装饰繁多，逐渐流于庸俗。叠石技艺由模写自然转而为追求石趣、属相，重技而少艺，叠石匠师以金华帮为主，常平地起山，中置一洞，以条石结顶，外形常用山石包、贴成型，显得琐碎而脉理不通，如沧浪亭、狮子林、耦园（西花园）等均可见到这类叠石风格。然而因洞多不吉利，1911年后，逐渐以小型假山花台替代之。加之西风东渐，出现了中西式的洋房花园。

1949年后，对这批园林加以修缮和保护，成为中国古典园林的典范之作，被列入世界文化遗产。修复和营造苏州园林的主力军之“苏州香山帮传统建筑营造技艺”被联合国教科文组织列入《人类非物质文化遗产代表作名录》。

1　谭金土．旧照：依稀看植园［J］．苏州杂志，2014，(05)：26-29.

2　叶圣陶．叶圣陶日记［M］．北京：商务印书馆，2018.

第9章

民国时期

9.1 概述

9.1.1 时代背景

清宣统三年九月十五日（1911年11月5日），苏州成立中华民国苏军都督府和苏州军政府。同年十月十三日（12月3日），改苏军都督府为中华民国军政府江苏都督府，苏州隶江苏都督府。至此，苏州进入民国时期。在这个时期，苏州的政治生活紧密地与整体中国的历史走向相响应。相较于晚清时期，苏州更频繁地与西方世界产生互动，从而导致了苏州传统的经济结构、社会生活和文化风尚的深远变化。在风景园林营造上表现为传统园林意趣的式微和西方生活方式的渗入，如“中西合璧”园宅的流行，以及现代公园建设等现象。建筑学家童寯在《江南园林志》一书中谈到了西风东渐的生活方式对苏州传统造园林的巨大影响：

“造园之艺，以随其他国粹渐归淘汰。自水泥推广，而铺地叠山，石多假造。自玻璃普遍，而菱花柳叶，不入装折。自公园风行，而宅隙空庭，但植草地。加以市政更张，地产增价，交通日繁，世变益极。盖清咸、同，园林久未恢复之元气，至是而有根本减绝之虞。”[1]

而历史学家顾颉刚在民国十年（1921年）年也表达出同样的观点：“今日造园者，主人倾心于西式之平广整齐，宾客亦无承昔人之学者，势固有不能不废者矣！”[2]

除了现代生活方式的冲击，期间持续的战火使民国苏州的风景园林几乎面临灭顶之灾。在抗日战争期间，日本军队对苏州的频繁轰炸、炮击及占领苏州后的破坏导致苏州风景园林遭受重创。如苏州公园图书被炮击为一堆瓦砾，公园围墙上的铁栅栏被用于制作军械，公园场地一度被用为日军养马场；又如环秀山庄被日军征用并在园林建造神社；再如留园被日军占用后，花木枯萎，门窗挂落破坏殆尽。而其他园林，也多为日伪随意征用，以致断壁残垣，荒芜不堪。

9.1.2 营造活动

民国时期，因敌伪侵占和时局不稳，苏州风景园林营造较同治、光绪时期明显衰落。名胜园林大多失修荒废，如留园、怡园、鹤园、畅园、遂园等不得不设说书、戏法、动物展览等游艺场所以收取门票、供应茶点，或是对外出租以维持生存。但彼时，为了外侨和新贵西式休憩的需求，许多现代风格的公园和宅园又相继兴建。因而，民国时期苏州风景园林营造在整体上呈现出中西风格对峙和融合的时代趋向。

1 童寯. 江南园林志［M］. 北京：中国建筑工业出版社，1984：11.

2 顾颉刚. 苏州史志笔记［M］. 南京：江苏古籍出版社，1987：79.

这段时期，苏州古典园林时闻颓败，罕见新修，少数获大规模修葺的历史名园仍深受西洋建筑风格的影响。如民国十七年（1928年），贝仁生购得狮子林后，在复建指柏轩、问梅阁、卧云室等旧有建筑，增设燕誉堂、石舫、飞瀑亭等建筑时，即掺揉了西洋风格及彩色玻璃、铸铁、混凝土等新型的建筑材料，并设置了人工瀑布。而其时的新建或改建园林，大多数都呈现出中西合糅的风格。由于苏州临近首都南京以及远东地区的国际化都市上海，但生活闲逸舒适，因而宁沪两地的显贵、富商和文人喜欢于苏州营造别墅，而这些别墅在园林中渗入西式的建筑元素，如苏谦的天香小筑、叶氏的苍庐、汪氏朴园、李根源阙园、陶树平桃园、吴氏的吴家花园、姚冶诚的丽夕阁、顾祝同的默园等。这些宅园大致有两类：一类是中园西宅式。建筑多为两三层西洋式楼房，砖混柱承重，木架屋面，外墙为清水墙面，屋顶铺青黑色平瓦，设有阳台或仿石库门，采光通风都较传统民居更优。“新建筑多合实用者，且自旧式官绅淘汰……故居室成规一变，其富有者则有改建洋房之趋势”（卢文炳，菊林录《吴县乡土小志》）。但其园林，仍沿袭苏式传统风格，以池水、湖假、曲桥、亭阁等为特色，如遂园、天香小筑、朴园等皆是如此；另一类是外中里西式，即园宅外部都是苏式风格，而建筑内部为西洋装饰要素，如春在楼、补园等。此外，这个时期，也有少数园林以中式为主，如1933年始建的东山启园，以明代王鏊的招隐园“临三万六千倾波涛，历七十二峰之苍翠”意境所建，尽得湖山之胜。

苏州的城市公园营造，始于清末的植园，以苏州文庙左侧荒冢之地，通过筑土地成山，覆以青草，植树二万余株以仿效英国的自然式景园，因其绿草成茵而游人如织。民国十六年（1927年），在“三民主义”爱国纲领和“自由、民主、博爱”等旗帜下，苏州第一座公园——苏州公园建成，其一半为法国勒诺特式园林风格布局，而另一半则是中国自然山水式园林布局，呈现出中西混糅的特色。继苏州公园之后，常熟虞山公园、昆山亭林公园、吴江震泽公园等现代性公园相继营建或改建。并拟筹建湖田公园、澹台公园、太湖国立公园、虎丘自然公园等系列公园，但因战乱而未能实现。

9.1.3　人文纪事

民国时期，苏州传统园林的传承面临碰上前所未有之挑战，在西风东渐的现代性巨变中传统建筑和园林的营建面临极为尴尬的境地。海派生活方式影响下传统园林营造活动呈现出整体滑坡的趋势，而洋楼和西式花园的流行又使已存的传统园林面临被取代的生存危机。在这个西风压倒东风的时代中，一些民间哲匠、建筑从业者和学界精英意识到传统园林的历史价值和文化意义，他们逆行于时代风尚的园林实践、现场考察与学术论著给后世留下了极为宝贵的图片资料和文化火种。

姚承祖（1866—1938）出身于苏州香山的木匠世家，民国初年（1912年）被推举为苏州鲁班协会会长，并在开创了我国高等现代建筑教育先河的苏州工业专科学校建筑工程系任教。其在苏州城乡营建的厅堂楼阁、房舍殿宇不下百幢，代表作有木渎羡园、苏州怡园可自怡斋、光福梅花亭、木渎灵岩寺大雄宝殿等。姚承祖的祖父姚灿庭著有《梓业遗书》，而姚承祖则在苏州工专任教期间，基于家学渊源对江南地区传统建筑营造智慧和经验进行了总结，汇集于《营造法原》一书。该书是江南地区传统建筑做法的代表性专著，系统阐述了江南地区传统建筑形制、构造、用材和工限等内容，兼及江南园林建筑的类型、布局及构造，诸如亭、阁、楼台、水榭与旱船、廊、花墙洞、花街铺地、假山、地穴门景、池与桥等各类园林建构。中国营造学社社长朱启钤评价为“它虽限于苏州一隅，所载做法，则上承北宋，下逮明清”。

童寯（1900—1983）是留学于美国的第一代中国建筑师，回国后最初任教于东北大学建筑系，“九一八”事变后，童寯在上海华盖建筑师事务所从事建筑工作。偶然的参观中，他接触到江南园林并为之吸引，同时意识到江南传统园林所面临的倾覆之忧：“吾国旧式园林，有减无增。著者每入名园，低迂歔欷，忘饥永日，不胜众芳芜秽，美人迟暮之感！吾人当其衰末之期，惟有爱护一草一椽，庶勿使为时代狂澜，一朝尽卷以去也。”[1]因此，他在1932年到1937年间，实地考察和测绘摄影了苏、杭、沪、宁的109处园林，汇集于《江南园林志》一书，包括造园、假山、沿革、现状、杂识五篇，阐释了江南造园历史与特征的基础上，介绍了江南各地名园，苏州名园基本都囊括于其中。这是国内最早采用现代测绘方法和摄影技术的园林专著，其中半数园林现已无存，因而极具有历史价值。

刘敦桢（1897年—1968年）是中国建筑史学的开拓者之一，20世纪20年代任教于苏州工专任教期间即开始接触苏州园林。在1936年在《中国营造学社汇刊》发表了《苏州古建筑调查记》中，记录了该年对苏州拙政园、狮子林、怡园、汪园、留园的考察经历，成为其苏州园林研究的肇始，亦成其中华人民共和国成立后的经典著作《苏州古典园林》的前期伏笔。

9.2　私家园林

9.2.1　春在楼

春在楼位于苏州市吴中区东山镇松原弄，由旅沪洞庭商人金锡之奉母命于民国十一年（1922年）返乡建造于老宅旁，三年而成，大小约8.3亩，内含一座318平方米的小花园。大楼东向，取“向阳门第春常在”之意名“春在楼”[2]，因繁密精细的雕刻装饰而俗称雕花楼，又被誉为“江南第一楼”。

春在楼在建筑设计上采用了苏派与徽派传统民居结合的规矩方圆、轴线分明、对称均衡、封闭性的院落式格局，承袭明清遗风；同时在微观处理上又大胆吸收了西方的建筑装饰艺术特点，巧妙地实现了彼时中西合璧的时代潮流。整体建筑坐西朝东，共进，一条中轴线贯穿整个建筑，由东向西依次为八字照壁、砖雕门楼、前天井、前楼、后天井、后楼以及

1　童寯．江南园林志［M］．北京：中国建筑工业出版社，1984：12.

2　臧丽娜，宫强．洞庭东山“春在楼”［J］．民国春秋，2001（06）：59-60.

附房，前后楼均为五开间带两厢，并有轩廊相互贯通连成走马堂楼。楼北为花园，楼南侧是金家老宅。以水磨青砖和花岗岩等为材料砌筑而成的砖雕门楼是春在楼最为精彩的部分，规模宏大，结构坚固；其朝外一面，有砖额“天锡纯嘏”，意为天赐大福；枋上均饰画像砖雕；左右兜肚也刻有戏剧图案；此外，顶脊正中的豆青色古瓷方盆（俗称聚宝盆），中坊蝠云镶边的砖额“聿修厥德”以及望柱上的“福、禄、寿”人像圆雕，均寓意深刻。前楼共两层，单檐硬山顶，一楼为大厅亦称凤凰厅，因刻有172只凤凰而得名，雕饰繁琐。门窗上刻二十四孝图，窗框饰古钱搭钮，附设寓意“有钱有福”的铜蝙蝠饰件，梁上刻有福禄寿、牡丹等吉祥图案，连檩上也绘有苏式彩画；二楼窗均镶有彩色玻璃，廊柱主体雕成竹节形，寓意“节节高升”，而柱顶却呈希腊“科林斯式”，柱间以铸有“延年益寿”的生铁栏杆相联。后楼为重檐三层，风格与前楼相似，因三楼比二楼前后都缩进两檩，所以有着外观两层内实三层的效果，俗称暗三楼。其西侧建有西式的水泥晒台和阳台，阳台上置观景亭。春在楼的装饰集中了大量的民间传说和吴地谐音，如大门前由彩石铺就的一个插有三支戟的花瓶铺地，寓意“平升三级”。民间也流传有关于春在楼的六句“口彩”：进门有宝、出门有喜、伸手有钱、脚踏有福、抬头有寿、回头有官。[1]

楼北的花园面积虽小，却不显局促，以“多方胜景，咫尺山林”的借景手法，浓缩再现了江南园林淡雅清新、玲珑小巧的意境。园内虽无名木奇花，却以翠竹石笋、曲桥、荷池、金桂、紫薇、天竺、蜡梅等构建了一幅四季美景。一大三小的四组太湖石假山群，也别具匠心。为了协调尺度，大假山依北院墙而筑，内部空漏，盘旋曲折，山上平台置石桌、石凳；小假山或有洞有泉，各具特色。花园南侧为一长廊，长廊中部有一六角楼亭凸出，楼下敞开，仅立六柱，楼上则周立窗扇，俗称“小姐楼”。沿长廊西行，有一小楼卧于西北角，楼上原为楼主老母念佛之处，故称佛楼。佛楼正东为荷池与假山，荷池北有半座六角亭与楼山相连，池上曲桥仅二折，夏日荷开，于亭内，于楼阁，于假山，于曲桥，皆为佳景，香山帮匠人出于协调尺度而成的半亭和曲桥，造就了一处别样的小中见大的微缩江南园林。园东照壁上，刻有神态生动的圆形砖雕珍品——停云龙。连绵起伏的围墙上，由蝴蝶瓦组成的十三扇花窗，将墙内外美景融为一体，游目四望，尽赏“借景”之妙，令人心驰神往。

“艺术真天地，珍奇满目收。故园春常在，江南独一楼。”这是盛赞春在楼雕刻技艺的一首诗[2]。香山帮高超的技艺与西式建筑元素的穿插运用，巧妙地中西结合为春在楼赢得了“江南第一楼”的美誉。小巧精致的花园，亦将佳景尽收园中，确有江南园林淡雅清新之意境。

9.2.2　启园

启园位于苏州东山，其园址原名叶家浜，是太湖边种稻养鱼的十余亩洼地。民国二十二年（1933年），席启荪为纪念其上祖在此迎候康熙皇帝，邀请著名画家蔡铣、范少云、朱竹

1　臧丽娜，宫强．洞庭东山“春在楼”［J］．民国春秋，2001，（06）：59-60.

2　朱习静，孙鹄．春在楼的雕刻艺术［J］．建筑工人，1994，（02）：48-49.

云等参照明代大学士王鏊所建静观楼之意境进行设计，在此置地筑园，将面积扩展至40余亩，三年而成，名“启园”，俗称席家花园。抗日战争时期（1937—1945年），启园相继由日军、伪军进驻。20世纪40年代后期，启园易主徐子星，由于徐氏又名介启，所以沿用启园为园名。

启园脉接东山，东临太湖，背山面湖，尽得湖山之胜，是苏州唯一一座依傍真山真水而建的私家园林。启园包括花园和柳毅小院两个部分，其建筑主要分布于园内西侧。园西侧为柳毅小院，院名典出“柳毅传书”，据传可由院内的柳毅井暗通龙宫，井边石碑上的“柳毅井”，集明代大学士王鏊字题刻，井边贴墙筑有半亭，名“柳毅亭”。沿墙边曲廊向上，为四宜亭，四面观之形态皆不同，前看是台，后看是楼，左看是亭，右看是阁，变化多端，景象各异。于亭内凭栏东望，融春堂映入眼帘，堂因“春光融融”（杜牧《阿房宫赋》）得名。堂东一阁名“阅波”，阁前荷池飘香，曲桥蜿蜒，赏心悦目。阁东水榭相对，名“翠薇”。于榭内远眺，挹波桥处太湖波涛不绝。融春堂北为园内的主体建筑镜湖楼（图9-2-1），二者以复廊相隔，因楼前的水池“镜湖”而得名，楼面阔五间，进深三椽，共两层，重檐歇山顶，楼内一堂名“宸幸堂”，楼前遍植牡丹、含笑、腊梅、丹桂等。镜湖的驳岸由形态各异的太湖石砌成，疏密相间，远观似各类动物形态，环湖花木浓茂，夏蝉冬雪，春花秋月，四季皆有佳景。湖东有亭与镜湖楼相对，名“坐金”。镜湖之水穿过廊桥南流，与鉴湖堂南侧汇成一处荷池，黄石为岸，夏日荷开，清香四溢。撷银亭与鉴湖堂隔水相望，亭东山林中有一株相传为康熙手植的古杨梅，历经600余年风雨，至今仍在春日绽放。东望太湖，晓澹亭立于山冈之巅，登亭尽赏浩渺烟波。池水穿过太湖边长堤内的小河与挹波桥，东接太湖烟波。挹波桥北的浮翠榭恰如其名三面环水，浮于碧波之上；榭与花园由环翠桥相连。榭北为御码头（图9-2-2），康熙三十八年（1699年）四月，康熙皇帝南巡东山，由东山首富席启寓为首，率众人于今码头处迎驾，故称“御码头”。码头笔直地伸入太湖之中，在尽端立有一湖心亭，亭外额“虫二”，即“風月”二字去其外框，寓意湖景与园景风月无边，岸边一座牌坊作对景，额“火焰万丈”。园东北角有一座假山，登山西望，茶田果林，郁郁葱葱，回首远眺，茫茫太湖，水天一色。

图9-2-1　启园镜湖楼

图9-2-2　启园御码头

启园选址得宜，作为江南少有的江湖地园林，藏山纳湖，步移景易，既有江南私家园林之婉转幽深，又具“临三万六千顷波涛，历七十二峰之苍翠”的开阔潇洒，可谓“纳百家之精粹于一身”[1]。楼阁亭榭，花径曲桥，散落其间，似与周遭山水浑然一体，风光旖旎，令人心旷神怡。

9.2.3 墨园

墨园位于苏州市姑苏区人民路，梅村桥东南苏阀集团内。大小约11.3亩。民国二十年（1931年），佘培轩（墨园公）购得平门桥附近岑氏的一块宅基地，建“佘宝善堂”。翌年，佘氏新建西式楼房两幢，平房两座以及门房、水亭、自流井、水塔等建筑，并于园中叠山理水、植树栽花，取其“墨园公”之墨园二字为园名[2]。抗战胜利后，佘培轩之孙佘念善在墨园建“自立农场”，并于南部增建西式楼房、牛舍等建筑。

墨园的主体建筑是一座坐北朝南的欧式楼房，共两层，平瓦坡顶，廊柱为罗马柱式，柱顶颇具巴洛克风格；楼东一座八角形的琴室与之相连。园内土山上置六角攒尖亭一座，因材料取自带皮的松树原木，故名松毛亭，现土山与亭均不存。楼后挖池，围以嶙峋湖石，曲桥架于池上，桥上设湖心亭，池内遍植荷花。池岸置四面厅，盛夏荷开，或立厅中，或倚亭内，皆有美景可赏。余地置石、栽花、植树，大小立峰掩映于绿树红花间，一派葱茏之意。

20世纪70年代墨园受到破坏，园中原有的假山、水池、亭子等被毁，仅存花园小池、湖石、花坛等。但其西式楼房与中式花园结合的中西合璧之风格，依然很好地反映了民国时期主流的造园风格与特色。

9.2.4 觉庵

余庄位于苏州市石湖东北越城桥东的渔家村，其地址疑为南宋范成大石湖别墅“天镜阁”旧址。由民国二十二年（1933年），寓居苏州的清代举人，书法家余觉购得其地，建成房屋10余楹。原名觉庵，又名石湖别墅，俗称余庄，今名渔庄，大小约2.3亩。

觉庵面湖背村，整体为东宅西园的空间格局，大门开在北侧的渔家村小巷中（图9-2-3）。东面的住宅由南往北共有三进，依次为前院、主厅（福寿堂）、后院、后厅以及天井。前院中有四方歇山顶亭子一座，额曰“渔亭”，遥对上方山楞伽寺塔和磨盘山范成大祠堂，风景殊胜，亭东西两侧砌墙，各开八角形空窗一樘。主厅原悬余觉自题“敕福寿堂”匾额，因余觉、沈云芝夫妇于光绪三十年（1904年）慈禧七十寿辰时进献《八仙上寿图》《无量寿佛图》刺绣作品，得慈禧赞赏，亲题“福”“寿”二字赐其夫妇[3]；余觉不忘这一殊荣恩典，故自题匾。原匾毁于“文革”，后修复开放时由其婿吴华镳再书“福寿堂”匾悬于明间。后院四周有回

1　申功晶．洞庭东山：一颗镶嵌在太湖上的明珠［J］．中国地名，2018，(06)：60-61.

2　何大明．墨园，姓“佘”不姓“顾”［J］．江苏地方志，2016，(01)：79.

3　胡绳玉．余觉生平述略［J］．铁道师院学报，1991，(02)：62-66.

图9-2-3 觉庵

廊，东、西廊中部各建“无尘”“成趣”半亭一座，西亭北侧廊壁嵌书条石三方，上刻余觉书《天冠山诗》五绝十一首，是今日余觉仅存之书法碑刻，弥足珍贵。院中有石榴一棵，桂花两株，均为百年古木；南墙有小门通主厅走廊；过后院西半亭内门至西院，西院北三间平房当年曾是安放沈寿神主的享堂。后厅三间，厅次间东、西各有厢房。厅后天井内有井泉一口，东、西两侧各有下房一间，东下房之东即原觉庵石库门出入口。

觉庵的整体布局与景点营造都很朴素，仅以几座亭廊和三两花木作院景，但胜在临石湖之利和上方山相得益彰的楞伽塔影。

9.2.5 吴家花园

吴家花园位于苏州市姑苏区东小桥弄，原大小约1.1公顷，其中建筑面积1000平方米。始建于民国十一年（1922年），是国民政府政要吴忠信寓居苏州的住宅，俗称吴家花园。

宅园整体呈北部住宅，南部花园的布局。大门开在东侧，粉墙上嵌有各色花窗，园景忽隐忽现。园中偏北是平面呈“凹”字形的西式主楼，坐北朝南，共两层，上下各三间，一楼东西两侧向北伸出披屋。主楼东西另有平房数间。园南由湖石堆叠而成的假山玲珑，与主楼相对；西南一泓碧波，池内莲花朵朵，池畔小亭伫立，与园内花木交相辉映，银杏、白皮松、黄杨、含笑等古树名木亦散落园中。

吴家花园整栋西式楼房都显得更具气势与华丽，中式花园亦精巧雅致，极好地展现了民国时期园林营造的中西合璧风格。

9.2.6 向庐

向庐位于苏州市姑苏区临顿路下塘温家岸，大小约4亩。现花园为温家岸17号，住宅为温家岸18号。民国十一年（1922年）范烟桥随父由吴江移家于此，因父字葵忱，取其葵心向日之意，故宅园名向庐，又因清代进士顾予咸曾在附近的宅府“雅园”居住，范烟桥便在自家门楣上题了一个“邻雅旧宅”的别号[1]，范亦把向庐称作“邻雅小筑”。1947年因弟兄分家，花园部分归范烟桥所有。

向庐整体布局为北路住宅，南路花园。北路住宅各进建筑总体坐西朝东，主体建筑由东向西依次为门厅、大厅以及楼厅，每座建筑之间隔有一天井。门厅后的门楼上刻有“文正世家”。二进的大厅面阔三间，进深五檩，为扁作梁，前作翻轩“一枝香轩”，哺鸡脊硬山顶，大厅后的石库门有砖额“丰芑贻谋”。末进的楼厅共五开间，有两夹厢，二楼的栏杆为“卍”字形。南路花园在1947年由范烟桥继承时，增植花木，并题联：“取旧宅三分，里近弦歌知娟学；留雅园一角，心期泉石待藏修。”范烟桥曾撰文描写花园：“有假山数垛，颇嵌空玲珑，有榆树大可合抱，其他梧桐、蜡梅、天竹、桃、杏、棕榈、山茶，点缀亦甚有致。”园内老榆浓荫常蔽，山茶花姿丰盈，正合了范烟桥“唯有山茶殊耐久，独能深月占春风”的风骨。一湾小而浅的池塘逢旱却不干涸，旱船似静泛湖上，山石亦空漏玲珑。

向庐虽小，却有绿树浓荫，花木争妍，假山方池，旱船廊屋，无一不全，为民国苏州典型文人园。

9.2.7　丽夕阁

丽夕阁位于苏州市姑苏区十全街南园宾馆内，民国十八年（1929年）落成，大小约10亩，其中建筑面积1400平方米，为蒋介石二夫人姚冶诚及其次子蒋纬国寓居苏州的住宅。

宅园主楼是一幢三层三开间的西式青砖楼房，楼房被数根粗大的花岗岩廊柱擎起，气势恢宏。主楼北侧是一幢两层的红砖楼，与主楼有天桥相通，俗称北楼。园东有一座水塔，水塔又东三间平房，是姚冶诚的佛堂。主楼由三个大小不一的荷池环绕，池畔置琉璃瓦四面亭；余地堆叠假山，散置牡丹、木香、梅、桃、枇杷等果树和花卉[2]，四季花果芳馥，一派葱茏。

丽夕阁是民国苏州豪华宅园的典型，宅内中式花园、西式铁艺与玻璃等装饰，以及室内复古的家具陈设，整体呈现出中西合璧风格的富丽堂皇之风。

9.2.8　叶圣陶宅园

叶圣陶宅园位于苏州市姑苏区滚绣坊青石弄，大小约466.7平方米。民国二十四年（1935年），叶圣陶用多年笔耕的收入将宅园购下，略加修缮，作为自家的宅第。

宅园是一座幽静古朴、三面回廊的庭园。总体建筑布局呈“丁”字形，东侧的大门与建筑和院落由廊相接。四开间平屋坐北朝南，南侧带一檐廊，为主房。另有附房坐西朝东，均为平屋，屋前檐廊连同门廊，围出一方小天井，屋前的青砖廊道与方形立柱也颇有特色。院

1　张永久．断肠人在天涯——为范烟桥自定年谱《驹光留影录》补白［J］．书屋，2010，(03)：48-54.

2　梅蕾．丽夕阁——蒋纬国住过的洋房［N］．苏州日报．2011年11月23日第A04版.

中紫藤悬垂于廊架之上，小径逶迤于绿丛之间。芳草花石点缀其间，绿树浓荫将长廊掩映，南侧一湾浅池落石为岸，池上小桥横卧，池边芭蕉与石笋相互映衬，更显古朴幽静。

9.2.9 朴园

朴园位于苏州市姑苏区校场桥路，民国十八年（1929年），上海蛋商汪世铭在此建造二层西式楼房及花园，历时四年，终于民国二十一年（1932年）建成。沦陷期间为侵华日军军官占用。抗日战争胜利后，又由国民党军队驻扎，并在假山石上拴养军马，园景遭到破坏。

朴园大小约1公顷，为近代仿古园林，总体呈东园西宅的布局。东门在西河沿，为石库门，砖细匾额书“朴园”。园西部、北部紧贴围墙布置建筑，主要建筑有健教楼、办公楼及招待所。园东北角设有四面厅，面阔三间，北为一开间抱厦，内有匾额曰“三有堂”。东南角有曲廊接至东门北侧，廊东设半亭，廊西为桃花泉。园西南部分多为水体，占据全园面积的近六分之一。北部水潭中一片假山石错落，水中倒影交错，藻荇交横。潭东的四角亭与假山隔水相望，山间的花木同桃花泉水交相呼应。“篔簹小隐”是园中最富特色的建筑，筑于园中部水池之上，四周环以石笋、湖石，树木疏朗，涟漪阵阵。园内花木茂盛，最为珍贵的是两株地栽五针松，健状繁盛。

朴园内峰峦起伏，水池聚分相宜，小径蜿蜒盘曲，路畔点以石笋小景，曲桥架于水池之上，联同中西合璧风格的建筑，赋予朴园独特的气质。

9.2.10 天香小筑

天香小筑位于苏州市姑苏区人民路，大小约6亩，现存建筑面积2028平方米，花园大小约1.9亩。民国初期，此处宅第为金姓商人所有，当时为院落式民居，没有花园，仅有一栋走马楼（并非史料上所写的“十楼十底”），称金宅。民国九 年（1920年）为苏谦倾囊购得，聘请宁波匠师增建园亭，挖土积丘，遍置奇石，洼地为池，构筑亭舫，再配以竹林和花木，遂成苏园，俗称苏庄。民国二十年（1931年），宅园易主上海律师席裕昌，并改称天香小筑，因园内多植牡丹，故称“天香”，寓意“国色天香”。其后虽多次易主（苏州沦陷期间曾先后被伪江苏省省长李世群、伪第十师师长徐朴诚占用），但园名一直沿袭。“文革”期间，天香小筑东南部改建为四层楼房，现存的花园为剩余部分。

天香小筑为西宅东园的空间格局。西部住宅南北三进，前部朝西大门、轿厅、大厅已不存。现存连廊串接的“品”字形两进院落（图9-2-4），分为主楼、花厅和东西厢房，其中主楼是全封闭的“口”字形建筑，天井间以树石，四周以长廊环绕，转折之处门额分别以“蕴玉、正本、凉香、清源、选胜、涤尘”为名。建筑屋顶为硬山式，两侧封火墙为仿观音兜造型，顶面覆绿色琉璃瓦，确为南北建筑风格之合璧。混凝土柱式、彩色玻璃、方形地砖等西洋建筑用材与苏式宅院中花窗、挂落、地罩等传统装饰要素混用，是为民国时期中西合璧的风格典范。主楼的落地花窗上，曾有玻璃烧制朱长文《乐圃记》、秦观《鹊桥仙》等诗文；各楼的长窗与屏门之上亦刻有王羲之、蔡襄、董其昌、郑板桥等名家之书法，秀逸遒劲。园

图9-2-4　天香小筑中庭

图9-2-5　天香小筑花园

在主楼东侧（图9-2-5），平面横长，以八角门洞“真趣”与内院相连。南面原为土墩，因园主顺势在北面掘池而堆土南面，形成土丘，丘上堆石，旧时山石或聚散有致，形似各类动物，有百兽园之称。土丘砌石阶为径，逦迤而上，山口处设一六角石亭，石亭顶部原放置一江西瓷瓶。土丘山巅为平台设平台，可眺全园。园北为挖土而成的荷池，与土丘的沟壑涧谷以河上飞梁相连，池畔有旱舫回廊，为夏日赏荷佳处。土丘南处原辟有竹林一片和茅亭一处，以营造乡间野趣。

天香小筑以苏州传统宅第庭园布局形式为基调，吸收并融合了中式北方建筑与西洋建筑之风格，在建筑外观与园内铺地等方面别具一格，富有民国之时代气息。东部的园林虽小，但仍有曲径绕篱、树木葱茏的山水意境。

9.2.11　紫兰小筑

紫兰小筑位于苏州市姑苏区凤凰街王长河头，大小约4亩。原为何维构的默园，平屋6间，老树满园。民国二十年（1931年），周瘦鹃倾其积蓄与稿费买下此宅，因对初恋周吟萍之西文名“紫罗兰”为园名，故称“紫兰小筑”[1]。抗日战争期间，周瘦鹃携全家前往安徽、上海避难，紫兰小筑却未能幸免，园内盆栽受损，金鱼亦遭厄运。抗战胜利后，周瘦鹃又回归紫兰小筑，潜心于花木盆栽及收藏文物古玩[2]。

小筑由盆景园与住宅两部分组成，周瘦鹃曾于文中提起小筑的改建，“叠石为山，掘地为池。在山上造梅屋，在池前搭荷轩，山上山下种了不少梅树，池里缸里种了许多荷花”。园门集黄山谷碑帖中“紫兰小筑”四字为额。园北为一幢西式清水砖平房，坐北朝南，面阔四间，是园内的主体建筑。由东向西依次为卧室“含英咀华之室”、客厅“爱莲堂”“且住”与“寒香阁”。“爱莲堂”内挂周恩来总理题字的横匾，南面长窗上有西厢记木刻。东厢房为

1　范伯群，周全．周瘦鹃年谱［J］．新文学史料，2011，(01)：167-199.

2　李斌．从文学家到园艺家：周瘦鹃的身份转型与自我认同［J］．重庆邮电大学学报（社会科学版）．2021，33(03)：143-151.

二层楼，楼下“凤来仪室”用以纪念周瘦鹃之亡妻胡凤君，二楼称“花延年阁”。西厢房名“紫罗兰庵”，为书斋。又东为仰止轩，周为表曾被毛泽东主席单独召见的敬意，取《诗经》“高山仰止”之意。轩前有太湖石题刻“紫兰台”，乃周瘦鹃集黄庭坚字。建筑的南侧即是小院盆景园，由西门入园，卵石曲径于花木中掩映，两侧摆有五百余盆景，其中百年的梅桩“鹤舞”枝干形同仙鹤起舞，是著名画家顾鹤逸所植，后由其子顾公硕赠予周；草坪上也植有许多花木，不乏佳种；园中花木以梅、荷、菊、紫罗兰最盛，有“小香雪海”之称。迈步向东，一株“素心磬口”腊梅立于“凤来仪室”的窗前，旁植天竹，与腊梅似好友般相偎。不远处的“紫兰台”边植有一株紫罗兰，乃周老情思之寄托；一旁井边的“孩儿莲”清香四溢。向南望去，浅池与假山交相辉映。山后是梅屋。“紫兰小筑”有三宝：一是一丛潘祖荫家的紫杜鹃；二是一棵白居易手植古槐；三是醉芙蓉，一日之间三变其色，清晓为白色，午时泛浅红，傍晚又成深红。

尽管只瓦屋数间、小园几亩，经由周瘦鹃几十年苦心经营，园内花木此开彼谢，四季不断，其匠心独运的盆景更是闻名于世。紫兰小筑既有植物园的清新，又不失古典园林的意境。郑逸梅称周瘦鹃“是南社的唯一园艺名家”，谢孝思则赞紫罗兰庵不愧为苏州住家中的“人间天堂”。

9.2.12 桃园

桃园位于苏州市姑苏区盛家浜，园主为民国工商业者陶叔平，大小约3.8亩，建筑面积1500多平方米。

桃园共有西、中、东三路，整体建筑坐北朝南（图9-2-6）。西路共两进，入门的两座歇山顶小轩与廊相连围成小院尽头为松迎堂，硬山顶，本是偏厅，陶氏购得后改为正厅。堂前悬额“鼓瑟吹笙”，内挂“松风泉韵”图，两侧题联：“青山绿水千载秀，锦绣华堂百世荣。”堂后一进为一栋两层的西式建筑，曾为陶氏起居之所。

图9-2-6　桃园入口

松迎堂东侧呈前园后宅的格局，两层的翰墨楼立于松迎堂东侧；楼前小园，三峰太湖石傲立其间，金桂、玉兰散布其中，碧波静卧楼前，曲桥蜿蜒池上，古趣盎然。从东南角的假山拾级而上至六角攒尖亭，名“唫风”，亭内一副抱对：“闲观碧水谁弄月；斜倚山亭我吟风。”颇具闲情，举目四望，美景尽收眼底。穿亭南月洞门东进，即是中路花园。中路共三进，第二进为一座三开间的建筑，门前砖雕门楼额“盛德日新”；第三进内的建筑名养真轩。由茶室向东，便是东路，

图9-2-7 桃园清风苑外

此路亦循“前园后宅”布局。楼厅“清风苑”藏于“玉兰沁香”的海棠形门宕北（图9-2-7）；南侧是一处较宽敞的花园，回廊沿院墙蜿蜒，半亭掩映于山石花木之间，错落花坛中的数株古木使得园子更添沧桑韵味。

桃园虽几经转手易主，其园景仍幽静雅致，小巧精致的亭廊构架与花木栽植，可谓“咫尺之内再造乾坤”，是民国时期江南传统园林的延续。

9.2.13 罗良鉴宅园

罗良鉴宅园位于苏州市姑苏区孔付司巷与东小桥弄交界处，原为明代墨池园故址的一部分，现为苏州第一光学仪器厂址。民国十九年（1930年），时任国民党蒙藏委员会主任的罗良鉴购得此园，大小约1.3公顷，当时即以“罗园”闻名，习称罗家花园。抗战时苏州沦陷期间，园内佳木尽数被伐，园亭渐芜。

整个宅园分为南北两部分，南园北宅。住宅为钢筋水泥结构的西式楼房。屋前广场的南侧桃林弥望，尤多水蜜桃树，春夏之时落英缤纷，间以枇杷，几乎覆盖了整座宅园。园内花木扶疏，一池碧泓，池中游鱼戏水，池周湖石嶙峋，池上拱桥横卧，敞廊静伫其旁，葡萄藤攀缘其上，野趣横生。

罗园延续墨池园之池沼名木，广植桃树，另起西楼，终成一处中西合璧的私家园林美景。故赞诗不绝，吴中名士金松岑曾应邀来此，作诗歌咏：“罗家园子花照眼，丁香海棠相妩媚。”又于《天放楼诗集》中云：“罗倍子（良鉴）园林水木甚美，往游者屡也。”并咏以诗云：“荷叶遮披柳拂天，不妨官隐好林泉。”

9.2.14 阙园

阙园位于苏州市姑苏区十全街。园始建于清朝，民国十四年（1925年），退隐政要李根源得以奉母居住，因其母姓阙，故当时称此宅“阙园”。

阙园大门北向，主体建筑坐南朝北，入门依次有门屋、客厅、起居楼、书房和后园，分别题“葑上草堂”“彝香堂”等。起居楼为中西合璧的两层红色尖顶建筑，楼旁有李根源手植的两株丹桂与一株广玉兰，寓意“金玉满堂”。书房名为“曲石精庐”，又称“且住轩”，是李根源藏书之处，民国二十一年（1932年），李根源于洛阳购得的唐人墓志93块，特于阙园中筑“曲石精庐”藏之，并由章太炎题“曲石精庐九十三唐志”匾额[1]。后园是一片开阔地，园门上有李根源给新华日报的“明耻教战”题字，池上横卧九曲飞虹，旁立六角尖亭，飞檐翘角，颇有雅趣，园井为李根源所凿，并于井栏之上题刻“九保泉”，可见其思乡情切，旁立于右任手书草体“阙园”石碑。园内还存有石阶、碑石多方。

阙园以花木繁盛知名，当时有诸多名家咏叹，名士张一麐曾有诗咏道“城南绿水敞名园，瑶草琪花缭短垣”，国学大师金松岑有“爱此南园胜”“花药媚春阳”“梅萼舒清丽”“鸣禽上园柳”等佳句形容。

9.2.15　荫庐

荫庐位于苏州市姑苏区景德路。清康熙年间，巡抚慕天颜购得明代大学士申时行的一处花园旧址，改建为慕家花园。后园主多易。乾隆年间，花园东部归尚书毕沅。道光年间，董国华购得西部，于园内种花缀石，略加修葺，为荫庐前身；而毕氏后裔仍居东偏，故由此东西分列，东部俗称毕园。经咸丰、同治战事后，花园变作茶肆。宣统年间，西部董氏花园归安徽刘树仁（一说刘咏台，云南县令）所有，并改名为遂园。民国初，该园成为向公众开放的夏日游憩处。民国二十年（1931年）左右，花园易主吴姓沪商。民国二十三年（1934年），花园又易主给上海巨商叶逵及其子孙，园经重修与新建，改名荫庐。抗日战争爆发后，荫庐一度为顾祝同所居处。民国二十七年（1938年）后荫庐相继被伪苏州维持会和日本领事馆占有，其后花园曾被用作日本宪兵队秘密监狱。抗战胜利后，中央信托局一度驻此。

遂园园内池沼清广，池中植荷，有名种“层层楼”（一说名佛座莲），池上曲桥横卧，池畔奇石耸立；更有荣闲堂、绿天深处、养月亭、廷秋台、映红轩、听雨山房、琴舫诸胜。民国二十三年（1934年），园由叶逵及其子孙接手后，于北部建西式楼房，又建拱形铁制花房一座。花园南边有座两层民国风格的楼房，楼东与门楼相连，通向慕家花园，有门额“荫庐”，上款甲戌夏五月（1934年），落款为长沙曹广桢。全园以水池为中心，曲桥跃于池上，亭舫环布其周，池东北是大片由湖石与黄石混合而成的假山。主楼三层，位于园北，是琉璃瓦顶的罗马式建筑；主楼正门东向，前廊挺立四根高大挺拔的立柱，贯通一、二层擎托第三层阳台，极具西式洋房之特色。楼南庭园草坪中心雪松挺立，小径于花丛中掩映，四周围以漏窗花墙，平静安逸。池畔石舫与曲桥相对，构造似狮子林的画舫，却是中西结合的样式。西

1　叶万忠. 李根源与石刻档案［J］. 档案与建设，2007,（02）：37-38.

北池岸置六角亭，额“旷然亭”。夏日池内荷花绽放，尽赏芳华。

历百年风雨，从慕家花园到荫庐，几番合分易主，园景反复，仍有一种江南园林的幽静雅致与民国苏州的别样情调，透漏的假山与荡漾的荷池，几座亭桥，几点繁花，虽无茂林修竹之幽景，却也自成一派雅趣天地。

9.2.16 费宅花园

费宅花园又称宝易堂，位于苏州市姑苏区桃花坞大街，原址曾是清朝著名书画家费念慈的故居“归牧庵”。民国十二年（1923年），此地由费仲琛购得，沿用唐寅故居“萝墨亭”等轩榭之名，并将从耦园觅得的灵壁石置于萝墨亭中，改归牧庵为宝易堂。

费宅花园虽无宏大规模，也无名园之精巧，但足有文人私家宅园雅致。花园大小约3.1亩，总体为东宅西园的布局，共三路四进，整体建筑坐北朝南，依次为门厅、轿厅、大厅、鸳鸯厅及书房等。各处均有题名，如：宝易堂、槃阿、小乘定、逸啸楼、盟鸥馆等。由中路入园，宝易堂六扇排门正对宅前横河，排门东侧有一石库门作偏门，过排门至门厅，再后为大厅，面阔三间，进深九檩，扁作梁，前有鹤颈、船棚双翻轩，厅前后均有砖雕门楼。由大厅西侧耳门通西路，由南至北分别为书楼、花园、半亭与花厅，建筑基本保存完好。

9.3 城市公园

9.3.1 苏州公园

苏州公园原名“皇废基公园”，又称“吴县中山公园”，因与北局“小公园”相对，故俗称“大公园”。公园位于苏州古城中心，姑苏区民治路26号，落成于民国十六年（1927年），大小约为4.63公顷。公园原址一直是苏州古城的中心，明初后沦为仅存断墙残垣的废地。在清末民初西风东渐的时代风尚中，不断有开明士绅和有识之士倡议在此建造一座可共有、共享、共治的城市公共空间，方便市民日常的休闲娱乐。民国九年（1920年），江阴富商奚萼铭遗孀捐资5万银元开始筹建，聘请法国园艺家若索姆（Jaussaume）进行规划设计，先后建成了图书馆、东斋茶室、西亭、电影院、荷池、喷水池、肖特纪念碑等公园景观。民国二十六年（1937年）“八一三”事变后，日军入侵苏州，公园被焚烧破坏，园景几近不存。民国三十四年（1945年）抗战胜利后，先后增建了涵社、裕斋、前进图书馆和楚伦林等。

苏州公园建园初主要分为南北两部分，平面为南北长、东西短的矩形（图9-3-1），全园通过植树栽花来营造良好的环境；南部以喷水池为中心，形成对称的勒诺特式园林风格，北部以荷池、曲桥、土山等构成中国自然山水式园林布局，鲜明的中西结合和风格对比。南北向的公园轴线中心为新古典主义风格的图书馆，馆分上、下两层，顶部中间为钟塔，建筑面积885.8平方米。图书馆东部为砖木结构歇山顶的东斋，为当时文人雅集之地，有《东斋酬

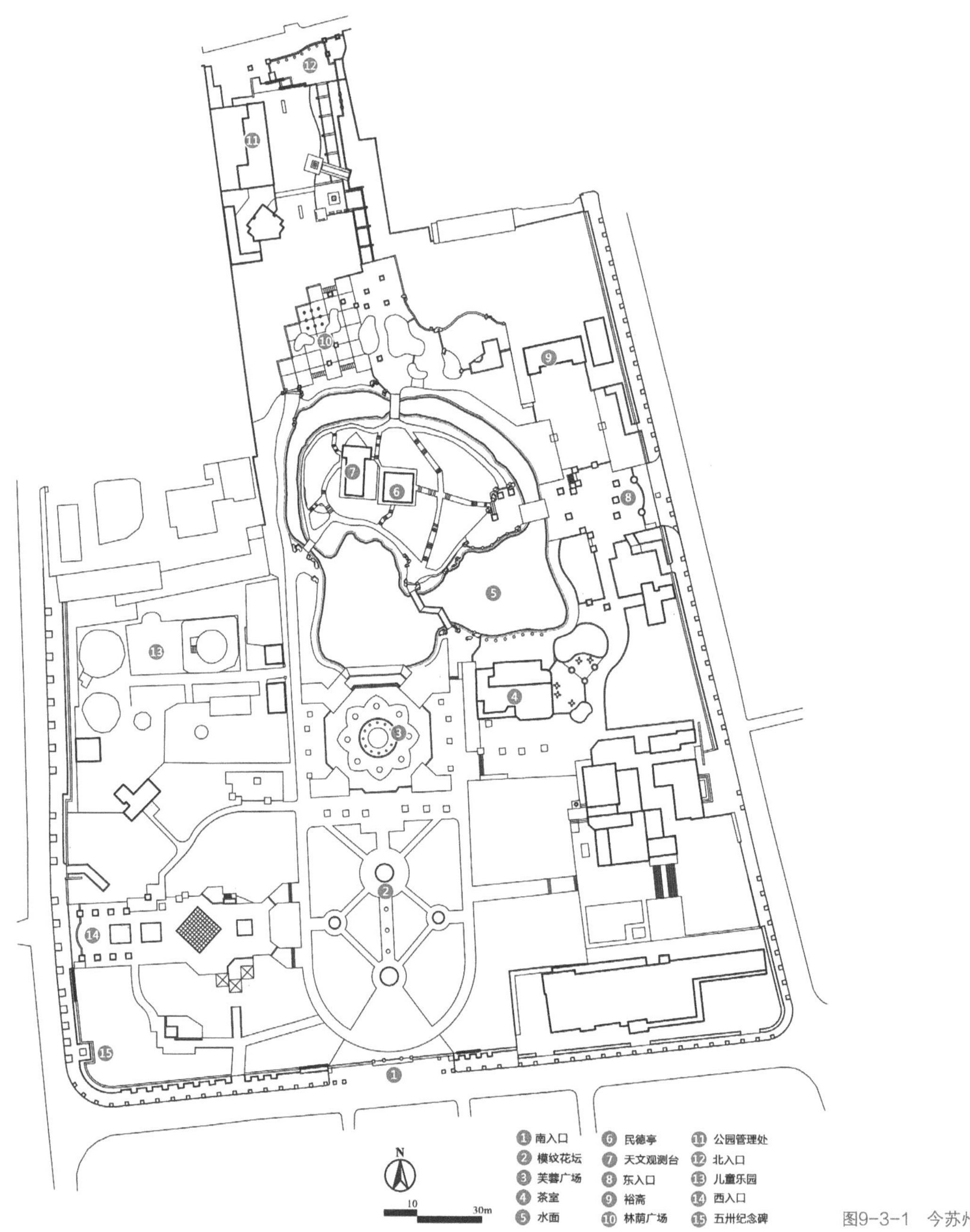

图9-3-1 今苏州公园平面图

唱集》流存。图书馆西部为公园电影院，民国二十三年（1934年）拆除后改作草坪。图书馆南侧，由著名画家颜文樑设计的喷水池也坐落于这一轴线上。北部以池山为主，土山在池北，高约5米，山上多植枫、榉、栎等观叶树，间以樱花、海棠、桂花、玉兰等观花植物，树下遍植杜鹃及南天竹，花木繁盛，四季有景；山上有西式清水砖砌的四面厅，名民德亭。山前池塘约3300平方米，水面平静开阔，引曲水绕山一周，上有红栏三曲桥。池塘中蓄养鱼荷，环池绿树成荫，是市民夏日纳凉观景的胜地。土山临水岸坡陡峭，沿岸植栀子、迎春等低矮灌木，既发挥固土之用，也可赏佳木之景；山北为草地，东为桃林与水禽馆，馆周围以修竹；山西南侧架步云桥连接园路，西侧的竹林与土山相映成趣；山东侧有映月桥通东广场。园北部正中为裕斋，坐北朝南，始建于民国三十六年（1947年），是一座歇山顶砖木结构建筑，面阔五间。园东北角的水杉林与西南水杉林遥相呼应，虽处闹市，亦有林幽。公园北大门西侧是涵社，民国三十五年（1946年）建成的两坡顶建筑，是公园的健身场所。园东南角辟为苗圃，建花房、花廊等建筑，蔷薇、紫藤等植物攀缘其上，沿墙植洋槐、杉、松、竹等，春日岸边杨柳依依，夏日池中荷花点点，梧桐、银杏等高大乔木环布池周，更是增色许多。此外，还有音乐亭、西亭、肖特义士纪念碑等建筑散布园内。

作为苏州较早的一座市民公园，苏州公园之造景与布局都展现了民国时期苏州士绅与市民的开放之风。中西结合的园景布置，似是规则与自然的碰撞，中西文化之交融，确为近代苏州公共休闲空间之典范。名家雅士于此留下了诸多咏唱；叶圣陶在辛亥前后日记中载其偕同学来“最可爱之王废基”，而民国元年（1911年）4月15日的日记云：“春风入襟，斜日映池，高柳嫩绿，野花娇红，此一幅仲春艳丽图。”清末民初著名诗人张荣培亦作诗吟咏：“凉风一角占西亭，树影垂垂远送青”“荷香习习芳塘挹，钟响迢迢古寺听”；李馨也叹道：“晨雾初开明朗天，红衫绿袖舞翩跹，悠扬乐曲簇霞烟。古木碧池凝野趣，百花翠竹咏华篇，公园香径意缠绵。”

9.3.2　太仓憩游山庄

太仓憩游山庄又称憩园、弇山公园，俗称太仓公园，原大小约4.1公顷，后扩建至7.3公顷。位于苏州市太仓市县府西街40号，为南宋“海宁寺”旧址，前身是南朝梁代“妙莲庵”，距今已有千年历史。民国初，陆佐霖、陈大衡、李液丰三人在海宁寺旧址上设计布局，将其改建为憩游山庄。解放后辟为人民公园。2003年扩建、提档，并更名为弇山园。

憩游山庄园中原有三山一岭、三佛阁、五楼、三堂、十亭、二流杯以及诸多类型的建筑和桥梁，可惜在清初已毁。其内部有九曲桥、湖心亭、慰萱斋等诸多景点以及憩园六宝：望海峰、大铁釜、通海泉、墨妙亭、郏亶墓和师竹轩。公园平面整体以矩形为主，东西各突出一部分。全园共有西门、南门和东北门三处大门，其中南门为正门。由南门入园，隔院可见临水小轩，轩内匾额曰“弇山园”，与池北的六角攒尖亭相对。轩右接曲廊，通向主景区。廊东为海宁寺遗址，大致呈方形，仅存部分柱础以及些许石质部件。由曲廊向西，过一曲桥与小径，一座歇山顶建筑映入眼帘，此即墨妙亭；据地方志记载，元代浙江军器提举官顾信辞官后，其老友赵孟頫书赠《归去来辞》与《送李愿归盘谷序》以资留念，顾信珍如拱璧，回太仓后即为之勒石筑亭，名墨妙亭。亭内有抱柱联：“墨痕垂娄水，长护新亭同仰之；妙迹传鸥波，远珍遗范式高风。”嵌字浑成，堪称佳作。望海峰位于园东北，相传乃北宋花石纲遗物，因远望如奇兽翘首遥望大海，故称望海峰；侧看又如观音，因此在民间又有观音峰的美称。在望海峰不远处，左右各置一石亭，亭内分别为大铁釜与通海泉。大铁釜即一口大铁锅，古时为造船厂用于煮浸竹篾缆绳。通海泉是一口古井，由张宗源于明洪武三十一年（1398年）开凿，因泉水汩汩不断，经旱不涸，当地人夸为通海，故名“通海泉”。沿小径穿过盆景园，至北宋郏亶墓，为半球形土墩，墓前有一石亭，亭内碑文记述郏亶之生平与功绩。墓周浓荫蔽日，松柏掩映，幽静肃穆。

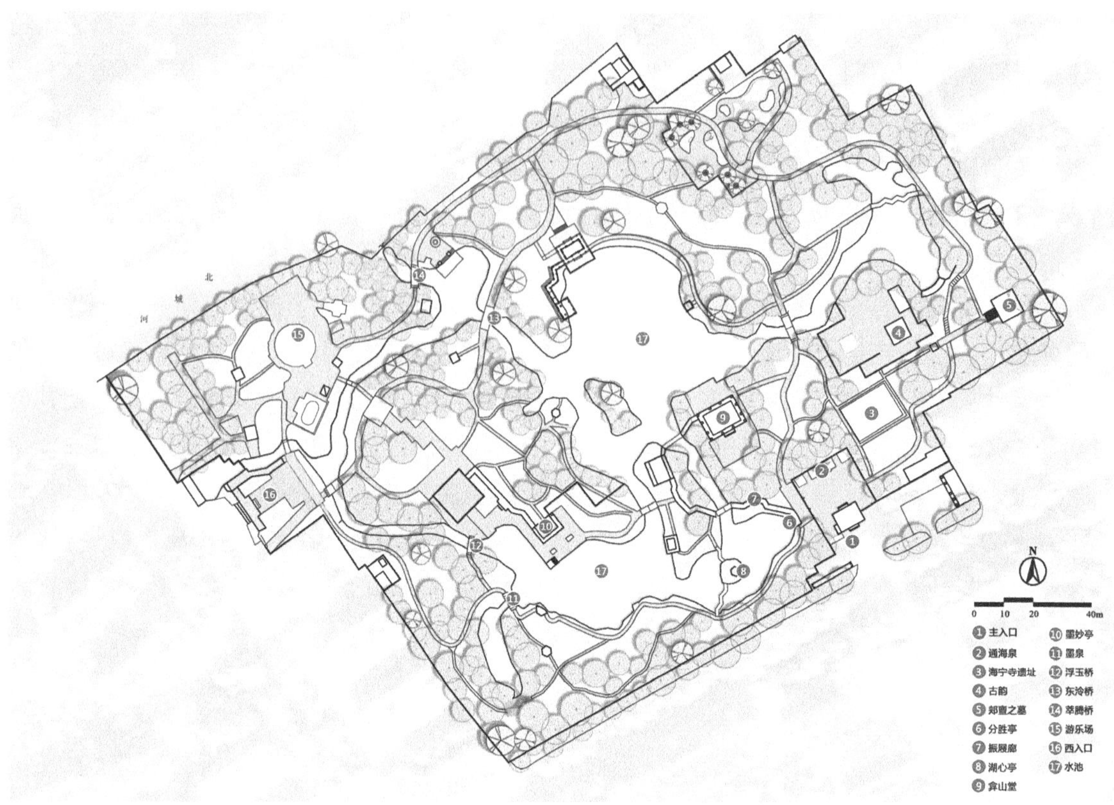

图9-3-2　今弇山园平面图

现弇山园根据明代筑园大师张山人的《弇山园》图重建（图9-3-2）。全园共六大分区：入口区域、弇山堂区、西弇山区、中弇山区、东弇山区及生活区域，恢复了“弇山堂”“嘉树亭”“点头石”“分胜亭”“小飞虹”“九曲桥”等20多处景点。其中弇山园的主建筑弇山堂，为清康熙年间的大学士王掞的保素堂移建恢复于此。

重建后的弇山园是一座集园林、历史、文化为一体的江南传统式园林，是综合展示太仓人文景观的窗口，也是探寻太仓古韵的重要景点。

9.3.3　昆山亭林公园

亭林公园位于苏州市昆山市马鞍山东路，昆山城内西北隅，四周曲水环绕、山川相映，大小约56.7公顷。清光绪三十二年（1906年），此地被辟为马鞍山公园，因园内形似马鞍的玉峰山而得名。民国二十五年（1936年），为纪念顾炎武，取其号“亭林”，将公园更名为亭林公园。

亭林公园平面大体呈钺形，共有东、中、西三座大门（图9-3-3）。整个公园可分为北部玉峰山、西部休闲湖、东部建筑群三大部分。由东侧入园向北，是玉峰三宝之一的“琼花王”，其树冠周整，玉花繁盛，堪称今世“琼花之最”。除了这株花王，公园东北侧亦有一处琼花园，而园中部山脚下的一片琼花林“丹实琼芳”的布局更是别具一格，其琼花与广玉兰搭配栽植的布局，应了古人“玉环飞燕原相敌”的诗句，待到花开烂漫时，既可赏名花之

图9-3-3　今亭林公园平面图

风采，亦可追美人之丰姿。“琼花王”北是并蒂莲池，并蒂莲为玉峰三宝其二；当年元末诗人顾阿瑛于正仪镇东亭荷池内手植并蒂莲，人称“东亭荷花”，有“双萼并头”“四面拜观音”“九品莲台”诸色，以“双双并蒂”为最佳，顾阿瑛称此为玉山佳处。再北与并蒂莲池相邻的一座建筑，坐落在山之东麓，为昆石馆，其内即是玉峰三宝之最后一宝“昆石”。馆的前身是始建于南梁的“慧聚寺”之“东斋”，馆内展出昆石精品四十九块，包括两块古昆石“春云出岫”和“秋水横波”。在东大门步道西侧，为顾鼎臣祠堂。祠堂南部坐落华藏寺。园西南部由景观湖与景观林构成，从东部西行，穿过幽幽密林，一泓碧波突现，豁然开朗。园北的玉峰山，体量庞大，几乎占了全园面积的二分之一，西部更是峭壁陡岩；可谓百里平畴，一峰独秀，素有“真山似假山”之誉。山间古迹繁多，如玉宇琼台、妙峰塔、凤凰石、文笔峰以及龙泉池等，其中犹以文笔峰、妙峰塔、龙泉池三者较为著名。文笔峰位于玉峰山西北端，是为纪念南宋秦国公魏景而立于紫云岩上的一处毛笔状的石峰。妙峰塔与文笔峰遥遥相对，位于山中北部，古称治平幢，俗称“子孙塔”。妙峰塔五级八面，雕刻佛像四十尊。龙泉池位于马鞍山南半山腰处，有青、黄、白三个龙头喷出水柱，直泻水池，气势壮观。玉峰山东北还有一片别致的风景，名遂园，园内水池与景林各分西东，园内亦有梅花墩、樱花园、玉峰碑廊等景点，背倚玉峰，青山绿水，优雅秀丽。

亭林公园绿水青山，景物天成，素有“江东之山良秀绝”之誉。陈从周先生更是将其评价为“江南园林甲天下，二分春色在玉峰”。公园虽只百年之历史，却有着深厚的文化底蕴与优美的自然景致。当代诗人陈维云亦填诗赞道：“亭林桥畔柳垂塘，依得东风势便狂。烟雨朦胧涵碧影，水波盈荡泛青光。鱼闲偏爱芦芽短，鸟倦更钟柔绿长。吹面不知春气暖，轻拈新翠细端详。”

9.3.4 吴江松陵公园

吴江松陵公园原称吴江公园，位于苏州市吴江区松陵镇，东靠公园路，南接县府街，北临流虹路，大小约1.9公顷。此地原为“松陵八景”之一的“七阳山”。民国十二年（1923年），当地缙绅提议在此建造公园，无奈因经费不足而搁置。民国二十三年（1934年），时任吴江国民政府县长的徐幼川决定将七阳山及其周边共28亩土地辟为公园，规划分三期建造，先后进行了围墙构筑、铺设园路、植树栽花、凿池堆山、喷泉安置、建筑营构等工程。翌年，公园定名“吴江公园”。民国二十六年（1937年），因徐幼川卸任县长，公园停止建造；同年，日军侵占吴江县城，松陵公园遭到了毁灭性的破坏，一度被用作日军的放牧场。抗战胜利后，公园再遭破坏，政府虽作修补，其往昔之繁盛却难以再现，“公”性丧失殆尽，无人问津。1999年11月，因新建吴江公园，该公园更名为松陵公园。

吴江公园平面呈“L”形。园北大门为铁门，门东墙书“松陵公园”四字。由北门入园，是一条贯穿南北的园路，也是园东侧的中轴线，其对称规整的景观造型设计颇受西方造园概念之影响。园路东侧为一处广场，西侧的憩楼共两层。西南侧为七阳山，山上东、南、北散置三座凉亭，供游人休憩；山北环抱一金鱼池，池周以湖石围岸，池上曲桥通幽，池西水榭与池东之亭相对，一派和谐悠闲。

吴江公园的筹建，在当时可谓是一种顺应潮流的反应，西式的平面布局与中式的亭台水榭相结合，共同构建了意义非凡的吴江第一座公园。

9.3.5 目澜洲公园

目澜洲公园位于苏州市吴江区舜新南路，占地约1公顷。民国十八年（1929年），盛泽区公所于圆照庵遗址修建此公园。公园采中西合璧之法，模纹花坛与中式建筑交融碰撞，别有风味。园内古树参天，植紫藤、海棠、桃、桂等，以供赏花闻香，内河莲叶接天，仲夏盛放，清香四溢；花间隐榭，水际安亭，厅舫分置；西南长堤临湖，夕阳斜照，气象万千，所称谓“目澜夕照”，时人多有题咏。

9.3.6 震泽公园

震泽公园位于苏州市吴江区公园路，占地约4公顷，旧时为震泽八景之一的“虹桥晚眺”所在。民国二十五年（1936年），新河协进会主任沈秩安募建公园，东至公园路，南接周方元民居，西临三里塘与新河交叉口，北滨新河。民国二十六年（1937年），日军入侵，公园沦为屠场，荆棘丛生，就此荒废。公园布局简洁，巧借地形开池架桥，分置亭台，营造出草木葱茏，松柏花卉四时争妍的环境。公园主体建筑为翠釉琉璃瓦的四面厅，同厅旁荷池相映成趣；荷池内鸢飞鱼跃，景色宜人。

9.4 小结

相较于先前的历史朝代，民国时期较为短暂，时局不稳且战乱频繁。同时，在西方工业文明的经济、文化和社会生活西风东渐的影响下，苏州的传统文化风尚日渐式微，而西式生活则逐渐渗透。

民国苏州风景园林营造整体上呈现出一种嬗变趋向。在私家园林方面，尽管仍有东山启园这一类沿袭苏派造园特色的古典园林，但更多的园林呈现为中园西宅式或外中里西式。如天香小筑、苍庐、朴园、遂园、阙园、天香小筑、朴园等新兴园林，从空间形制至建筑材料，再至园林游憩活动，都受西式生活的影响。在城市公园方面，西风东渐的时代风尚催生了满足市民休闲娱乐的城市公共空间，共有、共享、共治的城市公园应运而生。植园、苏州公园、虞山公园、亭林公园、震泽公园等相继兴建，呈现出民国时期的公园建设高潮。

此外，在传统园林面临被西式建筑及花园取代的生存危机下，也得益于西方客观实证调查及谱系研究方法，民国时期苏州风景园林研究成果斐然。姚承祖的《营造法原》、童寯的《江南园林志》、刘敦桢的《苏州古建筑调查记》等学术论著所采用的类型学考证，突破了前人重意轻匠的窠臼，为后世苏州园林的科学研究奠定了基础。

第10章

中华人民共和国成立至今

10.1 概述

10.1.1 时代背景

中华人民共和国成立后，逐步扭转了近代以后中国国弱民穷、科学落后的局面。在经济上，没收官僚资本，实行工商业改造，开展“五反”运动，实施土地改革，建立和加强国有经济，有力促进工农业经济发展。在文化上，人民政府有计划、有步骤地发展人民文化、人民教育、人民文艺。1956年，毛泽东提出了“百花齐放，百家争鸣”的“双百”方针，具有深远影响，国家高度重视文化遗产保护，强调“推陈出新”“古为今用、洋为中用”，为社会主义文化建设奠定了坚实的基础。新中国初期的文化探索，回答了社会主义文化的地位任务、指导思想、价值内核、性质与发展方向等根本性问题，奠定了新中国社会主义文化的基石，也创造了中国历史上从未有过的崭新的人民文化。

在环境建设上，毛泽东发出“绿化祖国”“实现大地园林化”的号召，奠定了新中国百年不变的“绿色梦想”，绿化祖国战略从新中国成立伊始贯穿至新中国整个生态文明建设历史进程中。这个时期，国家一方面高度重视传统园林的保护和修复，一方面学习和借鉴苏联经验，“社会主义内容、民族形式”“古今结合”“两条腿走路”的城市园林政策理念的思想基础，城市现代公园和绿化建设得到重视，充分体现了社会主义的文化属性。党的十一届三中全会重新确立解放思想、实事求是的正确思想路线，拉开了改革开放的大幕。此后，中共中央调整文化政策，重建文化发展秩序，面向时代，面向现代化，探寻具有中国特色的社会主义文化发展与繁荣之路。改革开放新时期，从“五讲四美三热爱”活动到开展文明城市、文明村镇、文明行业创建活动；从培育“四有”公民、公民道德建设到社会主义核心价值体系建设，文化事业与文化产业双轮驱动发展，中国特色社会主义文化成果丰硕。不仅成为坚持与发展中国特色社会主义的强大精神力量，而且通过个性化、样态多样的文化产品，为广大人民群众提供了丰富多彩的精神食粮。在环境建设上，1981年，在邓小平提议下，全国人大常委会通过了将每年3月12日定为植树节的决议；1982年2月20日国家城市建设总局召开第四次全国城市园林绿化工作会议，提出采取专业队伍管护与群众管护相结合的方法等措施，从此全国的城市园林绿化建设进入高潮。1982年成立“国家城乡环境保护部”，中国园林建设走上制度化、法制化道路；园林绿化专业得到社会普遍重视，众多高校开始设立园林绿化学科专业；1992年《园林城市评选标准（试行）》的出台，全面推动了城市园林绿化建设，取得了长足的发展。我国的改革开放，还促进了中国园林向海外的输出，成为中外文化交流的桥梁和纽带。

21世纪初，中国特色社会主义进入了新时代，我们前所未有地接近实现中华民族伟大复兴的目标。2007年，党的十七大首次提出“生态文明”概念，把建设生态文明作为一项战略和目标。自2012年党的十八大以来，以习近平同志为核心的党中央坚持中国特色社会主义文化发展道路，高度重视中华优秀传统文化的继承和弘扬，培育和践行社会主义核心价值观，继承弘扬红色文化，重视国家文化软实力的提升，讲好中国故事、传播好中国声音；始终坚持不同文化和文明间的平等对话，不断提高文化开放水平，广泛开展文化交流，广泛参与世界文明对话，展示中华文化独特魅力；始终秉持普惠、平等、开放、包容的新型全球治理观念，提出“一带一路”倡议、人类命运共同体等中国方案；以高度的文化自信、文化自觉与文化担当，激发全民族文化创新创造活力，铸造中国精神、满足精神需求、促进文明互鉴，丰富和发展了中国特色社会主义文化。生态文明被列入国家“五大发展战略”之一，在习近平生态文明思想和“两山理论”指引下，城乡生态文明、美丽中国、美丽乡村、生态园林城市、公园城市建设取得巨大成就。

新中国成立70年历程，党中央历代领导集体立足社会主义初级阶段基本国情，在领导中国人民摆脱贫穷、发展经济、建设现代化的历史进程中，深刻把握人类社会发展规律，持续关注人与自然关系，着眼不同历史时期社会主要矛盾发展变化，总结我国发展实践，借鉴国外发展经验，从提出“对自然不能只讲索取不讲投入、只讲利用不讲建设”到认识到“人与自然和谐相处”，从“协调发展”到“可持续发展”，从“科学发展观”到“新发展理念”和坚持“绿色发展”，都表明我国环境保护和生态文明建设，作为一种执政理念和实践形态，贯穿于中国70年的奋斗中，贯穿于实现中华民族伟大复兴的历史愿景中。

10.1.2 管理活动

新中国70年，苏州园林管理、科研、文化、人才队伍、经济经营等各项工作获得巨大发展，成绩斐然，软硬实力得到全面提升，苏州园林品牌已成为苏州城市最重要名片，享誉海内外，全行业已形成“三大体系”，即：以拙政园等9座世界级古典园林为典范的文化遗产保护体系、以香山帮营造技艺人才培养为代表的人才传承体系、以苏州风景园林投资发展集团有限公司为龙头的园林产业体系。

1949年前，苏州园林基本属于私有财产，如网师园、狮子林、怡园、耦园等均由园主自行管理；也有部分宅园处于失控情况，如留园曾为军队占用，后散为民居；更多的宅园变成“七十二家房客”的大杂院。少数园林由机构管理，如拙政园在民国时期分而治之，既有政府管理，亦有医院、收容所、学校占用，还有部分为民居；沧浪亭、艺圃在抗战胜利后为学校占用。苏州公园，1921年至1927年落成，由吴县政府派员管理对外开放。新中国成立后，苏州园林管理从无到有，经历了一个不断摸索、建立、调整、完善的历程。

一是在产权上的管控。1949年4月27日苏州解放，苏州市人民政府文教局接管苏州公园，派三名干部实行管理。7月，在市文教局下设公园管理处，并兼管北局小公园。20世纪50年代开始的公私合营制度，潜移默化地影响到私家园主思想行为，纷纷将私家园林捐献给国家，私家园林逐步成为国有资产，而一些被机构或学校占用的园林也逐步退出，统一由园林部门实施保护管理。此后凡属国有资产的园林和风景名胜均由政府部门实施管理。在产权管控上，苏州对外开放的园林名胜，主要由苏州园林部门管理；少部分开放的园林名胜由苏州文化部门、宗教部门管理；另有少数不对外开放的园林由苏州市政协等机构、或学校、或企业等使用管理。

二是在体制上的管理。1950年，苏州市文教局提出保护苏州园林的意见。1951年成立苏州市文物管理委员会。1952年苏南文物管理委员会主持修缮拙政园，后移交苏州。同年10月成立苏州市园林管理处，具体负责苏州全市的园林管理工作。1954年1月市园林管理处直属苏州市人民委员会，与苏州市文物管理委员会合署办公。1958年1月市园林管理处并入苏州市建设局，设为园林管理科（保留市园林处牌子），负责园林和城市绿化工作。之后多有撤并，至1966年3月再度直属市人民委员会。1968年7月成立苏州市园林管理处革命委员会，隶属市城建局领导。改革开放以后，市园林管理机构又经历多次改革，职能进一步强化和完善。1978年9月，成立苏州市革命委员会园林管理处，与城建局分开，为市属部门。1981年3月，苏州市人民政府建立苏州市园林管理局。之后，根据全市园林和绿化工作的不断加强，2001年6月，苏州市委、市政府在机构改革中加强了园林部门职能，更名为“苏州市园林和绿化管理局”，由市政府直属事业局改为市政府工作部门，对局的主要职责、内设机构、人员编制和领导职数都作出新的规定。2009年11月，市委、市政府根据新一轮机构改革要求，进一步明确了苏州市园林和绿化管理局作为市政府工作部门，正处级建制，行使有关园林、风景名胜区和城镇绿化的保护、管理、发展、建设等职能，为全市的园林绿化事业管理再上一个新台阶，奠定了制度保障。在生态文明建设的新形势下，2019年，市委、市政府决定进一步加强园林管理职能，将林业纳入市园林局工作之中，对外保留林业局牌子，即挂牌为苏州市园林和绿化管理局（林业局），统领全市城乡的园林、风景区、城乡绿化和林业工作。2012年至2019年，石湖、虎丘、拙政园、留园管理处由正科级升格为副处级事业单位。

新中国成立以来，苏州园林管理部门始终在苏州市委、市政府的领导下，行使国家对风景、园林、绿化和林业的管理职能，贯彻执行国家有关园林、风景名胜区、城乡绿化、林业的法律、法规、方针、政策，负责全市古典园林、风景名胜区、现代公园的建设、保护和管理工作，组织实施城镇绿化、林业相关管理工作，取得了巨大成就，1961年，拙政园、留园被列入第一批全国重点文物保护单位；1997年、2000年以拙政园等9处苏州古典园林分二批被联合国教科文组织列入《世界遗产名录》，2009年，香山帮营造技艺被列入联合国教科文组织《人类非物质遗产代表作》；改革开放以来，苏州园林还先后被评为“全国十大风景名胜地”“全国风景名胜四十佳”；苏州园林营造工程满誉海内外，数百座优秀园林工程在祖国大江南北安家落户，60多座优秀园林工程如明轩、蕴秀园、寄兴园、流芳园等移植海外30多个国家和地区；苏州城市绿化先后被评为“国家绿化模范城市”“国家园林城市群”、首批“国家生态园林城市群”、首批“国家生态文明示范市”；园林局及一批单位连续获得“全国风景园林优秀管理奖”，虎丘山风景区被中央文明办、住建部、国家旅游局联合命名为“全国创建文明风景旅游区工作先进单位”，拙政园、留园被江苏省政府评为“江苏省文明行业”、江苏省文明单位。

苏州古典园林列入《世界遗产名录》以后，全系统国际化、科学化、制度化管理水平迈上新台阶。一是苏州园林走上国际化保护之路。2004年，联合国教科文组织第28届世界遗产大会在苏州召开。11月亚欧城市林业研讨会在苏州召开。2005年建立全国首个世界遗产苏州古典园林监管中心，2007年，联合国教科文组织亚太地区世界遗产培训与研究中心正式挂牌，

2008年苏州中心落成运行，成为全国地级市中唯一拥有国际机构的城市，为苏州成为国际化城市进一步增强了文化软实力。2010年，国际风景园林师联合会（YFLA）第47届世界大会在苏州召开。二是苏州园林保护从抢救性保护为主向科学化保护为主转换的道路。1996年出台全国首个园林保护管理地方法规《苏州园林保护管理条例》；建立全国第一座专题园林博物馆、档案馆；建立遗产监测体系，2011年成为国家文物局第一个试点的“预防性保护”遗产地，在全国率先建成“世界遗产苏州古典园林管理信息系统和监测预警系统”，形成了苏州经验，在亚太地区处于领先水平；2015年起建立对全市古典园林实施的群体性保护工程，全面完成了对柴园、可园、塔影园、南半园等12处著名古典园林的保护修复，苏州园林保护管理项目获得2018年“亚洲都市景观奖”，可园保护修复工程获得2019年“联合国教科文组织亚太地区文化遗产保护杰出奖”。三是先后制定了《苏州园林保护管理条例》等一系列法规规范，先后公布四批《苏州园林名录》（108座园林），有法可依，有规可循。

苏州园林管理部门注重在法律和制度框架内加强园林、风景和城市绿化建设管理。建国初期30年，苏州相继出台了一系列关于园林名胜、古树名木、城市绿化保护、修复、规划、建设的布告、办法、通知、意见等政府行政文件共计15件。

改革开放以来，随着园林事业的不断发展和苏州地方立法工作的提升和完善，制度化建设提上重要议事日程，先后出台了《苏州市城市绿化条例》《苏州古树名木保护条例》《苏州市风景名胜区条例》《苏州市园林保护和管理条例》《苏州市古建筑保护条例》《苏州市禁止开山采石条例》等地方法规；还相继出台了《苏州市文物保护管理办法》《苏州市历史文化名城名镇保护办法》《世界文化遗产苏州古典园林监测工作管理规则（试行）》《世界遗产苏州古典园林保护规划》《苏州市城市绿线管理实施细则》《关于开展创建国家生态园林城市试点城市的通知》等数十份政府行政文件。

同时，还针对国家和地方发展目标，结合“五年规划”，持续做好编制《苏州古典园林保护管理规划》《苏州城市绿地系统规划》《苏州风景名胜区保护规划》等规划；针对文化遗产保护要求，制定了“划定古典园林绝对保护区和建设控制地带”等问题的系列配套行政文件；针对城市绿化工作的实际，制定了“从规划、建设、管理、养护以及苗木生产”等相关的系列配套行政文件；针对性旅游市场发展，制定了“旅游规划与采取相应的具体措施”的系列配套行政文件，针对古典园林这一品牌优势制定了“有效利用价格杠杆作用、控制入园人次、提高游览品质、达到保护好利用好目的”的系列配套行政文件；针对财经纪律和财务管理要求，相继制定《园林局本级经费报销管理暂行办法》《园林局政府采购管理实施细则》《园林局城市绿化建设工程指挥部资金管理及使用办法》《园林绿化系统事业单位领导干部收入分配和考核管理办法》《园林绿化系统新进人员和收入分配管理办法》等系列配套行政文件，不断提高管理效能。

20世纪50～60年代，市园林部门重视干部职工培训，主要围绕苏州园林历史文化举办培训班，主要领导亲自撰写授课内容，培养了一批园林骨干。改革开放以来，园林部门注重干部职工在职教育，主要由劳工、人事、宣教、干训等部门负责。80年代成立园林技工学校后，相续编写了一套适合园林实际需要的教材，并被国家建设部选定为全国园林技工教育的通用教材。21世纪体制改革，学历化教育走上正轨，苏州园林技工学校并入市教育系统的苏州旅游财经职业技术学校，干部职工教育培训工作主要由局组织人事部门牵头，宣教、法制、安保、工会等部门配合，每年都举办有关的培训和教育。

这一时期，针对世界遗产保护国际化发展的需要，在2007年，我国政府与联合国教科文组织合作，建立了教科文组织亚太地区世界遗产培训与研究中心，苏州作为其分支机构，承担起“世界遗产古建筑保护”“世界遗产监测”“世界遗产青少年教育”三个方面的工作任务，从2008年开始相继开展了一系列国际化培训和研究，先后举办“亚太地区世界遗产监测培训班”“亚太地区世界遗产及古建筑修复高级技术人才培训班”“世界遗产论坛”“世界遗产青少年教育”“中国世界遗产国际青少年夏令营”等专题活动，受到国内外普遍欢迎和好评，其中的世界遗产监测、世界遗产和古建筑保护、世界遗产青少年教育得到教科文总部的充分肯定，2012年5月，教科文组织总干事伊琳娜·博科娃专程视察亚太世遗苏州中心，对苏州工作高度认可，并寄望“让苏州经验与世界共享”。

苏州园林以其独特魅力和遗产价值，吸引海内外的关注。几十年来，宣传工作始终贯穿于园林事业之中，宣传工作也发生了许多变化：形式上，从单一书籍、报纸、摄影等形式逐步发展为电视、互联网、微信公众号等多媒体等手段；内容上，从一般介绍、导游词为主向深入挖掘园林文化、多层次、多元化方向发展；受众面上，从以苏州为主逐步面向全国、走向世界，让苏州进一步走向世界，让世界进一步了解苏州园林，成为苏州城市对外宣传的文化标志。

多年来，还注重园林标志牌和标识系统的建立，所有对外开放园林、风景名胜区均达到国家旅游局规定的4A或5A级景点的标识和标准，采用中、英文导向标识系统，或中、日、韩、法文字导向标识系统。9处苏州古典园林，均按照中国教科文全委会、国家建设部、国家文物局联合制定的规定，设置了中国世界遗产标志。

10.1.3 营造活动

新中国成立后，苏州古典园林得到了较好的保护。从20世纪50年代开始，先后修复了拙政园、留园、狮子林、虎丘、西园、寒山寺、沧浪亭、怡园、网师园、天平山高义园、石湖余庄等著名园林名胜，改建苏州公园，新建动物园。1961年，拙政园、留园被国务院列入全国重点文物保护单位，与当时的北京颐和园、承德避暑山庄并列为“全国四大名园”。至1965年共有12处园林、8处名胜古迹对外开放。

中华人民共和国成立初期，苏州园林经历了艰苦奋斗的16年，以大力抢救和修复为主，为苏州园林的后续发展奠定了厚实的基础。这个阶段有2个特点，一是国家虽然非常困难，百业待兴，但各级领导高瞻远瞩，专家学者同心同德，能工巧匠尽心尽力，留下的故事感人至深。二是行政管理部门发挥了非常重要的作用，私家园林通过园主捐赠国家或由政府收归国有，苏州园林从此走上由旧时代大多为私家所有体制，逐步转变为由政府统一保护管理的公有制为主的崭新体制。

改革开放前期，党的十一届三中全会以后，在改革开放形势下，全面整修了著名园林名胜，苏州园林的发展主要有五方面的特点：

一是苏州园林保护得到中央领导的高度重视。1981年11月11日吴亮平将《关于苏州园林名胜遭受破坏的严重情况和建议采取的若干紧急措施的报告》呈报中央。11月18日上海《文汇报》公开发表吴亮平、匡亚明关于《古老美丽的苏州园林名胜亟待抢救》的调查报告。很快得到邓小平、赵紫阳、胡耀邦、陈云同志的批示，要求采取有效措施，予以保护。苏州市委、市政府迅速将园林名胜保护工作列入重要议事日程。

二是苏州园林事业得到恢复和全面发展。按照国家的有关法律法规，坚持“保护、管理、开发、利用”的方针，20世纪70年代末和整个80年代，苏州市遵循国务院批复的《苏州市城市总体规划》中关于每年修复一座古典园林的要求和“保护为主，抢救第一”“修旧如旧”的原则，对尚存的园林名胜进行摸底，排出计划，逐步整修恢复，先后修复了鹤园、曲园、听枫园、艺圃、环秀山庄、拥翠山庄、柴园、畅园、春在楼（东山）、启园（东山）和风景名胜区盘门、铁铃关等，其中环秀山庄、艺圃修复工程，获国家城乡建设环境保护部和江苏省的奖项。90年代以来，先后修复北半园、艺圃住宅、网师园内西南角庭院、五峰园、绣园、可园、南半园等，新建虎丘万景山庄，并对动物园笼舍进行改造和重建。1986年11月，虎丘灵岩寺塔维修加固工程通过国家验收。经过维修加固，塔基的不均匀沉降已得到控制，塔身的倾斜已相对稳定。石湖风景区退田还湖工程竣工放水。重构严家花园（木渎羡园）。1991年10月，省建委批复同意《太湖石湖景区规划》。6月，建成苏州市区又一座大型综合性公园——运河公园及高尔夫俱乐部。1994年综合改造苏州公园列入市政府实施项目；10月，美国“玫瑰园”在东园落成。1992年9月，中国第一座园林博物馆——苏州园林博物馆正式对外开放。

三是苏州园林成为苏州古城最大的品牌。1985年被列为“全国十大风景名胜”。1991年4月，苏州拙政园、北京颐和园和天坛公园列为第一批全国特殊游览参观点。12月，苏州园林被列为“中国旅游胜地四十佳”。1992年2月，省物价局、旅游局特批虎丘山、留园、网狮园、北塔名胜、狮子林为国际旅游定点参观游览点。1998年7月，虎丘山风景区名列全国十大文明景区示范点。

四是苏州园林开创出口工程。1980年以网师园殿春簃为蓝本设计制作的苏州园林“明轩”，落户美国纽约大都会艺术博物馆，为我国首次古典园林出口工程，具有中外文化交流的开创意义，架起了中外文化交流的桥梁，在当代中国文化史上具有重大影响。随着改革开放的深入和发展，苏州园林的影响日盛，驰誉国内外。之后，又相继完成在加拿大温哥华中山公园的“逸园”（1988年获国际城市协会授予的特别成果奖）、在美国波特兰市的“兰苏园”、在新加坡的“蕴秀园”、在美国纽约史泰登植物园内苏州园林“寄兴园”、洛杉矶亨廷顿植物园“流芳园”等，遍布欧洲、美洲、亚洲等十几个国家和地区的苏州园林出口工程60余座。

五是苏州古典园林成为人类瑰宝。1997年12月4日，联合国教科文组织世界遗产委员会第21届会议批准，以拙政园、留园、网师园、环秀山庄为典型例证的苏州古典园林列入《世界遗产名录》。2000年11月，沧浪亭、狮子林、艺圃、耦园、退思园作为增补名单被教科文组织批准列入《世界遗产名录》。苏州园林以申报遗产为契机，保护理念、手段、方法和规模全面提高，各项工作走在全国前列。

21世纪以来，市园林局根据《保护世界文化和自然遗产条约》《中华人民共和国文物保护法》《苏州园林保护和管理条例》等法律法规的要求，进一步加大了风景园林保护管理力度，提高科技保护管理水平，全面开展世界文化遗产古典园林监测预警系统建设，加强古典园林修复力度，先后投资修复了畅园、五峰园、艺圃住宅、留园西部“射圃”、网师园“露华馆”等，新建园林档案馆，扩地新建园林博物馆（二期），一枝园、一榭园、孙武祠园、柴园、可园、南半园、塔影园等。同时，根据“人工山水城中园，真山真水园中城”的苏州市总体规划，一个以生态环境为大战略的建设逐步展开，从“小园林”向“大园林”迈进，兴建了一大批风景名胜区、现代公园、湿地公园、森林公园、地质公园，新建动物园、植物园等一批专类公园。特别是苏州动物园全面改造、华南虎繁殖基地建设、石湖退田还湖和滨湖区建设、天平山景区、枫桥景区虎丘“西溪环翠”景区和虎丘山景区综合改造及打造“苏州城市客厅”、虎丘湿地公园、太湖湿地公园等绿色生态环境建设，以及国家太湖风景名胜区、江苏省风景名胜区以及其他风景名胜资源的保护建设等，都取得重要成果。

2001年以来，结合城市化建设和精神文明建设，开展创建国家园林城市和国家生态园林城市活动不断向深度发展，2002年，建设部授予市园林和绿化管理局为“全国建设系统精神文明建设先进单位”称号；2003年12月，国家建设部授予苏州市“国家园林城市”称号；2005年3月，市委、市政府启动创建国家生态园林城市建设，2019年获得住建部批准，成为国内首个“生态园林城市群”（包括市域内常熟、昆山、太仓、张家港），从而全面实现“自然山水园中城，人工山水城中园”的苏州风景园林城市特色。

随着改革开放的深入和发展，苏州风景园林的影响日盛，驰誉国内外。1979年完成出口美国的“明轩”庭园工程，为我国首次古典园林出口工程。之后，又相继完成在加拿大温哥华中山公园的“逸园”（于1988年获国际城市协会授予的特别成果奖）、在美国波特兰市的“兰苏园”、在新加坡的“蕴秀园”、在美国纽约史泰登植物园内苏州园林“寄兴园”等，遍布欧洲、美洲、亚洲等十几个国家和地区的苏州园林出口工程60余座。国内亦有数十座仿苏州园林在大江南北安家落户。

10.1.4 人文纪事

中华人民共和国成立后，一大批各级领导、专家学者和能工巧匠，呕心沥血，为苏州园林事业全心奉献。围绕苏州园林而展现的人文活动和成果，生动活泼，丰富多彩，既有国内的，也有国外的，构造了当代园林文化新景象，是当代苏州园林不可多得的人文宝库。

其一，苏州园林造就了大批园林专家学者和能工巧匠。与苏州园林有直接关系的人物，著名的有童寯、刘敦桢、陈植、汪菊渊、陈从周、谢孝思、王言、周瘦鹃、仲国鋆、汪星伯、王西野、石秀明、邹宫伍、詹永伟、金学智、曹林娣等等众多专家学者，以及韩步本、凌鸿、唐金生、濮福根、朱子安、王国昌、陆文安、杜云良、赵子康、薛福鑫、陆耀祖等一大批能工巧匠，在抢救修复一大批濒临毁损的古典园林和保护管理事业上做出了重要贡献。

其二，形成了特色鲜明的苏州园林理论体系。以苏州园林为典型代表的中国园林，历史悠久，技艺精湛，在当代，通过几代人的不懈努力，逐渐形成内容丰富的理论体系，形成苏州园林教科书式的样本，是当代园林界的巨大成果。如童寯20世纪30年代对江南园林的调查和研究，1963年出版《江南园林志》；刘敦桢20世纪50年代开始对苏州古典园林进行调查和研究，80年代出版《苏州古典园林》专著；陈植先生出版《造园学概论》，50年代开始注释出版《园冶》《长物志》；陈从周的《苏州园林》《说园》《中国厅堂·江南篇》；彭一刚的《中国古典园林分析》等，都在国内外学术界、文化界有深刻影响。90年代中期开始，以申报世界遗产为契机，苏州园林研究开始走国际化之路，1995年首次以《世界遗产公约》为标准研究苏州古典园林的历史、科学、艺术价值，从五个价值系统总结苏州园林的世界遗产价值，撰写申报文本，以此为基础出版了《世界遗产——苏州古典园林》，园林的遗产价值得到国际社会的普遍认可，进一步提升了苏州园林的理论水平。21世纪以来，园林文史研究不断深入，如市园林和绿化管理局自2005年起，组织力量用10年时间完成苏州园林史志编撰，出版了《苏州园林风景绿化志丛书》21卷、《苏州园林和绿化事业发展60年》；金学智《中国园林美学》《园冶多维探析》；曹林娣《苏州园林匾额楹联鉴赏》《中国园林文化》等，陆续取得了一批优秀的学术成果。

其三，在国际上逐步形成学术研究热点。随着中外文化交流的深入，海外研究中国园林和苏州园林渐成热点，陆续出版了一系列专著，取得丰硕成果。联合国教科文组织的发起人之一、著名学者李约瑟博士，1954年出版《中国科学技术史》第一卷，其中对中国园林作出了高度评价和详尽介绍。英国牛津大学艺术史教授柯律格以研究中国文化和中国园林、苏州园林为主攻方向，出版了一系列专著，他认为：所有的中国艺术都值得研究。辉煌灿烂的中国艺术，从绘画、书法、瓷器、造像、建筑、园林，乃至物质文明中的点点滴滴，都让人为之战栗，为之神迷。同时，中国的众多园林著作和作品被翻译介绍到海外，如陈植的《园冶注释》、童寯的《东南园墅》、陈从周的《说园》、苏州市委宣传部的《苏州园林》、刘郎的《苏园六纪》等，在海外拥有大量读者。

其四，苏州园林的国内外影响日益深入。1979年，我国著名教育家、语言学家叶圣陶的散文《苏州园林》被编入国内中学语文课本中，影响了一代又一代青少年对祖国传统文化和苏州园林的认知和向往。1980年出口的“明轩”园林工程、1985年列入“中国十大风景名胜”的苏州园林，均引起巨大轰动效应。2010年，有专业机构对“80后”进行一次“我心目中的苏州”测试，依然有近80%的年轻人首选苏州园林，印证了苏州园林的影响力。2014年，美国《新闻周刊》评选出21世纪以来世界最具影响力的12大文化国家及12国20大文化形象符号，美国居第一位，中国居第二位，中国的20大文化形象符号中有苏州园林之名。2017年，由中国科学院编著、被评为“中国好书”的《中国古代重要科技发明创造》，将5千年中华文明史中的88项发明创造列入其中，苏州园林榜上有名，再次印证了它的历史、文化、艺术和科学价值。

其五，苏州及苏州园林成为国内外各界重要活动的场所。中华人民共和国成立后，苏州园林从私人空间走向大众空间，而且还成为国家和地方的重要接待和活动场所，70年间，苏州园林先后接待了大批国内外重要客人，有历届国家领导人和省部级领导，有各国国家元首和政要，有重要国际会议代表、著名专家学者等，苏州园林已经成为展示中国传统文化魅力的首选场所之一。

苏州承办的国家级、省级各类展览活动，也是选择在苏州园林中举行。如第十届全国荷花展暨拙政园首届荷花节、第三届全国杜鹃花展览暨首届拙政园杜鹃花节、第23届全国荷花展暨拙政园建园500年庆典活动、第五届中国盆景评比展览（在苏州虎丘山风景名胜区举行）、江苏省第四届插花艺术展览（在苏州留园举行）、江苏省第三届职工盆景展（在拙政园举行）、江苏省第八届插花艺术展（在虎丘山风景区举行）、江苏省春兰展（在沧浪亭举行）等。

10.2　古典园林的本土传承

苏州现存历史园林，以私家园林或庭院居多，历史悠久，艺术精湛，其历史多有渊源，虽多系清代中晚期重构，但艺术风格和造园手法多继承旧制；民国时期所建园林融入外来元素，造园艺术亦不乏佳构；现存的寺观祠庙、会馆公所、衙署书院以至茶肆酒楼中亦多有园亭之胜。

自20世纪50年代初起，苏州古典园林保护修复工作就受到政府部门的高度重视，为此成立了专门的保护修复机构，制定了保护修复计划，严格按照传统文化遗产保护“原形制、原法式、原材料、原工艺”“修旧如旧”的原则，有步骤、有规划地开展保护修复工作。1956年至1959年南京工学院刘敦桢教授带领中国建筑研究室、南京工学院建筑系建筑历史教研组人员来苏州调查，统计出当时苏州城区存有古典园林、庭院181处（包括完整、半废），其中大、中、小型园林91处，庭院90处。已全废的古典园林、庭院45处。20世纪50年代至60年代中期，先后修复拙政园、留园、狮子林、虎丘、西园、沧浪亭、怡园、网师园等古典园林；20世纪70年代后期至90年代末，又相继修复耦园、北寺塔及庭院、鹤园、曲园、天香小筑、艺圃、环秀山庄等。

1997年经联合国教科文组织批准，以拙政园、留园、网师园、环秀山庄为典型代表的苏州古典园林列入《世界遗产名录》，2000年，沧浪亭、狮子林、艺圃、耦园、退思园以苏州古典园林增补名单列入《世界遗产名录》，苏州古典园林整体保护进入国际化轨道。

21世纪以来，市园林局根据国际国内相关法律法规的要求，进一步加大了园林保护管理力度，提高科技保护管理水平，全面开展世界文化遗产古典园林监测预警系统建设，划定古典园林界址，限定绝对保护区和建设控制地带，加强古典园林修复力度，继续深入开展古典园林保护修复工作。至2007年，市园林绿化局再次对古典园林进行普查统计，苏州市区存有古典园林、庭院73处（包括完整、较完整、半废），其中大、中、小型园林53处，庭院20处。其中世界文化遗产园林9处，全国重点文物保护单位8处，江苏省文物保护单位8处，苏州市文物保护单位21处，苏州市控制保护古建筑16处。这一时期，一些著名的废园，如常熟拂水山庄，木渎虹饮山房，太仓南园等得以复建。此外，古典园林的艺术手法也被普遍运用于现代造园中，出现苏州博物馆新馆庭院、太湖园博园小筑春深等代表苏州园林的经典之作。

10.2.1　留园修复

留园位于阊门外留园路338号（原79号），占地面积2.3公顷，为中国四大名园之一。1961年被列为全国文物保护单位，1997年被列入《世界遗产名录》。抗战时期，留园遭到日伪驻军的摧残破坏，房屋建筑、假山花木，处处受损，一片残梁断柱，破壁颓垣，近乎荒废。为此，苏州市人民政府于1953年起动工修复留园。

整修初始，工作人员通过走访、踏勘等方式获取了一手资料，充分了解留园的特点和造园主题，制定了较为完备的修复方案。修复工作采用"扶直加固，接补移换"的方法，在尽可能保存原有结构的同时进行复建，如楠木厅和鸳鸯厅的庭柱就用小木嵌补和接换的办法，使其恢复旧观；又如将"清风池馆"的新料与"古木交柯"处的旧梁柱互换，使二者完整如故。对于部分完全塌毁的建筑，则在不影响本园的风格、艺术手法的前提下，另行设计，适当修建。对于园中残留空地的重新布局，则基于其附近环境和整体风格，结合现代文化生活的需要进行规划建设。如将已经荒芜的"又一村"改建为蔬圃，间植桃李，新建"小桃坞"，围以葡萄架，颇具田园风采，使之与附近环境取得协调。园内的门窗、槅扇和栏杆、挂落，具有较高的艺术要求，大都需要精雕细镂。为此，特向旧货市场和私人旧家收购了大批质量精美的旧门窗、隔扇和栏杆挂落进行加工。而在修复过程中，也存有一些遗憾，如"半野草堂"拆除后，衔接了一段直墙，使后山显得空旷单调；"佳晴喜雨快雪之亭"处本来是一座楼厅（原"亦吾庐"），与走马楼相通，修整时截去上半，改建成亭，难复其意。至1954年，全园的布局在原先损毁的基础上得到了部分的修复和新建，园内建筑群在一系列的修复和新建工作中初步复其旧观，至此，留园得到了相对整体性的修复。

1978年，留园再度全面维修；1991年，收回留园义庄、祠堂，次年动工整修；1998年收回留园西南住宅部分，改建为苏州园林档案馆；2000年收回东南住宅部分（旧宅已大部毁尽，收回后改作服务设施）。至此，留园园林、祠堂、住宅（部分）合为一体，全园得以恢复往日形制。

历经数十年的努力，40余座堂馆亭榭分置，假山置石连绵，曲水幽幽不尽，终于使留园又现曲园老人《留园记》中"凉台燠馆，风亭月榭，高高下下，迤逦相属"的景致[1]（图10-2-1）。

1　本文系根据《修建园林的几点工作经验》（1955年）及《苏州市建设局园林绿化总结》（1959年5月）及《关于旧园改造和维护的一些经验》（1962年1月11日），以及谢孝思、郑子嘉、杨一村口述回忆，1984年由陈凤全整理成文，原刊于苏州市园林和绿化管理局．留园志［M］．上海：上海文汇出版社，2012.

图10-2-1　留园绿荫轩北望

10.2.2　拙政园修复

拙政园位于苏州东北街178号，占地面积5.2公顷，为中国四大名园之一。1949年中华人民共和国成立后，拙政园及前部房屋由苏南行政区苏州专员公署使用。1951年划归苏南区文物管理委员会管理，西部补园花园部分由张氏捐献给国家，东部李宅收归国有。1961年，拙政园被列为全国重点文物保护单位。改革开放以后，拙政园得到全面保护和发展。1992年，李宅（原苏州工艺美术学校一部）建成苏州园林博物馆。1997年，拙政园被列入《世界遗产名录》。新中国成立以来的70余年中，拙政园历经多次整修更新。1951年始，拙政园动工修缮。20世纪50年代拙政园主要进行建筑修复工作，力求恢复其原貌。为使中部与西部合而为一，将两园连接处的二堵风火墙合为一墙（1954年又改为花窗云墙），将原木门改建为砖细圆洞门，名“别有洞天”。园南部之腰门，原为一简便门，后根据拙政园历代主人多有很高的政治身份，在整修时，采用将军门形制，始成现状。还重点整修了玉兰堂、见山楼、塔影亭和远香堂等（图10-2-2、图10-2-3）；改建木桥小飞虹为石桥，并恢复原廊桥形式；新建得真亭；重建因白蚁蛀蚀而倒塌的南轩；将绿漪亭四面的斜方窗格拆除，改建为透空方亭；见山楼北原有木栏桥两座，拆除靠西一座，靠东一座改建为石栏五曲桥。园西部，整修卅六鸳鸯馆，配齐蓝白二色玻璃；拆除笠亭铁制吴王靠和西部日式木屋。园东部，在久已荒废的原明代王心一“归田园居”旧址上参照《归田园居记》进行全面的重建和整修。园门正中的假山为汪星伯主持修复，即现在的拙政园正门入口处，绕过兰雪堂抬头所见的“缀云峰”[1]。东部除缀云峰外，还堆叠了五老峰、联璧峰、“翻转划龙船”以及一些驳岸与零散石峰。东部建筑大部分沿用王心一归田园居时的旧称，如兰雪堂、芙蓉榭、涵青亭、天泉亭、秫香馆、放眼亭等，多依水而设，或深藏山凹，一湾清流，萦洄曲折，清流两侧，桃柳夹植，恍如江南水乡。秫香馆，为东花园主建筑，20世纪50年代末修复重建时，一是考虑大众游览

1　杨君康. 汪星伯与苏州园林几件事［J］. 苏州园林，2018（1）：43-45.

图10-2-2　拙政园远香堂

图10-2-3　拙政园香洲

图10-2-4　拙政园中部山林全景

之需要，二是受当时“大跃进”思潮影响，设计一大型建筑，可作为大食堂使用（后来很多年辟为茶室），最后由洞庭东山一座五开间传统建筑移建而成。天泉亭，修复时重建的重檐八角攒尖砖细宝顶，为东部主景之一。修复时考虑现代化需要，特别注意亭四周景物的疏朗开阔，草坪如茵，花木扶疏；北有平岗小坡，林木葱郁；西筑竹廊，廊外疏植紫薇，夏季花开，令人赏心悦目。至60年代初，花园修复竣工。从此拙政园恢复东、中、西部连为一体的历史形貌。

20世纪60年代，在进一步推进建筑维修的基础上，对园内的地形、道路、花木及假山驳岸进行修复（图10-2-4）。拆除枇杷园内原汪伪图书馆，新建听雨轩，并建东、中部复廊；将海棠春坞与玲珑馆相通的圆洞门改为曲廊，并沟通听雨轩，构成园中园景观；大修远香堂，更换部分木椽，南面东西戗脊上的麒麟塑像由伏式改为站立姿势；屋顶北面的东西戗脊上，塑东荷西菊；整修“志清意远”处；替换玉兰堂因白蚁蛀空的地板为方砖。整修远香堂西黄石假山以及园中部二岛周围、见山楼走廊两边石驳岸；整修玉兰堂后假山驳岸，以及和风四面亭南、远香堂北石驳岸；整修见山楼至别有洞天之间假山，拆除见山楼西侧与园内建筑形式不协调平房三间。园西部，翻新十八曼陀罗馆南围墙。还利用冬季整理东部的地形、地貌，堆土山、筑道路、培植草坪、植树绿化。1965年冬季继续整理东部，两年清除土方一千余立方，移种各种树木二百余株，培植草坪约五百平方。1978年拆除东部破坏园貌的水泥屏风，改为花台[1]。

1970年至1971年，为迎接柬埔寨西哈努克亲王来园，进行全面整修、油漆。改建见山楼西北的中西部风火墙为云墙，并辟圆洞门。修理小飞虹桥栏、浮翠阁栏杆。大修盆景园内接待室，屋面原为双屋脊，改建为单屋脊，屋顶升高一点五米左右。重砌天泉亭边道路。改砌远香堂北石板路面为虎皮石，路面挖低近二个台阶。中部池中二土山堆砌石驳岸。20世纪70年代后期，整修见山楼、塔影亭。小沧浪原有的木地板替换为方砖铺地。将远香堂南小桥铁栏杆替换为石栏杆，并加宽桥面。维修卅六鸳鸯馆，临水处地梁断裂，换成水泥梁，填没馆内方砖下原有供冬季生火取暖的地窨。

改革开放以后，进一步整修园内建筑，基本轮修一次，重点建筑修葺多次，整修全园假山、驳岸，整修园内花街铺地、砖细。20世纪80年代恢复三十六鸳鸯馆前的鸳鸯笼，引进鸳鸯四十只。恢复秫香馆窗板图案、绣绮亭顶部木板图案。

1995年，为迎接联合国教科文专家组对“申遗”工作的检查，对兰雪堂、塔影亭等建筑景点进行维修，采用广漆见新；大面积维修、铲粉粉刷、油漆小沧浪、志清意远、玉兰堂后廊、别有洞天半亭、倒影楼、浮翠阁、扇亭、宜两亭、塔影亭及将军门入口处围墙。

被列入《世界遗产名录》后，拙政园严格按照国家文物法和《世界遗产保护公约》的要求，坚持“修旧如旧”“原真性、完整性”原则，加强全方位的保护管理工作，如古建筑修复中的原材料、原技术原工艺保护运用，园内水池生态化治理，古建筑白蚂蚁防治，假山驳岸监测和维修，古树名木养护和盆景技艺传承，碑刻书条石的养护，家具陈设和匾额楹联的养护调整，世界遗产监测，安保系统建设等等，拙政园世界遗产价值得到全面保护和提升。

10.2.3 环秀山庄修复

环秀山庄位于景德路272号，黄鹂坊桥东，南邻苏州刺绣博物馆，东西为“中国同源有限公司”（原苏州市刺绣研究所）。现占地面积2180平方米。1953年11月，苏州市园林修整委员会对假山进行抢修。1966年至1976年间，环秀山庄遭受破坏。1979年2月，苏州市文管会主持对环秀山庄假山和部分建筑进行维修，重建“半潭秋水一房山”亭。1984年6月，苏州市政府委托苏州市园林管理局对环秀山庄实施整体修复，由苏州园林设计院设计，苏州古典园林建筑工程公司施工，翌年10月竣工。1987年被列入全国文物保护单位，1997年被联合国教科文组织批准列入《世界遗产名录》。

修复工程遵循“不改变文物原状”的文物修复原则，按史料所示图恢复。工程设计之

1 根据以下资料整理：苏州市园林和绿化管理局．苏州园林风景志［M］．上海：上海文汇出版社，2015；周苏宁．拙政园文史揽胜［M］．北京：中国水利水电出版社，2020.

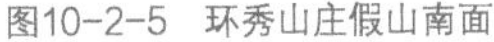
图10-2-5　环秀山庄假山南面

图10-2-6　环秀山庄假山曲桥

初，团队进行了详尽的资料收集工作，相继对假山、建筑、花木等进行修复。对照文献勘察园内假山现状，其大体仍持原貌，抽干池水，见山石底外围大多紧贴木桩，全山无明显松动现象，山顶花街铺地需重砌，山上花木杂乱无章，池边驳岸不平直，曲桥板面已移位，桥栏无影踪，为此，团队对全山进行了加固，对花木、驳岸、铺地和石桥进行了相应的整修工作（图10-2-5、图10-2-6）。按史料所示，在假山东南角与池水、平台、东园墙接汇处有一规则花台，经反复推敲，在此处以假山余脉堆叠，效果较好。

边楼是衬托假山主景的主要建筑，假山主峰7.2米，而边楼最高处（屋脊顶）有10米，建筑超高峰顶近3米，出于对边楼重建会冲淡主景的担心，将二层直线条平开窗改为横线条和合窗，增强通长横向观感，对底层复廊隔墙增加八个不雷同的漏花窗，形式各异，既具功能作用，又有装饰点缀之意，实效俱佳。

本工程共设计修复建筑面积753平方米（其中：新建712平方米、修复41平方米）。园北的“补秋山房”一角屋面被白皮松压塌，柱脚已霉烂，山墙上窗格被半窗所替代，方砖地坪大多碎裂，仅木结构完好；故将其屋面及砖墙全部拆除重做，木构腐烂处换新。“半潭秋水一房山亭”的四方亭构架已呈现扭曲，问泉亭只见四方阶沿，亦全部拆除重建。原四面厅的地盘上耸立着一幢二层平面钢筋混凝土楼房，门厅，有谷堂及连廊全毁；均循旧制在原位重建，门厅、有谷堂及连廊围成雅静小院，由小空间经墙门转到主景假山。“飞雪泉”泉眼断流，仅存荒山一座，团队对其进行疏通。山房、二亭之间连廊添新，蹬道重做。园内砖细门窗洞套、方砖地坪重做。另将老围墙拆砌及整修，新砌围墙，铺砌花街、虎皮石地坪。敷设照明线路与地下排水管道。终将环秀山庄大体恢复旧观[1]。

10.2.4　艺圃修复

艺圃位于苏州阊门内天库前文衙弄5号，总面积4050.73平方米，为典型的明代住宅花

1　作者系陆宏仁，此文为苏州市风景园林学会会议交流资料，后被编入苏州市园林和绿化管理局所作的《环秀山庄志 五峰园志》一书。

园。1950年，苏州市工商联第五办事处设于公所（艺圃）内。1956年七襄公所同业公会停止活动，恢复艺圃原名。同年，苏昆剧团进驻。1959年，改为苏州越剧团、沪剧团所用。1962年，改为桃坞木刻社所用。1963年3月，艺圃被列为苏州市文物保护单位。1970年桃坞木刻社被划归苏州民间工艺厂，响月廊被用作托儿所，博雅堂用作裱画车间，延光阁作为仓库。20世纪70年代，艺圃受到了严重损坏，廊榭倾颓，池沼湮废，莲花绝种，太湖石峰被烧制石灰，假山下挖防空洞，满目荒芜。1979年，艺圃被列入古典园林修复规划项目。1982年，苏州市政府决定修复艺圃，于1984年竣工。2000年整修艺圃住宅部分，翌年竣工，至此，艺圃宅园合二为一。1995年被列为江苏省文物保护单位，2000年被列入《世界遗产名录》，2006年被列为全国重点文物保护单位。

修复工程设计之初，团队进行了详尽的资料收集工作，查阅了大量与艺圃有关的文献、图幅、历史照片。经现场勘察发现，艺圃的现状与明末清初著名古文学家汪琬在《艺圃后记》中关于园景布局记叙基本相近。但园内的诸多要素均遭到较大的损毁。在进行假山、水池、驳岸的修复施工时，剔除黄石，全用湖石叠堆，临池叠成绝壁危径，池西南角曲桥亦重新修建。临池水榭已有二间由于石梁折断而塌于泥池中，还有榭南几堂和合窗、榭北几堂冰纹心仔的半窗、西厢房几堂书条心仔的半窗等尚存；水榭的修复，主要为梁架落地整理修复后照用，柱外包薄板取掉，天花拆除，在榭北廊柱位置有挂落，榭南临池为玻璃和合窗，砖细方砖地面新做，榭及厢房屋脊均修复为黄瓜环脊式。池西南的对照厅及“响月廊”均已绝迹；对照厅区，榭西连廊、半亭、假山上六角亭及堂西小屋等建筑均依文献资料再三推敲后设计新建，在建筑造型上注意与园内建筑群体相协调，结构构造规制方面相一致（图10-2-7）。“乳鱼亭”的戗脊和小葫芦型亭顶已难辨原貌；乳鱼亭的修复，结合史料与现场勘察，确定其建构位置，整理原石阶沿，在原位置整修构架，替换损坏构件，描绘现有彩绘遗迹，亭顶新做砖细葫芦型，新制小滚筒二瓦条，老嫩戗角则按照原件尺寸修复。主厅博雅堂破败不堪，屋面脊式已非原状，堂内细方砖地坪大多碎裂，砖细墙裙尚完好，还存有几樘具有明代特点的满天星心仔的长窗；博雅堂的修复，主要为坏柱换新，柱承柱础处外包木鼓，梁架落地清洗整修照用，窗形制均为满天星式，砖细方砖地面按原尺寸新做，原砖细墙裙、石阶沿利用，屋脊修复为滚筒三线闭口哺鸡脊式，其余架构均按史料记载尽力恢复旧观。厅榭间院落杂草丛生，遍地碎罐残砖，全无假山花台踪影；榭东内院柱倒墙塌、残垣颓瓦高过人头，时闻瓦滑石落之声，修复后的艺

图10-2-7　艺圃浴鸥小院

圃，其建筑、山池大致如明末清初旧况。花园以一泓池水为主，当水源充裕时，望若湖泊。在池的一角突伸回水，上架以微拱的石板桥。渡桥至山下，一路入山洞而盘折登山至新设计的六角亭；另一路沿池南绝壁而行，西通回廊及圆洞门内小院。厅北有连廊、半亭与水榭西厢房相接，池水伸入榭下，水榭东厢房折南，沿东岸小径至乳鱼亭，亭后有歇山辅房。榭北系园中主厅博雅堂，堂榭间有庭院，院中缀有湖石花台及峰石；堂东有避弄，北连花园的办公、辅助用房。综观此园，较多地保存了建园初期的规制，有一定的历史价值与艺术价值[1]。

10.2.5　可园修复

可园位于苏州城南三元坊，与沧浪亭园门相对，隔溪而望。1963年被列为苏州市文物保护单位。可园修复项目于2012年启动，历时5年终成。

从现存遗构看，可园保留了自清道光七年（1827年）以来的格局，现园内挹清池、挹清堂、连廊距今已有近两百年历史，除坐春舻已不存外，濯缨处以及西边的讲堂、博约堂、一隅堂等都保持了清末时期的位置。此外园内还有两棵上百年的古树名木。但可园因其长期为单位使用，依旧有许多问题突出。其建筑改建情况较多，有些承重结构已出现开裂，存有安全隐患；有些二次修缮时已违背了传统园林建筑的做法。景观环境上也有许多与传统园林不相协调的地方如水泥花坛、坐凳、花架及修剪整齐的绿篱，将城市绿化的手法运用到园林显然丧失了古典园林的意境。

有部分建筑如博约楼、讲堂等虽经改造，但其木构体系得以保存；如门厅、濯缨处等的木构体系则被改为现代承重体系，其开窗、地面与吊顶也都由现代材料改造；更甚者则在原有建筑的基础之上进行扩建。园西北角的东合楼为民国风建筑，其外立面遭到了一定程度的破坏。

在修复初始，团队分析得出而其总体布局仍保持着作为正谊书院、学古堂时期所记载的样貌，故将其定位为清（或晚清）代古典书院园林，并秉持“不改变文物原状”“真实性”“安全有效”的修缮原则。团队根据现场调查和测绘资料拟采用修缮、复原修缮和恢复性重建三种方式进行修复设计。对如挹清堂、博约楼、讲堂、一隅堂、东合楼等大木构架，保存尚好，构架体系较为完整，仅局部有所损伤的建筑，进行打牮拨正，局部加固的原状修缮；挹清堂的形制为四面厅，现存挹清堂廊柱尺寸偏小，因此在厅堂廊周设置木制坐槛，以达到加固、美观的作用。二是复原修缮。对如门厅、浩歌亭、濯缨处、瓢亭、思陆亭、黄公亭、陶亭、连廊等因使用单位使用功能的改变而造成内部空间、构架体系改变的建筑，或木构架严重倾斜、存在安全隐患的危房，按苏州传统建筑的型制进行复原性修复，即落架大修；在连廊的修复过程中，团队反复查找资料和论证，将部分区域按史料记载样式修复，其余部分则遵循“不改变文物原状”的原则，保持其原有风貌。对于有史料记载，但场

1　作者系陆宏仁，此文刊于1999年由苏州市申报世界文化遗产办公室编印的《艺圃历史文化研讨会材料汇编》，后被编入苏州市园林和绿化管理局所作《艺圃志》一书。

地已无实物存在的建筑，采用恢复性重建的方式予以复原；如坐春舻，据《可园记》记载："池亩许，……左平台，临池可钓；右亭，作舟形，曰坐春舻。可风，可观月，四州廊庑，可步。"挹清池周边"四周廊庑"不完整，坐春舻现已不存，原址重修廊庑和坐春舻是对可园修复完整性的重要补充。在修复后期水池清理阶段，西南角池底发现有石桥的基础，经文物部门一起勘验，判断此处历史上曾有石曲桥，这算是一项考古发现，因此立即在水池修复中予以恢复。

在修缮技术上，可园主要以传统工艺为主，同时在传统工艺的基础上进行了改良，对运用新材料、新工艺上作了一些尝试，如木柱墩接加固处理技术和花窗制作的新工艺。既不破坏历史建筑的文物价值，又达到耐久度和美观的要求。

可园的修复经历可行性研究、实地调研、详细测绘、制定修缮方案、多次专家论证、开展施工、出现新问题、解决方案征求多方意见等过程，直至竣工，在这个曲折的过程中得到了各方的积极配合和支持。在修缮技术创新上，更获得了多项专利。可园的修复可以说是一代园林人的梦想，更承载一代代曾在这里生活、工作过的老苏州人的怀旧情结。修复后的可园水木明瑟，庭宇清旷，书墨交香，清幽致雅。不同于私家园林的精雕细刻，可园质朴、清幽的气质更体现了书院园林的特色。可园的成功修复，不仅丰富了苏州园林的类型，还与沧浪亭、文庙等周边遗存共同重现了历史上的文化盛景，在文化层面上实现了对整个城市历史文脉的回顾和延续。

10.2.6 网师园修复

位于带城桥路阔家头巷11号，现占地面积6500平方米。其中花园占地3300小巧典雅著称，被誉为"小园极则"。1950年，何氏子女何怡贞、何泽慧等8人将园献交国家。1957年左右曾驻军。1958年市政府拨款，由园林管理处接管后全面修复。1958年10月开放游览。20世纪60至70年代，园内家具陈设等遭受破坏，园一度关闭。1974年整修后又开放，并恢复旧名。1979年，美国纽约大都会艺术博物馆为在该馆陈列中国明式家具，觅中式庭园，最终选中网师园"殿春簃"为蓝本，仿建"明轩"。1981年将园东法乳堂及庭院扩建为"云窟"，修葺正门及照壁。1982年被列为全国重点文物保护单位。1983年受中国建筑学会委托，由园林局制作的网师园宅园模型，送往巴黎蓬皮杜文化艺术中心展出，为第一个苏州园林模型出口项目。1990年起开办古典夜园，在园内8个厅堂、亭台中分别设有昆曲、苏剧、评弹、中国古典舞、江南丝竹，古筝和笛箫独奏表演，向中外游人展示中华戏曲音乐舞蹈文化，品位高雅，成为苏州旅游中的经典节目，延办至今。1997年被列入《世界遗产名录》。

1958年网师园初次开展全面修复，新建梯云室及庭院，西部增辟涵碧泉、冷泉亭等，配置建筑内的家具陈设。1974年网师园再度整修。1981年将园东法乳堂及庭院扩建为"云窟"，并修葺正门及照壁。

修复后的网师园布局得当，亭榭楼馆环置池周；园内路径处处贯通，曲折自然，精巧幽深；翠柏挺立，芍药争妍，幽趣恬然（图10-2-8）。

图10-2-8 网师园彩霞池

10.2.7 耦园修复

位于城东小新桥巷6号，占地7800平方米，东临内城河，与古城墙相望，南为小新桥巷，面对小河，西近仓街，北抵小柳枝巷河道，三面临水，一面邻街。1950年，耦园中部大厅（现载酒堂）不慎起火，被毁。此后国民党投诚部队及志愿军伤病员入住，大厅废址用作食堂。1955年，耦园成为振亚丝织厂的企业财产。1956年，耦园被用作振亚丝织厂的车间、仓库、理发室、浴室、女工宿舍、托儿所等。园内居民至1958年大部迁出。1960年，经市政府批准，耦园划归苏州市园林管理处管理与整修。1963年被列为苏州市文物保护单位。1965年，整修旧时菜园，同年4月，东花园修复竣工，5月1日对游人开放。1967年1月，耦园关闭，延续十余年。中部住宅用作园林职工宿舍、仓库。1979年耦园东花园再度全面整修，1980年7月1日开放。1981年，西花园成为苏州园林技工学校校舍。3月，东花园开放部分作为园林技校实习基地，同时仍对外开放。1985年，园林技校迁出。1986年后，西花园亦逐步整修，因经费不足，未完工。1989年，整修西花园。1990年设立“耦园沈氏文物陈列室”。1993年，市政府拨款全面整修中部住宅和西花园，迁出全部住户。1994年竣工后与东花园一并开放，至此，耦园恢复了宅园完整的历史风貌。1995年被列为江苏省文物保护单位，2000年被列入《世界遗产名录》，2001年被列为全国重点文物保护单位。2008年，中部住宅第四进东侧建筑约1000平方米辟为“联合国教科文组织亚太地区世界遗产培训与研究中心（苏州）”办公区。

1960年耦园开始施工整修，先行整修黄石假山及临水驳岸（图10-2-9），并在水阁南侧新置了假山曲径和花坛。其次对园内建筑进行修复，“山水间”水阁整体落架重建，因觅得鸡翅木“松竹梅”落地罩，故水阁体量较原先相应放大，东西池岸也略向后退，为了使水阁贴近水面，取近水楼台之意，将“山水间”地平面放低了70厘米；重修樨廊，并新建樨廊无名亭。另对中部住宅区作局部整修。1965年，对旧时园内菜园，栽植花木，增设园景。1979年后耦园又经多次全面整修，最终恢复了宅园完整的历史风貌（图10-2-10）。

图10-2-9　耦园黄石假山

图10-2-10　耦园园外

10.2.8　退思园修复

位于吴江同里镇，全园占地约6500平方米。1950年后，退思园被当地税务、镇工会使用，茶厅、正厅改造为会堂。宅院辟为职工业余夜校。1958年，花园被同里机电站占用。1965年，退思园归镇文化站使用，略有整修。20世纪60年代中后期，园遭损毁，旱船倒塌，天桥及回廊被拆，百年古松被伐。1970年后，园被多家单位分割占用，后来镇工会迁出，门厅、大会堂被镇办针织厂用作车间。1978年，走马楼和下房分别被镇委和镇政府以及镇爱卫会使用，园内楼阁倾危，花木凋零，假山坍塌，池水污秽。1982年被列为江苏省文物保护单位，同年，本地政府对退思园进行全面整修。1984年，庭院和园林部分对公众开放。1985年修复住宅，1989年竣工。2000年被列入世界遗产名录，2001年被列入全国重点文物保护单位。

1965年，退思园在镇文化站使用期间略有整修。1982年起，退思园进行全面整修，聘请苏州市内外园林专家现场指导和规划，将园内的布局、建筑式样和景观悉仍复其旧貌，使退

图10-2-11 退思草堂

思园精湛的造园艺术得以再现。1985年修复园内住宅部分，1989年竣工，至此，退思园宅园一体的历史风貌得以再现（图10-2-11）。

10.2.9 怡园修复

怡园位于苏州市人民路1265号。园东为人民路，西与原顾氏春荫义庄、祠堂毗连相通，南与原顾氏住宅隔巷（尚书里）相对，北是弹子巷。全园占地面积6000平方米。1949年9月，华东军政大学第二总队九团团部驻此，翌年春迁南京。1950年《新苏州报》社设此。1953年顾麟士孙顾公硕等将园献给国家，由市文管会接管，驻用单位迁出。1953年8月起，由苏州市园林修整委员会组织整修，至同年11月底，全部完工。1953年12月6日正式开放游览。1954年至1956年期间，苏州教育工会借用举办教工俱乐部。祠堂建筑为剧团占用，住宅建筑改为苏州印刷厂职工宿舍及三轮车机修站、路灯管理所使用，其余房屋除部分为顾氏家族居住外，部分散为民居。1956年，园大门后退改建，并将春荫书库（即岭云别墅）改成书场。20世纪60年代初，苏州市国画院设于牡丹厅。1963年至1964年，怡园再度整修。1963年被列为苏州市文物保护单位。20世纪60年代中后期，怡园一度关闭，园内景观、陈设受到破坏。1972年底，园门围墙缩进10余米，拆除园内书场，改为入口庭院。1980至1981年，再度开展修复与维护工作。1982年被列为省文物保护单位。1995年8月，怡园大门再次缩进2米。1997年4月新征土地300平方米，建造办公、服务用房。

1953年，苏州市园林修整委员会组织整修园内假山和慈云洞，重修螺髻亭，修复舫斋、复廊，补植花木，浚池叠石，旧貌换新颜（图10-2-12、图10-2-13），园门出入由原弹子巷“春荫义庄”祠堂大门，改至以往不常开的人民路大门。1963年，大修石听琴室、岁寒草庐、石舫、绛霞洞顶等。翌年按原样重建锁绿轩、云墙。1980年至1981年，整修牡丹厅，作苏州市老干部活动室，并全面整修园内建筑，完善家具陈设，同时，对此前受损的景点、石刻、围墙等进行维修、恢复。1997年9月，拆除牡丹厅北天井内临时建筑，恢复天井，新建花坛。2000年始，全面加强怡园保护管理力度，实施全面维护和监测。

图10-2-12　怡园曲桥

图10-2-13　怡园螺髻亭

10.2.10　曲园修复

位于人民路马医科43号，占地面积2800平方米，为晚清学者俞樾宅园。中华人民共和国成立后，俞樾曾孙俞平伯于1953年将园献给国家。1957年由市政府拨款进行维修。20世纪60年代初，市政府再次拨款进行维修，竣工后交市文联使用。1963年列为苏州市级文物保护单位。20世纪60年代中期至70年代中期，园内厅堂花园先后由苏州市政协、市评弹团、市物资局贸易公司等使用，其住宅由房管部门租与20余户居民。1977年房管部门于园内建3层简易住宅楼，水池被填，假山花木全毁，仅存俞樾手植古紫薇1棵。1982年，苏州市政府决定迁出物资局贸易公司等单位。同年，由苏州市园林局负责，曲园再度对园内建筑进行修复，至1983年底竣工。1985年交市文管会，由市文物保护管理所布置陈列，于1986年10月正式开放游览。1988年，市政府拨款，实施第二期维修工程，动迁园中居民，拆除园中原3层简易楼。1995年被列为江苏省文物保护单位，2006年被列为全国重点文物保护单位。

1957年与20世纪60年代初，苏州市政府多次拨款对曲园进行整修。1982年，由苏州市园林局负责，苏州古典园林建筑公司施工，修复小竹里馆、春在堂、认春轩、乐知堂等建筑。修复过程中，俞平伯亲自审看修复方案和模型，并提供所藏“春在堂”“德清俞太师著书之庐”二匾复制。1988年，市政府拨款，实施第二期维修工程，浚池叠石，修复回峰阁、曲水亭、泄塘、长廊、达斋等，复其原貌。还在园内增加了俞樾信札、遗诗、遗言9块书条石等陈设品。工程历时两年，于1990年12月20日竣工，并再次对外开放。

10.2.11　西园修复

位于阊门外西园弄18号戒幢律寺内，面积7公顷，西园花园又名戒幢律寺广仁放生园池，戒幢律寺内五百罗汉堂为中国四大罗汉堂之一。1953年苏州市政府拨款进行修复，至1955年面貌一新。1963年列为苏州市文物保护单位。20世纪60年代至70年代，园内屋宇等缺乏修缮，有一定程度破坏，寺前广场被占作建材仓库。1982年起由市园林局负责对寺庙进行再度修缮，同年，西园被列为江苏省文物保护单位。

1953年，寺中主要殿宇和放生园池得到修复。1958年后又逐年修葺，全寺基本恢复晚清原貌。1982年，市园林局对殿宇、园亭、佛像进行全面维修和管理，并恢复寺前广场，修复牌坊、河埠。1989年重建茂林祖师纪念塔，翌年竣工，恢复塔院。2000年后又扩建前花园，新建钟楼、鼓楼和跨上塘河的福德桥、智慧桥。

10.2.12 五峰园修复

位于阊门内下塘街五峰园弄15号。以五座湖石石峰著称。中华人民共和国成立后，1956年，民族乐器厂迁入。1958年，市政府组织园林调查登记，其时园已荒废，有平屋数间为苏州玻璃厂使用。1963年被列为苏州市文物保护单位。后因年久失修，水池填塞，二座石峰倾倒，被从文物保护单位名录中除名。1979年，废园被列入苏州古典园林修复计划项目。1982年再次列为苏州市文物保护单位。1998年五峰园全面整修，同年10月1日竣工，对外开放。2002年被列为江苏省文物保护单位。

1983年对园内峰石进行保护性维修加固。1998年，市政府决定大修五峰园，由市园林管理局实施，迁出园内居民后，疏浚水池，重构亭榭，整理峰石，栽植花木，基本恢复园貌。

10.2.13 一榭园复建

一榭园位于虎丘景区北部，占地2.87公顷，水面近4000平方米。清初为诗人薛雪别业，嘉庆三年（1798年），苏州府知府任兆炯购得此园并对其进行改建，嘉庆七年（1802年），园归孙星衍，孙在园中设祠建碑纪念先祖，祠堂于嘉庆十一年（1806年）落成。并于园中葺授书堂，并设宝顺斋、壶天小阁和积书岩、东轩诸景。园林改名忆啸园，又名隐啸园，二者均为一榭谐音，遂名一榭园。一榭园在咸丰十年毁于战火。2013年，苏州市园林和绿化管理局开始复建，2014年底竣工开园。

一榭园背山面水，山水是其最大的特色，凭池借景，引塔影入园。复建后，园内主要景点沿用旧观为主：授书堂、宝顺斋、壶天小阁、积书岩、东轩以及方亭、水榭、清风一榭、斋房、翼然亭、廊桥等。其布局上依旧“榭前有池，环以林木竹石”，亭廊楼阁与引入园内的一汪清潭相映成趣（图10-2-14）。池水与虎丘环山河相通并贯穿全园，水面分则萦回，聚则浩渺，动静结合。池内广植荷花，盛夏时节，风姿绰约，满园荷香。池中有两座岛山名积书岩，以廊桥连接宝顺斋。宝顺斋南侧与授书堂以廊相接，沿廊东向即为方亭。园东北部为四面环水的岛山，北部堆土成岗，名燕子墩，山脉呈东西走向，并有环抱聚合之势，岛上设有两层建筑壶天小阁，其后堆叠黄石假山。壶天小阁东南侧为东轩，入口广植桃花，烟花三月，桃香四溢。自东轩沿长廊即达水榭，水榭面水背山而立，与东面长桥隔水相望，榭前池水盈盈，水面设长桥，连接园南。“宁静幽深”“朴素淡雅”为全园的基调，与虎丘后山的山林野趣、幽雅自然的景色融为一体，塔影山光，历历入画。

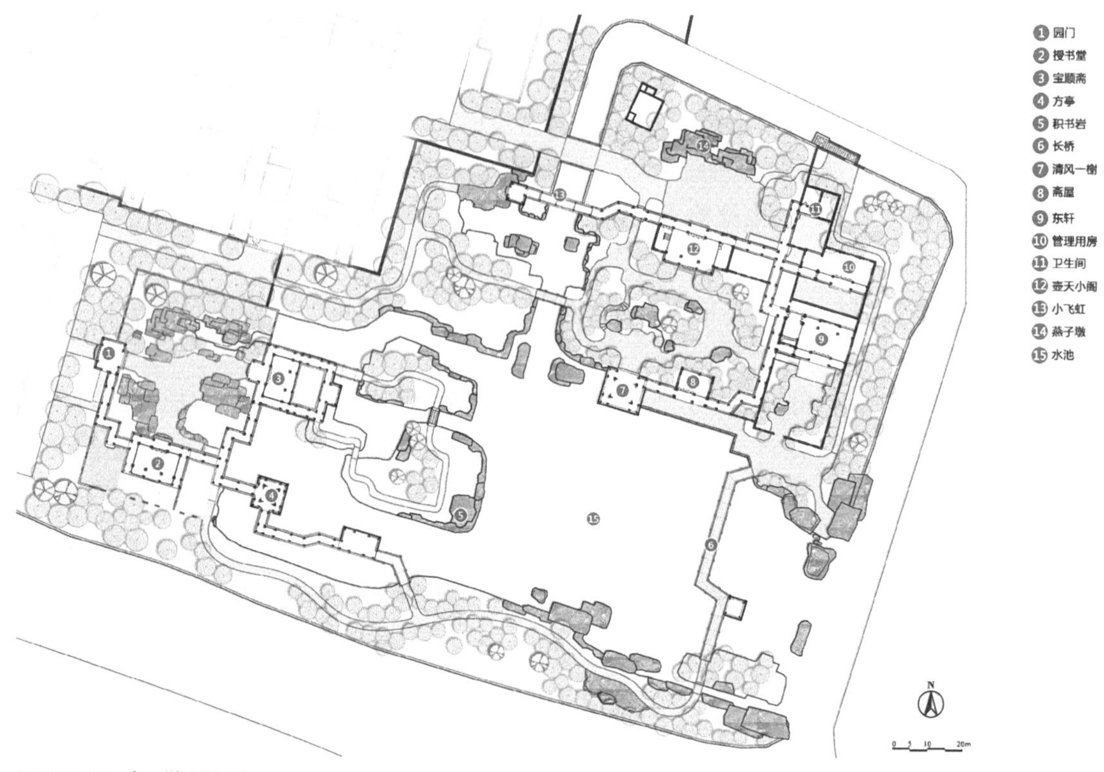

图10-2-14　今一榭园平面图

10.2.14　塔影园复建

塔影园位于虎丘景区东南部，占地2.43公顷，水面约3660平方米。初为明代文霞明孙肇祉的别墅，其于虎丘南岸辟地结庐，名海涌山庄。因凿池及泉，池成而塔影见，更名为塔影园。清顺治初，遗民顾苓购得改筑，名云阳草堂，中有松风寝、照怀亭、倚竹山房诸胜，四方名士过虎丘者多来游赏。清乾隆年间，蒋重光购得废址建园，俗称蒋园，有宝月廊、香草庐、浮苍阁、随鸥亭诸胜。嘉庆二年（1797年），苏州知府任兆炯改建为白公祠，祀唐苏州刺史白居易。中有思白堂，旁为怀杜阁、仰苏楼，供少陵、东坡木主。又有万丈楼，在怀杜阁之东，供李青莲木主。光绪二十九年（1903年）十二月，予故盐运使李昭庆，在苏州建李鸿章专祠。苏州解放后，学校易名为虎丘初级中学，后为第二十八中学，再为苏州幼儿师范。2018年，苏州市园林和绿化管理局开始复建，2021年底竣工开园。

复建后的塔影园总体山水布局围绕虎丘塔展开，简练疏朗，风格自然质朴，利用园中水池借景虎丘塔，信步园中，可多视角观塔及塔影。园以水景见长，水面相对集中开阔，水中筑岛，桥堤相连。将园中水往东引入李公祠北侧现存水池，使得全园水系贯通，充分利用地形地势高差，形成溪谷跌水的景观效果，通过水将虎丘塔、塔影园、李公祠串联在一起，三位一体，相互融合。园林建筑多采用散点式环水布置，隔水相望，互为景致，景观建筑个体纤丽唯美。周边溪涧泉流，水脉疏通，为营造池岸低平的景观效果，驳岸采用草坡入水的形式，岸边点置野山石，野趣天成。园中主要景点沿用旧观为主：寒塘、清泉、白石、香草庐、照怀亭、宝月亭、松风寝、随鸥亭、浮苍阁等（图10-2-15）。

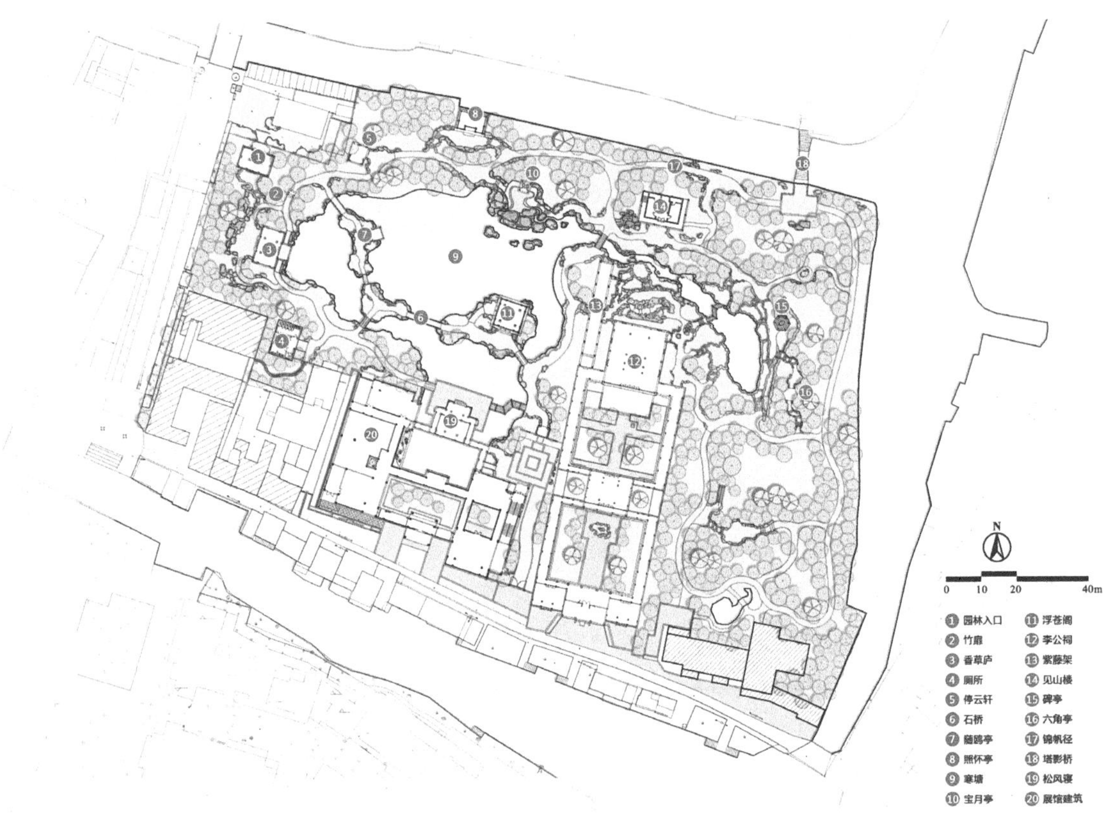

图10-2-15 今塔影园平面图

10.2.15 木渎虹饮山房复建

虹饮山房位于苏州市吴中区木渎古镇镇区，南接山塘街、香溪，北部为香溪新村，东部为沈寿故居，西部与明月寺相邻。占地面积1.57公顷。

虹饮山房的前身是明代俩处废园，即小隐园和秀野园。小隐园为明代李氏所治，多老树奇石，园内竹林茂盛。嘉庆十八年，里人钱炎得废圃构园，名“潜园”，亦名“桂隐园”。秀野园为少司寇王玄珠别业。玄珠，名心一，吴县人，明万历葵丑（1631年）进士，官至刑部侍郎，弃官后在木渎香溪建秀野园别墅。清乾隆年间木渎文人徐士元将这两个园子茸而新之，并增筑戏台，以娱其亲。因新宅近虹桥、滨香溪，“虹所饮者，当为桥下之溪也”，又因主人嗜饮，常与朋友在此觞咏，诗酒为乐，故名“虹饮山房”，俗称“徐家花园”。据《木渎小志》载，乾隆六次南巡，屡于此园看戏。乾隆驻跸灵岩山行宫，而他的近臣随员则大多下榻虹饮山房。至清末，徐家花园日渐衰落，其中东园部分为沈家购得，成为一代“刺绣皇后”沈寿的故居。

2002年，虹饮山房全面修复完成。全园分中路古戏台、东园和西园三部分。中路部分包括门厅、花厅、古戏台、厢房等。门厅正门面对御码头，建筑恢宏大气。园内主建筑花厅舞彩堂，气势森严，庭院北部春晖楼，与之相连的是御戏台，四周围以游廊。

东园部分保留小隐园的旧构，门厅、轿厅、大厅、楼厅，既可与西侧古戏台相连，又可自成一统。小园疏池开径，叠石栽花，是一处精致的宅第园林。书斋（小隐斋）在园之北，主人读书养兰处，南有曲溪幽涧，湖石重叠，梅竹夹道，颇可幽坐。

图10-2-16　虹饮山房羡鱼池

图10-2-17　虹饮山房石峰

西园部分即秀野园，以水景取胜，是虹饮山房的精华所在。羡鱼亭建于羡鱼池曲桥之上，俯视水波澄碧，令人触景遐思。土坡上竹啸亭和玉音亭，双亭联袂，为园中一景。秀野草堂，为园中主体建筑，伫立堂中，园中景致尽收眼底；桐桂山房，掩映于青铜丹桂丛中，清荫幽深，登楼可眺园内外景致。

虹饮山房园林建筑体量宏大宽敞，庭院精致卓雅，既有江南文人园林的秀气，又兼北方皇家园林之雄丽，于大开大合之间，尽显宦家之气度，幽人之韵致，有别于苏州私家园林一贯之精致传统，为南北园林不同文化风格巧妙融合于一体之典范。虹饮山房已成为当今人们怀古思幽，修身养性，触摸文史，增长见识之所在（图10-2-16、图10-2-17）。

10.2.16　常熟拂水山庄复建

拂水山庄是常熟历史上著名园林，系明末清初“诗坛领袖”和“东南文宗”钱谦益的别业。拂水山庄原址位于虞山南麓拂水晴岩下，延至尚湖之滨。本为钱氏友人瞿纯仁所筑，后归钱氏。筑耦耕堂，朝阳榭，秋水阁，明发堂，花信楼并以文记之。复建的拂水山庄，因原址变故而移址于尚湖南岸。基址北靠环湖路，与荷香洲相邻，东与尚湖水街隔水相望，西向滨湖，南连长堤。其四周环水，犹如漂浮在水上的一叶绿舟。

拂水山庄占地3.25公顷，在尊重历史的前提下，以景造园，充分融入尚湖湖区环境，突出水景叠山垒石，营造山林气氛，再现了历史风貌（图10-2-18）。

拂水山庄重现了历史上记载的层湖浴日、秋原耦耕、水阁云岚、梅圃溪堂、团桂天香、月堤烟柳、酒楼花信、春流观瀑等八景。如层湖浴日，系利用山庄四周环水，“弥望环带，缭如周垣。水逸云从，日月出入”的条件，当红日东升，湖面金光闪耀，而有“浴日晴波漾六时，丹渊若木影参差”的壮观。

山庄融入尚湖湖区环境，突出水景，呈现出湖里有湖，湖外有湖，层湖相叠水景弥漫的景象，赋予拂水新意。动态水景有主假山的瀑布悬流、明发堂庭院的“归来”涌泉和别涧层层叠水。主假山悬流表现的是拂水晴岩的山泉“自三沓石下垂，奔注山庄汇为巨涧”的景象和展示“拂水悬流万壑连，空山一夜响飞泉。奔为匹练垂三沓，挽作银河向九天”的意境。

园中通过山石景观，营造虞山余脉的山林气氛。主要石组有三：主假山，位于明发堂之后，使山庄形成背山面水之势；山涧石组，位于明发堂庭院，一峰突起，石涧穿越，增加了不少山野之趣；水面石矶，通过多组点石的点缀，丰富了水景，增加水景的活力。

复建的拂水山庄是一座明式山间别业园林，依据钱氏《耦耕堂记》等资料进行布局，建筑风貌上朴素、淡雅，贴近山林和自然。建筑材料及形制构造皆为明式做法，体现了拂水山庄的时代特征。植物景观上也遵循钱谦益的堂阁楼榭记、十六景题诗配植花木景观。整体景区以虞山为屏，尚湖为镜，堤池折旋，景物攒簇，自有一番湖山清韵（图10-2-19）。

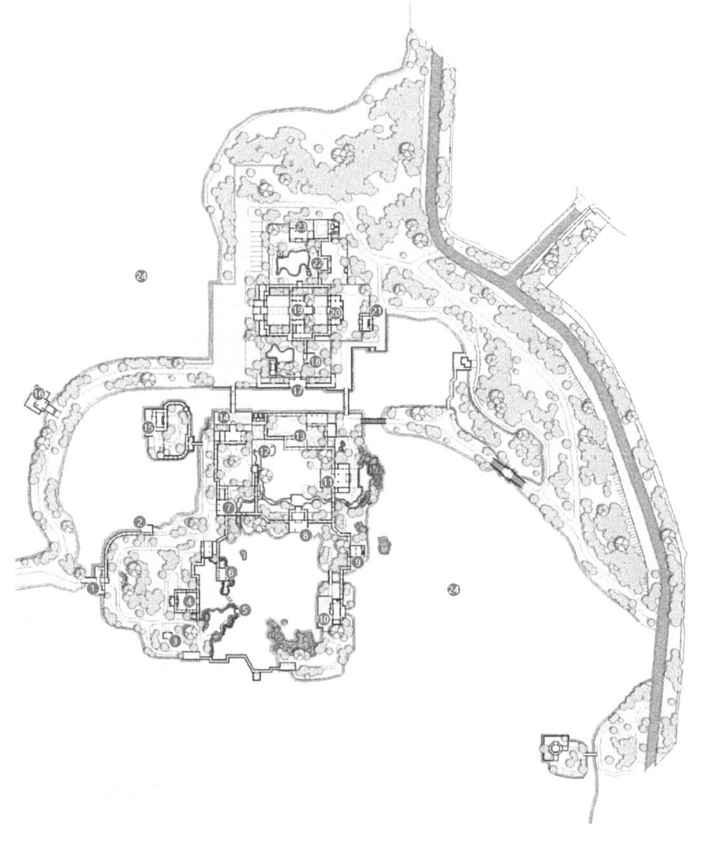

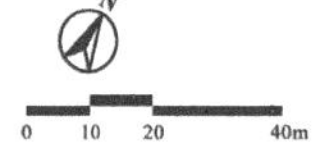

图10-2-18　今拂水山庄平面图

图10-2-19　拂水山庄发彩亭、并荷轩及耦耕堂

10.2.17 太仓南园复建

太仓南园，位于江苏省太仓市区，北临南园东路，南近朝阳西路，东侧为太仓市第一中学，西侧为南园新村。1998年重建后，面积增至4.16公顷。

南园始建于明朝万历年间，旧为太仓名胜之首，系明阁老王锡爵之赏梅种菊处。清初，王锡爵之孙王时敏邀请张南垣增拓其园。乾隆后，南园开始荒芜。嘉庆、道光年间重建，咸丰十年（1860年），园毁于兵事。同治八年（1869年），州官捐款修复，设安道书院。民国初，又设桑蚕馆。抗战时毁损于日寇的炸弹，苏州解放后一度被辟为苗圃。1958年废旧建筑被拆除。改革开放后，曾被深圳一家公司购买，准备开发房地产，后经有识之士呼吁，市政府出面重金收回，并决定恢复南园。1998年，在省文管会、苏州市园林局帮助下，按原照片、原图纸进行设计、规划，将街坊改造中有历史价值的十余栋古建筑，迁建至南园，逐步给予恢复。全园水景面积占三分之一，景域辽阔，溪流纵横，是典型以水景取胜的山水园林。目前已恢复了门楼、绣雪堂、香涛阁、大还阁、鹤梅仙馆、寒碧舫、潭影轩和长廊等十八处景点（图10-2-20）。

南园的布局以中部的玉津桥联通水面东西两侧，北部以开敞的水面与花木取胜，南部则更突出高山幽林之意境（图10-2-21）。东部过门楼与妙赏亭至绣雪堂，绣雪堂为南园主体建筑；南部的香涛阁为二层仿明式攒尖顶建筑，登楼可俯视全园景色；中部的知津桥是南园最引人注目的一座单孔拱形石桥，为仿北京颐和园的玉带桥款式，远望如飞虹临水。桥东头一棵百年树龄的朴树更映衬得知津桥如画如诗；知津桥西部，为重建的鹤梅仙馆，鹤梅仙馆东侧的土坡上移植了四株百年老梅，体现“墙角数枝梅，凌寒独自开”的诗意；鹤梅仙馆与寒碧舫北面的大还阁琴馆是为纪念明代著名琴家徐上瀛先生而复建的，“大还阁”匾额系古琴家徐青山亲笔，弥足珍贵。此馆与鹤梅仙馆均为典型的明代风格的建筑，其木构架大多利用

图10-2-20 南园潭影轩和月波桥

图10-2-21　今南园平面图

了老城区拆迁改造时的明清老建筑。南园西北角靠荷池处有一傍水而建的建筑，名潭影轩。轩后两棵高大青桐枝繁叶茂，每至夏季，这里绿荫匝地，加之临水，是个清凉消暑的好去处。在潭影轩西侧，还有一座廊桥式建筑月波桥与潭影轩连成一体。

南园的水系贯穿全园，整体布局隔而不断，园中的石桥相互联通、各有特色，建筑与水面相辅相成，建筑、花木与水中倒影共同组成朴素、清雅的美景，真正体现了门楼后照壁上的“素芬自远”之特色。

10.2.18　小筑春深

位于吴中区临湖镇临湖路999号太湖园博园内，为2016年苏州参加第九届江苏省园艺博览会项目，占地面积1.8公顷。园以传统苏州古典园林的造园要素为蓝本，借助太湖真山真水风光，着力表现美丽江南的诗情画意，为人民群众提供一处优雅舒适的游览、休憩、娱乐的生态环境，探索传统园林在大型公共环境中的传承与发展，特别注重现代园林的游览空间尺度，注重运用当代材料、新技术、新工艺，为当代苏州园林的经典之作（图10-2-22）。

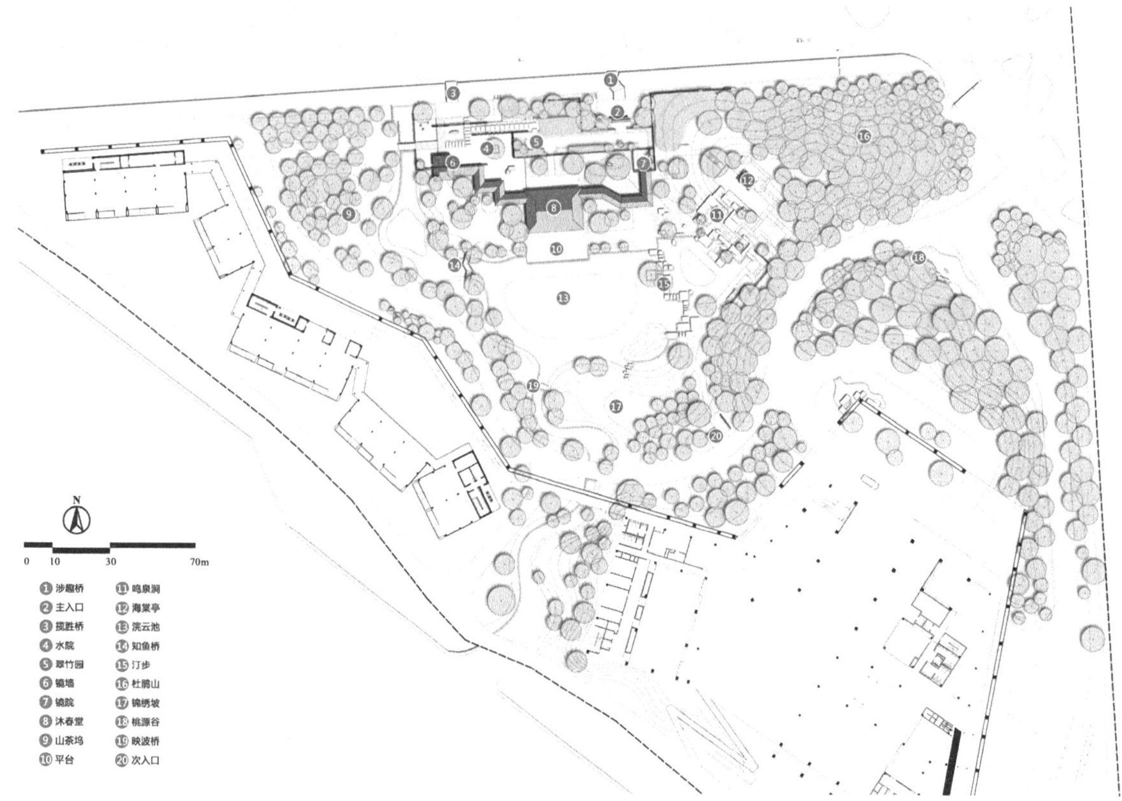

图10-2-22 小筑春深平面图

10.2.19 苏州博物馆新馆庭院

位于姑苏区东北街204号，占地面积21350平方米，2006年10月6日建成开放。园为世界著名建筑大师贝聿铭设计的苏州博物馆新馆之花园部分，是在古典园林元素基础上，以铺满鹅卵石的池塘、片石假山、直曲小桥、八角凉亭、竹林等精心打造出的片石创意山水园。片石假山为主庭院创意山水园的主体，以壁为纸，以石为画，从石头着力，呈现出清晰的轮廓和剪影效果，新颖别致，风格独到（图10-2-23）。

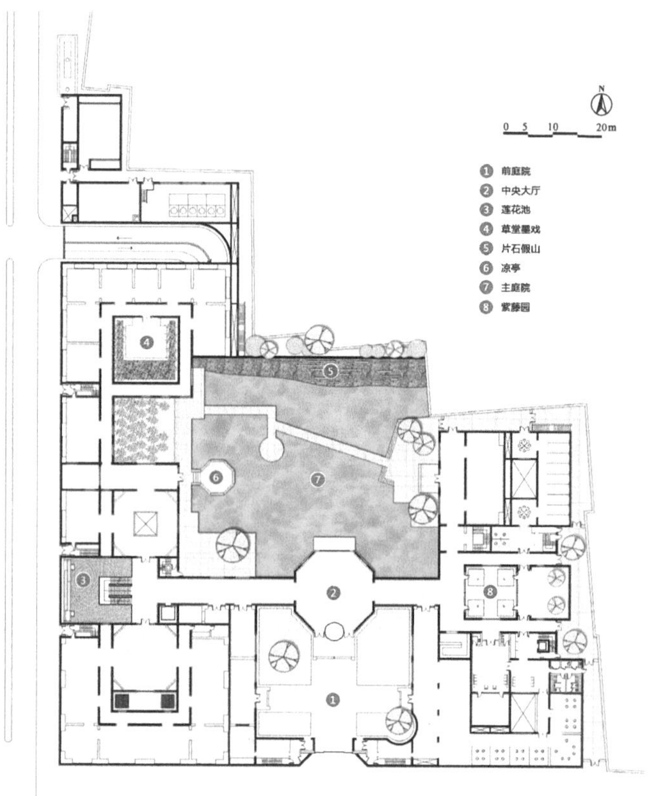

图10-2-23 苏博庭院平面图

10.3 古典园林的海外传播

20世纪以来全球化进程中世界各国政治、经济、文化和社会的深度博弈下，苏州园林作为中国文化的典型代表，在文化与政治交流中扮演了重要的角色。从改革开放以来中国第一座海外园林落成至今，海外苏州园林已广泛分布于欧、亚、美、澳等世界各地，大致可以分为三个发展阶段。

1979～1986年为初期阶段，以美国纽约大都会博物馆明轩（1980年）和加拿大温哥华中山公园中的逸园（1980年）为主，海外苏州园林数量不大，但影响巨大。1978年，新中国开始了改革开放的新篇章，政治、经济和社会都开始趋于稳定并呈健康发展的态势。翌年中美建交，这一历史性的举措使得中国和世界的交流日益频繁，中国在国际上的地位也日益提高。当时的美国纽约大都会博物馆的时任馆长欲出资建造一座中式庭院来展示一批明式家具，苏州市园林管理处承担了此项工程，一年后以网师园"殿春簃"为蓝本的"明轩"正式在大都会博物馆落成，代表国家文化特色和记忆的苏州园林正式登上了国际舞台。1986年，继"明轩"之后又一座苏州园林"逸园"在加拿大温哥华的中山公园内落成。此外，美国和澳大利亚等国家和地区也进行了一些苏州园林风格的构筑物和假山等小品的营造活动。这一阶段，苏州园林在海外的营造活动并不多，其形式和意象的生成逻辑在于重构认同和标榜地域，筹建方式也局限于博物馆、公园、植物园的引建和海外华人华侨的邀建，但却呈现出供不应求的局面。

1987～2002年为海外苏州园林造园高潮。这一阶段，乘着"明轩"刮起的海外苏州园林营造的东风，海外苏州园林的营造活动在欧、亚、美、澳等地全面展开。其筹建方式也较多元，譬如参加园艺博览会、友好城市之间的赠建和海外私人建造等，并在政治、经济和社会等领域发挥着重要的作用。自1989年纽约荣获纽约花卉展"银光杯奖"的歇山亭（惜春园）起，海外苏州园林营造几乎以平均每年2座的状态活跃在各大洲，并在1991年达到了6项营造活动的高潮，包括日本大阪同乐园（1990年）、日本大阪同乐园（1990年）、美国佛罗里达"锦绣中华"公园苏州苑（1993年）、德国斯图加特清音园（1993年）、马耳他静园（1996年）、美国纽约寄兴园（1998年）和波特兰市兰苏园（2000年）等14座苏州园林，还有21处小品、构件、材料和维修等业务。这个阶段的海外苏州园林营造一方面呈现出苏州古典园林意匠和海外当地环境与当代技术的跨域连接的趋势；另一方面，随着后工业社会创意经济的兴起，以中国古典园林文化为主题的空间消费应运而生，成为一种时新的文创模式，部分海外苏州园林的功能分区、空间流线、设施设备和管理维护等方面呈现出按当代建筑法规和商业经营惯例设置的趋势。

2003年至今为理性期，海外苏州园林的整体营造项目较少，小规模项目较多，更注重苏州园林原真性与当地环境的融合。包括美国洛杉矶流芳园一期工程（2010年）、二期工程（2014年）、联合国教科文组织世界遗产法国巴黎总部"易园"设计、世界贸易组织中国花园工程（2012年），以及园林模型、小品构筑、别墅庭院等17处小规模项目。这一阶段，苏州园林意匠和当地环境与当代技术的跨域链接得以实现，一方面园林营造中外协作的方式成为主流，如2008年建成的洛杉矶流芳园一期项目；另一方面造园要素的统筹嫁接也更协调，如中式构件、山石和当地植物的材料统筹以及园林构筑的物理性能提升，如流芳园钢木组合的抗震结构优化等[1]。

自"明轩"开始至今的四十余年内，海外苏州园林在众多国家、地区和组织留下了其古色古香的独特印记，苏州园林的文化意蕴随着广泛的营造活动得以在世界各地扎根传播。苏州园林在文化协同、竞争的融合和矛盾中不断推陈出新，海外的时空演进中被赋予新的形式和意义。事实上，随着中国文化的全球性复兴，近年来海外苏州古典园林的外生性需求反过来带动着苏州古典园林造园的国际竞争力，并在一定程度上促进传统造园技艺的传承和技术创新，同时亦带来异质性的文化冲突，这种全球化的文化互动和变革实质是苏州古典园林持续演进的外生动力。

10.3.1 明轩

在世界著名的纽约大都会博物馆二楼的中国馆内，苏州园林明轩宛如一轴画卷，向世人展示着中国园林的秀美多姿，这是我国第一座海外园林营造项目。20世纪70年代后期，美国纽约大都会艺术博物馆董事文森·阿斯特夫人欲出资建造一座中国式庭院来摆放即将展出的一批中国明式家具，经过仔细地筛选和实地考察后最终敲定以苏州网师园的"殿春簃"为蓝本，并委托当时的苏州园林管理处来建造，为保证方案的万无一失，设计团队先在苏州东园内建造了一座一比一的模型，其后才将材料运送至美国进行组装建设。全园面积460平方米，其中建筑面积230平方米，四周围以7米多高的风火山墙。

全园布局参照殿春簃，布局紧凑、疏朗相宜，既有明代园林的艺术风格，又凸显了苏州古典园林的淡雅明快、精致耐看（图10-3-1）。入口是一处不大的门洞，框上篆字"探幽"。进得门里，曲廊得致，只见一石一木布局得极其精巧，花台在前，绿意盎然；半亭伫立，翘角飞檐；浅池一泓，游鱼可数；孤石几块，玲珑剔透；使人领略"坐石可品泉、凭栏能看花"的美妙意境（图10-3-2）。北面房楹三间，是为明轩，全木构，悬匾为文徵明手迹；屋内楠木柱清香四溢，其漏窗亦成景色前廊，从轩前望月台南望，可赏玲珑石景（图10-3-3）。粉墙上嵌以各色漏窗，衬出石峰的婀娜多姿。漏窗总体呈方形，花格图案却各不相同，是根据《园冶》中的式样重新设计制作而成。园内的植物也颇具中国传统色彩，芭蕉、棕竹、罗汉松等带来无限生机，杏、兰、山茶、芍药等则以四季花色的不同呈现出光阴时序的变化。

一座园林的落户，使东方艺术有机会与西方艺术共处一馆，让世人有机会透过一扇门、一框窗，窥见东方艺术的精髓。明轩，这座用材讲究、制作精良，具有典型明代风格的庭院，其中珍藏的明式家具已与其融为一体，作为苏派传统建筑风格的代言者，以苏州园林特有的艺术魅力和精湛工艺，成为"在纽约这个繁忙的都市里，一个让人能够安静下来的场所"，这是意想不到的成功，却又是情理之中的必然。

---

1 李畅. 园亭流芳：中国古典园林海外传播的文化学概述［J］. 中国园林，2020，36（10）：133-138.

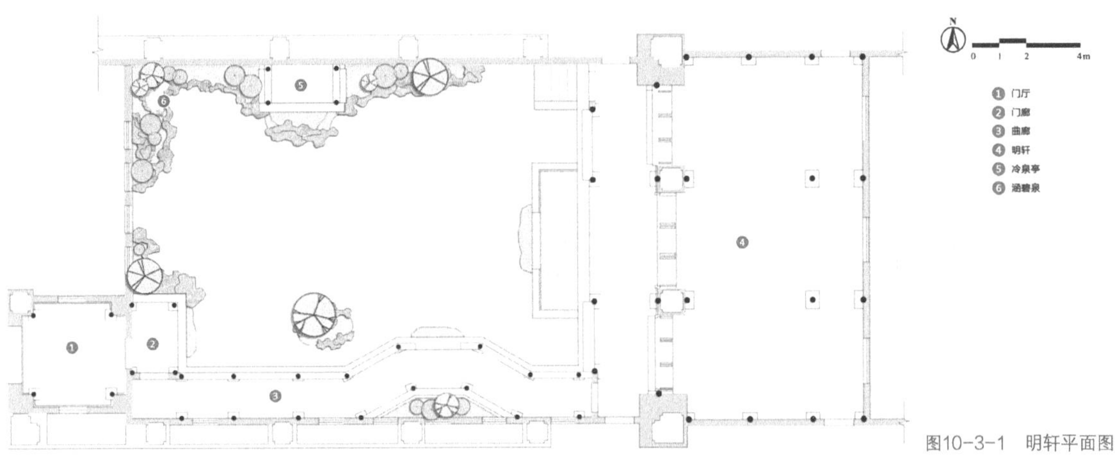

图10-3-1　明轩平面图

图10-3-2　门廊和冷泉亭

图10-3-3　明轩

对于“明轩”，业界已有共识，它是“中国园林出口的开山之作”。这个响亮的名字，已镌刻在中国当代海外造园的里程碑上。作为“香山帮”匠人的杰作，它不仅让各国游客见证了中国古典园林建筑的艺术魅力，更是中美两国友好交往、中西方文明融合的完美见证。

10.3.2　逸园

逸园位于加拿大温哥华市的中山公园，1986年建成，占地1430平方米，其中建筑面积496平方米。

逸园整体布局合宜，厅、榭、斋、亭由廊、桥串联，园内花木扶疏、云天倒映、石峰玲珑、亭榭错落，山水相映，可谓“多方景胜，咫尺山林”，充满诗情画意。全园分为门厅主厅区、复廊水榭区、书斋庭园区和假山水池区四大景区，各区开合有致、疏密相间，各色景物相互渗透，意韵无穷（图10-3-4）。入口在北园墙的“逸园”石库门，探身入门，一座小院由连廊通至主厅华枫堂，“华枫”二字象征中、加两国的友谊，堂坐北朝南，面阔三间。堂南是园内的主景空间，遥对一座水轩，一亭枕山于右，名云蔚，登高可远眺温市风景，现代与古典的碰撞，观之心境畅然。一榭浮水，名涵碧，飞檐翘角，轻巧雅逸，榭内两扇饰有梅、兰、竹、菊结合乱纹的落地飞罩，工巧秀丽；榭与主厅由曲廊相连，穿行廊间，起伏有致，隔墙漏窗，步移景异；倚坐榭内，曲桥迂回、水石相映、天光云影倒映水中，轩厅亭榭互为对景，园内佳景尽收眼底。书斋与水榭相对，名“四宜书屋”，斋南的小院内峰石花木，点缀有致，景色清幽，静雅宜人。中心的山水胜景更是引人注目，东部的岛山与西部的壁山交相呼应，水面被池岛分割为一湾一池，池水环绕山间，山水浑然一体；于山洞内观瀑听涛，于山涧赏溪水萦回，四周苍松翠柏，金杏红枫，姿彩艳丽。园内的花木尽可能物色与苏州古典园林意韵相仿的当地品种，辅以精心配植，尽显东方意趣。

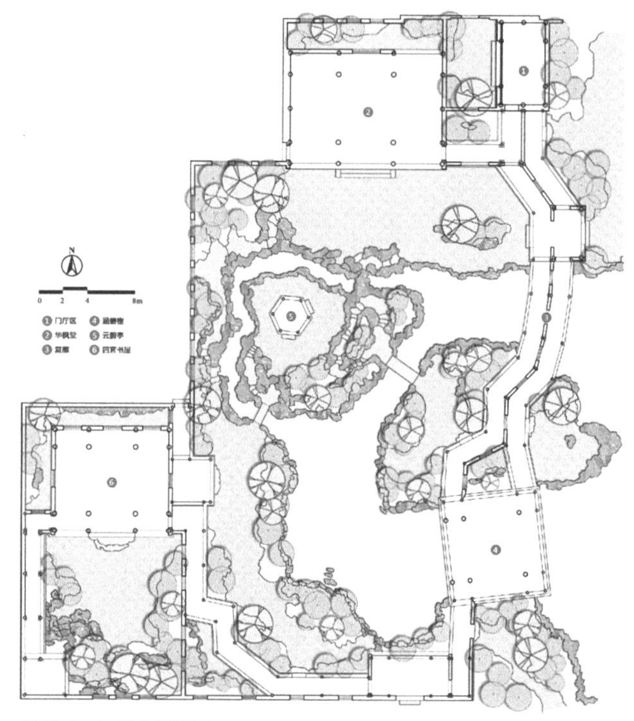

图10-3-4 逸园平面图

逸园正式开园后，得到了中外人士的一致好评，获国际城市协会“北美杰出城市奖”“特别成果奖”“江苏省优秀勘察设计三等奖”等诸多奖项。华侨称誉为“它是一颗闪耀着东方文明古国园林艺术光芒的明珠，在温城放出异彩，使我们炎黄子孙及本市市民世世代代引以为荣”。温哥华市长夏谒先生亦赞曰：“它是一个永久纪念华裔对本市文化的特殊贡献，也将是我市的一个主要的吸引名胜”。

10.3.3 蕴秀园

蕴秀园位于新加坡裕廊公园的裕华园内，裕华园是一座具有中国古典园林艺术风格的园林，蕴秀园是裕华园内的一个盆景园。园址现状为空旷平地，面积约5800平方米，1992年建成。

蕴秀园以展出盆景为主，其设计在充分满足各类盆景展出的需求下，着意突出苏州古典园林艺术意境。全园设有两个出入口，划分为4个不同主题的盆景展区（图10-3-5）。盆景园的主入口，设在裕华园游览路线园路的一侧。入口大门是一苏式风格传统建筑。入内是小庭园，其左翼是序馆展厅，用以简略介绍盆景园和盆景知识；右翼是墙垣窗景，其内是盆景卖品部。次入口在盆景园的西南端，由小路与裕华园园路相连。

由主入口经景廊转折进入微型盆景展区。建筑以展廊和曲尺型展室为主，与园墙组成前庭封闭式庭院。曲尺型展室墙面变化大，易灵活陈设博古架，观赏效果亦佳。

由微型盆景展区出园墙，进入树桩盆景展区。展区内建有高低起伏、前后错落的景墙、盆架、展台、敞廊，使盆景放置具有鲜明的节奏感和多变的形式。

经树桩盆景展区往南，即步入精品盆景展区。本展区位于全园的中部，是全园展品的精华所在。区内的四面厅是全园的主体建筑，厅的正面与一房山水遥遥相对，厅的一翼为廊

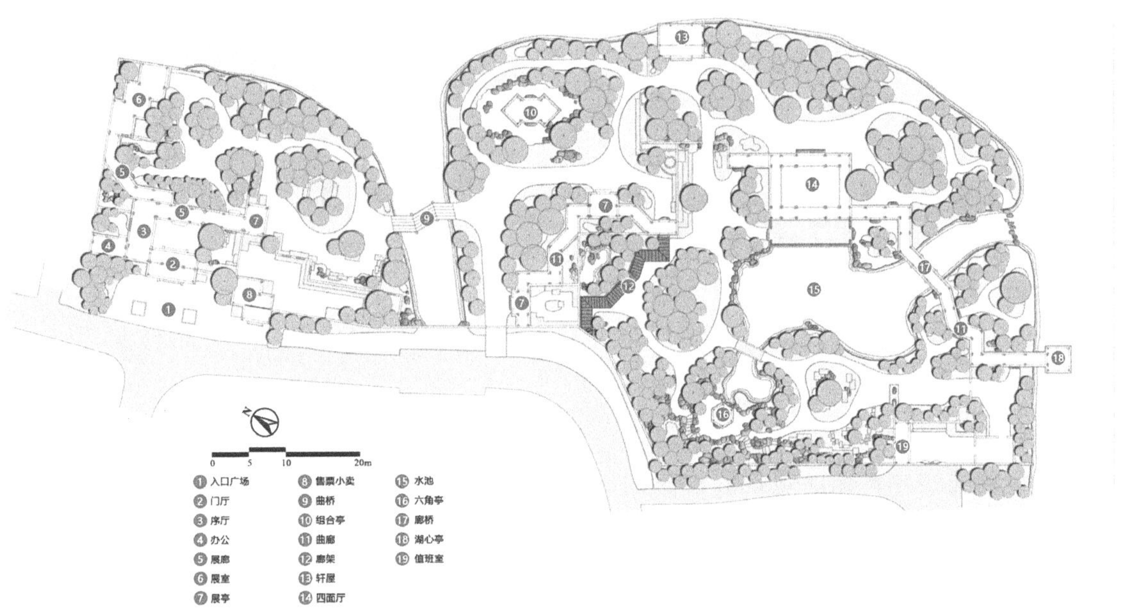

图10-3-5　蕴秀园平面图

桥、曲廊和湖心亭，另一翼为景墙棚架和水石庭。空间相互渗透，景色互相因借。它是总览全园景色的主要场所，同时可供接待贵宾休憩之用。

园的西南部，结合壁山和景墙是水石盆景展区。山水盆景因其有明显的正背面，所以均靠近园墙放置。展区内盆景陈设力求与环境有机结合，互相穿插，融为一体。近观即可观赏到一幅幅自然山水雄伟秀丽的奇景，“一峰则太华千寻，一勺则江湖万里”；远眺，则又是一幅大型的山水景观。

10.3.4　锦绣中华苏州苑

苏州苑位于美国佛罗里达州主题公园“锦绣中华”的进出口，占地面积约4公顷，其中建筑面积5000平方米，是一座将园林和街坊相融揉合成的综合性文化创意园。于1992年3月18日开工建设，1993年12月31日正式竣工建成。

苏州苑整体呈“6”字形，南北跨度较大，路线稍曲，导向性较强；东西尺度较狭，则花间隐榭、水际安亭，增加层次，遮挡视线，加大景深（图10-3-6）。苑之大门为五正间畅厅加二边间、歇山式屋面，前后有花岗石露台，雍容华贵。厅两侧分置连廊，通至售票间、接待、服务等处。入门即至一处广场，场中两处石槛横置，中心花木交映、浓荫蔽日。广场两侧分置商店、餐馆等苏式风格的服务性建筑，连廊相接，退置峰石，玲珑剔透、盎然生趣；亦有围合小院，栽竹点石，铺以花街，自成一方天地，清幽宁静；园中有街，街上是园，使游人在“动中寓静”中游览。苑中部为中心庭园，池水一泓，清澈见底，湖心筑亭，曲桥相连，池北假山矗立，连岗叠嶂、峭岩兀立、深溪洞壑、悬垂葛萝，山前泉水涌出，山后瀑布倾泻，一派画意诗情。桥边水榭一座，为凭栏观鱼的佳处。假山也作苑中遮景，使苑之南、北不致一览无余。苑南端也有一小广场，一块湖石青峰障眼于前，玲珑透漏，周围石槛，供人观赏。峰之南为苏州苑出口，特设八角重檐亭一座，与北端门厅遥相呼应。亭西云墙起伏，引人深入。苑内建筑大部分选用苏州名园中的堂构名称，例如撷秀楼、潇绮亭、玲珑馆、芙蓉榭等……同时，苏州苑的所有游览路线及室内外通道均为无障碍通道，残疾人士专用设施齐全。

自佛州“锦绣中华”建成开放以来，苏州苑成为“锦绣中华”中重要的景区，其苑端庄秀丽的建筑、精而不俗的装修、势如天成的人工山水、旷奥有致的空间环境已得到了众多的赞扬和好评。

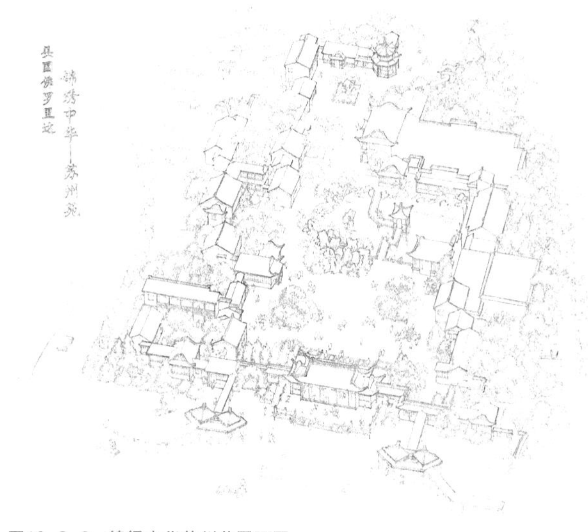

图10-3-6　锦绣中华苏州苑平面图

10.3.5　静园

静园位于马耳他共和国桑塔露琪亚市，由中国政府援建，占地面积约8000平方米。设计于1995年10月完成，1997年建设完成并移交马方，建成包括门厅、轩屋、方亭、四面厅、曲廊、茶室等建筑和园林景观。2013年，中方对原静园进行了维修并新建了休闲服务区，主要包括景观中心庭院、改造入口及水景和民俗雕塑园，2014年5月正式移交马方。

静园整体上呈长条状，以中心庭院为景观核心，依次向南北两边展开，南侧为服务休闲区，北侧为中国民俗雕塑园和入口水景区（图10-3-7）。静园入口位于场地最北端，大门原为普通围墙加门的形式，2013年改建为传统苏式风格的景墙式入口。进门后映入眼帘的是名为《盛世滋生图——虎丘》的石雕景墙，以细腻的传统石雕工艺，刻画了江南的古渡行舟、田园村舍、官衙商肆、民俗风情等场景，布局精妙，气势恢宏。景墙前的水景以“曲水流觞”为主题，蕴含了中国传统的“诗”“酒”“书”文化内涵。入院后向南即为中国民俗雕

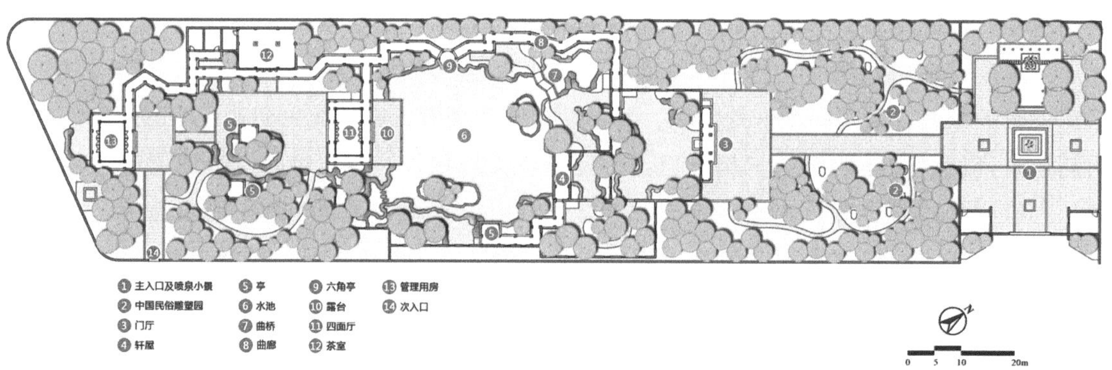

图10-3-7　静园平面图

塑园。通过五组神态各异、惟妙惟肖的群雕，形象刻画了中国文化中弈棋的“雅趣”、农耕的“勤劳”、丝绸的“华丽”、评弹的“谐韵”和充盈在茶艺的“自然与人文”，直观展现了来自东方国度的生活气息与文化魅力。雕塑园向南即到达中心庭院。庭院环“湖”而建，中心水面约800平方米，曲折的连廊绕行在水面周边，六角亭与方亭依水而筑，在东西两岸隔水遥望；水面西岸的叠石“峰峦”间一股清泉奔泻而下，营造“高山流水遇知音”的意境。两座绿意盎然的小岛，漂浮在开阔疏朗的湖面上，更显得碧波涟涟。在水面周围布置了厅堂、亭、轩屋、石板桥等等，与围墙、走廊组合形成多个风格不同的院落空间（图10-3-8、图10-3-9、图10-3-10）。场地最南端是服务休闲区，在此既可欣赏琳琅满目的中国传统工艺品，也可小憩片刻品一杯中国香茶，在传统中国红木家具、山水画卷营造出的氛围中感受最地道的中国传统文化。

静园建成后成为宣传中国文化、两国友好往来的主要窗口。2013年增建的展厅、茶室、亭廊等园林建筑及增置的一批“中国味”特色小品，更好地满足了接待、展示功能需求。这座静谧的苏式园林正用无声的语言向当地人们传达着中国人民的友谊，并以独特的东方魅力吸引着

图10-3-8　静园四面厅及六角亭

图10-3-9　静园四面厅

图10-3-10　静园四面厅及露台

众多游客的到来。该项目荣获江苏省优秀勘察设计三等奖、苏州市优秀工程设计一等奖等奖项。

10.3.6 寄兴园

寄兴园又名听松山庄，位于美国纽约斯坦顿岛植物园内。植物园内分为东部的原始森林区、北部的花卉盆景区和南部的草坪活动区及西部的入口办公区，寄兴园即位于草坪活动区与森林区交界部位。

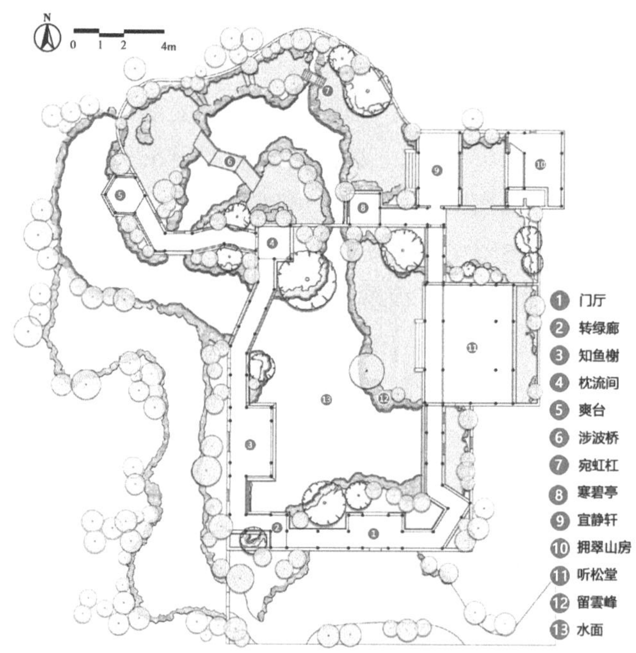

图10-3-11　寄兴园平面图

寄兴园1998年6月15日开始施工，1999年12月建成，园林面积1485平方米，建筑面积398平方米。全园总体上分为入口区、主景区、辅景区和园外区四个部分。（图10-3-11）

入口区位于园南，较为偏静，道路从东北角引入，门前原为一处杂树林，经整理后，辟出一块小广场，原有大树保留，点置于广场中。主景区以水面为中心，主体建筑“听松堂”采用江南民居观音兜的建筑形式，别具一格；“知鱼榭”突出于水面之中，凭栏小憩，可赏景，可观鱼。“濯缨流”横跨瀑布，内可观园内诸景，外可借园外植物园景色，两侧悬崖峭壁，峡谷深幽，更有连廊转折处利用小空间点缀“绿转廊”“步步移”等小景，起到对比、衬托、小中见大的效果。辅景区以庭园为主，与主景区互为烘托。建筑体量小巧，主要有拥翠山房，宜静轩，寒碧亭等（图10-3-12、图10-3-13、图10-3-14）。

园外区采用融园内外景观于一体的设计处理手法。通过跨水廊桥下的瀑布跌水处理，将水面延伸至园外。从西侧的外部景观来看，寄兴园已成为自然环境中的一部分。

图10-3-12　寄兴园主景

图10-3-13　听松堂

图10-3-14　连廊

图10-3-15　兰苏园鸟瞰图

10.3.7　兰苏园

兰苏园位于美国西海岸的波特兰市唐人街，作为友好城市的象征，由苏州市政府出资赠建。占地3700平方米，建筑面积835平方米，于1999年底开始现场施工，2000年9月14日正式开园（图10-3-15）。

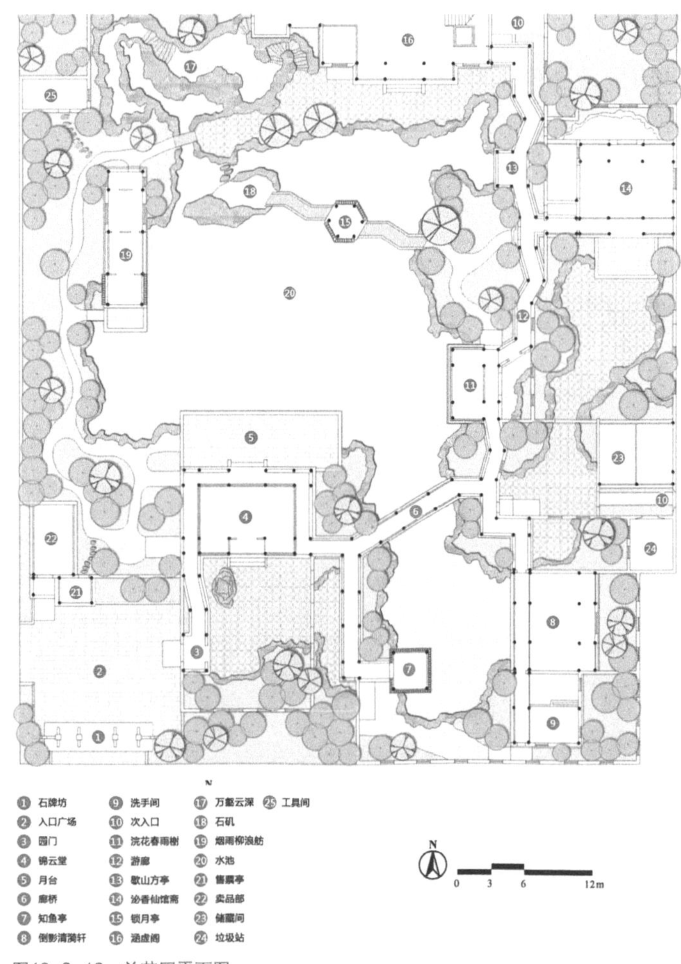

图10-3-16　兰苏园平面图

兰苏园以水为主导框架，建筑依水而建，布局自由灵活，空间上层次丰富、曲折有致（图10-3-16）。全园划分为入口区、水院区、沁香仙馆区、中心湖区和山林区五个景区及若干个院落与天井；而每个院落又各有其主题和特色——流香清远、寒泉香冷、柳浪风帆、浣花春雨、翼亭锁月、万壑云深、半窗拥翠，几可闻名生景。在周围现代高层建筑环绕的喧嚣中，兰苏园独辟一方幽宁，达到了闹中取静的效果。入口区位于场地西南一隅，是一片面积适中的园外广场，南侧有一座古朴典雅的石坊，坊上题匾“壶天揽胜”，作为兰苏园的入口标志。石库大门面西而立，砖细门额上刻“兰苏园”三字。探身入门，一方小园映入眼帘，正对着的园门是一面园墙，墙披绿草，花木交映，湖石玲珑。沿墙边的迴廊深入，可见湖石障景，知鱼亭独立于右，丫字长廊横卧于左，一面通向主厅锦云堂，一面连桥近水，引人至园内中心湖景。池周环以山石，花木交映，亭榭错落，碧波荡漾，清泓皎澈，充满诗情画意。临水置榭，名浣花春雨；轩楹高爽，名倒影清漪；画舫泊岸，名烟雨柳浪；池畔湖石透漏，小院蕉叶迎风。北部山林叠翠，高处茶楼，名涵虚阁。东折至泌香仙馆书斋，梅花清幽，迎面扑鼻；可谓清风流水来万里，山色湖光共一园（图10-3-17、图10-3-18、图10-3-19）。丰富的中国植物是兰苏园的奇观之一，园内近500种植物全部来自中国东南地区，许多直接取自苏州园林，并按照植物特性季节使之交替繁衍，确保季有花香，月有果实，四季常青，品种繁多却不重复。美国有媒体称其“是一座植物活化石博物馆”。同时由于受到美国建筑规范与理念的限制，苏州园林传统的制作经验与作法在兰苏园现场安装时并不完全适用。在中美双方的协调下，兰苏园采用刚性结构体系的建筑主体框架配合次要部位的木构配件，油漆、涂料、水池防水也均采用的当时最新的材料和现代技术。可以说，兰苏园的建设是传统材料、施工技术与现代材料、施工技术结合的结晶，也是东方古典园林艺术与美国现代建筑规范的完美结合。

自开园以来，兰苏园年游客量长盛不衰，均在35万至40万人次，游客和专家均对此项目的设计和施工赞叹不绝。兰苏园是苏州园林走向海外的又一张靓丽名片，它的成功进一步扩大了苏州园林在北美乃至世界的影响力。该项目荣获建设部优秀工程设计一等奖、美国俄勒冈州“人居环境奖”，项目承担单位苏州园林设计院荣获波特兰市政府授予“特别贡献奖”。

图10-3-17　烟雨柳浪舫及锁月亭

图10-3-18　万壑云深

图10-3-19　涵虚阁

10.3.8　流芳园

流芳园坐落于美国洛杉矶圣玛利诺市亨廷顿植物园中西部的一处山谷中，是园内16座不同国籍和风格的花园中面积最大的一座，以苏州园林为蓝本规划建设，有“海外拙政园的美称”。“流芳”之名意义非凡，既体现了花木交柯、芳香四溢的园景，也隐含了明代著名画家李流芳的名号，且更有“芳名远播”之美好寓意。流芳园的建造始于植物园创始人亨利·亨廷顿（Hurry Edwards Huntington）构建中国园的夙愿，这一计划自20世纪90年代启动后，历经多年的委任设计、修改和施工，终于2007年11月底完成了一期工程的建设，占地3.5英亩，设有流芳小筑、荷浦薰风、长湖印月3个景区，于2008年2月23日开始正式对外开放。后又在2013至 2014年以及2019年分别进行了二期和三期工程的施工建设，增建了部分建筑组景及假山瀑布，并于2020年5月实现全园开放。“流芳园”占地面积约72亩，是北美最大的中式古典园林。

流芳园的整体布局随山就势，因地制宜，通过“园中园”的空间构景手法，形成了流芳小筑、荷浦薰风、曲径通幽、桃源春雨、丝竹清音、松岗叠翠、桔林晚香、万景山庄、长湖印月九大景区，并将其按独特的空间序列排布，使之景色相互渗透，实现中国古典园林中步移景异的效果（图10-3-24）。全园共设4个出入口，分别位于东部曲径通幽处；西部万景山庄景处；北部松岗叠翠处以及南部流芳小筑处，其中流芳小筑处是全园的主要出入口。从南侧入园，步入流芳小筑，芭蕉数株，翠艳欲滴；花木掩映，盎然生趣；遥闻荷风，清香四溢；房廊亭榭，错落有致；一派苏式园林风景。移步东北，只见亭廊接天、荷花映日、虹桥横卧、三洲缥缈、湖光映芳，好似“蓬岛瑶池”；这是流芳园的中心长湖印月与荷浦薰风景区，湖名映芳，缀以落雁、迎鹤、鸳鸯三洲，每至清晨，亭阁隐约、绿岛缥缈，“一池三山”这样一个悠远而神秘的海中仙境仿佛浮现眼前。缘径北上，浓荫蔽日、鸟鸣清幽，是为曲径通幽处。西折至桃林，每到春来，流水淙淙、粉花细雨，一派江南烟雨迷蒙风光。再西可见轩堂隐现、竹木交映、丝竹绵长、流水轻和，是丝竹清音景区，为结合美方使用需求的2组院落，布有笔花书房、映水兰香、寓意斋等建筑。伫立堂中西望，松林叠翠、涛声阵阵，是松岗叠翠景区。南下漫步湖畔，画舫轻泛、怡然自得，舫名天香。远望南部山林，遥闻桂香清幽，可谓桂林晚香（图10-3-20、图10-3-21、图10-3-22、图10-3-23）。西侧坡自平地起，迈步上坡，盆景万座、星罗棋布、百花齐放、争奇斗艳，为万景山庄。漫步园中，对景、障景、框景、漏景、借景处处可见，迂回往复，自在逍遥，动游静观处处有景，相互依存、相互渗透，和谐美好。在流芳园的游览路线组织中，无障碍坡道是全园的一大亮点，坡道与苏州古典园林竖向美学的完美结合，是现代与古典碰撞交融的典例。而出于美国加州的防震需求，流芳园中的古典园林建筑采用主框架钢结构、次要部位木结构的形式，并将混凝土浇筑的墙体与漏窗洞门相结合，实现了美观与实用的结合，是为古典园林建筑现代化和因地制宜的典范。

流芳园的建成开放，为美国民众提供了认知中国园林的佳处，使西方人士及海外华侨感受和领略到中华文明的深邃与博大，一窥中国文化里艺术、书法、诗文、音乐、哲学的丰富和美妙。流芳园已经成为中国经济文化宣传基地，如江苏几乎每年都会在流芳园举办文化交流、招商引资等活动，因而流芳园也被称为“长驻文化大使”。（表10-1）

图10-3-20　玉境台外眺

图10-3-21　天香舫及清越台

图10-3-22　知鱼桥南望

图10-3-23　笔花书房

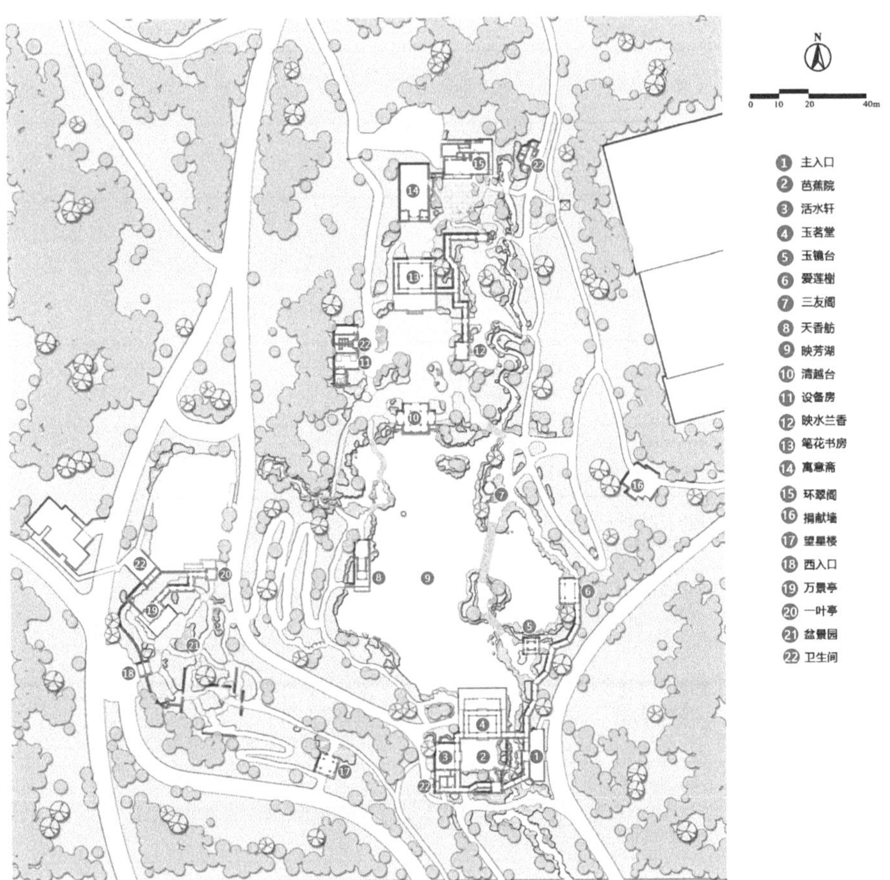

图10-3-24　流芳园平面图

海外苏州园林（1979～2021年承建）工程选录　　　表10-1

序号	项目所在国或地区	项目名称	实施时间	施工单位	说明
1	美国	纽约大都会艺术博物馆“明轩”庭院	1979年11月～1980年5月	苏州园林发展股份有限公司	中国第一项出口园林工程。馆方对庭院给予高度评价：“工程质量达到了值得博物馆和您的政府自豪的标准”。苏州园林设计院股份有限公司设计
2	加拿大	温哥华中山公园“逸园”	1985年3月～1986年4月29日	苏州园林发展股份有限公司	获国际城市协会“特别成果奖”（是迄今为止我国园林工程出口在国际上获得的最高奖）；温哥华城市协会“杰出贡献奖”。苏州园林设计院股份有限公司设计
3	新加坡	唐城	1990年2月～1992年1月	苏州香山古建园林工程有限公司	新加坡广播电视部优质奖
4	日本	日本大阪同乐园	1990年4月～1990年12月	中国对外建设总公司园林建设公司	
5	新加坡	裕华园内“蕴秀园”	1991年5月11日～1992年3月18日	苏州园林发展股份有限公司	为东南亚地区唯一完整和具有代表性的苏州古典盆景园。苏州园林设计院股份有限公司设计
6	美国	佛罗里达“锦绣中华”公园	1992年3月18日～1993年12月31日	苏州园林发展股份有限公司	中国境外最大的旅游开发项目。1993年12月18日开园，江泽民总书记发去了“让世界了解中国”的贺电。苏州园林设计院股份有限公司设计

续表

序号	项目所在国或地区	项目名称	实施时间	施工单位	说明
7	德国	德国斯图加特清音园	1993年3月～1993年9月	中国对外建设总公司园林建设公司	
8	中国香港	香港九龙城寨公园	1994年6月～1995年12月	中国对外建设总公司园林建设公司	
9	马耳他	静园	1995年～1996年	江苏国际经济技术合作公司	苏州园林设计院股份有限公司设计
10	新加坡	新加坡双林寺重建	1995年12月～1998年1月	中国对外建设总公司园林建设公司	
11	新加坡	新加坡同济院	1997年1月～1997年11月	中国对外建设总公司园林建设公司	
12	美国	美国纽约斯坦顿岛寄兴园	1997年9月～1998年12月	中国对外建设总公司园林建设公司	苏州园林设计院股份有限公司设计
13	中国香港	香港九龙荔枝角公园	1998年11月～2000年6月	中国对外建设总公司园林建设公司	
14	美国	美国俄勒冈州波特兰市“兰苏园”	2000年3月～2000年8月	苏州园林发展股份有限公司	美国俄勒冈州波特兰市“兰苏园”被誉为“嵌在世界著名环保城的一颗东方绿宝石”。 苏州园林设计院股份有限公司设计
15	美国	纽约长岛“世外中国园”一、二期	1999年5月13日～2003年	苏州园林发展股份有限公司	建筑构件、传统建筑材料出口
16	德国	德国中国园工程	2002年2月～2002年7月	中国对外建设总公司园林建设公司	
17	加拿大	加拿大中山公园“逸园”	2003年10月～2004年1月	苏州园林发展股份有限公司	传统建筑材料
18	美国	美国洛杉矶流芳园（一期工程）	2005～2010年	苏州园林发展股份有限公司	美国洛杉矶汉廷顿植物园、图书馆、艺术馆“中国园”（夏园一期工程）。美国建造规模最大的中国古典园林，分春、夏、秋、冬四园。 苏州园林设计院股份有限公司设计
19	加拿大	温哥华“逸园”（假山湖石购买）	2006年2月5日～2006年2月25日	苏州园林发展股份有限公司	材料出口
20	法国	联合国教科文组织世界遗产法国巴黎总部“易园”工程	2010年	苏州园林发展股份有限公司	项目由苏州市人民政府出资，已设计，未实施。 苏州园林设计院股份有限公司设计
21	爱尔兰	爱尔兰第五届布鲁姆园艺节布展工程	2011年3月1日～2011年5月20日	苏州园林发展股份有限公司	由苏州市人民政府出资，代表国家参加爱尔兰第五届布鲁姆园艺节，苏州市园林和绿化管理局组织实施。项目获得园艺节金奖
22	瑞士联邦	世界贸易组织总部中国花园“姑苏园”工程（瑞士日内瓦市内）	2012年6月21日～2012年12月13日	苏州园林发展股份有限公司	发包方（建设单位）为中国商务部（由世界贸易自制司代表）。 苏州园林设计院股份有限公司设计
23	马耳他	马耳他静园维修和扩建工程	2013年9月～2014年1月	苏州园林发展股份有限公司	
24	美国	美国洛杉矶流芳园（二期工程）	2013年9月～2014年1月	苏州园林发展股份有限公司	
25	美国	美国洛杉矶流芳园（三期工程）	2019年5月～2019年11月	苏州园林发展股份有限公司	

10.4 综合公园

在城市绿地建设中，各类公园绿地的建设，对改善城市绿化环境，提升、优化居住质量起到决定性作用。苏州历史上以古代（私家）园林为胜，作为供市民休闲的近代公园，至中华人民共和国成立初期，仅有1925年建成的苏州公园，苏州人称“大公园”。中华人民共和国成立以来，市人民政府十分重视这些关系到民生利益的基础建设，不断加大投入，建设适合宜居城市环境的各类公园绿地，供市民休憩、游览。

1953年，将原来前清时所建立的昌善局改为动物园。20世纪60年代中期，在城东古城垣遗址广植花木，结合内城河的自然环境，构建成了以山水为主、面积达18公顷的东园，并于1979年10月开放，这是新中国新建的第一个现代公园。1982年建成三香园0.46公顷；1988年完成青春园绿化面积0.7公顷；1989年建成苏安公园0.65公顷，彩香公园0.8公顷；1990年建成畅园1公顷、南环公园0.9公顷、苏苑公园1.2公顷。1990年建设寒山别院景点2.5公顷。进入20世纪90年代，随着“一体两翼”城市格局的形成，苏州的公园绿地建设呈现出快速发展趋势。老城区于1997～1999年，建成市政府大院和会议中心广场绿地8公顷，还有翠园、凤凰广场、三香广场、姑苏园、观前公园、石路广场，以及之后的文庙公园、广济公园、石炮头公园、桐泾公园等一系列市级和区级城市公园等公园绿地。

高新区1995～1999年先后建成玉山公园6.8公顷，真山公园、索山公园6.8公顷、狮山乐园欢乐世界89.5公顷和水上世界8公顷。还有同时建设的何山公园，占地59.05公顷，园内有彩云湖、玲珑岛、戏水台、迎宾广场、艺文广场等30余处景点和设施，分为游览、休闲、垂钓、水上运动、儿童活动、森林氧吧等八大功能区，是高新区人气最旺的市民公园。2005年白马涧生态园建成，面积700公顷，成为城区内一个大型自然生态休闲度假区。2007年，占地40公顷的诺贝尔公园建成。2010年建成白洋湾湿地公园25公顷，西塘公园0.78公顷。2012年建成230公顷的玉屏山公园。

工业园区围绕金鸡湖营造绿地景观，湖西首期开发区中部建中央公园，以开其先河，1999年建成，占地12.8公顷，分山坡密林景观区、湖河景观区和中央岛音乐广场区三大景区，达到融生态环境与景观效果为一体的目的。以后湖西沿岸建成湖滨大道20公顷、城市广场26.3公顷、李公堤商业餐饮区9公顷，湖东沿岸陆续建成红枫林7公顷、玲珑岛2.65公顷、桃花岛10公顷、文化水廊33公顷、金姬墩等大型公共绿地。2003年在斜塘敦煌路兴建荷花公园，面积10公顷，是区内首家动迁社区内的公园。2004年初建设方洲公园，面积11.4公顷。2005年建成中塘公园，位于星湖街东、苏胜路北，面积7公顷。2008年，建成莲池湖公园，面积79公顷。娄江南侧的白塘生态植物园和东沙湖生态公园是园区绿化的大手笔。2004年始建的白塘生态植物园，占地60.5公顷，功能区分春、夏、秋、冬四季岛与视、听、嗅、味、触五觉园，以植物景观为主题，种植各类植物600余种，引种外地植物60余种，国外新品种12种。2005年兴建的东沙湖生态公园是利用天然湿地设计的，沙湖水域54公顷，湖中三岛分别是樱花岛4.8公顷、海棠岛0.5公顷、芦苇岛0.6公顷，周围绿地67公顷，共占地121公顷。园中设夹结园、梅影涧、海棠岛、纷纶海、樱舞洲、沙鸥汀等九大景区种植植物约

400种，2007年建成开放。园区绿化的另一个特色是设置邻里公园，其功能是为周围居民小区提供绿色休闲空间，具有优美的环境和较完善的配套设施。全区规划12个邻里公园。1998年5月底建成第一个新城花园邻里中心。以后湖西的贵都花园、师惠坊相继建成邻里中心。2005年建成湖东会心街邻里中心。邻里中心均为开放式绿地，设置小桥流水、绿树草坪、园路坐凳、景观照明、城市雕塑和健身设施。

2001年，吴县市改为吴中、相城两个市辖区以后，城市格局有了新的变化。吴中区陆续建成吴中市民广场、大会堂广场绿地、澹台湖公园、蠡墅园儿童公园和现代公园；2003年在越溪城市副中心兴建小石湖生态园，占地30公顷，分设中心景观带、滨水湿地带、大片草坪三大功能区；2004年兴建太湖湖滨湿地公园，有“风车堞影”“栈桥探幽”等八大景观串联而成，共营造生态湿地670公顷，种植湿地林带树木100万株，栽植荷花33.4公顷，恢复芦苇1万余株，成为太湖湖滨湿地保护和恢复广场的核心，2007年2月建成开放。2008年，完成尹山湖环湖景观绿地建设。吴中区西部多丘陵山地，在建区之前已建成东吴国家森林公园1200公顷，1993年建成。1997年建成西山国家森林公园6000公顷、1999年建成2746公顷的东山省级森林公园、2000年建成1600公顷的香雪海省级森林公园。森林公园成为吴中区绿化的一大特色。

相城区先在区政府所在的元和镇建成相城公园、陆慕公园、陆慕娱乐城公园、蠡口科技园等现代公园。20世纪90年代在吴县陆慕、黄桥、黄埭的秦埂、莫阳、张庄、方浜、鹤泾等行政村范围内出现一条呈西北——东南走向的地质沉降带，沉降深度0.5～1.0米，最大沉降2.0米，给当地农民生产与生活带来诸多困难。县改区以后，相城区改变了在这一地区的发展思路，把这块6.56平方公里规划范围内打造一个围绕“水”与“花”两大主题的生态农业示范区。2007年建成50公顷的荷塘月色湿地公园和苏州中国花卉植物园。形成三纵三横道路框架，绿化面积超过2平方公里，绿化覆盖率80%以上，栽培植物500余种，其中花卉12大类、350余种。为旅游、观光、科普、休闲、餐饮服务配套齐全的综合性旅游区，2006年11月被评为首批“江苏省观光农业园”。2008年，建成盛泽荡月季公园，面积约54公顷。

2012年，经国务院批准，撤销县级吴江市，设立苏州市吴江区，成为苏州市辖区之一。1934年，在松陵镇七阳山旧址建造公园，1935年正式定名“吴江公园”，战争和“文革”期间遭破坏，1981年进行重建，占地面积1.85公顷，后来更名为松陵公园；1993年12月破土动工建设位于笠泽路的吴江公园，1999年11月正式对外开放，公园面积20公顷，其中水面4.5公顷，成为吴江当时最大的综合性公园；2003年围绕三里桥古桥建成占地面积9.7公顷的三里桥生态园；为保护垂虹桥遗址、弘扬历史文化，2006年建成了占地面积6公顷的垂虹遗址公园；2013年建成了占地面积78.69公顷的东太湖生态园和占地面积32.1公顷的芦荡湖湿地公园。随着“西拓南进”城市战略的实施，吴江的公园绿地建设迅速发展，2015～2019年先后建成苏州湾体育公园、胜地生态公园、开发区运河公园、苏州湾广场等公园绿地。同时各区镇也积极推进公园绿地建设，先后建成了盛泽潜龙渠公园、汾湖揽桥荡公园、三白荡公园和洋沙荡公园、平望莺脰湖生态公园、震泽生态运动公园等。

常熟市的公园绿地建设从20世纪80年代起步。1986年，启动了1.9公顷古城环城河建成滨河绿带建设，是市区内环第一条绿带，被誉为古城环城“绿色项链”。同时尚湖从80年代开始实施“退田还湖”，通过水上森林等建设，建成了以尚湖主体水面为核心，周边以沼泽湿地，水稻田及养殖池塘等组成的全国首批国家城市湿地公园。90年代，常熟城市建设进入高速发展时期，绿化工作取得突破性进展。古城区，建设了常熟城市第一块0.96公顷老县场文化广场绿地及0.6公顷洙草浜绿地；并通过动迁工厂、学校及部分民居，以方塔、古井、古银杏树为元素，建成了2.6公顷的方塔园。同时新城区建设过程中，积极规划绿化用地，运用现代风格的雕塑、亭、榭、廊架、花坛和绿地建成2公顷海虞雕塑广场，2公顷海虞苑。进入21世纪，通过科学规划，大手笔加快城市公园建设。2002年2.07公顷背靠虞山的石梅休闲广场绿地建成；2004年，建设了12公顷亮山工程，开放老虞山公园，形成了开敞式的城市绿地公园，再现了古人笔下“十里青山半入城”的独特城市风貌。同时均衡城区公园绿地布局，泰慈公园、漕泾绿地、冠云园、湖苑游园、水景园、肖泾游园、李桥园等一大批约40多个90公顷的公园和街头游园重点项目陆续建成，逐步扩大“城市公园绿地10分钟服务圈”服务半径，满足市民出行300米见绿、500米见园，体现绿地游园对市民的均好性。多年来，遵循边建设边开放的原则，尚湖公园先后建成荷香洲景区、钓鱼渚景区、串湖堤景区、环湖林荫景观、水上湿地生态林、高尔夫俱乐部等，将吴地文化、生态文化、姜尚文化、休闲运动文化充分结合，使人造景点与自然景观融成一体，充分展现了尚湖之自然之美。近3年，常熟一方面大力推进较大规模公园绿地建设，完成了5.6公顷常浒河滨河绿地；20公顷琴川城市公园；6公顷大浜公园的建设；同时对原有绿地进行改造，建成了采芹泮、锁澜路绿地、世茂实小绿地等10多个类型多样、功能丰富、材料新型的口袋公园。逐步构建功能齐全、景观多样的公园绿地服务体系，增加城市“绿度”的同时，也给居民提供更多就近的休闲健身场所，不断提升百姓获得感和幸福感。

张家港市重点打造以综合公园为主体，社区公园、专类公园和街旁小游园相结合的城市公园体系。目前，城区建有梁丰生态园、暨阳湖公园、沙洲湖公园、张家港公园、沙洲公园、黄泗浦公园等多个综合性公园，社区公园、各类小游园随处可见，基本形成了点线面结合、大中小配套、功能完备、布局合理的公园绿地体系，公园免费开放率100%。其中梁丰生态园占地66.67公顷，建设总投资3亿元，2005年5月开园，以生态理念为指导，充分开发利用乡土植物，以丰富的群落结构与林相创造多样植物景观。张家港公园，占地面积15.12公顷，工程总投资4000多万元，原为低洼窑基地，于1999年1月投建，2001年9月28日竣工，为一座古典与现代相结合的封闭式综合性公园。2017年张家港公园结合新的建设要求进行了全面的提升改造。沙洲公园位于老城区，总占地面积4.76公顷，是一座构思精巧、布局独特、反映张家港人文历史景观的江南仿古园林。2006年，投入约2500万元实施南扩改造，形成了市中心一处回归自然、释放自我的休憩公园。暨阳湖公园规划总面积4.41平方公里，建设考虑原有低洼地形地貌，结合S38高速公路取土需要，通过构建“管道-河道-湖泊”的独立汇水区，建成一个承担市区南部10平方公里雨水调蓄功能的“海绵体”。同时，在园区东南部建设欢乐世界，可满足不同年龄层次的休闲娱乐和消费需求。沙洲湖公园总面积1360亩，总投资5.5亿元，结合河堤在一干河东西两侧各100米范围建设滨河景观轴，打造为集休闲、娱乐、健身、防洪等功能为一体的综合性滨河公园；黄泗浦生态公园核心面积4.7平方公里，2018年启动绿化建设，以“生态”建设为重点，保留原始地形地貌的基础上，结合体现本土文化的景观节点，营造优美和谐的植物生态景观。近年来，张家港市持续开展城市微更新、海绵城市建设、城市双修等方面的探索、实践，强化巩固我市园林绿化建管成效。2019年，编制《张家港市中心城区公园城市与城市微更新设计项目》，结合张家港自身特色，运用“公园+”功能复合理念，着力构建“三环七廊，六区千园”的公园城市总体结构，打造张家港特色景观道路系统，串联各类公园节点，衔接区域生态廊道和生态斑块，构建绿色韧性的城市生态网络。针对不同区域城市功能和公园绿地现状划定6大特色分区，并提出未来建设引导策略，重点建立分级公园体系，连接城市主要公共服务区，串联城市文化集中展示区，着力打通园林生态资源，打造“处处美景、城在园中”的城市公园空间。

昆山市现代公园经历了从无都有，从单一点面建设到系统科学规划建设的发展历程。中华人民共和国成立前，昆山像样一点的公园只有亭林园。中华人民共和国成立后，特别是进入改革开放后，昆山公园绿地建设得到一些发展，新建、扩建了一批大、中、小公园，包括亭林园、半茧园、憩园、震川园、新吴公园等，但公园的建设数量远不能满足客观发展的需要。进入20世纪90年代，昆山公园绿地开始如雨后春笋一般诞生，各种类型风格的公园开始大量出现。1992年建成绣衣大桥东的儿童公园，面积2.07公顷，是开放式儿童休闲活动公园，设置了丰富的儿童娱乐设施和健身设施；1993年建设开发区友谊公园，面积2.84公顷，是开发区第一座开放式公园；1994年建成丽泽园面积0.49公顷，园内“双鹿”的雕塑寓意昆山鹿城的别称；1996年建成云亭公园，面积3公顷；1997年建成良渚文化园，面积1.81公顷等，还有通力公园、河东公园、街心公园、金龙花园、白水潭公园、杏泉园、丹桂园等。这期间每年都建设至少3座各类公园，逐步构建起昆山现代公园的基本框架。进入21世纪，伴随“国家园林城市”“国家生态城市”“中国人居环境奖”的获得，昆山公园绿地建设取得斐然成果，开始进入质量齐升的阶段，2002年建成的城市生态森林公园位于昆山市西北部，总占地面积177公顷，对城市生态循环发挥巨大价值，2008年被住建部批准为国家城市湿地公园；2009年建成阳澄湖水上公园，位于阳澄湖畔，水域面积1.2平方公里，是一个以水为主题，以蟹为中心的综合性生态休闲绿地。随后，夏驾河水之韵公园、时代公园、中央公园、吴淞江滨江公园、小虞河湿地公园、中心湖公园、锦溪镇郊野公园等，在这个时期也陆续完工投入使用。天福湿地公园2018年通过试点建设验收，正式成为国家湿地公园，总面积779.5公顷，湿地率63%。2019年完成昆山亭林园一期、森林公园一期、二期升级改造工程。这个时期公园绿地建设有了系统的框架和指导体系，坚持城市文脉、水脉、绿脉的融合和延续，着力打造“水绿共融、文园同韵”的开放式城市公园绿地空间体系。同时积极引入“海绵城市”理念，打造重生态低影响、重品质低维护、重服务低成本的节约型、“海绵型”生态绿地公园。

太仓市在绿地建设过程中注重公园绿地资源的合理布局。近年来，太仓市围绕构建“一心两湖三环四园”的现代田园城市生态体系，以“一心”（市民公园）锚固市中心生态基底，以“两湖”（金仓湖、天镜湖）提升空间节点品质，以“三环”勾勒全市生态版图，以“四园”（西庐园、独溇小海、萩园、植物园）丰富绿色休闲空间。既有体现江南传统园林特色的公园，如南园、弇山园、东园、西庐园等，也有如市民公园、金仓湖公园、天镜湖公园、滨河公园、盐铁塘景观带、城北河湿地公园、净水公园等一批现代公园及大型生态绿地。其中，西庐园，又名西田，原园为明末清初著名画家王时敏晚年归里所建的田园式别墅，是明代造园大师张南垣的名作。2002年太仓市政府拨款重建西庐，以展示太仓历史文化蕴积，再现往日风雅园林之风貌。2018年，太仓市实施了西庐园生态修复提升工程，进一步修复提升西庐园生态景观环境，同年竣工并对市民开放。市民公园，位于主城区核心位置，总投资3亿元，面积达21.4公顷，是我市突出绿色生态和海绵湿地理念，彰显江南丝竹和娄东文化特色的城市“绿心”，2020年底竣工并对市民开放。金仓湖公园，位于我市建成区北部，面积188.73万平方米。原为苏昆太高速取土后遗留下的深坑，是当时太仓地区最大的废弃地。在2007年的金仓湖改造过程中，充分融入海绵城市建设理念，合理搭配花、草、乔、灌等植被种类，形成了季相分明、点上成景、线上成荫的公园绿化格局。2009年荣获“国家水利风景区”“江苏省省级湿地公园”称号。天镜湖公园，占地约52万平方米，总投资2.5亿元。天镜湖公园的建设为构筑形成科教新城的景观绿地系统奠定的基础，也为提高科教新城核心区的环境品质、营造良好生态环境提供了保证。净水公园，位于204国道东侧、339省道南侧，总面积6.67公顷，公园建于2015年，在改善绿地景观的同时，大力推广“中水+湿地”模式，将城区污水处理厂处理后的中水引入湿地，通过净化后的中水一部分回引湿地，用于绿化灌溉，另一部分供环卫部门用于卫生清洁，充分彰显“节水、净水”的特色，是水体生态修复的典型代表。太仓市通过合理设置综合公园、社区公园、专类公园及游园，以点带面，把绿化美化深入到社区、居民楼院及群众生活的各个环节，让有限的绿化面积发挥最大的生态效益和社会效益。

在苏州市公园绿地建设中，注重运用传统造园手法，结合现代城市生活需求，营造既有苏州地方特色又能满足人民群众文化休憩需要的公园绿地。老城区的公园绿地得到有效改造，如苏州公园，增建花坛、树池，调整植物配置，栽植色彩多样的花灌木和花坛植物，破墙透绿，成为古城名副其实的“绿肺”。东园利用古城墙遗址绿化，外借环城河宽阔的水景，将内城河改为园中水系，在园内广植花草树木，松柏苍翠，枫林秋染，丛竹葱茏，草坪如毡；同时也是众多苏州国际友好城市植树纪念之地，是苏州唯一有十个“国际友谊林”的公园。新城区及各县市中也相继建成一大批现代公园，这些公园绿地，既积极借鉴西方先进的公园建设理念，又注重运用和发扬本土优秀的传统造园手法，初步形成了具有苏州特色的现代公园体系。

10.4.1　苏州东园

东园位于苏州城东北，白塔东路1号。初名城东公园，是中华人民共和国成立后苏州第一座新建的综合性公园。全园范围北至娄门，南邻耦园，东濒外城河，西临仓街，南北狭长呈带状，原为古城墙、内城河、蒋园、蛇王庙及孟子堂旧址。总面积18公顷，其中水面面积6公顷。

1954年，建工部总工程师程世抚主持进行城东公园规划。1960年，建工部建筑科学研究院建筑理论及历史研究室又作公园规划。1962年，由苏州市园林管理处再度规划。1964年，市园林管理处组织义务劳动，堆山植树，开始公园建设。1973年冬，建成公园水系、园路和广场。1975年春，建成公园大门、围墙和三座桥，开辟大面积草坪，种植雪松树丛等。1979年，建成公园主体园林建筑。1979年4月，在雪松草坪西南隅，建成出口美国的苏州古典庭园“明轩”实样。1979年10月6日，公园经多年建设初步成型，命名为“东园”，正式对外开放。之后，边开放，边建设。1980年，沿外城河岸建矮墙栏杆和园路，成为滨河散步道。1983年，建成观鱼区亭、廊、榭、桥。1984年，建设花房、办公室等生产管理用房。1985年，市妇联在园内建设儿童游乐场。

东园因地制宜，巧借城墙遗址、城河，形成连绵起伏的山体与蜿蜒收放的水系和谐组合的基本格局，加之植物景观丰富，自然开朗，一派江南水乡风光。全园按功能分为三个区：中心区、东部安静休息区、动物园区和儿童游乐场区（图10-4-2）。

中心区中央是园前广场、入口和雪松大草坪，宜于游人集散和大型活动。东侧楼、台、廊、榭高低起伏，曲折有致，含蓄幽深。主楼两层，悬山屋顶，外露梁构，颇有古风。1981年5月，由胡厥文题名“涵碧楼”（图10-4-1）。西隅有以网师园“殿春簃”庭园为蓝本设计建造的“明轩”实样。粉墙高围，主构三间，梁架古朴，装修简雅。曲廊半亭，冷泉峰石，蕉竹花木，诗词嵌石，点缀得庭园深邃清雅。观鱼处位于园东，池水潆洄，亭、廊、榭、轩或临水，或跨水，鱼乐之趣随处可赏。

全园植物配置多成丛植，树种丰富，景色宜人。大面积草坪和缤纷的花卉，开敞明朗，生机盎然。

东园是苏州与世界各国友好往来的见证，自1980年起，苏州市先后与加拿大维多利亚市，日本国池田市、金泽市，意大利威尼斯市等缔结为友好城市，双方在东园进行植树、立碑等交流纪念活动。1980年10月，维多利亚市代表团种植雪松和贴梗海棠，并立碑；1981年，池田市代表团种植桂花树，并立碑。同年11月，金泽市代表团种植广玉兰，并立碑；1982年，在友谊树前后又赠立图腾柱一座和花街灯一对；1984年，金泽市又赠送石灯笼一座，安在涵碧楼南侧池畔。池田市又赠送牡丹花，建湖石花台栽培。此外，日本国龟岗市友人在东园种植了香樟和桂花树，并赠立“和平之灯”石灯笼一座；大田原市等友人也种植了红绿梅树和杜仲等友谊树。

图10-4-1　东园涵碧楼

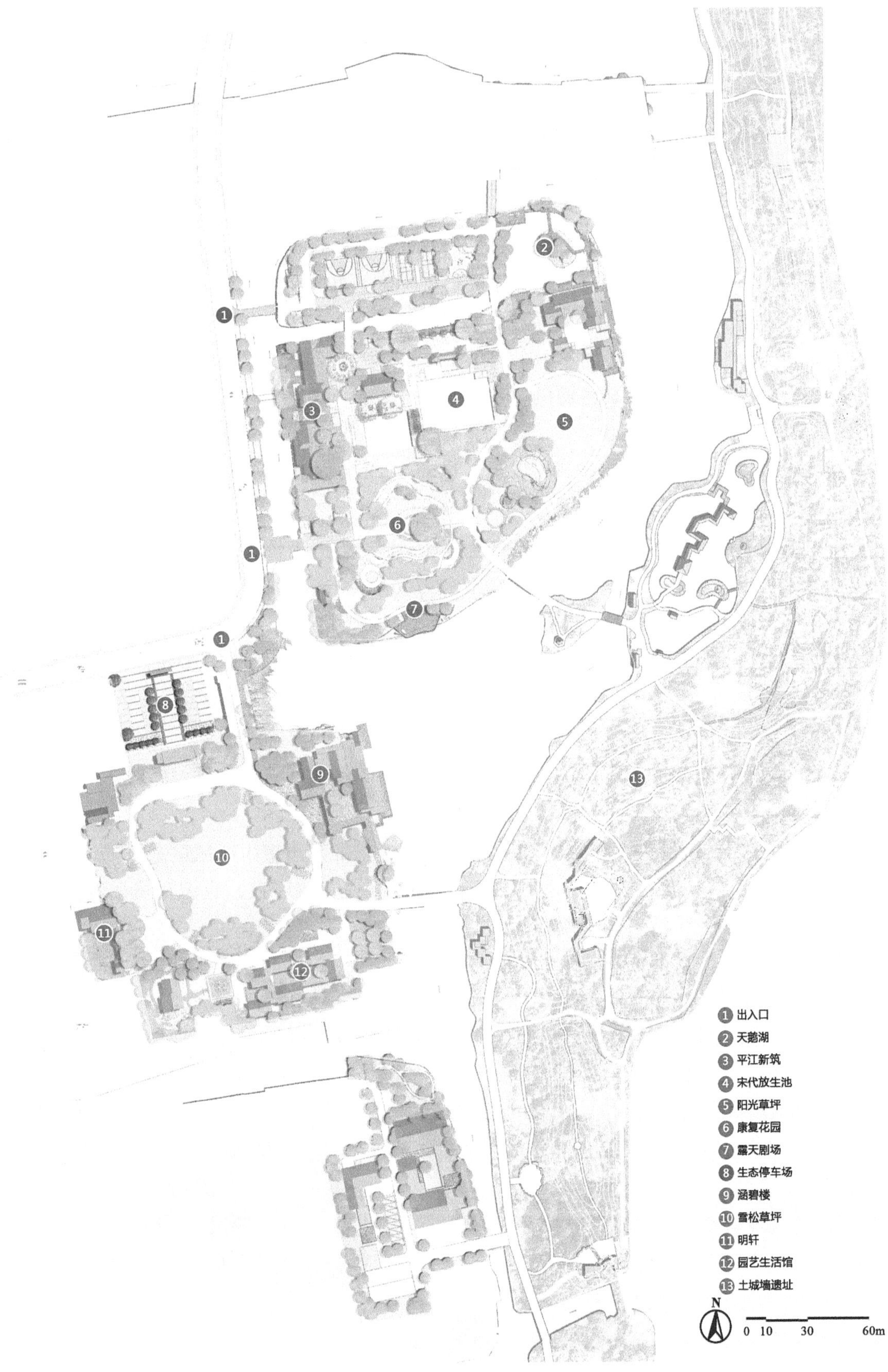

① 出入口
② 天鹅湖
③ 平江新筑
④ 宋代放生池
⑤ 阳光草坪
⑥ 康复花园
⑦ 露天剧场
⑧ 生态停车场
⑨ 涵碧楼
⑩ 雪松草坪
⑪ 明轩
⑫ 园艺生活馆
⑬ 土城墙遗址
N
0 10 30 60m

图10-4-2　东园平面图

10.4.2 桂花公园

桂花公园地处古城东南角，以古城垣及环城河为界，占地面积16.52公顷。园址一带，历史上为古城粮食和蔬菜基地，俗称“南园”。中华人民共和国成立后，这里分属娄葑乡的南园、友谊、青阳三个生产大队。1987年4月，苏州市园林管理局根据市长办公会议“把南门城墙绿带改建为市花公园”的决定，开始进行规划建设，于1997年建成一期工程，初名为四季公园，1998年改名桂花公园并于当年10月正式开放。

公园建成后，先后多次对园内地形进行综合改造，包括利用古城墙遗址，建立环古城风貌景观带；建设四季广场，形成两个桂花品种区；开辟“市民植树纪念林”“中日友好樱花林”和“中日邦交正常化三十周年纪念桂花林”等，扩大了公园的游览面积和休闲功能。

2002年开始，结合苏州环古城风貌景观带建设工程，修复古城东南折角处城墙，重建水城门、城楼，于2004年5月竣工，形成古城东南隅“旧城堞影”的标志性景点。2005年初，在公园南部落成一组反映旧时苏州工匠建城场面的群塑《筑城》。次年，在四季广场北端的中轴线两侧落成砖雕墙《姑苏春秋》。

园内植物品种数量逐年增加，品种配置不断完善。引进了较大的桂花、香樟、雪松、桧柏等。从四川、浙江等地引进桂花品种20余个3200余株；建立花圃，生产露地花卉和盆花。公园拥有木樨科金桂、银桂、四季桂、丹桂4大类种群中的51个品种，在全国桂花专类园中处于领先地位。2005年，被中国花卉协会桂花分会确定为全国三个“中国桂花品种繁育中心”之一。

10.4.3 桐泾公园

桐泾公园位于桐泾路南路1号，现占地约18公顷，是苏州市中心城区最大的综合公园。2003年开工建设，2004年竣工并对外开放。桐泾公园是市政府在21世纪初重视城市绿化的生态效应和改善市民生活生态环境的一项实事工程。

园内以环行双向车道主干道环绕，沿主干道分布有入口区、儿童游乐区、中心景区、科学植物园区、生态休闲区和水景区六大功能区（图10-4-3）。公园入口区以雕塑、悬浮喷泉、不锈钢索灯和斜坡植物林组成景观序列。中心景区以河道分成东、西两部分。河东为现代园，雕塑耸立；河西为古典园，以苏式的亭台楼阁为特征，遥相呼应。中心景区的南侧为水景区，堆叠有大型景观假山，山巅有人工瀑布，构成一个动态水景区，气势磅礴宏大。公园的西北角为儿童游乐区，琳琅满目的儿童游乐器具供儿童尽情玩耍。公园东部为科学植物园。生态休闲区位于公园西南，以绿化为主，植物造景，构筑园路，安置凉亭。区内建有占地12200平方米、全省最大的盲人植物园，分为赏花、赏枝、赏果、赏叶四个区，共有120多种各类花卉植物，其中无毒无刺具有明显嗅觉、触觉特征的花卉植物近70种，设置中、英、盲文和语音系统介绍，形成多元化线路，方便盲人游客出入植物园，并且设有适合盲人使用的坡道、憩亭、厕所等无障碍设施，突出了资源共享，充分体现了对残疾人群体的人文关怀和人性化理念。

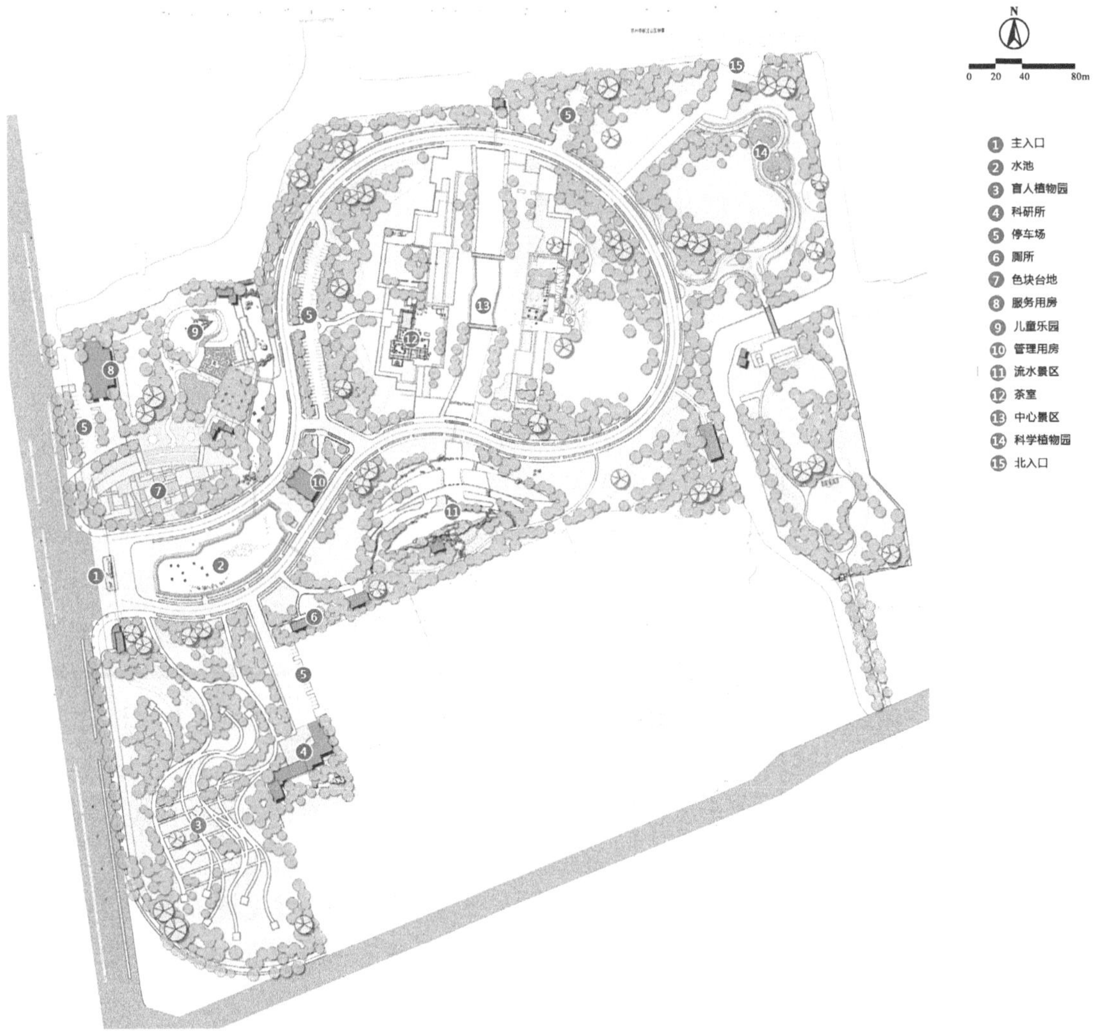

图10-4-3　桐泾公园平面图

整个公园采用悬浮水幕、曲折河道、浮雕景墙、乡土树种、螺旋灯塔等多种景观元素和现代造景手法，创造丰富多彩的园林景观，展示现代与传统的和谐美。

10.4.4　苏州环古城风貌景观带

苏州古城四周环绕的护城河，是2500多年来苏州天堂水城的经典标志。然而，岁月悠悠，尤其是近现代以来，苏州护城河承受着太多的历史负载，残岸破堤、颓墙败亭，令人怆然。改革开放以来，随着旧城改造步伐的不断加快，古城保护的重要性和紧迫性更加突出。多年来，苏州市政府做了大量的工作。沿古护城河进行的环古城风貌景观带的建设，即是其重要内容之一。

工程自2002年开始建设，规划区范围涉及护城河两侧用地，包括内侧100米、外侧150米控制线内的用地，全长15.5公里，规划总用地391.4公顷，其中绿地面积近160.91公顷。内侧用地范围参照古城街坊控制性详细规划中所定范围，共涉及54个街坊中的19个街坊。外侧用地范围基本以环城路为界，局部地段河岸至环城路之间用地太窄，则酌情扩至环城路另一侧。

根据总体规划，环古城风貌景观带依北东南西四个方向分成四大功能区域进行。这四大区域依照环城绿带规划划分出的14个地块，相应形成14个景区，又依据各景区的特色，设置相应的景点，构成环城48景。

公元前514年，伍子胥“相土尝水，象天法地”筑成了苏州城，当时水陆门有八，西为阊门、胥门，南为盘门、蛇门，东为娄门、匠门（后传为相门），北为平门、齐门。至2002年环古城风貌景观带启动前，苏州古城尚存三座城门，即盘门、胥门、金门，城墙1400余米。另有城墙遗迹3100余米。《苏州市历史文化名城保护规划》明确提出要在保护好这些现存城门、城墙及遗迹的同时，对其余城墙遗址逐步加以整治。正是在这样的背景下，环古城风貌景观带开始了修复古城墙的大工程。

保护原有古城风貌。环城河沿线不乏保存完好的古城风貌，形态各异的桥梁、疏朗有致的民居，掩藏其间的宗祠、义庄、园林、道观、会馆、牌坊、门楼、古树、古井等，是古城原生状态的缩影，具有相当的历史、文化艺术价值。在环古城风貌带建设中，保留了如鸿生火柴厂（苏州民族工业的代表）、老灭渡桥、裕棠桥、兴隆桥等历史建构，并对其进行了改造修复工程，如将鸿生火柴厂定位为水上旅游服务中心，在娄门桥附近修复了“关帝庙”，将东汇路上原来的控保建筑“齐王庙”完整地移建至路边等。每一处遗迹都承载着遥远年代的人和事，它们是环古城风貌中的历久弥新的珍珠。

在设计中，环古城景观特别注重因地制宜地融合一些古典建筑元素，营造绿地景观与建筑景观相融合、古典风格与现代风格和谐有致、相得益彰的沿河仿古建筑景观，展现发展中的古城新貌。如位于环古城河北侧景观带上的“东汇松涛”、东侧景观带上的“映水兰香”“烟霞浩渺”、娄门桥西南堍的五重牌坊“江海扬华”、南侧老灭渡桥旁的“觅渡览月”等景点，或是以形态各异的亭、廊、轩、榭组合，划分出不同的赏景休息空间，或是以体量较大的建筑、牌坊分置，成为环城河上新的景观标志，都起到了古为今用的效果（图10-4-4、图10-4-5、图10-4-6）。

环古城风貌保护工程，是苏州“十五”期间中心城市重点建设“十大工程”之一，是加快

图10-4-4 娄门城墙景观带

图10-4-5　觅渡揽月

图10-4-6　龙蟠水陆

城市化进程、提升城市综合竞争能力的重大项目。工程竣工后，沿护城河两岸诸多景点如“大珠小珠落玉盘”，特别是近几年建成的环古城健身步道，使环古城风貌带更具活力，市民和游人漫步其中，可在悠闲宜人的环境中，浏览苏州2500年历史文化，欣赏古典与现代结合的园林精品，领略东方水城的神韵和风采。

10.4.5　虎丘湿地公园

虎丘湿地公园位于苏州市主城区西北部，地跨姑苏区与相城区，总占地面积736公顷，是苏州城市绿地系统中重要的西北绿楔，对苏州城市生态文明建设具有重要意义。其中，西塘河以东为湿地核心区域，占地面积510公顷，承担着生态涵养、湿地保育、科普教育、文化传承等功能。西塘河以西为休闲旅游区域，占地226公顷，承担着与虎丘风景名胜区协调

图10-4-7　虎丘湿地公园平面图

互动发展，开拓产业融合、文旅携手发展的功能（图10-4-7）。

公园对原有场地内鱼塘进行改造利用，将场地特征与设计相结合，尊重场地记忆（鱼塘、渔家）的基础上，恢复近自然的生态系统。原有场地的鱼塘水体流动性较差，不同区域水质相差较大，通过水系梳理、环通让水体充分流动起来，恢复水体原有生态机能，对水质改善、水生动植物多样性提升有着显著作用，从而实现节约化水环境营造。

公园着重营造低干扰的多样化生境，为丰富生物多样性奠定基础。旱生植物群落、旱生+湿生植物群落、湿生植物群落组合，形成一个多种植物生境的湿地系统。园内多处营造无人岛屿、冬季保留芦苇荡，为鸟类留下觅食、栖息、躲避危险的环境。园内共有陆生植物400余种、水生植物100余种、水生动物30余种。目前存在鸟类100余种，隶属于8目27科。其中包括国家二级保护动物（如红隼）、濒危物种（如小太平鸟）等珍贵物种。（图10-4-8）

同时公园十分注重构建基于自然净化的雨洪管理系统。它以径流峰值和径流污染为主控目标，综合考虑雨水资源化利用。在净化和消纳自身雨水的同时，为周边区域提供雨水调蓄、滞留净化的空间。通过透水铺装植草沟、雨水花园、生物滞留带等低影响雨水设施，通过以净、渗为主，滞、蓄、用、排为辅的方式，将雨水引入至人工湿地，净化再排出，实现雨水在城市中的自由迁移。

为构建乡土自然稳定的植物群落。公园充分考虑乡土植物应用，营造层次丰富、结构稳定的植物群落。园内食源类植物的种植，为保护鸟类多样性提供一定程度的保障。同时有效利用原有场地内的植被资源，因势造景，利用现状苗圃营造的纯林景观独具特色；此外，还保留和利用大量野生地被植物，形成自然稳定的地面覆盖。

公园内有着诸多具有吸引力和趣味性的休憩空间。如科普性雨水花园，水流由地形最高

图10-4-8　虎丘湿地公园湿地景观

的净化塘逐级跌落，通过增氧及各类水生植物直观地展示水体净化过程；北部为沉水廊道，为游客提供观察水生植物、动物的独特视角，增加游览的科普性、趣味性；将鱼塘改造为水八仙种植科普区，充分展现江南地域特色。此外，还营造与环境融合协调体量适宜的休闲驿站、咖啡吧、书吧等配套设施。

虎丘湿地公园是苏州城市重要的自然基础设施，从场地的肌理和特质出发，通过多年的分期建设和逐步提升，体现了多样的生态服务价值。虎丘湿地公园已经成为展现岛、岸、湖、湾等自然形态，集水源涵养、湿地科普、自然探索、休闲度假、文化体验等功能的城市湿地公园。

10.4.6　金鸡湖湖滨公园

金鸡湖是一个天然湖泊，面积约730公顷。1998年2月，苏州工业园区规划建设局组织编制金鸡湖地区景观规划。根据规划，环绕金鸡湖，设置了湖滨大道、城市广场、湖心岛、玲珑湾、文化水廊、金姬墩望湖角、水巷邻里等八个特色区。

湖滨大道于1999年初开工建设，以沿湖驳岸、湖滨大道、圆弧踏步及观景台、视听广场、成片绿地，组合而成，供人观景、休闲，总占地面积约20公顷。经过两年的建设，将湖滨大道建设成了金鸡湖西岸一处风景优美的景观带。

城市广场东临金鸡湖，北靠新苏国际大酒店，西倚星港街，南与湖滨大道紧邻。广场于1999年11月启用，2002年5月1日正式对游人开放，总占地12公顷。广场主要分为两个区域，北端为香樟园，四季葱郁。园内林荫道旁设置造型不一的石景、亭子及各种灯具。南端主广场，通过坡度及台阶的过渡，给人以错落有致的感觉。香樟园与主广场之间以贵宾道进行分隔，使广场整体层次感更强。此外，宽敞的人行道与周边美丽的景色更为城市广场增添了无限的魅力。

玲珑岛与桃花岛是利用金鸡湖清淤取土，在湖中心建设的2座人工岛，其面积分别约为约2.5公顷和10公顷。两个岛屿的绿化体现植物景观的“生态景观性”和“乡土地域性”，常绿植物与落叶植物相结合、速生树种与慢生树种相结合、普遍基础绿化和主要景点绿化相结合。桃花岛以桃花为全岛特色树种，在经过适当的地形改造后，布置了逍遥坡、紫氲阁、叠涧云岭、莲香池清、悬崖摹刻等景点。其中岛上最高的建筑紫氤阁，是一座融合传统与现代，钢结构和木结构相结合的40米高的阁楼，成为金鸡湖湖中的标志性建筑。

文化水廊总面积约90公顷，沿金鸡湖曲折岸线蜿蜒而建，全长3.4千米，湖边建有6000平方米的市民广场和文化广场。沿岸有6个向湖中心延伸的木构码头，游人临水眺望，对岸商贸区美轮美奂的现代建筑尽收眼底。雕塑走廊、水巷邻里等水廊的辅助景观也与国际博览中心、科文中心、商业中心以及其他设施、商住楼群相映成趣。

李公堤景观商业街区横跨金鸡湖湖面，东接望湖角，西联水巷邻里商业中心，全长1.14千米，占地面积约12公顷，其中建筑面积约1.7万平方米。李公堤为新苏式建筑风格的旅游商业区，主要以酒吧、茶楼、餐饮为主。其景观绿化吸收了苏州古典园林的布局精华，力求在现代商业街区中营造出一个自然简洁的绿化景观，富有浓郁的本土民俗气息，延续历史文化脉络。街区景观根据基地环境和场所功能的需求，借鉴古典园林造景的手法，汲取苏州园林对于意境追求的理念，并结合大量湖石或在湖岸散置石景，或作水院假山驳岸，或置独峰，形成群芳竞秀、古堤春秋、金玉满堂、竹风绿影、葑荻落雁、槐香月满、月台杉影、流红隐翠、飞雪探梅等十六个景点。

10.4.7 白塘植物公园

白塘植物公园位于苏州工业园区中部，南临现代大道，西接南施街，东靠星塘街，北与苏虹中路相近，平面呈方形。园址选在原白塘湖地块内，与其西南相距不远的金鸡湖有河道相连通。公园于2004年12月开工建设，2006年5月正式竣工并对外开放，占地总面积约62.5公顷。主要包括花木展示区、生态岛屿区、湖区、山地自然林区、“五觉园”区5个区域（图10-4-9）。

设计中充分利用原有的湖泊水网条件，进行重新梳理，同时通过人工堆山，对原来平缓的场地进行改造。公园整体地形营造结合游人游览方向进行布置，由西向东形成平地—岛屿—丘陵—山峦逐层的梯度变化，并做到山环水、水绕园、水穿田等灵动的空间形态。

园林构筑物主要有入口大门、餐饮服务、管理等功能性配套建筑用房共8处，亭、廊、榭、花架、观鸟塔等共15处（图10-4-10）。建筑总面积约6700平方米，占公园总用地面积1%左右。整体造型力求新颖独特、形式多样。

种植设计根据公园整体布局结构，将植物的种植区域分为规则式园林种植区、岛屿特色

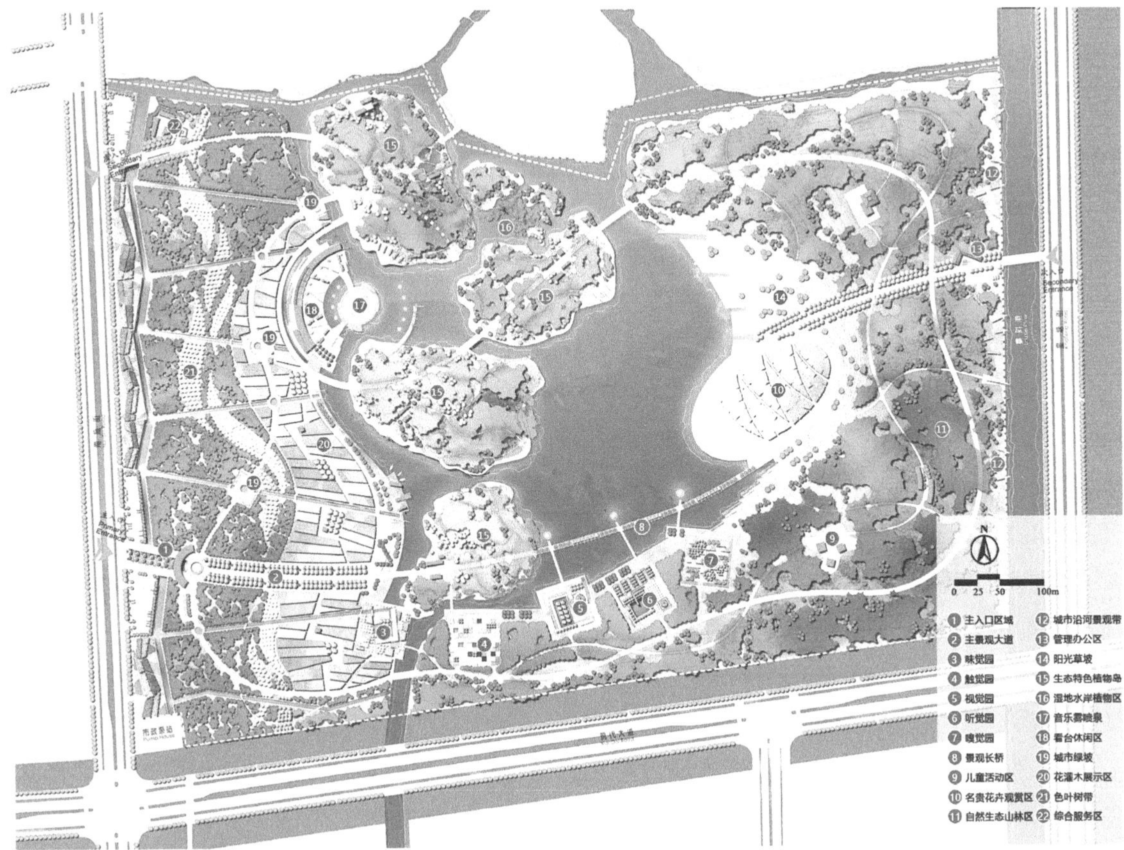

图10-4-9　白塘植物公园平面图

图10-4-10　白塘植物公园景观长桥

生态林地种植区、山地自然林种植区3大部分。规则式种植区，集中在公园西侧，以线形、行列式和几何块状作为构图元素，突出林森木与花灌木的园林展示效果；岛屿特色生态林地种植区，为公园中部的岛屿群，以自然种植方式，突出各岛屿的植物特色，并形成一定季节的观赏效果；山地自然林种植区位于公园东部，其植物配置以混交林为主，形成密林、疏林、林中草甸等种植形态。

白塘植物公园作为苏州工业园区的一个大型公园绿地，已成为市民休闲娱乐的一个重要场所，同时公园以丰富的植物品种和多样生动的展示为主线，突出植物科普教育的内容，对提升园区优美环境发挥着积极的作用。

10.4.8　沙湖生态公园

沙湖生态公园位于苏州工业园区东部，西临星华街，南为现代大道，东靠凤里街，北倚苏虹东路。园址选在原东沙湖，系乡镇的水产养殖基地。公园原为唯亭镇与斜塘镇交界的水陆通行地段，属天然的湿地生态地段，从2002年开始进行了彻底清淤，前后历经一年有余，形成有山（丘）有岛，有河流浅滩的丰富地形，公园于2004年3月开工建设，2006年5月竣工开放。公园总面积约121公顷，其中陆地面积约67公顷，水域面积约54公顷。公园分为夹缬园、梅影涧、芊妍渠、海棠岛、纷纶海、博望坡、樱花洲、沙鸥玎、玉纱沙九大景区，春夏秋冬各有特色（图10-4-11）。

公园种植各类植物约400种，其中陆地植物约350种，生态湿地植物约50种。公园种植的陆地植物中，常绿植物约占60%，落叶植物约占40%。为了保持沙湖的“江南水乡”特色和延续沙湖的历史文化脉络，还种植了当地传统经济植物“水八仙”：茭白、莲藕、南芡、慈姑、荸荠、水芹、红菱、莼菜。

“自然生态”是沙湖生态公园的最大特色。既保护了沙湖湿地动植物资源，丰富了物种多样性，又改善了苏州工业园区的生态环境，提升了环境质量，为园区经济的可持续增长提供生态安全保障。同时公园建设也为苏州工业园区周边居民提供了一处优美的休闲观光场所。

图10-4-11　沙湖生态公园

10.4.9　阳澄湖生态休闲公园

阳澄湖生态休闲公园位于阳澄湖西南岸，西起园区天主教堂，沿阳澄湖大道向东到康洲街，向北过中环北线后再向东到水泽路，跨阳澄西湖和中湖，总长度近10公里，面积约2.5平方公里。公园于2016年向公众开放，成为当时苏州市区东北最大的开放型生态公园。

公园范围涵盖天主教堂地块、樱花岛、阳澄西湖果园、唯亭体育公园以及中环北线以北澄林路至水泽路间地块。通过系统性规划，解决了基地用地复杂、各区联系不畅和定位、风貌、功能各异等问题，塑造了十里花堤、阳澄花朝和澄湖叠翠三大生态景观亮点。十里花堤两侧以简约型花境种植形式为主，结合沿岸水生、陆生森林和果园，营造了一条丰富多彩的沿湖生态花堤，成为阳澄湖畔独具特色的生态风景线。阳澄花朝则借鉴江南地区民俗“花朝节”的传统文化内涵，营造以樱花岛和果园为主要生态景观的春季观花生态风景区。澄湖叠翠，利用公园开阔大气的基本格局，打造景观草类的大地景观形态，丰富公园生态和景观类型，同时借助阳澄湖沿岸丰富的岸线与水资源，结合水生森林以及各类水生植物，形成生态湿地型湖滨区域，改善阳澄湖水质，完善阳澄湖区生态系统。

阳澄湖生态休闲公园通过一条自行车道为主体的交通游线，打造以“十里花堤”为主题的滨湖生态慢行交通体系。整条慢行体系贯穿全园东西，连接并整合现状割裂的场地，将整个公园整合在一起。并且在公园东部与阳澄半岛环湖自行车道相连，形成总长约40公里的湖滨慢行绿道系统。通过湖滨慢行绿道系统，使交通和生态两者有机地整合，既恢复、加强了阳澄湖畔各个地块之间的交通联系，又使湖滨及生态休闲公园内的生态类型更加多样化，联系更紧密，过渡更自然。同时，也为游客提供了更加安全、舒适、自然的慢行环境。是苏州地区最具特色的滨湖生态自行车慢行绿道之一，也是园区半岛旅游一大新兴特色项目，成为阳澄湖畔的景观新地标。

10.4.10　苏州何山公园

何山公园因何山而建，北近何山路，南临鹤皋山路，东侧为长江路，西部与新区公园相接。何山与狮山相隔1公里，山顶海拔高度63.8米。公园于1994年建成开放，面积29.6公顷，西南有水面近10公顷，与新区公园隔水相望，是国家AAA级景区。

公园建设前曾有几十年封山育林期，因此山上绿树成荫、生态良好，绿化面积占公园面积90%多，形成了桂花林、香樟园、栗树坡、杨梅林、梅花坞、江南竹林等多个特色植物景观区。此外后山北麓还有一个小园，因遍植梅花和桂花，故名沁园。园内以“鹤”为主题的景点颇多，有来鹤亭、放鹤亭、鹿鹤亭、望鹤亭、归鹤亭等；还有为纪念元末农民起义领袖张士诚的张王庙和张王剑石、为缅怀1949年4月“枫桥铁岭关战斗”牺牲的烈士而建的烈士陵园，以及为纪念著名弹词艺术家徐丽仙而建的徐丽仙纪念馆。张王庙2009年扩建为何山道院。南麓有原建于梁天监年间的资福寺，后改为太平庵。东麓有东周墓葬。山上还有包括民国元老李根源记述何氏兄弟的石刻在内的众多摩崖石刻景观。何山公园丰富的历史人文景观反映了何山和枫桥的历史，使公园成为访古寻幽、体味姑苏风韵的风景名胜所在。经过提升改造，何山公园于2019年与新区公园合并。原本隔水相望的两个公园，通过景观桥连为一体，成为当时苏州市区最大的开放式城市公园，绿树成荫、山清水秀，是高新区重要的“城市绿肺”和最受欢迎的休闲健身场所之一。

何山公园自然生态环境优美，景观资源丰富，是市民和游客休闲、踏青、修身养性和健康游玩的理想场所；公园以“鹤”文化为特色，加上众多的人文景观，让公园更加富有文化内涵，颇具吴地山水灵韵，是高新区登高怀古、感悟枫桥历史人文风韵的最佳去处之一。

10.4.11 苏州乐园

苏州乐园原位于苏州高新区（虎丘区）的狮山东侧脚下，占地94公顷，于1997年正式建成开园，2000年成为首批国家AAAA级旅游景区，曾是长三角首屈一指的主题乐园。后因高新区城市发展原因，苏州乐园于2017年迁至高新区北、素有苏州的“城市绿肺”之称的大阳山国家森林公园东南侧，而原址改造为开放式的高新区城市中央公园和公共文化设施用地。

苏州乐园迁至苏州市高新区象山路99号后，为呼应多元化休闲度假时代的需求，其定位从旅游休闲综合体向森林主题休闲娱乐目的地转型。苏州乐园森林度假区包含森林世界、森林水世界、四季恒温水乐园、大阳山植物园四个主题景区，以及主题酒店、民宿、餐饮和演艺区等附属设施。

森林世界占地面积50.4公顷，由森灵树广场、藤蔓森林、水雾森林、涂鸦森林、冻原森林和黑暗森林六个主题区组成，包含25项森林主题演出与游乐项目，集科技、潮流、创意、主题和智慧化服务于一体。森林世界提取北纬31°各区域的自然景观与人文内涵，将多元化森林景观营造与科技感演艺游乐融合，传递森林自然主题和自然原生态的休闲度假方式。

森林水世界占地面积10公顷，由热带风情休闲区、虫虫雨林欢乐区、神秘森林探险区和律动海滨狂欢区四个主题区组成，以清新自然的热带雨林风情贯穿，开创性地将森林生态与主题游乐融为一体。

四季恒温水乐园位于大阳山北侧的树山村，是一座室内花园式水乐园，由一个长110米、宽80米、高25米的巨大半椭圆玻璃穹顶覆盖，四季如春。水乐园有瀑布、喷泉、冲浪池、儿童戏水等众多游乐设备，以及东南亚风情区、地中海风情区和日式园艺区等多个主题区和各类温泉水池30多个。

大阳山植物园占地面积111公顷，现有植被320余种，其中不乏珍稀濒危植物，如红豆杉、黄花梨、日本罗汉松等，是集物种保存、科普教育、文化休闲等多项功能于一体的大型专业植物园。植物园北部是植物区与专类园，兼具科普观赏性；南部为突出植物的娱乐性、观赏性以及与人互动关系的休闲娱乐植物区；东部为引种了大量珍稀植物物种的引种培育区。植物园内近百亩的映莲湖、盆景园以及展览温室最具特色；其中占地面积各有40000多平方米的两大主题展览温室，分为热带雨林和沙漠植物专类，种植有全世界97科、600余种热带、亚热带及沙漠植物，其规模在全国范围名列前茅。

苏州乐园依托大阳山国家森林公园优越的生态基础和苏州乐园品牌，以森林为主题、以生态为理念、以高科技展示、探险、旅游为主题，将森林生态和场景与主题游乐、娱乐休闲和商业融为一体，是大阳山区域的核心旅游区。相较于狮山时期，现在的苏州乐园占地面积更大，也更贴近自然。

10.4.12　苏州太湖国家湿地公园

苏州太湖国家湿地公园地处苏州市西部高新区的镇湖、东渚两镇之间，西近太湖，南部毗邻光福镇。规划总面积4.6平方公里。其原址自古便是太湖的一处湖湾，史称游湖，与菱湖、莫湖、胥湖、贡湖共称“五湖”。基地从20世纪70年代开始大面积的围垦和围湖养殖。2010年，通过对湿地的保护和修复，以“大地记忆”“文脉延续”“生境培育”为主线，保留了基地的鱼塘肌理，既保护了原有生态环境，同时通过整理、恢复和补充，也形成了丰富而有个性的湿地景观，并在此建成了苏州太湖湿地公园，成为苏州西郊、太湖之滨最完整的生态湿地之一。2011年9月通过原国家林业局试点国家湿地公园验收，正式成为国家湿地公园。2012年被评定为国家AAAA级旅游景区。

建成后的苏州太湖国家湿地公园汇集了生态保育、度假休闲、旅游观光、科普教育等功能于一体。景区在突出“自然、生态、野趣”的基础上，建设了湿地渔业体验区、湿地展示区、湿地生态栖息地、湿地生态培育区、水乡游赏休闲区、湿地生态科教基地、原生湿地保护区等七大功能区，全面展现了现代水上田园的自然生态景观。景区内五十余座造型各异的桥梁，与五里木栈道蜿蜒相连，错落有致地贯穿整个公园。桃源人家、渔矶台、槿篱茅舍、栈桥生趣、烟波致爽等景点，让人时而如同打开一册底蕴深厚的志书史籍，时而又有风情风物掌故逸兴读物的美妙感觉；而湿地科普宣教中心、候鸟观赏点、生态浮岛景观、湿地之塘景观及湿地科普知识长廊等景点和设施又将人们带入了一个科普知识的教育园地，让游客汲取生态科学知识，提升自然生态的环保理念（图10-4-12）。

开园后，苏州太湖国家湿地公园继续遵循现有规划，完善相应的配套服务设施，强化核心吸引力。开园至今，公园新增了田趣公社、栈桥生趣、游船、自行车等旅游项目，在园内开辟果林种植区。2011年又陆续推出世博苏州新馆、湿地科普知识体验展示馆、大熊猫科普馆等旅游新项目。世博苏州新馆体现了苏州的小家碧玉，含蓄优美，再现了苏州馆的原貌，2500年苏州古城的人文氛围在这里可以得到充分地诠释和体验。大熊猫科普馆依水而建，竹林和山水的环绕构建了大熊猫的活动场地，独特的双层建筑使游客可观察到大熊猫生活中的点点滴滴。

苏州太湖国家湿地公园是一个城市边上的湿地恢复区，为太湖周边鸟类和鱼类提供栖息地，恢复太湖区域的生态环境，成为城乡居民进行生态教育和生态旅游的基地，为游客提供近距离了解和欣赏湿地的机会，是苏州宏观生态恢复战略的重要一环，保护和维护这块湿地的意义尤为重大。

图10-4-12 苏州太湖国家湿地公园平面图

10.4.13 张家港暨阳湖生态园

暨阳湖生态园区位于张家港市区南部，距市中心约2公里，规划总面积为4.41平方公里，绿地率达70%以上，其中生态园面积148.31公顷，暨阳湖中心水域面积50多公顷。暨阳湖生态园的建设是结合2000年修建S38（宁太）高速公路取土开挖形成的人工湖，并考虑到原有低洼地形地貌的基础上，按照节约型和合理利用原则，所建成的一个面向社会免费开放的综合性公园。

园区总体上以生态理念为指导，利用生态技术手段建成集休闲、娱乐、居住和度假为一体，具有城市生态修复、资源保护、科普教育、文化传承和旅游观光等多功能的人工湖泊型湿地公园。全区包括假日公园、镜湖生态公园、滨水度假区、欢乐世界及螺州岛、生态湿地区等内容。假日公园，位于园区东北侧，内含金沙滩、高尔夫练习场、露天音乐广场等景点。镜湖生态公园，位于园区西侧，内含生态教育馆、凤凰广场、天鹅池等景点，是青少年生态教育基地。滨水度假区，位于园区南部，以休闲度假为主要功能，建有暨阳湖大酒店、桃花岛、渔矶码头、牡丹园、阳光大草坪等内容。欢乐世界，位于园区东南部，含激流勇进、完美风暴、矿山车、摩天轮、旋转木马、六月坡等20多个大中型游乐项目，可满足不同年龄层次的休闲娱乐和消费需求。螺洲岛，位于中心湖北侧，是专为野生动、植物打造的自然天堂，除相关科研和维护外，禁止一切游览行为。岛上的鹭鸣塔是暨阳湖的重要标志。生态湿地区，位于园区西南部，是一个带状湿地公园，是整个暨阳湖园区水生态循环的重要组成部分。根据暨阳湖水系和张家港本地气候特点，生态湿地自西向东分成景观湖、沼生湿地林、湿地柏小岛、矮木湿地、低地湿地、莲花湖及沼泽等7级跌落区，水位落差达到10米，并充分利用品种多达200余种的乡土植物及地被和水生、湿生植物，逐级进行净化、增氧、吸附、沉淀，实现暨阳湖水系的循环和净化，是目前国内处理层级较多、较为完备的人工湿地之一。

通过构建“管道-河道-湖泊”的独立汇水区，暨阳湖生态园区已经成为城市中不可或缺的“海绵体”。雨水经过片区内地块设置的雨水源头调蓄设施后溢流进入管道，经管道收集排入暨阳湖，暨阳湖承担调蓄雨水排放及净化水体的功能，雨水经滞留净化后补充景观用水，超出暨阳湖湿地调蓄能力的雨水排放至其东南侧河道后排至下游河道，有效延缓洪峰的形成。暨阳湖生态园区的建设把废弃地变成了供市民休闲娱乐、放松心情的好去处，既改善了城市生态环境，又提高了民众生活质量。近年陆续获得“全国中小学环境教育社会实践基地”“国家水利风景区”“江苏省环境教育基地”“省级湿地公园”等称号。

10.4.14　昆山森林公园

昆山市城市生态森林公园地处昆山城市西北部，总面积约200公顷，于2002年底建成，为昆山重要城市绿色资源和生态名片。随着城市的扩张和游客的逐年增长，2015年5月，在公园建成13年后，昆山市政府对公园进行提升改造。于2016年开始实施改造工程，2018年建成向市民开放。如今的森林公园颜值更加靓丽，生态优势更加凸显，功能更加丰富多样（图10-4-13）。

通过重新规划设计及提升改造形成具有特色的“四个公园”。一个绿色共享公园、一个生态海绵公园、一个主题植物公园、一个健康智慧公园。在原有公园城市绿地的生态基底上，加入游憩、体验、科普、教育等功能，使城市绿色资源能够有效利用，形成资源共享，增强城市中心绿色地块功能，提高对生态资源的利用效率，让城市与自然互动，让昆山的绿色心脏重新焕发活力。

绿色共享公园，串联城市绿道系统，优化共享城市资源。从城市总体规划上考虑打通了城市三大中心，即文体中心、绿色中心、智慧中心，通过设置空中绿廊与城市绿道串联，优化共享城市资源。一条橙色的跨桥、一片绿色的公园、一汪蓝色的湖水形成一个绿色共享公园体系。

生态海绵公园，融入生态水敏技术，展现自然生境魅力。结合澳大利亚水敏感设计团队

图10-4-13　昆山森林公园平面图

的先进技术以及多年经验，应用圩区策略，以控制河道内的蓝藻生长作为主要的水质控制指标。根据公园内各湖泊水体水深现状，确定处理型湿地的位置和面积，通过循环流动改善公园及城市大区域的水质形成海绵花园。

主题植物公园，挖掘现状公园基质，植入主题植物花园。在森林公园和湿地公园的基质中植入主题形成百草园、海棠园、蔷薇园等主题植物花园，丰富公园观赏形态。同时，选用中国传统二十四时节形成缤纷花海、草长莺飞、泥滩捕虾、蝴蝶花谷、丛林探秘、萤火虫滩等景点，在四季的更替中展现不同自然生境魅力。

健康智慧公园，导入智慧公园设计，引领绿色健康生活。导入智慧公园设计体系设置水质监测智慧平台，监视和测定水体中污染物的种类、各类污染物的浓度及变化趋势，向游客展示水敏型湿地净化效果。生境展示智慧平台：观察鸟类迁徙、繁殖过程以及科普教育的作用。健康运动智慧平台：通过健康跑道、智慧驿站、森林书屋等串联智慧公园，引领绿色健康生活。

昆山森林公园营造了优美的城市形象界面，突出生态湿地、展示森林风貌，通过森林体验、交流空间、健康生活、科普教育等手段，使城市绿地资源得到充分的共享与利用，体现了经济、社会及生态效益的最大化。

10.4.15　昆山阳澄湖科技园大渔湖公园

大渔湖公园地处昆山阳澄湖科技园区，占地约1平方公里。其作为整个阳澄湖科技园的

图10-4-14　昆山阳澄湖科技园大渔湖公园平面图

智慧核心，整体公园聚焦于“智慧”，全园包含一平方公里的海绵示范区、4公里的智慧环线与连续的自然交互的绿色创客空间（包含7处智慧盒子），为高知人群提供高品质的环境和完善的配套。公园总体分为东部、南部、西部、北部四大主题片区，南部片区定位创客社区公园，包含了创客花园、水花园、草坪秀场、健身场地与儿童乐园等几大功能区，是公园最有活力的智慧社区（图10-4-14）。

公园设计大量运用了下沉绿地中具有雨水净化功能的各类低影响开发技术措施，建设绿色海绵体利用物理、水生植物及微生物等作用净化雨水，以达到高效的雨水径流污染控制目标。在实施过程中采取多专业合作的方式，包括整合了海绵城市设计、生态污染治理及市政雨水管理、绿化养护等多个专项推进湖区绿地影响开发建设。

在园内4公里的智慧环线上，通过7处智慧盒子实现智慧公园的WiFi覆盖、有线接入、信息实时传送、产品发布与展示等一系列功能，它作为一种手段提供智慧公园的技术支撑。这些盒子，既是一个智慧交流、功能延展的场所，更是充满艺术化的景观节点。

设计力求公园内部海绵体与大渔湖本身的大海绵形成一体的海绵系统，主环路采用帕米孔露骨料透水混凝土艺术路面，它的作用是结合雨水花园、植草沟等海绵体，起到快速排掉道路积水的作用，共构大鱼湖公园的海绵系统。

昆山阳澄湖大渔湖公园是一种景观与智慧相融的新的公园模式，可以为高知人群创业、创智、生活提供更智慧、更生态的绿色空间。

10.4.16 太仓市民公园

太仓市民公园处于主城区核心位置，位于太仓市政府南部，公园北侧为上海东路，南侧为朝阳东路，东侧为东亭南路，西侧为半泾南路，总面积21.4公顷，公园于2017年9月开工建设，2020年12月竣工，是太仓“一心两湖三环四园”生态体系中的“一心”。公园建设突出绿色生态和海绵湿地理念，打造绿色为核、文化为魂的城市“绿心”。公园主要分地下和地面两部分工程，地下为车库，建筑面积2.6公顷，地面配套建筑2500平方米，水域面积2公顷，绿化景观面积144000平方米，各类植物180多种，乔灌木5000多株。作为城市绿色空间，对城市气候和环境发挥着巨大的生态效应，在提升空气质量、改善城市热岛效应的同时，也为鱼类、鸟类、昆虫等多种生物提供了栖息地，是太仓推进建设国家生态园林城市的重要绿地。

公园以水系景观为核心，融入市民公园、城市绿肺、海绵湿地、邻里公园和综合开发等五大理念，通过合理划分活动空间，完善服务设施，合理进行植物配置，丰富植物层次，结合绿植使公园内部绿化活动空间与降噪效果最大化，利用海绵城市生态手法来维持生态平衡将自然生态与人文休闲景观相结合，打造轻松惬意的休闲场所（图10-4-15）。

园内主要景点有樱花湾、琴台、白鹭池、清泉石上流、林荫广场、活动大草坪等等。樱花湾是一片人工开挖的水系，水域面积约7500平方米，四周遍植樱花树，樱花树依水栽种，樱花盛开时，花海中池水如练，樱花凋落时，花瓣片片飘下，随池水流淌，是公园主要景点

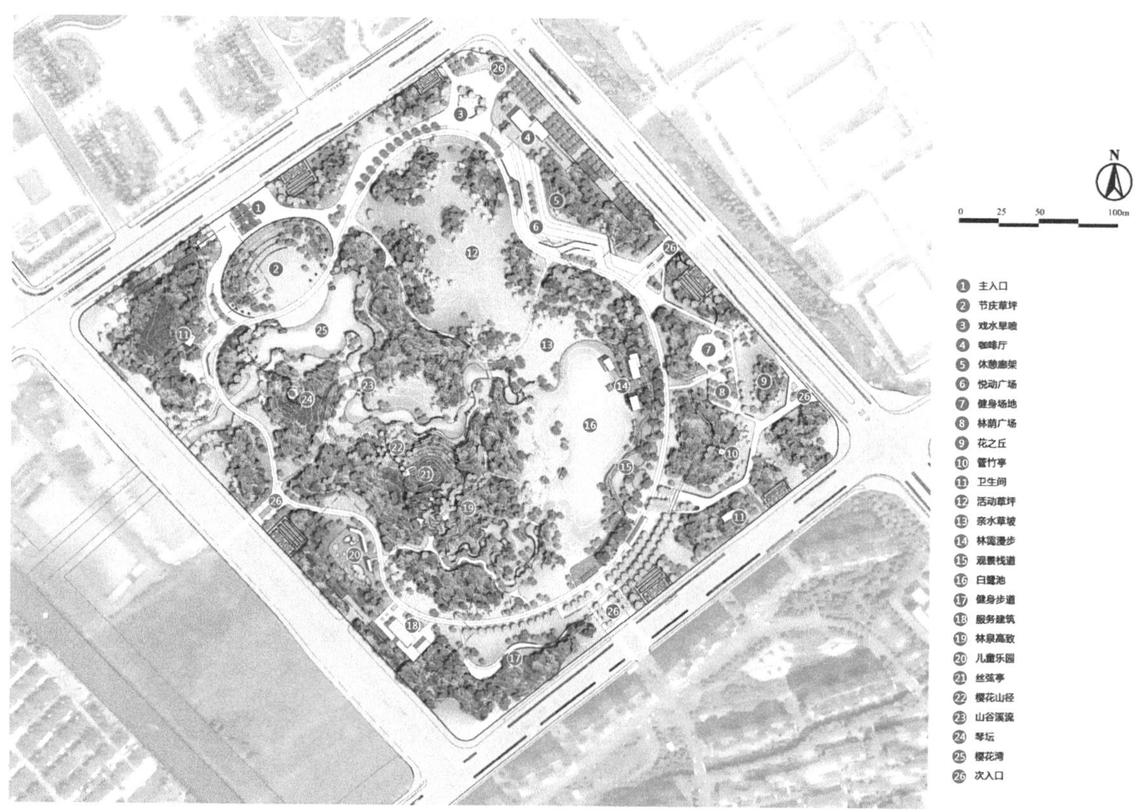

图10-4-15 太仓市民公园平面图

之一；琴台为纪念明代太仓著名古琴家徐上瀛而建，台上置一座铜制仿古琴；白鹭池原是一自然水体，后期设计施工扩大面积至约1万平方米，平均水深1.5米。开发前曾是白鹭的栖息地，因此得名。水质处理采用了ANCS技术，俗称“水下森林”，集成了人工干预措施和自然净化能力的工艺；清泉石上流是通过高低错落的叠水形成的一条具有特色的人造溪流。泉水的来源是通过潜污泵将白鹭池中的水抽至制高点，并通过自然落差流下而形成的；林荫广场是市民集中活动锻炼的区域，可供聚会、演出使用；活动大草坪，主要供太仓市民休闲玩耍、游戏及户外活动。另外，活动大草坪还是太仓的一处应急避难场所，如遇地震等灾害发生时，草坪上可以临时搭建帐篷和活动简易房，成为应急棚宿区。

10.4.17　吴江芦荡湖湿地公园

吴江芦荡湖湿地公园位于苏州市吴江区南部新城，南部与芦荡路相接，北部与江村路相连，东靠中山南路，西接鲈乡南路。公园用地南北长约400米，东西宽约830米，总面积为32.1公顷。公园于2010年初开始设计，2011年3月开工建设，2013年12月正式对外开放。

公园定位为具备休闲娱乐、科普教育、文化展示、环境改善、防灾避险等多项功能的全市综合性生态湿地公园。公园以三片、四轴、六区形成全园核心结构体系，再结合各种造景手法，以生态湿地园林景观营造为目的，构筑全园十二景。

“三片”，指将整个湿地公园划分为三个景观带，包括城市滨水景观带、写意山水景观带、生态湿地景观带；“四轴”，是指湿地公园沿周边道路共设置四处出入口，与公园中心制高点形成了多条视觉轴线及视线廊道；“六区”包括文化展示区、山水景观区、休闲娱乐区、少年科普区、儿童活动区、办公管理区；“十二景”有鲈乡渔歌、长廊逸韵、平桥烟雨、曲垣秋意、西溪水岸、吴岭秋韵、芦荡小筑、澄波撷秀、湖光山色、绿荫畅怀、藕渠渔乐、菰蒲花洲等（图10-4-16）。

公园结合基地的水资源特色，强化湿地绿洲理念，加强城市滨水绿地的建设，构建具有鲜明江南水乡城市特征和湿地生态城市特色的亲水型公园。依水建绿，形成嵌入城市基质中的大型绿色斑块，通过公园景观营造和文化内涵的注入，构筑城市景观亮点，并为城市提供良好的生态环境和宜人的绿色景观。深入挖掘吴江水文化的内涵和特质，通过滨水湿地景观的系统建设，形成能展现吴江独特水城风貌的景观湿地水网体系，以落实吴江建设“湿地生态示范城”的总体战略为目标。

为保留场地记忆，公园规划用地原为芦荡村所在地，场地内有鱼塘多处，场地北部一条笔直的机耕路贯穿东西。这些原有场地的鲜明印记最终都在公园中保留下来，如村名“芦荡”用作公园名称、鱼塘整合后形成形态各异的水面、在机耕路位置打造滨水区域的景观长廊等，实现了地域文脉与生态理念的高度融合。

本公园是吴江城市绿地系统规划中确定的中心防灾避险绿地之一，是容量较大的全市性防灾避险公园绿地。公园拥有较完善的设施及可供庇护的场所，也有较完善的“生命线”工程要求的配套设施。另外，还预留安排了救灾指挥房、卫生急救站及食品等物资储备库的用地、直升机停机坪等。

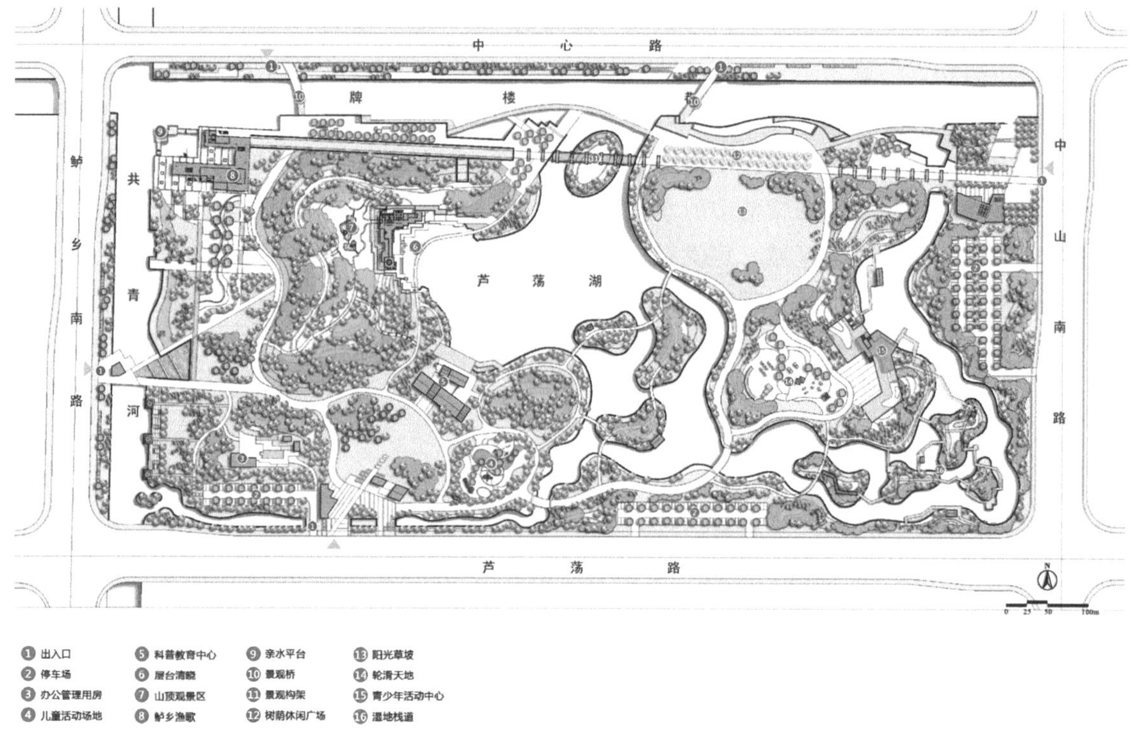

图10-4-16　吴江芦荡湖湿地公园

本公园是实施吴江城南片湿地建设的关键性项目，也是苏州市严格按防灾避险绿地建设要求来实施的首个工程。公园结合现状基地大面积的水塘沟渠，形成全园各具特色的湿地水景系统，通过栽植大量水生植物，营造出丰富的湿地景观，是一处具有丰富文化内涵的城市湿地公园。

10.4.18　吴江公园

吴江公园位于江苏省苏州市吴江区松陵镇，西邻仲英大道，东与吴江宾馆相接，北近双板桥路，南靠笠泽路。吴江公园是松陵镇目前最大的综合性公园。吴江公园总占地面积约为20公顷，其中水体面积约4.5公顷。

公园在1992年开始筹建，开园初期主要通过招商经营、场地出租的方式来建设游乐项目。经过几年的建设，园中树木成荫，植被丰茂。后来随着城市建设的要求，又对公园进行了改造提升，在保持公园原有布局和风格的基础上，以最大限度保留园中现有绿化为宗旨，增设了康体运动与锻炼的设施和空间，既满足了市民休闲、健身、娱乐的要求，也成了名副其实的城市绿肺。公园共分为6个区，分别是南侧办公区、中心水景区，西侧假山区、西侧入口活动区、北侧密林区和东侧月季园区。围绕中心水景区的外围设置的是公园的主园路，串联了这几个区域和相关的游乐和景观点，包括北侧的儿童游乐园，西北角的大型轮滑溜冰场，西侧的亲水平台、动感喷泉，南侧的凌波轩、学海香桥，东侧的月季园，以及中心水景区半岛上的四景亭等。公园有两个机动车停车场，分别布置在北侧和南侧入口区（图10-4-17）。

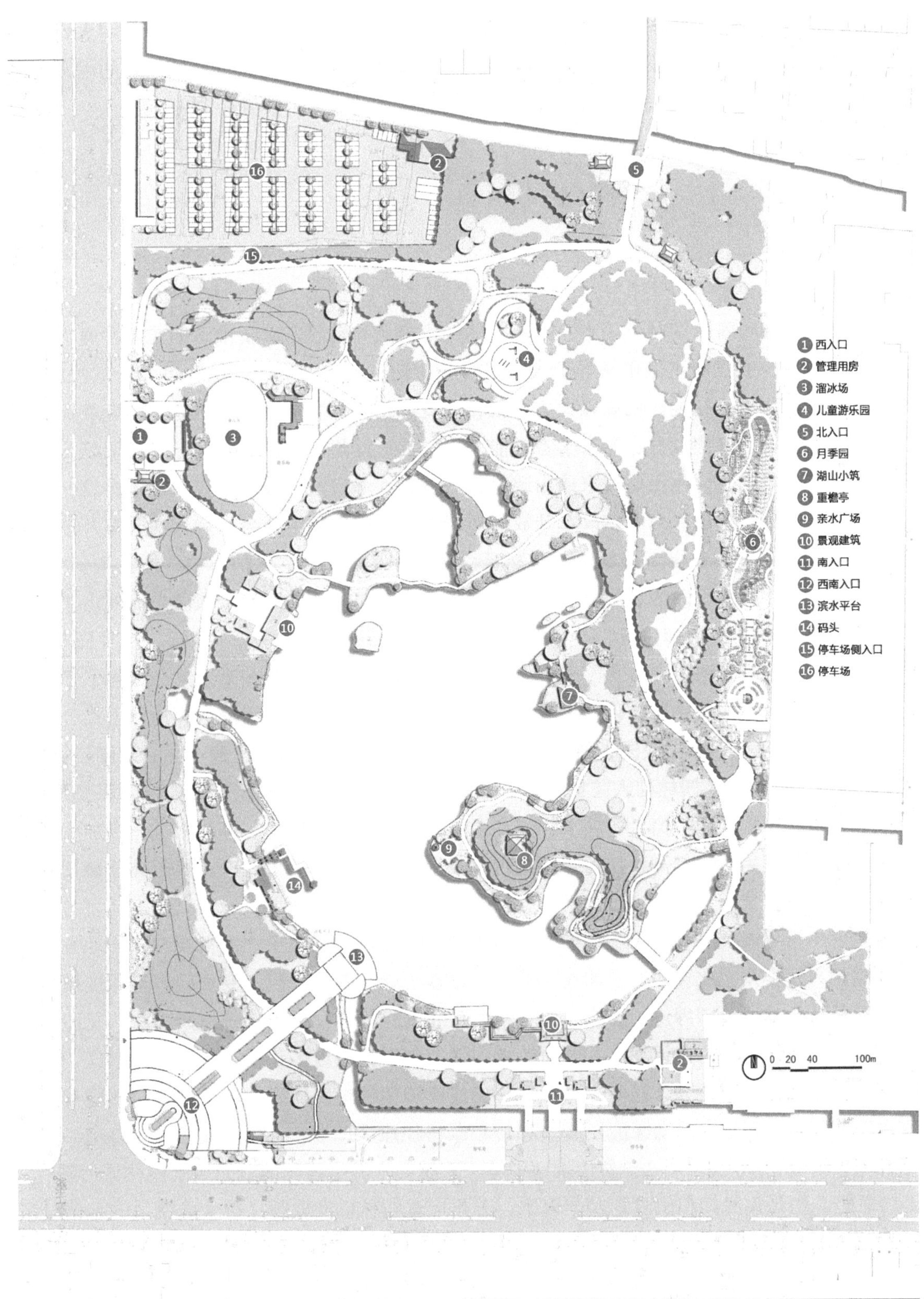

图10-4-17　吴江公园平面图

吴江公园的布局构思来源于苏州太湖区域的平面形态。中心的湖面象征着太湖水域。四景亭所在的半岛区域象征太湖中的东山半岛。湖面北侧的小岛则是太湖中西山岛的缩影。公园内植物长势茂盛，加上一系列的配套设施为周边的市民提供了很好的休憩场所。

10.5 小结

中华人民共和国成立70年以来，苏州园林绿化事业的发展随着新中国的建设发展历程同步前进，在中国共产党的正确领导下，虽然各个时期也有些波折，但均取得了一定的成就。中华人民共和国成立初期，主要以大力抢救和修复苏州园林为主，为苏州园林的后续发展奠定了厚实的基础。各级领导、专家学者、能工巧匠都对苏州园林高度重视，各尽所能，成绩突出。私家园林通过园主捐赠国家或由政府收归国有，苏州园林逐步转变为由政府统一保护管理的公有制为主的崭新体制。改革开放前期，党的十一届三中全会以后，在改革开放形势下，苏州园林绿化事业得到恢复和全面发展。苏州古典园林在“保护为主，抢救第一”“修旧如旧”原则的指导下，先后修复了艺圃、环秀山庄、鹤园、曲园、听枫园、拥翠山庄、柴园、畅园、春在楼、启园、盘门、铁铃关、北半园、五峰园、绣园、可园、南半园等等。1980年，苏州园林开创出口工程，“明轩”落户美国纽约大都会艺术博物馆，架起了中外文化交流的桥梁，在当代中国文化史上具有重大影响。联合国教科文组织世界遗产委员会，在1997年、2000年先后把拙政园、留园、网师园、环秀山庄、沧浪亭、狮子林、艺圃、耦园、退思园等9座苏州古典园林列入《世界遗产名录》。苏州园林以申报遗产为契机，保护理念、手段、方法和规模全面提高，各项工作走在全国前列。21世纪以来，苏州市进一步加大了风景园林保护管理力度，提高科技保护管理水平，全面开展世界文化遗产古典园林监测预警系统建设，加强古典园林修复力度。同时，根据苏州市绿地系统规划，一个以生态环境为大战略的建设序幕逐步展开，从“小园林”向“大园林”迈进，兴建了一大批既有苏州地方特色又能满足人民群众文化休憩需要的现代公园、湿地公园、森林公园及专类园等不同规模的城市公园绿地。这些公园绿地的建设，既注重运用和发扬苏州优秀的传统造园手法，又能积极借鉴国内外先进的公园建设理念，既有传承，又有创新，经过多年的实践，初步形成了具有苏州特色的现代公园体系。同时，结合城市化建设和精神文明建设，创建国家园林城市和国家生态园林城市活动不断向深度发展，2019年获得住建部批准，苏州市成为国内首个“生态园林城市群”，充分展现了“自然山水园中城，人工山水城中园”的苏州风景园林城市特色。

总之，中华人民共和国成立70年以来，苏州风景园林事业取得了巨大成就，一是修复了一大批古典园林，成为闻名世界的园林之城；二是造就了一大批园林专家学者、造园家和能工巧匠；三是形成了特色鲜明的苏州园林理论体系；四是创建为全国首个国家生态园林城市群，为最佳宜居城市作出巨大贡献；五是园林出口，开创了我国园林出口的先河，走出国门，向海外展现苏州园林魅力，影响深远。六是苏州古典园林成为人类瑰宝，拙政园等9座苏州古典园林列入《世界遗产名录》。

主要参考书目

［1］（汉）赵晔撰．徐天祜，注．吴越春秋［M］．南京：江苏古籍出版社，1986：47-48.

［2］（汉）袁康．张仲清，注．越绝书［M］．北京：中华书局，2020.

［3］（唐）陆广微．曹林娣，注．吴地记［M］．江苏：江苏古籍出版社，1986.

［4］（宋）范成大．陆振岳，点校．吴郡志［M］．南京：江苏古籍出版社．1986.

［5］（宋）朱长文．吴郡图经续记［M］．南京：江苏古籍出版社，1986.

［6］（明）王鏊．姑苏志［M］．台北：台湾学生书局，1986.

［7］（清）冯桂芬，等．苏州府志［M］．南京：江苏书局，1883.

［8］（清）顾震涛．甘兰经，等，点校，吴门表隐．卷五［M］．南京：江苏古籍出版社．1999.

［9］（明）杨循吉，等．陈其弟，点校．吴中小志丛刊［M］．扬州：广陵书社，2004.

［10］（清）冯桂芬，等．苏州府志［M］．南京：江苏书局，1883.

［11］（清）钱泳．履园丛话［M］．北京：中华书局出版社，1978.

［12］（清）顾文彬．过云楼日记（点校本）［M］．上海：上海文汇出版社，2015.

［13］（清）姚承祖．营造法原（第2版）［M］．北京：中国建筑工业出版社，1986.

［14］王謇．宋平江城坊考［M］．南京：江苏古籍出版社，1999.

［15］陈从周，蒋启霆．园综［M］．上海：同济大学出版社，2004.

［16］陈从周．园林谈丛［M］．上海：上海文化出版社，1980.

［17］顾凯．明代江南园林研究［M］．南京：东南大学出版社，2010.

［18］董寿琪．苏州园林山水画选［M］．上海：上海三联出版社，2007.

［19］郭明友．明代苏州园林史［M］．北京：中国建筑工业出版社，2011.

［20］童寯．江南园林志（第2版）［M］．北京：中国建筑工业出版社，1984.

［21］刘敦桢．苏州古典园林［M］．北京：中国建筑工业出版社，2005.

［22］曹汛．中国造园艺术［M］．北京：北京出版社，2019.

［23］曹林娣．江南园林史论［M］．上海：上海古籍出版社，2015.

［24］魏嘉瓒．苏州古典园林史［M］．上海：上海三联出版社，2005.

［25］魏嘉瓒．苏州历代园林录［M］．北京：燕山出版社，1992.

［26］王稼句．吴门风土丛刊［M］．苏州：古吴轩出版社，2019.

［27］王稼句．苏州园林历代文钞［M］．上海：上海三联出版社，2008.

［28］邵忠．苏州园墅胜迹录［M］．上海：上海交通大学出版社，1992.

［29］苏州市园林和绿化管理局．苏州园林风景志［M］．上海：上海文汇出版社，2015.

后记

《苏州园林史》是一部以编年史体例为纲要编写的学术专著。在苏州一地，自先秦以来，吴王择山理水，夯土筑台，放养禽兽，以供君主游猎的宫苑营造，历经千年的演变和沉淀，形成了极为丰富的风景园林史料和遗存，以及无数由造园、理景、山水居游和雅集所引发的群贤风流及逸事，进而造就了冠绝江南的吴地风景园林。得益于苏州风景园林数量和类型的丰硕，在不同的历史时期皆有众多先贤、名流对其进行描述和刻画，如南朝任昉《述异记》的绮靡铺陈，唐代“苏州刺史例能诗”的咏景吟石，明代计成《园冶》、袁宏道《园亭纪略》、文震亨《长物志》、黄省曾《吴风录》等论著中的半城园亭，清代钱泳《履园丛话》、沈复《浮生六记》中的山水风雅等，虽童寯有“断锦孤云，不成系统”之说，但由这些论著经年累月的积淀，终成蔚为大观之势。

自近代以来，苏州风景园林屡见于诸多学者的学术视野中，在童寯《江南园林志》、刘敦桢《苏州古典园林》、陈从周《苏州园林》、周维权《中国古典园林史》、汪菊渊《中国古代园林史》、彭一刚《中国古典园林分析》、杨鸿勋《江南园林论》、潘谷西《江南理景艺术》等论著中，江南风景园林是为国之典范，而涉及苏州的论述又占江南风景园林之半。较为遗憾的是，尽管有魏嘉瓒先生《苏州古典园林史》的园林史论著专美于前，但对千年苏州的风景之神韵、园林之典雅的系统梳理仍是一件难事，因上古时期苏州风景园林的文献寥寥可数且难以考证，近古时期文献浩如烟海又难以取舍，故系统梳理苏州风景园林史的论著一直难以成书。

自2018年起，苏州园林设计院股份有限公司就着手筹备苏州园林史的编写工作，2019年3月，借全国风景园林界编纂《中国风景园林史》的东风，由苏州园林设计院股份有限公司牵头，苏州市园林和绿化管理局、苏州风景园林投资发展集团有限公司、苏州大学、苏州科技大学、苏州市风景园林学会等单位协作的《苏州园林史》编纂委员会成立，由此正式展开了历时五年的《苏州园林史》编纂工作。编纂之初，纲举目张的体例和篇目是工作的重点。多次编纂讨论会上，各方领导、专家和编纂者的诸多愿景融汇交织，并数易其稿，最终形成了为史为章纲，以类型为节目、以典范为案例的写作思路及条目。然落笔于纸上，又发现内容之庞杂、资料之凌乱、思绪之繁多。因而在编纂过程中，又再通过因时因地的增删并简，最终在编年史的整体框架下形成古今有别、园景有异的编纂体例。此后，在2020年至2022年持续的疫情影响下，编纂人员克服各种困难，在前辈及相关专家的提点协助之下，本书的编纂成员通过文献查找、实地调查、图纸绘制、专家访谈等多种方式汇编资料，对各种历史资料进行汇集、考证、筛选、补遗和校正，经过反复的研修和校勘，于2022年6月形成含62万文字、200余张珍贵图片的《苏州园林史》初稿。并经曹林娣、王稼句、詹永伟、张慰人等专家学者的多轮会审进行审阅、校订，最后于2022年末完成审定稿，而进入出版阶段。

《苏州园林史》的主编为贺风春，五年来，编纂目标和进度详略有序，编纂思路的纲举目张、编纂经费的强力保障、专家和作者的高效协作，均是她竭力促成。主要执笔者如下：导论为曹林娣，先秦至南朝部分为徐阳、隋唐部分为谢爱华、五代至明代部分为郭明友、清代部分为卜复鸣、民国时期部分为李畅、钱禹尧，中华人民共和国部分主要为衣学领、周苏宁、沈亮、谢爱华、李畅等。最后由贺风春、李畅、谢爱华编稿和审定。

本书在编纂的过程中，得到了各级领导、部门和专家的大力支持，曹光树、衣学领、魏世震、包维明等领导提供了大力的支持和具体的指导，李雄、刘滨谊、朱祥明、陈微等专家提出了宝贵的建议，苏州市园林和绿化管理局、苏州市园林档案馆等单位提供了珍贵的一手资料，郑可俊、陈铁为本书拍摄配图照片，潘静、殷锐、王礼晨、舒婷、孙丽娜、苌曼曼、刘露等承担了绘图工作，李畅、钱禹尧等承担了现场调查、图文编排等事务性编纂工作，在此一并表示感谢。

因苏州风景园林史跨越时代漫长，涉及内容复杂，又鉴于编纂者众多，或资料缺失、或阅史不足、或失之主观，本书肯定会有一些错漏和值得商榷之处，恳请各位专家、学者、同仁及广大读者不吝指教，以待后续稽核、修正和增补。

《苏州园林史》编委会

2022年12月